110~330kV架空输电线路基础机械化施工标准化应用手册

国网宁夏电力有限公司经济技术研究院　编
宁夏回族自治区电力设计院有限公司

图书在版编目（CIP）数据

110~330 kV 架空输电线路基础机械化施工标准化应用手册 / 国网宁夏电力有限公司经济技术研究院，宁夏回族自治区电力设计院有限公司编. -- 银川：阳光出版社，2023.11
ISBN 978-7-5525-7111-0

Ⅰ.①1… Ⅱ.①国…②宁… Ⅲ.①高压输电线路－架空线路－电力工程－机械化施工－标准版－宁夏 Ⅳ.①TM7-65

中国国家版本馆 CIP 数据核字(2023)第 231770 号

| 110~330 kV 架空输电线路基础机械化施工标准化应用手册 | 国网宁夏电力有限公司经济技术研究院 宁夏回族自治区电力设计院有限公司 | 编 |

责任编辑　胡　鹏　赵维娟
封面设计　晨　皓
责任印制　岳建宁

黄河出版传媒集团 阳光出版社 出版发行

出 版 人	薛文斌
地　　址	宁夏银川市北京东路 139 号出版大厦（750001）
网　　址	http://www.ygchbs.com
网上书店	http://shop129132959.taobao.com
电子信箱	yangguangchubanshe@163.com
邮购电话	0951-5047283
经　　销	全国新华书店
印刷装订	宁夏银报智能印刷科技有限公司
印刷委托书号	（宁）0028017
开　　本	880 mm×1230 mm　1/16
印　　张	27.5
字　　数	350 千字
版　　次	2023 年 11 月第 1 版
印　　次	2023 年 11 月第 1 次印刷
书　　号	ISBN 978-7-5525-7111-0
定　　价	78.00 元

版权所有　翻印必究

编委会

主　编　潘　勇
副主编　张　强　薛　东　袁和刚　蒙金有　丁向阳
委　员　柴少磊　张　维　巩鑫龙　王　龙　田　源
　　　　马文长　常　亮　任大江　李钧超　张　辰
　　　　陈　丹

编制人员

第一篇　总　论
编 写 人 员　侯鹏翔　汪楚清　刘清兵　张　健
　　　　　　屈高强　张铃珠　闫志杰　任凤琴
　　　　　　孟旭红　杨　凯　尤　菲　丁丽霞
　　　　　　岳一骁　李佳怡　黄　瑞　张生艳
　　　　　　苏青青　豆利龙　陈　娜

第二篇　典型设计
审 核 人 员　李　敬　肖成刚
设计总工程师　侯鹏翔　熊国栋　冯迎春　赵　明
校 核 人 员　张　健　牛利宁
编 写 人 员　汪楚清　刘清兵　张小宁　兰月治

前 言
PREFACE

输电线路工程全面采用全过程机械化施工技术，有助于降低施工安全风险，提升工程建设质量、效率效益和专业化水平。基础工程作为输电线路结构体系的重要组成部分，其造价、工期和劳动消耗量在整个线路工程中均占很大比重。同时，由于输电线路呈点、线分布，且基础工程为隐蔽工程的施工特点，机械化施工的目的在于提高线路施工的机械化水平，提高施工作业安全性及施工效率。采用机械化施工的目标为标准化设计、机械化装备及流水线作业，保证各工序间上下衔接有序，实现施工效率最大化。因此，要实现全过程机械化施工，关键在于实现基础机械化施工的突破。

宁夏境内有较为高峻的山地和广泛分布的丘陵，也有经黄河冲积而成的冲积平原，还有台地和沙丘，南部以流水侵蚀的黄土地貌为主，中部和北部以干旱剥蚀、风蚀地貌为主。宁夏输电线路通道绝大多数集中在海拔1 000~1 200 m，地形相对平缓地区。从地形地貌和地质条件来看，非常有利于机械化作业的开展。

为全面落实国网宁夏电力有限公司关于进一步加强推进输电线路机械化施工要求，通过调研国内基础工程机械化施工现状，着重对适合宁夏地区的基础机械化施工中的关键设计技术展开研究，并形成标准图册，为推动区内打造一批优质、精品工程奠定基础。

本手册可供输电线路工程建设的设计、施工、管理人员使用，也可供从事输电线路施工机具设计、制造等的工程技术人员使用。

由于编者水平有限，不妥之处在所难免，敬请读者批评指正。

编写组
2022年12月

目 录
CONTENTS

第1篇 总 论

第1章 概述 / 001

1.1 目的与意义 / 001

1.2 总体原则 / 001

第2章 编制过程 / 002

2.1 工作组织方式 / 002

2.2 工作过程 / 002

第3章 设计依据 / 002

3.1 主要规程规范 / 002

3.2 其他有关规定 / 003

第4章 基础机械化施工技术现状及发展 / 003

4.1 机械化发展历史 / 003

4.2 基础工程设计技术发展 / 004

4.3 基础工程施工技术发展 / 004

4.4 基础施工装备技术发展 / 005

第5章 基础机械化施工设备选型 / 005

5.1 机械化施工勘测要求 / 005

5.2 路径与塔位选址优化 / 007

5.3 机械化施工应用原则 / 010

5.4 旋挖钻机选型 / 011

5.5 灌注桩基础施工设备选型 / 020

5.6 其他新型基础成孔施工装备介绍 / 022

第6章 基础施工临时道路修筑方案 / 025

6.1 技术要点 / 025

6.2 临时道路修筑 / 026

6.3 挖掘机选型 / 027

6.4 推土机选型 / 028

6.5 装载机选型 / 028

第 7 章　混凝土生产、运输及基础浇筑 / 028

7.1　预拌混凝土技术 / 028

7.2　混凝土运输技术 / 028

7.3　预拌混凝土施工工艺流程 / 029

第 8 章　基础优化设计 / 029

8.1　各类基础特点 / 029

8.2　掏挖基础优化设计原则 / 030

8.3　挖孔桩基础优化设计原则 / 031

8.4　灌注桩基础优化设计原则 / 031

8.5　技术经济比较分析 / 031

8.6　新型螺旋锚基础 / 033

第 9 章　典型工程基础机械化施工应用案例 / 036

9.1　工程概况 / 036

9.2　设计阶段策划 / 036

9.3　机械化施工成效 / 040

第 2 篇　典型设计

第 10 章　设计参数 / 042

10.1　基础类型 / 042

10.2　荷载划分 / 042

10.3　地质参数的选定 / 044

第 11 章　基础编号 / 045

第 12 章　施工要求 / 046

12.1　施工工艺及质量控制 / 046

12.2　基础施工要点 / 046

12.3　施工安全 / 052

12.4　环境保护 / 052

12.5　施工注意事项 / 052

第 13 章　总体使用说明 / 053

13.1　基础编号说明 / 053

13.2　基础选用方法 / 053

13.3　应用注意事项 / 053

第 14 章　典型基础图纸 / 053

14.1　典型设计图纸目录 / 053

14.2　典型设计图纸 / 062

第1篇 总 论

近年来，为提升工程建设施工安全质量与效益效率，降低施工风险和现场人力投入，实现工程建设由劳动密集型向装备密集型、技术密集型转变，国网宁夏电力有限公司大力推进输电线路机械化施工。为进一步完善输电线路机械化施工标准化体系建设，实现杆塔基础设计和施工标准化，公司组织开展了基础机械化施工技术研究与应用，取得了系列化技术成果，形成了110~330 kV输电线路机械化施工掏挖基础、挖孔基础和灌注桩基础典型设计成果，以及机械装备选型和典型工程案例。

第1章 概 述

1.1 目的与意义

践行"绿水青山就是金山银山"的理念，对输电线路的建设提出了较高的环保要求，使得施工方式必须由原来的粗放式施工向精细化施工转变。在这种情况下，通过应用和推广基础设计及施工的全过程机械化，可减少人力施工的安全隐患，大幅提高施工效率，同时达到绿色建造的目的。机械化施工基础设计总体原则为：设计与施工装备紧密结合，不能脱离现有设备的施工能力进行基础设计。因此，在整个基础设计过程中要始终贯彻落实全过程机械化的理念和意识，要根据机械化设备的具体使用环境，灵活进行运用，并按照国网公司关于机械化施工的要点和机械化施工标准化目录体系等的相关要求，创新理念，融合新型的施工装备和技术，在设计与施工技术的统一协调上进一步加强，使得设计环节和施工环节能够高效衔接，从而发挥基础机械化施工的优势，这也是提升输电线路建设质量和安全的本质要求。

1.2 总体原则

输电线路基础典型设计根据输电线路机械化施工技术体系的指导原则，着重要处理和解决好典型设计方案的统一性、适应性、先进性、可靠性和经济性及其相互之间的关系。

统一性：建设标准统一。基建和生产的标准统一，体现公司的企业文化特征。

适应性：综合考虑宁夏地区的实际情况，结合输电线路机械化施工的要求，使得典型设计在公司系统中具备较好的适用性，在一定的时间内，对不同外部条件的工程均能适用。

先进性：典型设计方案紧密结合输电线路机械化施工，在技术上具有先进性，注重环保，经济合理。

可靠性：规范设计准则，保证输电线路的安全可靠。

经济性：按照投资效益最大化原则，综合考虑初期投资和长期费用，追求全寿命周期内投资的最优经济效益。

第 2 章 编制过程

2.1 工作组织方式

在国网宁夏电力有限公司的统一组织和领导下，成立架空输电线路基础机械化施工标准化应用研究工作组，工作组由国网宁夏电力有限公司建设部牵头，国网宁夏电力有限公司经济技术研究院、宁夏回族自治区电力设计院有限公司参加。

（1）统一组织。国网宁夏电力有限公司经济技术研究院是输电线路基础典型设计的总负责单位，负责制定工作大纲，协调工作进度，解决工作中出现的问题。

（2）统一标准。在总体策划的基础上，统一设计原则、统一内容深度、统一表示方法、统一出版格式等。

（3）明确分工。按照确定的工作内容，明确各单位的工作内容和要求。

（4）综合协调、有序推进。统筹安排，定期组织和召开研究、协调、评审会议，有序推进。

2.2 工作过程

（1）2022 年 3 月，启动架空输电线路基础机械化施工标准化应用研究工作。

（2）2022 年 4 月，开展输电线路掏挖基础、挖孔桩基础、灌注桩基础的机械化施工调研工作。

（3）2022 年 5—7 月，结合最新《国家电网有限公司 35~750 千伏输变电工程通用设计、通用设备应用目录》成果和宁夏地区使用频次较高的模块，归纳总结后确认基础作用力。

（4）2022 年 8—10 月，工作组按照分工进行了输电线路基础典型设计的地质参数选取、基础命名等工作，确定掏挖基础、挖孔桩基础、灌注桩锚杆基础的设计条件、基础数量、图纸绘制格式等。

（5）2022 年 11—12 月，开展基础典型设计方案及典型施工图的完善、统稿等，形成最终成果。

第 3 章 设计依据

3.1 主要规程规范

GB 50007—2011《建筑地基基础设计规范》

GB 50009—2012《建筑结构荷载规范》

GB 50010—2010《混凝土结构设计规范》

GB 50025—2014《湿陷性黄土地区建筑规范》(2015 年版)

GBT 50046—2018《工业建筑防腐蚀设计规范》

GB 50119—2013《混凝土外加剂应用技术规范》

GB 50204—2015《混凝土结构工程施工质量验收规范》

GB 50233—2013《110~750 kV 架空输电线路施工及验收规范》

GB 50545—2010《110~750 kV 架空输电线路设计规范》

GB 55001—2021《工程结构通用规范》

GB 55008—2021《混凝土结构通用规范》

GB 55003—2021《建筑与市政地基基础通用规范》

JGJ 18—2012《钢筋焊接及验收规程》

JGJ 94—2008《建筑桩基技术规范》

JGJ 106—2014《建筑基桩检测技术规范》

DL/T 1236—2021《输电杆塔用地脚螺栓与螺母》

DL/T 5219—2014《架空输电线路基础设计技术规程》

DL/T 5442—2020《输电线路铁塔制图和构造规定》

DL/T 5708—2014《架空输电线路戈壁碎石土地基掏挖基础设计与施工技术导则》

Q/GDW 1841—2022《架空输电线路基础设计规范》

Q/GDW 11330—2014《架空输电线路掏挖基础技术规定》

Q/GDW 11332—2014《输电线路掏挖基础机械化施工工艺导则》

Q/GDW 11335—2014《输电线路灌注桩基础机械化施工工艺导则》

Q/GDW 11392—2015《架空输电线路灌注桩基础技术规定》

Q/GDW 11598—2016《架空输电线路机械化施工技术导则》

3.2 其他有关规定

《输电线路全过程机械化施工技术设计分册》(中国电力出版社,2015 年)

《输电线路全过程机械化施工技术装备分册》(中国电力出版社,2015 年)

《国网基建部关于进一步规范输电线路杆塔设计地脚螺栓选用要求的通知》(基建技术〔2017〕92 号)

第 4 章 基础机械化施工技术现状及发展

4.1 机械化发展历史

机械化是指从主要或完全依靠手工或动物工作到使用手工工具或动力设备工作的转变发展。机械化有着悠久的历史,最早可以追溯到罗马时期,当时最具代表性的机械化设备是水轮,一种以流动或落水为动力的装置。18 世纪初随着工业革命,蒸汽机的使用越来越多,机械化才得到了显著的发展。不同行业的工厂需要大量的金属零件,机床、自动式机床的发明取代了手工。20 世纪中后期,液压和气动设备(例如打桩机和蒸汽锤)被发明出来,并被用于推动各种机械,由于可以在短时间内处理大量的工作,显著提高了生产活动的效率和生产力。

"机械化施工"是指在施工过程中应用机械化设备。为了满足更短的时间要求和复杂的设计,机械化施工代替了传统手工方法,并随着发动机和传动系统的创新，各种机械设备的承载力也得到不断提高。传统的混凝土配料和搅拌设备由人工改为液压伺服控制系统。随着建筑机械设备的发展，如今建筑行业高度机械化，且机械化覆盖率逐渐提高，也提高了承包商的生产力、工作标准和效率。世界各地的工程设计师和建筑师设计建造了大量的现代建筑，现代文明取得如此巨大的成就离不开机械化的建设实践。

4.2 基础工程设计技术发展

为了实现建设世界一流电网的战略目标，国家电网公司提出在输变电工程建设中全面推广全过程机械化施工，将传统的施工模式进行合理有效的改善，提高输电线路施工机械化率，在降低施工成本的基础上，还能落实对安全风险的有效控制。在设备应用方面，广大建设者研究了输电线路中采用集中搅拌混凝土的经济性及必要性，研制了输电铁塔掏挖基础机械成孔的旋挖钻机专用设备，并进行了现场基础真型试验和工程应用，铁塔组立中使用了动臂抱杆组塔手段，采用了遥控飞艇施放放线引绳技术。在施工方面，提出了架空输电线路工程施工机械化率的评价方法，对山区机械化施工方案进行了研究，探索了河网地区不同工序机械化施工的新模式。

由于架空输电线路施工难以具备"通路、场地平整"等条件，同时受地下环境不确定性等影响，所以机械化施工的架空输电线路工程设计技术发展重点和难点在于基础。基础设计时需要充分考虑工程沿线地形和地质条件等各种因素的影响，既要满足承受输电线路结构荷载的要求，又要促进轻便型、模块化施工装备进场与作业。近些年为便于机械化施工，输电线路基础设计朝小型化、预制化装配式方向发展，例如国家电网公司大力推广应用岩石锚杆基础、螺旋锚基础、微型桩基础、相对开挖回填类基础，充分利用原状岩土地基固有性能，具有承载力高、变形小的力学特点；相对挖孔桩等大截面原状基础，不仅节省材料、减少开挖量，而且保持较高的承载性能，为轻便型机械设备施工创造技术条件。其中，通过大量的试验测试数据积累，岩石锚杆基础设计方法持续改进完善，承载力计算参数取值更系统、更科学，并在传统的岩石锚杆基础形式之上，开发了岩石锚杆复合基础等新类型。微型桩主要用在地基托换、支护结构、水池抗浮、建筑加固等工程中，也开始在输电线路杆塔基础工程研究和设计中应用；螺旋锚基础主要适用于土质地基，近年来通过专项研究，其适用范围已由软弱土质延伸至较坚硬的黏土、密实的碎石土等地基，且承载力计算方法持续完善，具备全面推广的技术条件。这些设计方面的技术创新为机械化施工拓展了应用场景，从而更加便于实施。

4.3 基础工程施工技术发展

架空输电线路施工技术要按照工程建设方案，满足安全质量要求，围绕装备确定施工工艺方法。施工工艺方法及质量控制措施与机械、施工对象密切相关。基础种类多样，施工工艺繁杂。其中，输电线路现浇开挖基础一般采用挖掘机进行基坑作业；预制桩往往采用激振法、锤击压法进行植桩和沉桩；桩基成孔包括螺旋钻孔、冲击钻孔、回转钻孔、旋挖钻孔、机械洛阳铲等施工工艺方法，同时为确保坑壁稳定与清除渣土，往往配合正循环和反循环两种方式的泥浆护壁施工；岩石地基桩基往往采用气动潜孔锤、回旋钻进等成孔方式，锚杆锚孔多采用气动潜孔锤成孔工艺。

4.4 基础施工装备技术发展

近些年基础工程施工装备发展趋势具有以下几个特点。

（1）向大型平台化和微小型化两级发展，产品系列进一步完善。以挖掘机为例，目前的单斗挖掘机斗容量已经从常用的 0.4 m³ 发展到 30 m³。相反，小型挖掘机的斗容量仅为 0.01 m³。

（2）满足多样化作业环境及一机多用，提高产品的经济性。目前世界各国不少中小型挖掘机、装载机、叉车，除完成其主要的挖掘、装卸功能外，还可同时进行起重、抓料、压实、钻孔、破碎、犁地、扫雪、推土、修边坡，以及夹木、叉装等多种作业。

（3）广泛应用机电液一体化技术，全面提高产品的性能。施工机械良好的控制性能和信息处理能力，主要基于机械和液压两个方面性能的提高，以及主机具有良好的电子技术、传感器技术和电液传感技术。机电液压一体化技术的应用大大提高了施工机械可靠性、实用性。

（4）实现机械运行状态监控和自动报警、机械故障的自动诊断，提高安全性，防止事故发生，并向机器人功能方向发展。

（5）提高作业质量和精度，如高速公路施工中使用的平地机与摊铺机等平整机械，作业精度要求偏差范围在几毫米，人工操作已无法满足这样的要求，必须采用自动调平控制装置。

（6）提升施工机械的机动性能，降低燃油消耗量，进行节能控制，充分利用发动机功率，提高作业效率以及设备的利用率和生产率。

（7）普遍重视施工机械的舒适性，改善接卸操纵性能，减轻操作人员劳动强度，实现产品的人性化。

（8）提高产品环保性，研制环保型产品，更加重视提高制造水平和新材料的应用，进一步提高产品的寿命和可靠性，同时进一步提高零部件标准化与通用化的程度，最大限度地简化维修。

（9）基础施工装备体系更完善，涵盖作业流程更加广泛，既有完全替代人工的施工机械，又有替代人力从而降低劳动强度的工器具。

（10）基础施工新装备不断涌现，新功能性能持续改进，智能化水平不断提升。既有有架空输电线路工程专业特点的大功率专用型旋挖钻机、电建钻机，又有轮胎式专用旋挖钻机、机械洛阳铲、分体式岩石锚杆钻机等。

第 5 章 基础机械化施工设备选型

5.1 机械化施工勘测要求

5.1.1 勘测主要原则

输电线路工程勘测文件是输电线路工程设计的必要技术文件，是工程机械化施工的必备前置工作。与常规输电线路工程勘测相比较，应用机械化施工技术的工程勘测要求比较高，控制要求更加严格。勘测的侧重点因工程特点和地形地质条件不同而存在差异，但一般来说，输电线路机械化工程勘测除了常规要求及内容外，勘测重点内容及原则如下。

（1）查清塔位周边道路交通条件，是否具备机械化施工设备进场条件及新修的施工便道长度。

（2）查清沿线的地形地貌条件，塔位岩土层的类型及埋藏深度等，确定适宜的基础类型及相应机械化施工方式。

（3）查清塔位周边地形特点，提出机械化施工开展前的基面处理方案建议。

（4）查明影响施工设备进场、作业安全的其他地形地质问题。

（5）评价基础施工可能性，论证施工条件及其对环境的影响。

另外，输电线路机械化施工工程勘测需要关注机械化施工的可行性、作业风险等，具体包括：施工装备、工艺适用性评价，提出基础类型、持力层、设计深度等建议；是否具备施工装备进场的道路、地形地质，以及安全作业的地形地貌条件；是否存在影响装备作业的不确定因素。

5.1.2 各阶段的勘测深度要求

线路工程应做到全线逐基勘测，对于 500 kV 及以上重点工程原则上应"逐腿勘测"，特殊地质条件地段宜"一塔一策"（逐塔编制勘测方案），全面满足机械化施工要求，并紧密结合设计进程分阶段进行。

（1）可行性研究阶段。通过对现有资料的搜集分析和现场调查勘测，从岩土工程技术条件论证拟选路径方案的可行性与合理性，侧重调查沿线地形地貌、地层岩性、地质灾害、压覆矿产以及地质构造等情况，为编制可行性研究报告提供岩土工程技术依据。同时，交通状况良好、地形坡度合理是开展机械化施工的一个大前提，因此本阶段选线时宜新增对地形坡度的调查，推荐利于开展全过程机械化施工模式的线路路径方案，为后期塔基机械化施工创造条件。

（2）初步设计阶段。本阶段勘测在可行性研究的基础上，按拟选的线路路径方案做好初步的岩土工程勘测工作，为选定线路路径和编制初步设计文件提供岩土工程技术依据。一般分段查明线路地形地貌、地震动参数、地质构造、地层岩性、地下水等情况；重点查明对确定线路路径起控制作用的不良地质作用、特殊性岩土、特殊地质条件的类别、范围、性质，评价其对工程的危害程度，提出避绕或处理建议；提出机械化施工塔位基础类型的选择建议。

（3）施工图设计阶段。

① 岩土专业。施工图设计阶段岩土工程勘察，需详细查明塔基及周围的岩土性能特征和相关参数指标，正确评价施工、运行中可能出现的岩土工程问题，为塔基设计和环境整治提供岩土技术资料。以山区线路为例，本阶段勘察一般以逐基查明塔位稳定性和地基条件为重点，定位时需要避开一些不良地质体，主要查清第四系覆盖层厚度及岩石风化特征、坚硬程度、构造特征、岩体完整程度、地下水环境等。

为适应塔基机械化施工，在满足塔位场地稳定适宜的前提下，推荐靠近公路、地形比较平缓和开阔的位置立塔，然后配合设计逐基落实机械化施工的可行性。地质条件差异不大或同类型条件时，连续或成片式建议设计同一种基础类型，便于实施连续性作业方案，优化进度，节约工程造价。终勘时，针对可能采取的塔基类型和机械化施工可能性，有重点地查明岩体的坚硬程度和埋深、砂土密实度、基岩裂隙水等影响机械化施工设备选择和工法选择的地质条件。

② 测量专业。除按规程要求的测量工作外，为适应机械化施工的要求，还需配合设计，对可能的施工设备进场道路、道路沿线植被及周边建（构）筑物等进行测量，提供道路的高差、坡度等相关信息，便于设计专业分析评价道路修建的可行性，规划初步的方案。

5.1.3 勘察关注的重点问题

不同地形地貌和地质条件下勘察所关注的重点问题不同，具体见表5-1-1。

表5-1-1 不同地形地貌和地质条件下的勘察关注重点

序号	地形地貌	普遍地质条件	勘察重点关注的问题
1	山地、丘陵	地下水埋藏较深、岩石埋藏浅	重点查明塔基及临时道路地形地貌、地层岩性，查明岩石的坚硬程度、岩体的完整程度和基本质量等级。 重点关注岩石的可挖性，提供各类岩石饱和单轴抗压强度推荐值；当有采用岩石锚杆基础的条件时，应重点关注岩体的完整性、坚硬程度。
2	平原、丘岗	地下水埋藏较浅，存在砂土、软土等	重在查清地层分布情况及性质、持力层埋深、地下水位埋深及变化幅度等。 （1）重点关注地下水的类型及分布、砂土与碎石土密实程度、软土的特性，分析及论证其对成桩的影响及可行性。 （2）重点关注岩土层及地下水对基坑开挖的影响，是否有流砂突涌的可能性，是否会造成基坑坍塌及需要采用支护措施。
3	河网、泥沼、沿海滩涂等	地下水埋藏很浅，砂土、软土普遍分布	重点查明塔基范围地基岩土层类别及分布特征、土层颗粒级配、黏性土状态、砂土的密实状态、地下水等。 重点关注的问题与平原、丘岗区比较类似，如地下水、砂土、碎石土对于机械成孔的影响，对基坑开挖的影响；除此之外还需要重点关注地下水对建筑材料、钢结构的腐蚀性。
4	戈壁、沙漠	地下水埋藏较深，存在砂土、碎石土、盐渍土	重点查明地基土的类别，包括颗粒级配、颗粒形状、密实度、易溶盐类型与含量。 重点关注地基土的密实度，对于机械成孔的影响，地基土中漂石大小、含量，对机械钻进的影响，还需特别关注地基土的腐蚀性。

5.2 路径与塔位选址优化

全过程机械化施工的一个显著特点就是：施工机械到塔位的过程中，统筹规划路径、塔位、物料运输，针对性做好相应的设计优化，可有效减少人工投入，发挥机械化优势，提高施工效率、经济效益和环境效益。

5.2.1 路径优化

（1）技术原则。为提高施工效率、节约施工成本，路径选择和优化应结合机械化施工特点，遵循以下技术原则。

① 路径选择应综合考虑地形、地貌、地质、交通条件及地方规划等因素，结合工程道路运输规划，使物料运输尽量简单、便利，降低机

械化运输成本，提高施工效率，缩短施工周期。

② 路径选择宜靠近国道、省道、县道及乡镇公路，充分利用现有交通条件，便于物料运输和施工设备进场。

③ 路径选择应考虑地磁台站、电台、机场、电信线路、油气管线等邻近设施的影响。

④ 路径选择应综合考虑施工过程中张力场布置、放线等因素，以便于开展全过程机械化施工。

⑤ 河网泥沼地区线路，宜避免大范围在湖中、塘中走线，水中立塔宜避让虾塘、鱼塘等经济养殖水域。

⑥ 山区路径宜避开坡度大、连续上下山、林木茂密等不易运输地带。

⑦ 路径宜避开大片林区、自然保护区、风景名胜区、水源保护区、森林（湿地）公园等环境敏感区以及生态红线区域。

⑧ 路径选择应避开不良地质带和采动影响区，宜避开重冰区、易舞动区及影响安全运行的其他地区。

⑨ 路径选择宜沿已有电力线路或基础设施平行走线，避免分割地块。

（2）各设计阶段应当关注的问题。

① 可行性研究设计阶段。做深做优路径方案。充分收集沿线各类规划、正射影像数据、数字高程数据、基础矢量数据等工程基础数据和电网专题数据资料，结合中高分辨率卫星影像或航空影像等资料，考虑施工便利性，开展路径选择及优化。开展路网布置图前期规划，结合地形、地貌和沿线敏感点现场踏勘情况，进一步优化路径。线路宜避让高海拔地区，充分利用已有道路，选择地势平坦地区走线，宜采用局部路径调整和基础形式优化等技术手段综合选取最优路径。重视勘察工作。对线路沿线微地形、微地貌进行调查论证，确保地基承载力满足立塔和设备进场要求，重要交叉跨越和地形起伏较大区域宜实地测量，合理选择塔位、塔型和基础形式，提高机械化施工效率。路径选择尽量避开周边建（构）筑物，合理规划该段档距。应充分考虑影响路径成立及后续机械化施工的各单位协议取得情况，以及林区青苗赔偿情况，考虑临时道路修建和物料运输的合理性和经济性，做好综合经济技术比较。

② 初步设计阶段。积极应用航空摄影测量技术和北斗导航技术，结合本阶段现场调查和沿线交通、地形、地貌、地物等情况，对多路径方案进行比选，并进行经济指标优选，进一步优化线路路径。利用可获取的最高分辨率 DOM 及 DEM 数据，开展三维数字化设计及地物标绘，结合二、三维联动手段开展杆塔预排位，注意对变电站进出线部分及其他通道拥挤地段进行优化设计。充分考虑设备进场和材料运输及机械进场装备，宜绘制路网运输规划图，制定物料运输路线，明确道路修建标准、修建长度、修建装备。综合考虑水文条件、地质条件，合理选择"三跨"及线路交叉跨越塔位。做细每基塔位的临时道路方案、通道清理方案，如实计列工程量，并留有适当裕度。

初步设计阶段编制独立的机械化施工专题报告，内容包含：路径方案比选及优化、临时道路方案、导地线运输及架设、杆塔选型及接地优化、基础形式选择及优化、整体材料运输方案、环水保原则及措施等。在初步设计中明确响应环评、水保批复报告中的要求并列足相关费用。

③ 施工图设计阶段。结合线路终勘定位，逐基核实基础、杆塔施工条件、塔位坡度、物料运输和施工设备进场条件并开展牵张场设计，确保方案可行、合理、施工便利。平地区段宜保证塔位靠近已有道路，提高施工效率；河网区段宜避免水中立塔，保证基础和临时道路地基承载力；丘陵、山地避免在陡坡、密林处立塔，降低施工难度。山区线路应结合地形高差起伏和交通条件，优化塔位和档距，便于索道运输。

结合初步设计阶段三维设计的成果，进一步深化三维设计，详细标绘地物及道路，准确表达地物与线路本体相互关系，同步形成通道清理信息一览图及工程量统计表。通过三维数字化设计软件二次开发，自动输出机械化施工所用"三图一表"（路网一览图、地物一览图、装备一览图、单基策划表）。逐步实现临时道路自动推荐选择、地物清晰一览、装备智能推荐、逐基详细策划，辅助业主及施工单位提升机械化施工效率。

当线路地质、地形条件复杂，对工程设计方案、造价、施工装备的选用影响较大时，应逐基进一步开展地质勘探，辅助塔位优化。全面做好"设计与施工""设计与装备""设计与技术经济"三协同，实现设计更优、工程装备选择更优、工程量计列及造价更实。

5.2.2 塔位选择

（1）塔位选择技术原则。为提高施工效率、节约施工成本，基于机械化施工的塔位选择应遵循以下技术原则。

① 塔位选择宜靠近已有道路，减少临时道路修建。

② 避免同一及相邻塔位采用多种运输方式，导致材料多次装卸及机械化设备进场数量增多。

③ 塔位临近带电体时，应充分考虑机械设备施工条件，满足作业安全距离要求。

④ 塔位选择时宜避免一塔占用多块田地，降低协调和施工难度。

⑤ 河网泥沼地区，线路宜避免在水中立塔；若必须水中立塔，需优化塔位，减少临时栈桥等修建长度。

⑥ 塔位选择应考虑牵张场布置和张力放线作业面，满足张力放线施工条件。

⑦ 山地和丘陵地区线路宜避免在陡坡、密林处立塔，应注意控制使用档距和相应高差，避免出现杆塔两侧大小悬殊的档距，当无法避免时应采取提高安全性的措施。

⑧ 充分勘察沿线地质情况，塔位宜避开流砂、溶洞等不良地质作用区。

（2）各类地形条件下应当关注的问题。塔位选择应综合考虑塔位交通和地质条件、地方协调能力和经济性等因素，考虑物料运输及施工作业场地需求，考虑设备进场、平面布置、材料摆放、弃土等需求，选择在方便摆放施工机械的地段。建议采用连续施工区段进行机械化施工，合理规划机械化施工区段，以减少机械的二次转场费用。

① 山地、丘陵地区。

此类地形机械化施工塔位选取原则包括：考虑既有旋挖钻机的爬坡能力，在装备技术参数范围内合理选择塔位；对于机械化施工设备进场修筑道路过长的情形，需要特别关注修路引起的植被破坏和水土流失问题，重点做好环水保措施；途经经济作物区等一些青赔困难的塔位，应差异化选择机械化施工装备并考虑优化塔位；考虑到旋挖钻机等机械化设备的施工作业面大、场地平整度要求较高等限制，如因塔基面陡峭而需进行基面平整，产生土石方开挖，需特别关注环保、水保要求；受旋挖钻机的设备功率和动力头最大扭矩限制，需选择与地质条件相适应的机械化设备；路径周边有民房、养猪棚等建（构）筑物时，宜合理选择塔位并做好施工装备选型。

② 平丘地形。

平丘地形较平坦，相比山地、丘陵地区，设备容易进场，无需大面积开挖便道和清理基面，但需特别注意避免破坏沿线农田与植被。该地形条件下塔位选择应以方便进场、青苗赔偿容易为原则，减少分割地块，减少临时道路修建长度，合理选择塔位。

5.3 机械化施工应用原则

5.3.1 机械化施工适用范围

（1）修路条件好，小运距离小于300 m的塔位，建议修筑车运临时道路，采用全过程机械化施工。

（2）不宜修路的生态敏感区，小运距离大于300 m，交通条件差的地区，建议采用索道运输方式，采用人工为主、机械为辅施工。

（3）为了最大限度发挥机械化施工优势，应尽可能减少机械转场时间，保证机械化施工的连续性。一般来说，至少相邻的4~5座基塔基础能连续采用机械化施工。特殊情况，同一个机械化施工区段内尽可能采用相同类型的基础，如同时采用挖孔类基础。

机械化施工运用范围建议如表5-3-1。

表5-3-1 机械化施工运用范围建议

小运道路地貌	河滩、戈壁、沙地、耕地、可恢复草原	小运距离小于300 m草地，植被稀疏、修路工作量小的山地	小运距离大于300 m草地，植被密集或修路工作量大山地，一级林地，自然保护区	沼泽、湿地
机械化施工方式	机械为主	机械为主	人力为主，机械为辅	机械为主
主要施工机械 材料运输	挖掘机、装载机、小型吊车或随车吊、轮胎式运输车、混凝土布料机	轻卡、小型农用运输车	跨越式索道、畜力	装配式钢桥、挖掘机、小型吊车或随车吊、轮胎式运输车、混凝土布料机
主要施工机械 基础工程	挖掘机、旋挖机、混凝土搅拌站、混凝土运输车、自上料搅拌运输车、振捣装置	挖掘机、旋挖机、混凝土搅拌站、混凝土运输车、自上料搅拌运输车、振捣装置	电镐、电动提土机、跌落式搅拌机	挖掘机、旋挖机、冲击钻机、混凝土搅拌站、混凝土运输车、自上料搅拌运输车、振捣装置

5.3.2 基础机械化施工工艺适应性

常用的湿作业成孔的灌注桩和干作业成孔的挖孔类基础（掏挖基础）成孔施工工艺见表5-3-2。

5.3.3 设备选型原则

（1）平地、丘陵的掏挖基础和挖孔桩基础应综合考虑地形、地貌、工程地质、交通、设备、工期等因素，经过机械化成孔与人工开挖的经济技术比较后，优先选用旋挖钻机成孔。

（2）灌注桩根据工程地质、水文地质等情况，选择合适的冲、钻挖孔等成孔机械设备进行机械化成孔。

表 5-3-2 机械化施工工艺适应性

基础类型	地质条件	推荐开挖工艺	设备条件及推荐规格	运输条件
灌注桩	黏性土、粉土、沙土地基；饱和单轴抗压强度<2 MPa的岩质地基（地下水）	泥浆护壁旋转成孔	回转钻机	机耕路、耕地、低矮丘陵，路宽≥3.0 m，满足卡车通行条件，采用轻型卡车运输
	淤泥、淤泥质土、黏性土、粉土、沙土地基；饱和单轴抗压强度<2 MPa的岩质地基（地下水）	泥浆护壁回转式循环成孔	潜水钻机	水泥路、柏油路、石渣路，路宽≥2.8 m，满足卡车通行条件，采用轻型卡车运输
	卵石、漂石、块石及基岩等复杂的地层（地下水）	垂直旋孔	冲击（抓）式钻孔机	水泥路、柏油路、石渣路，路宽≥2.8 m，满足卡车通行条件，采用轻型卡车运输
挖孔类基础	黏性土、粉土地基；饱和单轴抗压强度<2 MPa的岩质地基	垂直旋孔	轮胎式旋挖钻机，最大钻孔直径1 400 mm，最大钻孔深度25 m	水泥路、柏油路、石渣路，路宽≥2.8 m，坡度≤15°
	黏性土、粉土地基；饱和单轴抗压强度<25 MPa的岩质地基	垂直旋孔	中型履带式旋挖钻机，最大钻孔直径1 500 mm，最大钻孔深度25 m	石渣路、机耕路、耕地，路宽≥2.8 m，坡度≤20°
	黏性土、粉土地基；饱和单轴抗压强度<60 MPa的岩质地基	垂直旋孔	综合型履带式旋挖钻机，最大钻孔直径2 000 mm，最大钻孔深度25 m	石渣路、机耕路、耕地，路宽≥2.8 m，坡度≤30°

5.4 旋挖钻机选型

5.4.1 旋挖钻机简介

旋挖钻机是以回转斗、短螺旋钻头或其他作用装置进行干、湿钻进，并采用旋挖逐次取土、反复循环作业而成孔为基本功能的钻机。目前，旋挖钻机施工时，可根据不同的土壤、地质条件按下列规定选择不同的钻头：短螺旋钻具，适用于地下水位以上的黏性土、粉土、填土，中等密实以上的砂土、风化岩层；岩心螺旋钻头，适用于碎石土、中等硬度的岩石及风化岩层；岩心回转斗，适用于风化岩层及有裂纹的岩石。

旋挖钻机采用回转斗、短螺旋钻头或其他钻具进行干、湿钻进成孔，可实现在多种地层中的成孔施工作业。除回转斗和短螺旋钻头外，旋挖钻机还可通过配置长螺旋钻具、套管及其驱动装置、扩底钻斗及其附属装置、地下连续墙抓斗、预制桩桩锤等不同的作业装置，完成多种桩的成孔施工。同时，旋挖钻机具备下车移动行驶功能。旋挖钻机的特

图 5-4-1 旋挖钻机

点是能自动定位、垂直旋孔、成孔质量好，具有成孔速度快、工作效率高、尘土泥浆污染少等优点。旋挖钻机适用于黏性土、粉土、砂土、淤泥质土、人工回填土及含有部分卵石、碎石等地层。

国内外生产旋挖钻孔机的厂商有近20家，如国内有徐工集团的XR和XRS系列、三一重机的SR系列、宇通重工的YTR系列、中联重科的ZR系列、福田雷沃重工的FR系列等，旋挖钻机的额定功率一般为125~450 kW，动力输出扭矩为120~470 kN·m，最大成孔直径可达1.5~4 m，最大成孔深度为60~120 m，可以满足各类大型基础施工的要求。

常规型的掏挖基础和扩底挖孔桩设计特点是上部为等径直孔，下部需要扩底，而掏挖基础和扩底挖孔桩下部扩底的施工，是基础实现机械化施工的难点，也是制约基础机械化施工发展的关键所在。因此，主要介绍三种具有代表性的旋挖钻机，通过其性能参数，供实际选用参考。

5.4.2 DR125T 掏挖钻机

在向家坝—上海±800 kV 特高压直流工程中成功应用掏挖基础成孔专用机械 DR125T 掏挖钻机，为后来的相关研究奠定了理论及实践基础，见图 5-4-2 所示。

5.4.3 雷沃 FR628D 履带式旋挖钻机

宁德核电—笠里双回 π 接入福州特高压变电站 500 kV 线路工程位于福建丘陵地区，植被茂密、岩石覆盖层薄，为了能对岩石地基进行旋挖钻进，福建送变电工程公司采用 FR628D 旋挖钻机作为试点工程钻机设备。该型钻机配置卡特原装底盘，稳定有力，钻机功率和动力头扭矩大，最大钻孔深度可达 85 m，可对中风化岩层进行有效钻进，且能实现旋挖扩底成孔，见图 5-4-3 所示。

图 5-4-2 DR125T 掏挖钻机

(a) 雷沃旋挖钻机　　　(b) 筒式岩石钻头

图 5-4-3 FR628D 旋挖钻机

5.4.4 徐工集团 XR 系列旋挖钻机

徐工集团针对架空输电线路特点，专门研发了多款中型机械化设备。根据地基硬度不同，可采用不同钻头。该型旋挖钻机有以下特点：

① 当岩石的饱和单轴抗压强度大于 10 MPa，则桩端不能扩底；土质地基及饱和单轴抗压强度小于 10 MPa 的地基桩端可以扩底。基础设计时应充分考虑旋挖钻机对基础形式和尺寸的要求。设计中应尽量减少桩径和扩底规格。

② 土质地基中桩径为 0.6~2 m，以 200 mm 为级差，形成模数系列。扩底分为 4 个系列：0.6 m 扩到 1.2 m，0.8 m 扩到 1.2 m，1.4 m 扩到 3.0 m，1.6 m 扩到 4.0 m。土质地层钻孔最大深度为 25 m，岩石地基中最大桩径为 1.2 m，钻孔最大深度为 12 m。

③ 从动力头最大扭矩来看，针对岩石地基，设备仅适用于强风化硬质岩或中风化、强风化软质岩等岩石层。

④ 旋挖钻机可爬 30°的坡，操作平台处地基要求较高。

经调研，目前国家电网在徐工定制的两款旋挖机分别为 XR180L 和 XR200L，其最大扭矩分别为 180 kN·m 和 200 kN·m，建筑工程目前常用旋挖设备型号有：XR260D、XR280DI、XR360、XR460D 等。

表 5-4-1 徐工 XR180L、XR200L 旋挖机参数表

多功能旋挖钻机代号	XR180L	XR200L
钻孔孔径	满足 0.6~1.5 m	满足 0.6~2.0 m
钻孔深度	土层：20 m；岩层：12 m	土层：25 m；岩层：12 m
扩底倍率	土层：2；岩层：1.4	土层：2；岩层：1.4
最大扭矩	180 kN·m	200 kN·m

续表

多功能旋挖钻机代号	XR180L	XR200L
转台回转角度	360°	360°
最大爬坡度	不大于 30°	不大于 30°
最大行驶速度	3 km/h	3 km/h
单次行驶距离	大于 10 km	大于 10 km
行走遥控有效距离	100 m	100 m
最小离地间隙	大于 260 mm	大于 260 mm
整机行走高度	不大于 3 500 mm	不大于 3 500 mm
行走宽度	不大于 2 600 mm	不大于 2 600 mm
起吊重量	大于等于 10 t	大于等于 10 t
起吊高度	大于等于 12 m	大于等于 12 m
整机重量	35 t	35 t
最大单件重量	不大于 5 t	作为整体运输不大于 30 t
发动机额定功率	194 kW	194 kW
适用岩石单轴饱和抗压强度	不小于 60 MPa	不小于 60 MPa

5.4.5 钻头选择

旋挖钻进施工选用合适的钻头对减少钻头本身的消耗、节约能源、提高成孔的速度和质量，以及整个施工效率的提高起着至关重要的作用。钻头选用不合适会导致钻头本身消耗增加，浪费设备动力能源，还可能会因成孔速度慢而导致孔内事故。影响旋挖钻头选用的因素很多，主要有地层情况、钻机功能、孔深、孔径、沉渣厚度、护壁措施等方面。钻头按作用和结构的不同，可分为空心钻头、短螺旋钻头、清孔钻头、旋挖钻斗、筒式钻头、扩底钻头、冲击钻头、液压抓斗等多种。

表 5-4-2 地层描述及选用的主要钻头类型

岩土类型	特征描述	采用钻头类型
普通土	褐红、黄褐及灰黄色等松散稍密状，土质均匀性差，主要由砾质、砂质黏性土组成	单层底旋挖钻斗、螺旋钻头
填石	灰黑色夹红褐色，以块石为主，呈透镜体状分布	单层底旋挖钻斗、螺旋钻头
填砂	黄褐色、灰褐色，饱和，稍密，以中粗砂为主，岩芯呈散砂状	双层底旋挖钻斗、螺旋钻头
黏土层	灰色、灰黑色、褐黄色，湿，软塑，不均匀，含少量砂	单层底旋挖钻斗、螺旋钻头
砂层	灰色、褐黄色，主要成分为石英质，混少量黏性土，中密，局部密实，饱和	双层底旋挖钻斗
卵石土	灰、深灰色、褐黄色，岩芯呈碎块状，偶夹块石，少量短柱状	双层底旋挖钻斗、螺旋钻头
砾质黏性土	褐红、褐黄、灰黄夹灰白色、灰色，隐斑状结构，可塑状，含石英砾	双层底旋挖钻斗、螺旋钻头
砾质黏性土	红褐色、褐黄色、棕黄色等，局部灰白色，硬塑状，含较多石英砾，偶夹角砾，由下伏花岗岩残积而成	双层底旋挖钻斗、螺旋钻头
全风化花岗岩	褐红、褐黄、褐灰夹肉红色、灰绿色夹棕黄色，局部夹灰白色，岩石风化强烈，原岩结构可辨析，岩芯呈坚硬土柱状，局部夹角砾，遇水扰动软化、崩解	旋挖钻斗配短螺旋钻头
强风化花岗岩	灰褐色、褐黄、褐红夹黄褐等色，原岩结构清晰可见，粗粒结构，块状构造，裂隙发育，岩质较软，岩芯呈角砾状或块状	旋挖钻斗配短螺旋钻头
中风化花岗岩	灰白色夹灰绿色、褐黄、浅肉红、灰褐色，中粗粒结构，块状构造，矿物成分主要为石英、长石、云母，岩体节理、裂隙发育，岩石致密，较坚硬，锤击声哑，易碎	筒式钻头、短螺旋钻头配旋挖钻斗
微风化花岗岩	灰白色夹肉红色、肉红夹灰绿色、灰褐色，主要矿物成分为石英、长石、云母等，粗粒结构，块状构造，岩质坚硬，锤击声脆，裂隙稍发育，呈闭合状，裂面平直，岩芯较完整	筒式钻头、滚刀钻头配旋挖钻斗

表 5-4-3 岩石螺旋钻头规格主要参数

钻头直径 D_1/mm	螺片直径 D_2/mm	高度 L/mm	螺距 H/mm	钻头结构	齿数/个
600	560	1 240	500	单头单螺锥	18
				双头单螺锥	25
				双头双螺锥	25
800	760	1 440	600	单头单螺锥	20
				双头单螺锥	28
				双头双螺锥	28
1 000	960	1 440	600	单头单螺锥	22
				双头单螺锥	32
				双头双螺锥	32
1 200	1 160	1 440	600	单头单螺锥	26
				双头单螺锥	36
				双头双螺锥	36
1 500	1 460	1 440	600	单头单螺锥	30
				双头单螺锥	50
				双头双螺锥	50
1 800	1 760	1 440	600	单头单螺锥	36
				双头单螺锥	60
				双头双螺锥	60

表 5-4-4　土层螺旋钻头规格主要参数

钻头直径 D_1/mm	螺片直径 D_2/mm	高度 L/mm	螺距 H/mm	钻头结构	齿数/个
600	560	1 490	500	单头单螺平	2
				双头单螺平	3
				双头双螺平	3
800	760	1 740	600	单头单螺平	3
				双头单螺平	4
				双头双螺平	4
1 000	960	1 740	600	单头单螺平	4
				双头单螺平	6
				双头双螺平	6
1 200	1 160	1 740	600	单头单螺平	5
				双头单螺平	8
				双头双螺平	8
1 500	1 460	1 740	600	单头单螺平	6
				双头单螺平	10
				双头双螺平	10
1 800	1 760	1 740	600	单头单螺平	7
				双头单螺平	12
				双头双螺平	12
2 000	1 960	1 740	600	单头单螺平	8
				双头单螺平	14
				双头双螺平	14

表 5-4-5　旋挖钻斗规格参数

钻头直径 D_1/mm	筒子外径 D_2/mm	钻筒高度 H/mm	钻头结构	齿数/个
600	560	1 200	单层底板	3
			双层底板	3
800	760	1 200	单层底板	4
			双层底板	4
1 000	970	1 200	单层底板	6
			双层底板	6
1 200	1 100	1 200	单层底板	8
			双层底板	8
1 500	1 400	1 200	单层底板	10
			双层底板	10
1 800	1 700	1 200	单层底板	12
			双层底板	12
2 000	1 900	1 200	单层底板	14
			双层底板	14

对于扩底部分需采用专用扩底钻头，根据切削头不同可分为钎头扩底钻头、截齿扩底钻头、滚刀扩底钻头以及牙轮扩底钻头。钎头扩底钻头一般用于土层扩底钻进，截齿扩底钻头一般用于软岩及强风化岩石地层，牙轮和滚刀主要用于中硬岩、硬岩地层的扩底施工。

5.4.6　钻机进场道路条件

农村简易道路、农田、草地、桥梁、山地、丘陵等满足以下条件时，可由钻机自行行走直接通过，见下表5-4-6。

(a) 钎头扩底钻头　　(b) 截齿扩底钻头　　(c) 滚刀扩底钻头　(d) 牙轮扩底钻头

图 5-4-4　扩底钻头类型图

表 5-4-6　钻机直接通过的道路条件

项目	直接通过道路条件	
	中型	综合型
宽度	≥3.0 m	≥3.0 m
净空高度	≥3.8 m	≥3.8 m
前进坡度	≤20°	≤30°
横向坡度	≤12°	≤12°
地耐力	≥86 kPa	≥86 kPa
转弯处宽度	≥3.8 m	≥4.0 m

钻机转弯时，以回转支撑为中心，由转弯半径、角度、方向及净空高度确定转弯影响区空间要求，转弯影响区内严禁有障碍物。不能满足直接通过条件时，可采取表 5-4-7 中的处理措施。

5.4.7　旋挖钻机施工工艺

旋挖钻机基础机械化施工是利用旋挖钻机将钻杆通过钻头、护筒下压器对护筒施压，使护筒到达预定深度，同时驱动钻头转动，使钻头上的截齿（斗齿）刮动桩孔内的土石，随着钻头的旋转土石进入钻头内，钻头装满土石后弃卸到孔外，反复循环作业至成孔。成孔检测合格后，利用旋挖钻机副卷扬提升吊装钢筋笼、导管，浇筑混凝土后，再利用其副卷扬起拔护筒，从而完成基础施工。

通过对系列化旋挖钻机装备性能及适用范围的研究，确定形成了施工准备、旋挖钻机就位、护筒埋设、成孔、钢筋笼安装、浇筑混凝土、起拔护筒、继续浇筑至成型、旋挖钻机撤（转）场、基础拆模、养护等施工工艺流程，最终形成旋挖钻机施工工艺。

表 5-4-7　钻机道路通行处理措施

道路类型	道路状况	处理措施
农村简易土路	道路宽度≤3.0 m	拓宽道路至 3.0 m 及以上
	横向坡度≥12°	垫土至道路横向坡度小于 12°
	路面不平整，有较大的障碍物	利用挖掘机、推土机等平整道路
乡村水泥路	路基满足承载要求（混凝土厚度≥20 cm），路面需被保护	钻机安装履带靴
	路基不能满足承载要求	修建临时施工便道
农田或草地	地耐力小于 86 kPa	后设厚度≥12 mm 钢板
桥梁	桥梁承载力不足或不满足限载要求	对桥梁进行加固
		架设贝雷桥等
		对旋挖钻机进行模块化拆解（由于拆解步骤复杂，建议选择其他路线通过）
	路面易被履带损坏	将旋挖钻机安装履带靴
山地或丘陵	道路宽度<3.0 m	拓宽道路至 3.0 m 及以上
	对综合型钻机，前进坡度>30°	对钻机可进行模块化拆解，通过索道进行运输

（1）护筒埋设。埋设护筒的作用是保证孔壁周围土层的稳定，避免塌孔，固定桩位和防止地表水流入孔内等。护筒长度根据地质条件确定，湿孔护筒长度一般采用 1.5~3 m，干孔护筒长度一般采用 1 m。护筒一般用厚度大于 10 mm 的钢板制作而成，内径应比钻头直径大 100~130 mm，从而保证钻头顺利钻孔。护筒上方设有 2 或 4 个吊点，便于护筒下设、上拔时的吊装。

钻机水平就位后，施工人员配合钻机操作机手对准桩位开始钻进。当钻进深度达到一定深度时（湿孔钻进深度小于护筒长度 1 m，干孔钻进为 0.5 m）应停钻，提出钻头并埋设护筒。

旋挖钻机副卷扬用 2 或 4 根钢丝绳对称起吊护筒垂直放入孔内。利用钻机副卷扬将护筒下压器放置护筒上方，将钻头放入护筒下压器凹型槽中垂直下压，直至护筒压至预定深度。护筒下压器的使用能有效保证护筒下设的垂直度。

当采用湿孔钻进作业时，应在护筒的上部开设 1 个溢浆孔，并在成孔时，保持泥浆液面高出地下水位。

护筒下设后，应用水平尺或水平仪测量护筒的垂直度。护筒的中心与桩位中心的偏差应控制在 30 mm 以内，护筒顶部应高出地面 200 mm，护筒与孔壁间的缝隙应用土填实。

（2）成孔。在土层施工时，干孔成孔工艺与湿孔成孔基本相同，只是不需要泥浆护壁。

在岩石地层施工时，应根据地勘报告中岩石的硬度选择适合的钻头。旋转钻头使截齿与岩体摩擦，将岩体打磨碎，后将其捞进钻头内，然后再将钻头提升出孔口，进行弃卸，循环作业，直至达到钻进深度。钻进过程中如果钻进速度较慢，截齿磨损严重时，应采取停机降低钻头的温度或更换钻头等措施。

① 湿孔清孔。湿孔清孔时，旋挖钻机钻头在孔底搅动后利用钻头将渣土从孔底取出，同时抽换孔内泥浆，保证孔底泥浆沉淀厚度小于规定值，完成清孔作业。

② 干孔清孔。干孔清孔时，直接通过旋控钻机本身进行清孔。利用钻头将土取出，再将钻头提升出孔口进行卸土，从而完成清孔作业。

孔内事故的预防措施：

① 加强钻具检查，加工不良的钻具严禁使用。

② 对孔内水头高度、泥浆的相对密度和黏度经常观察和检测，发现问题及时解决，尤其在钻孔排渣、提锥除土或因故停钻时应保持孔内规定水位和规定的泥浆性能指标，以防坍孔。

③ 钻孔作业应分班连续进行，在土层变化处捞取渣样判明土层，并与地质资料核对，根据土层情况采取相应措施，保证施工质量。

④ 升降钻锥须平稳，钻锥提出井口应防止碰撞护筒或孔壁，防止钩挂护筒底部，钻杆的拆装应迅速。

（3）钢筋笼安装。钢筋笼安装可利用旋挖钻机副卷扬吊装，其副卷扬最大提升力为 80 kN，提升高度为 12 m，故在提升力小于 80 kN 或提升高度小于 12 m 时均可以利用旋挖钻机自身完成钢筋笼吊装。

起吊钢筋笼时应始终保持钢丝绳对称起吊，在起吊过程中起重变幅应平稳。钢筋笼下放时应配合施工人员缓慢下放，垂直放入孔内。当提升力超过 80 kN 或提升高度为 12 m 以上时，可采用分段吊装或吊车配合下放钢筋笼。

（4）浇筑混凝土。利用旋挖钻机副卷扬将导管垂直放入孔内，应保证导管底部距孔底 0.3~0.5 m。导管直径宜为 200~250 mm，导管分节长度视工艺要求而确定。在下导管前，应在地面试组装和试压，试压的水压力一般为 0.6~1.0 MPa，底管长度不宜小于 4 m，各节导管用法兰进行连接，要求接头处不漏浆、不进水。混凝土灌注时应紧凑、连续进行，不得中途停顿。拔导管时应匀速缓慢，以防桩头空洞及夹泥。

（5）起拔护筒。旋挖钻机本身的上拔力能满足浇筑后埋深 3~4 m 护筒的上拔。当混凝土浇筑到离地面孔口 0.3~0.5 m 时，将钻机移至桩位附近，使用副卷扬开始起拔护筒，起拔过程应缓慢进行，并始终保证护筒两侧平衡。

（6）继续浇筑至成型。拔出护筒后，用工具将顶面含有泥浆的混凝土清除干净，开始搭设模板并安装地脚螺栓，继续进行混凝土浇筑直至基础成型。

（7）旋挖钻机撤（转）场。基础浇筑结束后钻机拆卸的程度视撤（转）场情况而定。

① 自行走不需拆卸，转场时将钻桅后倾 45°，行走至下一个施工塔位或指定地点。

② 利用平板车和挂车运输撤转场，将钻杆、钻头等拆卸。

③ 自行走或车辆运输场参考进场要求。

（8）基础拆模、养护。当基础混凝土强度不低于设计强度 25%时可进行基础拆模，拆模时间随养护的环境温度而有不同。拆模应自上而下进行，敲击要得当，应保证混凝土表面棱角不受损坏，表面应光滑，无麻面、蜂窝、露筋等现象。

基础养护时要防止因干燥而龟裂。养护必须在浇筑完成后 12 h 内开始，炎热天气 3 h 后开始。

（9）旋挖钻机操作注意事项。设备上配有回转钻具，所有人员应保持距离，以确保人身安全，否则万一触及，将造成致命伤害。钻桅在任何状态下，操作回转动作之前，查看履带下方的地面是否密实，松软的地面支撑有可能导致设备的倾翻。

钻机停止作业期间且钻桅处于竖立状态，将钻头下放至触地位置，确认所有操作杆处于居中的位置，发动机熄火，并拔去钥匙，锁闭安全手柄，锁紧驾驶室门窗后方可离开。一旦钻头与地面留有空隙，任何情况下其钻头下方严禁人员接近（防止误操作导致钻头下落伤人）。

要熟悉工地指挥各种手势的含义，只接受一个人发出的指挥手势。特别是当钻机司机视野受限时，比如倒车、移位、做辅助动作等过程中需有专人在车外指导。

上下机器时，要面向机器，保持与扶梯和扶手三点接触（两手一脚或者两脚一手），机器在运行时严禁上下机器，进入或离开驾驶室时，不能把任何操纵杆当作扶手使用。当在钻机附近发生闪电雷击时，驾驶员绝不允许攀登钻机或下钻机，如果有雷电时驾驶员应待在驾驶室内，如果雷电发生时人站在地面上，则应迅速远离钻机的地方。

5.4.8 旋挖钻机在施工中的常见问题及解决措施

（1）坍孔。在灌注过程中如发现井孔护筒浆内泥浆位忽然上升溢出护筒，随即骤降并冒出气泡，应怀疑是坍孔征象，可用测深锤探测。如测深锤原系停挂在砼表面未取出的现被埋不能上提，或测深锤探测砼面时达不到原来深度，相差很多，均可证实确为坍孔。

坍孔原因可能是护筒底脚周围漏水，孔内水位降低或在潮汐河流中，当涨潮时孔内水位差减小，不能保持原有静水压力，以及由于护筒周围堆放重物或机器振动等均可引起坍孔。

发生坍孔后应查明原因，采取相应的措施，如保持或加大水头、移开重物、排除振动等，防止继续坍孔，然后用吸泥机吸出坍入孔中的泥土，如不继续坍孔可恢复正常灌注。坍孔不严重时可回填至坍孔位置以上，并采取改善泥浆性能、加高水头、埋深护筒等措施，继续钻进。坍孔严重时应立即将钻孔全部用砂或小砾石夹黏土回填，暂停一段时间后查明坍孔原因，采取相应措施重钻。坍孔部位不深时可采取深埋护筒法，将护筒周围土夯实重新钻孔。

（2）孔身偏斜。遇有孔身偏斜、弯曲时应分析原因，进行处理。一般可在偏斜处吊住钻锥反复扫孔，使钻孔正直；偏斜严重时应回填黏性土到偏斜处，待沉积密实后再钻进。

（3）糊钻、埋钻。糊钻、埋钻常出现于正循环（含潜水钻机）内回转钻进和冲击钻进中。遇此应对泥浆稠度、钻渣进出口、钻杆内径大小、排渣设备进行检查计算，并控制适当的进尺；若已严重糊钻，应停钻提出钻锥，清除钻渣。

（4）掉钻落物。掉钻落物时宜迅速用打捞叉、钩、绳套等工具打捞，若落体已被泥沙埋住，应按前述各条，先清除泥砂，使打捞工具接触落体后再打捞。

在任何情况下，严禁施工人员进入没有护筒或其他防护设施的钻孔中处理故障。当必须进入没有护筒或其他防护设施的钻孔时，应检查孔内有无有害气体，并备齐防毒、防溺、防坍埋等安全设施后方可行动。

5.4.9 旋挖钻机应用建议

结合旋挖钻机的机械性，从地质地形条件、现场道路运输情况、旋挖钻机的施工效率等多方面进行考虑，开展三种旋挖钻机的适用性研究工作。在平原地区施工，现场道路情况较好，施工场地比较狭小时，可选用小型旋挖钻机；现场道路情况较差，小型钻机行进困难，通过性较差时，可选用中型旋挖钻机，其具有一定的爬坡能力；在复杂地区施工，可选用综合型旋挖钻机，此款主机具有极强的爬坡能力，爬坡度达 30°。

不能脱离现有设备的施工能力进行基础形式的设计，因此旋挖机成孔基础设计原则除需依据本工程基础设计原则外，还应考虑机械化施工的特殊性。

（1）孔径及埋深：最大设计孔径为 2.5 m，最小孔径为 0.6 m，级差为 0.2 m，设计中不出现奇数孔径，以降低施工单位设备投入。最大埋深不宜大于 25 m（岩层：12 m）。基础设计宜按小桩径深埋的原则进行优化。

（2）扩底要求：旋挖钻机在饱和单轴抗压强度小于 10 MPa 下可以进行扩底，最大扩底直径为孔径的两倍。若饱和单轴抗压强度大于

10 MPa，不宜采用扩底型，防止钻机的损坏。

（3）机械化施工条件下：无需设置护壁，减少混凝土方量的同时，大大提高施工效率。

（4）桩径组合：在基础设计过程中，尽量采用较少的桩径组合，可以归并相近的桩径，避免造成施工备用钻头的浪费。

5.4.10 旋挖钻机成孔注意事项

旋挖钻机成孔分为干式和湿式旋挖成孔工艺，适用于平地、丘陵等地形地质条件，干作业适用于掏挖基础，湿作业适用于挖孔桩基础。

（1）旋挖钻机成孔受设备尺寸、性能、施工道路、场地平整度、场地空间、地层地质等因素影响，是否采用旋挖钻机应经技术经济比较后确定。

（2）旋挖钻机进场及施工过程中，应避免对生态环境的破坏，减少基面土石方开方，注意采取水土保持措施。

（3）施工时要针对不同的地质类型选取合适的旋挖钻头，施工中随时检查钻头的情况，如发现有磨损现象需及时调整。

（4）施工时要采取措施保证钻头对中，必要时可安设钢护筒。升降钻锥须平稳，钻锥提出井口时应防止碰撞护筒或孔壁。

（5）钻孔作业中若发现现场情况与设计地质资料出入较大，应及时反馈。

（6）由于在黏土层中施工时容易造成颈缩现象，在施工中时要注意严格控制钻进深度。

（7）施工中注意避免履带机离坑口太近，以免因机械重量影响造成塌孔。

5.5 灌注桩基础施工设备选型

5.5.1 设备选型

灌注桩基础适用范围非常广，适用于各类地质条件，被誉为线路工程的"万能基础"。灌注桩的施工机械种类较多，应根据道路条件、地形地质条件、机械设备的钻孔桩径和深度以及泥浆排放等因素合理选择灌注桩基础成孔施工装备。表 5-5-1 集中列举了各类施工装备的主要性能特点。

表 5-5-1 灌注桩施工机械特点

钻孔方法	适用土层	孔径	孔深	泥浆作用
正循环回转钻	黏性土，砂类土，含少量砾石、卵石的土（含量少于20%），软岩	0.8~2.5 m	30~100 m	护壁，悬浮钻渣
反循环回转钻	黏性土，砂类土，含少量砾石、卵石的土（含量少于20%，粒径小于2/3钻杆内径）	0.8~3.0 m	用真空泵 35 m，空气吸泥浆 65 m，气举式 120 m	护壁
潜水钻	适用于地下水位较高的软土地基灌注桩成孔，包括淤泥、淤泥质土、黏土、粉质黏土、砂土、砂夹卵石及单轴抗压强度小于 20 MPa 的软岩	非扩孔：0.8~3.0 m 扩孔：0.8~6.5 m	标准型：50~80 m 超深型：50~150 m	正循环悬浮钻渣，反循环护壁

续表

钻孔方法	适用土层	孔径	孔深	泥浆作用
冲抓钻	适用地层为粉质黏土、砂土、土夹石、强风化岩层	0.8~2.0 m	50 m	护壁
冲击钻	主要用于深基础的钻孔灌注桩成孔施工，实心锥适用于黏性土、砂类土、砾石、卵石、漂石、较软岩石；空心锥适用于黏性土、砂类土、砾石、松散卵石	实心锥：0.8~2.5 m 空心锥：0.6~2.0 m	80 m	护壁，悬浮钻渣
多功能旋挖钻	黏性土、粉土、填土、中等密实以上的砂土、风化岩层	一般为：1.0~2.6 m 特殊型：2.8~4.0 m	最大成孔深度 60~120 m	护壁

从上表可以看出，考虑到多功能旋挖钻机适用范围较广，且无泥浆排放问题，应优先选用。

5.5.2 成孔注意事项

（1）根据地层类型，选择合适的冲（钻）孔钻头，原则如下：

① 在一般黏性土、淤泥、淤泥质土以及砂土中，宜采用笼式钻头。

② 在砂卵石层、强风化层中，可用镶焊硬质合金刀头的笼式钻头。

③ 遇孤石或旧基础时，可用带硬质合金刀的筒式钻头。

④ 在硬岩中，可用牙轮钻头。

⑤ 冲孔桩一般采用十字形冲击钻头。冲击钻头分冲孔钻头、冲岩钻头、修孔钻头、扩孔钻头。

（2）冲孔施工中需注意事项。

① 开孔时应低锤密击。如表土为淤泥、松散细砂等软弱土层，可加黏土块夹小片石，反复冲击造孔壁，保证护筒的稳定。

② 保证泥浆的供给，使孔内浆液稳定。

③ 准确控制松绳长度，避免打空锤。一般不宜用高冲程，以免扰动孔壁引起坍孔、扩孔或卡钻事故。

④ 应经常检查钢丝绳的磨损情况、卡扣松紧程度、转向装置的灵活度，以免掉钻。

⑤ 应经常检查冲击钻头的磨损情况，如磨损过大，切削角不符合要求时要及时更换修理，以提高钻进效率，防止夹钻、卡钻等事故。

（3）根据桩型、钻孔深度、地层地质情况、泥浆排放及处理等条件综合选定成孔机具及工艺。

（4）正式施工之前必须进行试成孔，试成孔时施工记录必须全面翔实。

（5）护筒定位后及时复测其位置及其与地层镶嵌的密实性。施工期间护筒内泥浆面应高出地下水位 1.0 m 以上（在受水位涨落影响时，泥浆面应高出最高水位 1.5 m 以上）。

（6）钻机钻进时，应根据土层类别、孔径大小、钻孔速度及供浆量来确定相应的钻进速度。

① 在淤泥和淤泥质土层中，应根据泥浆补给情况，严格控制钻进速度，一般不宜大于 1 m/min；在松散砂层中，钻进速度不宜超过 3 m/h。

② 在硬土层中或在岩层中的钻进速度以钻机不发生跳动为准。

（7）钻孔桩钻进过程要避免斜孔、弯孔、缩颈、塌孔等质量事故。若发生以上事故，应停止进钻，在采取有效措施纠正后，方可继续施工。

（8）施工时要注意清孔。为把沉渣对桩基承载力的影响降到最低，可通过二次清孔、改善泥浆性能、延长清孔时间等措施来提高清孔效果。当泥浆相对密度及沉渣厚度均符合要求后才可进行水下混凝土灌注施工。

5.6 其他新型基础成孔施工装备介绍

5.6.1 可拆分式挖孔机

（1）设备简介。

为解决山区基础机械开挖难题，四川送变电公司从2017年开始进行了可拆分式小型挖孔机的研制工作，以达到"机械代人、人不下坑"的安全管理目标，从而压降施工风险。

整套设备主要由动力系统和作业系统两个部分组成，动力系统由液压泵站、发电机组成；作业系统由开挖机构和负压排渣装置组成，共四个单元。动力系统包含1台发电机和2台液压动力泵站，为设备开挖钻进提供动力。液压泵站自带履带式底盘，可采用遥控方式行走。作业系统包含开挖机构、起吊装置、负压排渣装置三部分，开挖机构负责刀头的旋转开挖，刀架的进给；起吊装置负责部件和钢筋笼的吊装；负压排渣装置负责排出开挖的碎石。

该装置采用高速旋转的多组刀头对岩体进行立向切削，采用真空负压装置进行孔底排渣。该装置具有开挖、排渣、护壁为一体的功能，整机采用模块化设计，各部分采用快速拔插接头，拆装方便；自带的起吊装置满足钢筋笼分段吊装工艺，从而实现"人不下坑"的作业要求。

（2）适用条件。

① 适用于黏性土、粉土、砂土以及Ⅲ级以下岩石（岩石强度≤40 MPa）

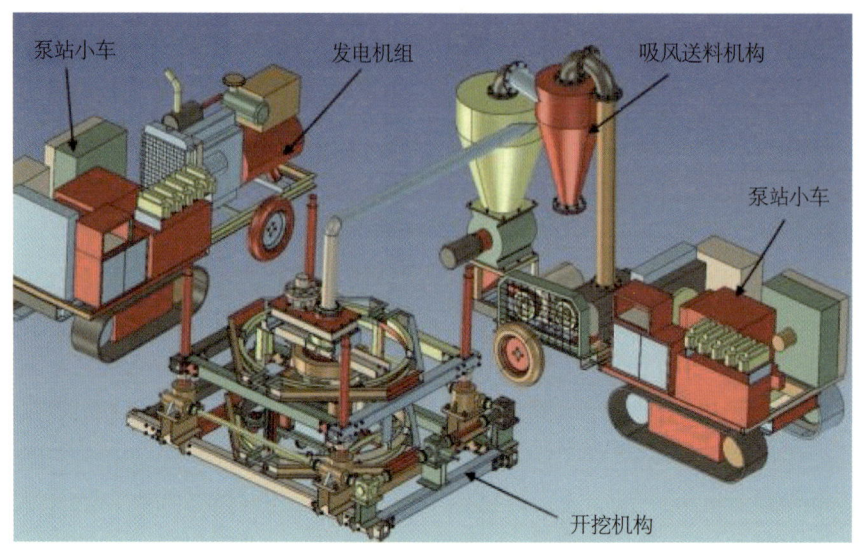

图 5-6-1 设备结构图

地质条件。

② 适用于交通条件较差、机械装备进场困难地区。

（3）技术特点。

① 成孔直径1.2~2.0 m。

② 成孔深度≤20 m。

③ 整体重量10.42 t，可拆分单件最重为1.35 t，适合索道运输。

④ 起吊装置起吊高度6 m，起吊能力2 t。

⑤ 针对不同地质进度不同，综合工效1.24 m^3/h。

⑥ 开挖装置占地小，无需额外场地平整，减少环境破坏。

（4）施工流程。

主要施工流程为施工场地布置、运输、安装、成孔作业、安装钢筋笼、浇筑混凝土和基础养护。

图 5-6-2 施工场地布置

图 5-6-3 运输

图 5-6-4 设备组装

图 5-6-5 成孔作业

(5) 应用实例。

可拆分式挖孔机已在白鹤滩 500 kV 配套输出工程、遂宁—南充 500 kV 输电线路工程和白鹤滩—江苏 ±800 kV 特高压直流输电工程等多项工程中得到应用。

在遂宁—南充 500 kV 输电线路工程项目试点应用中，开挖 N453 塔 A 腿，岩体硬度 30 MPa，设计土方量 10.85 m³，采用挖孔机 1 天（含安装）完成，配合人员 3 人（其中操作人员 1 名）。计入安装、润滑油、柴油等运行成本及机械购置及维护、刀片损耗等成本，合计挖孔机开挖直接成本投入约 223.17 元/m³（以上测算未含运输、青赔、道路修筑等费用）。

表 5-6-1 可拆分式挖孔机成孔费用

序号	项目	单价	数量	小计	备注
1	人工费			770 元	N453A 腿，基础埋深 3.6 m，孔径 1.2 m，挖方量合计 10.85 m³
1.1	技工	330 元/日	1 个	330 元	1 个技工工作 1 天
1.2	普工	220 元/日	2 个	440 元	2 个普工工作 1 天
2	材料费			950 元	
2.1	润滑油	1.84 元/m³	10.85 m³	20 元	
2.2	柴油	82.94 元/m³	10.85 m³	900 元	每日用油约 140 L，小计约 900 元，折合约 82.94 元/m³
2.3	易损件	2.76 元/m³	10.85 m³	30 元	
3	机械费			701.45 元	
3.1	机器摊销	32 元/m³	10.85 m³	347.2 元	挖孔机全寿命可挖 10 000 m³，机器采购费 80 万元，折合 80 元/m³，考虑到机器本身价值，约合 32 元/m³
3.2	刀片摊销	5 元/m³	10.85 m³	54.25 元	挖孔机全寿命可挖 10 000 m³，刀片更换共 5 万元
3.3	安装机械成本	27.65 元/m³	10.85 m³	300 元	
4	总计（1+2+3）			2 421.45 元	
5	折合每方开挖单价			223.17 元	开挖单价=总计/方量

5.6.2 电建钻机

(1) 设备简介。

为解决输电线路基础开挖成孔问题，国网公司组织有关单位开展基础一次成孔或多次成孔研究，形成了电建钻机成孔典型施工方法。

利用电建钻机实现输电线路基础机械化开挖，对于一次成孔，干作业时根据切削、刨松原理，采用等孔径的动力头转动底门镶嵌斗齿的桶式钻斗，切削岩土，并将原状岩土收入钻斗内，然后再由钻机卷扬机和伸缩钻杆将钻斗提出孔外卸土，循环往复钻至设计深度；湿作业时应用护筒护壁或泥浆护壁，辅助电建钻机旋挖成孔。对于多次成孔，采取不同规格的钻具、钻斗抽芯，应用分层环形旋进或梅花桩成孔方式进行钻进，最后采用等孔径钻头铣孔至设计深度。

图 5-6-6 电建钻机

目前电建钻机已研发应用四个系列 5 种型号，满足绝大部分工程应用场景，可根据实际输电线路工程特点选择合适的型号。

（2）适用条件。

① 适用于输电线路挖孔基础、掏挖基础、灌注桩基础、岩石嵌固基础等机械成孔施工。

② 适用于平地、丘陵、山地等地形。

③ 适用于流沙、流泥、普通土、坚土、风化岩石（强度小于 60 MPa）等地质。

（3）技术特点。

① 成孔直径范围 0.6~3.2 m，最大成孔深度 30 m。

② 进场道路宽度在 3 m 以内，操作平台约 3.5 m（长）×3.5 m（宽）。

③ 采用一体化设计，转场方便，无需拆卸；底盘可伸缩，道路通过性强；具备纵向 25°、横向 8~10°的爬坡能力。

④ 具备自动检测、自动调整垂直度、深度检测等功能，可有效保证基坑成孔质量。

⑤ 大幅减少湿作业护壁泥浆的使用量，利于环境保护。

（4）经济社会效益。

利用电建钻机代替传统人工开挖，不仅极大地降低施工安全风险，而且也极大地提高了工效，缩短了工期，减少了人工投入。在同一土质同一工作量情况下对比，相比人工开挖，电建钻机减少用工约 98%，缩短工期约 96.7%。

（5）应用实例。

电建钻机自 2020 年以来在国网系统内 14 个省的近百条 35 kV 至 1 000 kV 电压等级的线路工程中均有应用，如大足水丰 110 kV 输变电工程线路、通益—玉潭Ⅱ入福宁变电站 220 kV 线路工程、重庆永川 500 kV 输变电工程、湖南华润鲤鱼江电厂 500 kV 送出工程、南阳—荆门—长沙 1 000 kV 特高压交流工程、白鹤滩—江苏±800 kV 特高压直流输电工程等。

图 5-6-7 通益—玉谭Ⅱ入福宁变电站 220 kV 线路工程现场

第 6 章 基础施工临时道路修筑方案

具备进场通行条件是线路全过程机械化施工的前提，临时道路修建与物料运输方案需要统筹考虑路径方案、塔位布置，满足环水保要求，针对性做好设计优化，发挥机械化优势。根据基础施工、组塔架线等工序所需的设备进场和材料运输需求，因地制宜采用不同临时道路修建方案，平地可采用铺设钢板，河网地带可采用架设栈桥，山区可采用架设索道。对于物料运输和设备进场，根据工程经验，兼顾当前装备技术水平，在平地、河网、泥沼、丘陵、山地和高山大岭等不同地形条件下，根据施工环境及道路条件，优选轻型卡车、履带式运输车、索道、湿地旱船、水陆两用运输车、单（双）轨运输车等运输方式，形成输电线路工程临时道路及物料运输典型方案。

6.1 技术要点

对于施工进场与运输环节的方案设计，重点在于临时道路修建与物料运输。临时道路修建需要结合道路状况、路面条件及地形条件制定，物料运输方案需要根据地形条件及交通条件制定。

输电线路工程设备、材料及施工机具的运输要综合考虑施工全过程机械通行要求。道路条件较好，如路宽 2.5~3.0 m、最小转弯半径 15~25 m、最大坡度 15°、路基承载力不小于 80 kPa，机械通行可以直接利用现有的道路，机械化程度较高，施工效率较高；对于部分道路条件较差，但地形条件较好的塔位，可以利用现有设备进行施工，对原有道路进行加宽、加固处理，使其满足施工机械、材料运输的要求；无施工道路时，如河网、泥沼地形，可以修建临时道路或临时栈桥，便于施工机械通行和材料的运输，对于草原、林区尽可能减小通行长度，并考虑绕行或移栽再恢复的方案。临时道路修建主要采用挖掘机、推土机及装载机等，对于部分山地塔位需凿岩机配合。

不同条件组合临时道路修建方案见表 6-1-1。

表 6-1-1 不同条件组合临时道路修建方案

条件组合			临时道路修建方案	备注
道路状况	路面条件	适用地形条件		
有施工道路	路宽、路基承载力满足机械通行要求	平地、河网、泥沼、丘陵、山地、高山大岭	利用已有道路	综合考虑施工全过程机械通行要求，一般路（栈桥）宽 2.5~4.0 m，路基承载力≥80 kPa
	路宽、路基承载力不满足机械通行要求	平地、河网、泥沼、丘陵、山地、高山大岭	道路增宽加固	
无施工道路		平地、丘陵、山地、高山大岭	修建临时道路	
		河网、泥沼	修建临时道路或临时栈桥	

目前临时道路修建方案需要根据地形地质和线路周边路网情况，并结合三维设计等技术手段，详细标绘地物及临时道路，形成施工道路路网一览图和道路修建明细表，集成临时道路、拓宽道路、可利用道路及土地权属信息，指导施工道路修建，提高机械化施工效率。图 6-1-1 和表 6-1-2 分别为某新建杆塔机械化施工路网一览图和道路修建明细表，通过高清航片及现场详勘，掌握周边路网信息，借助三维设计软件，标记道路属性，测算比选道路修建长度，形成最优临时道路修建方案。

表 6-1-2　某新建杆塔道路修建明细

名称	道路长度/m	道路宽度/m	道路坡度/°	地形	通行条件	道路现状	归属信息
可利用道路	—	15	—	平地	≥3	柏油路	某交通运输局
需拓宽道路	400	3.5	—	平地	≥3	沙土路	—
临时道路	100	3.5	—	平地	≥3	农田	—

6.2　临时道路修筑

为满足施工中机械运输的要求，沿线道路以及施工便道应满足以下要求。

（1）选取路径最短、环境破坏最小的临时道路修筑方案。

（2）在满足施工和运维需求下，优先采用永久和临时道路相结合。

（3）临时道路根据机械设备（基础施工设备和组塔施工设备）通行能力，宽度一般不小于 3.0 m。对于硬土地基，可以直接修建临时道路；对于松软土、水田地段需要对路基进行加固处理；对于软土地基或脆弱生态保护段，可采用铺设钢板和草垫的方式进行配合使用。对于需拓宽或平整的乡村道路，可采用松砂石填筑。

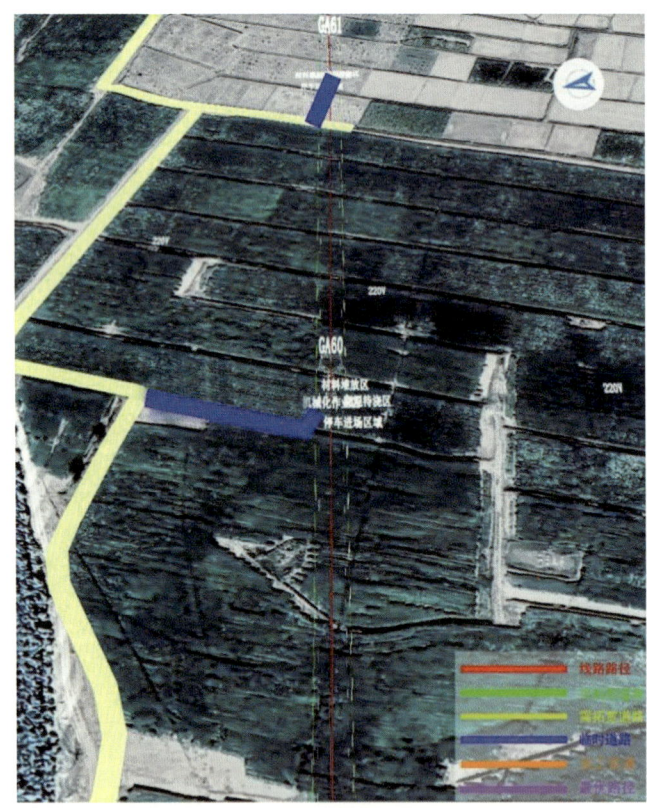

图 6-1-1　某新建杆塔施工路网一览图

(a)　草垫

(b)　钢板

图 6-2-1　临时道路修筑图

目前输电线路工程中临时道路的修建还没有形成统一标准，临时道路的修建主要依赖地形条件、地质条件以及后续施工机械设备的情况。临时道路修建过程中用的传统施工设备主要包括挖掘机、推土机、装载机三类。

表6-2-1 修建临时道路施工设备

设备名称	设备性能描述
挖掘机	主要用于把土壤、煤、泥沙以及经过预松后的土壤和岩石铲至相应位置，在临时道路的修建中主要用于挖取余土及填补深坑。
推土机	主要用于推土、平整场地等，推土机可以完成路基基底的处理，路侧取土，沿道路中心线向铲转移，还可以用于平整场地，堆积松散材料，清除作业地段内的障碍物等。
装载机	能够综合完成挖土、运土、卸土、填筑、整平的机械，操作灵活，不受地形限制，在临时道路修筑施工过程中主要用于卸土、填筑及整平工作。

图6-2-2 传统道路施工设备

6.3 挖掘机选型

挖掘机根据行走装置的不同，主要分为履带式、轮胎式和步履式三种。

（1）履带式挖掘机：驱动力大、接地比压小，因而越野性能及稳定性好、爬坡能力大，且转弯半径小、灵活性好。

（2）轮胎式挖掘机：运行速度快、机动性好，运行时轮胎不损坏路面。

（3）步履式挖掘机：采用轮式行驶与步履运动相结合的复合型底盘，既可全轮驱动，也可步履行进，因此可进入其他施工装备无法到达的作业区域进行临时道路施工。

步履式挖掘机应用相对较少，主要以履带式和轮胎式挖掘机为主。施工对象和环境决定了挖掘机作业效率的高低，因此要依据施工对象和环境的不同选用不同型号、不同配置的挖掘机，避免出现浪费现象。挖掘机选用原则如下：

（1）疏松、低密度的土壤、沙石，大作业量，可选用型号较大的大功率、大斗容的挖掘机进行挖掘、装载作业，最大限度发挥挖掘机的作业效率，如34 t级1.6 m³的挖掘机。

（2）疏松、低密度的土壤、沙石，间隙性施工，可选用中小型的挖掘机，大大节省施工成本，如20 t级0.8 m³、0.93 m³的挖掘机。

（3）坚硬的土壤、风化石、沙（土）夹石、冻土、爆炸粉碎的山石，要选用挖掘力大、加强型工作装置、斗容略小（岩石斗）的挖掘机，以克服恶劣环境对挖掘机的影响，节约施工成本。

6.4 推土机选型

推土机是处理土石方工程的主要机械之一，主要用于推运土方、石渣，平整场地，清理树根、石块，填沟压实和堆积料。此外，推土机既能独立工作，又能多台集体作业，或配合其他机械联合施工。

推土机应根据土方量的大小和土壤性质选择合适的推土机，一般选用原则如下。

（1）土方量大小：当土方量大而集中时，应选用大型推土机；土方量小而且分散时，应选用中、小型推土机。

（2）土壤性质：一般推土机均适合Ⅰ、Ⅱ级土壤施工或Ⅲ、Ⅳ级土壤预松后施工。如土壤比较密实、坚硬或冬季冻土，应选用液压式重型推土机或带松土齿推土机。

6.5 装载机选型

装载机主要用于装载松散土和短距离（1.3 km 以内）运土，或进行松软土的表层剥离、地面的平整和松散材料的收集清理工作。装载机可以单独完成装土、运土、卸土各工序，具有作业速度快、效率高、机动性好、操作轻便等优点。装载机一般选用原则如下：

（1）根据装卸的数量及要求完成时间来确定装载机的斗容量。

（2）如装载机与运输车辆配合施工，运输车辆的斗容量应该是装载机斗容量的 2~3 倍，不得超过 4 倍，过大或过小都会影响车辆的运输效率。

第 7 章 混凝土生产、运输及基础浇筑

7.1 预拌混凝土技术

预拌混凝土是指由水泥、集料、水以及根据需要掺入的外加剂、矿物掺合料等按一定比例，在搅拌站经计量、拌制后出售的并采用运输车，在规定时间内运至使用地点的混凝土拌合物。多作为商品出售，故也称商品混凝土。

7.1.1 适用范围

适用于现浇混凝土工程，混凝土从搅拌、运输到浇灌需 1~2 h，因此搅拌站合理的供应半径应在 10 km 之内。

7.1.2 工艺原理

建立半移动预拌混凝土搅拌站（一般采用简易厂房，生产设备可以拆卸，转移后再组装，每小时产量一般为 60~80 m³）。混凝土在搅拌站经计量、拌制后，通过混凝土专用运输车在规定时间内运至使用地点（塔基位），然后使用混凝土泵车（手推车、翻斗车、自卸汽车），将混凝土浇筑在独立的塔基基础内。

7.2 混凝土运输技术

运输是指用交通工具把物资运到另一地方，是实现人和物空间位置变化的活动。预拌混凝土运输工具种类繁多，运输方式亦有不同。确定方法时以效率高而转运次数少者为佳。常用的运输机具有单轮手推车、双轮架子车、翻斗车、自卸汽车和泵送混凝土等。

(1)手推车运输。

采用单轮车或架子车等人力车运输混凝土，多用于较小工程的水平运输。单轮手推车适宜于 30~50 m 的运距，双轮车适宜于 100~300 m 的运距。路面的纵坡一般不宜大于 15%，一次爬高不宜超过 2~3 m。

(2)翻斗车运输。

翻斗车能直接将混凝土卸于浇筑地点，或卸于滑槽内经过吊桶（溜管）浇灌，可以随着浇筑工作的进行而移动轨道。如采用工具式轨道，则更加适宜。但轨道应力求平整，以免翻斗车行驶颠簸，造成混凝土分离。

翻斗车仅限于塌落度不大于 80 mm 的混凝土运输，运输时长不应大于 45 分钟。

采用翻斗车运送混凝土，人力推行时适用于 300 m 左右的距离，机车牵引则适用于 400~1 500 m 以内的距离。轨道坡度大于 0.6% 时，须安装闸台，以防发生事故。

(3)自卸汽车运输。

当混凝土运输量较大而运距又较远时，常利用自卸汽车运送。现在搅拌站采用搅拌自卸汽车运输，车体为密闭的，便于保温保湿。

当汽车运来的混凝土尚需采取垂直运输时，可在搅拌站将混凝土直接卸于载重汽车的吊斗（混凝土罐）内，运至工地后，再用起重机吊到浇筑地点。打开吊斗下部的活门，混凝土即卸入模型内。

(4)混凝土泵车。

混凝土泵车是利用压力将混凝土沿管道连续输送的机械。由泵体和输送管组成。按结构形式分为活塞式、挤压式、水压隔膜式。泵体装在汽车底盘上，再装备可伸缩或屈折的布料杆，就组成泵车。泵车由臂架、泵送、液压、支撑、电控五部分组成。

7.3 预拌混凝土施工工艺流程

预拌混凝土运输及基础浇制包括：预拌混凝土制作、预拌混凝土运输、基础浇制。工艺流程如下：

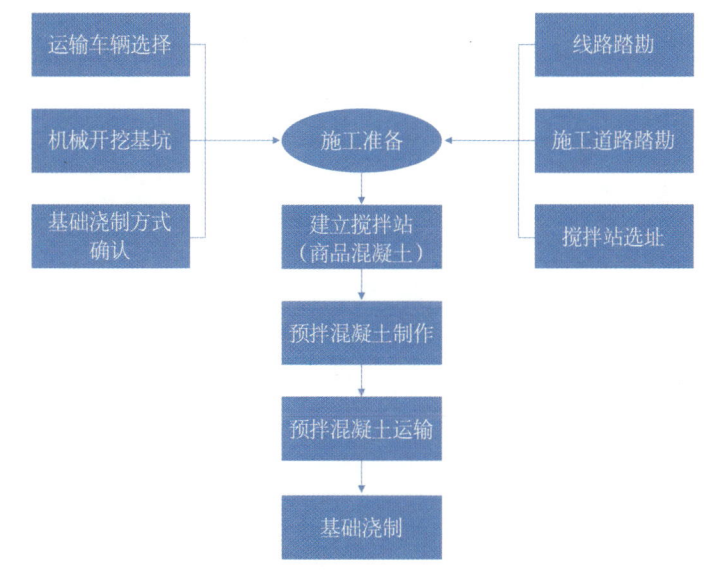

图 7-3-1 预拌混凝土施工工艺流程图

第 8 章 基础优化设计

8.1 各类基础特点

各类原状土基础特点见表 8-1-1 所示，掏挖基础、挖孔桩基础和灌注桩基础，由于以土代模，土石方工程量小，对环境的破坏较小，有利于水土保持和塔基稳定。

表 8-1-1　常用原状土基础工程特性

基础名称	基础外形	工程特性及优点	存在的问题及缺点
掏挖基础		1. 充分利用了原状土承载力高、变形小的特性；上拔稳定计算采用剪切法； 2. "以土代模"，土石方开挖量小、弃土少，施工方便，节省材料及施工费用。	1. 主要适用于地质条件较好、无地下水、易成孔不坍塌的土质； 2. 山区需要抬高基础主柱高度时，基础的抗倾覆稳定性往往难以满足，为此需加大埋深，增大基柱及底板尺寸，经济性不理想。
挖孔桩基础		1. 掏挖成孔，埋深较大；适用于基础作用力较大、边坡较陡的情况； 2. 侧向稳定性及抗拔性能良好，开挖量小、弃土少，较为环保。	1. 主要适用地质条件较好、无地下水、开挖时易成形不易坍塌的土质； 2. 钢筋用量较大，综合造价相对较高。
灌注桩基础		1. 适用于地下水位高的黏性土和砂土地基等，也广泛用于跨河塔位。	1. 施工需要大型机具，施工工艺要求较高、施工难度大； 2. 施工费用较高。

因此，基础的优化设计应重点解决基础尺寸，如主柱直径、钻孔深度、扩大头等与机械设备钻孔能力的匹配程度，以及平衡好土石方、混凝土和综合造价的问题。

8.2　掏挖基础优化设计原则

掏挖基础是按"m"法设计的刚性基柱，采用《架空输电线路基础设计技术规程》（DL/T 5219—2014）的规定进行计算。

（1）对于存在多层土质的地基，在计算上拔力及土抗力时，地质参数应综合考虑，保证基础的安全可靠，地基承载力取基础底面所在土层参数。

（2）基础表面扰动土体的厚度统一取 0.3 m。

（3）从技术经济角度，掏挖基础应在满足构造规定的条件下，尽量采用"小直径大埋深"的设计思路。

（4）扩底时，扩底建议扩底尺寸从主柱边缘向外不超过 0.5 倍主柱直径，单边扩底尺寸不小于 0.2 m，级差 0.2 m。

（5）扩底开展角 θ 应满足 $\theta \leq 45°$ 的要求，扩底的圆台高度统一取 0.3 m，斜高取扩底悬长+0.1 m。

（6）主柱直径建议不小于 0.8 m，级差 0.2 m。钻孔直径不超过 2.0 m，扩底直径不大于 4.0 m。

（7）建议最大埋深不应超过 5 m，桩长按 0.5 m 级差进行设计。

（8）基柱主筋、箍筋和架立筋的选用推荐表如下，其中主筋直径以 $\Phi 16 \sim 28$ 为宜，尽量少用或不用大直径的钢筋。

（9）主筋间距以 100～200 mm 为宜，箍筋间距 250 mm。

（10）保护层厚度：为保证基础满足较多环境场合下的耐久性，建议掏挖基础除底部取 70 mm，其余部分取 50 mm，特殊情况应根据耐久性设计规范进行调整。

8.3 挖孔桩基础优化设计原则

（1）挖孔桩基础的设计直径宜取 0.8~3.6 m，级差 0.2 m；原则上不扩底，荷载较大时做经济技术比较后方可采用扩底。

扩底直径应不大于桩径的 2 倍，钻孔深度一般不超过 15 m；岩石地基中最大桩径为 1.8 m，钻孔最大深度为 12 m。

（2）挖孔桩基础埋深不宜小于 6.0 m。

（3）桩端设扩大头时，计算上拔承载力，扩大头影响高度宜取 4 d（d 为桩身直径）；计算下压承载力，扩大头斜面及变截面以上 2 d 长度范围内不应计入桩侧阻力。

（4）当挖孔桩基础扩底时，应考虑扩底对基础承载力的影响：①扩底端直径与桩身直径比 D/d，应根据承载力要求及扩底端部侧面和桩端持力层土性确定，最大不超过 3.0；②扩底端侧面的斜率应根据实际成孔及支护条件确定，坡高比 a/hc 一般取 1/4~1/2，砂土取约 1/4，粉土、黏性土取约 1/3~1/2；③扩底端底面一般为圆台柱形，圆台高度统一取 0.3 m。

（5）桩长按 0.5 m 级差进行设计。

（6）地面位移处的水平位移不大于 10 mm。

（7）桩顶以下 5 d 范围内的箍筋应加密，且间距不应大于 100 mm。

（8）主筋间距以 100~200 mm 为宜，箍筋为螺旋箍，加劲内箍筋统一取 HRB400 的直径 25 的钢筋，每 1.5 m 一处。

（9）保护层厚度：为保证基础满足较多环境场合下的耐久性，建议挖孔桩基础取 55 mm，特殊情况应根据耐久性设计规范进行调整。

8.4 灌注桩基础优化设计原则

（1）桩径一般采用 0.8~2.5 m，级差 0.2 m。

（2）桩顶以下 5 d 范围内的箍筋应加密，且间距不应大于 100 mm。

（3）其余原则参照挖孔桩基础等截面基础设计原则执行。

（4）保护层厚度：为保证基础满足较多环境场合下的耐久性，建议灌注桩基础取 60 mm，特殊情况应根据耐久性设计规范进行调整。

8.5 技术经济比较分析

基础尺寸如主柱直径、钻孔深度、扩大头等应与机械设备钻孔能力相匹配。考虑到机械化施工主要应用于平丘地段，因此掏挖和挖孔桩基础露头均取 0.3 m，灌注桩基础露头取 0.5 m，特殊情况需根据实际计算露头进行调整。

在进行基础选型及优化时，应从造价、混凝土消耗量、环保以及施工等角度进行综合分析。由于基础机械化施工综合造价测算相对复杂，而混凝土和钢筋在基础综合造价中占主要部分，因此在经济分析中仅考虑混凝土和钢筋的材料费用。参照国网公司输变电工程通用造价，综合造价混凝土 1 000 元/m³（含商混材料费、机械成孔、混凝土浇筑），钢筋 4 500 元/t（含钢筋材料费和钢筋笼安装）计列，基础本体造价由材料量乘以单价计算得到。

8.5.1 地质条件 1 基础选型

在地质 1 条件下，若存在地下水，只能采用灌注桩基础，因此灌注桩不参与经济性分析，仅对无水条件下的掏挖和挖孔桩基础进行经济性对比分析。

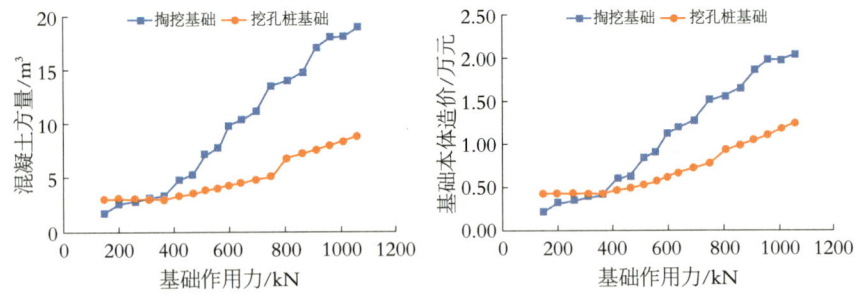

图 8-5-1 直线塔掏挖和挖孔桩基础混凝土方量、本体造价对比

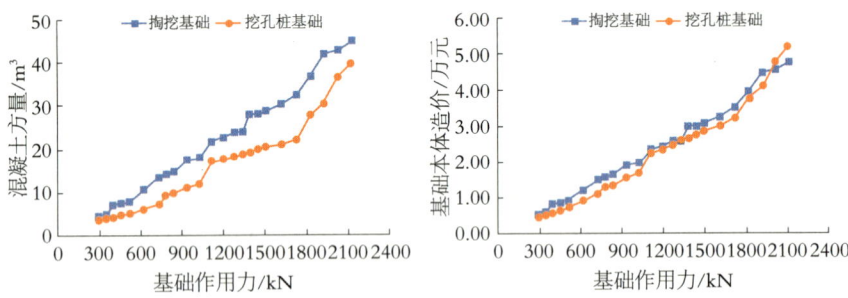

图 8-5-2 耐张塔掏挖和挖孔桩基础混凝土方量、本体造价对比

在该地质条件下，直线塔在基础力小于 400 kN 时，掏挖基础的混凝土方量和基础本体造价较挖孔桩基础更节省；基础作用力大于 400 kN 时，挖孔桩基础的混凝土方量和基础本体造价较节省。而对于耐张塔，采用挖孔桩基础，在混凝土方量和基础本体造价上都较节省。

综上所述，在地质 1 的条件下，对于荷载较小的直线塔（基础力小于 400 kN 时），应优先采用掏挖基础；对于荷载较大的直线塔（基础力大于 400 kN 时）和耐张塔，应优先采用挖孔桩基础。

8.5.2 地质条件 2 基础选型

同理，在地质 2 条件下，仅对无水条件下的掏挖和挖孔基础进行经济性对比分析。

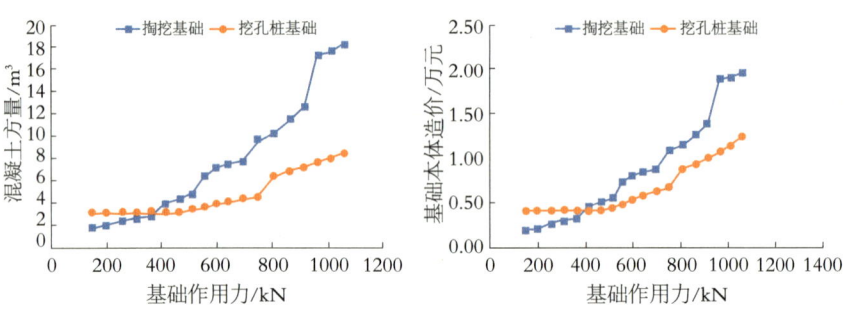

图 8-5-3 直线塔掏挖和挖孔桩基础混凝土方量、本体造价对比

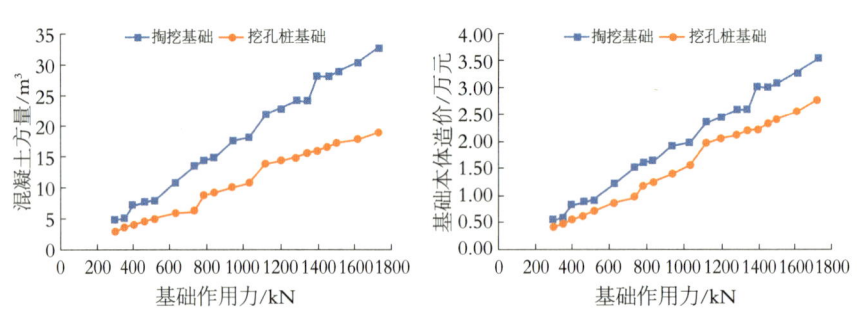

图 8-5-4 耐张塔掏挖和挖孔桩基础混凝土方量、本体造价对比

在该地质条件下，直线塔在基础力小于 450 kN 时，掏挖基础的混凝土方量更节省，基础本体造价较挖孔桩基础差别不大；基础作用力大于 450 kN 时，挖孔桩基础的混凝土方量和基础本体造价较节省。而对于耐张塔，采用挖孔桩基础，在混凝土方量和基础本体造价上都较节省。

综上所述，在地质 2 的条件下，对于荷载较小的直线塔（基础力小于 450 kN 时），应优先采用掏挖基础或挖孔桩基础；对于荷载较大的直线塔（基础力大于 450 kN 时）和耐张塔，应优先采用挖孔桩基础。

8.5.3 地质条件 3 基础选型

在地质 3 条件下（假定覆盖层厚度 4.0 m），对无水条件下的掏挖和挖孔基础进行经济性对比分析。

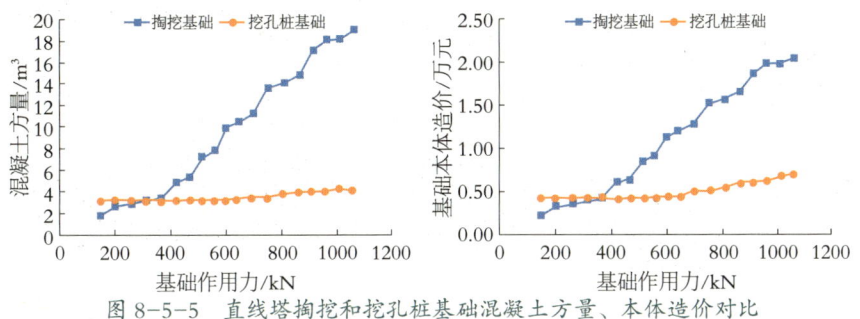

图 8-5-5 直线塔掏挖和挖孔桩基础混凝土方量、本体造价对比

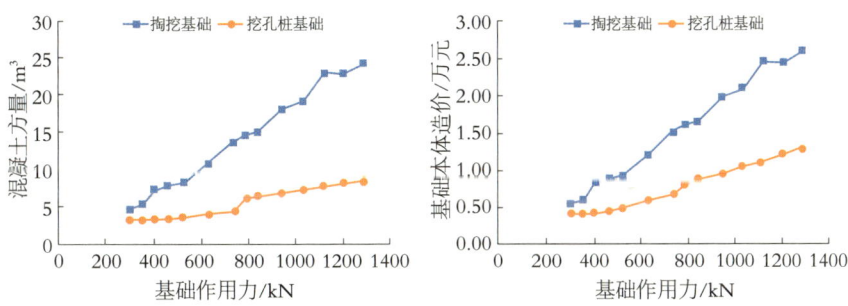

图 8-5-6 直线塔掏挖和挖孔桩基础混凝土方量、本体造价对比

在该地质条件下，直线塔在基础力小于 350 kN 时，掏挖基础的混凝土方量更节省，基础本体造价较挖孔桩基础差别不大；基础作用力大于 400 kN 时，挖孔桩基础的混凝土方量和基础本体造价较节省。而对于耐张塔，采用挖孔桩基础，在混凝土方量和基础本体造价上都较节省。

综上所述，在地质 3（覆盖层厚度 4.0 m）的条件下，对于荷载较小的直线塔（基础力小于 400 kN 时），应优先采用掏挖基础或挖孔桩基础；对于荷载较大的直线塔（基础力大于 400 kN 时）和耐张塔，应优先采用挖孔桩基础。

8.6 新型螺旋锚基础

8.6.1 技术简介

螺旋锚由锚头、锚盘、锚杆组成（见图 8-6-1），利用锚盘螺旋状结构及作用于顶部的安装扭力，实现对地基土体的切削及旋进，形成具有承受上拔、下压、水平荷载作用的锚固结构体。

螺旋锚与承台组成的结构即为螺旋锚基础，分为单锚型和群锚型。螺旋锚可采用竖直或斜向布置方式，承台可采用钢结构或钢筋混凝土形式，锚与承台连接可采用焊接、现浇锚固、螺栓连接等方式，具有减少土石方开挖量，实现现场零或少混凝土浇筑，提高基础施工机械化效率，提升基础环保水平，降低工程造价，缩短工期等优点。

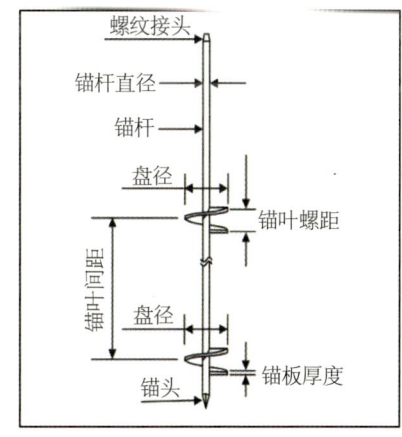 

(a) 螺旋锚组成　　(b) 螺旋锚加工成品

图 8-6-1 螺旋锚示意图

(a) 现场图一　　　　　(b) 现场图二

图 8-6-2　螺旋锚基础现场施工

8.6.2　适用条件

（1）适用于黏性土、粉土、砂土以及粒径 5 cm 以内的碎石土地质条件。

（2）适用于地下水及土壤存在中等及以下腐蚀的地区。

（3）适用于交通条件较好、便于机械装备进场及作业的场地。

8.6.3　技术要点

（1）锚盘直径 200~1 120 mm。

（2）锚杆直径 102~219 mm。

（3）螺旋锚最大埋深≤20 m、倾斜角度≤20°。

（4）螺旋锚旋拧施工扭矩 30~75 kN·m。

（5）螺旋锚旋拧速度≤10 转/min。

8.6.4　施工机具

根据螺旋锚施工安装扭矩的要求，选取适宜的液压驱动马达，改造安装于相应的自行式动力机具，一般自行式动力机具为挖掘机。

图 8-6-3　螺旋锚基础施工机具

表 8-6-1　主要液压驱动马达技术规格一览

序号	马达型号	额定输出扭矩/(kN·m)	最大系统压力/Psi	重量/kg
1	D75	25	2 750	230
2	D440	50	5 000	500
3	D600	70	5 000	930
4	D1000	110	5 000	810
5	D1400	160	5 000	950
6	DH250	340	5 000	2 860
7	DH375	510	4 700	2 860

施工过程中采用实时扭矩监测系统、倾角监测系统等技术装备，实时对螺旋锚施工过程进行监测、校对，以此来保证螺旋锚施工完全达到设计及工程质量的要求。

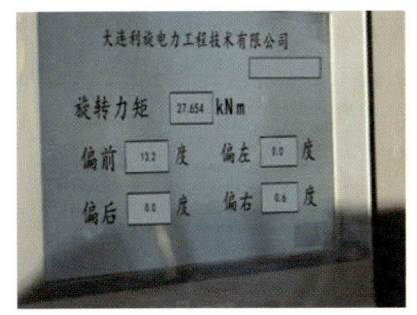 

图 8-6-4 实时扭矩监测系统　　图 8-6-5 倾角监测系统

8.6.6 技术经济分析

与挖孔桩基础相比，混凝土用量、土石方开挖量可减少 90%~100%，现场作业可实现"零混凝土浇筑、零弃料、零养护期"，施工工期可缩短 60% 以上，碳排放量减少 40% 以上。

8.6.7 应用实例

螺旋锚基础处于推广应用阶段，已在多项 66~330 kV 输电线路工程中得到应用。如青海省海西战斗门 330 kV 输变电工程项目、阿里联网工程 220 kV 输变电工程、济青高铁朱台牵引站供电工程等。

8.6.5 施工流程

（1）螺旋锚施工。

（2）钢制平台的安装。

图 8-6-6 海拔 4 700 m 阿里联网工程 220 kV 输变电工程

图 8-6-7 海西战斗门 330 kV 输变电工程

在青海省海西战斗门 330 kV 输变电工程项目试点应用中，螺旋锚基础与挖孔桩基础相比具有以下优势。

（1）本体投资：单个基础螺旋锚节省混凝土和土石方 3.5 方，每方混凝土 300 元，每方土石方开挖 100 元，可节省材料 300×3.5+100×3.5=1 400 元。两种基础用钢量均为 450 kg，但螺旋锚基础加工费用高于钢筋每吨 8 000 元，共计 8 000×0.45=3 600 元。总计单个螺旋锚基础本体投资增加（3 600-1 400）=2 200 元。

（2）节约运输费用：螺旋锚基础与挖孔桩基础钢材运输费用一致，单个挖孔桩用混凝土 3.5 方，每方运输费用 50 元，总计单个螺旋锚基础节省运输费用 3.5×50=175 元。

（3）节约施工费用：施工费用单个螺旋锚基础缩短工期 60%，人工节约 3 人，每人每天 500 元，机械 3 台班，每台班 1 500 元，总计单个螺旋锚基础节省施工费用 3×500+3×1 500=6 000 元。

综上，采用螺旋锚基础，330 kV 线路节省基础成本单个基础（6 000+175-2 200）=3 975 元。

第 9 章 典型工程基础机械化施工应用案例

9.1 工程概况

（1）工程规模。贺兰山—典农 220 kV 线路工程起点为 750 kV 贺兰山变电站 220 kV 间隔，终点为典农（艾依）220 kV 变电站。双回路段线路路径长度为 56.5 km，海拔高度在 1 115~1 194 m。

（2）气象条件。基本风速 27 m/s，覆冰 10 mm。

（3）导地线型号。导线采用 4×JL3/G1A-400/35-48/7 钢芯高导电率铝绞线，四分裂正方形布置，子导线间距 450 mm。地线推荐采用 2 根 48 芯 OPGW 光纤复合架空地线。

（4）地形及地质状况。该工程线路沿线主要为农田，地形平坦开阔，地势较低。地下水位较浅，深度约 0.5~2.5 m，以粉细砂为主，地耐力较好，均为平地。

（5）林区及经济作物情况。该工程路径范围林区和经济作物广泛分布。

（6）交通情况。线路沿线附近有高速、国道、省道等道路，交通较为便利，车辆可行驶到塔位附近。

9.2 设计阶段策划

9.2.1 可行性研究阶段主要开展的工作

可行性研究阶段结合卫星图和地形图，综合规划单位意见，进行路径多方案比选。结合比选方案进行现场深度踏勘，根据杆塔使用条件，初步选定交通便利地区设置塔位，开展常规施工和机械化施工费用对比，为工程机械化施工创造条件。

9.2.2 初步设计阶段主要开展的工作

初步设计阶段，根据批复线路路径，进一步进行塔位和路径优化。

根据线路路径的实际情况和机械化施工要求，在路径选线和塔位选择阶段，主要遵循以下原则：

（1）线路路径选择尽可能平行已建或在建电力线路走线，利用原有线路工程中修筑的施工道路及场地。

（2）路径尽量减少与已建高电压等级送电线路的交叉次数，降低了施工过程中的停电损失，提高电网运行的安全可靠性、经济性，同时也降低了机械化施工架线的施工难度。

（3）塔位选择尽量临近已有道路，减少临时道路修筑量，减少外协赔偿，为机械化施工提供便易的条件。

（4）塔位选择尽量避开人口居住密集区以减少房屋拆迁量，减少树木跨越以减少树木砍伐量，充分体现以人为本、保护生态环境、共创和谐社会的设计理念，为机械化施工提供良好的人文环境。

（5）塔位选择尽量临近现有国道、县道等主干道，贴近现有汽运道路、机耕道路，以减少临时道路修筑，方便机械化施工和线路后期运行。

（6）塔位选择尽量考虑物料运输、设备进场、牵张场布置、放线等机械化施工作业因素，进行多方案比选，综合效益最优。

（7）塔位选择应充分考虑物料运输及施工作业场地需求，考虑架线施工牵张场布置，尽量方便施工机械进场。

拟建线路附近交通较为方便。但是新设部分塔基位于林地和农田中，为了满足工程施工时大型施工机械及重载材料运输车辆进场的需求，需要修筑临时施工道路。

做到逐基逐点踏勘，根据场地地形情况制定进场道路及具体修筑方案，并计列机械化实施费用，为后期具体实施奠定基础。部分塔位及规划临时道路卫星图如图9-2-1所示，部分塔位及规划临时道路实景图如图9-2-2所示。

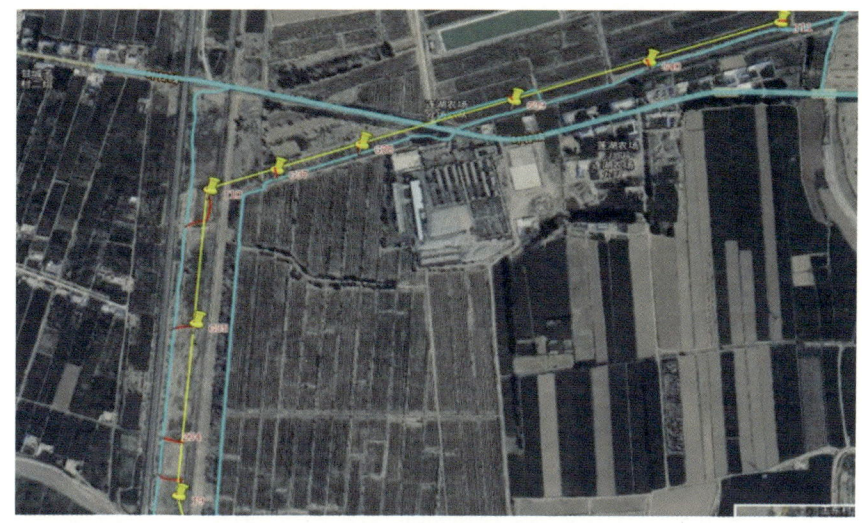

图 9-2-1　部分塔位及规划临时道路卫星图

图 9-2-2　部分塔位及规划临时道路实景图

9.2.3 施工图设计阶段主要开展的工作

为了进一步便于机械化施工，施工图设计进行了以下优化。

（1）勘查。该工程按勘测深度要求逐基勘探并提资。采用适宜的勘察方法，查明了各塔基附近的地形地貌特征、地层分布、岩土性质；对塔位及其附近特殊岩土、不良地质作用和地质灾害进行勘察，并分析和评价其影响；查明塔位处地下水的类型、埋藏条件，提出地下水位及其变化幅度。

重点对岩（土）层类别、层位分布、密实度等影响机械化施工设备选择的因素进行判别。对适宜的基础类型和岩土整治方案进行分析并提出建议，为基础设计方案确定提供依据，根据地质情况尽可能减少归类分区，从而减少基础类型和施工机械种类的选择。

（2）利用卫星图和现场调绘的路网优化临时进场道路。本工程全线采用机械化施工，临时道路平整及修筑建议采用挖掘机、推土机、装载机，进场道路采用普通道路平整、砂石垫层和铺设钢板三种，进场临时道路宽度 3.5 m，道路平整和砂石垫层铺设厚度均为 200 mm，钢板厚度 12 mm。临时进场道路充分利用已有道路，以进场道路最短为原则进行平整和修筑。部分塔位临时道成果如表 9-2-1 所示。

（3）基础优化。为适用基础全过程机械化施工要求，基础设计中需要优化桩基础的桩径规格种类，以更好配置机械化施工器具，减少频繁更换器具及配件（钻头），提高机械化设备利用率，降低机械化施工费用。另外，根据该工程地质条件及杆塔荷载情况，不考虑采用开挖浅基础，优先选用钻孔灌注桩基础。对于荷载较小的直线塔，直接考虑采用单桩基础。对于荷载较大的大转角塔，进行单桩基础和多桩承台基础经济技术比较。SJ3 塔型技术经济指标比较见表 9-2-2。SJ4 塔型技术经济指标比较见表 9-2-3。

表 9-2-1 部分塔位临时道成果

塔号	基数	基础类型	塔位地形	基础埋深/m 修路方案	长度/m
#25	220-KC22S-Z2-39	灌注桩—单桩	平地	普通道路平整	68
#26	220-KC22S-Z2-39	灌注桩—单桩	平地	砂石垫层铺筑	75
#27	220-KC22S-J3-30	灌注桩—单桩	平地	砂石垫层铺筑	0
#28	220-KC22S-J4-30	灌注桩—单桩	平地	砂石垫层铺筑	370
#29	220-KC22S-Z1-24	灌注桩—单桩	平地	砂石垫层铺筑	84
#30	220-KC22S-Z1-24	灌注桩—单桩	平地	砂石垫层铺筑	174
#31	220-KC22S-J2-21	灌注桩—单桩	平地	砂石垫层铺筑	239

表 9-2-2 SJ3 塔型技术经济指标比较

塔型	方案	基础类型	经济费用分类/万元			
			本体	临时占地	永久占地	总费用
SJ3	一	单桩基础	69.0	1	4.4	74.4
	二	多桩承台基础	72.0	1	4.4	78.4

表 9-2-3 SJ4 塔型技术经济指标比较

塔型	方案	基础类型	经济费用分类/万元			
			本体	临时占地	永久占地	总费用
SJ4	一	单桩基础	84.5	1.1	5.9	91.5
	二	多桩承台基础	89.6	1.1	5.9	96.6

通过比较，SJ3 耐张塔单桩基础总造价较多桩承台基础减少约

5.4%，两者基础造价相当；SJ4耐张塔单桩基础总造价单桩较多桩承台基础减少约5.6%，单桩基础较多桩承台基础稍有优势。

通过对比计算，该工程使用基础情况见表9-2-4。

表9-2-4 工程使用基础情况

塔型	基数	基础类型	基础桩径/m	基础埋深/m
直线塔	122	单桩	1.0	18~20
耐张塔	42	单桩	1.2、1.4、1.6	24~31

该工程基础共计164基，组建反循环钻机班组5个，每班配备10人，配备反循环钻机5台。

线路沿线有商混搅拌站2处，利用原有道路或新建（扩）道路运输，采用商混车浇筑的塔位164基，基础有效施工天数共30天。基础各工序装备投入占比情况见表9-2-5。反循环钻机班组施工组织明细见表9-2-6。基础钻孔现场如图9-2-3所示。钢筋笼吊装现场如图9-2-4所示。混凝土浇筑现场如图9-2-5所示。

表9-2-5 基础各工序装备投入占比情况

序号	施工工序	应用场景	主要装备	应用塔位	占比
1	基础开挖	道路能够到达	反循环钻机	164基	100%
2	钢筋笼制作	工厂成型+现场制作	焊接机	164基	100%
3	基础浇制	道路能够到达	商用混凝土车	164基	100%

（4）施工环水保措施。全面落实工程环境影响报告书、水土保持方案报告书及其批复、环保水保策划等文件要求，建设资源节约型、环境

表9-2-6 反循环钻机班组施工组织明细

小组名称	工作内容	人员装备配置	流水节拍/d	小组数量/个	备注
塔位协调	地方协调、丈量清理塔基附着物	协调员2名、配合人员2名	4	2	
基坑钻孔	主装备装卸转运、基坑钻孔	技工4名、普工4名，板车1辆、反循环1台、汽车起重机1台	2	1	
钢筋施工	钢筋运输、钢筋笼现场加工和吊装	技工2名、普工3名，运输车1辆、汽车起重机1台	4	2	钢筋过长，一般采用现场加工
基础浇制	联系商用混凝土站及商用混凝土车、基础支模、地脚安装、基础养护	技工2名、普工4名，汽车起重机1台、商用混凝土车2台	2	2	为保证基坑开挖后立即浇筑，特加强配置

图9-2-3 基础钻孔现场照片

友好型的绿色和谐工程，按规定完成环保水保验收工作。

在道路修筑、塔位基础机械操作面平整、基础开挖等进行前期踏勘

策划，尽量少开方、少砍伐林木、少破坏环境和植被。弃土不得随意向下坡方向倾倒，应用汽车将弃土转运，防止水土流失引发滑坡，造成更大的环境破坏。塔位施工后根据情况尽量恢复原始地貌，并做好植被恢复。道路修筑环水保措施如图 9-2-6 所示。机械操作面平整措施如图 9-2-7 所示。塔位场地恢复如图 9-2-8 所示。

图 9-2-4 钢筋笼吊装现场照片

图 9-2-6 道路修筑环水保措施照片

图 9-2-7 机械操作面平整措施照片

图 9-2-5 混凝土浇筑现场照片

图 9-2-8 塔位场地恢复照片

9.3　机械化施工成效

9.3.1　安全风险下降

在已有三级风险作业中，通过钢筋笼整体吊装、起重机组塔等措施，整体风险下降 12.7%，进一步提高施工过程风险管控水平，确保全过程安全可控。

9.3.2 施工质量提高

灌注桩基础钻孔成型标准，钢筋笼整体吊装，100%预拌混凝土浇筑，桩基检测根据桩径采用超声波、低应变、高应变三种手段，结果全部优良，无Ⅲ、Ⅳ类桩，Ⅰ类桩比例达 99%；塔材成捆运输，成片吊装，高空检修少，铁塔缺陷少；运检单位对铁塔和线上验收缺陷相对传统施工减少 50%，施工一次成优率极高。自检消缺采用 X 光检测、无人机巡检等手段，进一步提高工程质量。

9.3.3 施工效率提升

运输阶段采用汽车运输，人员较常规施工方式减少 30 人，下降率 50%，单基运输效率提升 60%；基础阶段采用钻机和商砼，人员较常规施工方式减少 180 人，下降率 40%，单基效率提升 30%。较常规施工方式共减少施工人员投入 160 人，大幅降低人员劳动强度，同时工期节省 50%以上。

9.3.4 机械化施工亮点

从道路、施工平台修筑、物料运输、基础开挖、混凝土浇筑、组塔到架线，全过程机械化施工，可以有效缓解施工人力稀缺、人工成本高涨等问题，降低施工人员的劳动强度，更好地保证施工人员的安全，全面提高施工安全、效率、质量。

第2篇 典型设计

第10章 设计参数

10.1 基础类型

掏挖基础、挖孔桩基础和灌注桩基础是将钢筋骨架置入机械或人工挖孔成型的土胎内,并将混凝土一次浇注成型的基础,适用于平地、丘陵及山地区,可应用于黏性土、粉土、碎石土、黄土等地质条件。

10.2 荷载划分

结合《国家电网有限公司 35~750 kV 输变电工程通用设计、通用设备应用目录》成果和宁夏地区使用频次较高的模块,统计分析其中有关基础作用力大小的分布规律。

10.2.1 高频次模块

表 10-2-1 高频次模块使用条件

模块名称	基本风速/(m·s⁻¹)	覆冰/mm	导线型号	地线型号	海拔	回路数
110-DC22D	27	10	1×JL3/G1A-300/40	JLB20A-100	1 000~2 500 m	单回路
110-EC22D	27	10	2×JL3/G1A-240/30	JLB20A-100	1 000~2 500 m	单回路
110-DD22D	29	10	1×JL3/G1A-300/40	JLB20A-100	1 000~2 500 m	单回路
110-DD22S	29	10	1×JL3/G1A-300/40	JLB20A-100	1 000~2 500 m	双回路
110-EC22S	27	10	2×JL3/G1A-240/30	JLB20A-100	1 000~2 500 m	双回路
110-DC22S	27	15	1×JL3/G1A-300/40	JLB20A-100	1 000~2 500 m	双回路
220-GC22D	27	10	2×JL3/G1A-400/35	JLB20A-150	1 000~2 000 m	单回路
220-GD22D	29	10	2×JL3/G1A-400/35	JLB20A-150	1 000~2 000 m	单回路
220-GC22S	27	10	2×JL3/G1A-400/35	JLB20A-150	1 000~2 000 m	双回路
220-HC22S	27	10	2×JL3/G1A-630/45	JLB20A-150	1 000~2 000 m	双回路
220-HD22S	29	10	2×JL3/G1A-630/45	JLB20A-150	1 000~2 000 m	双回路

续表

模块名称	基本风速/(m·s⁻¹)	覆冰/mm	导线型号	地线型号	海拔	回路数
330-HC22D	27	10	2×JL3/G1A-630/45	JLB40A-120	1 000~2 000 m	双回路
330-HC22S	27	10	2×JL3/G1A-630/45	JLB40A-120	1 000~2 000 m	双回路
330-KC22S	27	10	4×JL3/G1A-400/35	JLB40A-120	1 000~2 000 m	双回路

10.2.2 基础作用力

表 10-2-2　直线塔基础作用力　　单位：kN

杆塔类型	T_{max}	T_x	T_y	N_{max}	N_x	N_y	荷载组
直线塔	150.4	18.5	17.1	180.5	21.4	18.2	01
	200.6	24.6	21.2	260.5	29.2	24.5	02
	260.2	32.5	27.2	315.6	36.3	32.6	03
	313.9	35.5	28.8	377.9	41.0	34.3	04
	367.7	38.5	30.3	440.2	45.6	35.9	05
	418.6	44.9	39.1	509.1	53.0	45.1	06
	469.5	51.2	47.8	577.9	60.4	54.2	07
	514.6	61.8	58.2	645.2	75.3	69.5	08
	559.7	72.4	68.5	712.5	90.1	84.8	09
	601.1	79.0	74.9	768.6	99.7	94.1	10
	642.5	85.6	81.3	824.6	109.2	103.3	11
	697.2	97.0	92.8	900.1	123.0	115.6	12
	751.9	108.4	104.2	975.6	136.7	127.8	13
	808.0	115.0	111.3	1 042.7	145.6	136.3	14

续表

杆塔类型	T_{max}	T_x	T_y	N_{max}	N_x	N_y	荷载组
直线塔	864.1	121.5	118.3	1 109.7	154.4	144.7	15
	913.4	129.0	125.4	1 201.2	167.4	156.7	16
	962.6	136.6	132.5	1 292.7	180.3	168.6	17
	1011.9	144.1	139.6	1 384.2	193.3	180.6	18
	1061.1	151.6	146.7	1 475.7	206.2	192.5	19

表 10-2-3　耐张塔基础作用力　　单位：kN

杆塔类型	T_{max}	T_x	T_y	N_{max}	N_x	N_y	荷载组
耐张塔	300.8	54.1	45.1	361.0	65.0	54.2	01
	351.0	63.2	52.7	441.0	79.4	66.2	02
	401.2	72.2	60.2	521.0	93.8	78.2	03
	460.8	83.0	69.2	576.1	103.7	86.5	04
	520.4	93.7	78.1	631.2	113.6	94.7	05
	627.9	113.1	94.2	755.8	136.1	113.4	06
	735.4	132.4	110.3	880.4	158.5	132.1	07
	786.3	141.6	118.0	949.3	170.9	142.4	08
	837.2	150.7	125.6	1 018.1	183.3	152.8	09
	939.0	169.0	140.9	1 155.8	208.0	173.9	10
	1 029.2	185.3	154.4	1 290.4	232.3	193.6	11
	1 119.4	201.5	167.9	1 425.0	256.5	213.8	12
	1 202.2	216.4	180.4	1 537.1	276.7	230.6	13
	1 285.0	231.3	192.8	1 649.2	296.9	247.4	14
	1 339.7	241.2	201.0	1 724.7	310.5	258.7	15

续表

杆塔类型	T_{max}	T_x	T_y	N_{max}	N_x	N_y	荷载组
耐张塔	1 394.4	251.0	209.2	1 800.2	324.1	270.1	16
	1 449.1	260.9	217.4	1 875.7	337.6	281.4	17
	1 503.8	270.7	225.6	1 951.2	351.2	292.7	18
	1 616.0	290.9	242.4	2 085.3	375.4	312.8	19
	1 728.2	311.1	259.2	2 219.4	399.5	332.9	20
	1 826.7	328.8	274.0	2 402.4	432.5	360.4	21
	1 925.2	346.6	288.8	2 585.4	465.4	387.8	22
	2 023.7	364.3	303.5	2 768.4	498.4	415.3	23
	2 122.2	382	318.3	2 951.4	531.3	442.7	24

注：表 1.1 和表 1.2 中 T_{max} 为基础上拔力，T_x 为上拔时的 x 向水平力，T_y 为上拔时的 y 向水平力，N_{max} 为基础下压力，N_x 为下压时的 x 向水平力，N_y 为下压时的 y 向水平力。

10.3 地质参数的选定

宁夏按地形大体可分为：黄土高原、鄂尔多斯台地、洪积冲积平原和六盘山、罗山、贺兰山南北中三段山地，平均海拔 1 000 m 以上。按地表特征，还可分为南部暖温带平原地带、中部中温带半荒漠地带和北部中温带荒漠地带。全区从南向北表现出由流水地貌向风蚀地貌过渡的特征。

宁夏地处黄土高原与内蒙古高原的过渡地带，地势南高北低。从地貌类型看，南部以流水侵蚀的黄土地貌为主，中部和北部以干旱剥蚀、风蚀地貌为主，是内蒙古高原的一部分。境内有较为高峻的山地和广泛分布的丘陵，也有由于地层断陷又经黄河冲积而成的冲积平原，还有台地和沙丘。地表形态复杂多样，为经济发展提供了不同的条件。据统计数据显示，宁夏地形中丘陵占 38%，平原占 26.8%，山地占 15.8%，台地占 17.6%，沙漠占 1.8%。

宁夏境内地质条件具有多样性，根据宁夏电网分布，典型地层主要由粉土状黄土、粉细砂、角砾、泥岩组成。为保证本项目的顺利实施，尽最大可能包含区内绝大部分工程应用条件。根据公司全面推行全过程机械化施工的要求，典型基础类型为掏挖基础、挖孔桩基础和灌注桩基础。本项目拟选取三种典型地质，地质计算参数如表 10-3-1，10-3-2，10-3-3 所示：

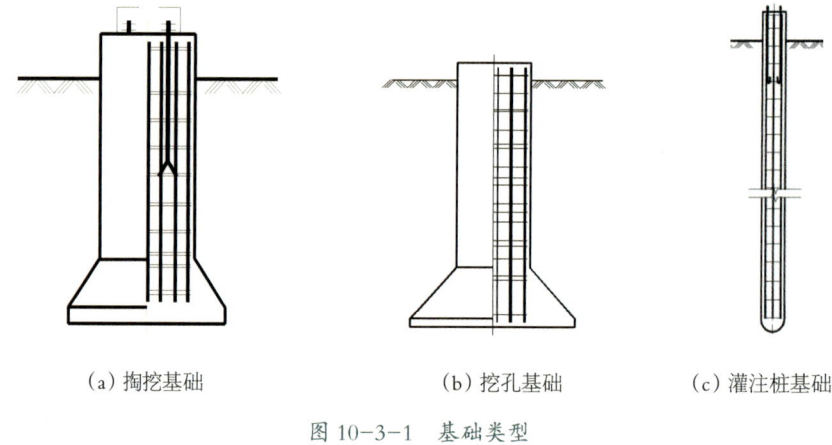

(a) 掏挖基础　　(b) 挖孔基础　　(c) 灌注桩基础

图 10-3-1 基础类型

典型地质 1：主要为黄土状粉土地层，分无水和有水两种，有水情况下最高水位 0.5 m，最低水位 2.0 m。地层物理参数如表 10-3-1。

表 10-3-1　典型地质 1 主要物理参数

地层名称	层深/m	状态	重度 γ/(kN·m^{-3})	凝聚力 C/kPa	内摩擦角 φ/°	承载力特征值 f_{ak}/kPa	掏挖基础/挖孔桩 极限侧阻力标准值 q_{sik}/kPa	掏挖基础/挖孔桩 极限端阻力标准值 q_{pk}/kPa	钻孔灌注桩 极限侧阻力标准值 q_{sik}/kPa	钻孔灌注桩 极限端阻力标准值 q_{pk}/kPa
黄土状粉土	0~5	稍密	16.5	25	15	120	30	500	30	400
黄土状粉土	5~15	中密	16.5	25	15	140	50	1 000	50	500
粉细砂	15~20	密实	19.0	5	35	200	65	1 700	65	1 000

典型地质 2：主要为粉细砂地层，分无水和有水两种，有水情况下最高水位 0.5 m，最低水位 2.0 m。地层物理参数如表 10-3-2。

表 10-3-2　典型地质 2 主要物理参数

地层名称	层深/m	状态	重度 γ/(kN·m^{-3})	凝聚力 C/kPa	内摩擦角 φ/°	承载力特征值 f_{ak}/kPa	掏挖基础/挖孔桩 极限侧阻力标准值 q_{sik}/kPa	掏挖基础/挖孔桩 极限端阻力标准值 q_{pk}/kPa	钻孔灌注桩 极限侧阻力标准值 q_{sik}/kPa	钻孔灌注桩 极限端阻力标准值 q_{pk}/kPa
粉质黏土	0~2	可塑	18.0	25	15	120	40	400	40	300
粉细砂	2~10	中密	19.5	5	28	180	46	1 000	46	900
中粗砂	>10	密实	19.5	0	30	220	76	4 000	76	2 400

典型地质 3：主要为软质岩石地层，无水，上覆盖层厚分别为 1 m、2 m、3 m 和 4 m，地层物理参数如表 10-3-3。

表 10-3-3　典型地质 3 主要物理参数

地层名称	层深/m	状态	重度 γ/(kN·m^{-3})	凝聚力 C/kPa	内摩擦角 φ/°	承载力特征值 f_{ak}/kPa	掏挖基础/挖孔桩 极限侧阻力标准值 q_{sik}/kPa	掏挖基础/挖孔桩 极限端阻力标准值 q_{pk}/kPa
粉土	0~h	稍密	16.5	25	15	120	30	500
砂岩	h~5	强风化	21	35	22	400	120	2 000
泥岩	5~10	强风化	21.5	50	23	800	160	3 000
泥岩	5~15	中风化	23	45	18	900	170	4 000

第 11 章　基础编号

标准化基础图纸，根据塔型、基础作用力、地质条件等技术条件组合，划分基础图纸代号。

基础编号采用"口-口-口-口"形式。

第 1 个"口"表示杆塔类型，标识符号为 Z、J，分别代表直线塔和耐张塔。

第 2 个"口"表示地质类别，标识符号为 A、B、C，分别代表典型地质 1、典型地质 2 和典型地质 3。若地层上部覆盖层不同，以地质字母代号+序号组成。如典型地质 3，C2 代表上部覆盖层厚度为 2.0 m，其他以此类推。

第 3 个"口"表示基础形式，标识符号为 TW、WK、GZZ，分别代表掏挖基础、挖孔基础和灌注桩基础。

第 4 个"口"表示荷载组，标识符号为 01、02、03、04……，详见基础作用力表。

示例：Z-A-WK-08 代表直线塔，采用挖孔桩基础，按典型地质 1 和荷载组 08 进行计算；J-C-GZZ-22 代表耐张塔，采用灌注桩基础，按典型地质 3 和荷载组 22 进行计算；Z-C4-WK-10 代表直线塔，采用挖孔桩基础，按典型地质 3（上部覆盖层厚度为 4.0 m）和荷载组 10 进行计算。

第 12 章 施工要求

12.1 施工工艺及质量控制

（1）掏挖基础施工工艺应按照《国家电网有限公司输变电工程标准工艺（架空线路工程分册）》中第 1 章第 10 节"掏挖基础施工"的要求执行；挖孔基础施工工艺应按照《国家电网有限公司输变电工程标准工艺（架空线路工程分册）》中第 1 章第 11 节"挖孔基础施工"的要求执行；灌注桩基础施工工艺应按照《国家电网有限公司输变电工程标准工艺（架空线路工程分册）》中第 1 章第 13 节"钻孔灌注桩基础施工"的要求执行；若施工过程中工艺标准库有更新，需要按照最新标准工艺施工。

（2）基础质量控制按照 GB 50233—2013《110~750 kV 架空输电线路施工及验收规范》执行。

12.2 基础施工要点

12.2.1 掏挖基础施工

（1）基础施工前应有塔位详细的岩土工程勘测报告，并制定可靠的安全施工措施，确保人身安全。

（2）基础掏挖前，施工人员应详细对比岩土工程勘测的地质报告与实际地质情况是否一致，若不一致应及时向设计单位反馈。

（3）混凝土配合比施工前应进行计算试配，桩身混凝土应结合钻孔及护壁工艺，确定合适的塌落度，所有混凝土配合比必须经试块强度试验合格后方可采用，桩身混凝土骨料粒径不得大于 30 mm。

（4）根据地质条件考虑安全作业区，一般在相邻 5 m 范围内有桩孔正在浇灌混凝土或有桩孔蓄满深水时，不得下井作业。

（5）挖出的土石方应及时运离孔口，不得放在孔口四周 5 m 范围内。弃土堆放应按基础配置表中的要求施工，不能危及铁塔安全、破坏环境和影响农田耕作。

（6）为充分利用机械化施工的优势，基坑应尽可能采用机械掏挖，对无法采用机械掏挖的塔位可采用人工掏挖，掏挖时如遇到岩石地基，人工掏挖较为困难时，可配合钢钎类简易工具，分层剥离。忌用大开挖、大爆破的方法，必要时可采用风镐机械开凿，以保证塔基及附近岩体的完整性和稳定性。

（7）供人员上下井使用的电葫芦、吊笼等提升装置及井架应有足够的安全系数，并配置自动卡紧保险装置，不得使用麻绳和尼龙绳或脚踏。

（8）每日开工前及基坑开挖过程中，必须检测坑内有无毒害气体和缺氧现象，并要有足够的安全防护措施；施工挖孔应采取可靠的通风设施，确保孔内作业时空气清新，避免缺氧。当开挖深度超过 10 m 时，还应有专门向井内送风的设备。

(9) 基坑开挖前，应事先清除孔口附近的浮石。施工中，孔口应有人监护，孔内作业人员必须戴安全帽并系好安全带，孔口四周必须设置护栏，护栏高度一般不小于 0.8 m，井下设半边井的安全钢筋网，井内设特别可靠的救生软梯。当挖孔暂停施工时井口应用盖板盖好。

(10) 塔位需考虑自然排水，并避免水流直接冲刷塔基，塔基范围内不得积水。

(11) 基坑掏挖至设计高程终孔后应将护壁及桩底残渣等清理干净，要求施工、监理质检代表及时对孔深和孔壁垂直度等进行复查，不合格时及时处理，检查成孔质量合格后立即浇灌混凝土，严禁孔内积水。基坑开挖好后应及时浇筑混凝土，尽量缩短基坑暴露时间。若基坑开挖好后当天不能浇筑混凝土时，坑底部的原状土应做好防冻措施（如覆盖保温层等）。基础冬季施工时，应严格遵照现行《建筑工程冬期施工规程》(JGJ/T 104—2011) 的有关规定进行。

(12) 扩孔段施工应分节进行，应边挖、边扩、边做护壁，严禁将扩大端一次挖至柱底后再进行扩底施工。

(13) 钢筋笼的制作应符合设计尺寸，桩长大于 10 m 时，钢筋笼应分段制作，分段长度以 5~8 m 为宜，钢筋笼制作前，钢筋应严格除锈。

(14) 钢筋笼的制作除按设计要求执行外，还应防止在运输、安装过程中产生不可恢复的变形，并设置保护层垫块。钢筋笼吊放入孔时，不得碰撞孔壁，灌注混凝土时，应采取固定措施以保证钢筋笼的垂直度。钢筋笼下放到设计位置应预固定。

(15) 最外层钢筋混凝土保护层厚度不小于 45 mm。

(16) 两段钢筋笼连接若采用焊接，桩主筋焊接时，同一构件的接头应相互错开，相邻钢筋的焊接接头中心距不小于焊接钢筋直径的 35 倍且不小于 500 mm。同一区域内，同一根钢筋不得有两个接头，并且接头钢筋的截面面积不得超过钢筋总面积的 50%。

(17) HRB400 钢筋的焊接采用 E50 型焊条，HPB300 钢筋的焊接采用 E43 型焊条，HRB400 与 HPB300 钢筋之间的焊接采用 E43 型焊条，所有钢筋的焊接应遵守《钢筋焊接及验收规程》(JGJ 18—2012)。

(18) 钢筋接头可采用机械连接代替焊接，机械连接通过套筒将两根钢筋相连，套筒实测屈服承载力和受拉承载力不应小于被连接钢筋受拉承载力标准值的 1.1 倍（HRB400 钢筋强度标准值 400 MPa，HPB300 钢筋强度标准值 300 MPa），接头等级为 II 级，套筒质量按照《钢筋机械连接用套筒》(JG/T 163—2013) 执行，机械连接的施工及钢筋接头的错开位置按照《钢筋机械连接技术规程》(JGJ 107—2016) 执行。

(19) 基础浇制前，必须进行基础根开尺寸的复测，立柱顶面标高抄平，并应仔细核对基础施工图中塔型、呼高及塔位号是否与塔位图及明细表相符，基础根开是否与铁塔施工图一致，还应仔细核对地脚螺栓间距、方向是否与铁塔施工图一致。主筋规格、数量等复核无误后，方可进行浇制。在核对基础根开时，请施工单位注意基础地脚螺栓分布中心相对于基础中心的偏心距。

(20) 用常规方法浇灌封底及桩身混凝土时，必须使用导管或串筒，出料口离混凝土面不得大于 2 000 mm，应连续浇灌，边灌边用插入式振捣器按高度 500 mm 分层振捣，严禁混凝土从孔口直接倒入。

(21) 施工单位必须对每只基础做好施工记录，并按规定留混凝土试块，试块与桩基础在同等条件下进行养护，并按规定进行混凝土强度检验。

（22）地脚螺栓应采用两头丝扣型，其性能应符合《紧固件机械性能螺栓、螺钉和螺柱》（GB/T 3098.1—2010）、《输电杆塔用地脚螺栓与螺母》（DL/T 1236—2021）及《8.8级高强度地脚螺栓施工技术导则》（Q/GOW 638—2011）的要求。

（23）地脚螺栓应当安装准确，安装前应当除锈，并将丝扣部分涂黄油包裹。

（24）混凝土浇筑完毕养护28天以后，可分解组塔。杆塔和架线全部安装完毕后，再次紧固地脚螺栓，并用C15混凝土浇注保护帽，保护帽顶面做成中间高四周低的坡面，详见基础施工说明（注意：保护帽顶面距接地孔>100 mm）。

（25）对于转角塔、悬垂转角塔位，为了保证线路投入运行后铁塔不倾斜，其受压基础应按相关施工图的要求进行预高。施工单位可以根据施工经验和各塔实际转角度数对预高值进行调整，但原则上应保证架线施工完毕后铁塔不倾斜。基础预高后其主柱顶面应抹成斜面，此斜面在铁塔四个基础主柱顶面中心连线形成的斜面中。

（26）基础主柱外露高度大于1 500 mm（含1 500 mm）均应设置爬梯，基础爬梯刷防腐漆；爬梯钢筋采用直径20的螺纹钢筋，加工成槽形，爬梯宽度500 mm，爬梯露出混凝土表面长度为200 mm，混凝土内锚固长度为250 mm+50 mm，爬梯下料长度为1 500 mm；爬梯间距400~450 mm，最上部的梯步距离基础顶面不大于400 mm。

（27）施工弃土的处理应综合处理利用，满足环水保要求。

（28）掏挖基础的施工及验收应符合《混凝土结构工程施工质量验收规范》（GB 50204—2015）、《110~750 kV架空电力线路施工及验收规范》（GB 50233—2013）和《国家电网公司输变电工程标准工艺》中的相关规定。

（29）钢筋长度由实际放样决定，材料表中长度仅供统计重量之用，材料表中的混凝土量不含超灌量。

12.2.2 挖孔桩基础施工

（1）基础施工前应有塔位详细的岩土工程勘测报告，并制定可靠的安全施工措施，确保人身安全。

（2）基础掏挖前，施工人员应详细对比岩土工程勘测的地质报告与实际地质情况是否一致，若不一致应及时向设计单位反馈。

（3）混凝土配合比施工前应进行计算试配，基础混凝土应结合钻孔及护壁工艺，确定合适的塌落度，所有混凝土配合比必须经试块强度试验合格后方可采用，桩身混凝土骨料粒径不得大于30 mm。

（4）根据地质条件考虑安全作业区，一般在相邻5 m范围内有基坑正在浇灌混凝土或有基坑蓄满深水时，不得下井作业。

（5）挖出的土石方应及时运离孔口，不得放在孔口四周5 m范围内。弃土堆放应按基础配置表中的要求施工，不能危及铁塔安全、破坏环境和影响农田耕作。

（6）为充分利用机械化施工的优势，基坑应尽可能采用机械掏挖，对无法采用机械掏挖的塔位可采用人工掏挖，掏挖时如遇到岩石地基，人工掏挖较为困难时，可配合钢钎类简易工具，分层剥离，忌用大开挖、大爆破的方法，必要时可采用风镐机械开凿，以保证塔基及附近岩体的完整性和稳定性。

（7）供人员上下井使用的电葫芦、吊笼等提升装置及井架应有足够的安全系数，并配置自动卡紧保险装置，不得使用麻绳和尼龙绳或脚踏。

（8）每日开工前及基坑开挖过程中，必须检测坑内有无毒害气体和缺氧现象，并应有足够的安全防护措施；施工挖孔应采取可靠的通风设施，确保孔内作业时空气清新，避免缺氧。当开挖深度超过 10 m 时，还应有专门向井内送风的设备。

（9）基坑开挖前，应事先清除孔口附近的浮石。施工中，孔口应有人监护，孔内作业人员必须戴安全帽并系好安全带，孔口四周必须设置护栏，护栏高度一般不小于 0.8 m，井下设半边井的安全钢筋网，井内设特别可靠的救生软梯。当挖孔暂停施工时井口应用盖板盖好。

（10）塔位需考虑自然排水，并避免水流直接冲刷塔基，塔基范围内不得积水。

（11）基坑掏挖至设计高程终孔后应将护壁及桩底残渣等清理干净，要求施工、监理质检代表及时对孔深和孔壁垂直度等进行复查，不合格时及时处理，检查成孔质量合格后立即浇灌混凝土，严禁孔内积水。基坑开挖好后应及时浇筑混凝土，尽量缩短基坑暴露时间。若基坑开挖好后当天不能浇筑混凝土时，坑底部的原状土应做好防冻措施（如覆盖保温层等）。基础冬季施工时，应严格遵照现行《建筑工程冬期施工规程》（JGJ/T 104—2011）的有关规定进行。

（12）扩孔段施工应先挖扩底部位桩身的圆柱体，再按扩底部位的尺寸、形状自上而下削土扩充。

（13）钢筋笼的制作应符合设计尺寸，主柱长大于 10 m 时，钢筋笼应分段制作，分段长度以 5~8 m 为宜，钢筋笼制作前，钢筋应严格除锈。

（14）钢筋笼的制作除按设计要求执行外，还应防止在运输、安装过程中产生不可恢复的变形，并设置保护层垫块。钢筋笼吊放入孔时，不得碰撞孔壁，灌注混凝土时，应采取固定措施以保证钢筋笼的垂直度。钢筋笼下放到设计位置应预固定。

（15）最外层钢筋混凝土保护层厚度不小于 50 mm。

（16）两段钢筋笼连接若采用焊接，桩主筋焊接时，同一构件的接头应相互错开，相邻钢筋的焊接接头中心距不小于焊接钢筋直径的 35 倍且不小于 500 mm，同一区域内，同一根钢筋不得有两个接头，并且接头钢筋的截面面积不得超过钢筋总面积的 50%。

（17）HRB400 钢筋的焊接采用 E50 型焊条，HPB300 钢筋的焊接采用 E43 型焊条，HRB400 与 HPB300 钢筋之间的焊接采用 E43 型焊条，所有钢筋的焊接应遵守《钢筋焊接及验收规程》（JGJ 18—2012）。

（18）钢筋接头可采用机械连接代替焊接，机械连接通过套筒将两根钢筋相连，套筒实测屈服承载力和受拉承载力不应小于被连接钢筋受拉承载力标准值的 1.1 倍（HRB400 钢筋强度标准值 400 MPa，HPB300 钢筋强度标准值 300 MPa），接头等级为 II 级，套筒质量按照《钢筋机械连接用套筒》（JG/T 163—2013）执行，机械连接的施工及钢筋接头的错开位置按照《钢筋机械连接技术规程》（JGJ 107—2016）执行。

（19）基础浇制前，必须进行基础根开尺寸的复测，立柱顶面标高抄平，并应仔细核对基础施工图中塔型、呼高及塔位号是否与塔位图及明细表相符，基础根开是否与铁塔施工图一致，还应仔细核对地脚螺栓间距、方向是否与铁塔施工图一致。主筋规格、数量等复核无误后，方可进行浇制。在核对基础根开时，请施工单位注意基础地脚螺栓分布中心相对于基础中心的偏心距。

（20）用常规方法浇灌封底及基础混凝土时，必须使用导管或串筒，出料口离混凝土面不得大于 2 000 mm，应连续浇灌，边灌边用插入式振捣器按高度 500 mm 分层振捣，严禁混凝土从孔口直接倒入。

（21）施工单位必须对每一只基础做好施工记录，并按规定留混凝土试块，试块与桩基础在同等条件下进行养护，并按规定进行混凝土强度检验。

（22）地脚螺栓应采用两头丝扣型，其性能应符合《紧固件机械性能螺栓、螺钉和螺柱》（GB/T 3098.1—2010）、《输电杆塔用地脚螺栓与螺母》（DL/T 1236—2021）及《8.8 级高强度地脚螺栓施工技术导则》（Q/GOW 638—2011）的要求。

（23）地脚螺栓应当安装准确，安装前应当除锈，并将丝扣部分涂黄油包裹。

（24）混凝土浇筑完毕养护 28 天以后，可分解组塔。杆塔和架线全部安装完毕后，再次紧固地脚螺栓，并用 C15 混凝土浇注保护帽，保护帽顶面做成中间高四周低的坡面，详见基础施工说明（注意：保护帽顶面距接地孔＞100 mm）。

（25）对于转角塔、悬垂转角塔位，为了保证线路投入运行后铁塔不倾斜，其受压基础应按相关施工图的要求进行预高。施工单位可以根据施工经验和各塔实际转角度数对预高值进行调整，但原则上应保证架线施工完毕后铁塔不倾斜。基础预高后其主柱顶面应抹成斜面，此斜面在铁塔四个基础主柱顶面中心连线形成的斜面中。

（26）施工弃土的处理必须满足环保水保要求，无法自身消纳的就近选择冲沟填埋。

（27）挖孔桩基础的施工及验收应符合《混凝土结构工程施工质量验收规范》（GB 50204—2015）、《110~750 kV 架空电力线路施工及验收规范》（GB 50233—2013）和《国家电网公司输变电工程标准工艺—2022 版》中的相关规定。

（28）钢筋长度由实际放样决定，材料表中长度仅供统计重量之用，材料表中的混凝土量不含超灌量。

（29）基坑每开挖 0.5~1 m 深度，就需进行护壁，待护壁混凝土养护达到 3.0 MPa 后，方可进行下一段的基坑开挖，如此循环进行。

12.2.3 灌注桩基础施工

（1）基础施工前应有塔位详细的岩土工程勘测报告，并制定可靠的安全施工措施，确保人身安全。

（2）灌注桩施工前应试成孔，以便核对地质资料，检验所选机械设备及施工工艺是否合适；基桩试成孔后，若发现地质情况与设计勘察资料不符，应及时通知设计单位会同协商处理。

（3）混凝土配合比施工前应进行计算试配，桩身混凝土应结合钻孔及护壁工艺，确定合适的塌落度，所有混凝土配合比必须经试块强度试验合格后方可采用，桩身混凝土骨料粒径不得大于 30 mm。

（4）灌注桩基础钻孔前、混凝土浇制前，必须进行基础根开尺寸的复测，立柱顶面标高抄平，并应仔细核对基础施工图中塔型、呼高及塔位号是否与塔位图及明细表相符，基础根开是否与铁塔施工图一致，还应仔细核对桩间距、承台方位、地脚螺栓间距和方向是否与铁塔施工图一致，主筋规格、数量等复核无误后，方可施工。在核对基础根开时，请施工单位注意基础地脚螺栓分布中心相对于基础中心的偏心距。

（5）桩基础灌注混凝土之前必须对孔深、孔壁垂直度、孔底回淤土厚度和积水深度进行复查，不合格时及时处理。检查合格后应立即安放钢筋笼和灌注混凝土。水下混凝土的灌注采用导管法，由下向上连续灌注，导管的提升应执行相应的施工工艺规范。

（6）水下混凝土必须连续施工，每根桩的浇注时间按初盘混凝土的初凝时间控制，对浇注过程中的一切故障均应记录备案。

（7）桩基础中护板自桩底1000 mm开始向上每隔3000 mm设置一层，一层4个。

（8）必须严格控制护壁施工工艺，确保护壁质量；应根据钻孔深度、土层情况、泥浆排放（若用泥浆护壁）及处理等条件，确定合适的清孔方式，桩底沉渣厚度不得大于100 mm。

（9）桩基施工时若采用泥浆护壁工艺，泥浆比重不应大于1.15。

（10）连梁桩基础施工至水平连梁下平面高度1 m处（包括浮头长度）时，经验桩合格后再进行下一步浇注。对于深入到桩身中的连梁钢筋，低于连梁下平面高程的均应预先插埋。

（11）灌注质量和工艺应严格遵守相应的规程规范。

（12）基础冬季施工时，应严格遵照现行《建筑工程冬期施工规程》（JGJ/T 104—2011）的有关规定进行。

（13）钢筋笼的制作应符合设计尺寸，桩长大于10 m时，钢筋笼应分段制作，分段长度以5~8 m为宜，钢筋笼制作前，钢筋应严格除锈。

（14）钢筋笼的制作除按设计要求执行外，还应防止在运输、安装过程中产生不可恢复的变形，并设置保护层垫块。钢筋笼吊放入孔时，不得碰撞孔壁，灌注混凝土时，应采取固定措施以保证钢筋笼的垂直度。钢筋笼下放到设计位置应预固定。

（15）HRB400钢筋的焊接采用E50型焊条，HPB300钢筋的焊接采用E43型焊条，HRB400与HPB300钢筋之间的焊接采用E43型焊条，所有钢筋的焊接应遵守《钢筋焊接及验收规程》（JGJ 18—2012）。

（16）桩的主筋原则上不要接头，当需要接头时钢筋搭接接头采用双面贴角焊，搭接长度大于5 d；钢筋接头可采用机械连接代替焊接，机械连接通过套筒将两根钢筋相连，套筒实测屈服承载力和受拉承载力不应小于被连接钢筋受拉承载力标准值的1.1倍（HRB400钢筋强度标准值400 MPa，HPB300钢筋强度标准值300 MPa），接头等级为Ⅱ级，套筒质量按照《钢筋机械连接用套筒》（JG/T 163—2013）执行，机械连接的施工及钢筋接头的错开位置按照《钢筋机械连接技术规程》（JGJ 107—2016）执行。

（17）基础施工过程中应尽量减少对自然地貌的破坏。进行混凝土基础施工时，应采用适当措施减少材料堆放、材料运输、混凝土搅拌过程中对环境的不利影响。施工完毕后应尽量恢复原貌。灌注桩施工中，当采用泥浆护壁时，严禁将未经沉淀的泥浆水直接排入河、沟、渠、塘中。

（18）用常规方法浇灌封底及桩身混凝土时，必须使用导管或串筒，出料口离混凝土面不得大于2000 mm，应连续浇灌，边灌边用插入式振捣器按高度500 mm分层振捣，严禁混凝土从孔口直接倒入。

（19）施工单位必须对每一根桩做好施工记录，并按规定留混凝土试块，试块与桩基础在同等条件下进行养护，并按规定进行混凝土强度检验。

（20）地脚螺栓应当安装准确，安装前应当除锈，并将丝扣部分涂黄油包裹。

（21）混凝土浇筑完毕养护28天以后，可分解组塔。杆塔和架线全部安装完毕后，再次紧固地脚螺栓，并用C15混凝土浇注保护帽，保护帽顶面做成中间高四周低的坡面，详见基础施工说明（注意：保护帽顶面距接地孔>100 mm）。

（22）对于转角塔、悬垂转角塔位，为了保证线路投入运行后铁塔不倾斜，其受压基础应按相关施工图的要求进行预高。施工单位可以根据施工经验和各塔实际转角度数对预高值进行调整，但原则上应保证架线施工完毕后铁塔不倾斜。基础预高后其主柱顶面应抹成斜面，此斜面在铁塔四个基础主柱顶面中心连线形成的斜面中。

（23）施工弃土的处理满足国家相关环水保要求。

（24）桩的施工容许偏差，详见《建筑桩基技术规范》（JGJ 94—2008）中的表6.3.6，钢筋笼制作的容许偏差详见《建筑桩基技术规范》中的表6.2.5。

（25）桩基础的施工及验收应符合《混凝土结构工程质量验收规范》《建筑桩基技术规范》《建筑桩基检测技术规范》《110~750 kV 架空电力线路施工验收规范》和《国家电网公司输变电工程标准工艺—2022》中的相关规定。

（26）钢筋长度由实际放样决定，材料表中长度仅供统计重量之用，材料表中的混凝土量不含超灌量。

（27）桩基检测应遵循《建筑桩基技术规范》《建筑基桩检测技术

规范》中的相关规定，全部桩基应进行小应变试验。桩基承载力试验，当采用高应变法时，抽检数量不应少于总桩数的5%做高应变试验，且不应少于5根；当采用静载试验时，抽检数量不应少于总桩数的1%，且不应少于3根。

12.3 施工安全

工程建设参建单位，必须遵守国家发展与改革委员会2015年28号令《电力建设工程施工安全监督管理办法》和《110~750 kV 架空输电线路施工及验收规范》（GB 50233—2013）的规定。

机械设备应由专业人员操作，确保机械设备、设施、工具配件的完好和使用安全。

机械设备进出场及施工过程中应考虑邻近架空输电线路、建（构）筑物对作业安全的影响。在距离尚未浇筑混凝土的孔一定范围内，不得堆载，并禁止机械设备与运输车辆通过。

12.4 环境保护

输电线路工程应从设计、施工和建设管理等方面采取有效措施实现环境保护和水土保持目标，落实环境保护和水土保持方案及批复意见，执行环水保专项设计文件，保护生态环境，减小对施工场地和周围环境及植被的影响，减少水土流失。

12.5 施工注意事项

（1）施工单位应根据设计单位提供的岩土工程勘测报告和设计文

件，结合现场条件，制定合理可行的施工组织措施，确保施工质量和安全。

（2）基础施工前，必须进行基础根开尺寸的复测，仔细核对基础根开、地脚螺栓间距方向是否与杆塔施工图一致，复核无误后方可进行施工。

（3）基础施工时，施工人员应详细对比岩土工程勘测的地质报告与实际地质情况是否一致，若不一致应及时向设计单位反馈。

（4）地脚螺栓使用前应核对螺杆与螺母匹配情况，将其表面覆盖的油污和氧化皮等清除干净，并对丝扣部分做好防护措施。拧紧螺母后，螺杆露出螺母的长度应符合设计要求。保护帽浇筑前，地脚螺栓应进行复紧。

（5）施工完成后，基面需考虑自然排水，并避免水流直接冲刷塔基，塔基范围内不得积水。

第13章　总体使用说明

13.1　基础编号说明

基础编由4个代号组成，依次包含塔型、地质类别、基础形式、荷载组。

13.2　基础选用方法

设计单位要按照输变电工程典型设计成果的要求，结合工程实际情况合理选用。

第一步，查询本书，根据工程的塔型、地质类别、基础形式、荷载组等查询到相应的图纸。

第二步，在初步确定了基础后，再根据相应图纸的设计说明详细核对基础作用力、岩土类别及力学参数等设计参数，掌握典型设计基础的相关设计技术条件。

最后，在施工图阶段，对选定模块的基础施工图开展设计校验、核对地脚螺栓长度、间距是否与基础尺寸匹配，确保工程可靠应用。

13.3　应用注意事项

基础是输电线路安全稳定运行的基石，属于隐蔽工程，基础设计需考虑地形地质、地下水及腐蚀条件，结合输电线路工程特点综合确定其形式与尺寸，保证安全可靠。

第14章　典型基础图纸

14.1　典型设计图纸目录

表14-1-1　基础设计尺寸和材料一览（A类地质，掏挖基础—无水）

基础代号	主柱直径/m	基础埋深/m	扩大头直径/m	圆台高/m	斜高/m	露头/m	混凝土/m³	钢筋/kg
Z-A-TW-01	0.8	1.9	1.6	0.3	0.5	0.3	1.89	64.47
Z-A-TW-02	0.8	3.4	1.6	0.3	0.5	0.3	2.65	106.65
Z-A-TW-03	0.8	4.0	1.6	0.3	0.5	0.3	2.95	124.7
Z-A-TW-04	0.8	4.5	1.6	0.3	0.5	0.3	3.2	138.76
Z-A-TW-05	0.8	5.0	1.6	0.3	0.5	0.3	3.45	152.82

续表

基础代号	主柱直径/m	基础埋深/m	扩大头直径/m	圆台高/m	斜高/m	露头/m	混凝土/m³	钢筋/kg
Z-A-TW-06	1.0	4.8	1.8	0.3	0.5	0.3	4.93	208.91
Z-A-TW-07	1.0	4.8	2.0	0.3	0.6	0.3	5.34	207.72
Z-A-TW-08	1.2	4.8	2.2	0.3	0.6	0.3	7.29	259.86
Z-A-TW-09	1.2	4.8	2.4	0.3	0.7	0.3	7.84	259.86
Z-A-TW-10	1.4	4.6	2.6	0.3	0.7	0.3	9.86	289.9
Z-A-TW-11	1.4	5.0	2.6	0.3	0.7	0.3	10.48	314.79
Z-A-TW-12	1.4	5.0	2.8	0.3	0.8	0.3	11.19	313.1
Z-A-TW-13	1.6	4.8	3.0	0.3	0.8	0.3	13.59	338.29
Z-A-TW-14	1.6	4.6	3.2	0.3	0.9	0.3	14.07	322.3
Z-A-TW-15	1.6	5.0	3.2	0.3	0.9	0.3	14.88	350.14
Z-A-TW-16	1.8	4.6	3.4	0.3	0.9	0.3	17.07	349.16
Z-A-TW-17	1.8	5.0	3.4	0.3	0.9	0.3	18.09	379.34
Z-A-TW-18	1.8	4.6	3.6	0.3	1.0	0.3	18.15	349.16
Z-A-TW-19	2.0	3.8	3.8	0.3	1.0	0.3	19.02	301.55
J-A-TW-01	1.0	4.0	2.0	0.3	0.6	0.3	4.71	175.27
J-A-TW-02	1.0	4.6	2.0	0.3	0.6	0.3	5.18	197.98
J-A-TW-03	1.2	4.7	2.2	0.3	0.6	0.3	7.18	255.02
J-A-TW-04	1.2	4.7	2.4	0.3	0.7	0.3	7.73	254.58
J-A-TW-05	1.2	5.0	2.4	0.3	0.7	0.3	8.07	268.98
J-A-TW-06	1.4	4.7	2.8	0.3	0.8	0.3	10.72	297.97
J-A-TW-07	1.6	4.8	3.0	0.3	0.8	0.3	13.59	338.29
J-A-TW-08	1.6	4.8	3.2	0.3	0.9	0.3	14.48	338.29
J-A-TW-09	1.6	5.0	3.2	0.3	0.9	0.3	14.88	350.14
J-A-TW-10	1.8	4.4	3.6	0.3	1.0	0.3	17.64	336.75
J-A-TW-11	1.8	5.0	3.6	0.3	1.0	0.3	18.09	379.34
J-A-TW-12	2.0	4.7	3.8	0.3	1.0	0.3	21.84	363.78
J-A-TW-13	2.0	4.6	4.0	0.3	1.1	0.3	22.83	350.97
J-A-TW-14	2.0	5.0	4.0	0.3	1.1	0.3	24.09	397.93
J-A-TW-15	2.0	5.0	4.0	0.3	1.1	0.3	24.09	397.93
J-A-TW-16	2.2	5.0	4.2	0.3	1.1	0.3	28.12	443.24
J-A-TW-17	2.2	4.6	4.4	0.3	1.2	0.3	28.13	407.13
J-A-TW-18	2.2	4.8	4.4	0.3	1.2	0.3	28.89	428.4
J-A-TW-19	2.2	5.2	4.4	0.3	1.2	0.3	30.41	494.8
J-A-TW-20	2.2	5.8	4.4	0.3	1.2	0.3	32.69	576.88
J-A-TW-21	2.4	5.6	4.6	0.3	1.2	0.3	36.82	582.97
J-A-TW-22	2.6	5.2	5.0	0.3	1.3	0.3	41.83	614.15
J-A-TW-23	2.6	5.4	5.0	0.3	1.3	0.3	42.89	634.28
J-A-TW-24	2.6	5.4	5.2	0.3	1.4	0.3	44.95	631.11

表 14-1-2 基础设计尺寸和材料一览（A 类地质，挖孔基础—无水）

基础代号	主柱直径/m	基础埋深/m	露头/m	混凝土/m³	钢筋/kg
Z-A-WK-01	0.8	6.0	0.3	3.17	251.37
Z-A-WK-02	0.8	6.0	0.3	3.17	251.37

续表

基础代号	主柱直径/m	基础埋深/m	露头/m	混凝土/m³	钢筋/kg
Z-A-WK-03	0.8	6.0	0.3	3.17	251.37
Z-A-WK-04	0.8	6.0	0.3	3.17	251.37
Z-A-WK-05	0.8	6.0	0.3	3.17	251.37
Z-A-WK-06	0.8	6.5	0.3	3.42	266.92
Z-A-WK-07	0.8	7.0	0.3	3.67	291.75
Z-A-WK-08	0.8	7.5	0.3	3.93	307.17
Z-A-WK-09	0.8	8.0	0.3	4.18	354.51
Z-A-WK-10	0.8	8.5	0.3	4.43	398
Z-A-WK-11	0.8	9.0	0.3	4.68	438.91
Z-A-WK-12	0.8	9.5	0.3	4.93	506.37
Z-A-WK-13	0.8	10.0	0.3	5.18	563.09
Z-A-WK-14	1.0	8.5	0.3	6.92	544.28
Z-A-WK-15	1.0	9.0	0.3	7.31	568.61
Z-A-WK-16	1.0	9.5	0.3	7.70	617.89
Z-A-WK-17	1.0	10.0	0.3	8.09	681.24
Z-A-WK-18	1.0	10.5	0.3	8.49	735.45
Z-A-WK-19	1.0	11.0	0.3	8.88	791.03
J-A-WK-01	0.8	7.0	0.3	3.67	291.75
J-A-WK-02	0.8	8.0	0.3	4.18	321.87
J-A-WK-03	0.8	8.5	0.3	4.43	346.04
J-A-WK-04	0.8	9.5	0.3	4.93	395.6
J-A-WK-05	0.8	10.5	0.3	5.43	480.63
J-A-WK-06	0.8	12.5	0.3	6.44	656.17
J-A-WK-07	0.8	14.5	0.3	7.44	883.25
J-A-WK-08	1.0	12.0	0.3	9.67	771.78
J-A-WK-09	1.0	12.5	0.3	10.06	798.44
J-A-WK-10	1.0	14.0	0.3	11.24	993.77
J-A-WK-11	1.0	15.0	0.3	12.02	1 146.19
J-A-WK-12	1.2	15.0	0.3	17.35	1 235.66
J-A-WK-13	1.2	15.5	0.3	17.87	1 332.69
J-A-WK-14	1.2	16.0	0.3	18.44	1 479.57
J-A-WK-15	1.2	16.5	0.3	19.01	1 569.11
J-A-WK-16	1.2	17.0	0.3	19.57	1 609.05
J-A-WK-17	1.2	17.5	0.3	20.14	1 716.43
J-A-WK-18	1.2	18.0	0.3	20.7	1 812.35
J-A-WK-19	1.2	18.5	0.3	21.27	2 005.98
J-A-WK-20	1.2	19.5	0.3	22.4	2 267.91
J-A-WK-21	1.4	18.0	0.3	28.18	2 167.72
J-A-WK-22	1.4	19.5	0.3	30.48	2 417.98
J-A-WK-23	1.6	18.0	0.3	36.8	2 450.29
J-A-WK-24	1.6	19.5	0.3	39.82	2 722.31

表 14-1-3　基础设计尺寸和材料一览（A 类地质，灌注桩基础—有水）

续表

基础代号	主柱直径/m	基础埋深/m	露头/m	混凝土/m³	钢筋/kg	基础代号	主柱直径/m	基础埋深/m	露头/m	混凝土/m³	钢筋/kg
Z-A-GZZ-01	0.8	6.0	0.5	3.27	255.89	J-A-GZZ-04	0.8	10.5	0.5	5.53	463.95
Z-A-GZZ-02	0.8	6.0	0.5	3.27	255.89	J-A-GZZ-05	0.8	12.0	0.5	6.29	572.53
Z-A-GZZ-03	0.8	6.0	0.5	3.27	255.89	J-A-GZZ-06	0.8	14.0	0.5	7.29	778.63
Z-A-GZZ-04	0.8	6.0	0.5	3.27	255.89	J-A-GZZ-07	0.8	15.5	0.5	8.05	950.96
Z-A-GZZ-05	0.8	6.5	0.5	3.52	279.9	J-A-GZZ-08	1.0	14.5	0.5	11.79	934.01
Z-A-GZZ-06	0.8	7.0	0.5	3.77	296.09	J-A-GZZ-09	1.0	15.0	0.5	12.18	997.43
Z-A-GZZ-07	0.8	7.5	0.5	4.03	311.47	J-A-GZZ-10	1.0	15.5	0.5	12.57	1 152.62
Z-A-GZZ-08	0.8	8.0	0.5	4.28	334.65	J-A-GZZ-11	1.0	16.5	0.5	13.36	1 317.01
Z-A-GZZ-09	0.8	8.5	0.5	4.53	385.56	J-A-GZZ-12	1.2	15.5	0.5	18.1	1 356.78
Z-A-GZZ-10	0.8	9.0	0.5	4.78	420.93	J-A-GZZ-13	1.2	16.5	0.5	19.23	1 481.06
Z-A-GZZ-11	0.8	9.5	0.5	5.03	497.14	J-A-GZZ-14	1.2	18.0	0.5	20.93	1 661.21
Z-A-GZZ-12	0.8	10.5	0.5	5.53	591.39	J-A-GZZ-15	1.2	18.5	0.5	21.54	1 827.03
Z-A-GZZ-13	0.8	11.0	0.5	5.79	690.28	J-A-GZZ-16	1.2	19.5	0.5	22.62	1 978.02
Z-A-GZZ-14	1.0	9.5	0.5	7.86	612.68	J-A-GZZ-17	1.4	17.5	0.5	27.71	1 852.38
Z-A-GZZ-15	1.0	10.0	0.5	8.25	664.05	J-A-GZZ-18	1.4	18.5	0.5	29.25	2 012.96
Z-A-GZZ-16	1.0	11.0	0.5	9.04	755.29	J-A-GZZ-19	1.4	19.5	0.5	30.79	2 224.36
Z-A-GZZ-17	1.0	12.0	0.5	9.82	871.09	J-A-GZZ-20	1.6	18.5	0.5	38.21	2 201.25
Z-A-GZZ-18	1.0	12.5	0.5	10.22	943.15	J-A-GZZ-21	1.6	20.0	0.5	40.82	2 450.47
Z-A-GZZ-19	1.0	13.5	0.5	11	1 048.27	J-A-GZZ-22	1.8	20.0	0.5	52.17	2 579.01
J-A-GZZ-01	0.8	7.5	0.5	4.03	311.47	J-A-GZZ-23	2.0	20.0	0.5	64.41	2 656.44
J-A-GZZ-02	0.8	8.0	0.5	4.53	350.16	J-A-GZZ-24	2.2	19.0	0.5	74.18	2 725.75
J-A-GZZ-03	0.8	9.5	0.5	5.03	388.84						

表 14-1-4 基础设计尺寸和材料一览（B 类地质，掏挖基础—无水）

续表

基础代号	主柱直径/m	基础埋深/m	扩大头直径/m	圆台高/m	斜高/m	露头/m	混凝土/m³	钢筋/kg
Z-B-TW-01	0.8	1.9	1.6	0.3	0.5	0.3	1.89	64.47
Z-B-TW-02	0.8	2.1	1.6	0.3	0.5	0.3	1.99	69.57
Z-B-TW-03	0.8	2.8	1.6	0.3	0.5	0.3	2.35	90.51
Z-B-TW-04	0.8	3.3	1.6	0.3	0.5	0.3	2.6	104.57
Z-B-TW-05	0.8	3.7	1.6	0.3	0.5	0.3	2.8	116.55
Z-B-TW-06	1.0	3.6	1.8	0.3	0.5	0.3	3.99	159.64
Z-B-TW-07	1.0	4.1	1.8	0.3	0.5	0.3	4.38	179.50
Z-B-TW-08	1.0	4.1	2.0	0.3	0.6	0.3	4.79	187.74
Z-B-TW-09	1.2	4.1	2.2	0.3	0.6	0.3	6.5	227.4
Z-B-TW-10	1.2	4.2	2.4	0.3	0.7	0.3	7.16	228.41
Z-B-TW-11	1.2	4.5	2.4	0.3	0.7	0.3	7.5	247.15
Z-B-TW-12	1.2	4.7	2.4	0.3	0.7	0.3	7.73	256.33
Z-B-TW-13	1.4	4.5	2.6	0.3	0.7	0.3	9.71	284.22
Z-B-TW-14	1.4	4.8	2.6	0.3	0.7	0.3	10.17	304.14
Z-B-TW-15	1.6	3.8	3.0	0.3	0.8	0.3	11.58	275.06
Z-B-TW-16	1.6	4.3	3.0	0.3	0.8	0.3	12.58	307.73
Z-B-TW-17	1.8	4.7	3.4	0.3	0.9	0.3	17.32	360.58
Z-B-TW-18	1.8	4.4	3.6	0.3	1.0	0.3	17.64	335.93
Z-B-TW-19	1.8	4.6	3.6	0.3	1.0	0.3	18.15	349.16
J-B-TW-01	1.0	3.1	2.0	0.3	0.6	0.3	4.01	139.51
J-B-TW-02	1.0	3.5	2.0	0.3	0.6	0.3	4.32	155.16
J-B-TW-03	1	4.1	2	0.3	0.6	0.3	4.79	179.19
J-B-TW-04	1	4.4	2	0.3	0.6	0.3	5.03	191.84
J-B-TW-05	1	4.7	2	0.3	0.6	0.3	5.26	204.49
J-B-TW-06	1.2	4.4	2.4	0.3	0.7	0.3	7.39	241.91
J-B-TW-07	1.4	4	2.8	0.3	0.8	0.3	9.65	258.65
J-B-TW-08	1.4	4.3	2.8	0.3	0.8	0.3	10.11	273.73
J-B-TW-09	1.4	4.6	2.8	0.3	0.8	0.3	10.57	288.62
J-B-TW-10	1.6	4.1	3.2	0.3	0.9	0.3	13.07	294.19
J-B-TW-11	1.8	4.2	3.6	0.3	1	0.3	17.13	318.66
J-B-TW-12	1.8	4.4	3.6	0.3	1.0	0.3	17.64	335.93
J-B-TW-13	2.0	4.3	4	0.3	1.1	0.3	21.89	330.88
J-B-TW-14	2.0	4.6	4.0	0.3	1.1	0.3	22.83	369.84
J-B-TW-15	2	4.9	4	0.3	1.1	0.3	23.77	403.87

表 14-1-5 基础设计尺寸和材料一览（B 类地质，挖孔基础—无水）

基础代号	主柱直径/m	基础埋深/m	露头/m	混凝土/m³	钢筋/kg
Z-B-WK-01	0.8	6.0	0.3	3.17	251.37
Z-B-WK-02	0.8	6.0	0.3	3.17	251.37
Z-B-WK-03	0.8	6.0	0.3	3.17	251.37
Z-B-WK-04	0.8	6.0	0.3	3.17	251.37
Z-B-WK-05	0.8	6.0	0.3	3.17	251.37
Z-B-WK-06	0.8	6.0	0.3	3.17	251.37

续表

基础代号	主柱直径/m	基础埋深/m	露头/m	混凝土/m³	钢筋/kg
Z-B-WK-07	0.8	6.0	0.3	3.17	251.37
Z-B-WK-08	0.8	6.5	0.3	3.42	266.92
Z-B-WK-09	0.8	7.0	0.3	3.67	320.41
Z-B-WK-10	0.8	7.5	0.3	3.93	353.13
Z-B-WK-11	0.8	8.0	0.3	4.18	391.51
Z-B-WK-12	0.8	8.5	0.3	4.43	462.77
Z-B-WK-13	0.8	9.0	0.3	4.68	506.77
Z-B-WK-14	1	8.0	0.3	6.52	547.98
Z-B-WK-15	1	8.5	0.3	6.92	587.06
Z-B-WK-16	1	9.0	0.3	7.31	653.76
Z-B-WK-17	1	9.5	0.3	7.7	683.87
Z-B-WK-18	1	10.0	0.3	8.09	786.04
Z-B-WK-19	1.0	10.5	0.3	8.49	922.11
J-B-WK-01	0.8	6.0	0.3	3.17	251.37
J-B-WK-02	0.8	7.0	0.3	3.67	291.75
J-B-WK-03	0.8	8.0	0.3	4.18	321.87
J-B-WK-04	0.8	9.0	0.3	4.68	379.06
J-B-WK-05	0.8	10.0	0.3	5.18	462.08
J-B-WK-06	0.8	11.5	0.3	5.94	612.4
J-B-WK-07	0.8	12.5	0.3	6.4	760.68
J-B-WK-08	1.0	11.0	0.3	8.88	676.37
J-B-WK-09	1.0	11.5	0.3	9.27	746.02

续表

基础代号	主柱直径/m	基础埋深/m	露头/m	混凝土/m³	钢筋/kg
J-B-WK-10	1.0	12.5	0.3	10.06	892.19
J-B-WK-11	1.0	13.5	0.3	10.84	1038.18
J-B-WK-12	1.2	12.0	0.3	13.92	1283.61
J-B-WK-13	1.2	12.5	0.3	14.48	1328.8
J-B-WK-14	1.2	13.0	0.3	15.05	1388.84
J-B-WK-15	1.2	13.5	0.3	15.61	1435.33
J-B-WK-16	1.2	14.0	0.3	16.18	1336.89
J-B-WK-17	1.2	14.5	0.3	16.74	1435.32
J-B-WK-18	1.2	15.0	0.3	17.31	1522.01
J-B-WK-19	1.2	15.5	0.3	17.87	1691.84
J-B-WK-20	1.2	16.5	0.3	19.01	1930.65
J-B-WK-21	1.4	15.0	0.3	23.56	1821.91
J-B-WK-22	1.4	15.5	0.3	24.33	1935.07
J-B-WK-23	1.4	16.0	0.3	25.1	2130.3
J-B-WK-24	1.4	17.0	0.3	26.64	2312.23

表 14-1-6　基础设计尺寸和材料一览（B 类地质，灌注桩基础—有水）

基础代号	主柱直径/m	基础埋深/m	露头/m	混凝土/m³	钢筋/kg
Z-B-GZZ-01	0.8	6.0	0.5	3.41	255.89
Z-B-GZZ-02	0.8	6.0	0.5	3.41	255.89
Z-B-GZZ-03	0.8	6.0	0.5	3.41	255.89
Z-B-GZZ-04	0.8	6.0	0.5	3.41	255.89

续表

基础代号	主柱直径/m	基础埋深/m	露头/m	混凝土/m³	钢筋/kg
Z-B-GZZ-05	0.8	6.0	0.5	3.41	255.89
Z-B-GZZ-06	0.8	6.0	0.5	3.41	255.89
Z-B-GZZ-07	0.8	6.5	0.5	3.66	279.9
Z-B-GZZ-08	0.8	7.0	0.5	3.91	296.09
Z-B-GZZ-09	0.8	7.5	0.5	4.16	342.87
Z-B-GZZ-10	0.8	8.0	0.5	4.41	384.75
Z-B-GZZ-11	0.8	8.5	0.5	4.66	425.61
Z-B-GZZ-12	0.8	9.5	0.5	5.17	521.46
Z-B-GZZ-13	0.8	1.0	0.5	5.42	598.93
Z-B-GZZ-14	1	8.5	0.5	7.34	643.38
Z-B-GZZ-15	1	9.0	0.5	7.73	663.36
Z-B-GZZ-16	1	9.5	0.5	8.12	704.26
Z-B-GZZ-17	1	10.0	0.5	8.51	796.6
Z-B-GZZ-18	1	10.5	0.5	8.91	829.65
Z-B-GZZ-19	1.0	11.0	0.5	9.3	872.64
J-B-GZZ-01	0.8	6.5	0.5	3.66	279.9
J-B-GZZ-02	0.8	7.5	0.5	4.16	311.47
J-B-GZZ-03	0.8	8.5	0.5	4.66	350.16
J-B-GZZ-04	0.8	9.5	0.5	5.17	428.24
J-B-GZZ-05	0.8	10.5	0.5	5.67	507.35
J-B-GZZ-06	0.8	12.0	0.5	6.42	670.68
J-B-GZZ-07	1	11.0	0.5	9.3	727.27

续表

基础代号	主柱直径/m	基础埋深/m	露头/m	混凝土/m³	钢筋/kg
J-B-GZZ-08	1.0	12.0	0.5	10.08	779.62
J-B-GZZ-09	1.0	12.5	0.5	10.48	848.83
J-B-GZZ-10	1.0	13.5	0.5	11.26	1 006.9
J-B-GZZ-11	1.0	14.5	0.5	12.05	1 168.46
J-B-GZZ-12	1.2	13.5	0.5	16.29	1 236.59
J-B-GZZ-13	1.2	14.0	0.5	16.86	1 397.66
J-B-GZZ-14	1.2	14.5	0.5	17.42	1 440.25
J-B-GZZ-15	1.2	15.0	0.5	17.99	1 490.13
J-B-GZZ-16	1.2	15.5	0.5	18.55	1 593.43
J-B-GZZ-17	1.2	16.0	0.5	19.12	1 705.96
J-B-GZZ-18	1.2	16.5	0.5	19.68	1 817.4
J-B-GZZ-19	1.2	17.0	0.5	20.25	1 944.29
J-B-GZZ-20	1.4	15.5	0.5	25.35	1 846.22
J-B-GZZ-21	1.4	16.5	0.5	26.89	2 013.26
J-B-GZZ-22	1.4	17.0	0.5	27.66	2 213.8
J-B-GZZ-23	1.6	15.5	0.5	33.25	2 157.85
J-B-GZZ-24	1.6	16.0	0.5	34.25	2 280.12

表 14-1-7 基础设计尺寸和材料一览（C4 类地质，掏挖基础—无水）

基础代号	主柱直径/m	基础埋深/m	扩大头直径/m	圆台高/m	斜高/m	露头/m	混凝土/m³	钢筋/kg
Z-C4-TW-01	0.8	1.9	1.6	0.3	0.5	0.3	1.89	64.47
Z-C4-TW-02	0.8	3.4	1.6	0.3	0.5	0.3	2.65	106.65

基础代号	主柱直径/m	基础埋深/m	扩大头直径/m	圆台高/m	斜高/m	露头/m	混凝土/m³	钢筋/kg
Z-C4-TW-03	0.8	4.0	1.6	0.3	0.5	0.3	2.95	124.7
Z-C4-TW-04	0.8	4.5	1.6	0.3	0.5	0.3	3.2	138.76
Z-C4-TW-05	0.8	5.0	1.6	0.3	0.5	0.3	3.45	152.82
Z-C4-TW-06	1.0	4.8	1.8	0.3	0.5	0.3	4.93	208.91
Z-C4-TW-07	1.0	4.8	2.0	0.3	0.6	0.3	5.34	207.72
Z-C4-TW-08	1.2	4.8	2.2	0.3	0.6	0.3	7.29	259.86
Z-C4-TW-09	1.2	4.8	2.4	0.3	0.7	0.3	7.84	259.86
Z-C4-TW-10	1.4	4.6	2.6	0.3	0.7	0.3	9.86	289.9
Z-C4-TW-11	1.4	5.0	2.6	0.3	0.7	0.3	10.48	314.79
Z-C4-TW-12	1.4	5.0	2.8	0.3	0.8	0.3	11.19	313.1
Z-C4-TW-13	1.6	4.8	3.0	0.3	0.8	0.3	13.59	338.29
Z-C4-TW-14	1.6	4.6	3.2	0.3	0.9	0.3	14.07	322.3
Z-C4-TW-15	1.6	5.0	3.2	0.3	0.9	0.3	14.88	350.14
Z-C4-TW-16	1.8	4.6	3.4	0.3	0.9	0.3	17.07	349.16
Z-C4-TW-17	1.8	5.0	3.4	0.3	0.9	0.3	18.09	379.34
Z-C4-TW-18	1.8	4.6	3.6	0.3	1.0	0.3	18.15	349.16
Z-C4-TW-19	2.0	3.8	3.8	0.3	1.0	0.3	19.02	301.55
J-C4-TW-01	1.0	4.0	2.0	0.3	0.6	0.3	4.71	175.27
J-C4-TW-02	1.0	4.6	2.0	0.3	0.6	0.3	5.18	197.98
J-C4-TW-03	1.2	4.7	2.2	0.3	0.6	0.3	7.18	255.02
J-C4-TW-04	1.2	4.7	2.4	0.3	0.7	0.3	7.73	254.58
J-C4-TW-05	1.2	5.0	2.4	0.3	0.7	0.3	8.07	268.98
J-C4-TW-06	1.4	4.7	2.8	0.3	0.8	0.3	10.72	297.97
J-C4-TW-07	1.6	4.8	3.0	0.3	0.8	0.3	13.59	338.29
J-C4-TW-08	1.6	4.8	3.2	0.3	0.9	0.3	14.48	338.29
J-C4-TW-09	1.6	5.0	3.2	0.3	0.9	0.3	14.88	350.14
J-C4-TW-10	1.8	5.0	3.4	0.3	0.9	0.3	18.09	379.34
J-C4-TW-11	1.8	5.0	3.6	0.3	1.0	0.3	19.17	377.16
J-C4-TW-12	2.0	5.0	3.8	0.3	1.0	0.3	22.79	381.57
J-C4-TW-13	2.0	4.6	4.0	0.3	1.1	0.3	22.83	350.97
J-C4-TW-14	2.0	5.0	4.0	0.3	1.1	0.3	24.09	397.93

表 14-1-8 基础设计尺寸和材料一览（C2 类地质，挖孔基础—无水）

基础代号	主柱直径/m	基础埋深/m	露头/m	混凝土/m³	钢筋/kg
Z-C2-WK-01	0.8	6.0	0.3	3.17	230.02
Z-C2-WK-02	0.8	6.0	0.3	3.17	230.02
Z-C2-WK-03	0.8	6.0	0.3	3.17	230.02
Z-C2-WK-04	0.8	6.0	0.3	3.17	230.02
Z-C2-WK-05	0.8	6.0	0.3	3.17	230.02
Z-C2-WK-06	0.8	6.0	0.3	3.17	230.02
Z-C2-WK-07	0.8	6.0	0.3	3.17	230.02
Z-C2-WK-08	0.8	6.0	0.3	3.17	230.02
Z-C2-WK-09	0.8	6.0	0.3	3.17	254.68

续表

基础代号	主柱直径/m	基础埋深/m	露头/m	混凝土/m³	钢筋/kg
Z-C2-WK-10	0.8	6.0	0.3	3.17	267.01
Z-C2-WK-11	0.8	6.0	0.3	3.17	282.72
Z-C2-WK-12	0.8	6.0	0.3	3.17	313.18
Z-C2-WK-13	0.8	6.0	0.3	3.17	345.79
Z-C2-WK-14	0.8	6.0	0.3	3.17	364.21
Z-C2-WK-15	0.8	6.0	0.3	3.17	382.63
Z-C2-WK-16	0.8	6.0	0.3	3.17	402.32
Z-C2-WK-17	0.8	6.5	0.3	3.42	457.55
Z-C2-WK-18	0.8	6.5	0.3	3.42	483.27
Z-C2-WK-19	0.8	7.0	0.3	3.67	564.51
J-C2-WK-01	0.8	6.0	0.3	3.17	230.02
J-C2-WK-02	0.8	6.0	0.3	3.17	230.02
J-C2-WK-03	0.8	6.0	0.3	3.17	230.02
J-C2-WK-04	0.8	6.0	0.3	3.17	242.35
J-C2-WK-05	0.8	6.0	0.3	3.17	267.01
J-C2-WK-06	0.8	6.5	0.3	3.42	335.45
J-C2-WK-07	0.8	7.0	0.3	3.67	422.01
J-C2-WK-08	1.0	6.5	0.3	5.35	393.97
J-C2-WK-09	1.0	6.5	0.3	5.35	410.43
J-C2-WK-10	1.0	7.0	0.3	5.74	492.17
J-C2-WK-11	1.0	7.5	0.3	6.13	591.02
J-C2-WK-12	1.0	8.5	0.3	6.92	722.52

续表

基础代号	主柱直径/m	基础埋深/m	露头/m	混凝土/m³	钢筋/kg
J-C2-WK-13	1.0	9.0	0.3	7.31	830.1
J-C2-WK-14	1.0	9.5	0.3	7.7	909.2
J-C2-WK-15	1.0	10.0	0.3	8.09	1 020.49
J-C2-WK-16	1.2	8.5	0.3	9.96	855.87
J-C2-WK-17	1.2	9.0	0.3	10.52	934.37
J-C2-WK-18	1.2	9.5	0.3	11.09	980.78
J-C2-WK-19	1.2	10.0	0.3	11.65	1 112.55
J-C2-WK-20	1.2	10.5	0.3	12.22	1 258.86
J-C2-WK-21	1.4	9.0	0.3	14.32	1 104.97
J-C2-WK-22	1.4	9.5	0.3	15.09	1 232.46
J-C2-WK-23	1.4	10.0	0.3	15.86	1 422.58
J-C2-WK-24	1.4	10.5	0.3	16.63	1 485.36

表 14-1-9　基础设计尺寸和材料一览（C4 类地质，挖孔基础—无水）

基础代号	主柱直径/m	基础埋深/m	露头/m	混凝土/m³	钢筋/kg
Z-C4-WK-01	0.8	6.0	0.3	3.17	230.02
Z-C4-WK-02	0.8	6.0	0.3	3.17	230.02
Z-C4-WK-03	0.8	6.0	0.3	3.17	230.02
Z-C4-WK-04	0.8	6.0	0.3	3.17	230.02
Z-C4-WK-05	0.8	6.0	0.3	3.17	230.02
Z-C4-WK-06	0.8	6.0	0.3	3.17	230.02
Z-C4-WK-07	0.8	6.0	0.3	3.17	230.02

续表

基础代号	主柱直径/m	基础埋深/m	露头/m	混凝土/m³	钢筋/kg
Z-C4-WK-08	0.8	6.0	0.3	3.17	230.02
Z-C4-WK-09	0.8	6.0	0.3	3.17	254.68
Z-C4-WK-10	0.8	6.0	0.3	3.17	267.01
Z-C4-WK-11	0.8	6.0	0.3	3.17	282.72
Z-C4-WK-12	0.8	6.5	0.3	3.42	350.8
Z-C4-WK-13	0.8	6.5	0.3	3.42	370.71
Z-C4-WK-14	0.8	7.0	0.3	3.67	422.01
Z-C4-WK-15	0.8	7.5	0.3	3.93	471.33
Z-C4-WK-16	0.8	7.5	0.3	3.93	495.8
Z-C4-WK-17	0.8	7.5	0.3	3.93	525.37
Z-C4-WK-18	0.8	8.0	0.3	4.18	587.47
Z-C4-WK-19	0.8	8.0	0.3	4.18	636.43
J-C4-WK-01	0.8	6.0	0.3	3.17	230.02
J-C4-WK-02	0.8	6.0	0.3	3.17	230.02
J-C4-WK-03	0.8	6.0	0.3	3.17	230.02
J-C4-WK-04	0.8	6.5	0.3	3.42	258.88
J-C4-WK-05	0.8	7.0	0.3	3.67	309.08
J-C4-WK-06	0.8	8.0	0.3	4.18	425.22
J-C4-WK-07	0.8	8.5	0.3	4.43	504.71
J-C4-WK-08	1.0	7.5	0.3	6.13	450.93
J-C4-WK-09	1.0	8.0	0.3	6.52	526.98
J-C4-WK-10	1.0	8.5	0.3	6.92	612.94
J-C4-WK-11	1.0	9.0	0.3	7.31	698.23
J-C4-WK-12	1.0	9.5	0.3	7.7	797.36
J-C4-WK-13	1.0	10.0	0.3	8.09	919.67
J-C4-WK-14	1.0	10.5	0.3	8.49	1002.62
J-C4-WK-15	1.0	11.0	0.3	8.88	1112.97
J-C4-WK-16	1.2	9.5	0.3	11.09	943.51
J-C4-WK-17	1.2	10.0	0.3	11.65	1034.14
J-C4-WK-18	1.2	10.0	0.3	11.65	1034.14
J-C4-WK-19	1.2	10.0	0.3	11.65	1112.55
J-C4-WK-20	1.2	11.0	0.3	12.78	1312.3
J-C4-WK-21	1.4	10.0	0.3	15.86	1222.87
J-C4-WK-22	1.4	10.5	0.3	16.63	1358.07
J-C4-WK-23	1.4	11.0	0.3	17.4	1546.54
J-C4-WK-24	1.4	11.5	0.3	18.17	1621.35

14.2 典型设计图纸

后附典型设计图纸。

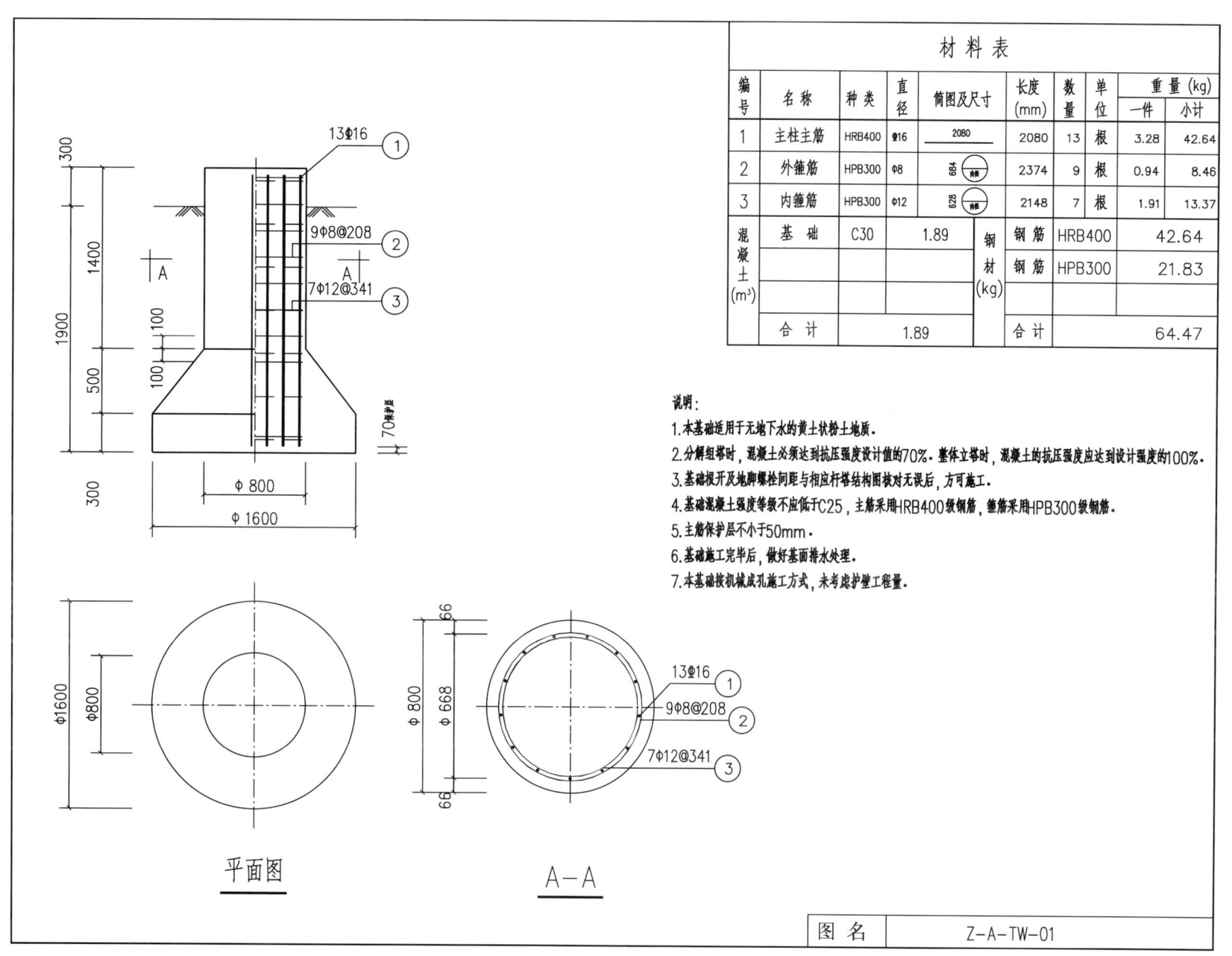

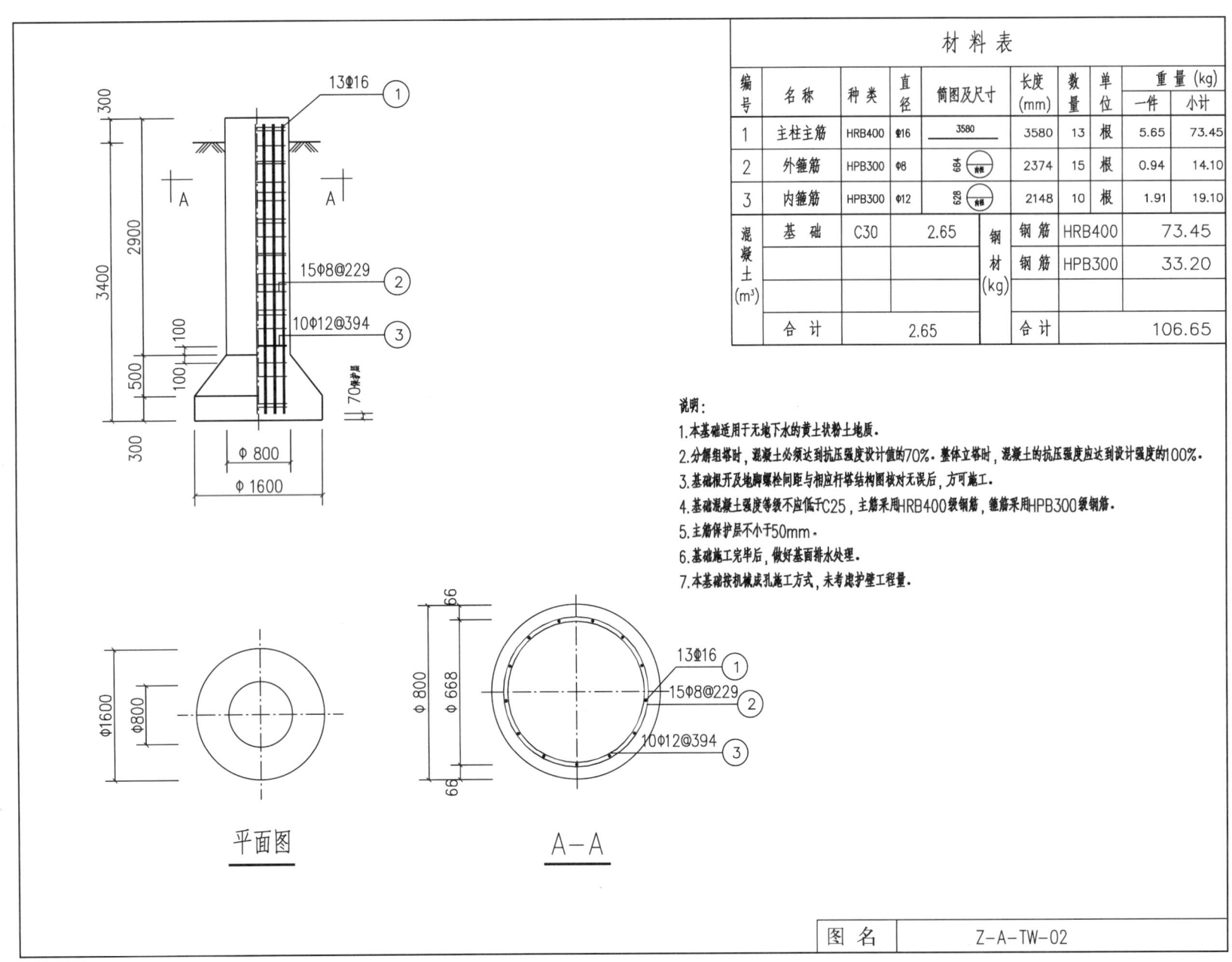

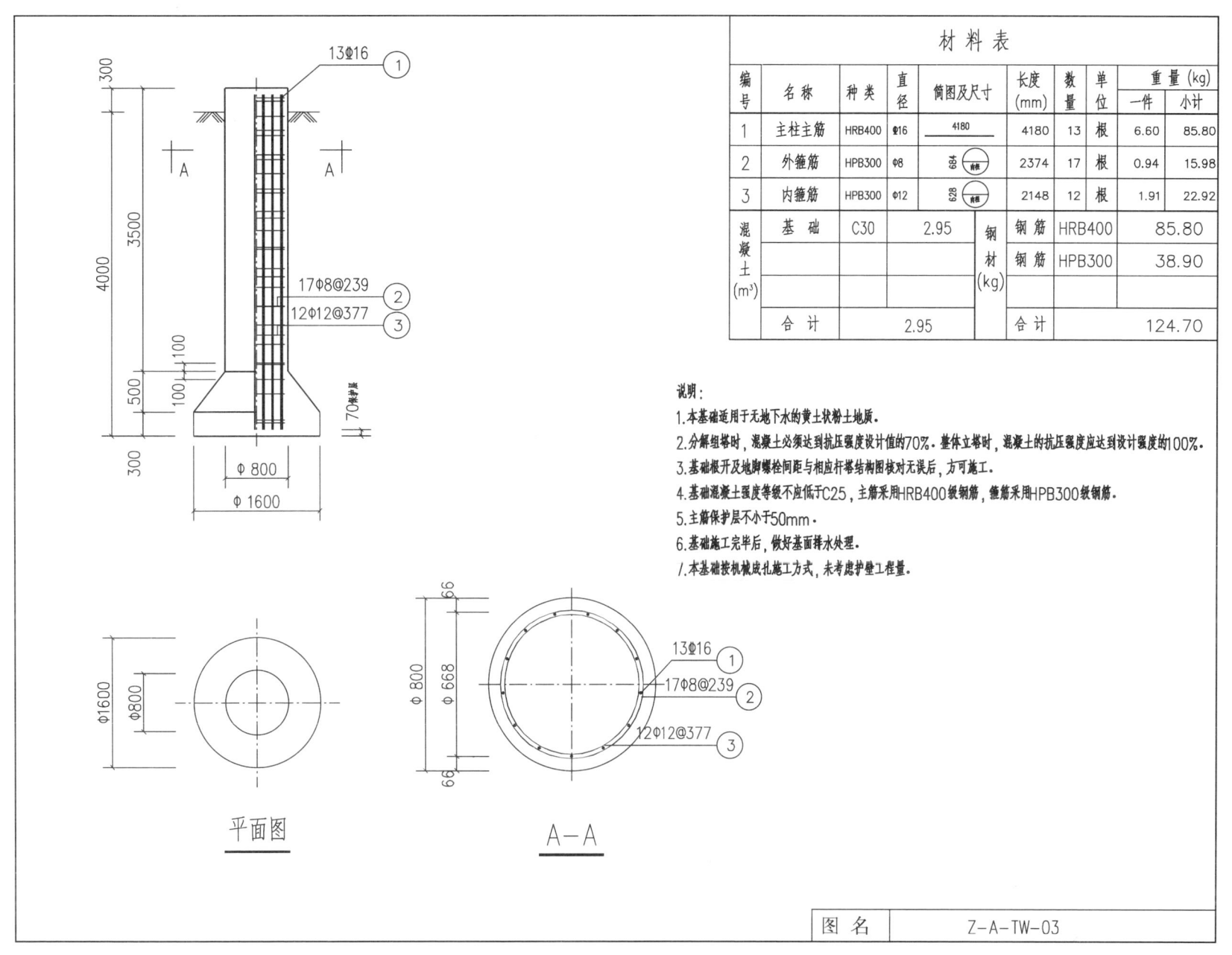

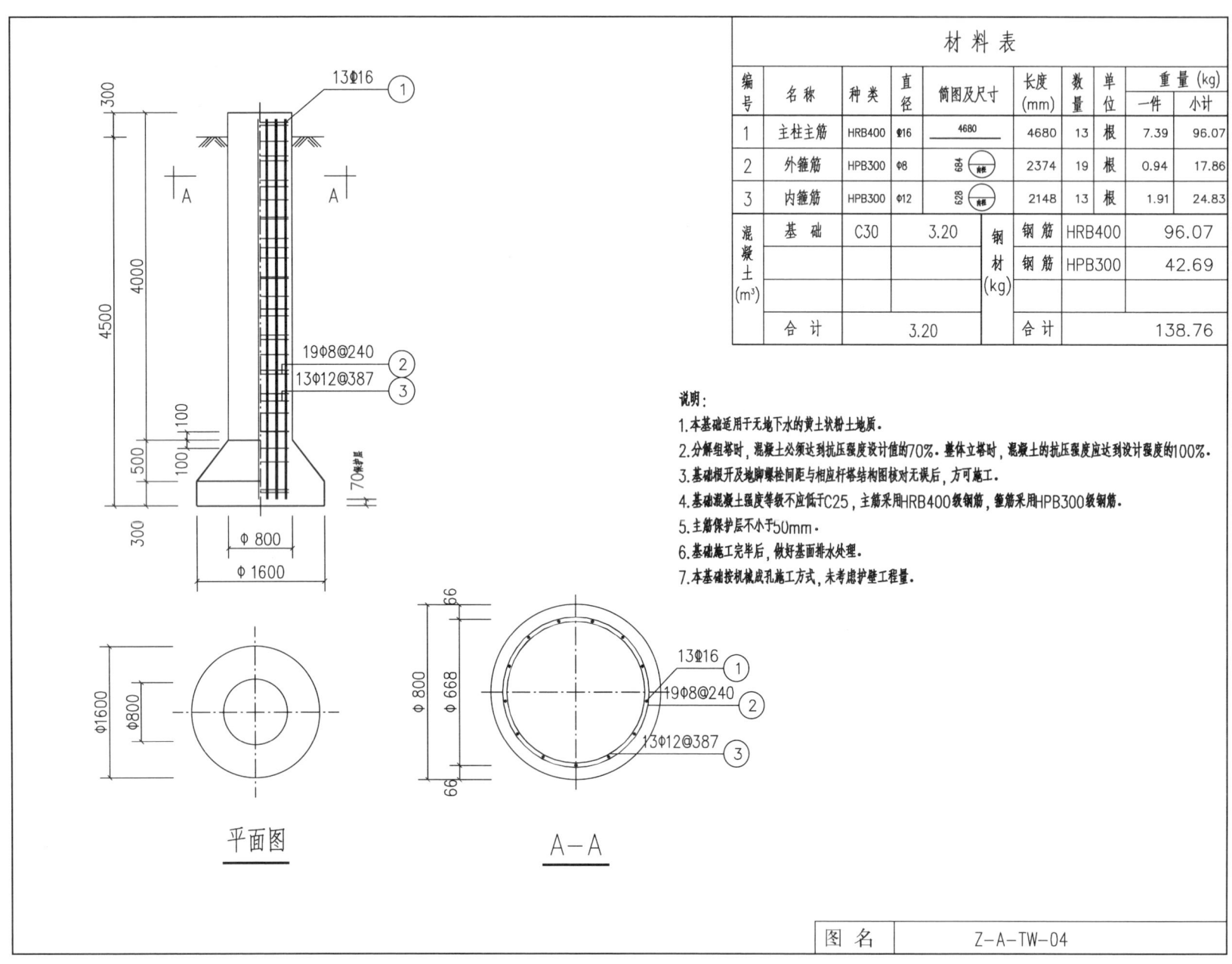

第2篇 典型设计

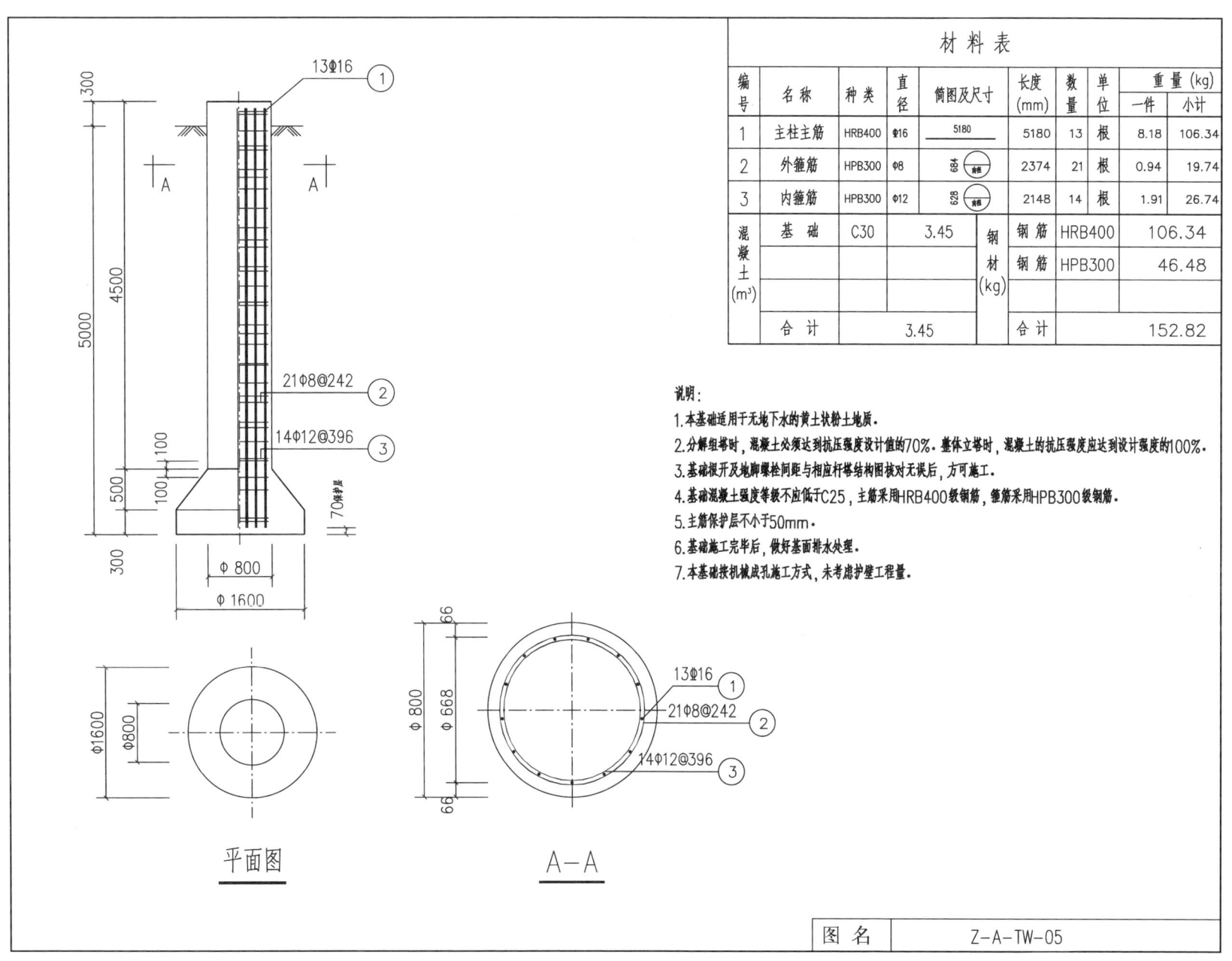

平面图　　　A-A

| 图 名 | Z-A-TW-05 |

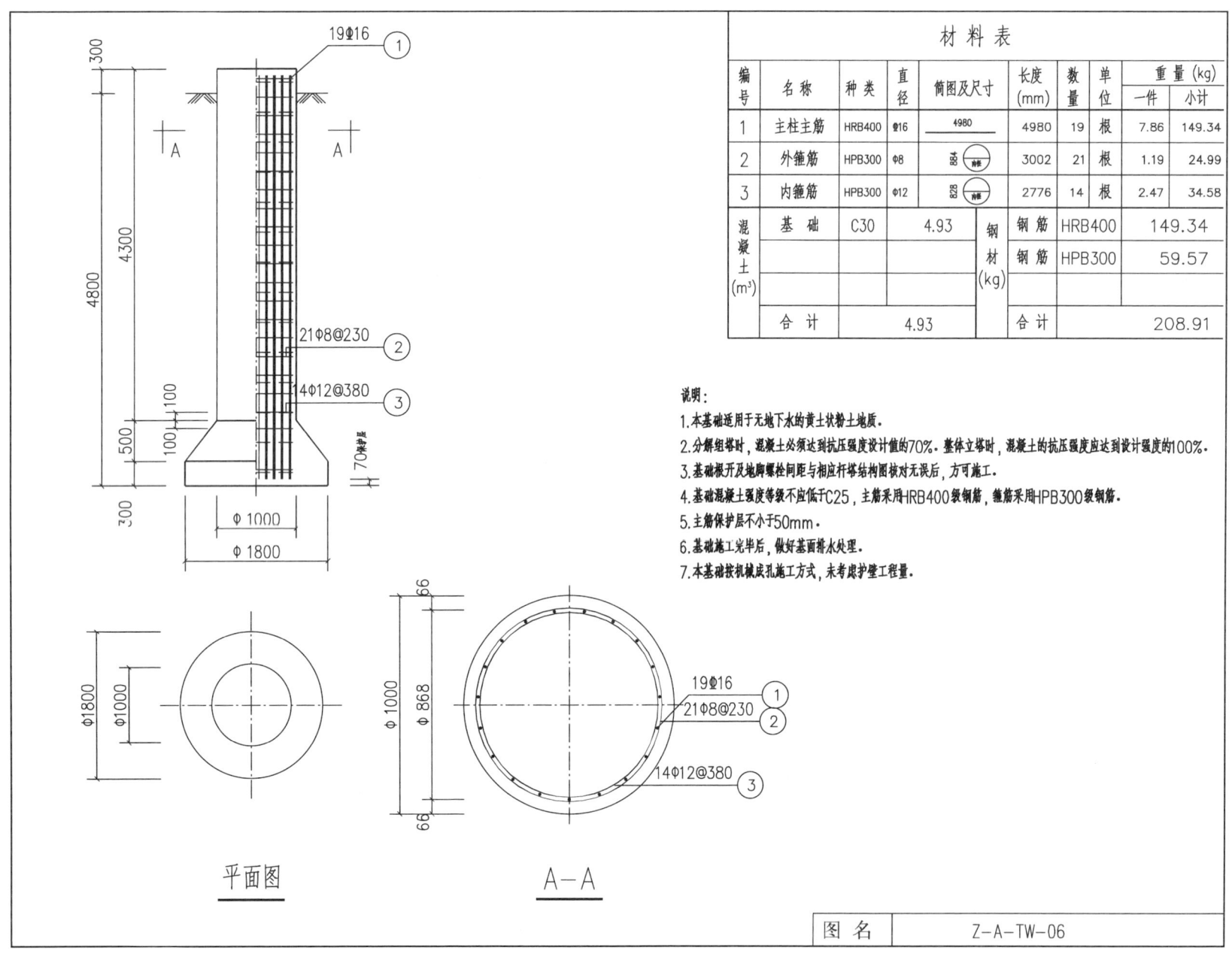

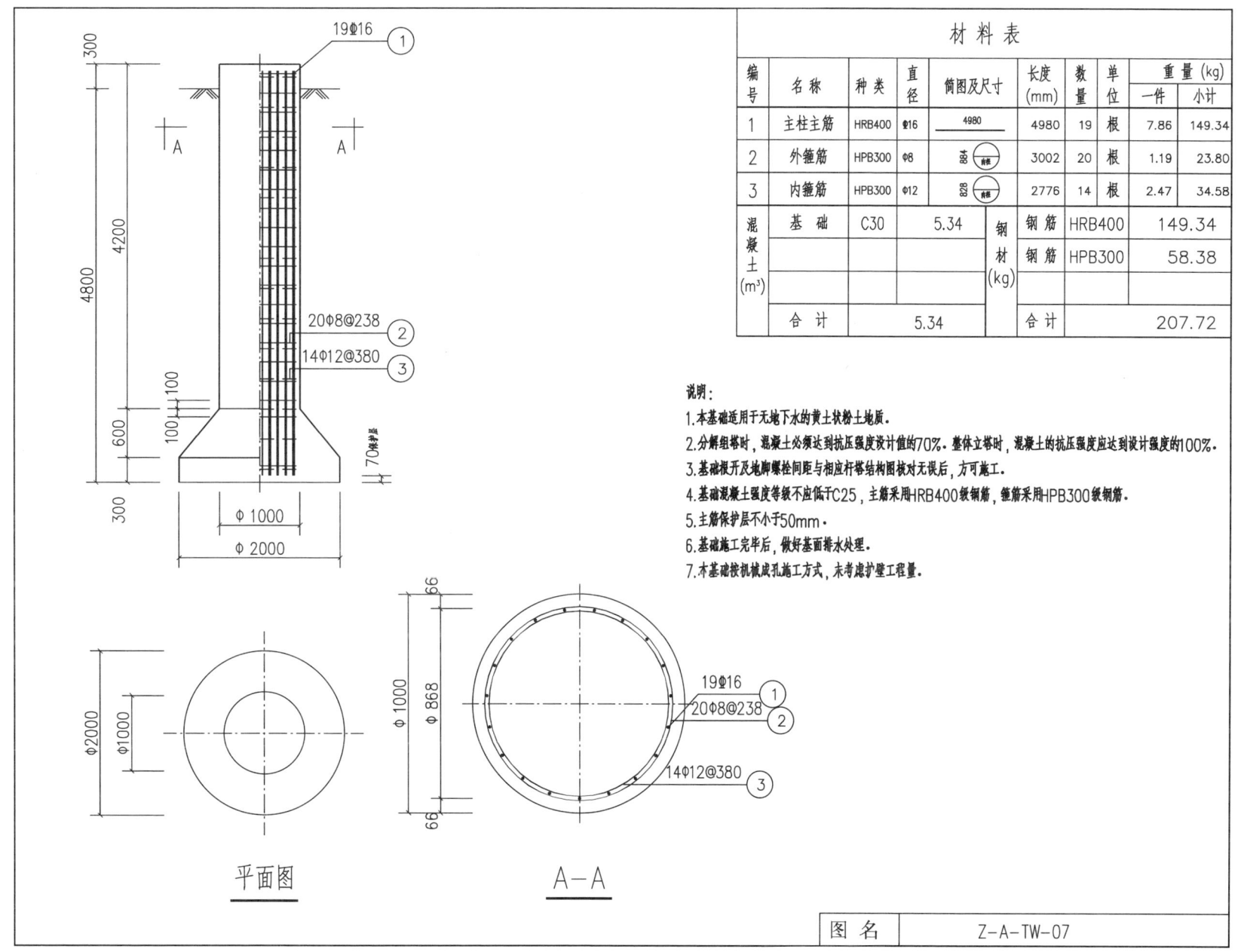

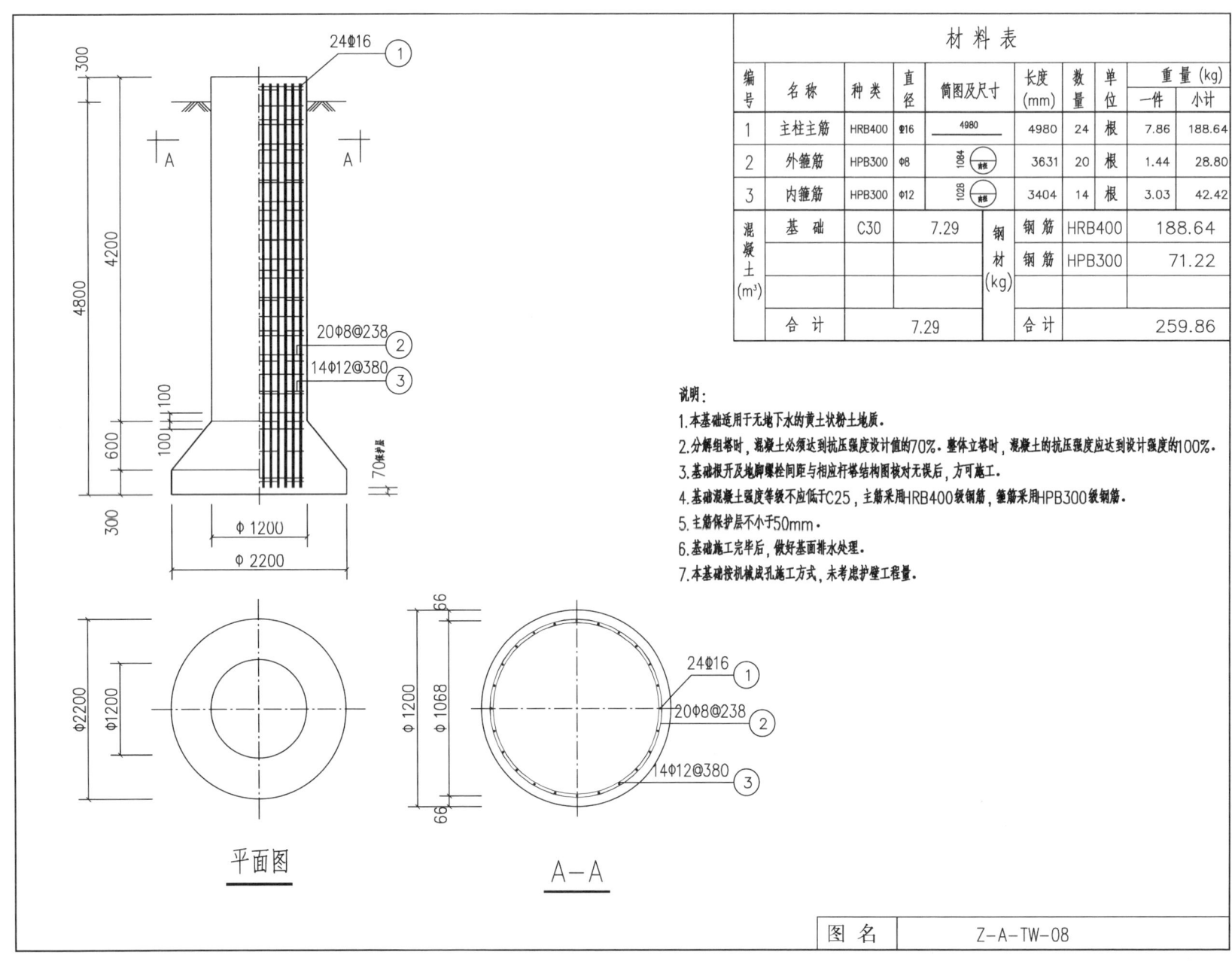

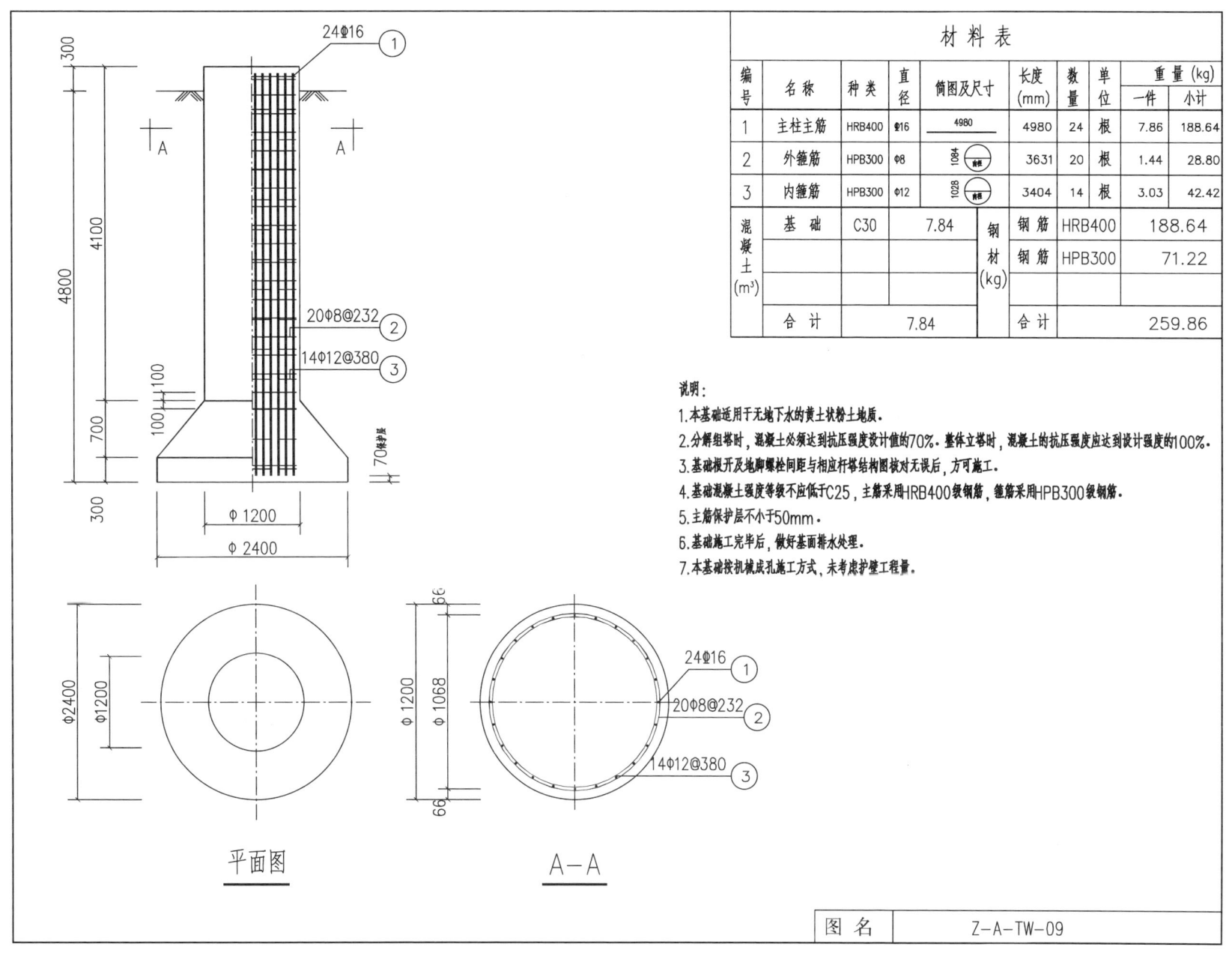

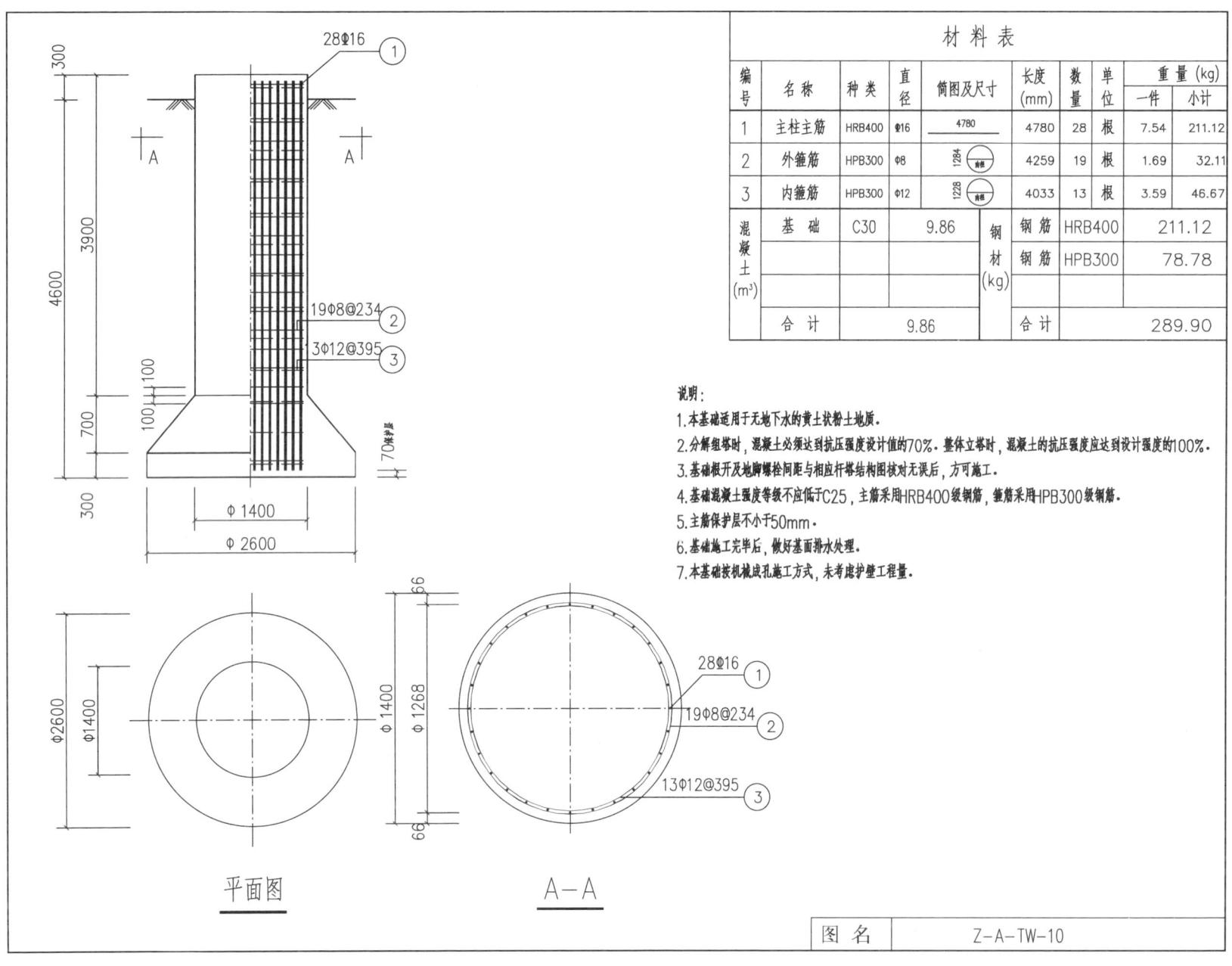

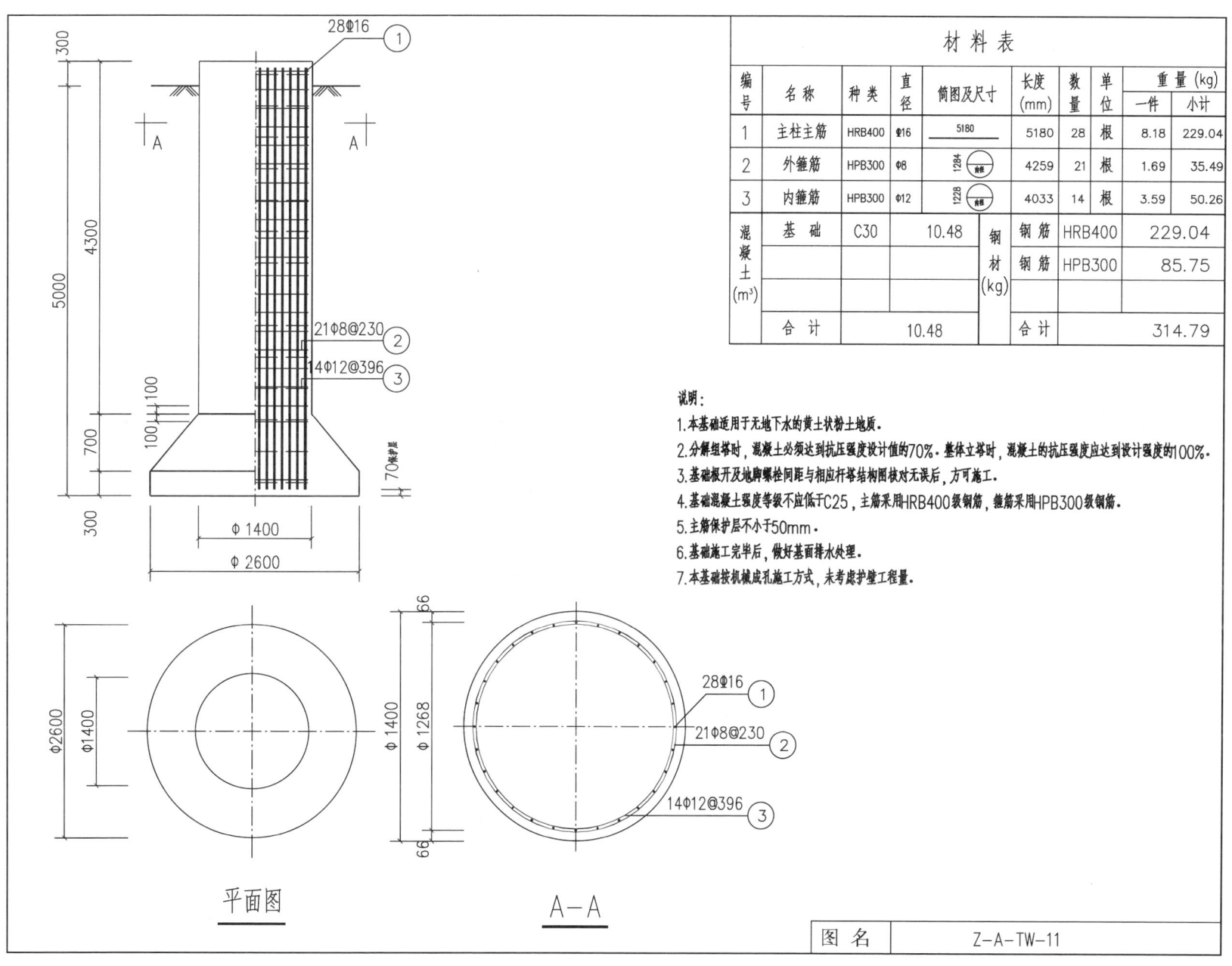

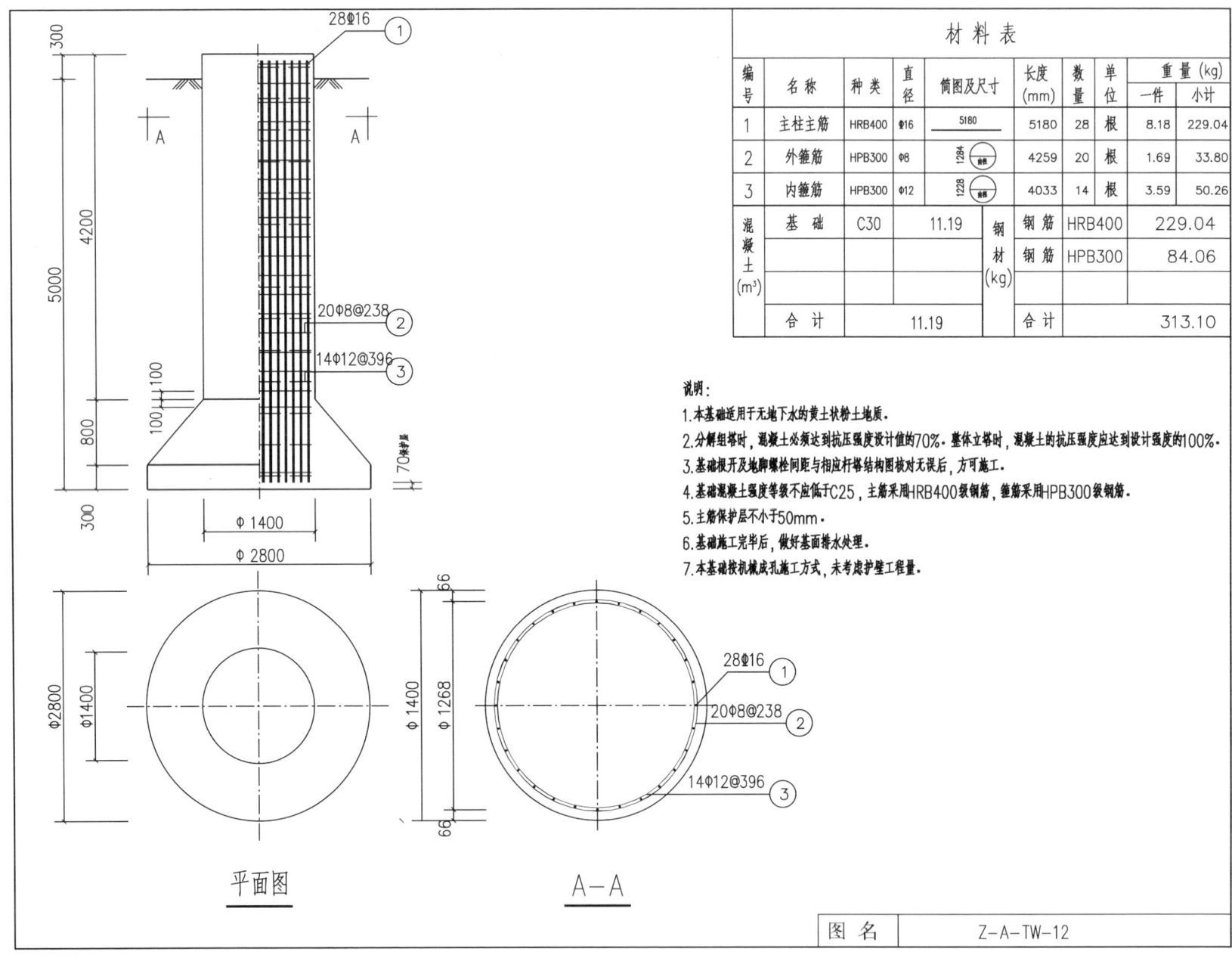

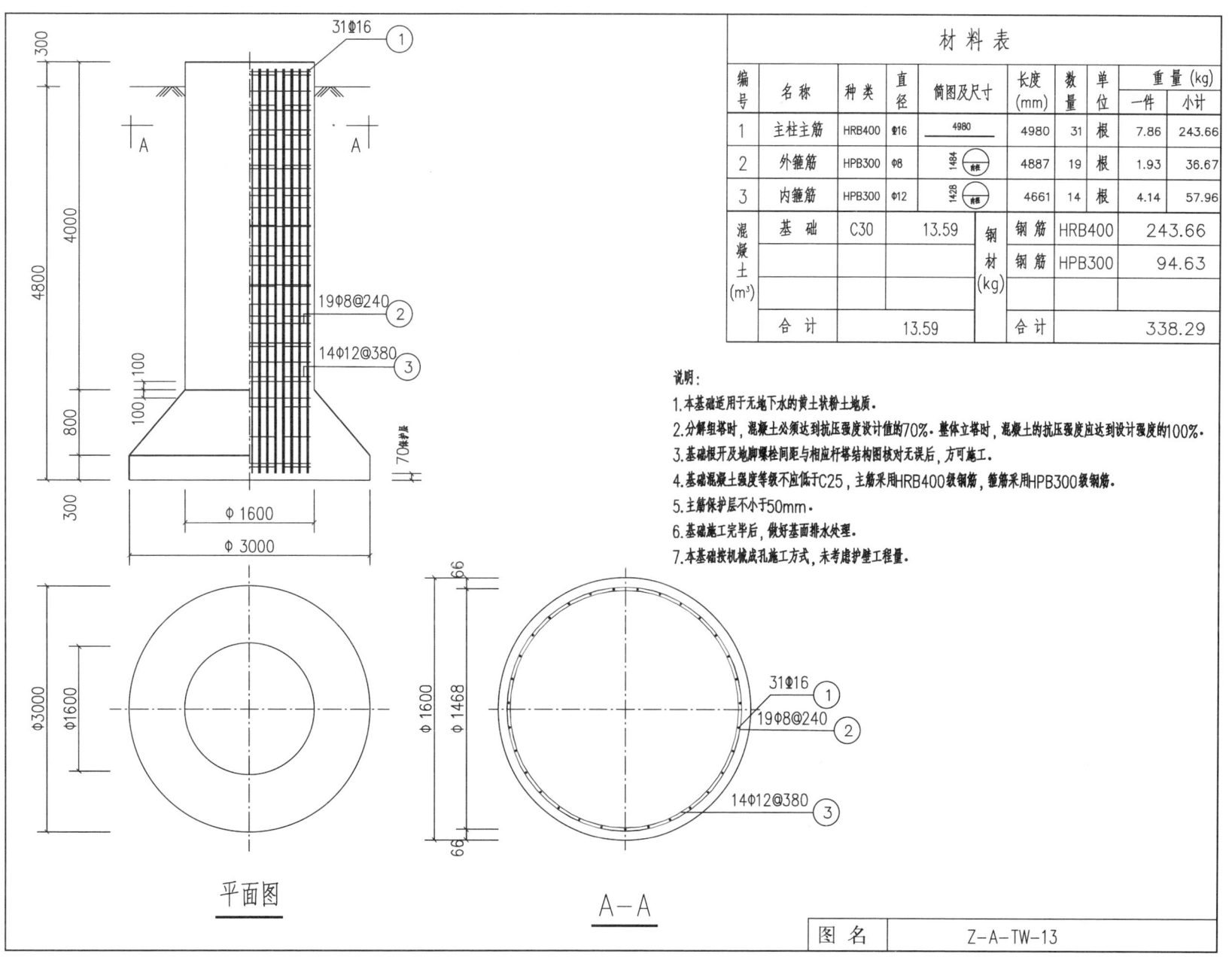

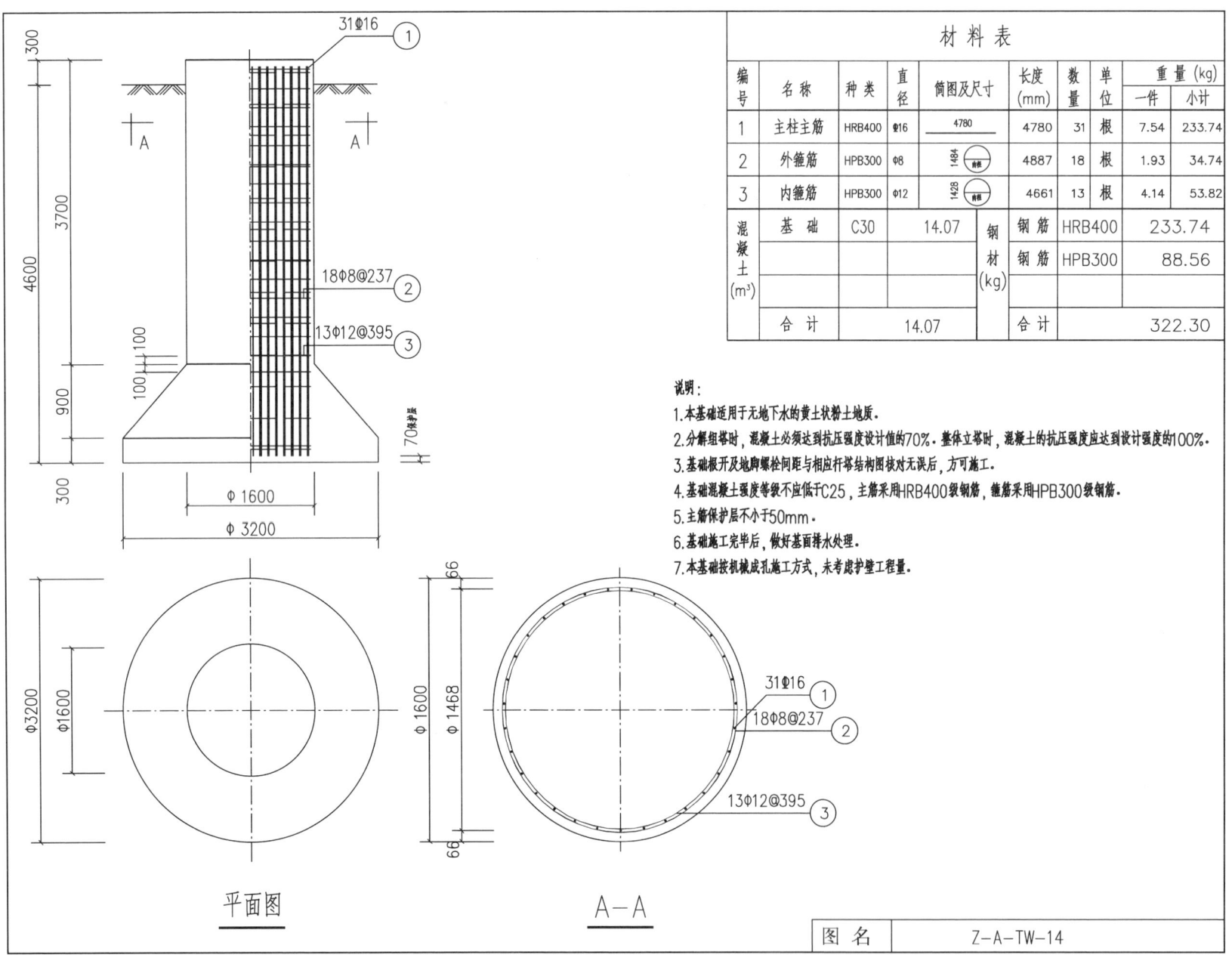

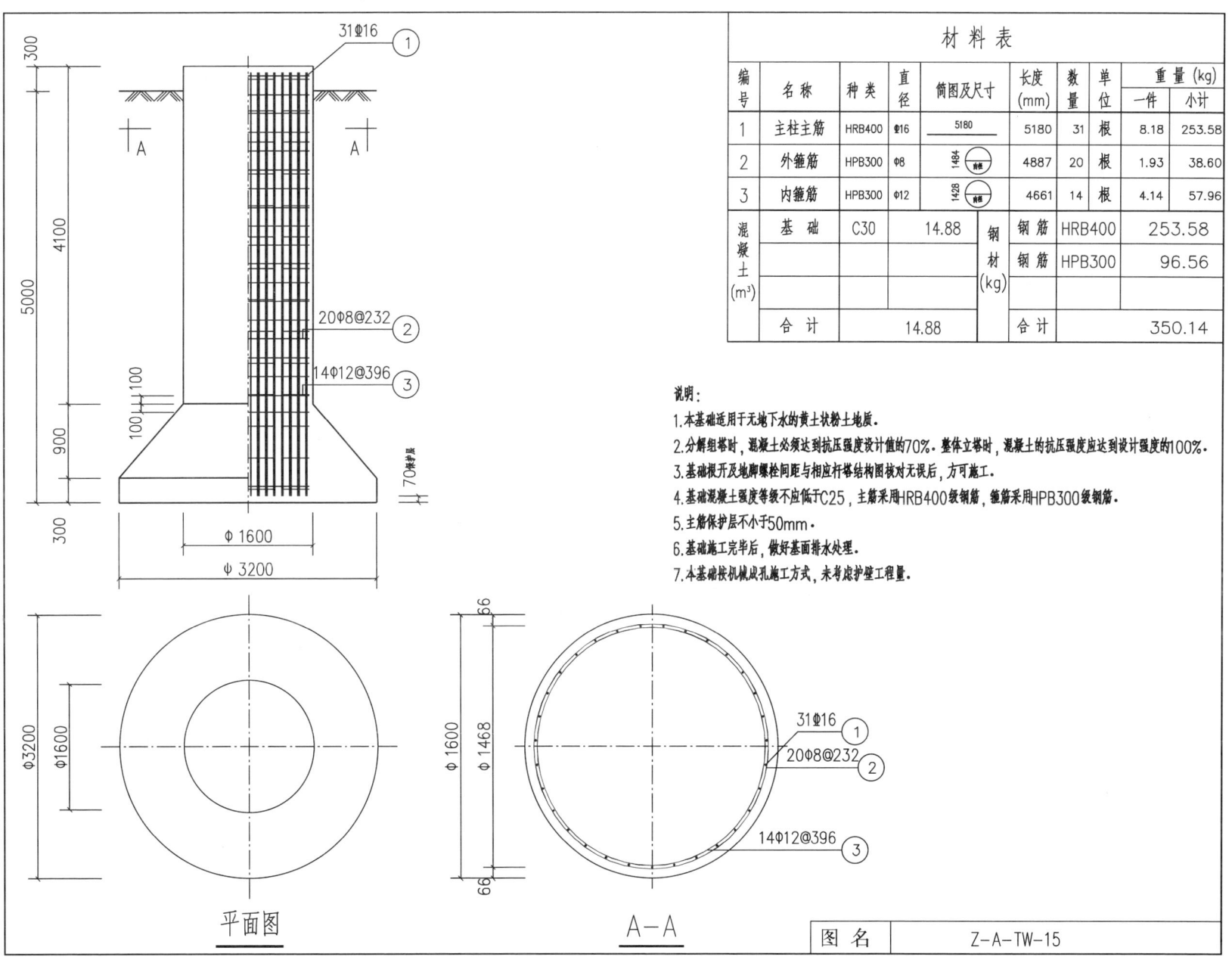

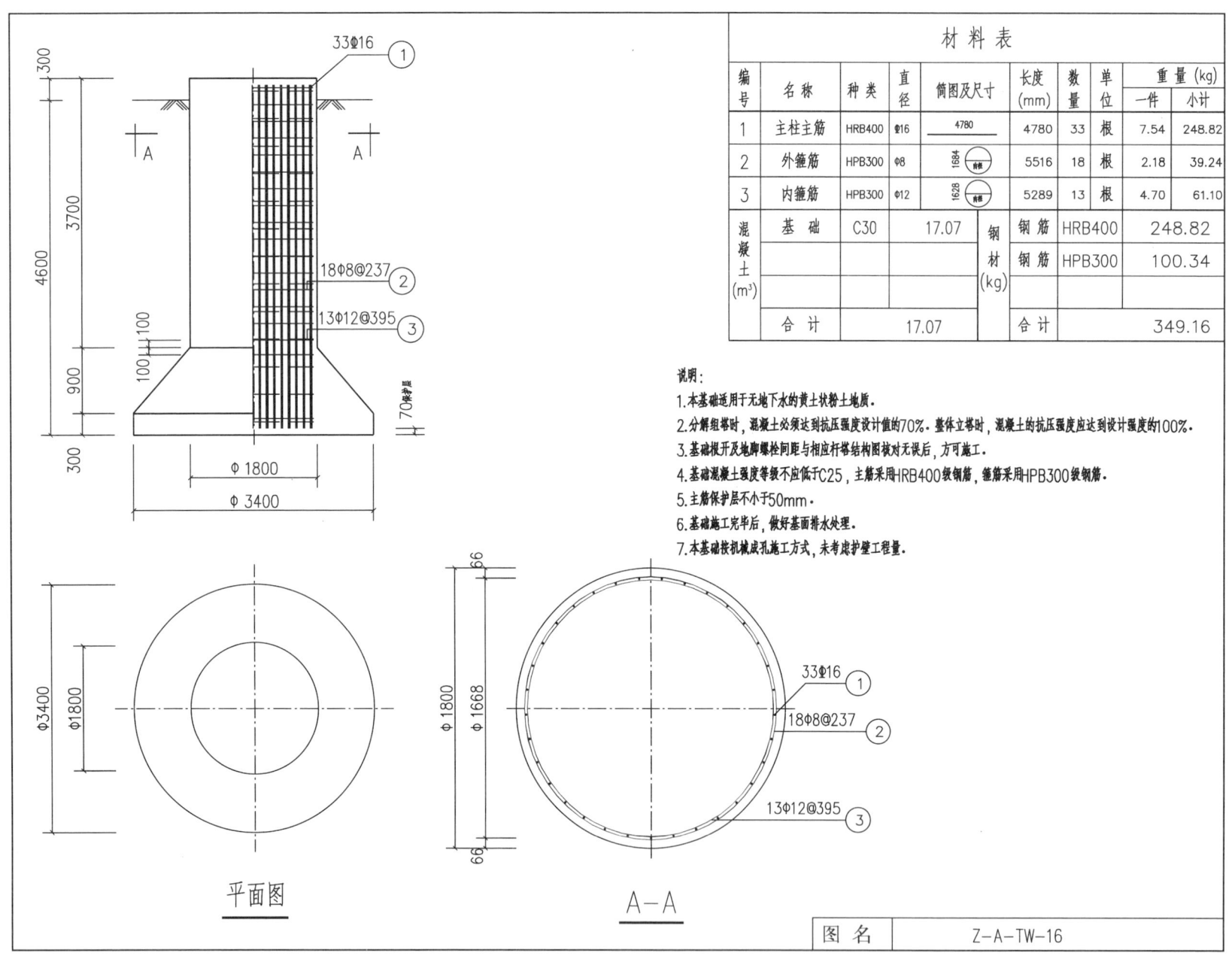

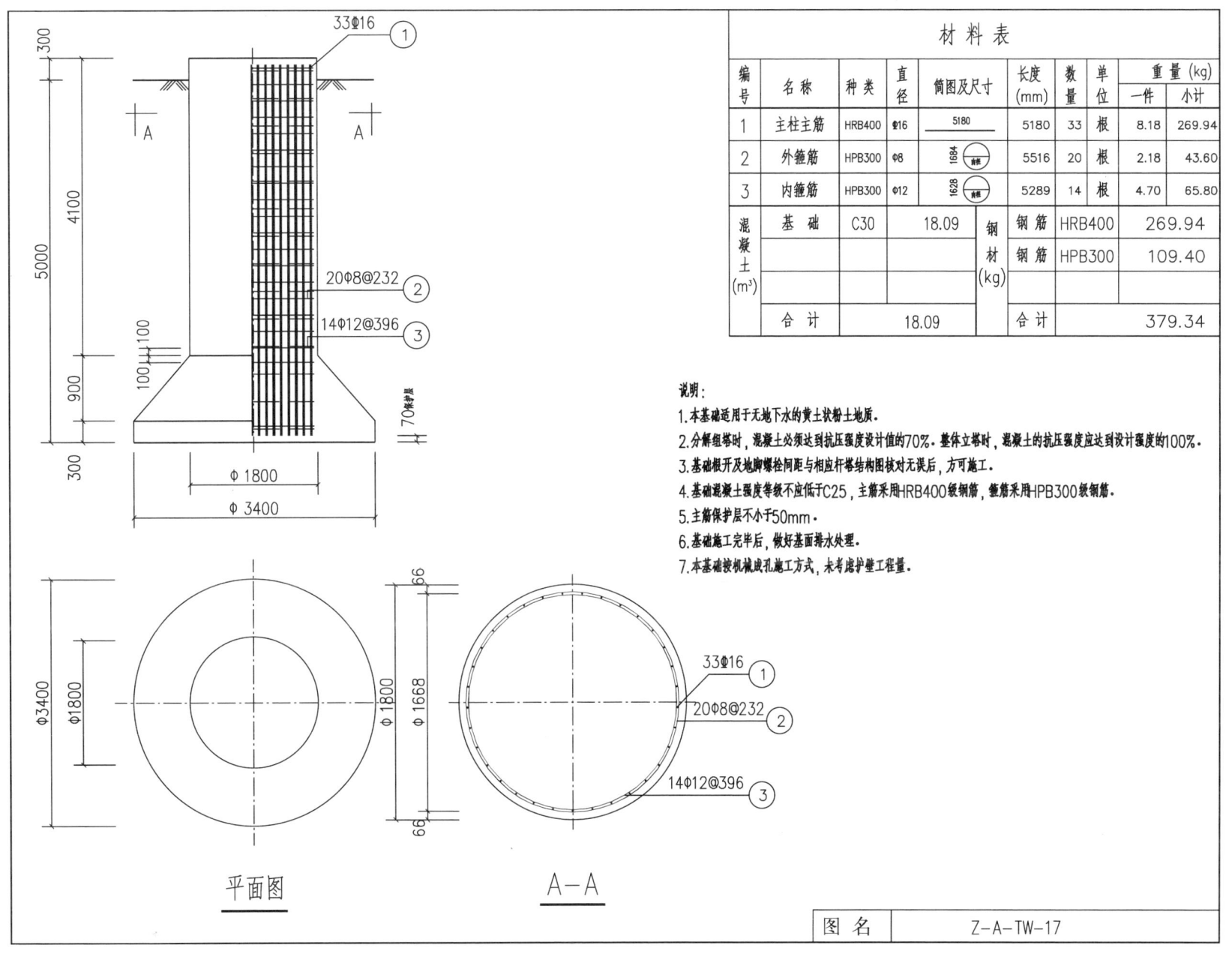

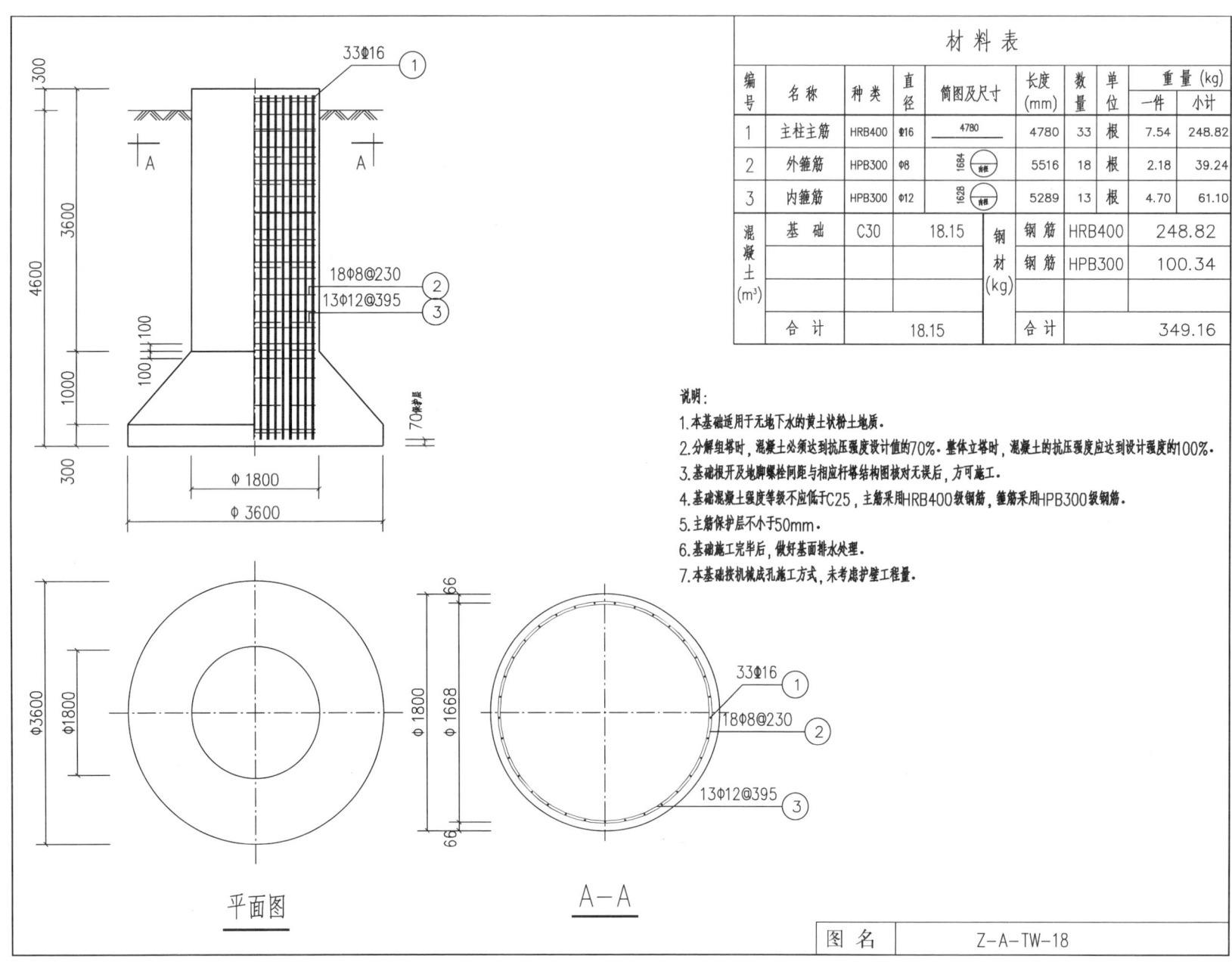

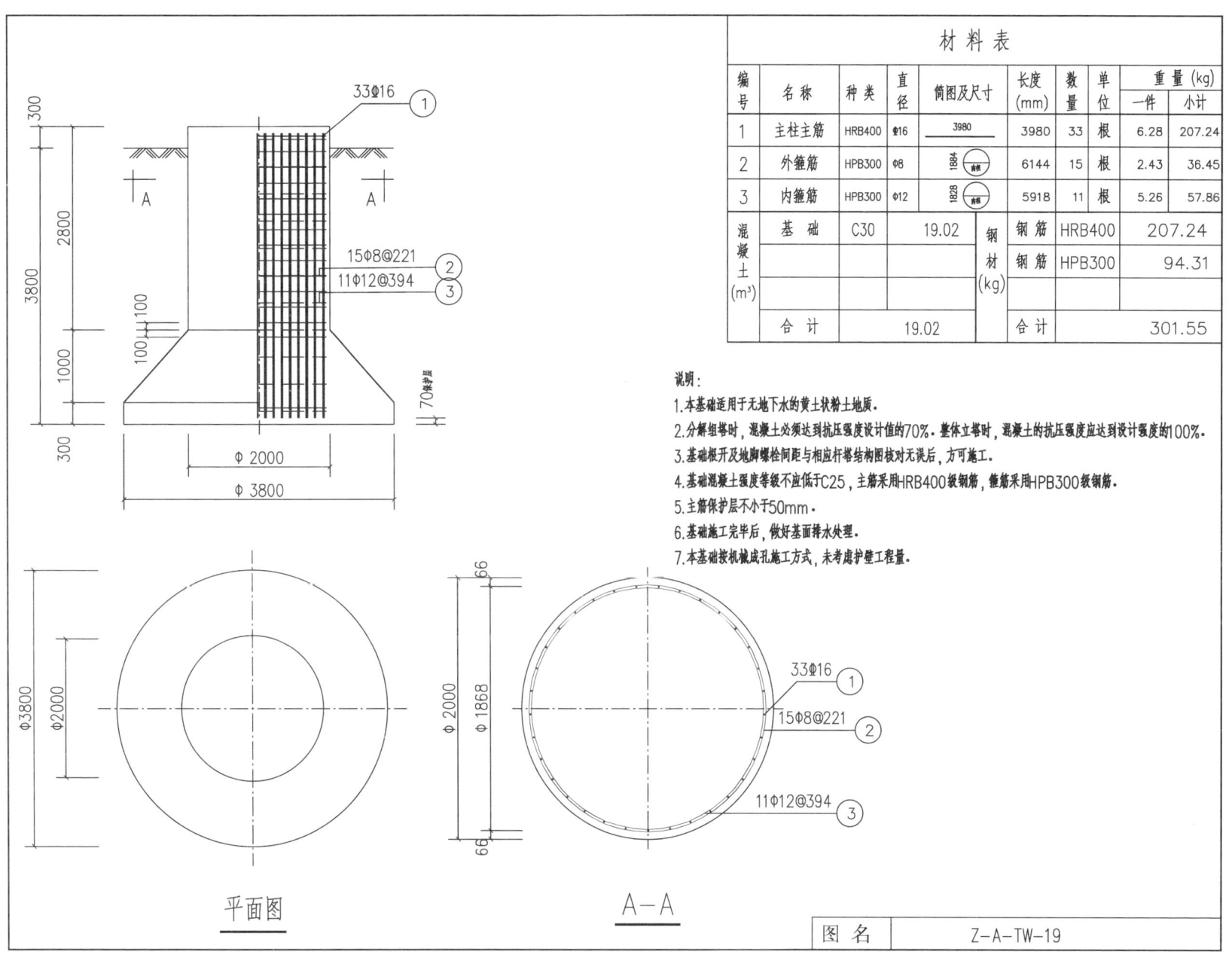

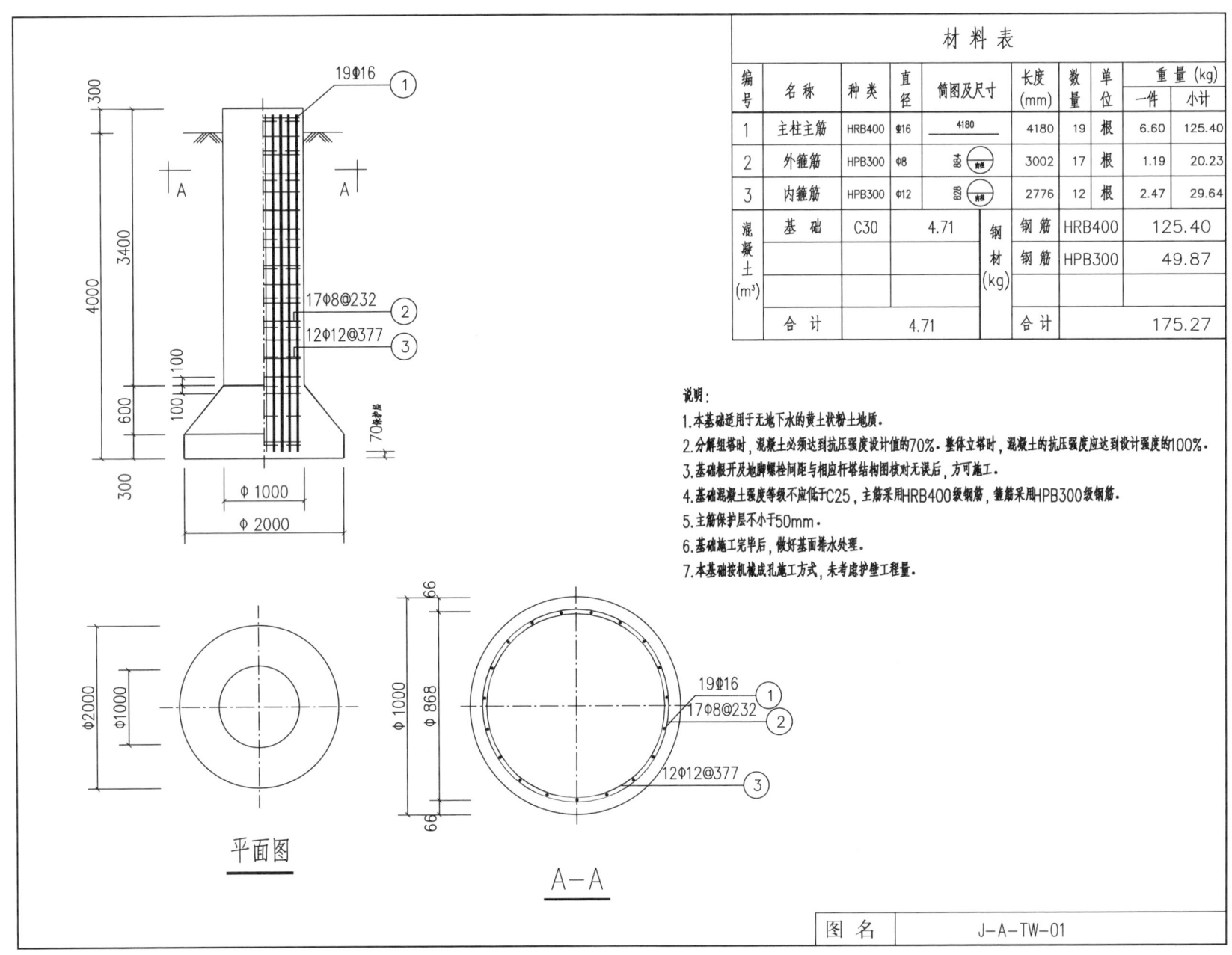

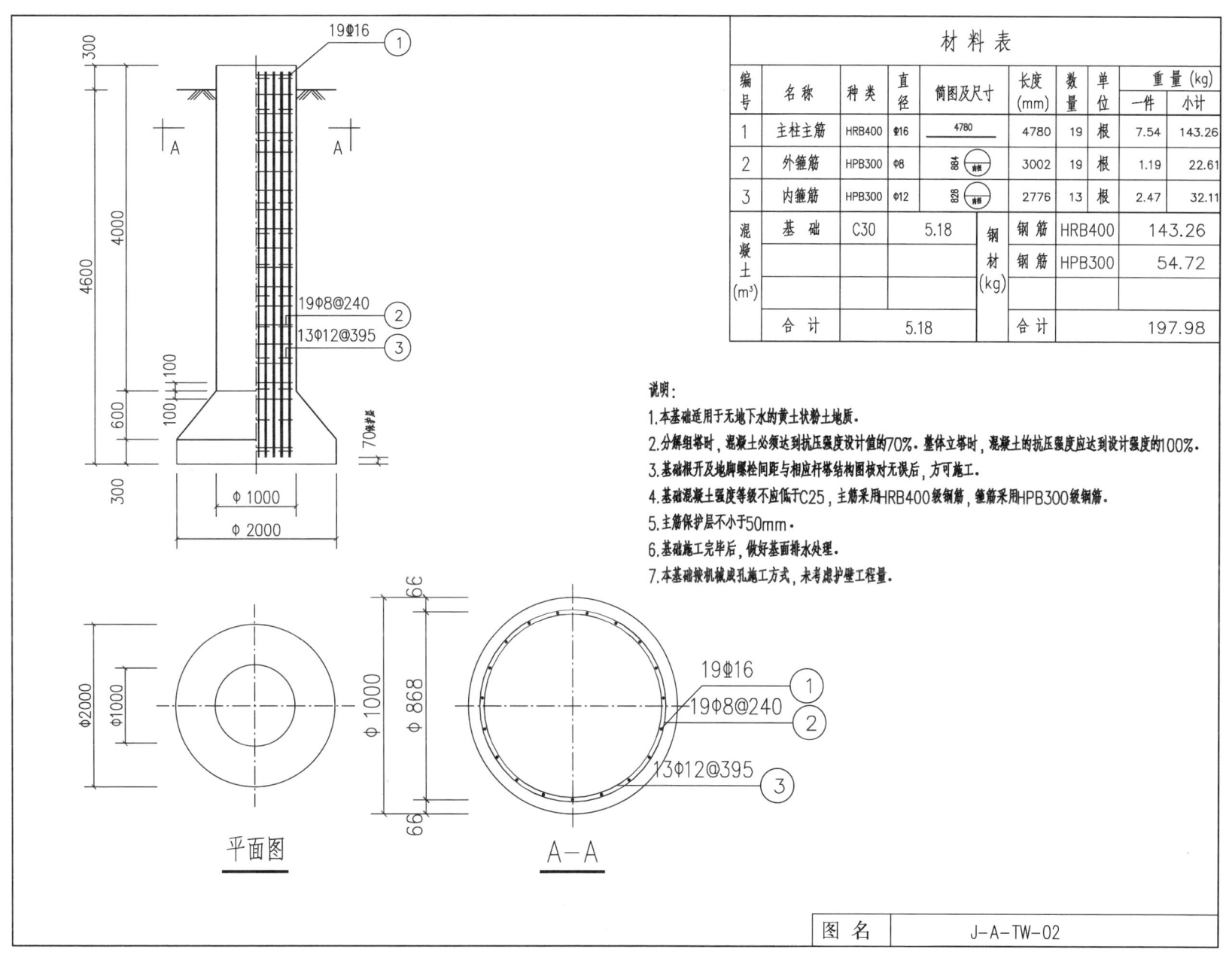

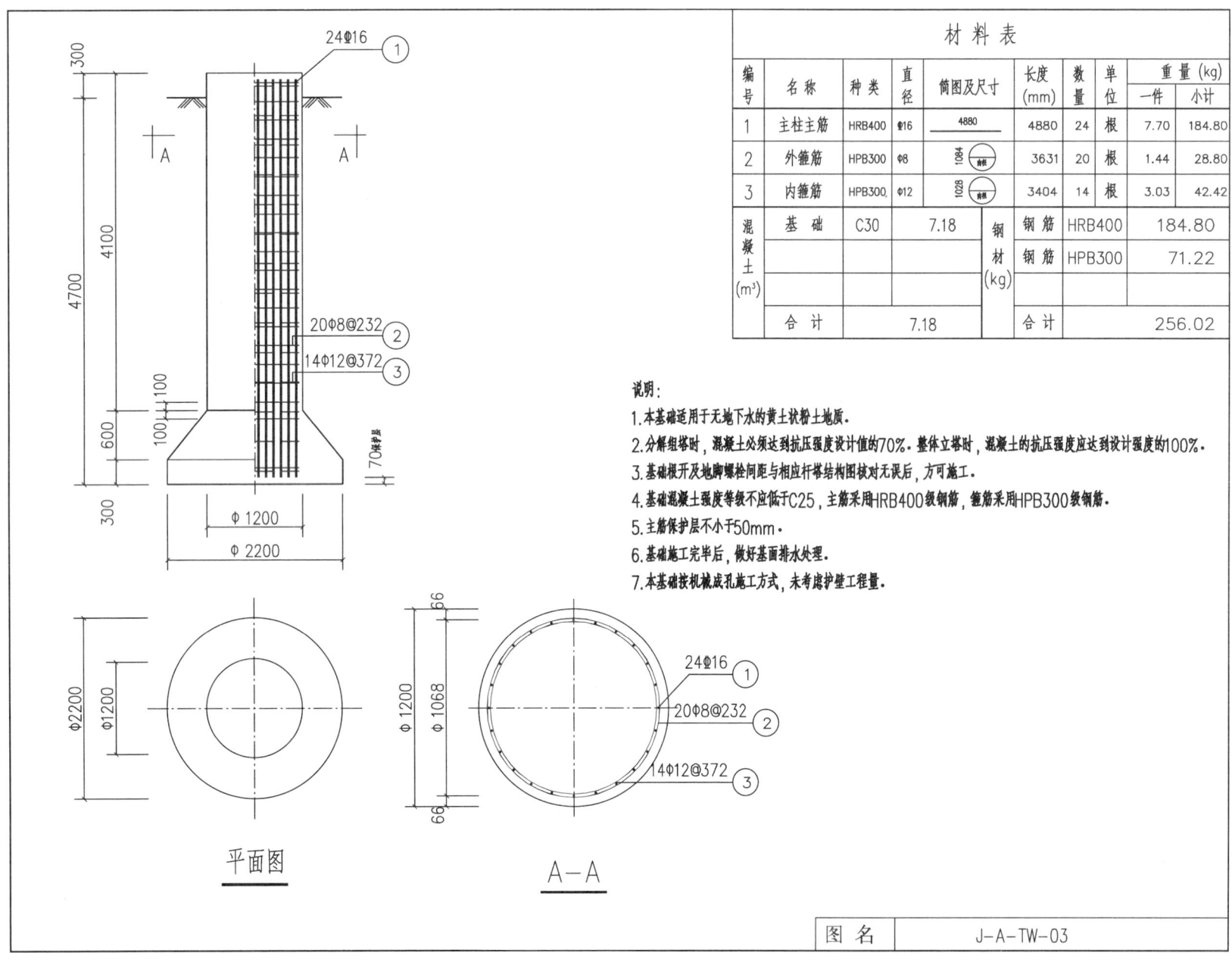

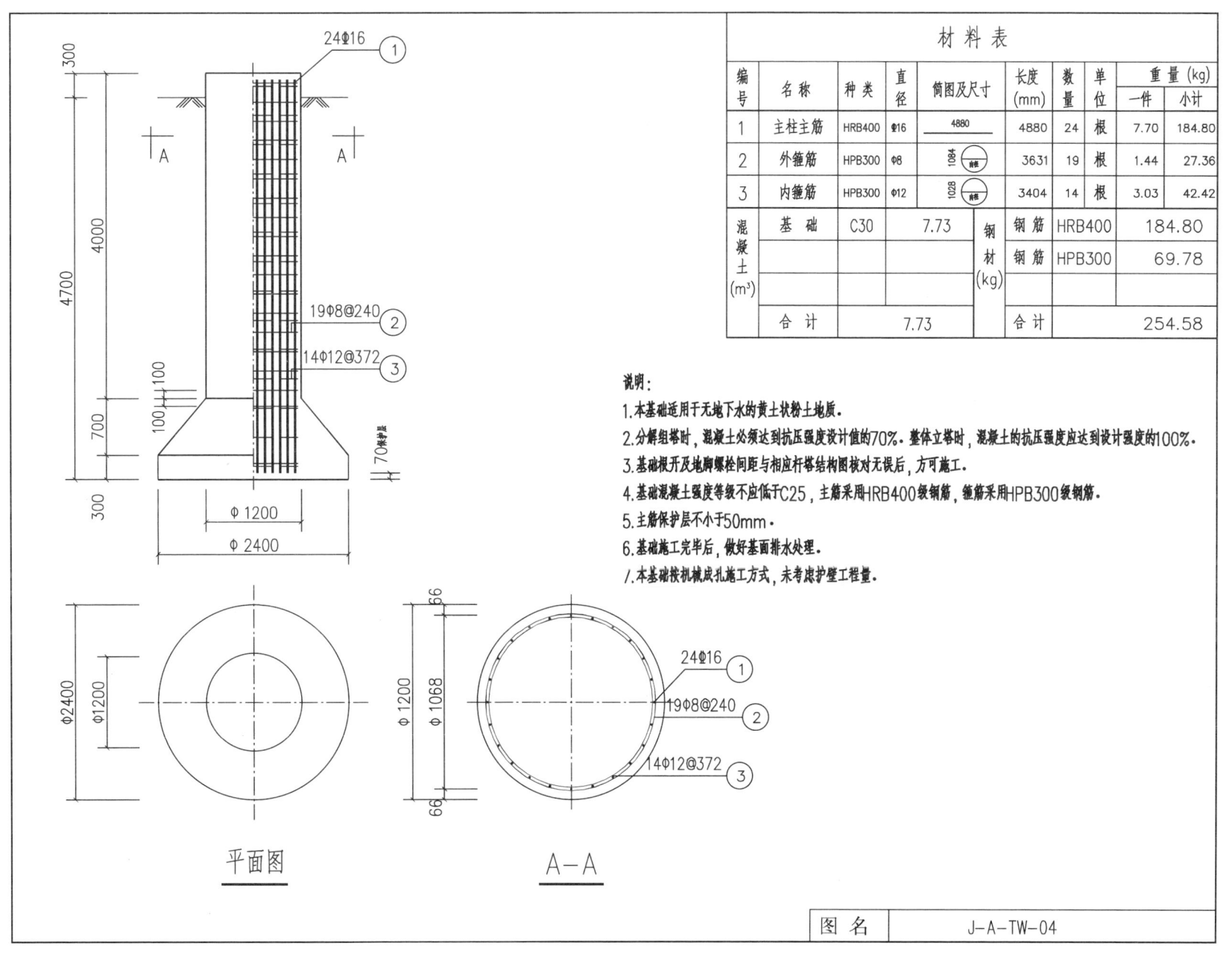

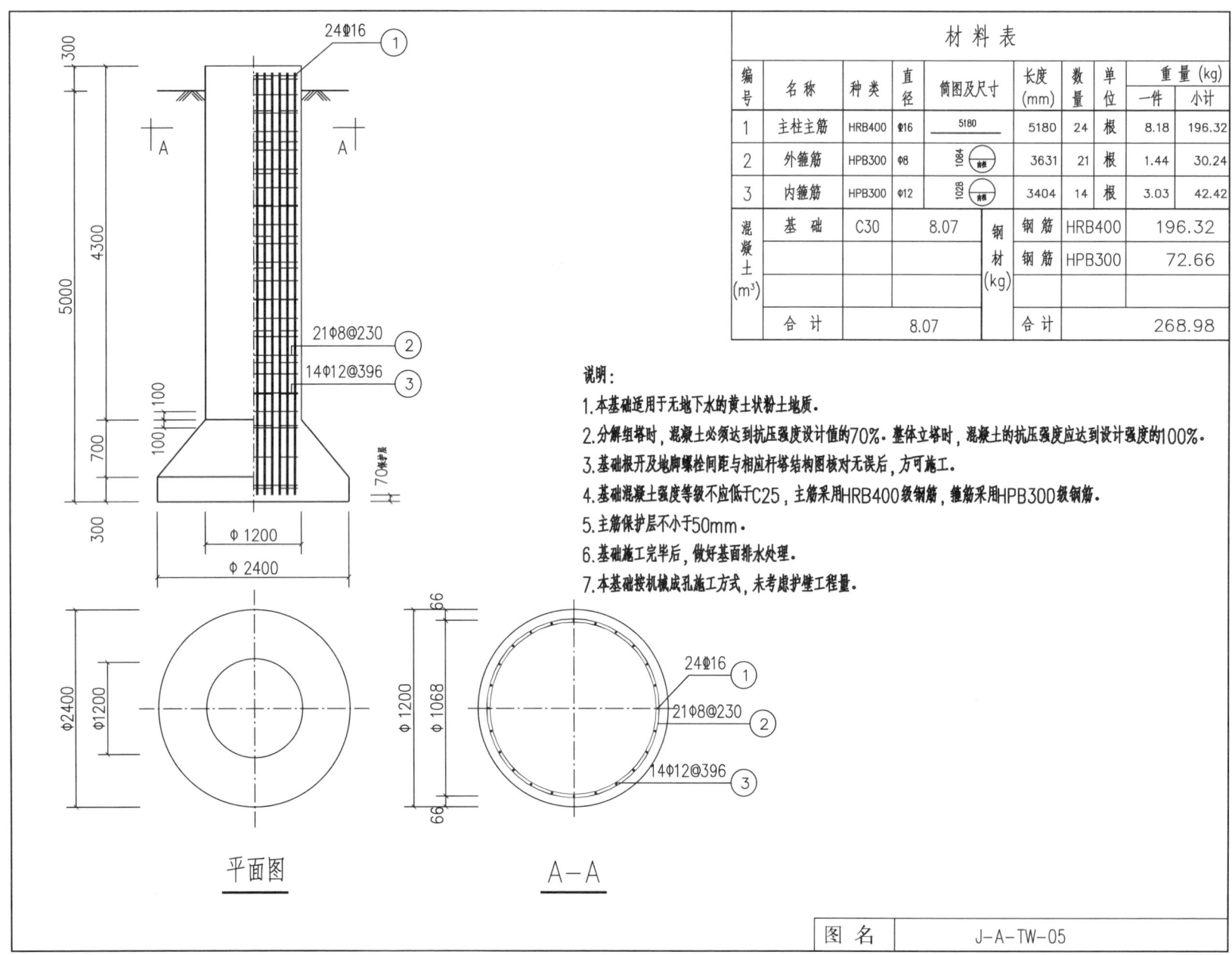

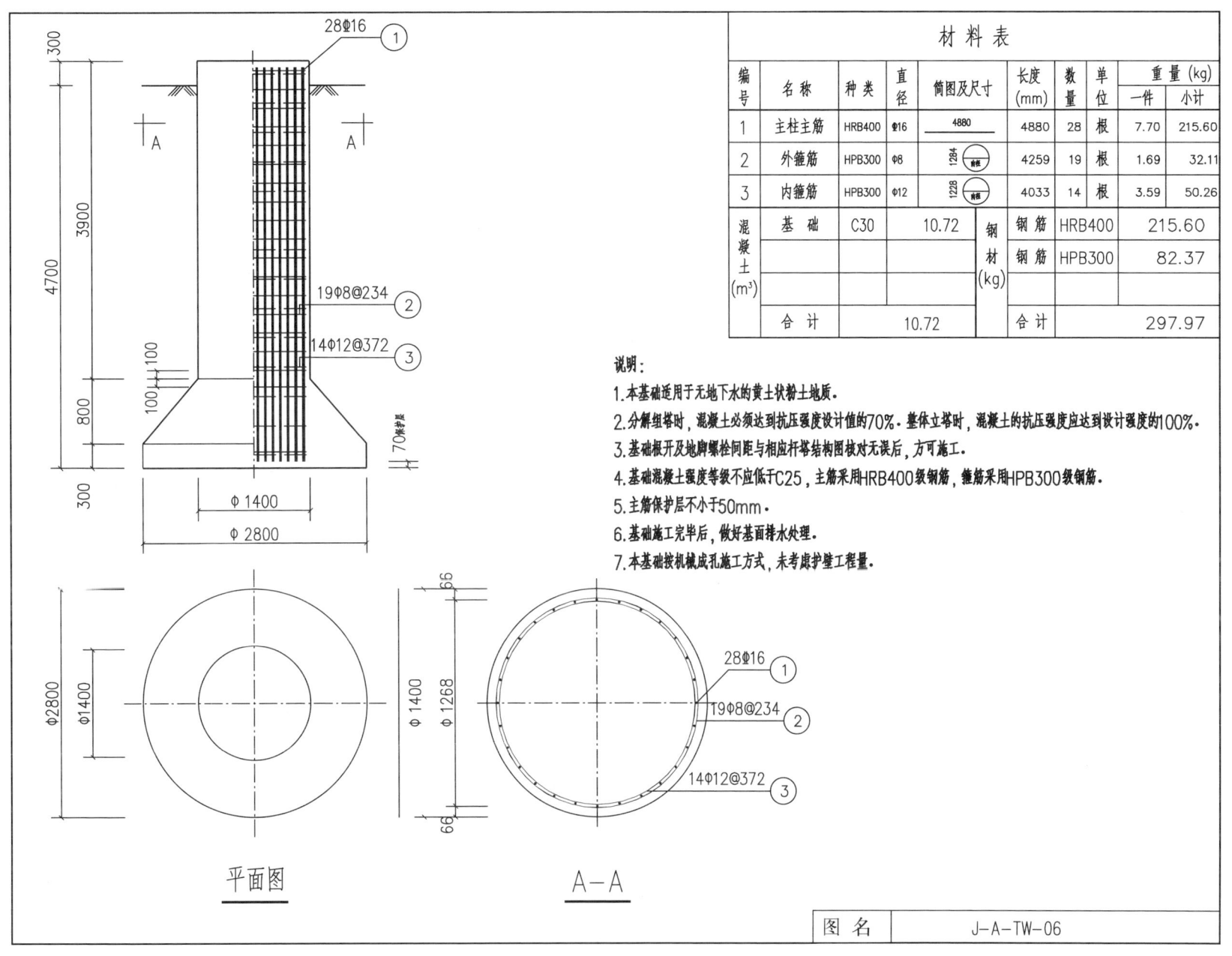

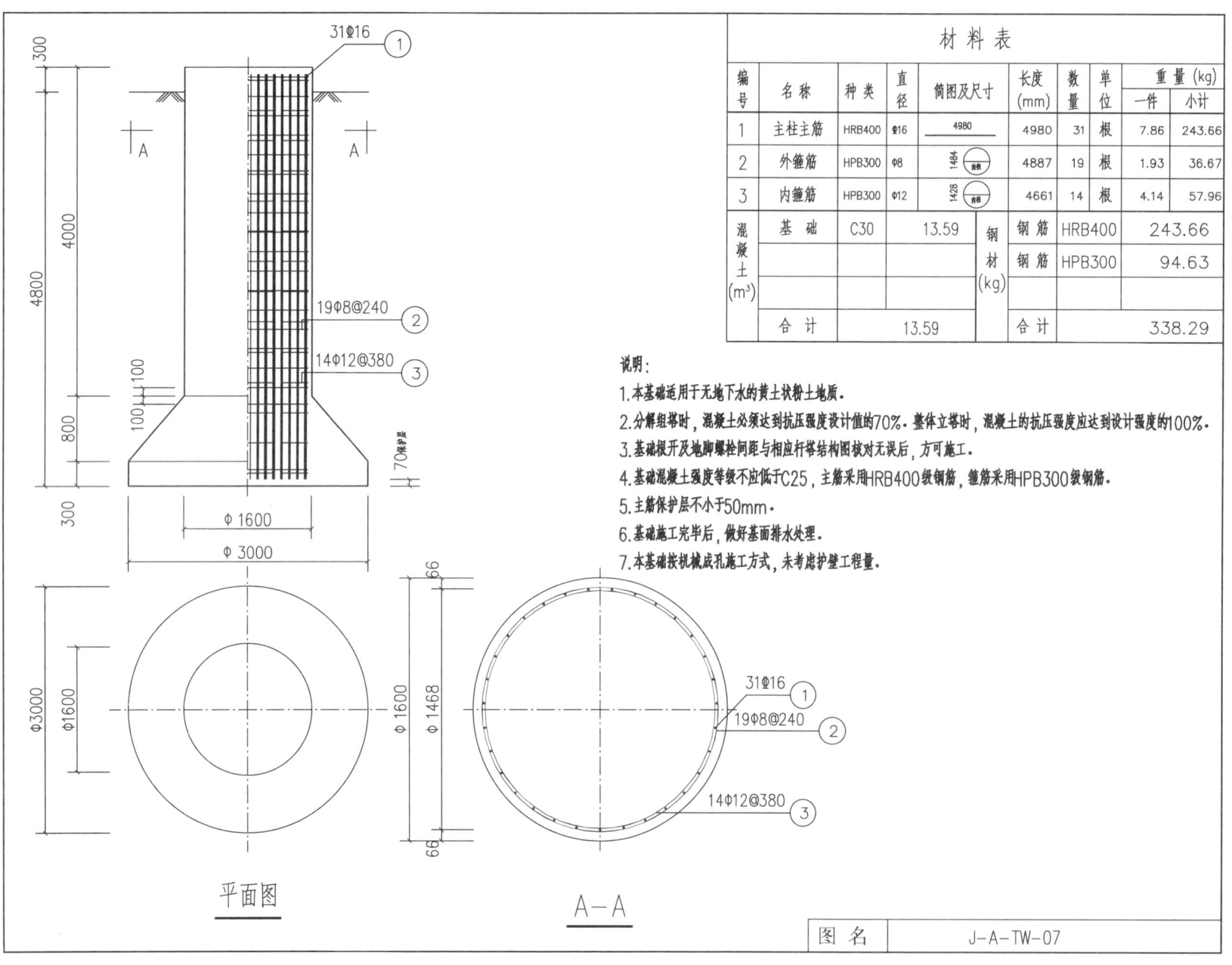

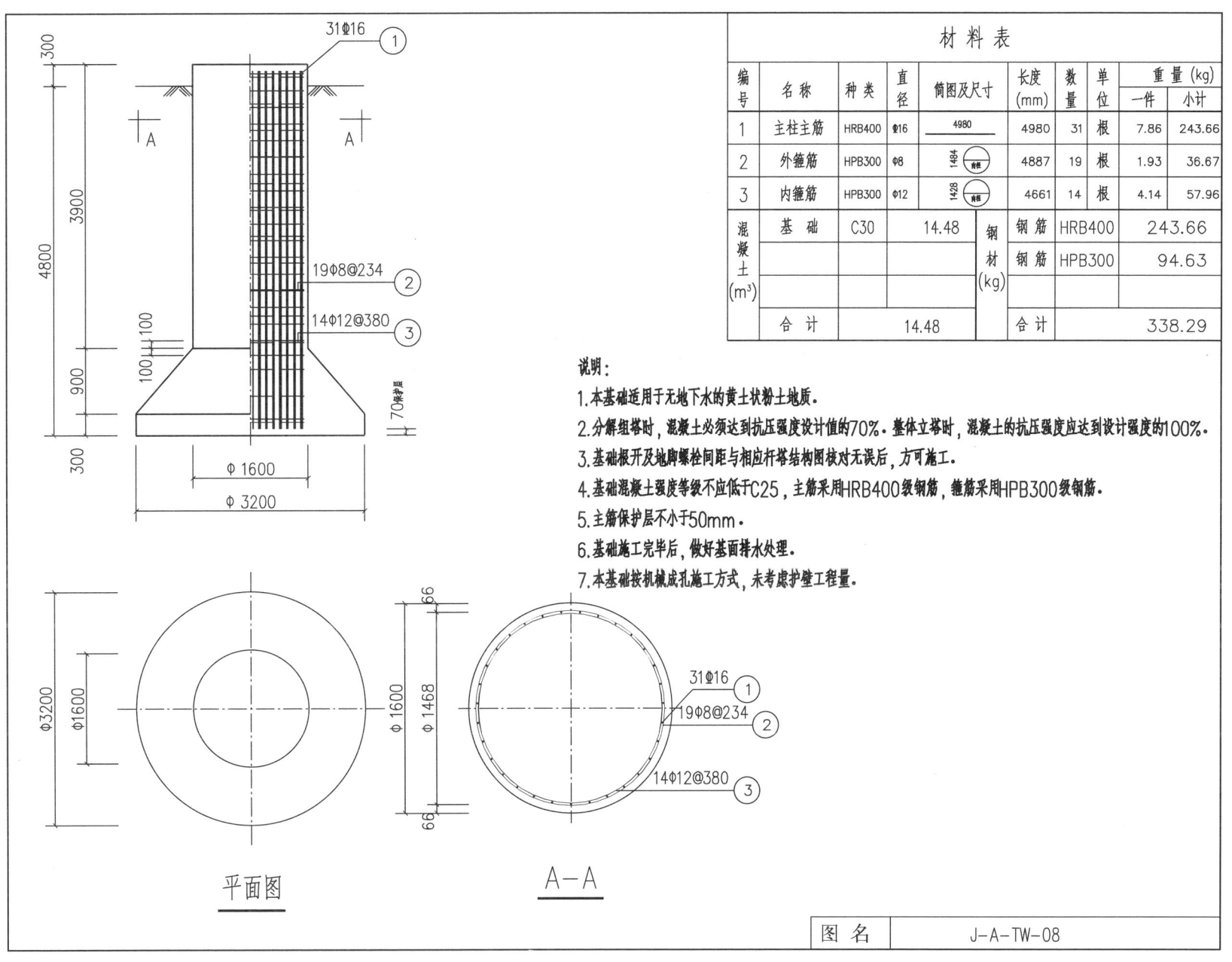

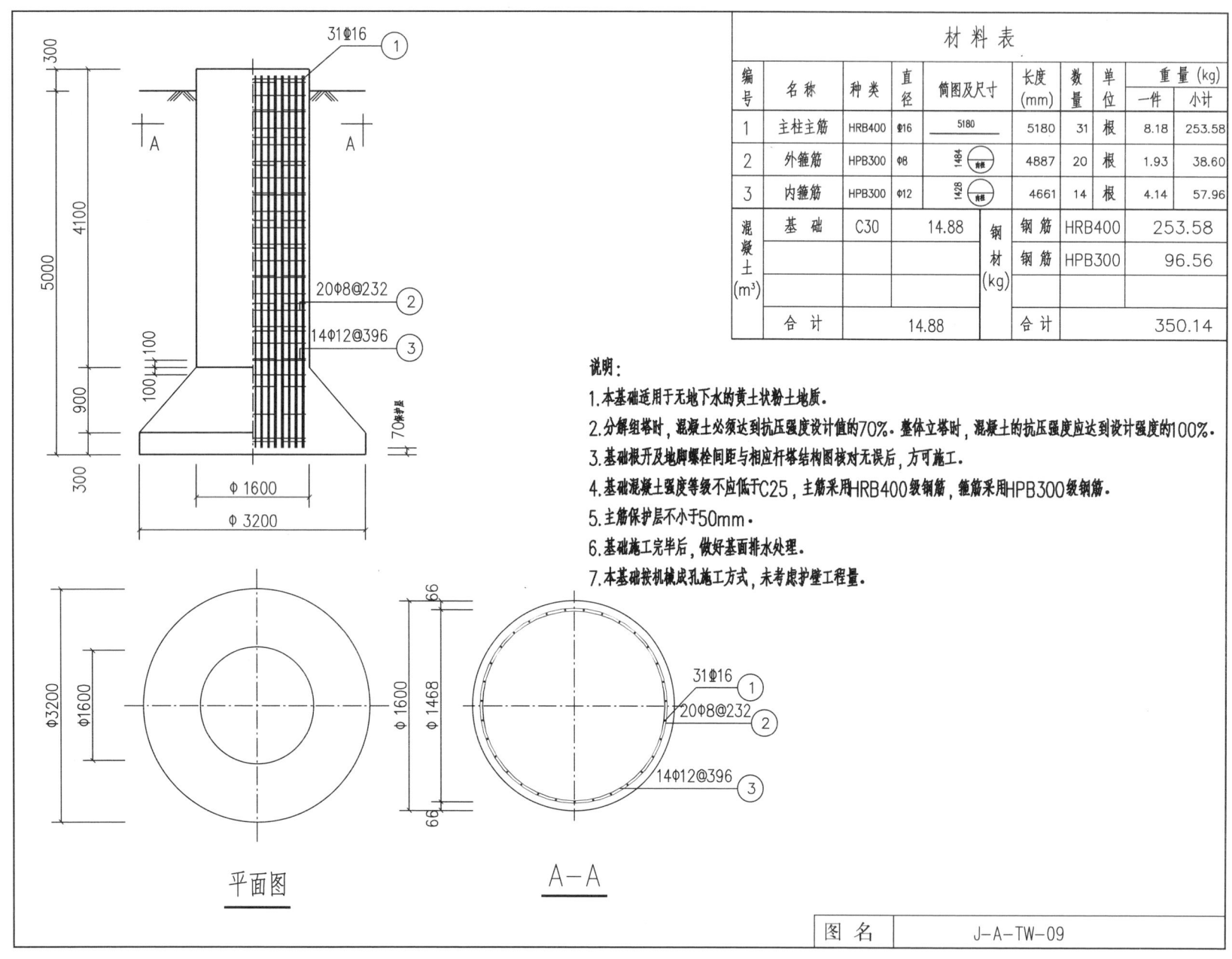

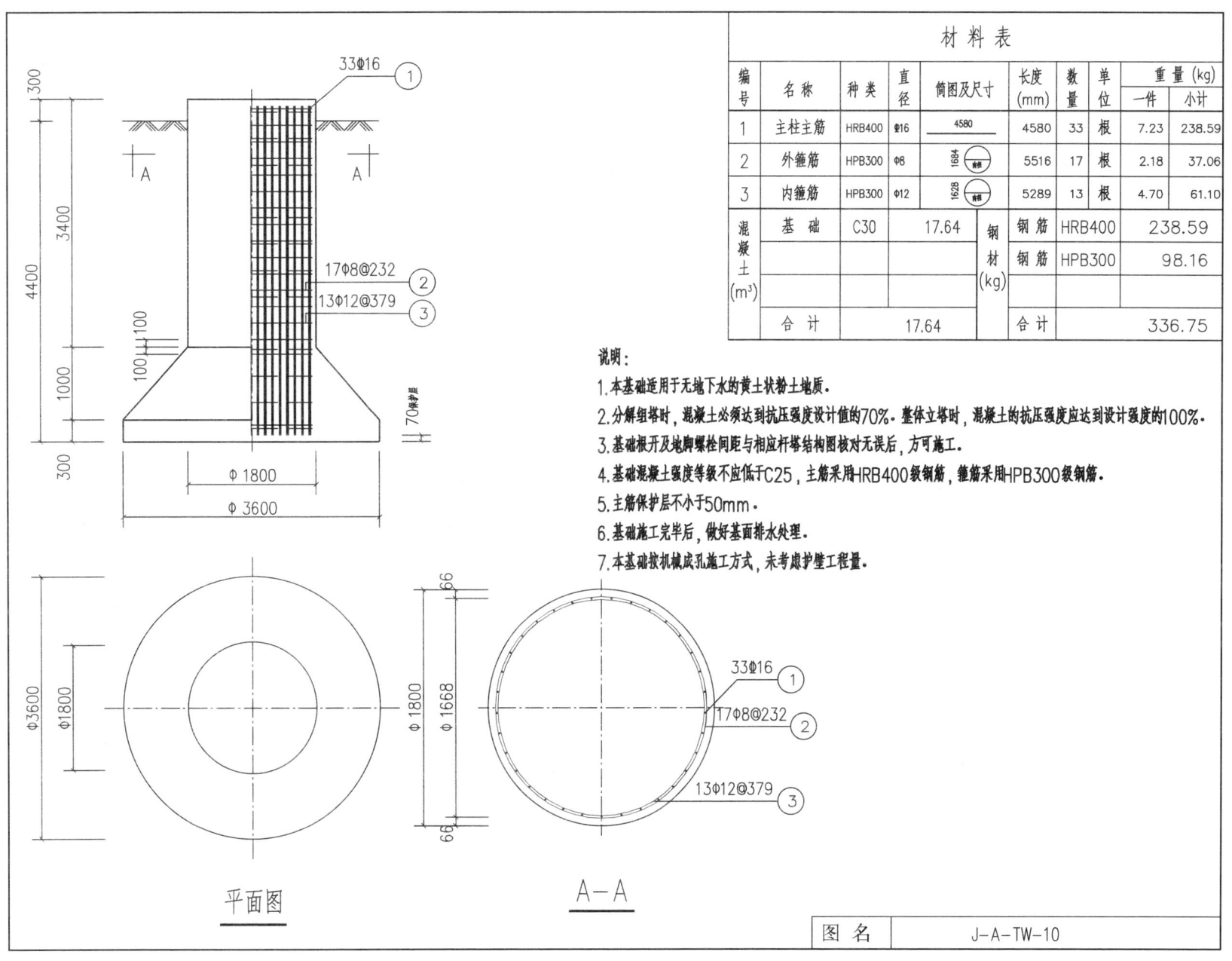

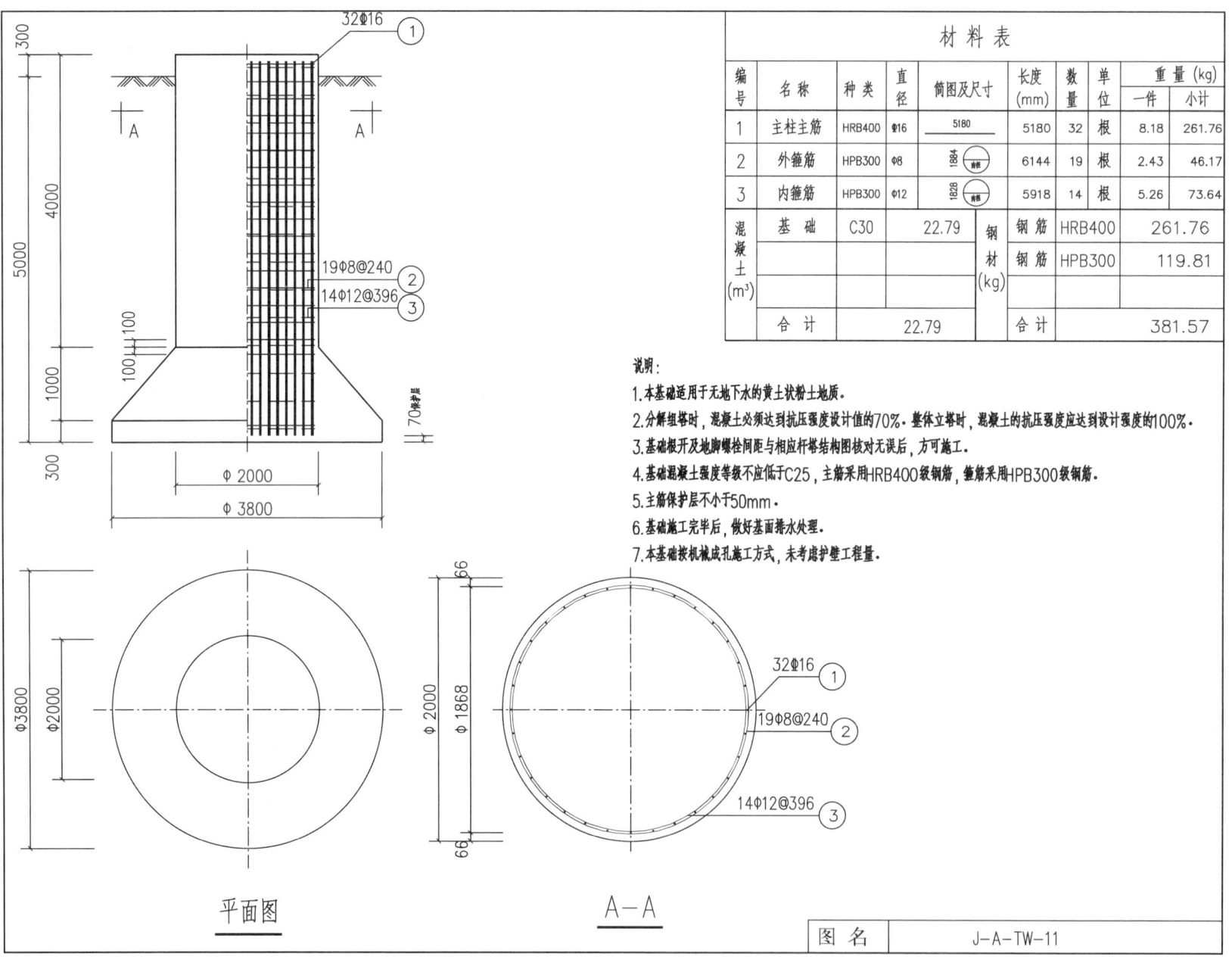

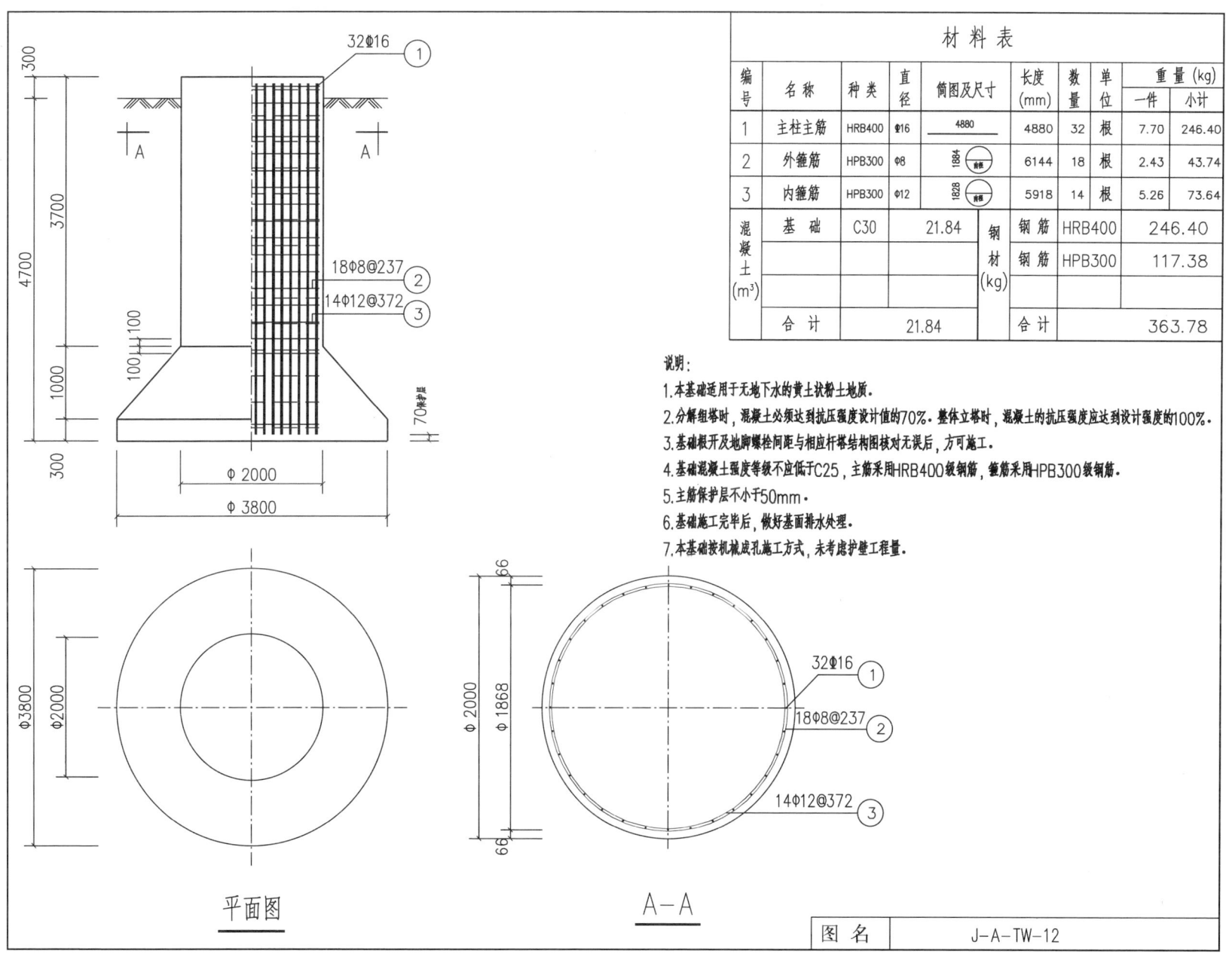

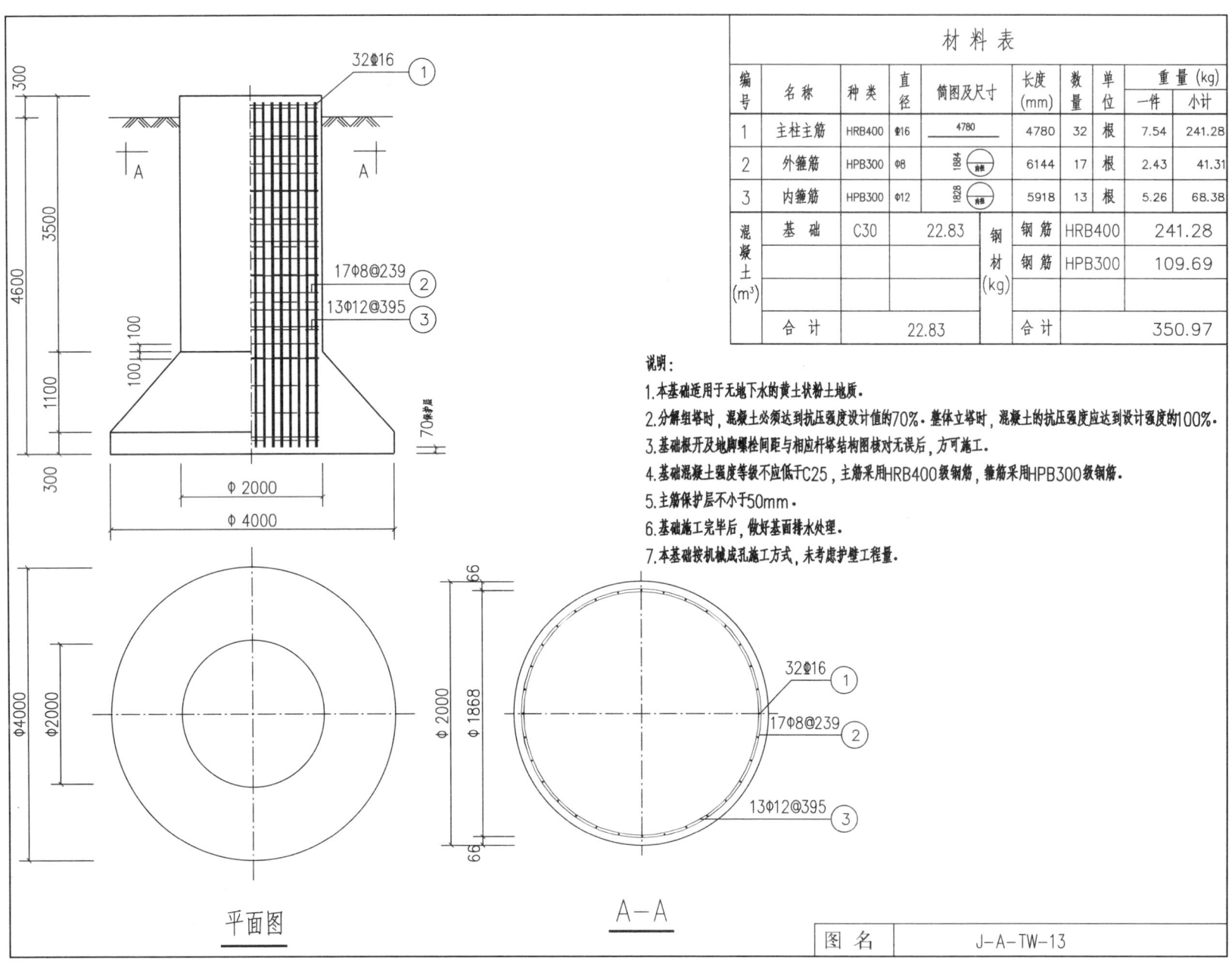

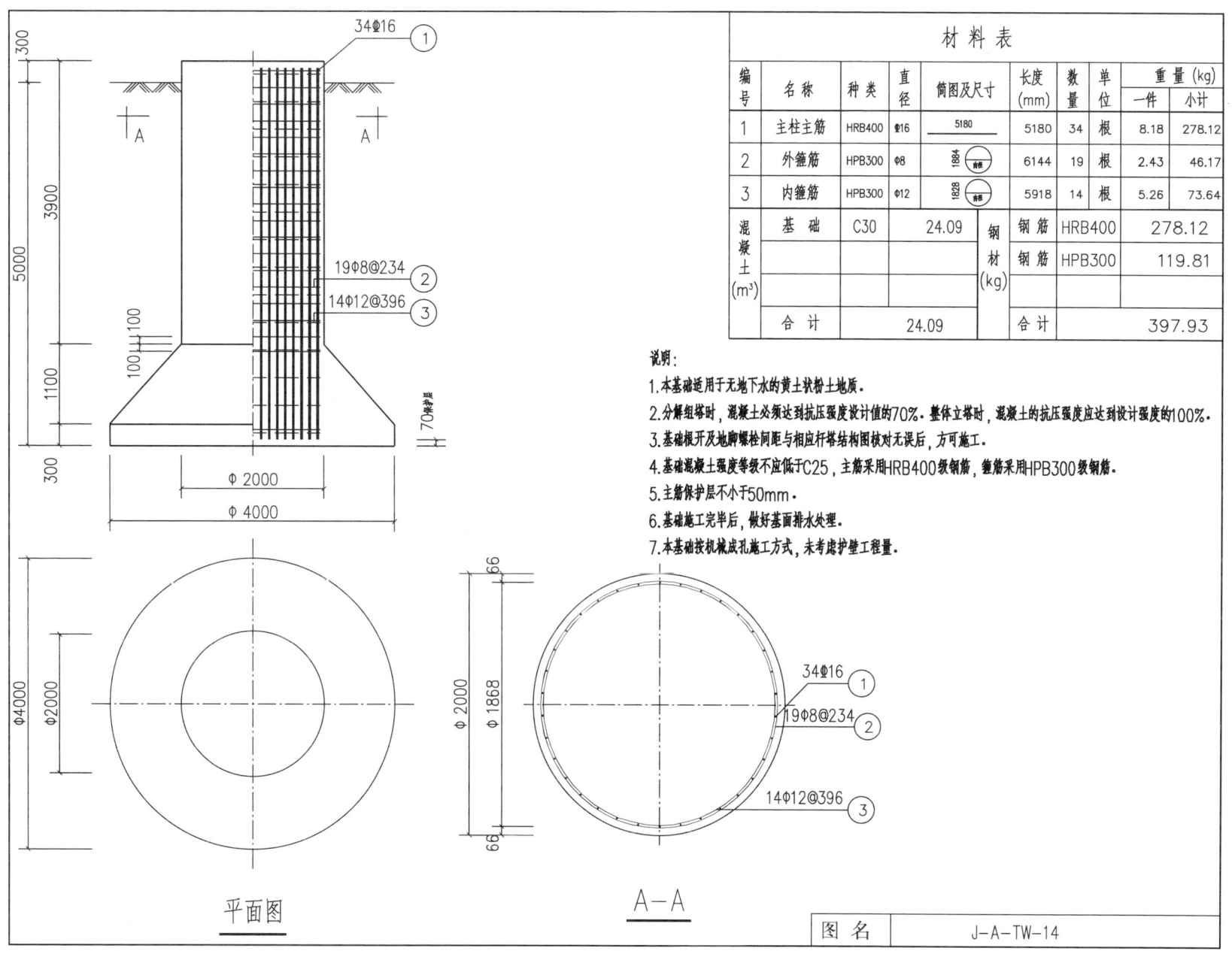

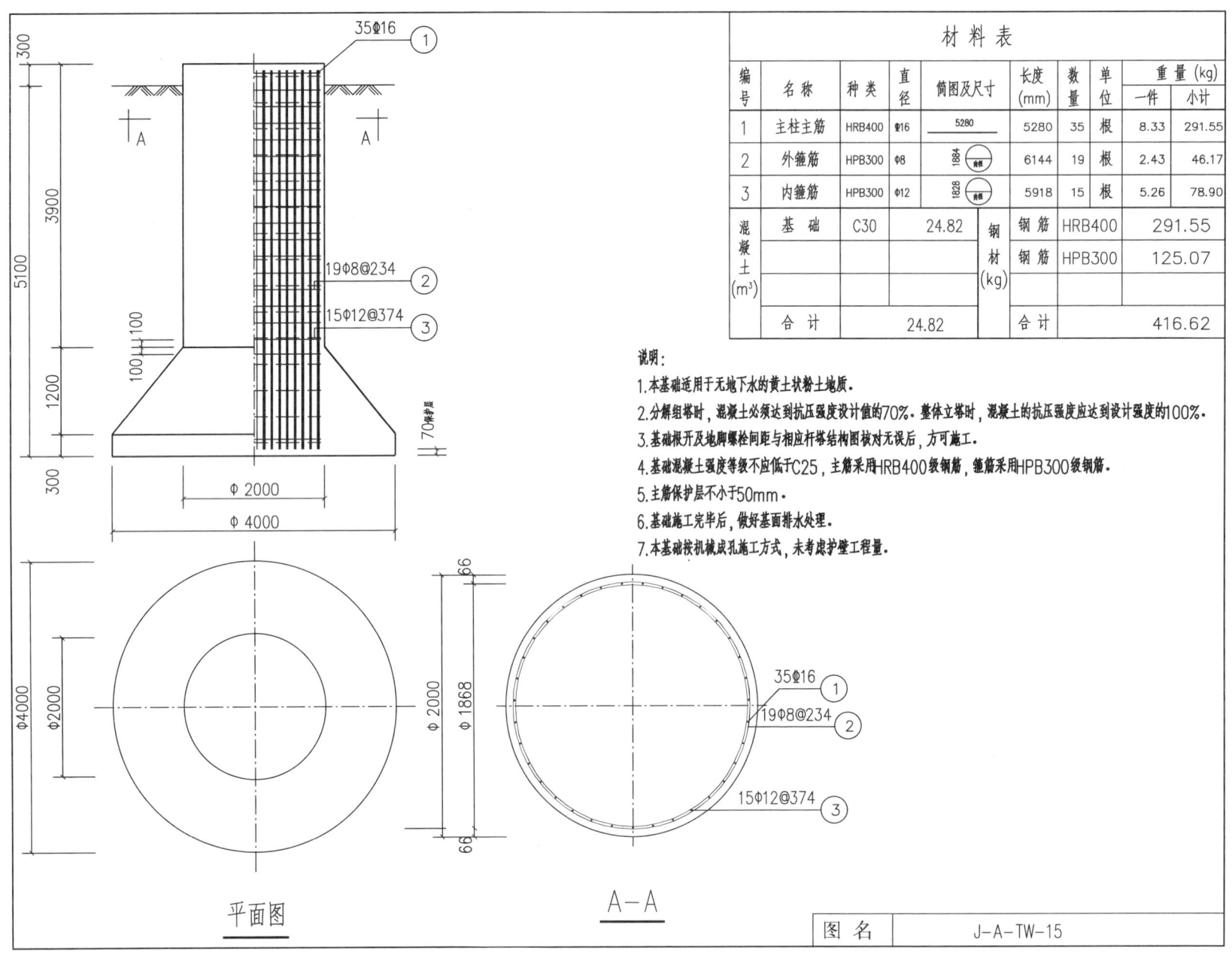

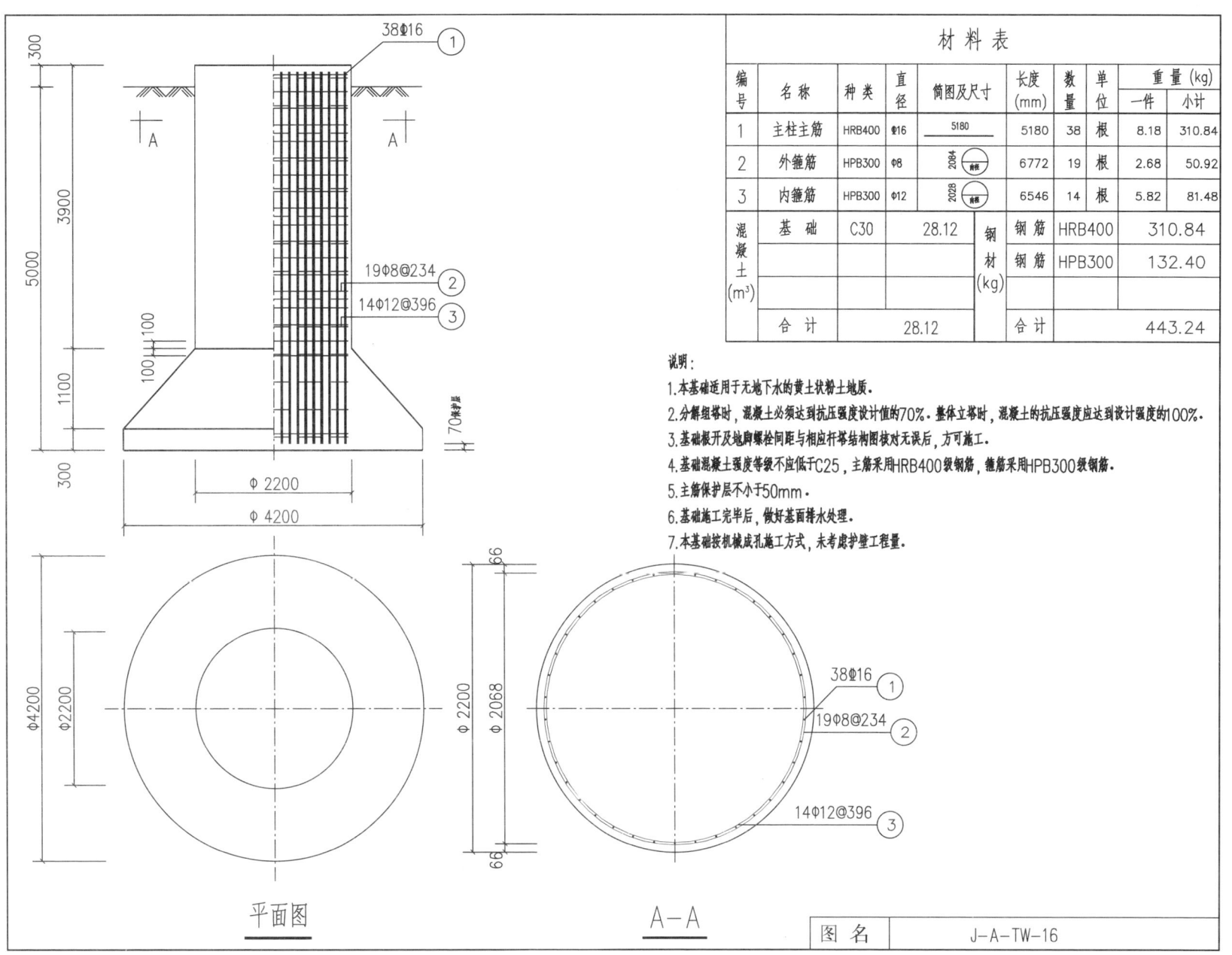

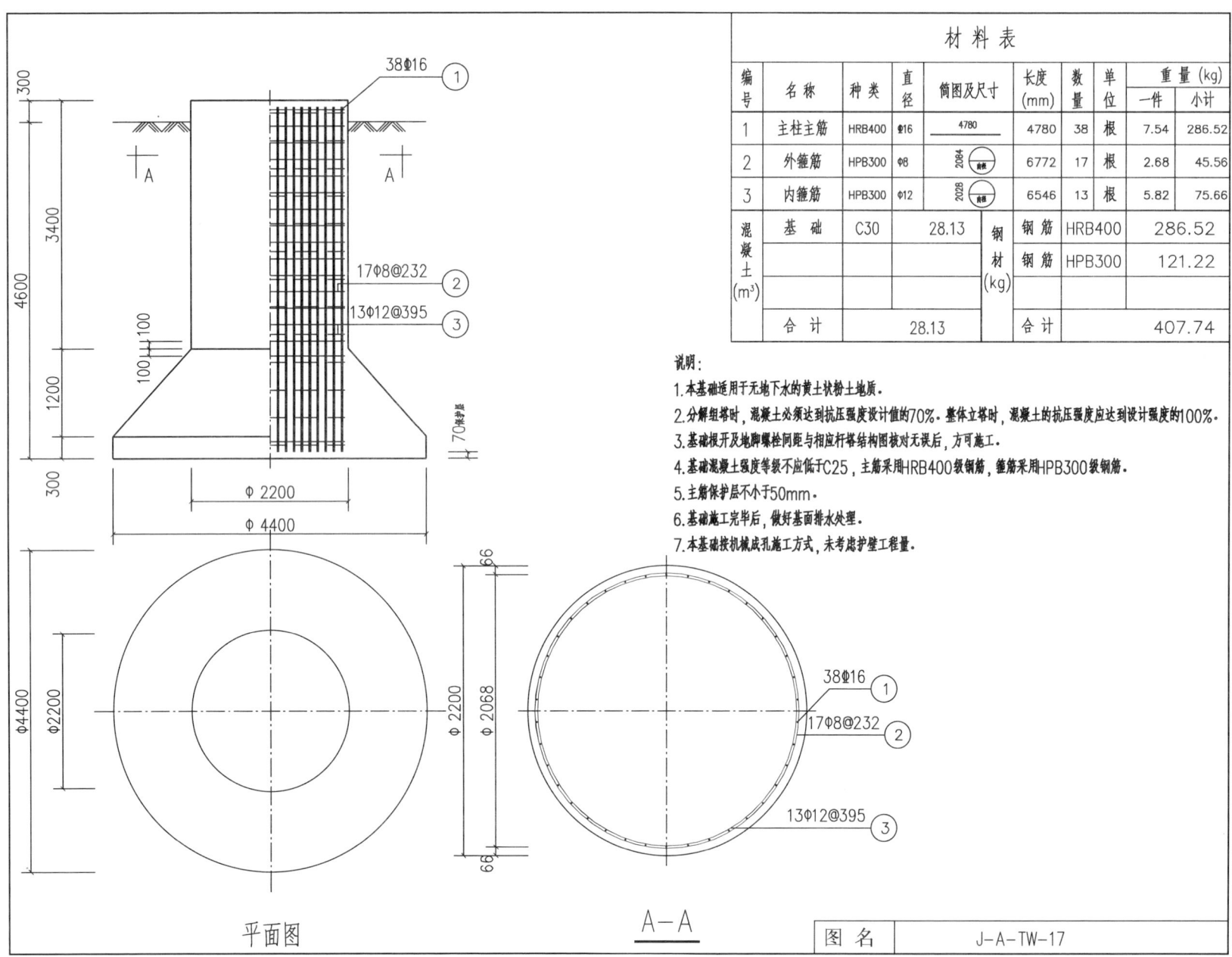

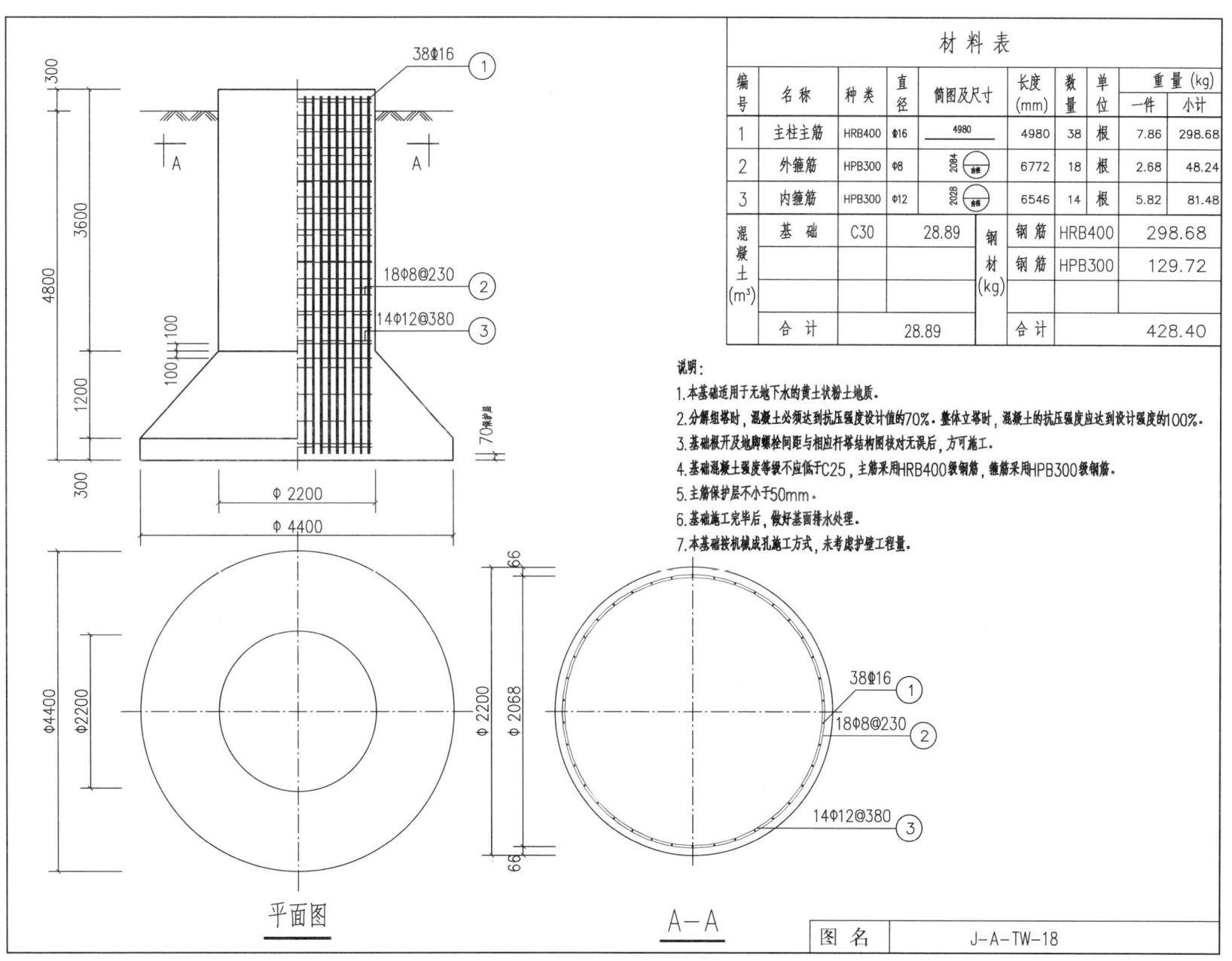

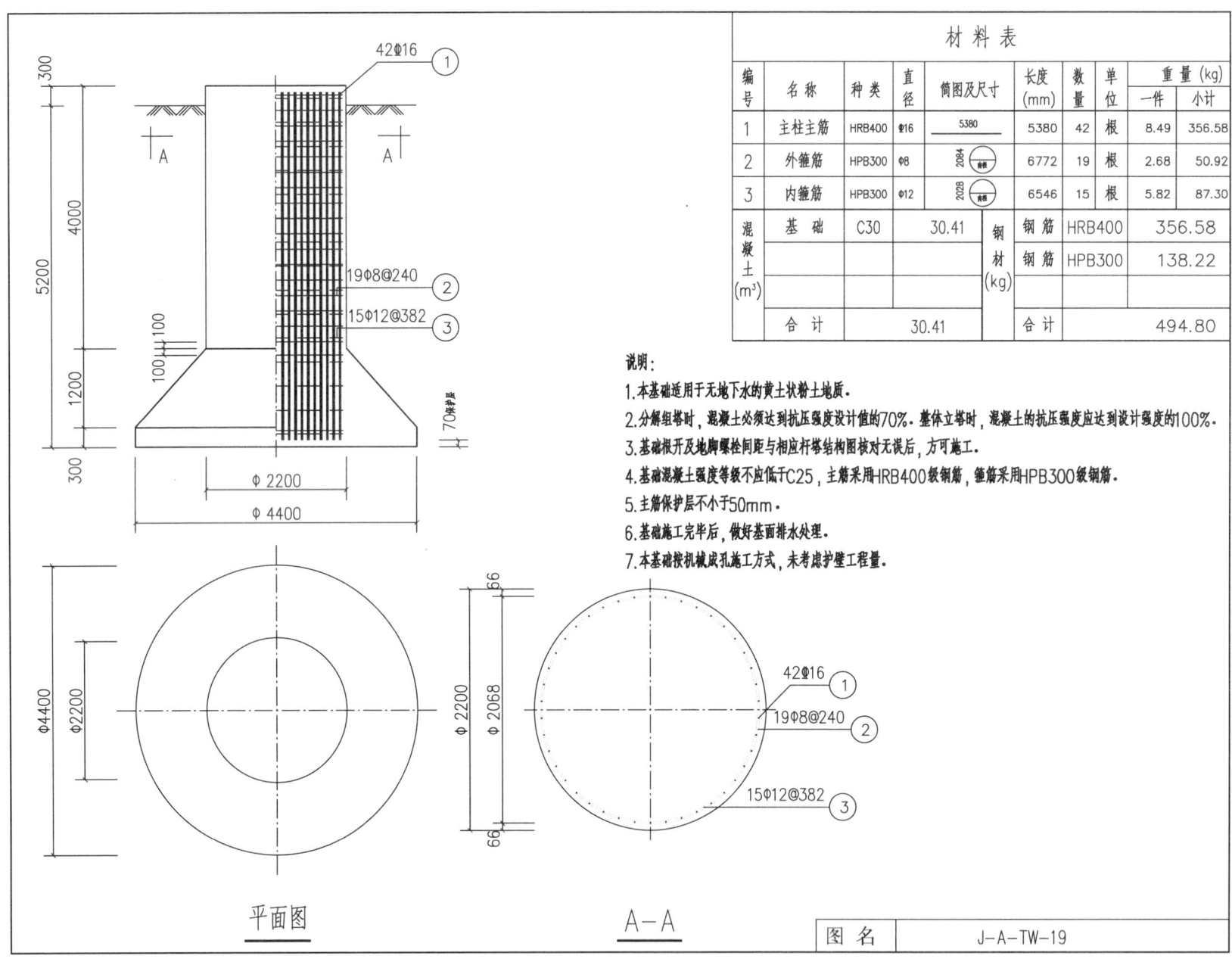

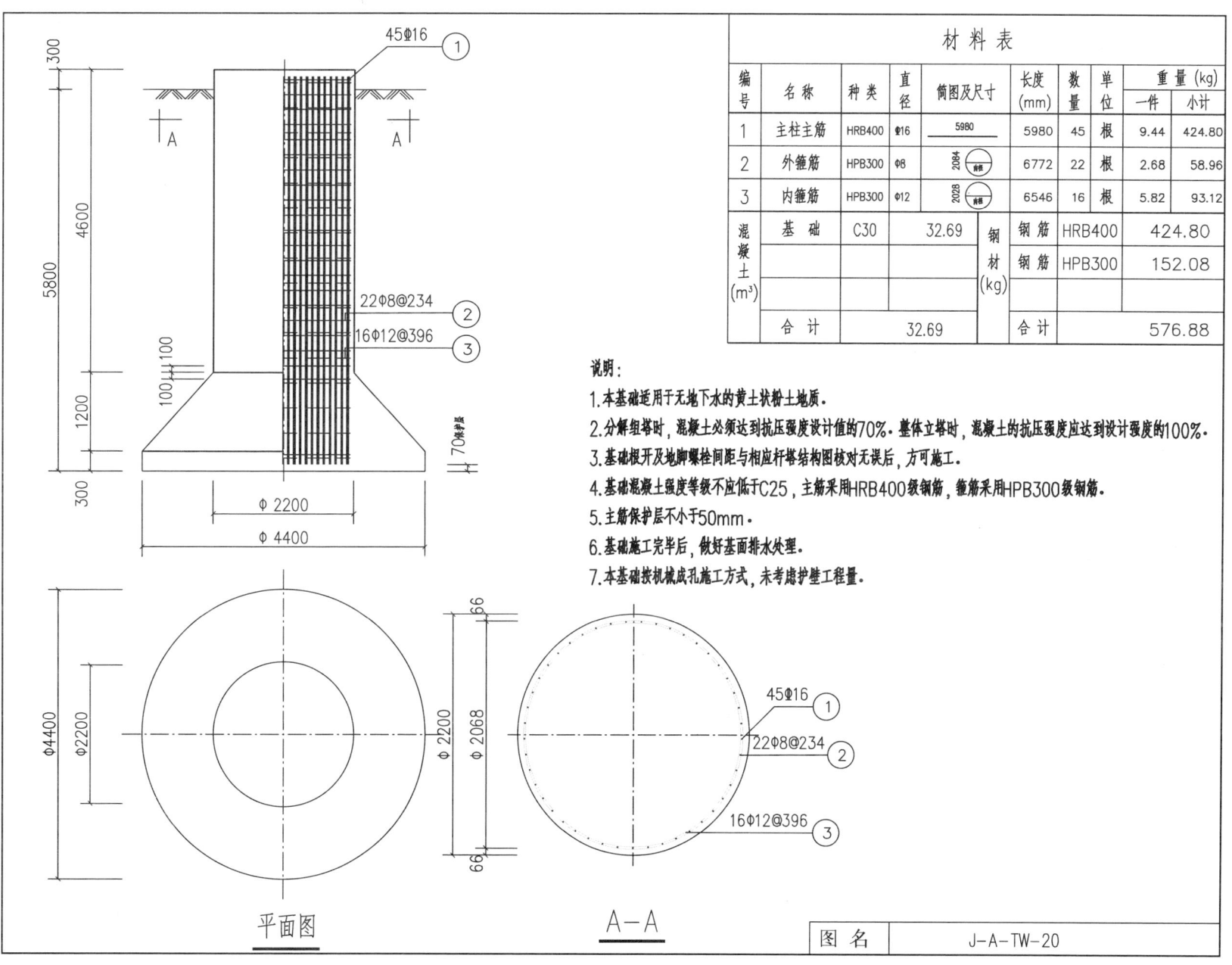

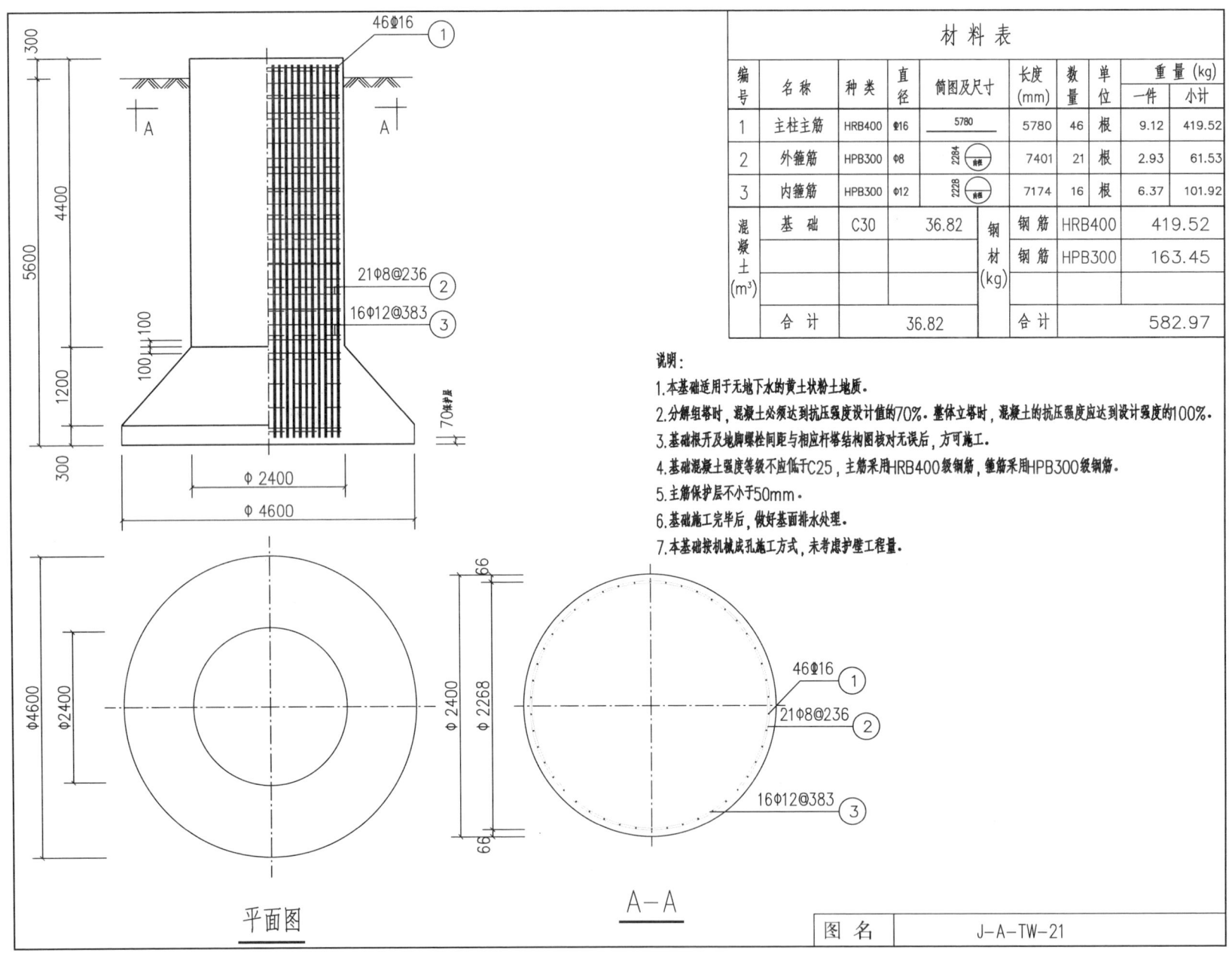

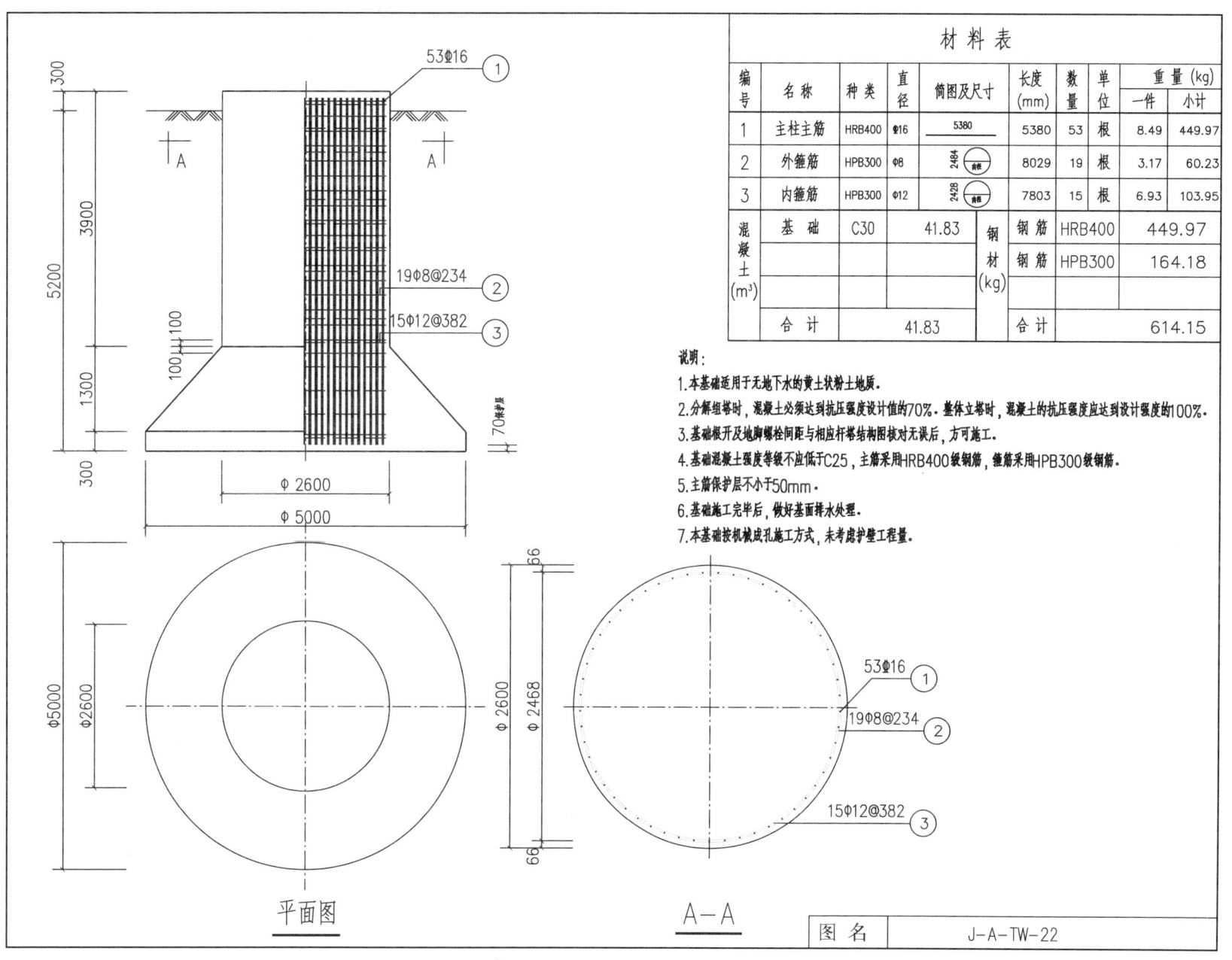

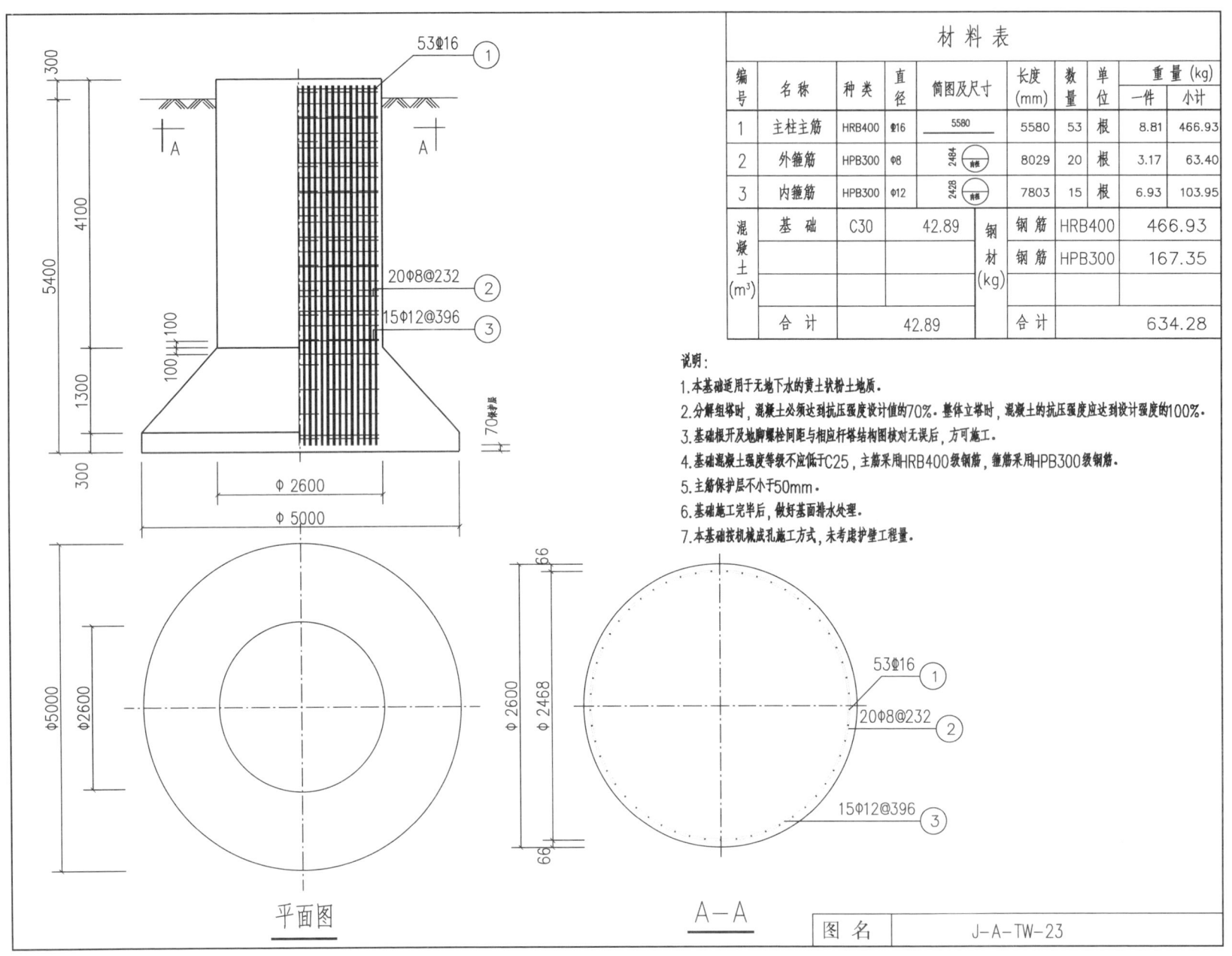

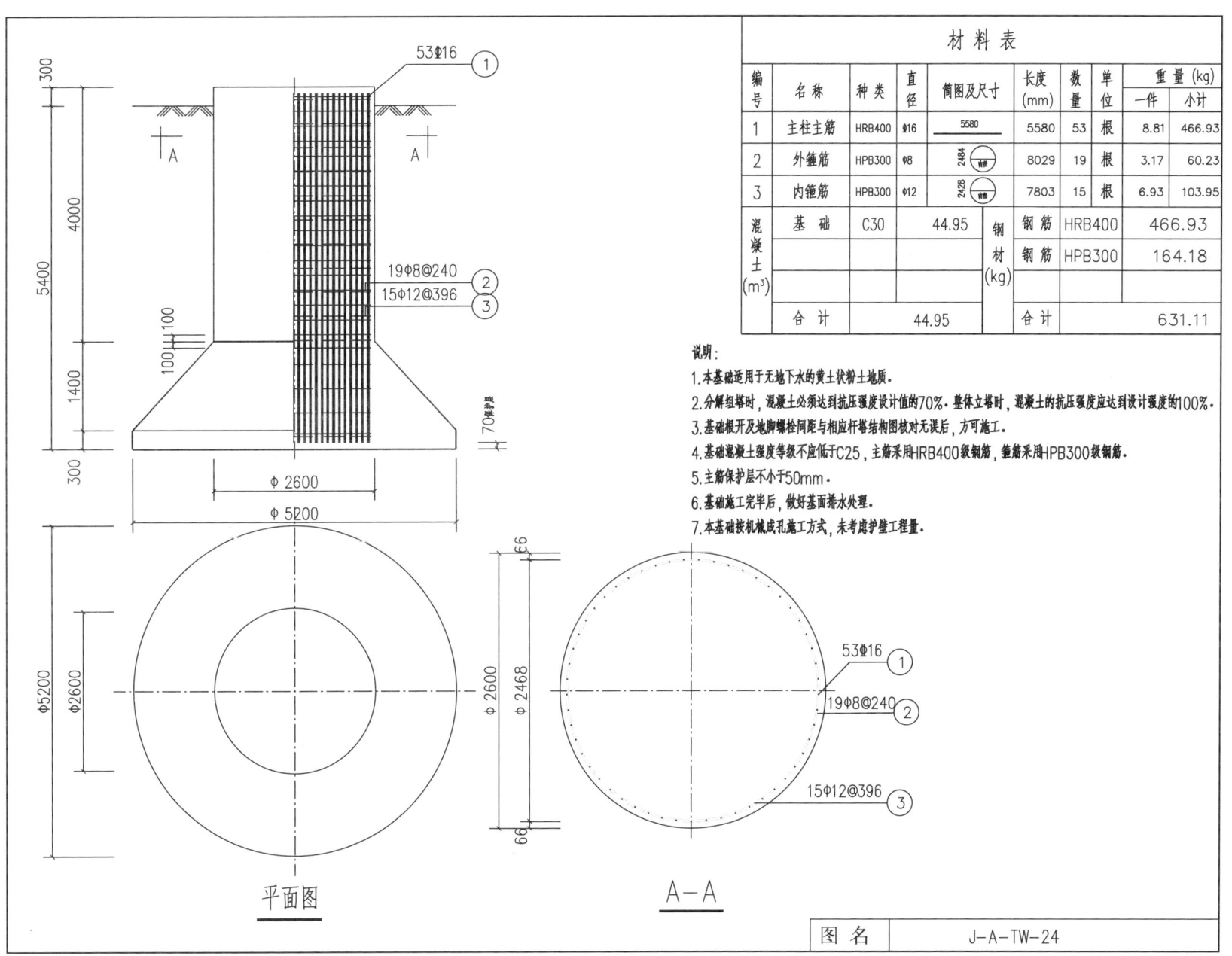

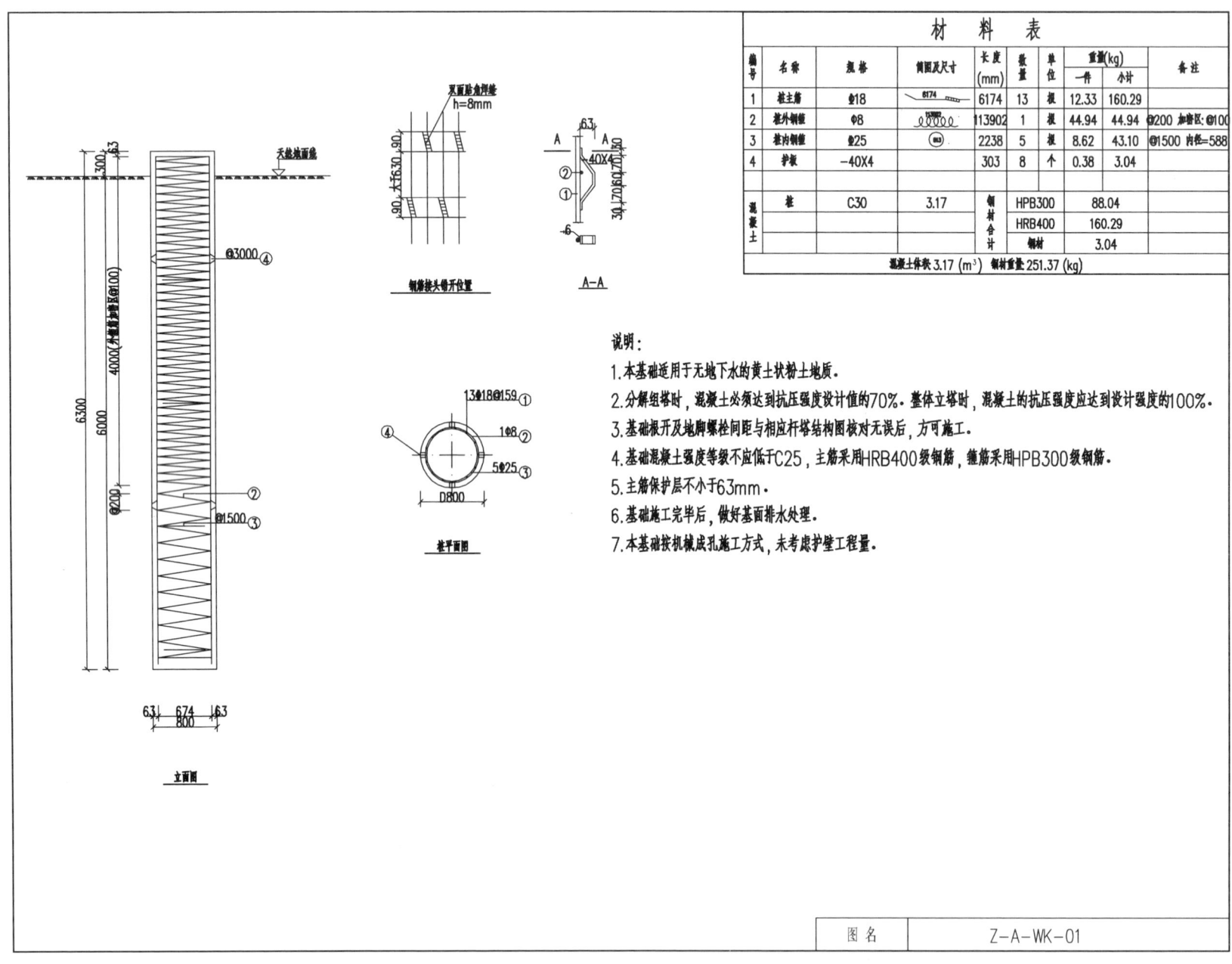

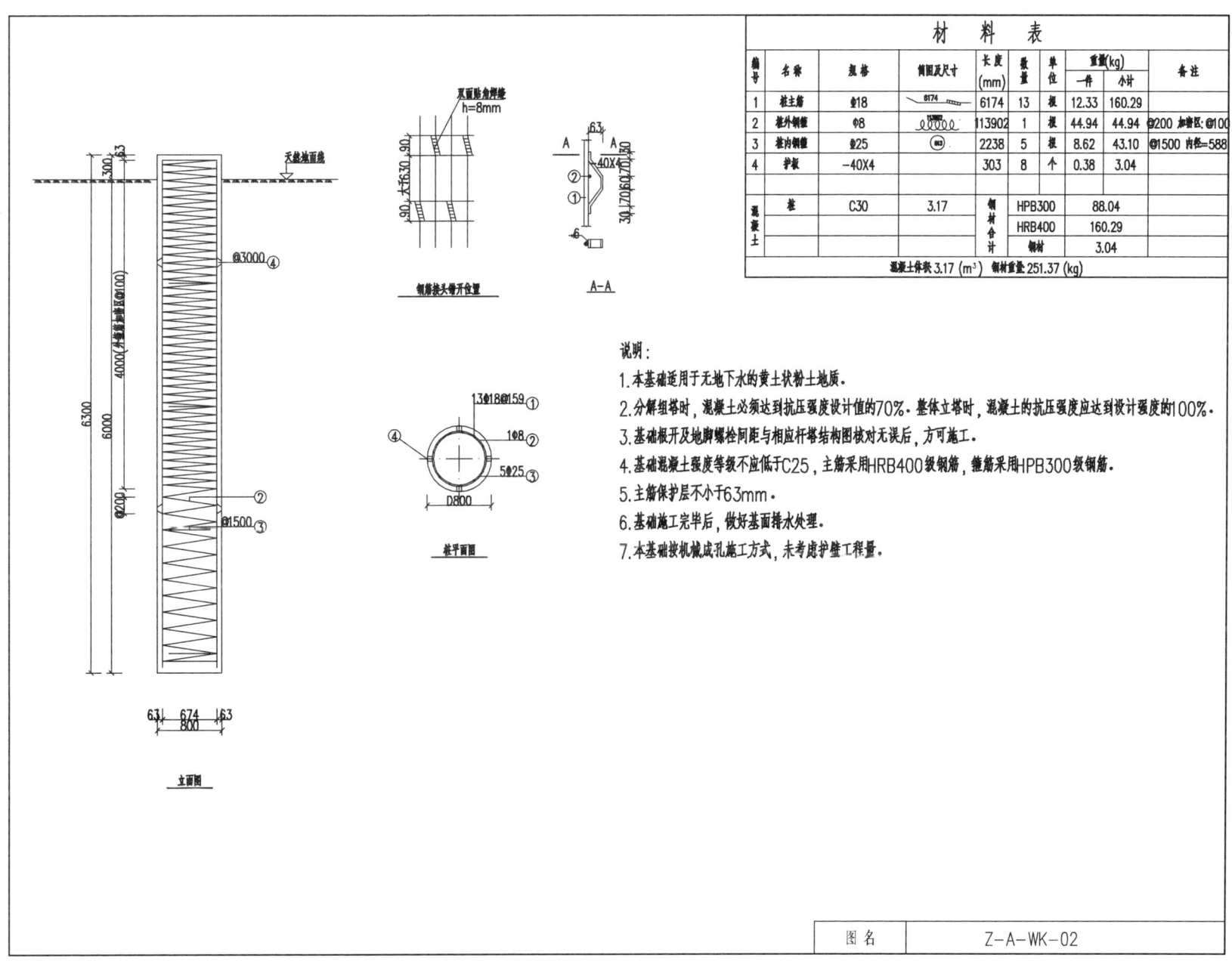

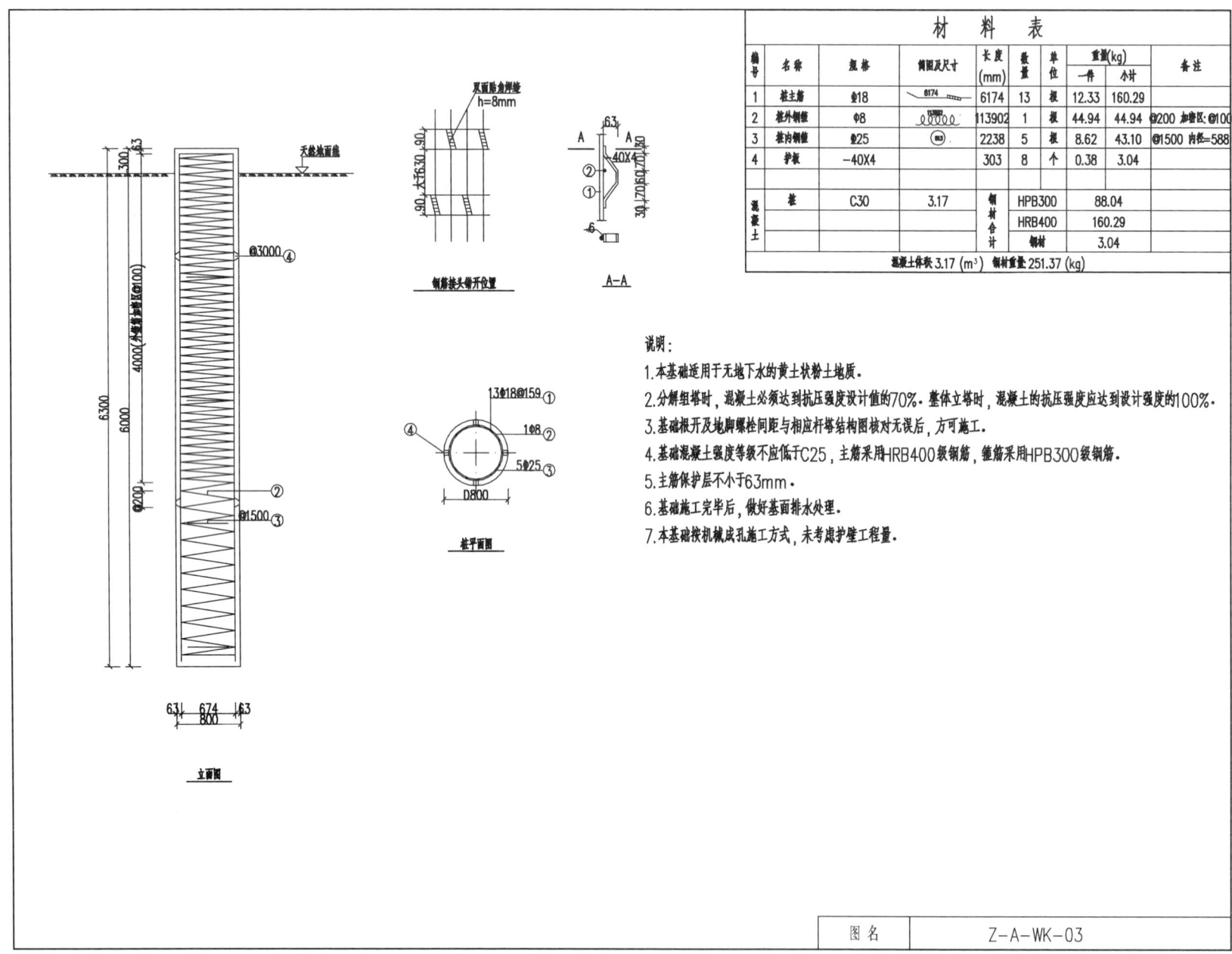

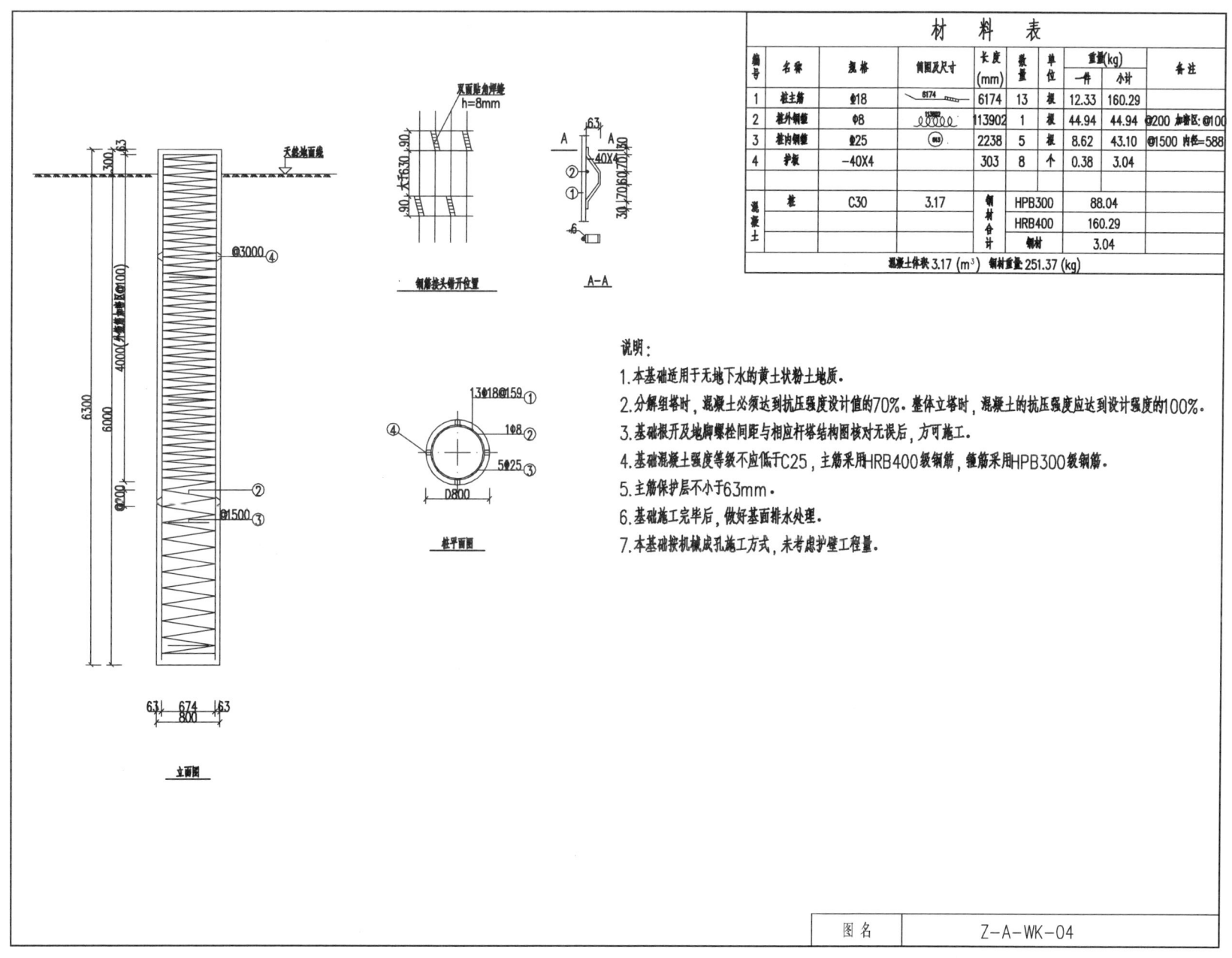

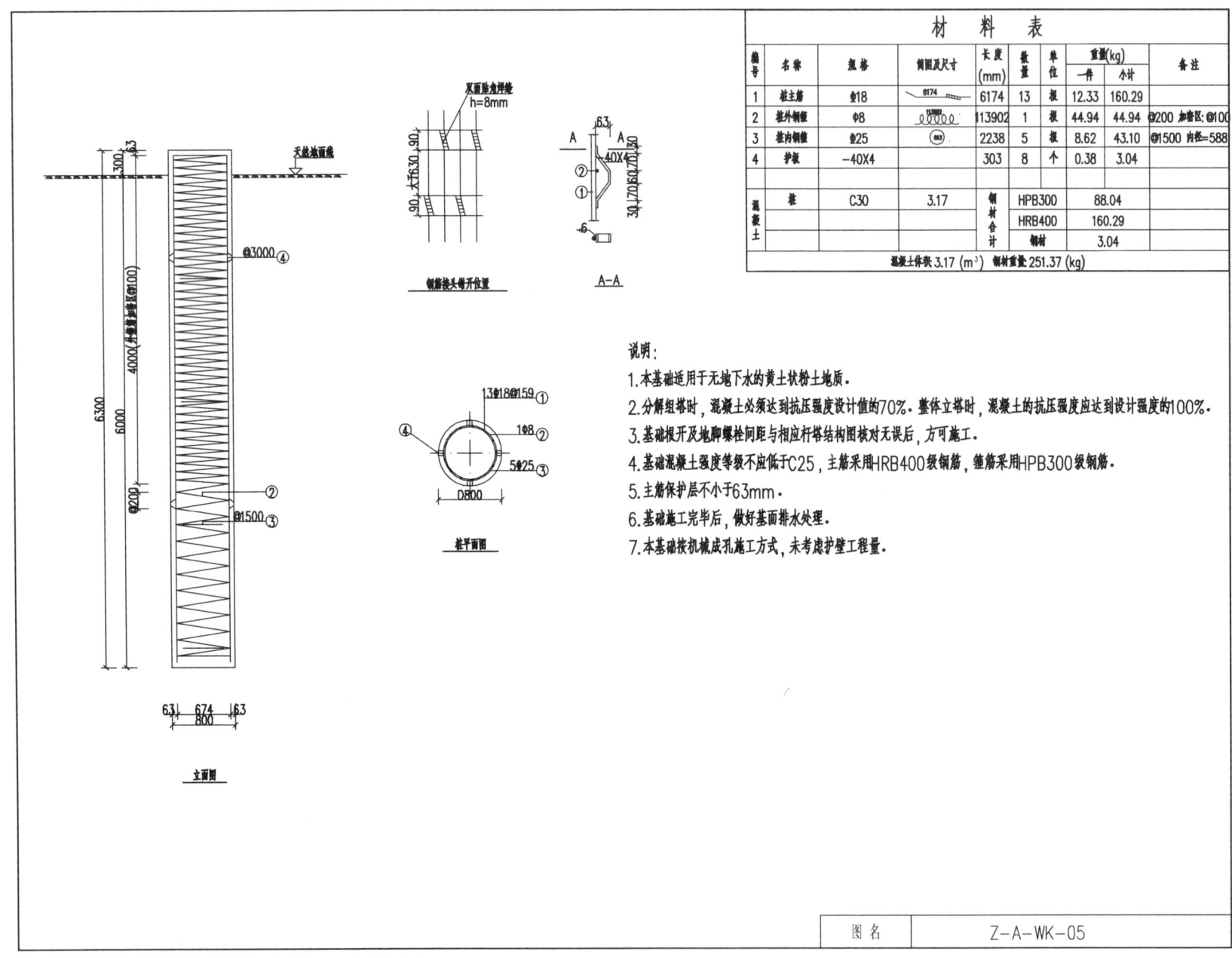

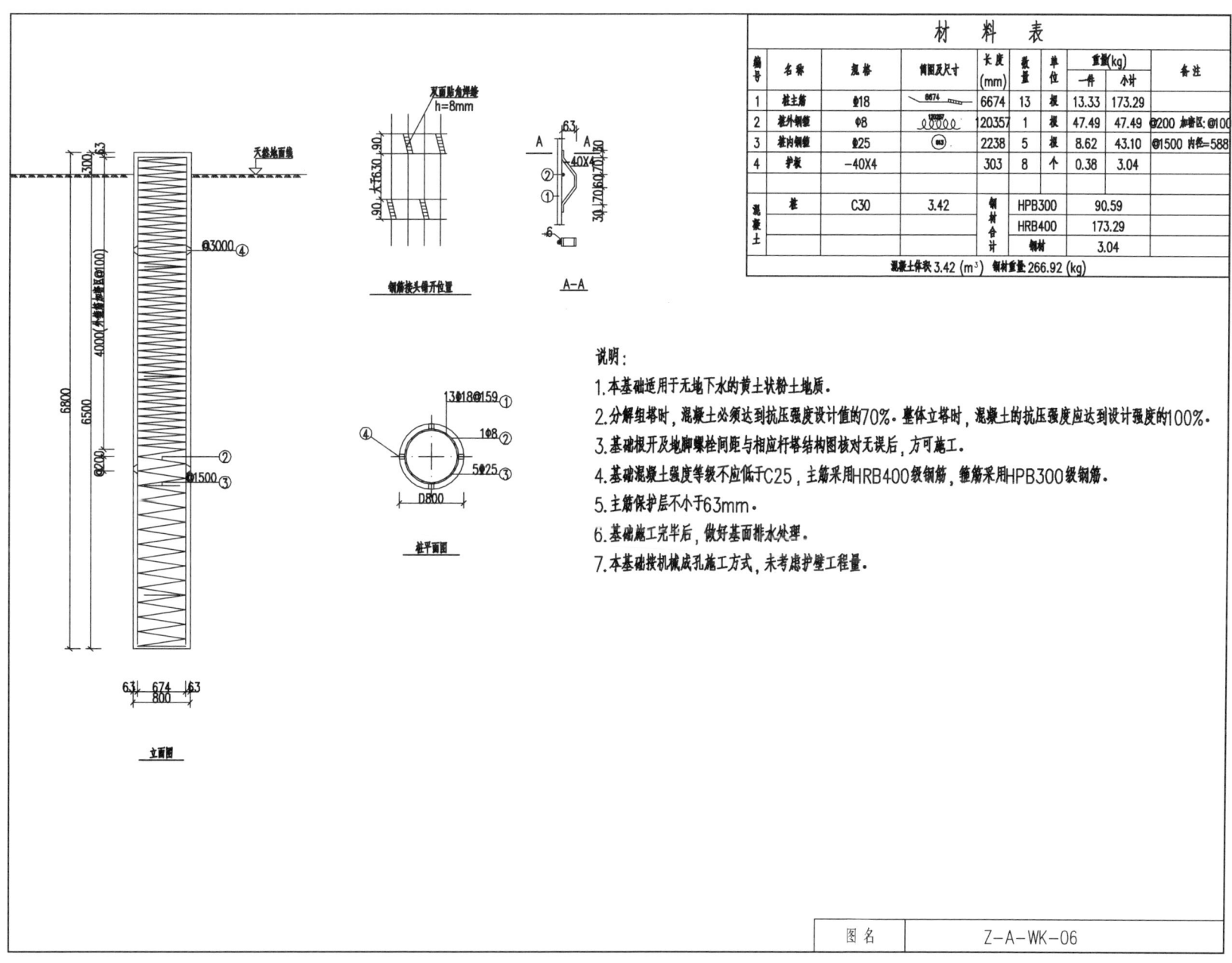

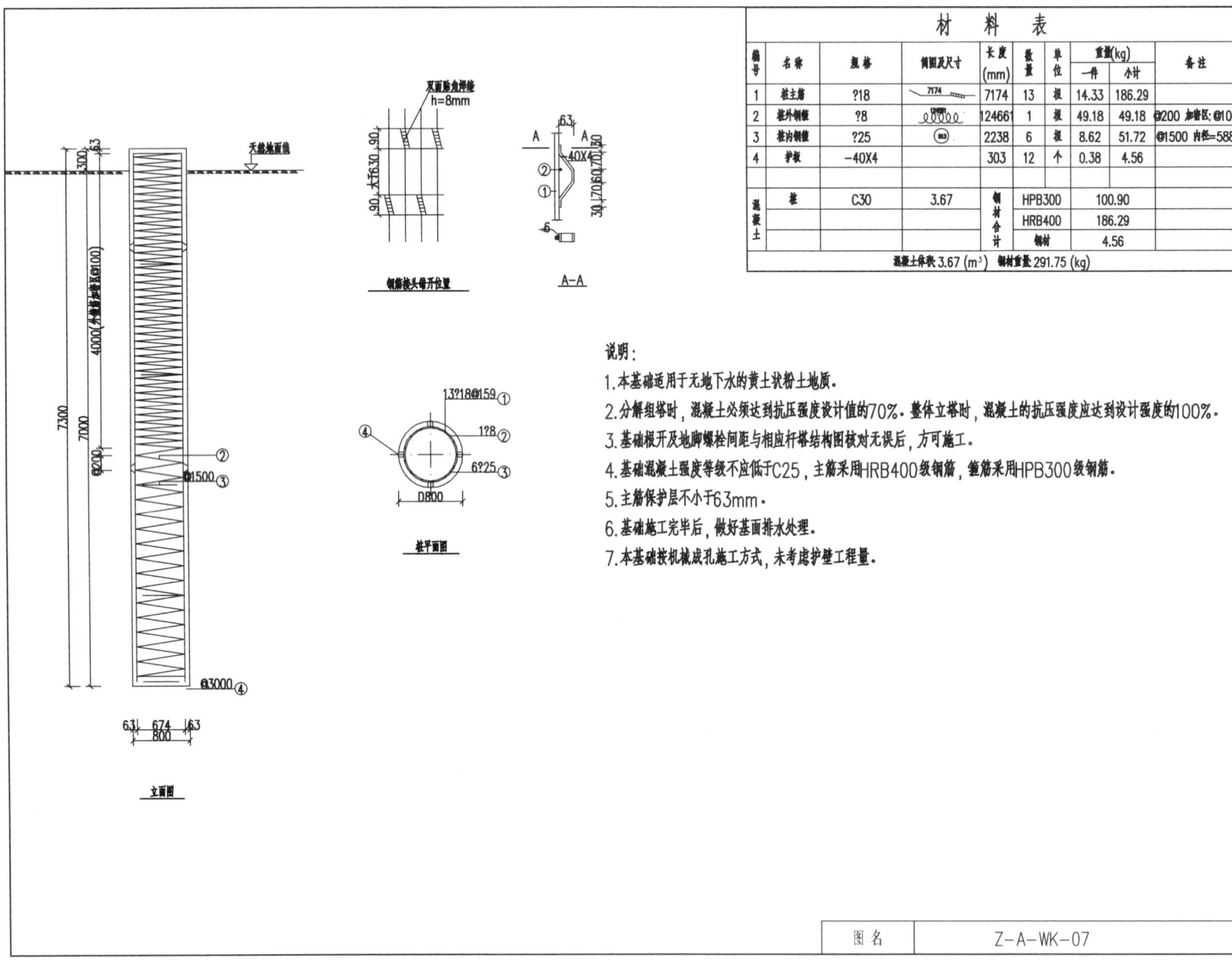

图名 Z-A-WK-07

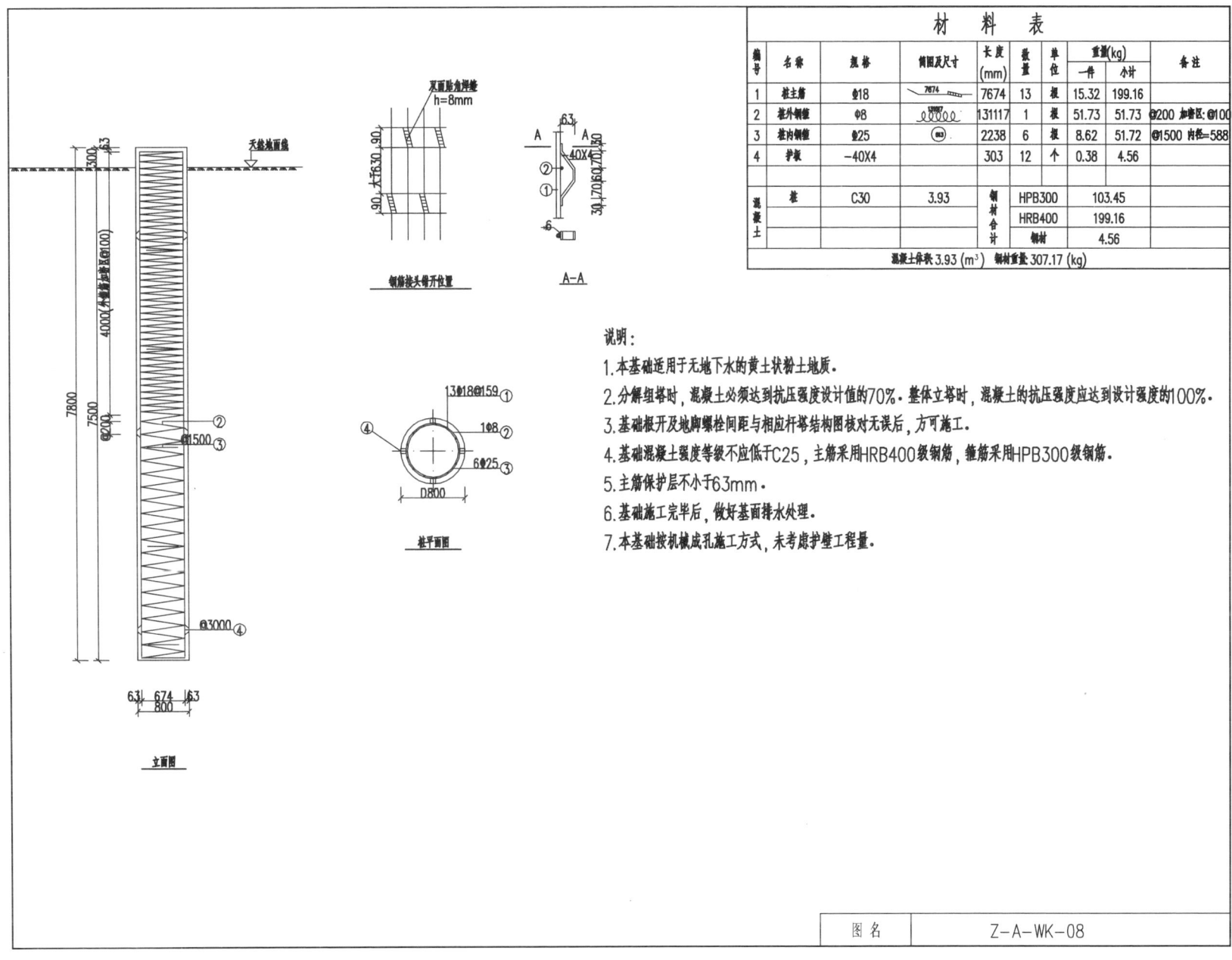

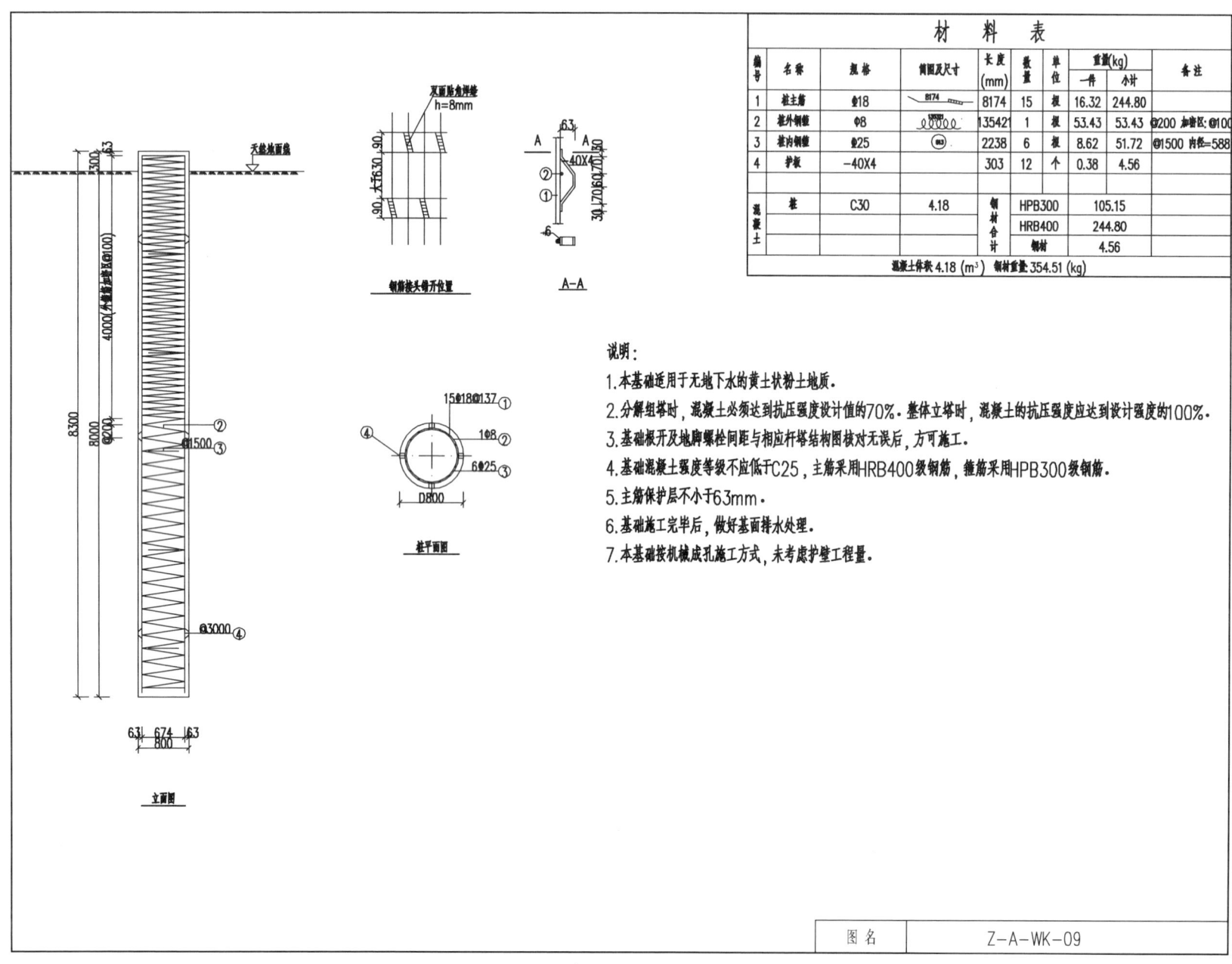

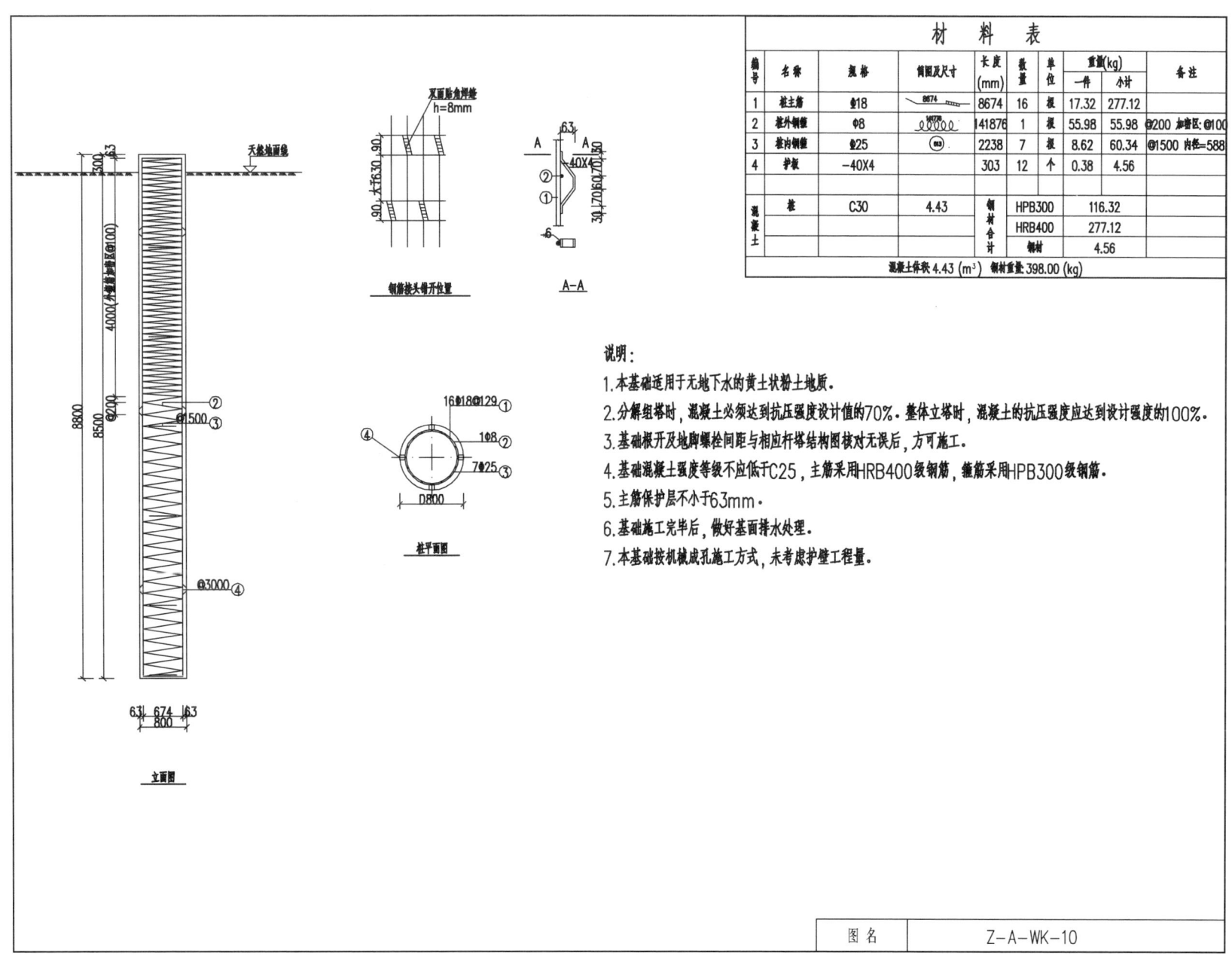

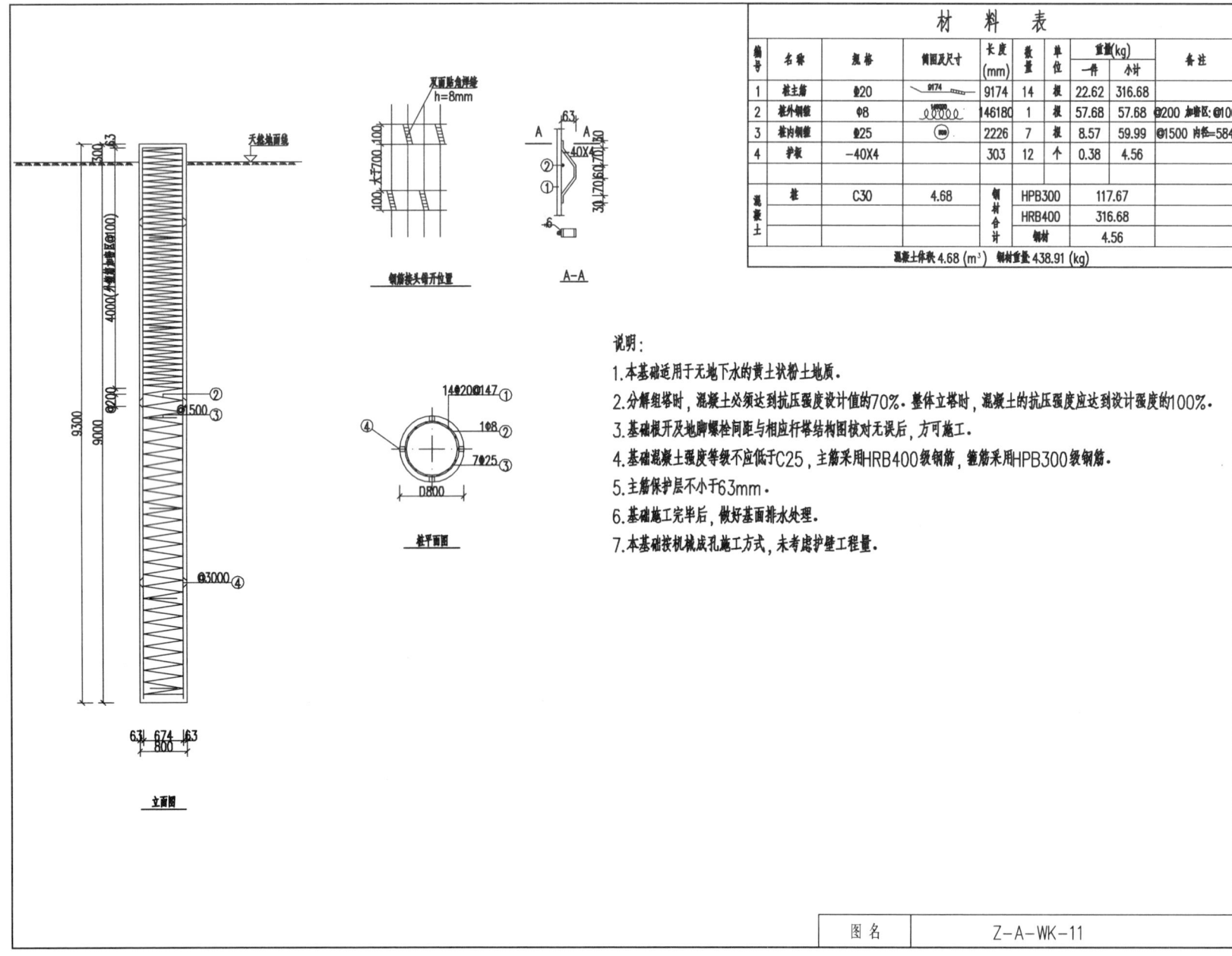

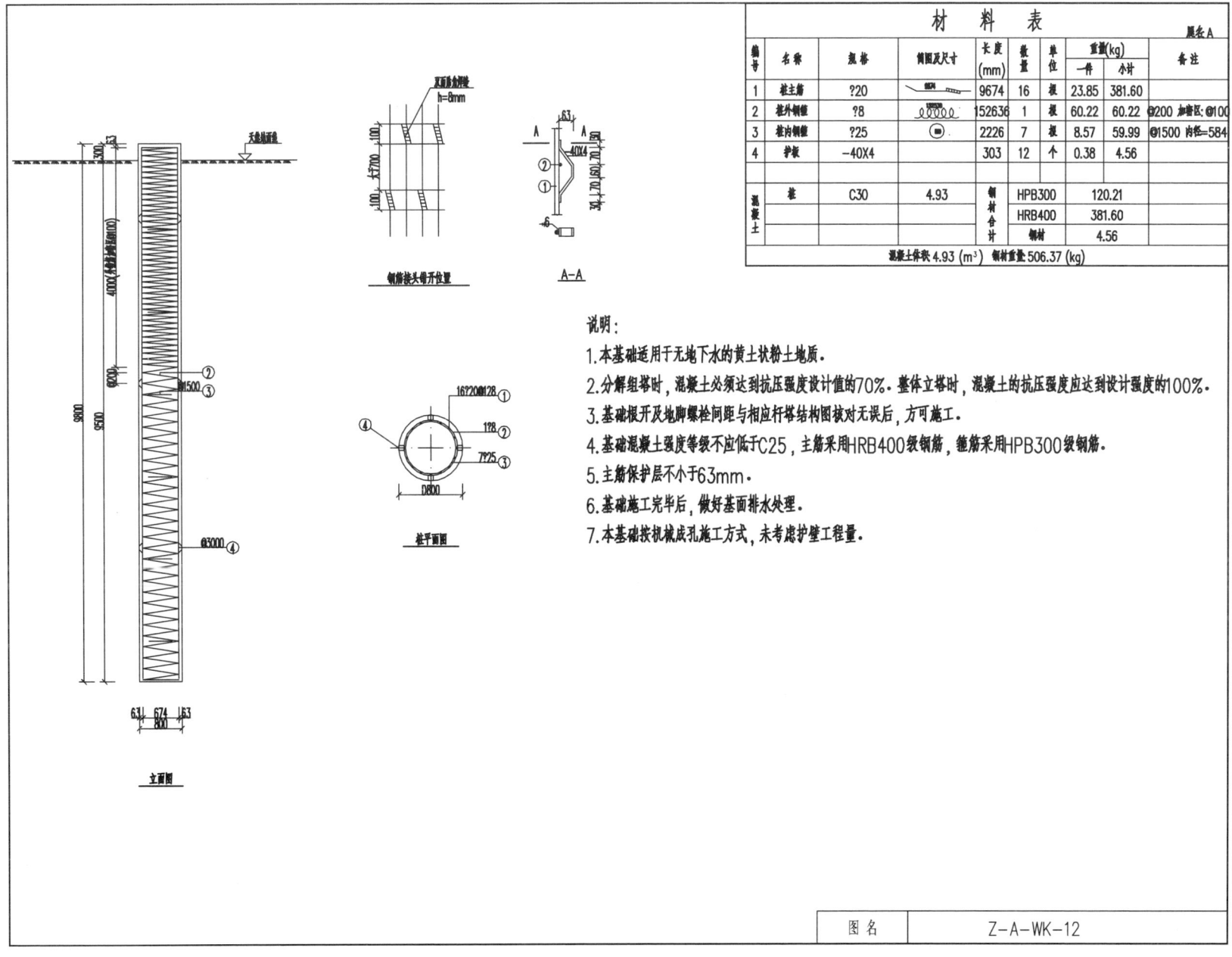

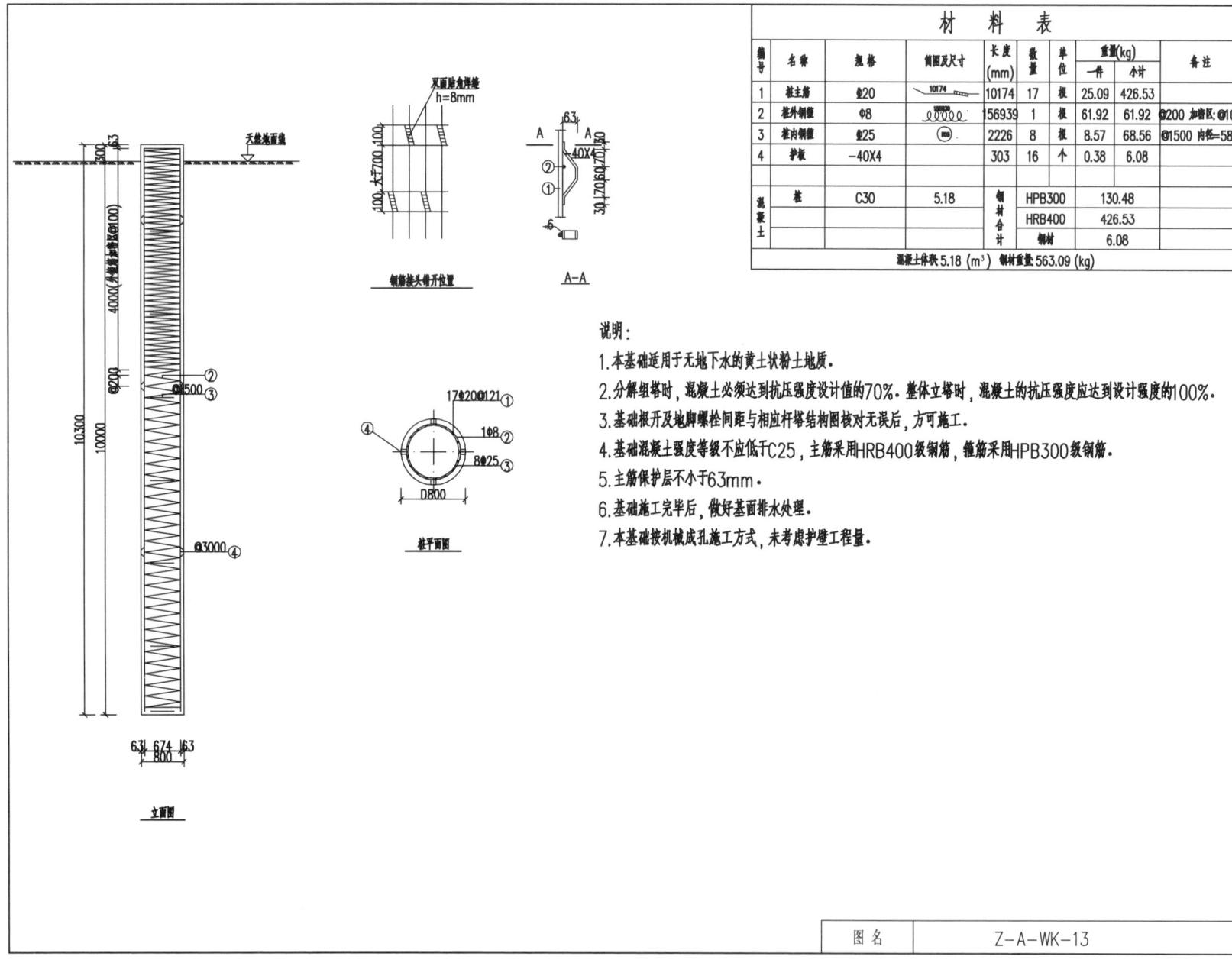

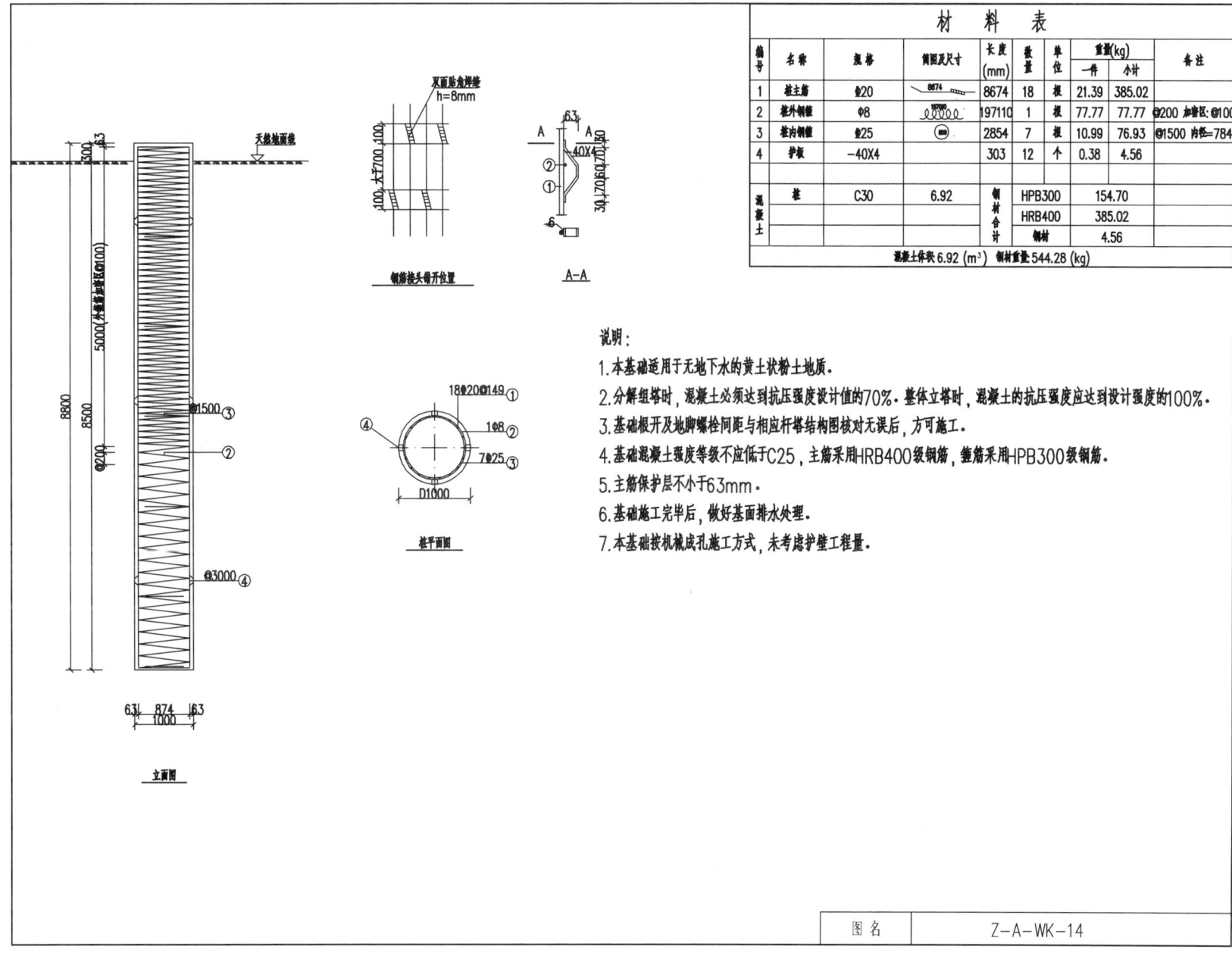

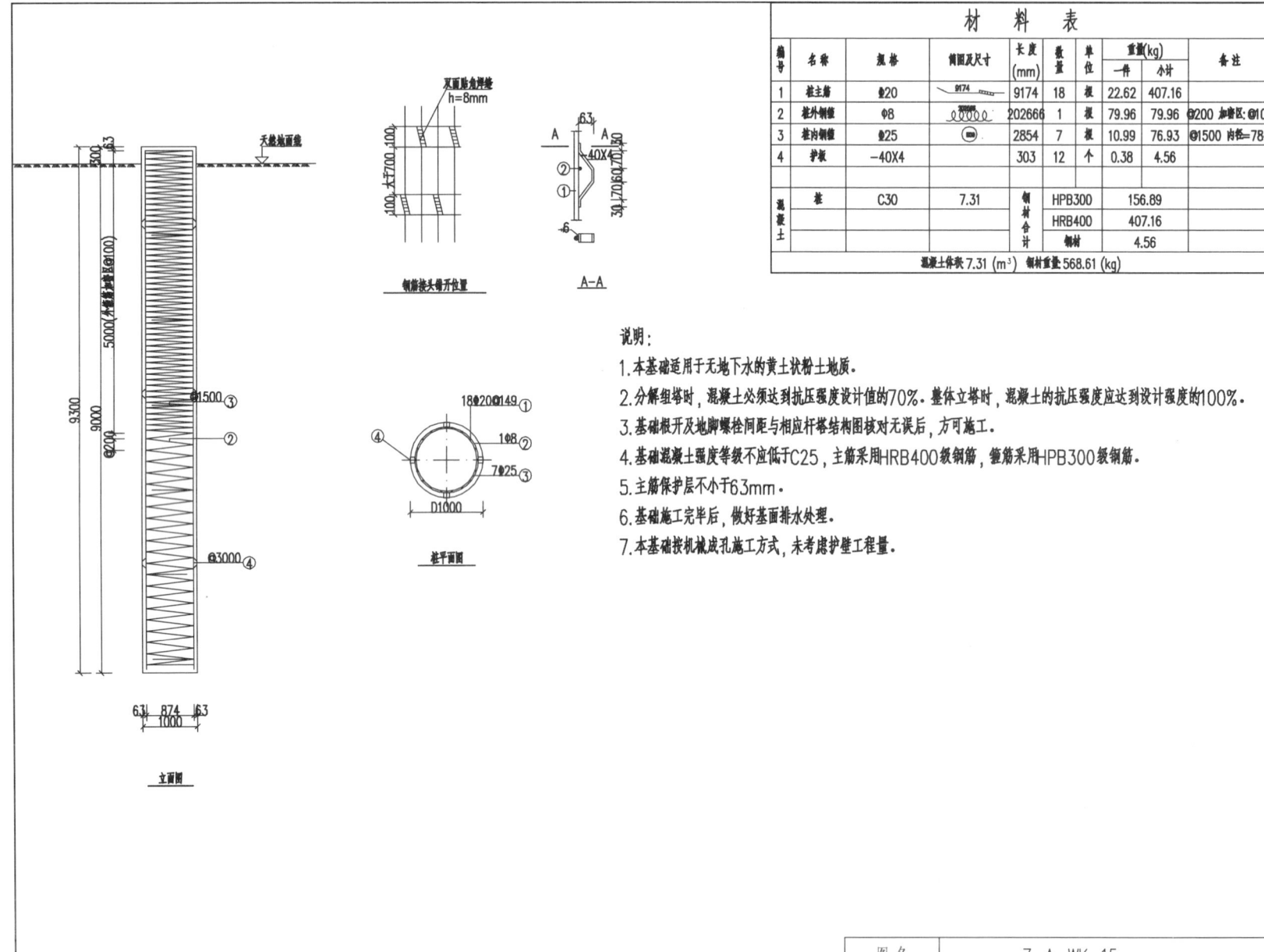

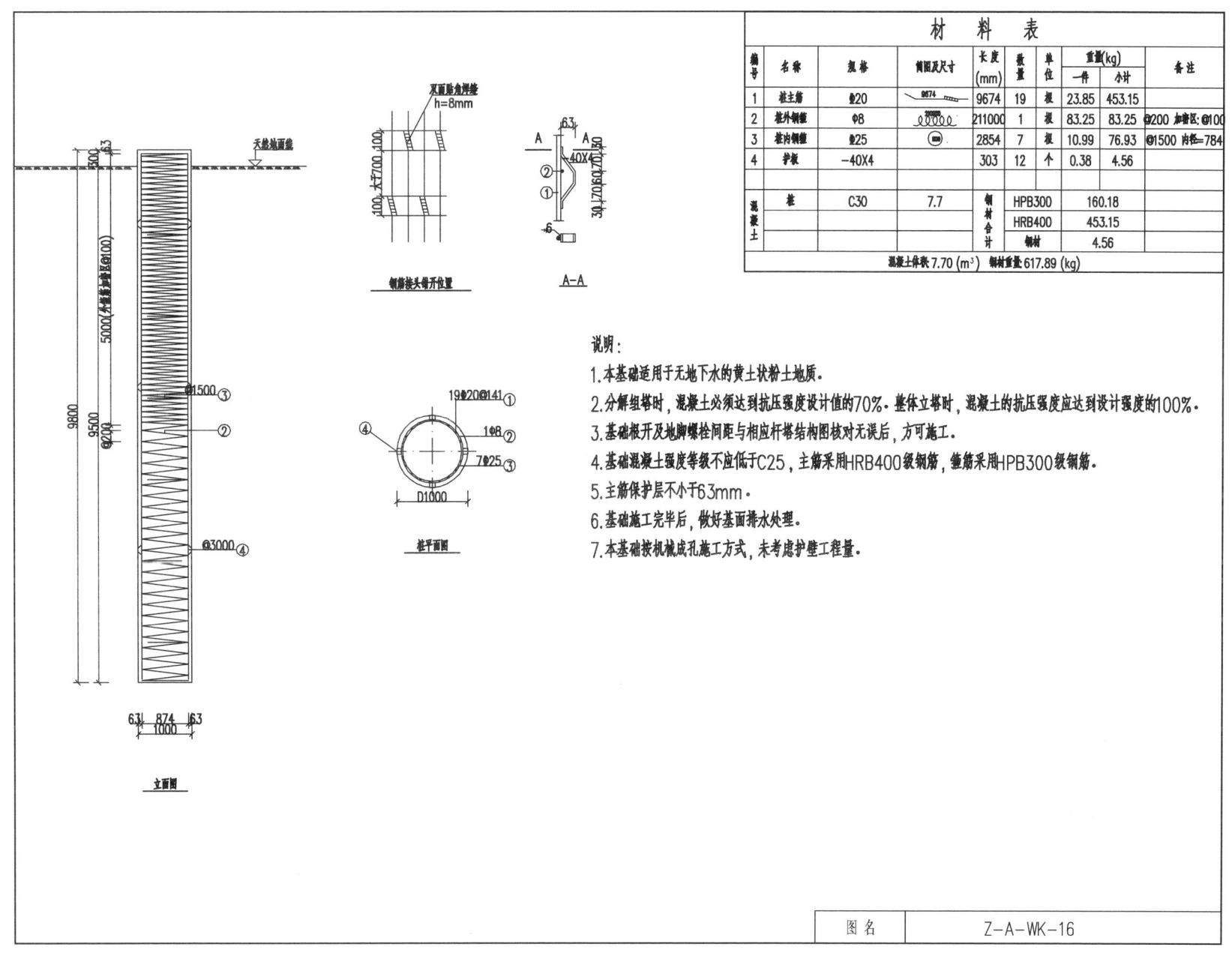

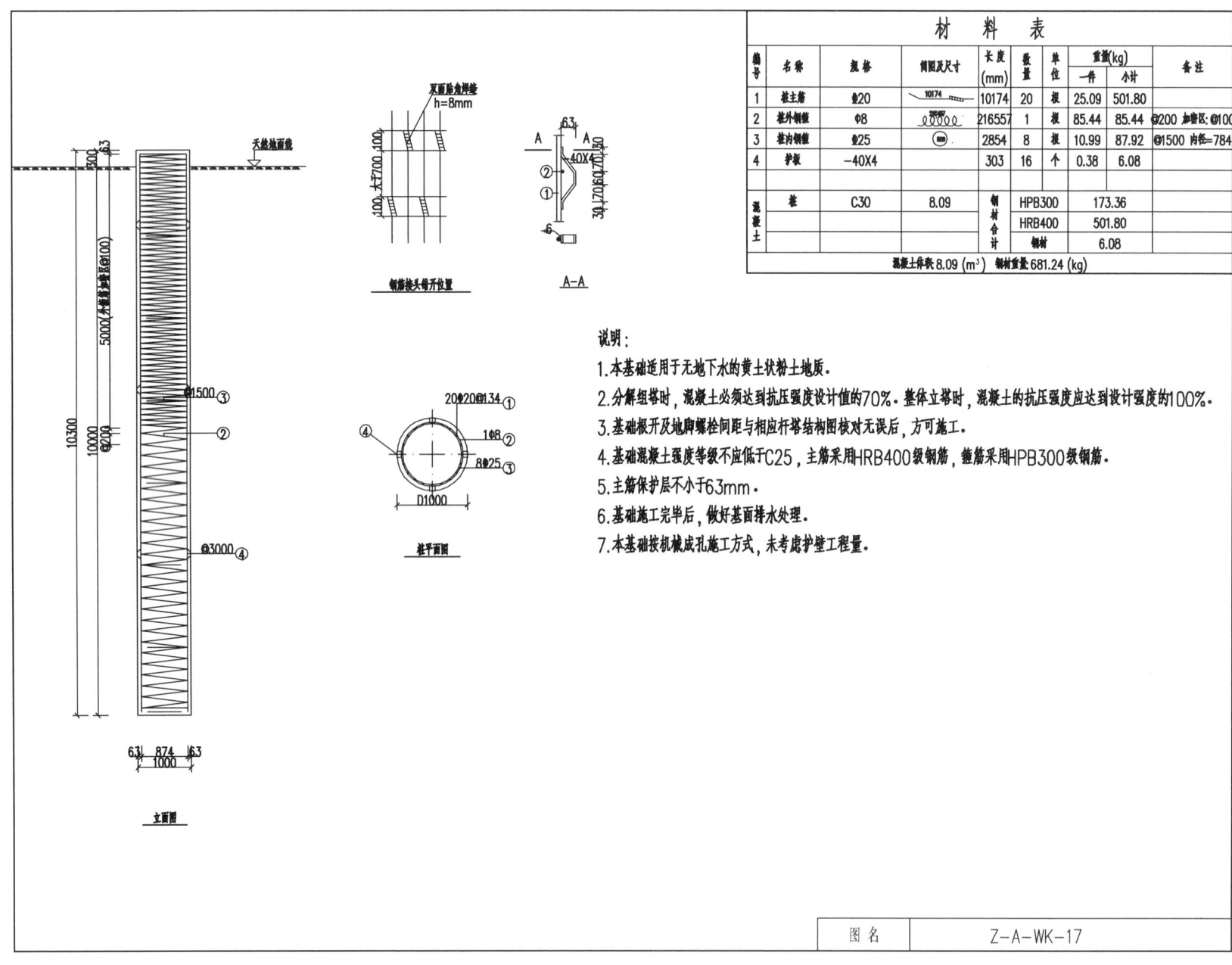

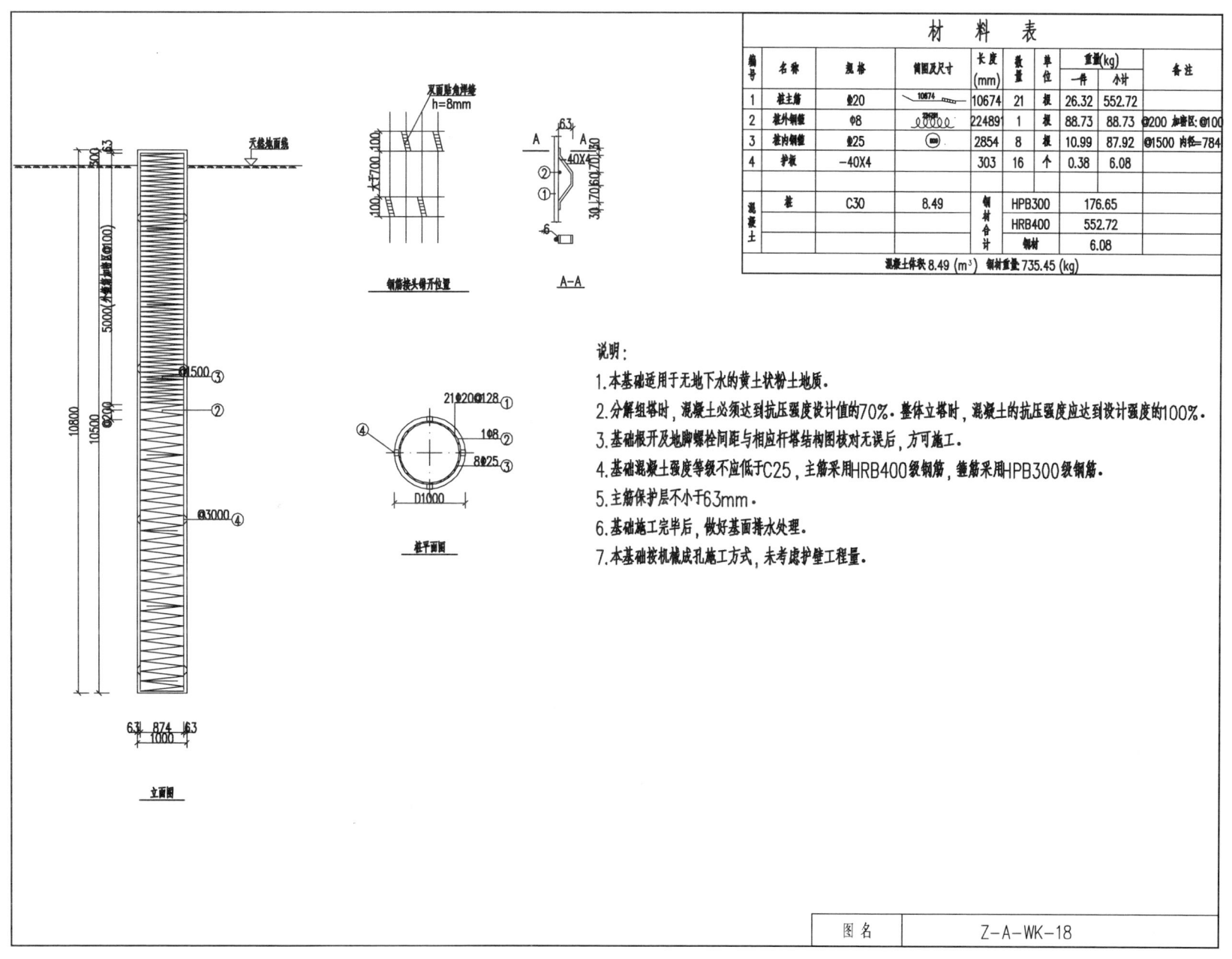

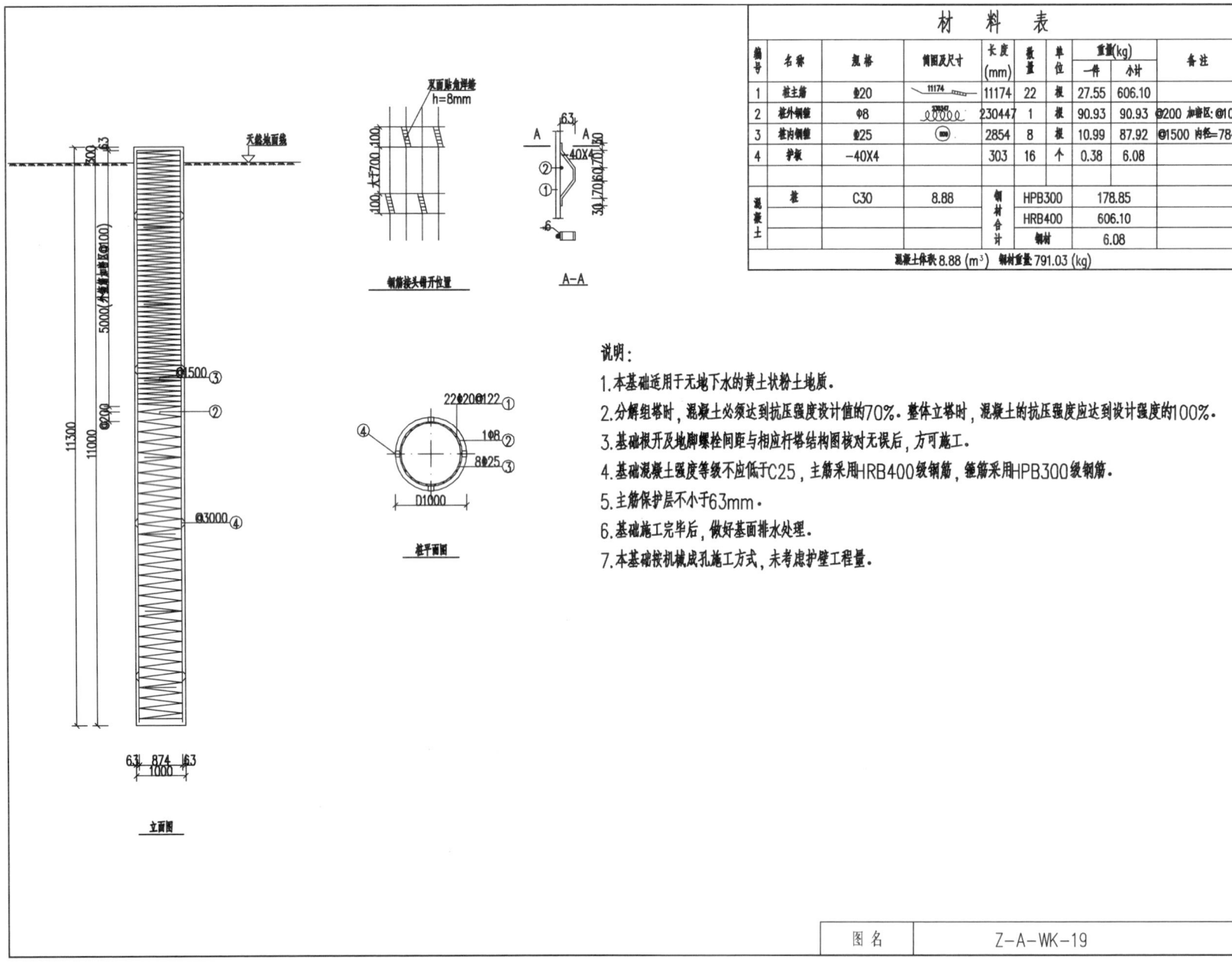

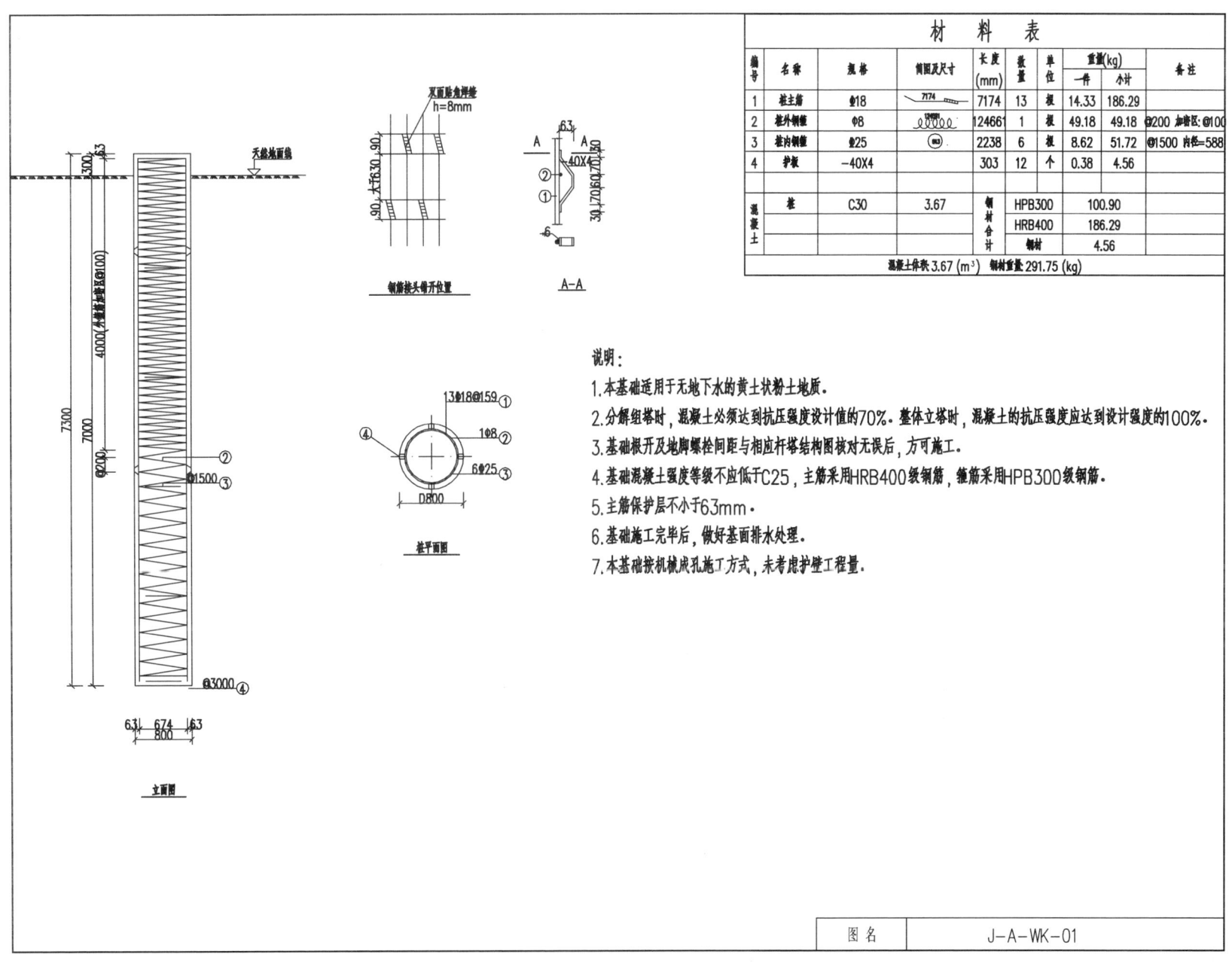

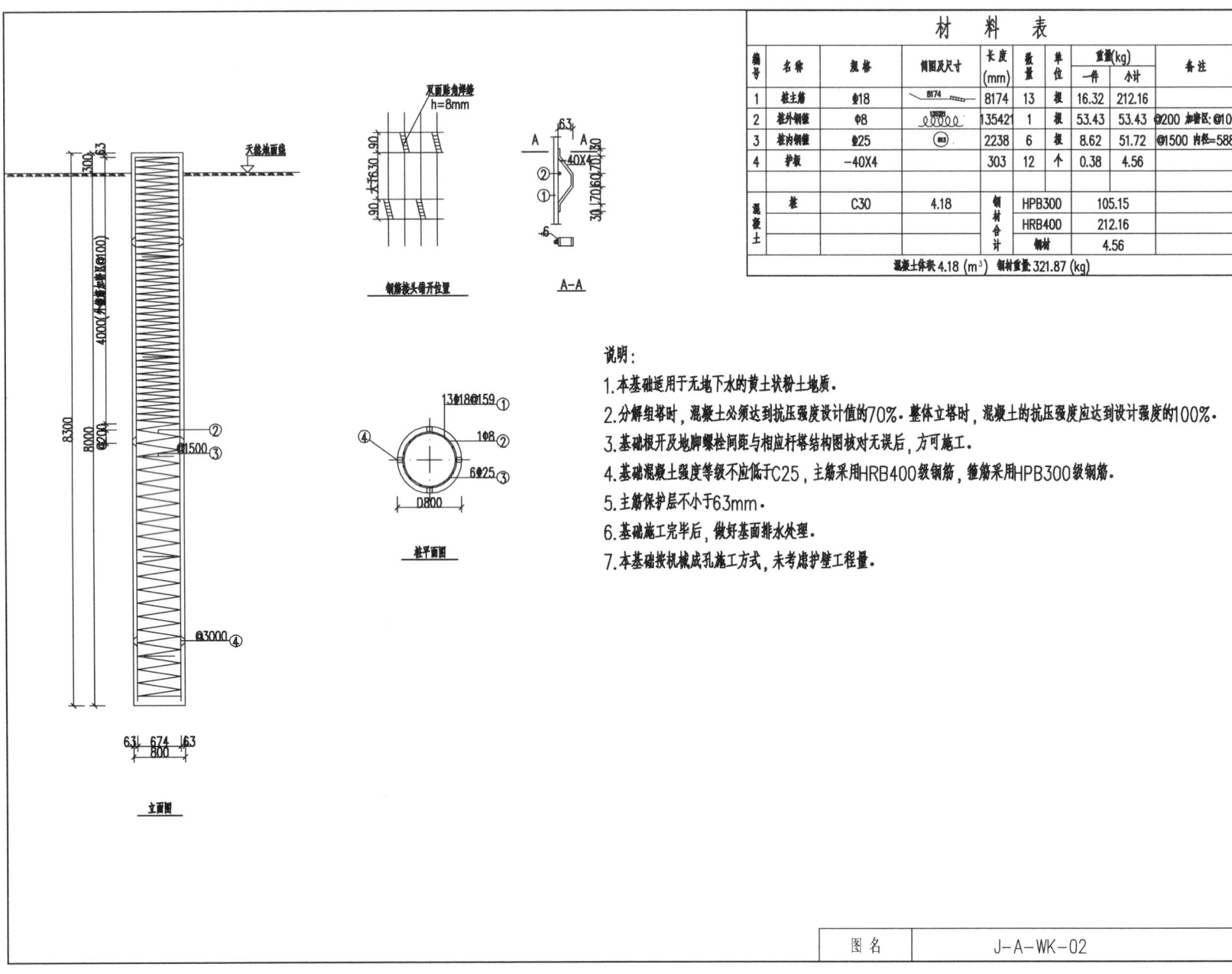

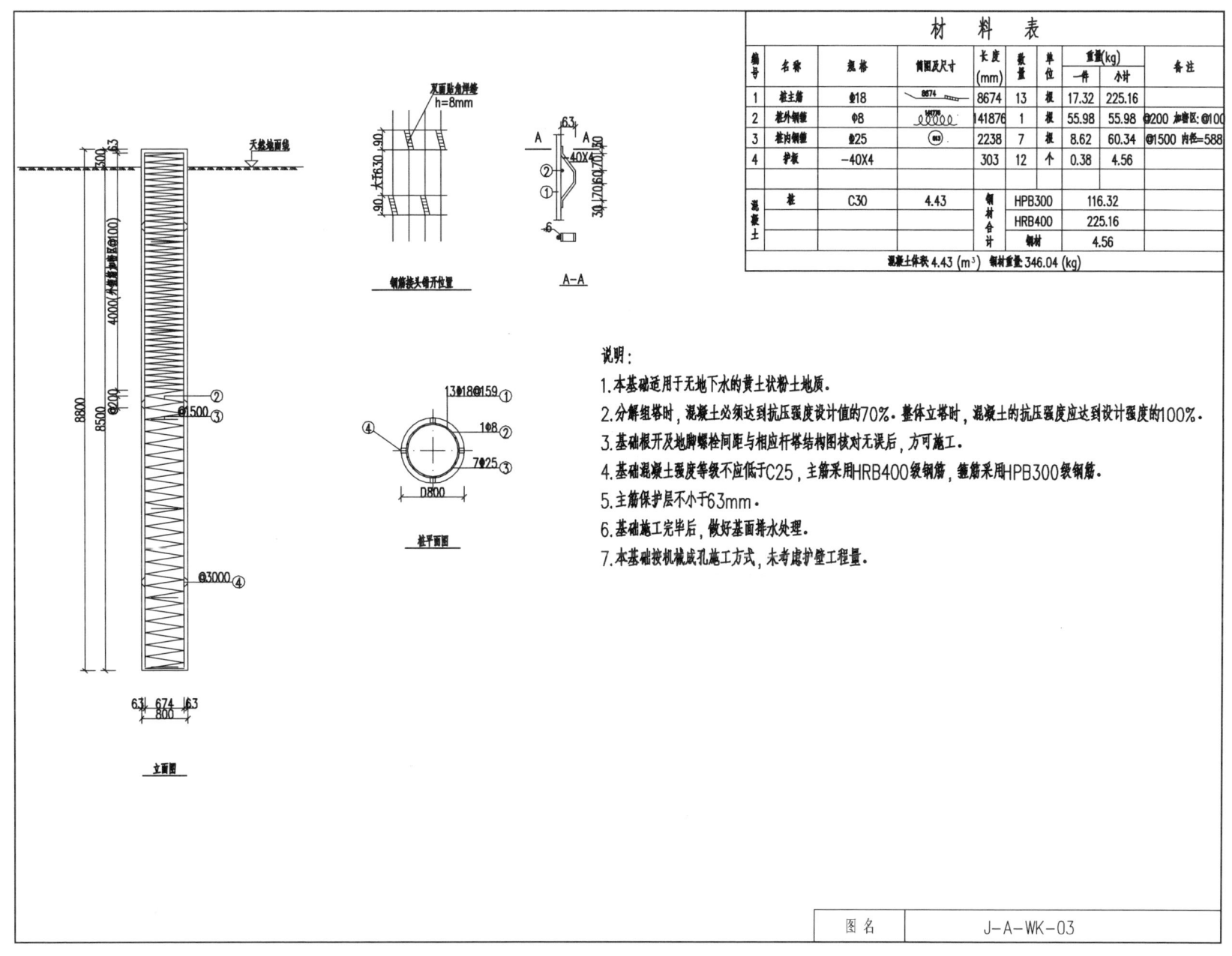

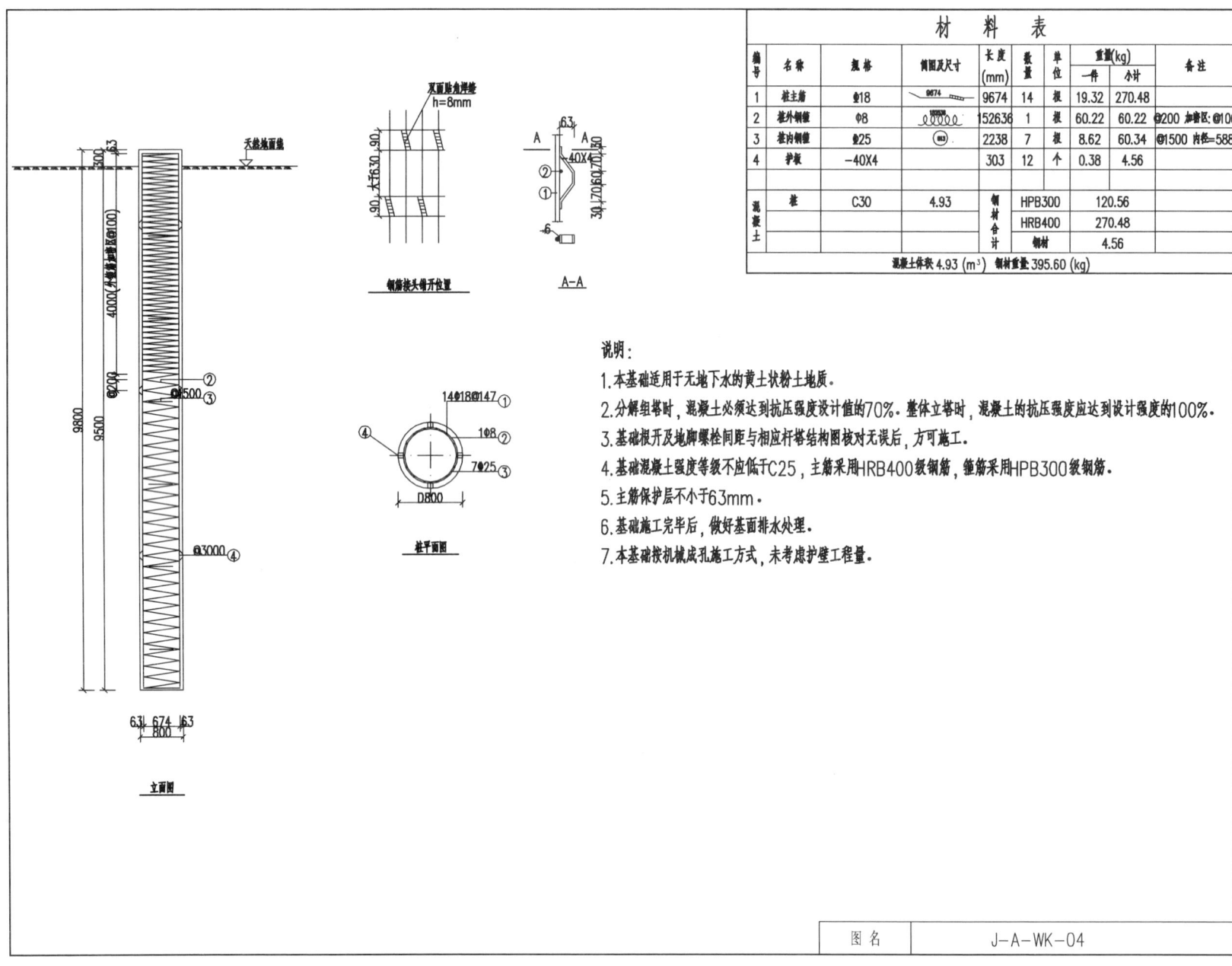

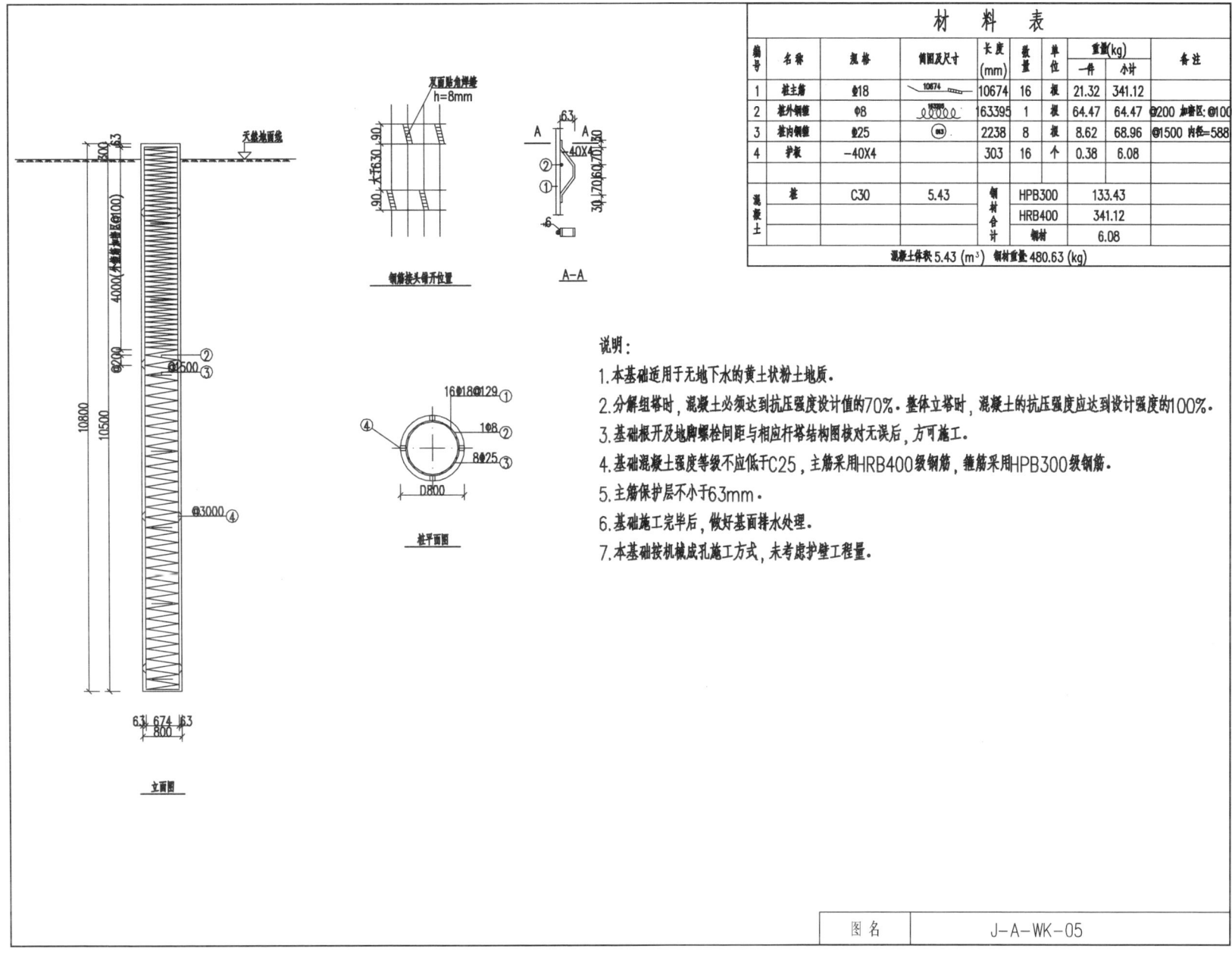

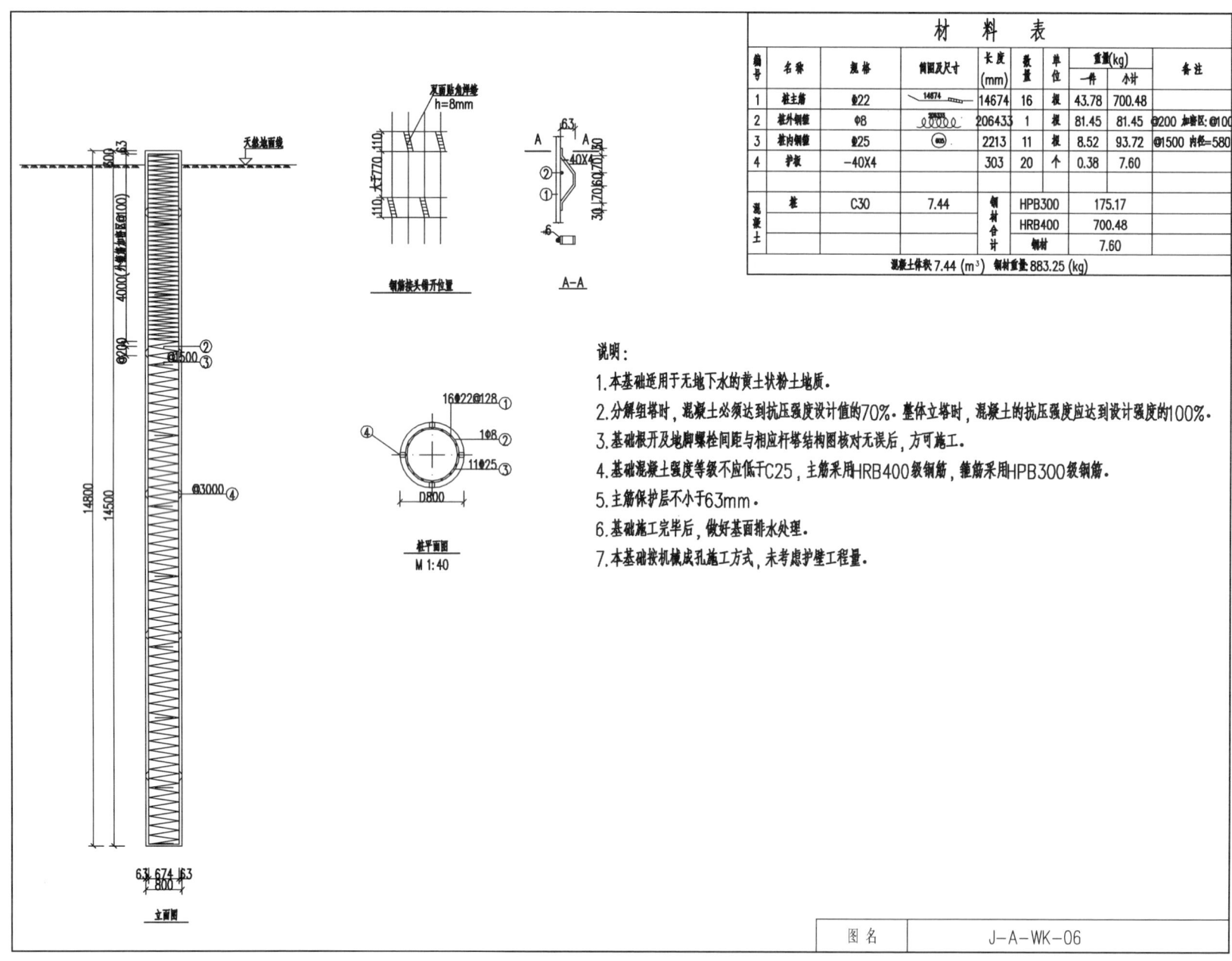

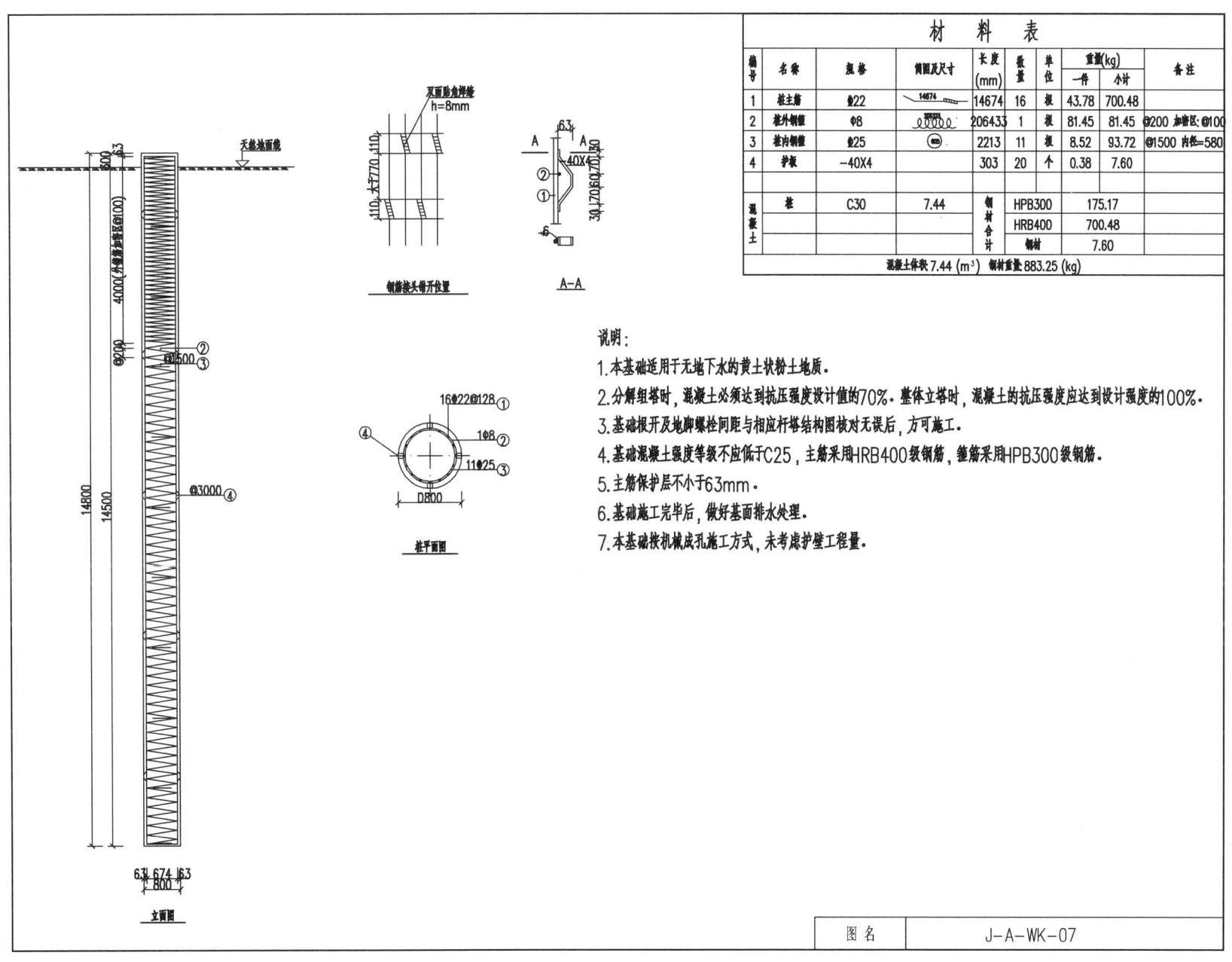

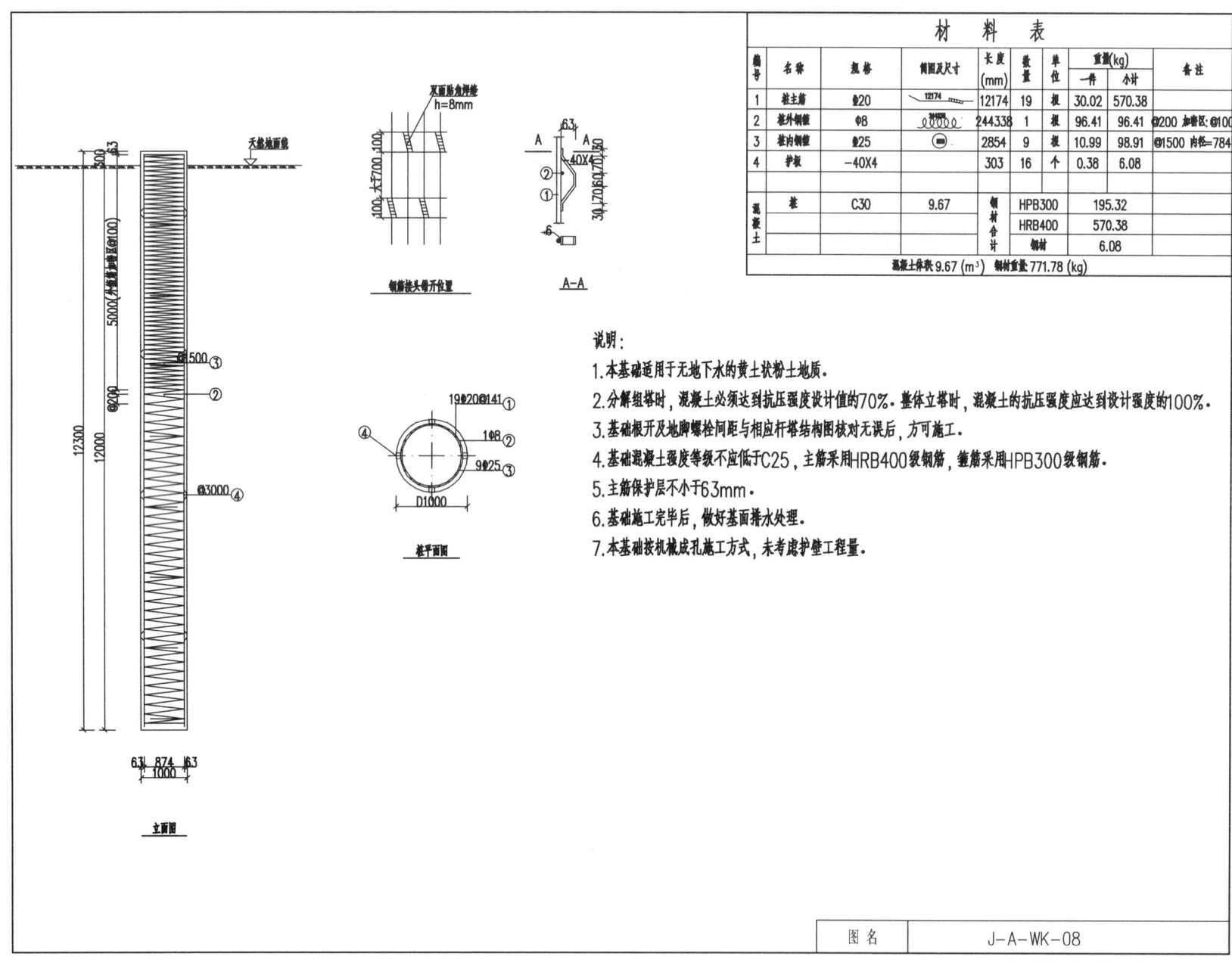

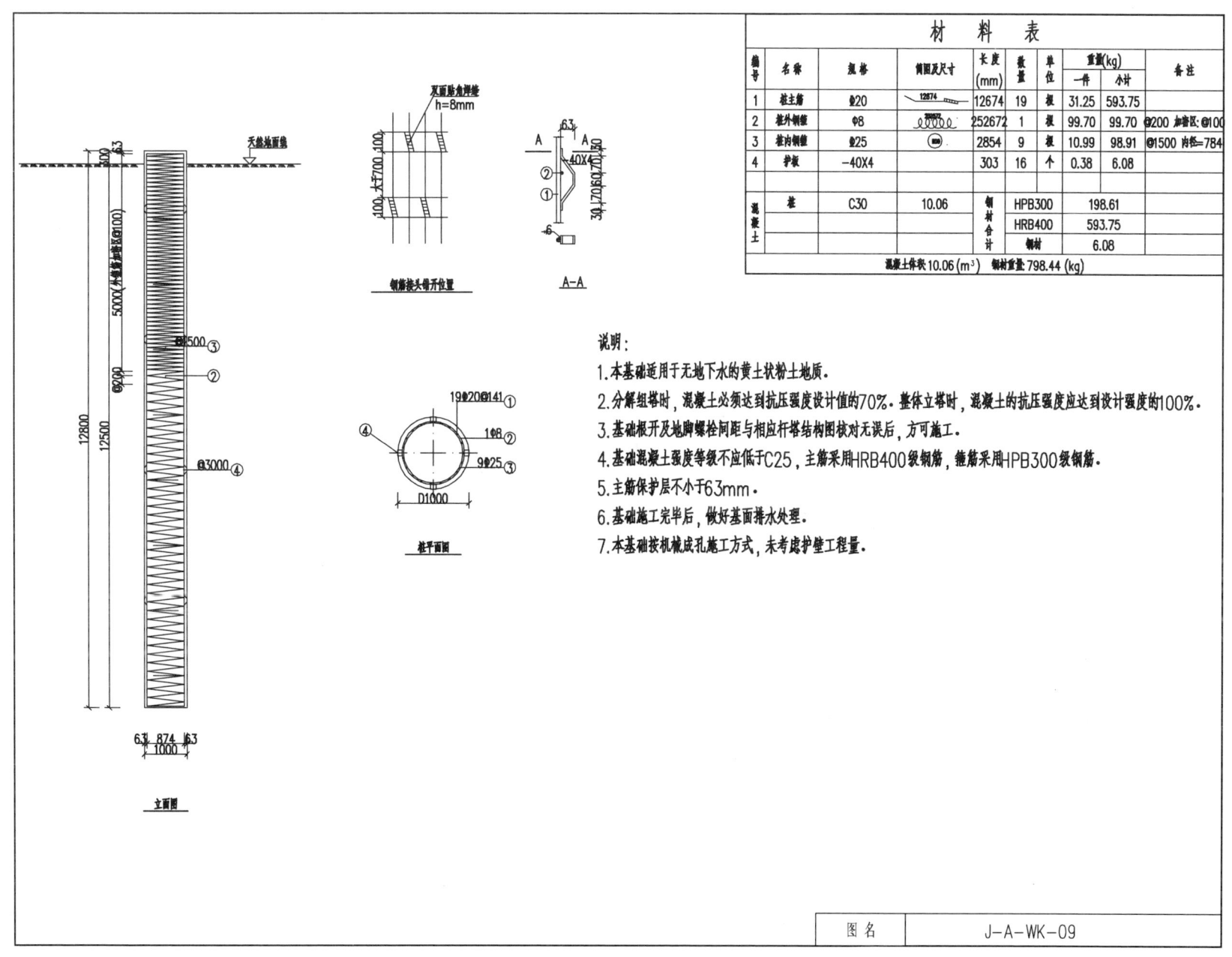

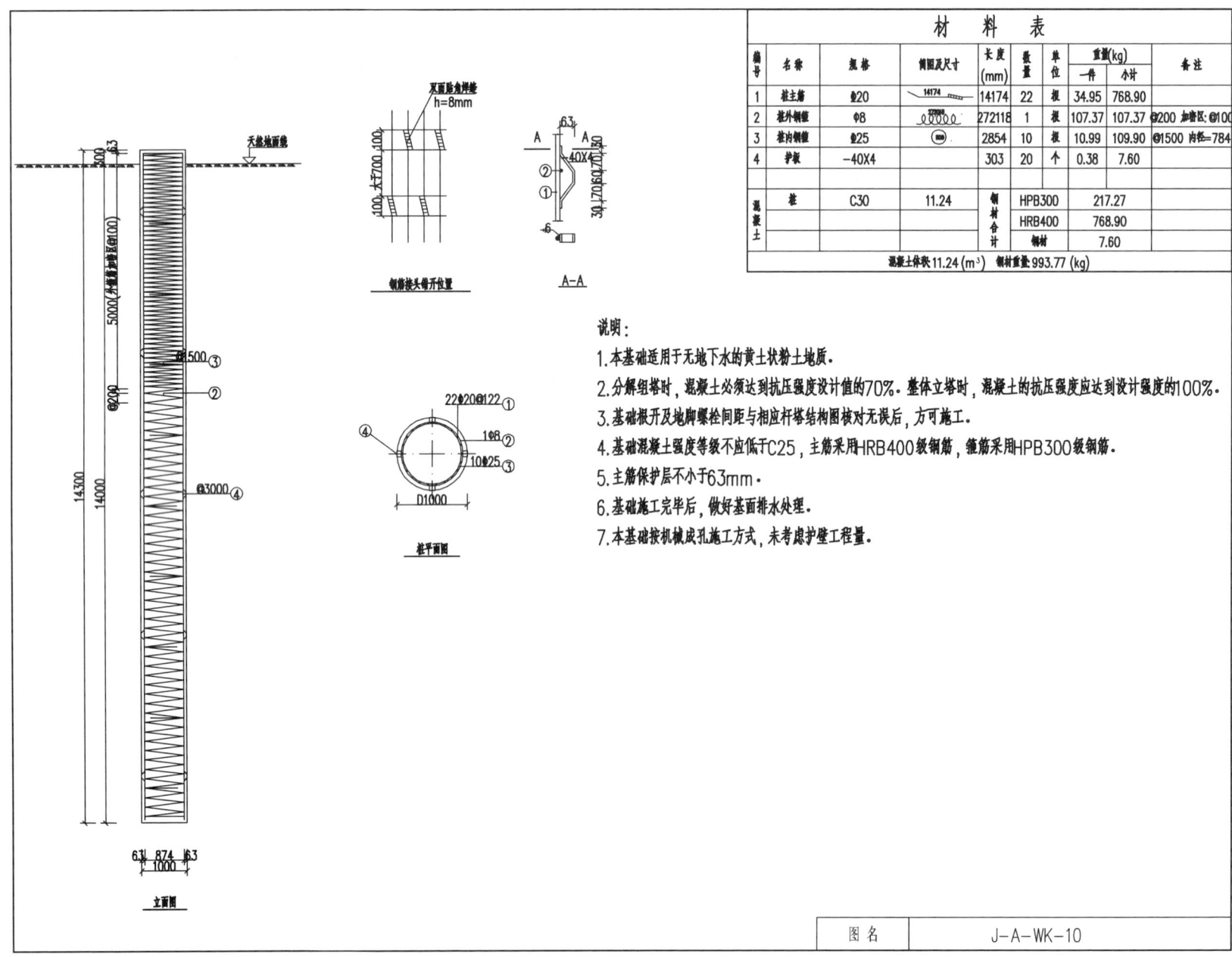

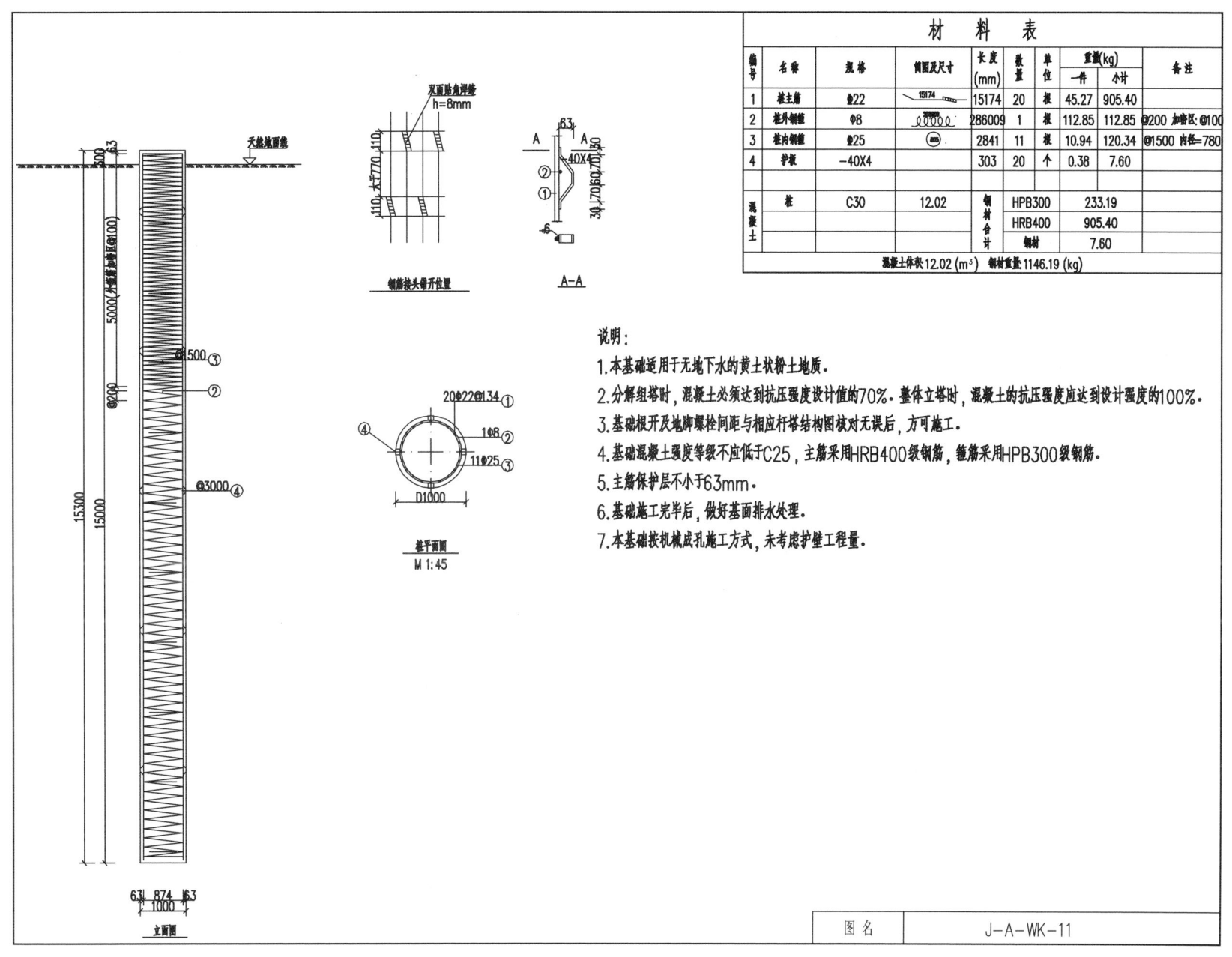

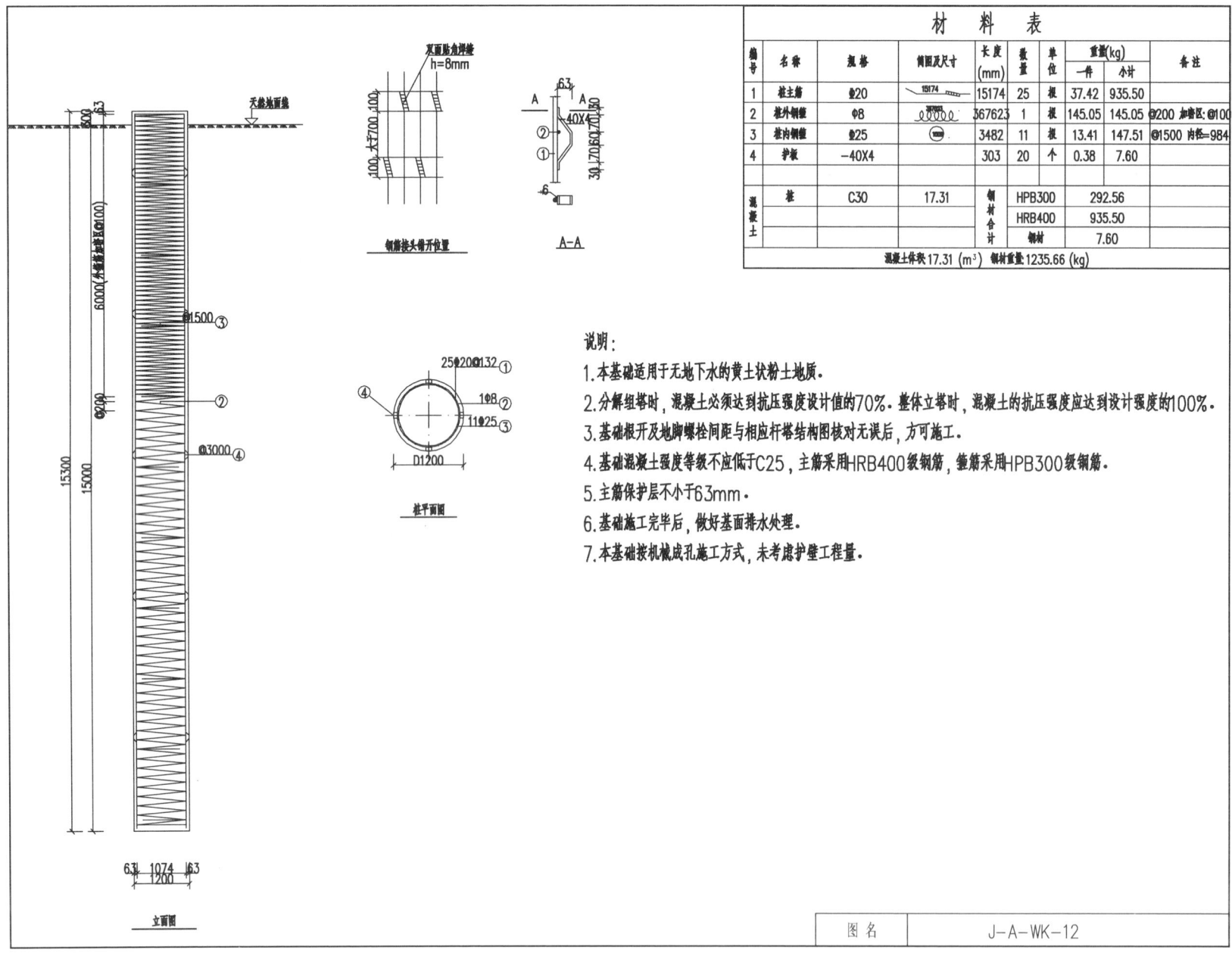

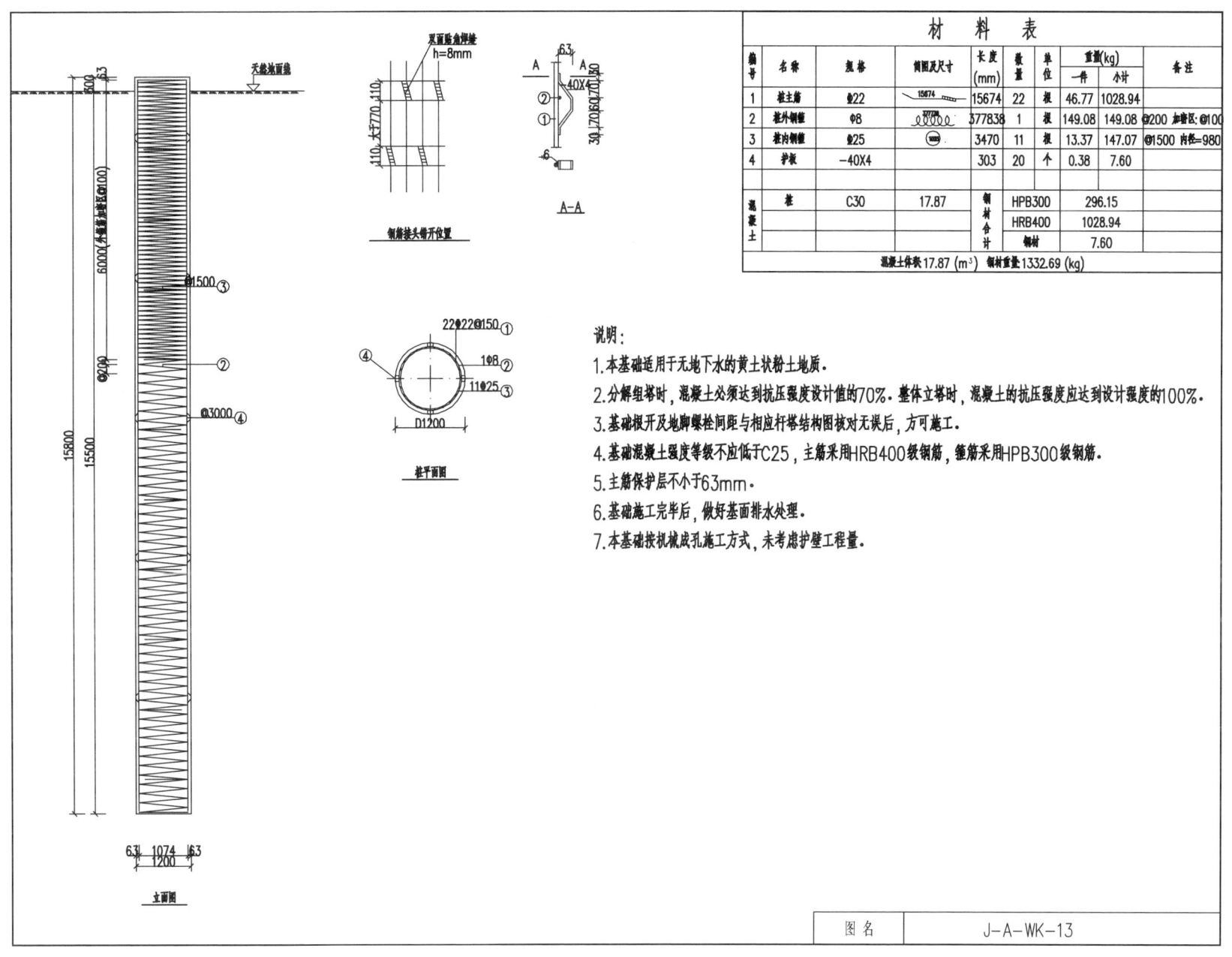

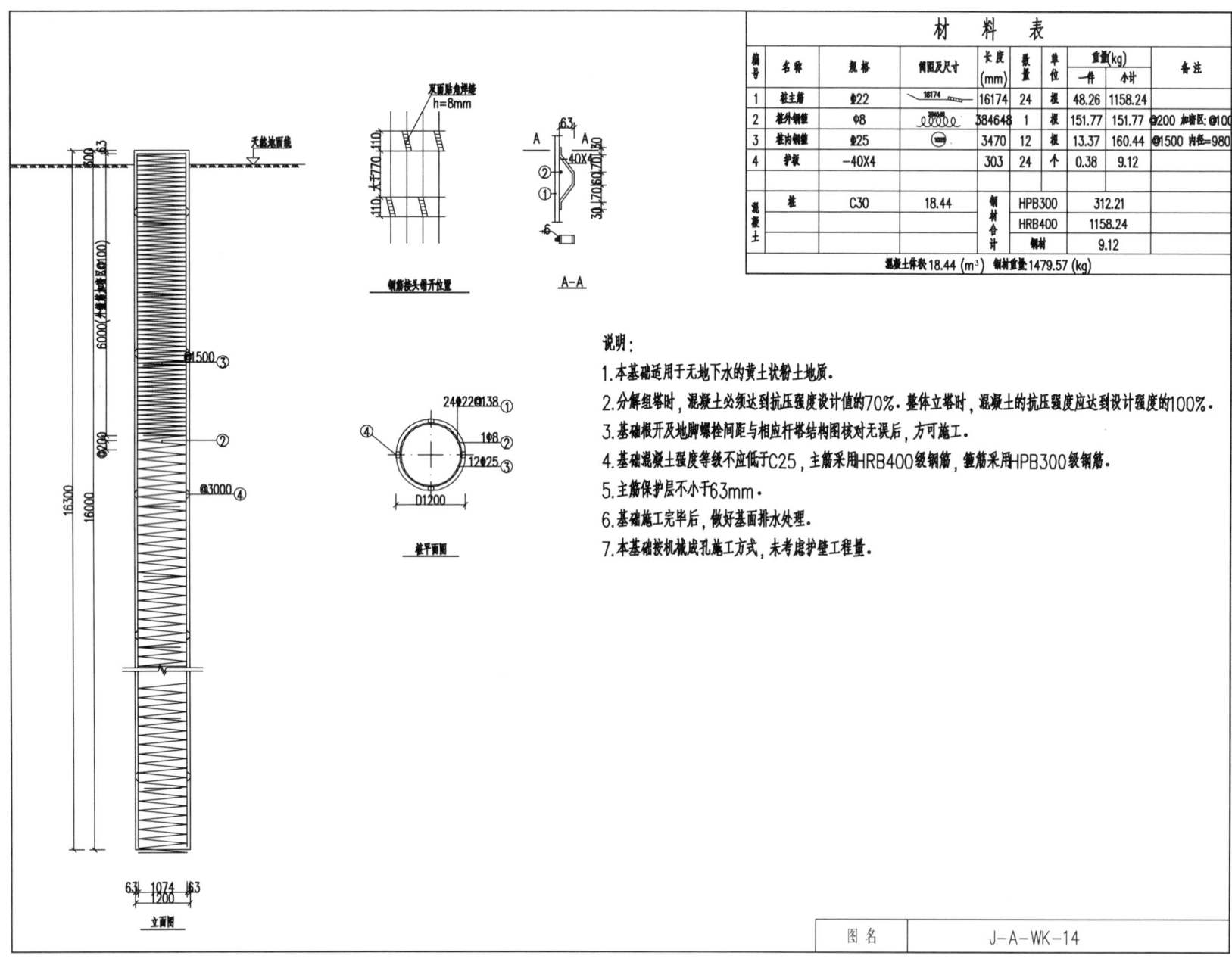

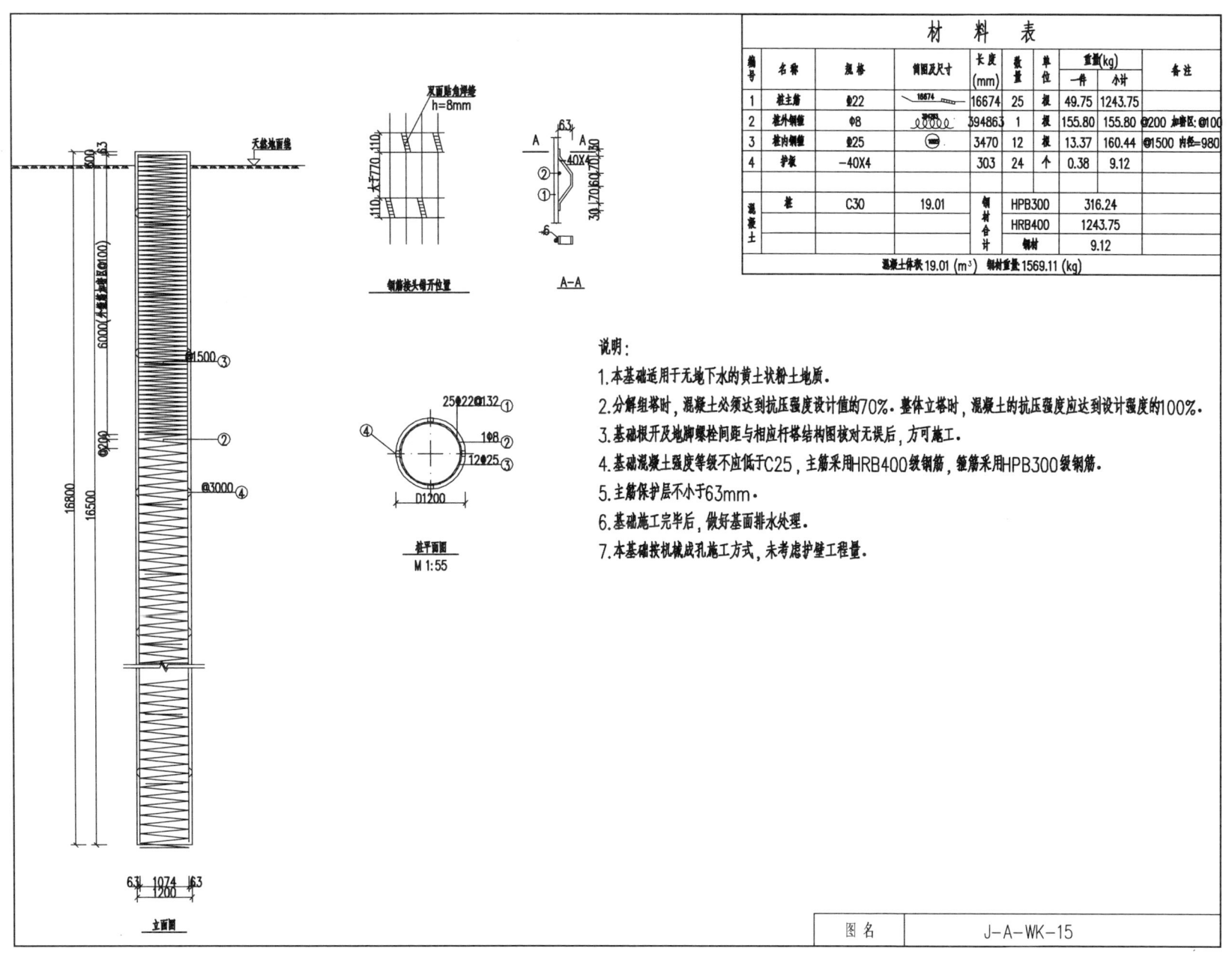

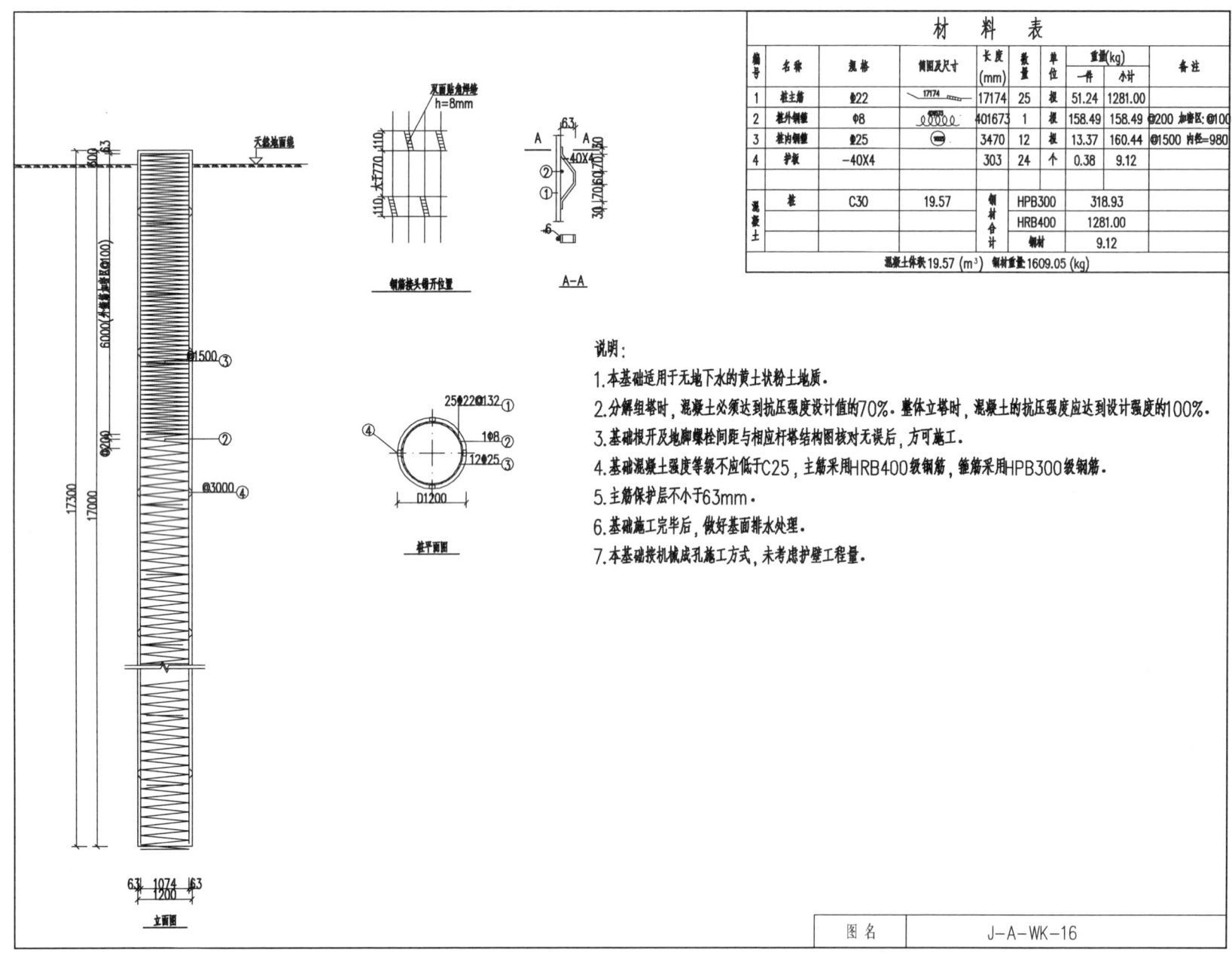

图名 J-A-WK-16

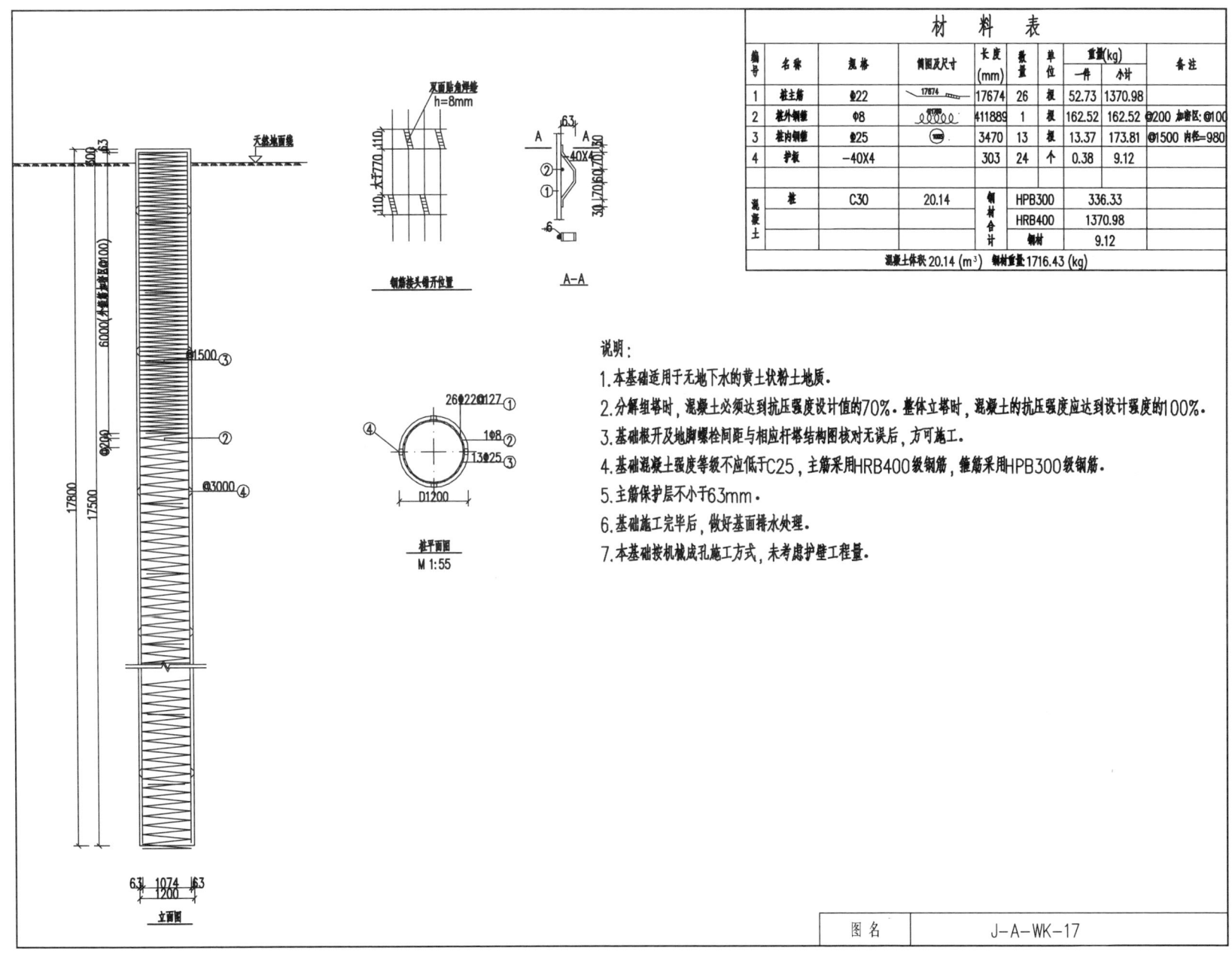

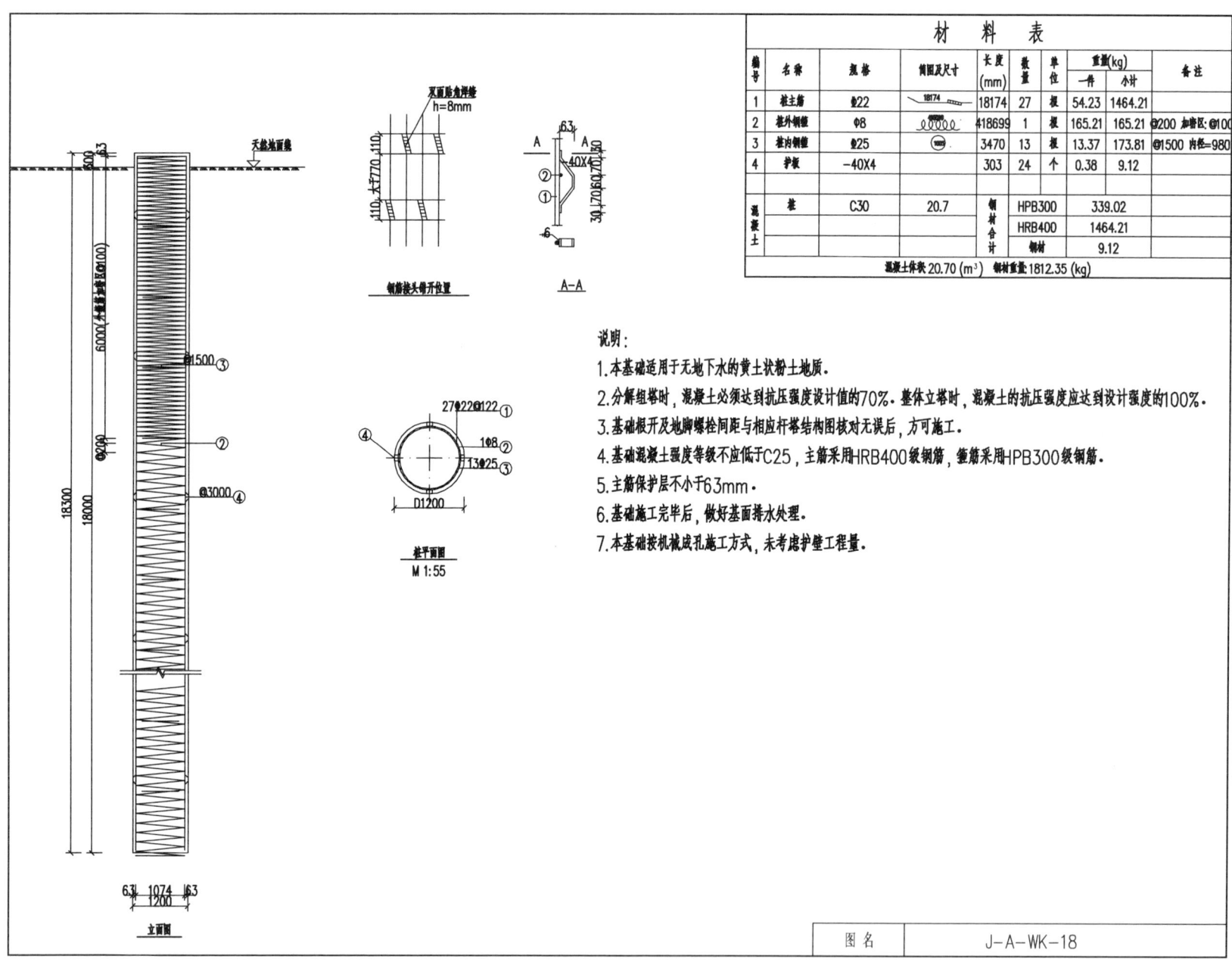

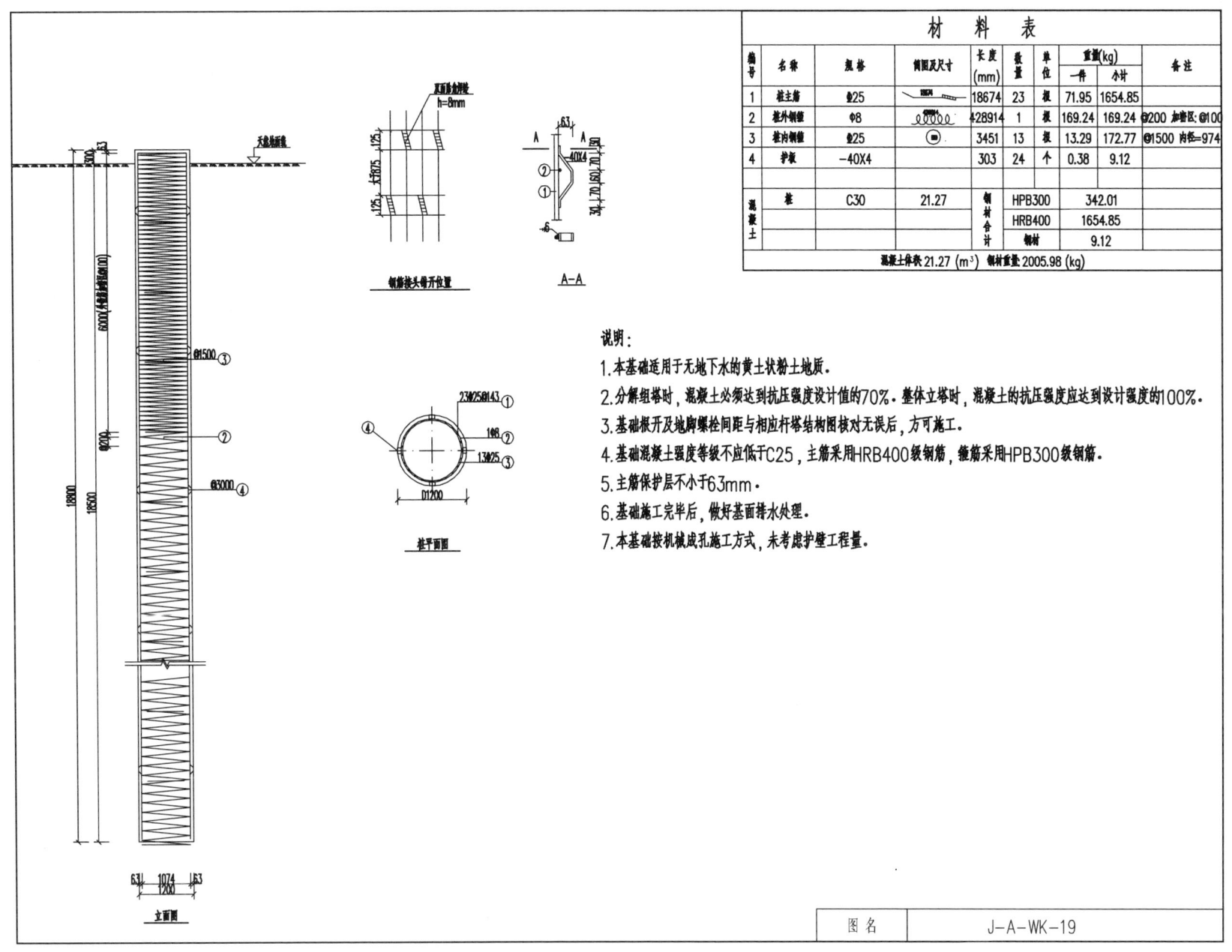

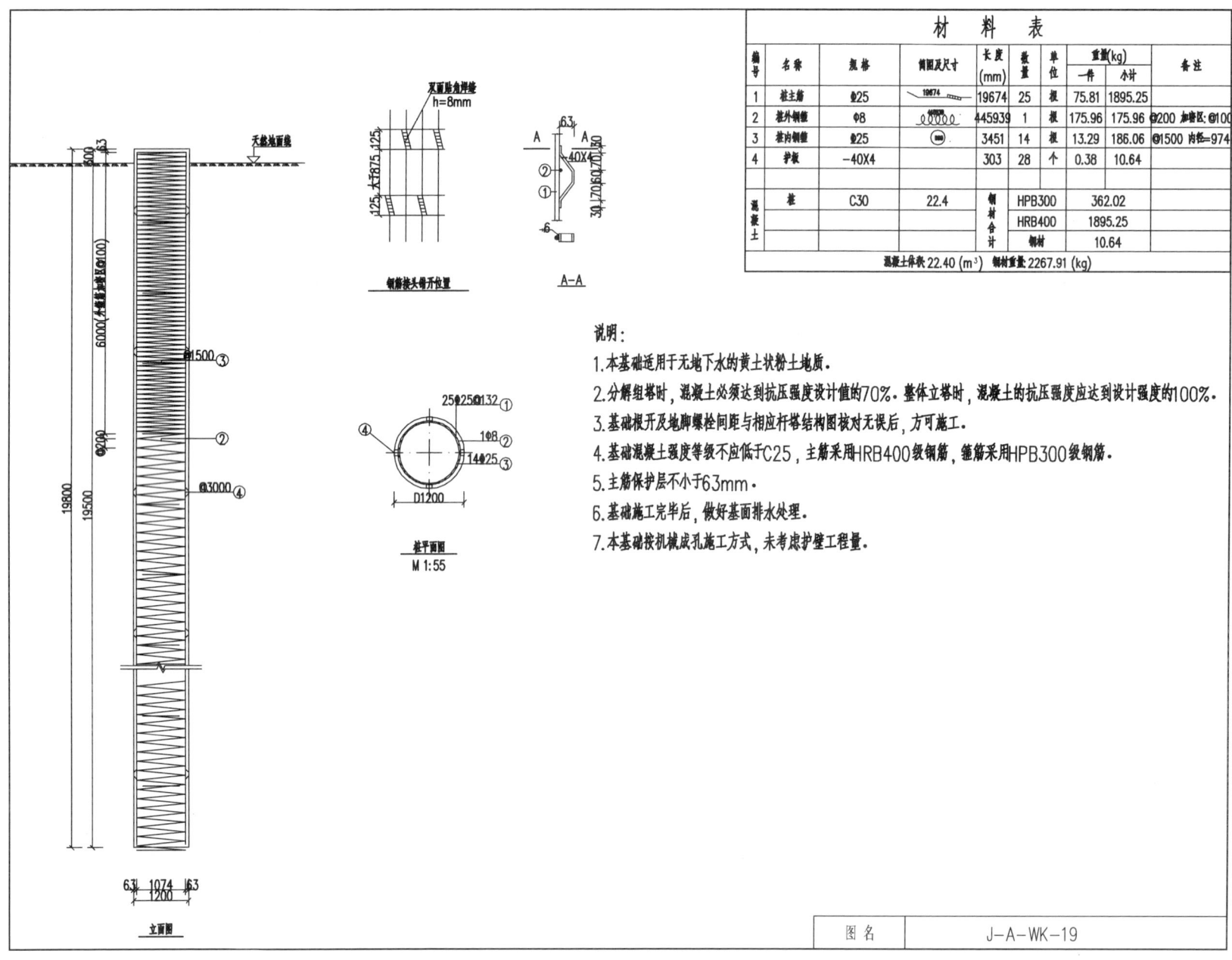

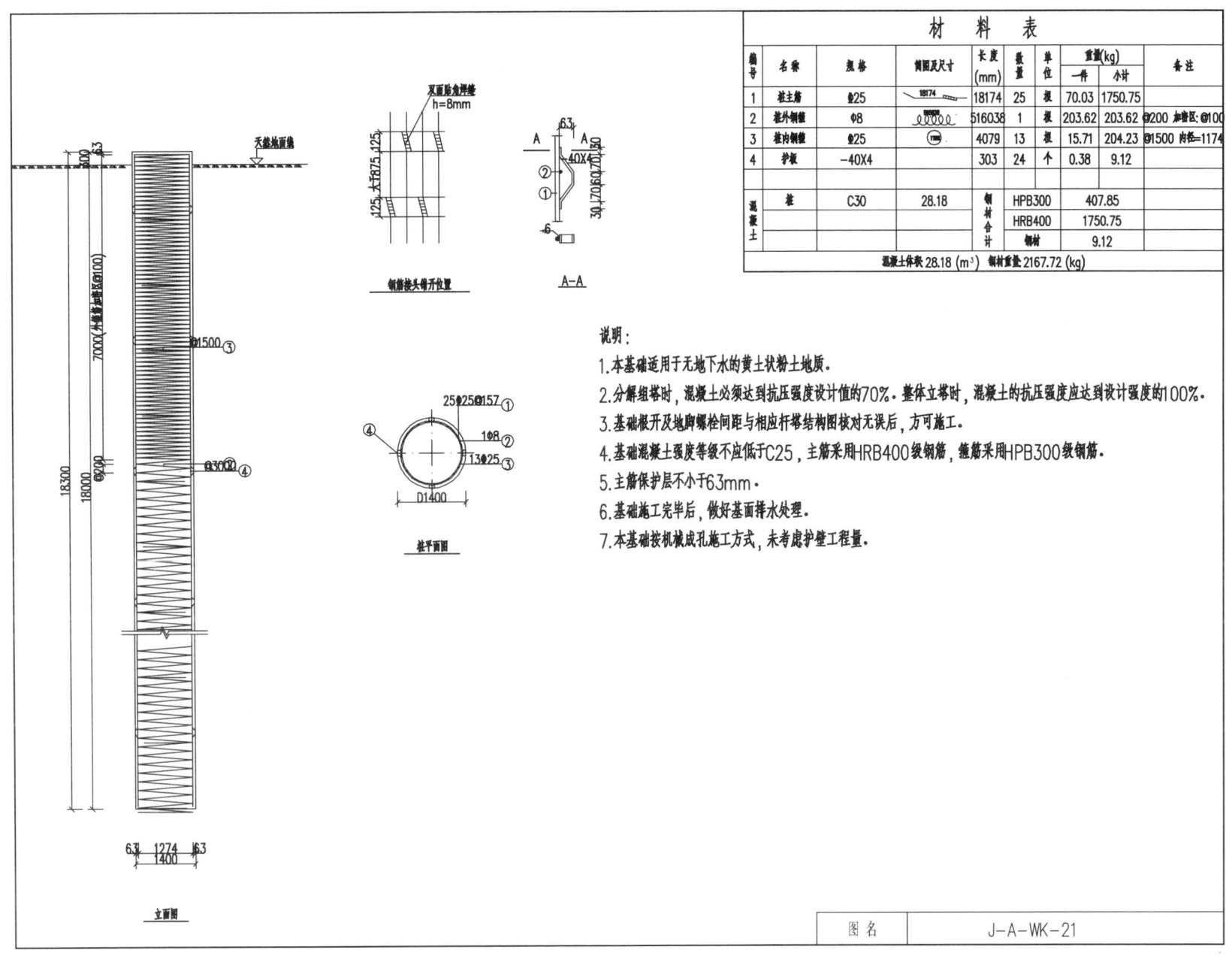

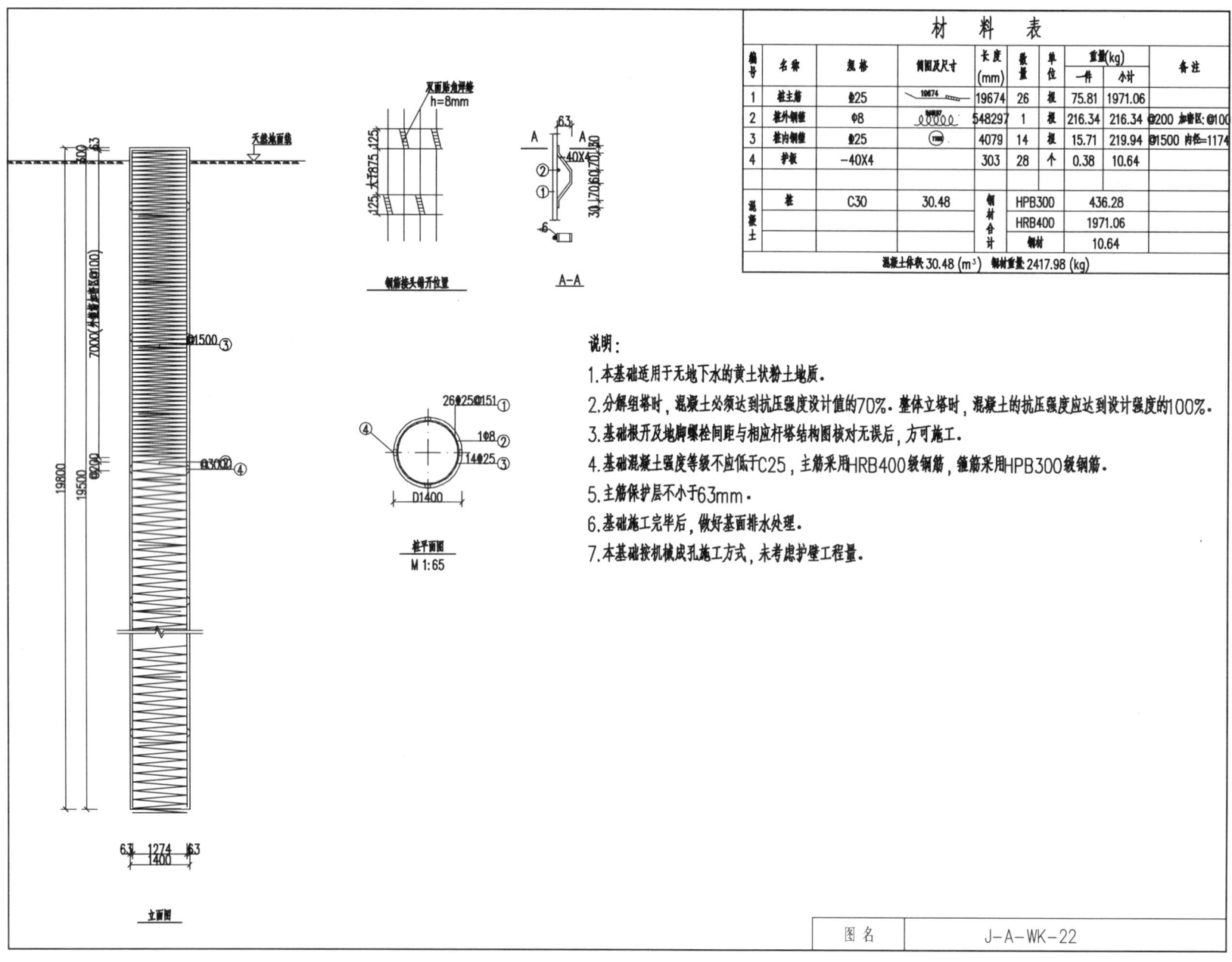

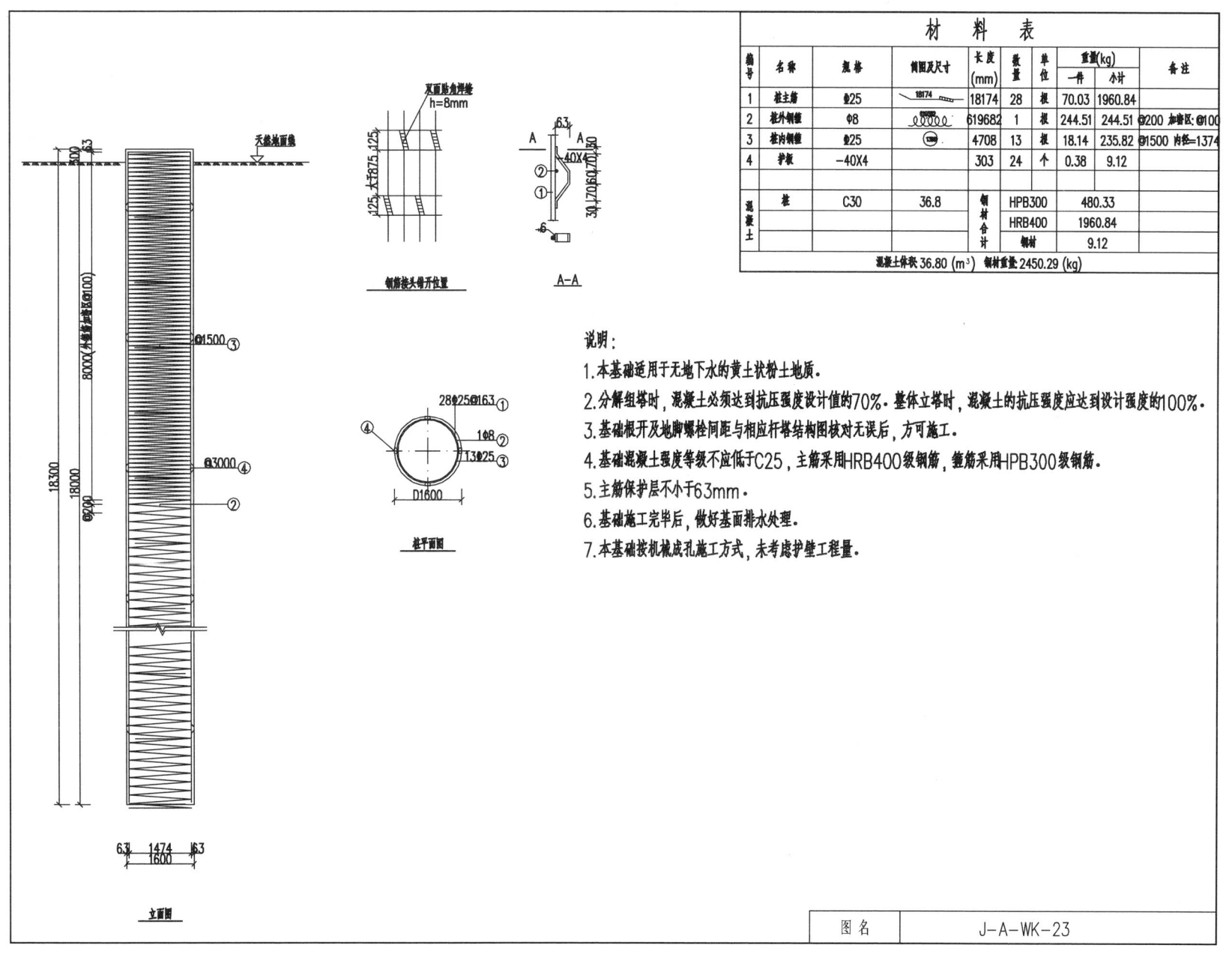

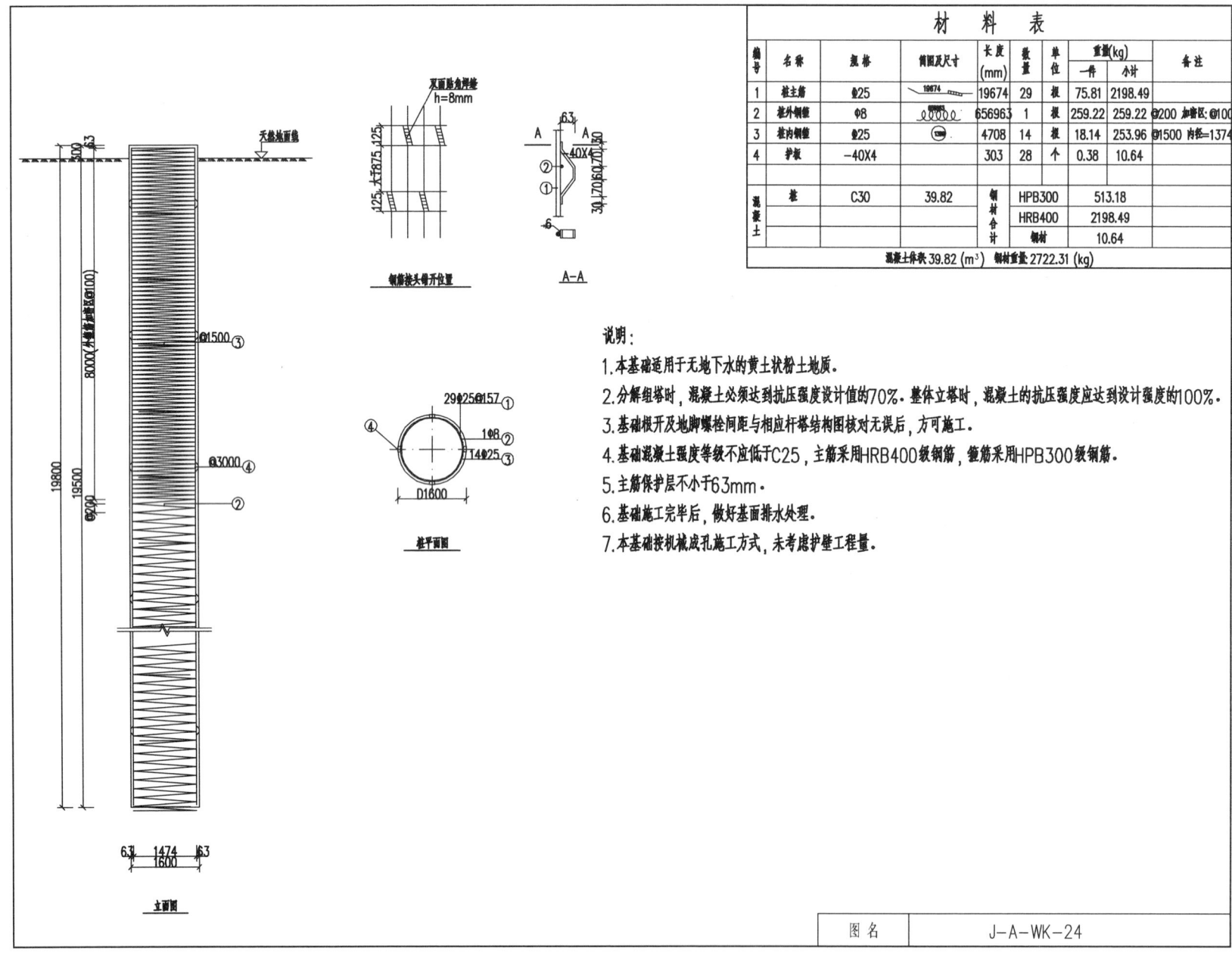

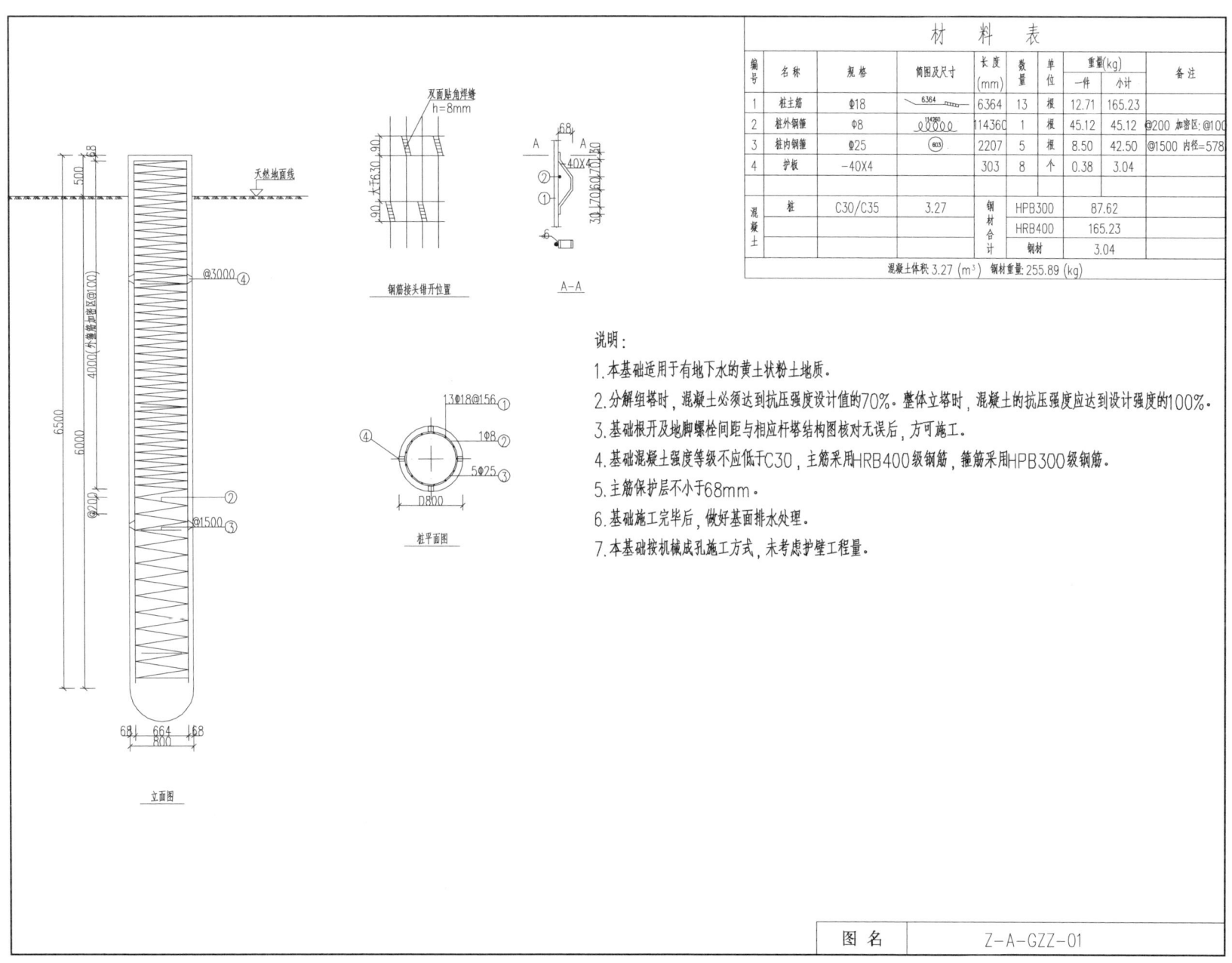

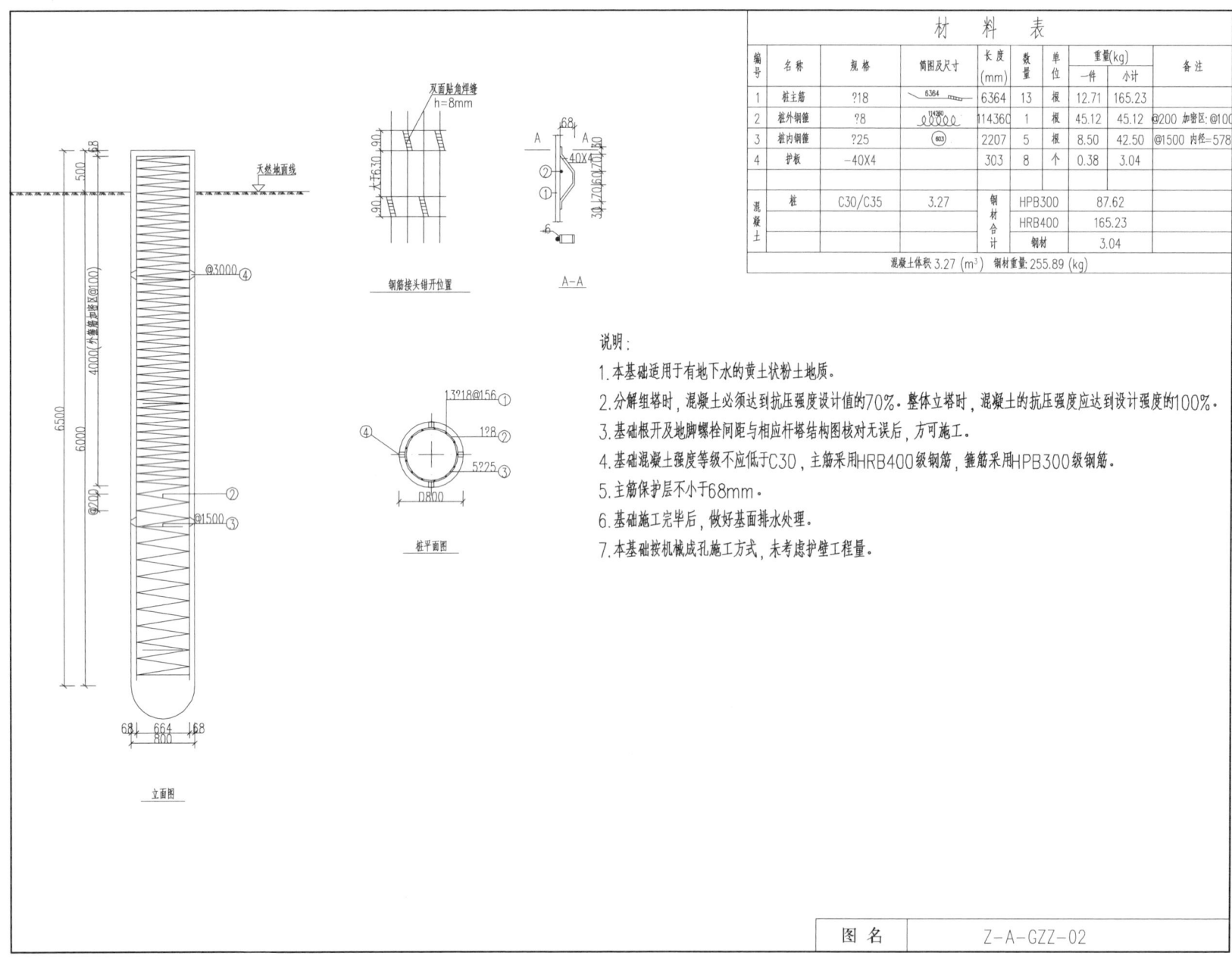

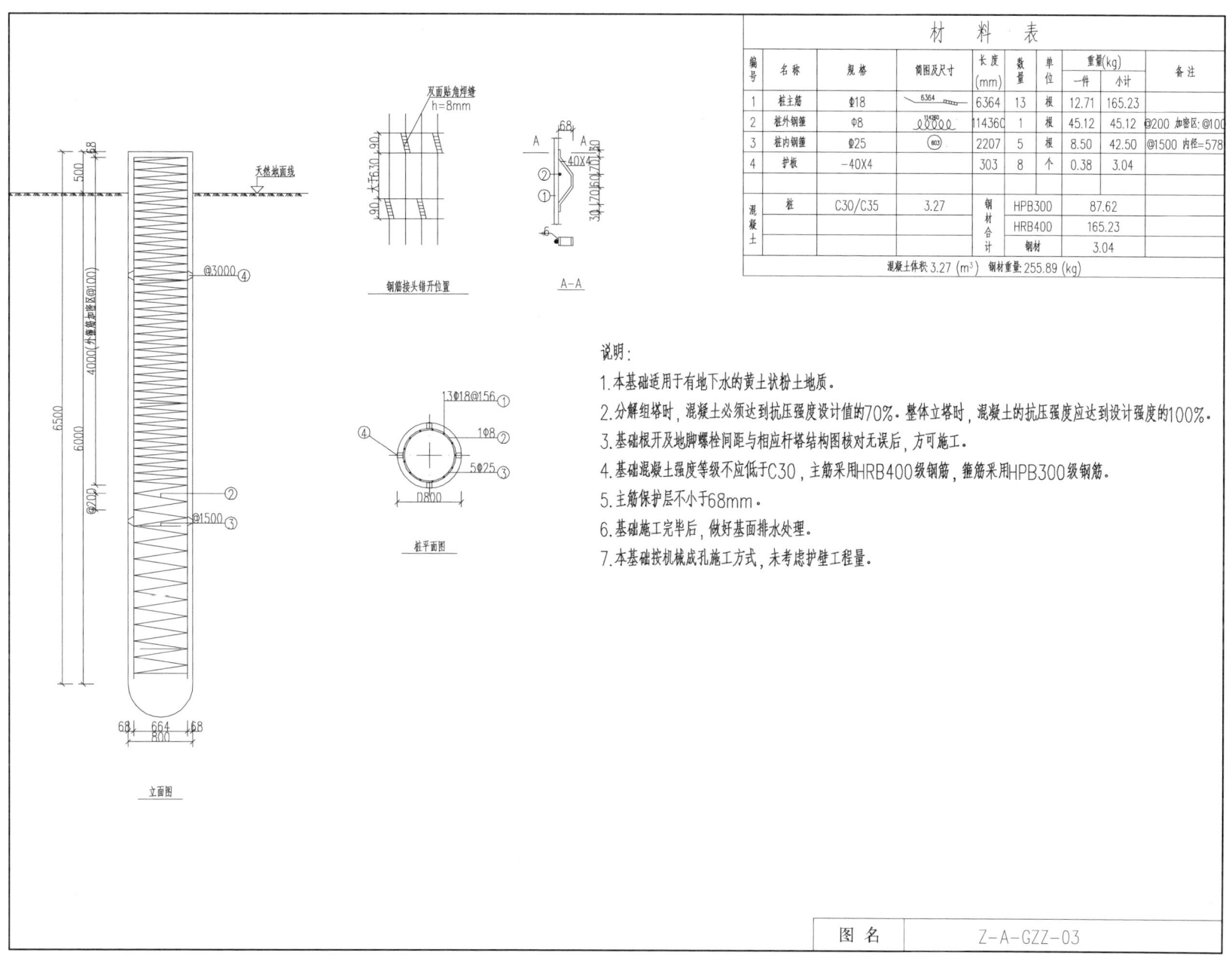

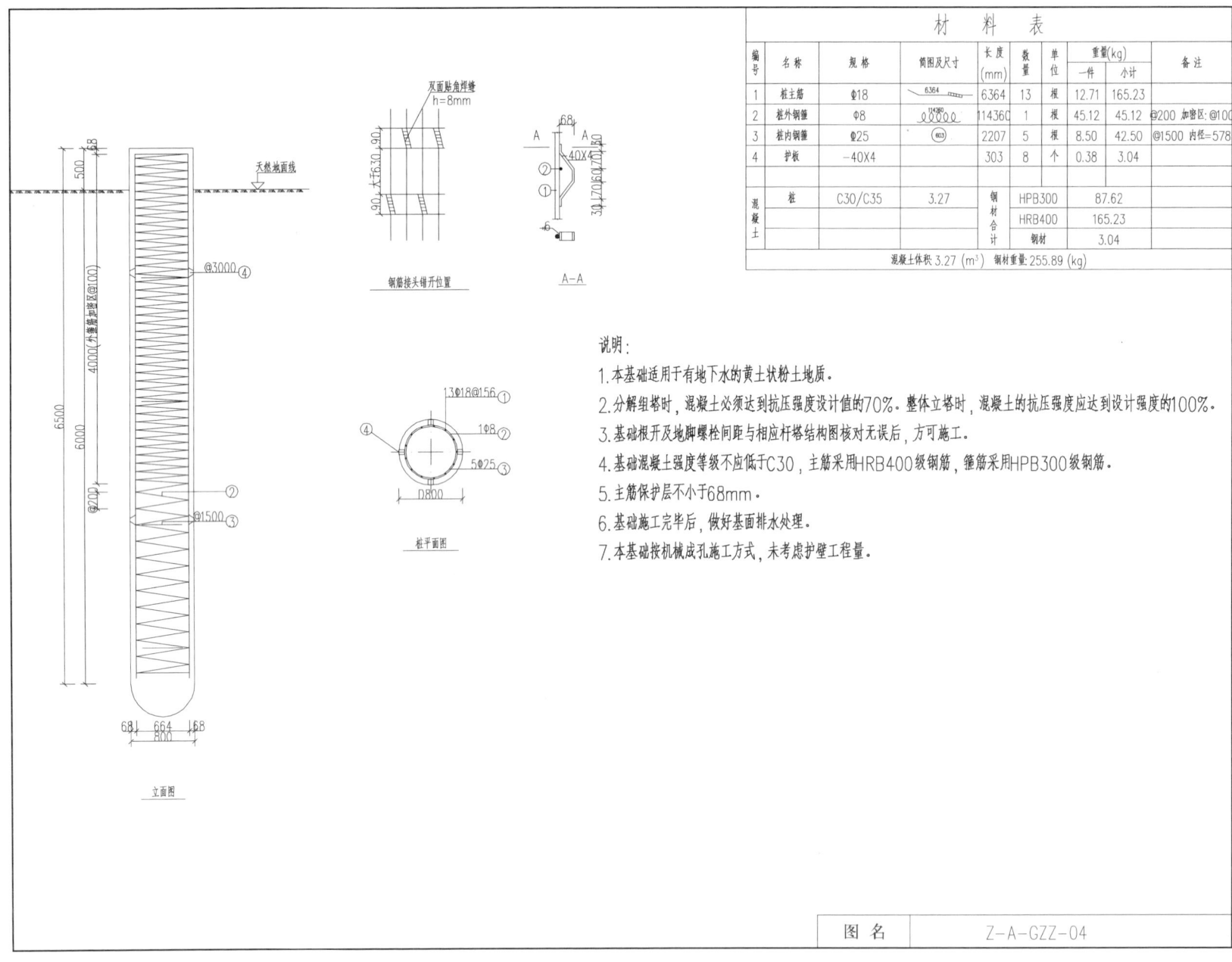

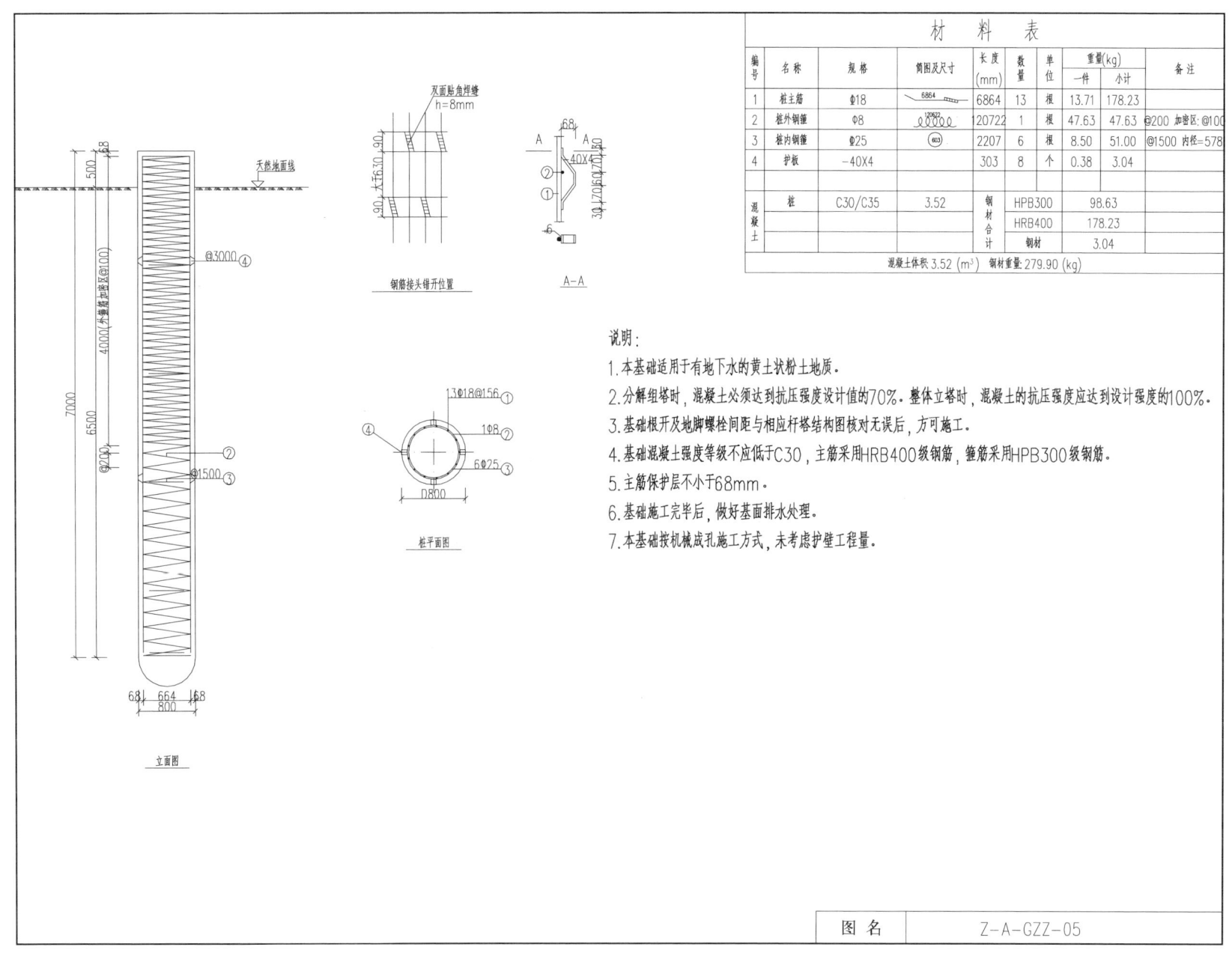

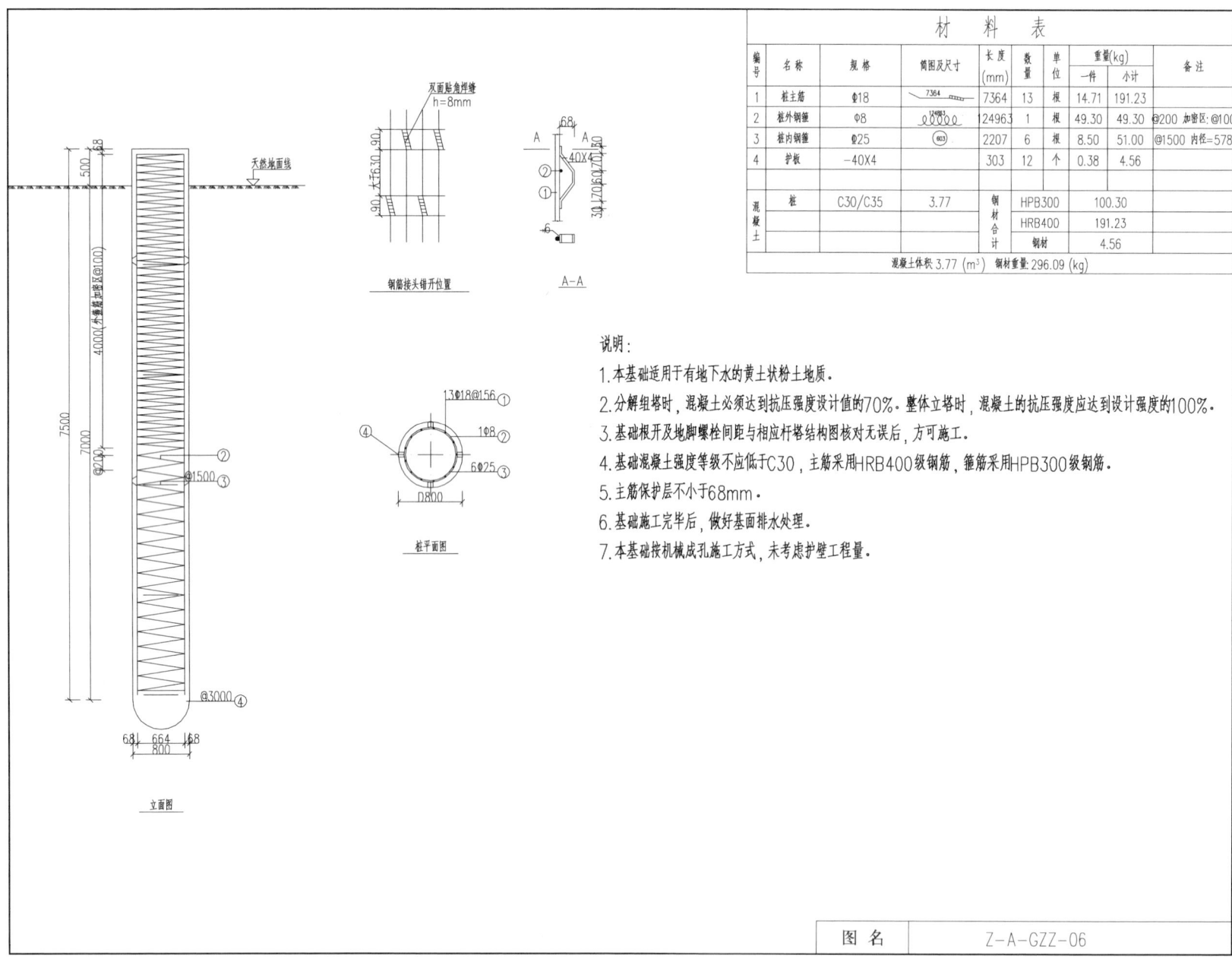

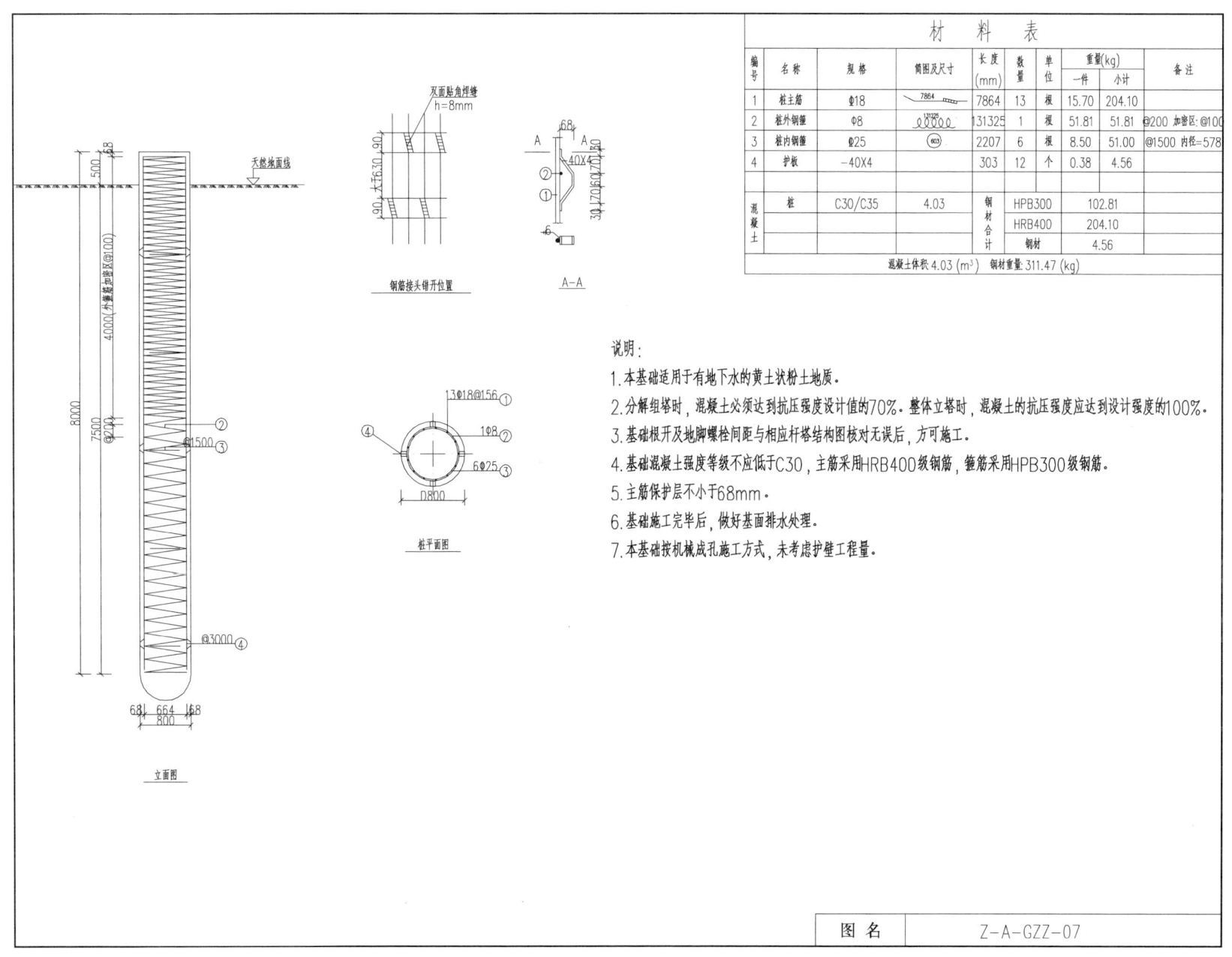

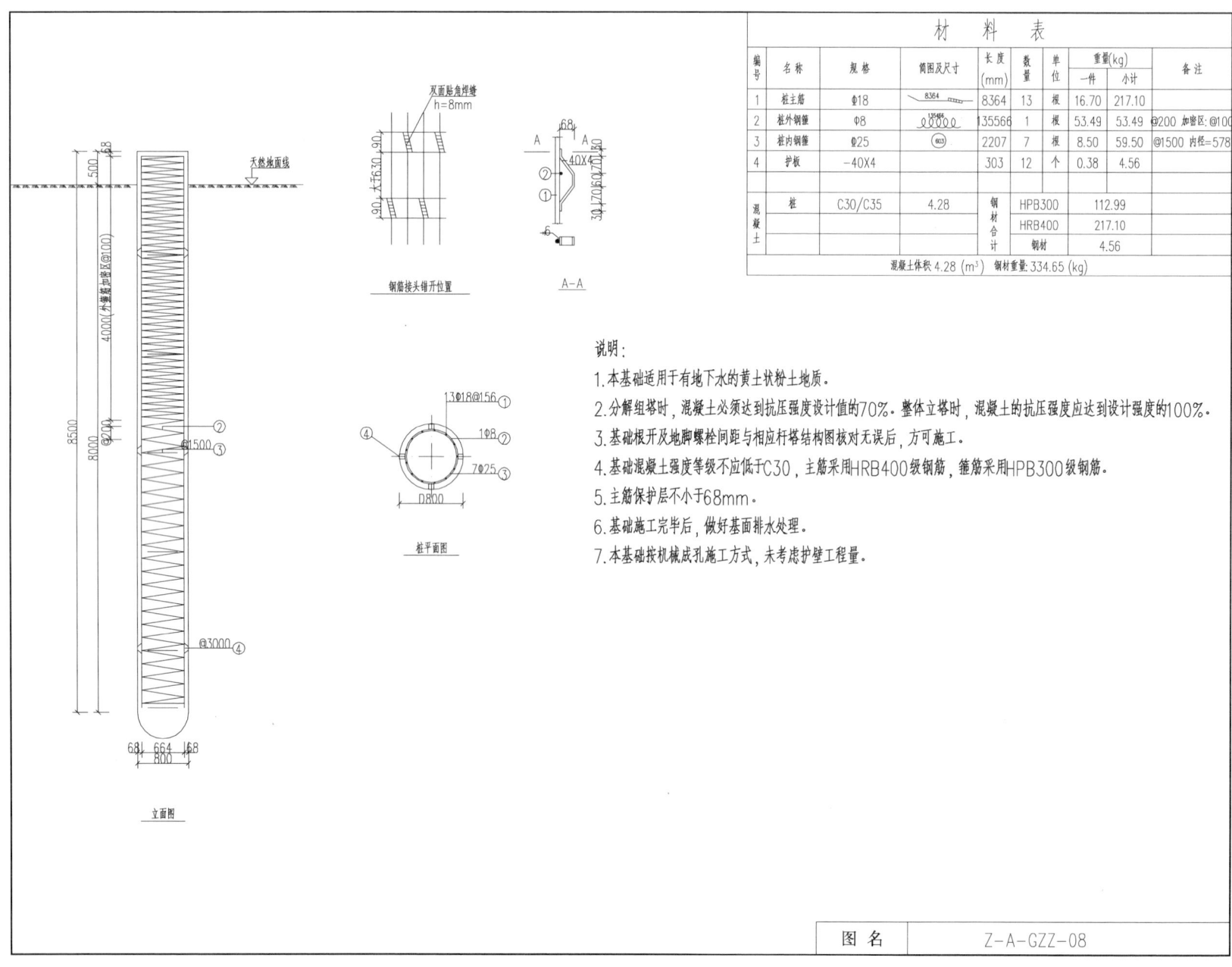

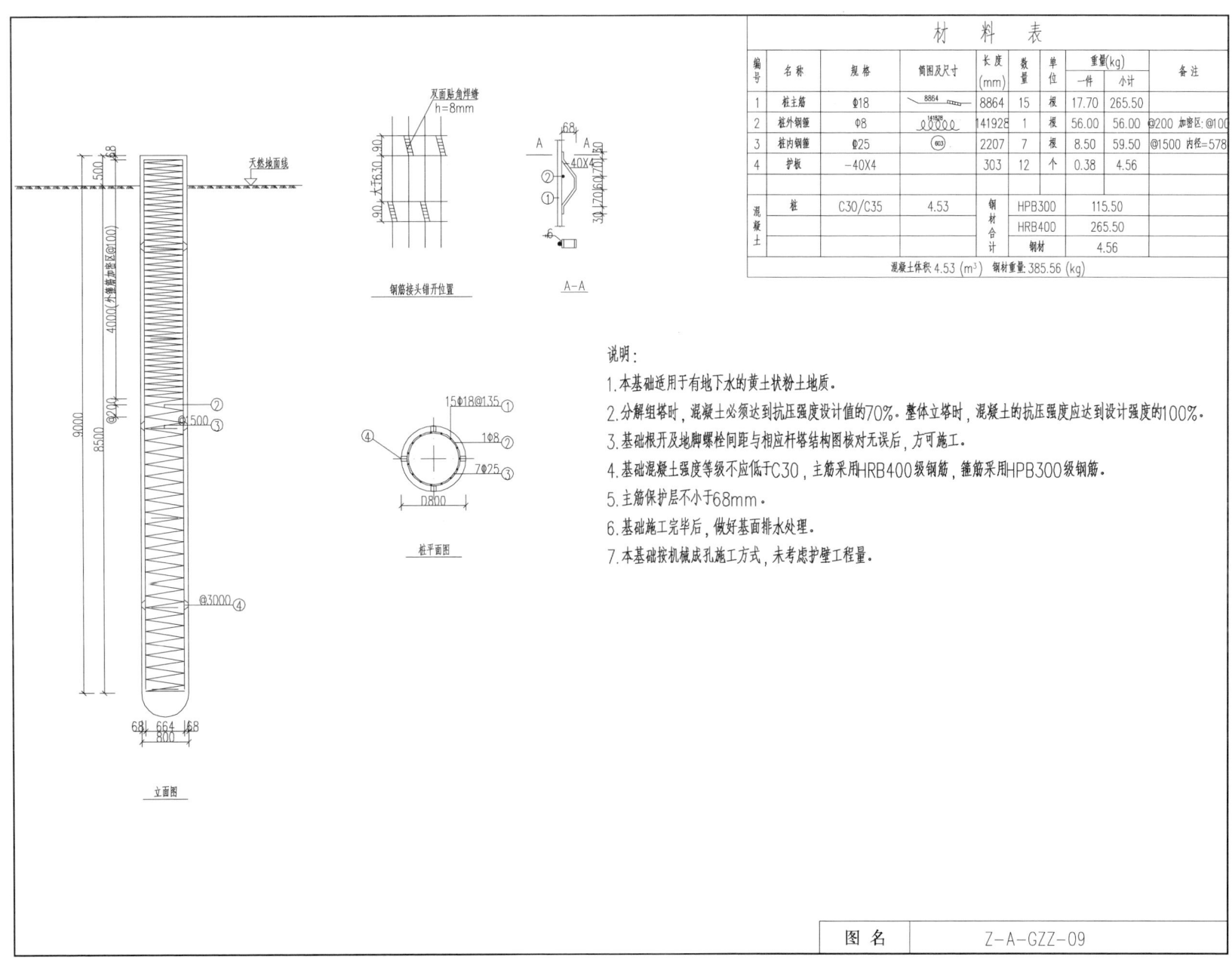

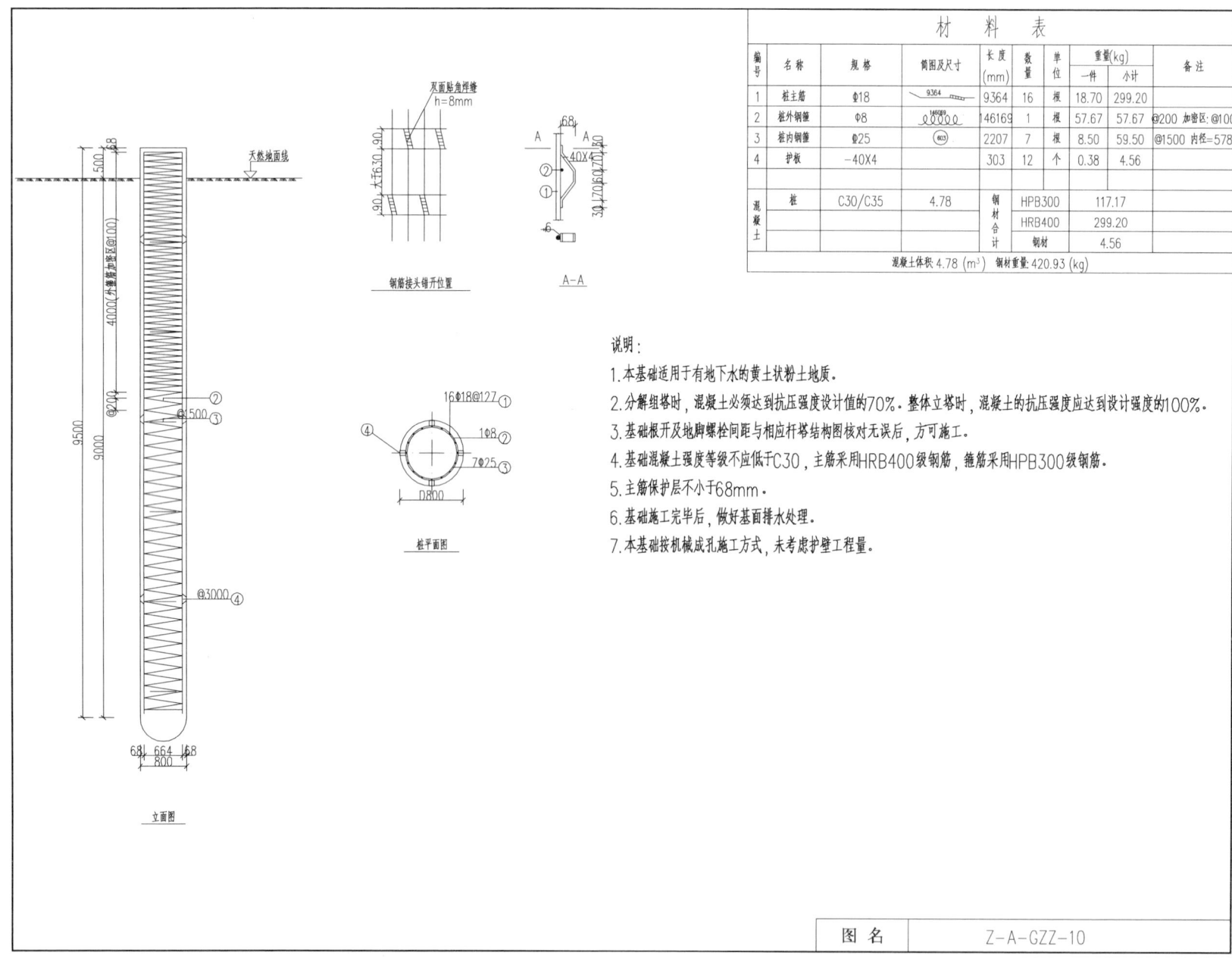

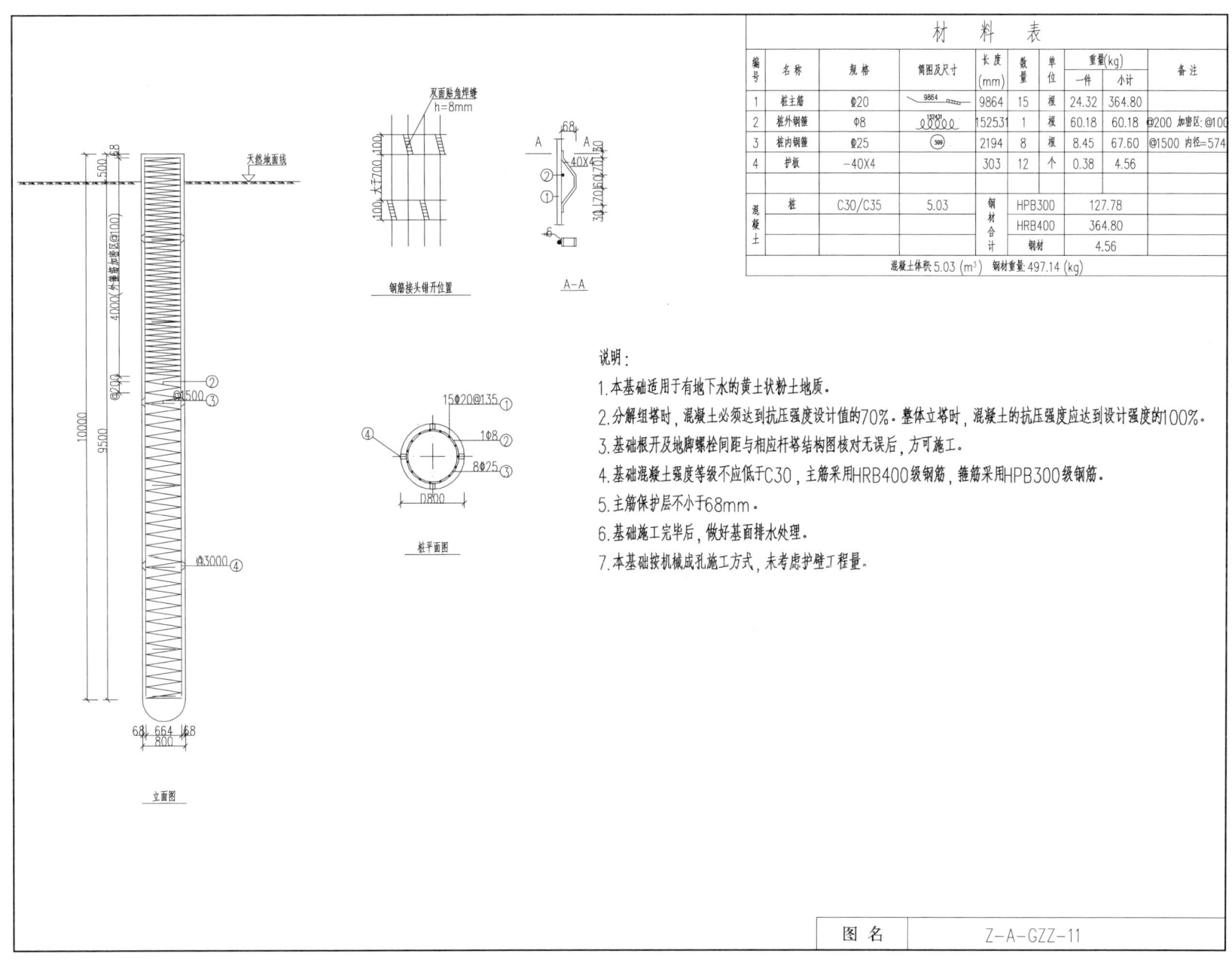

| 图名 | Z-A-GZZ-11 |

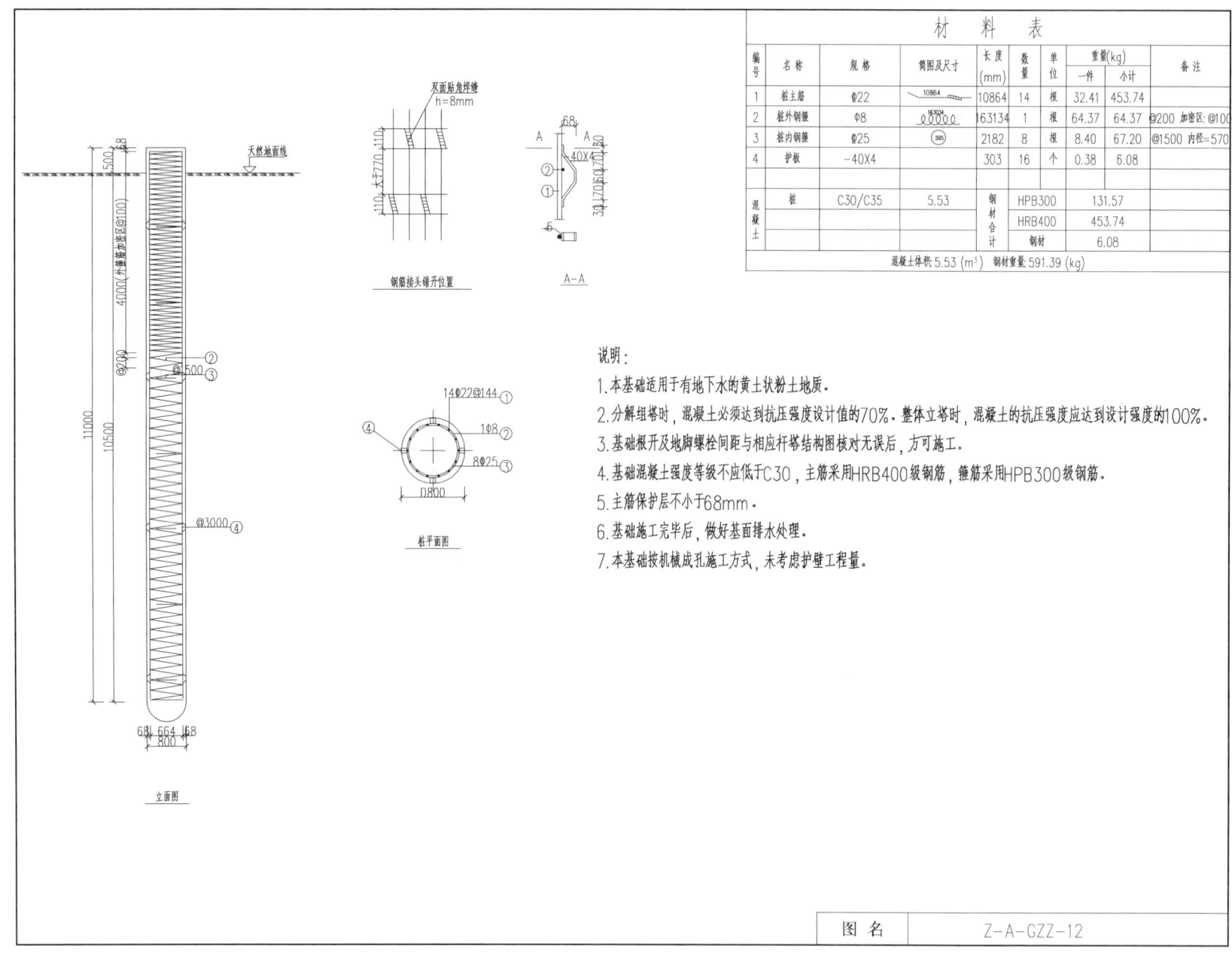

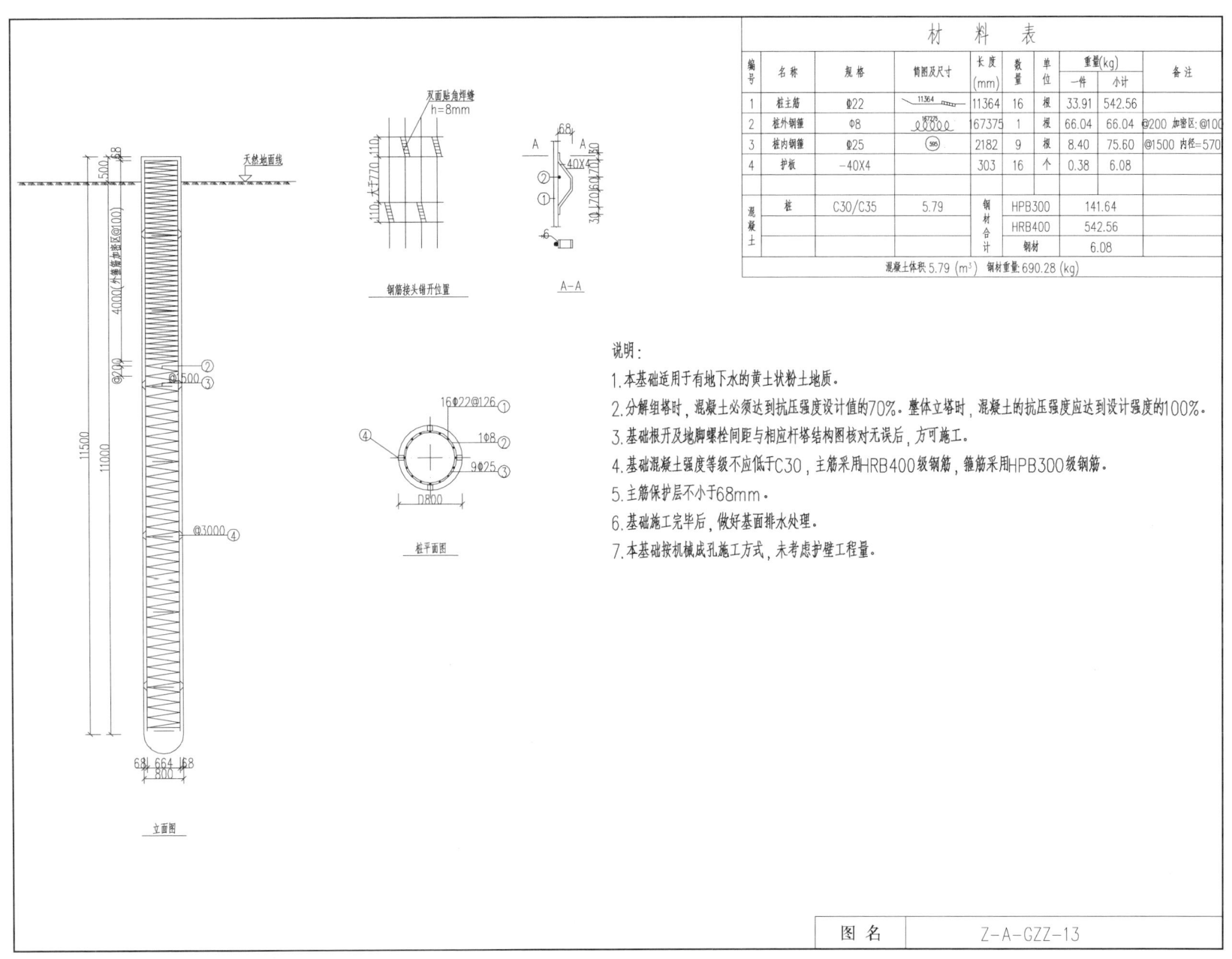

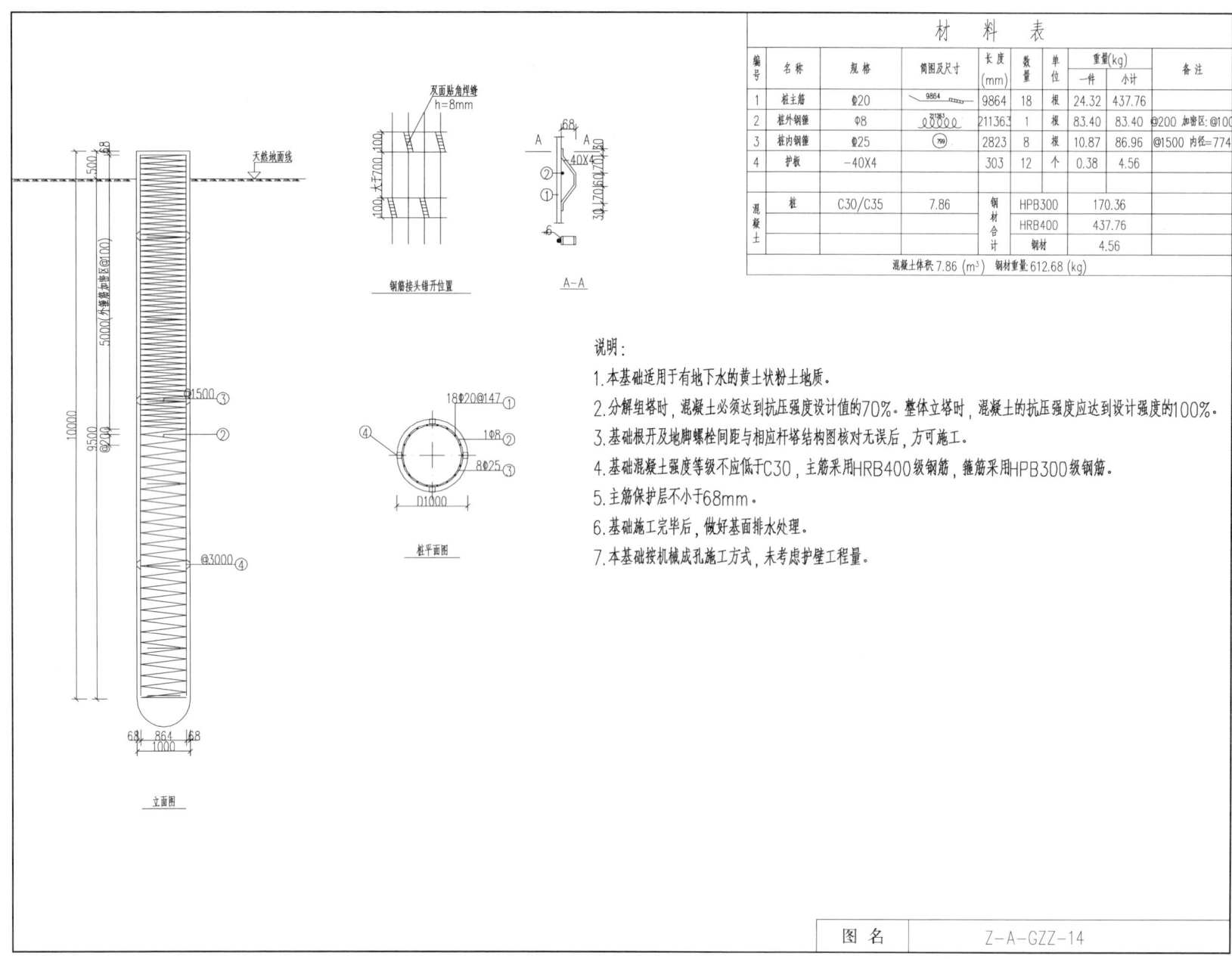

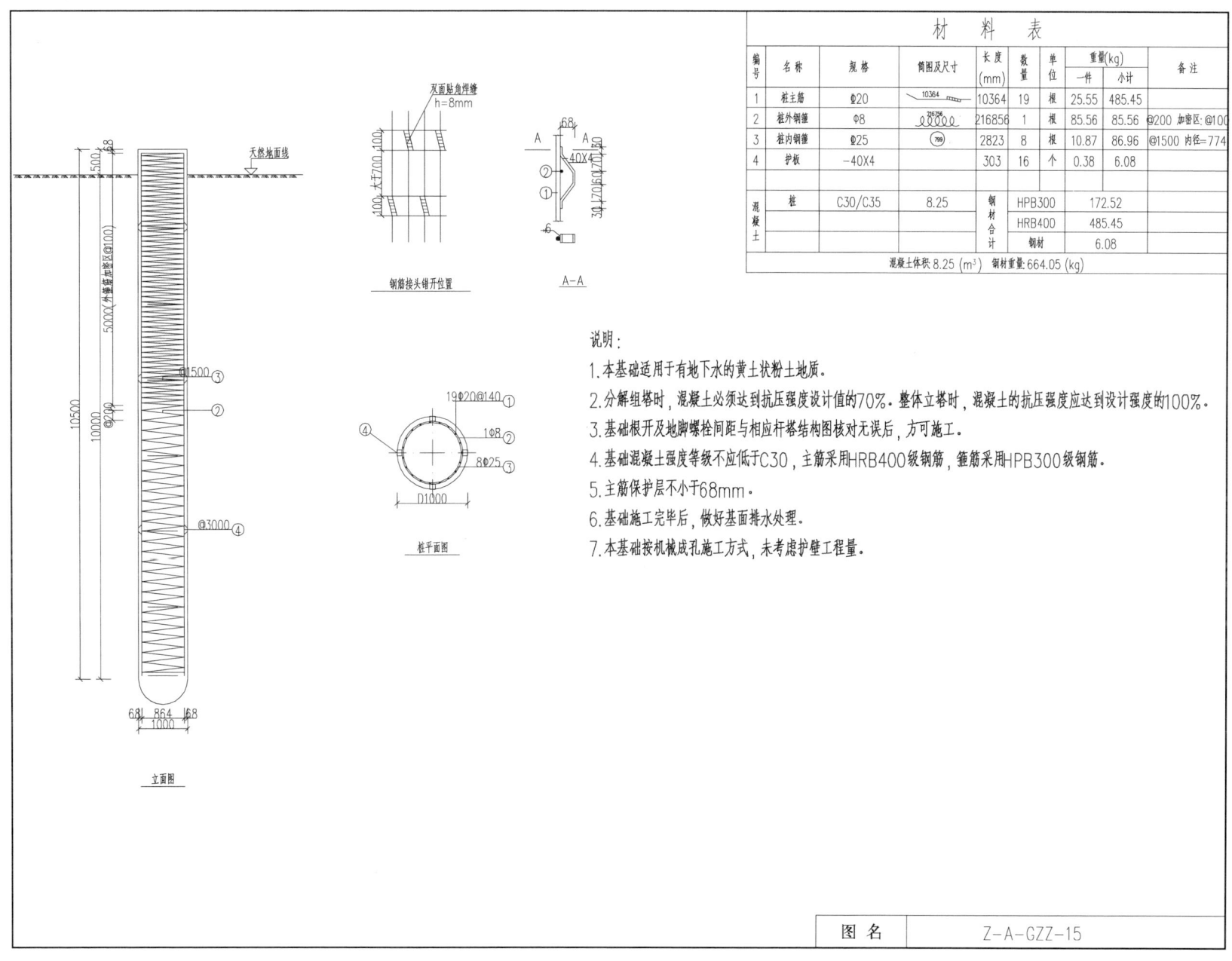

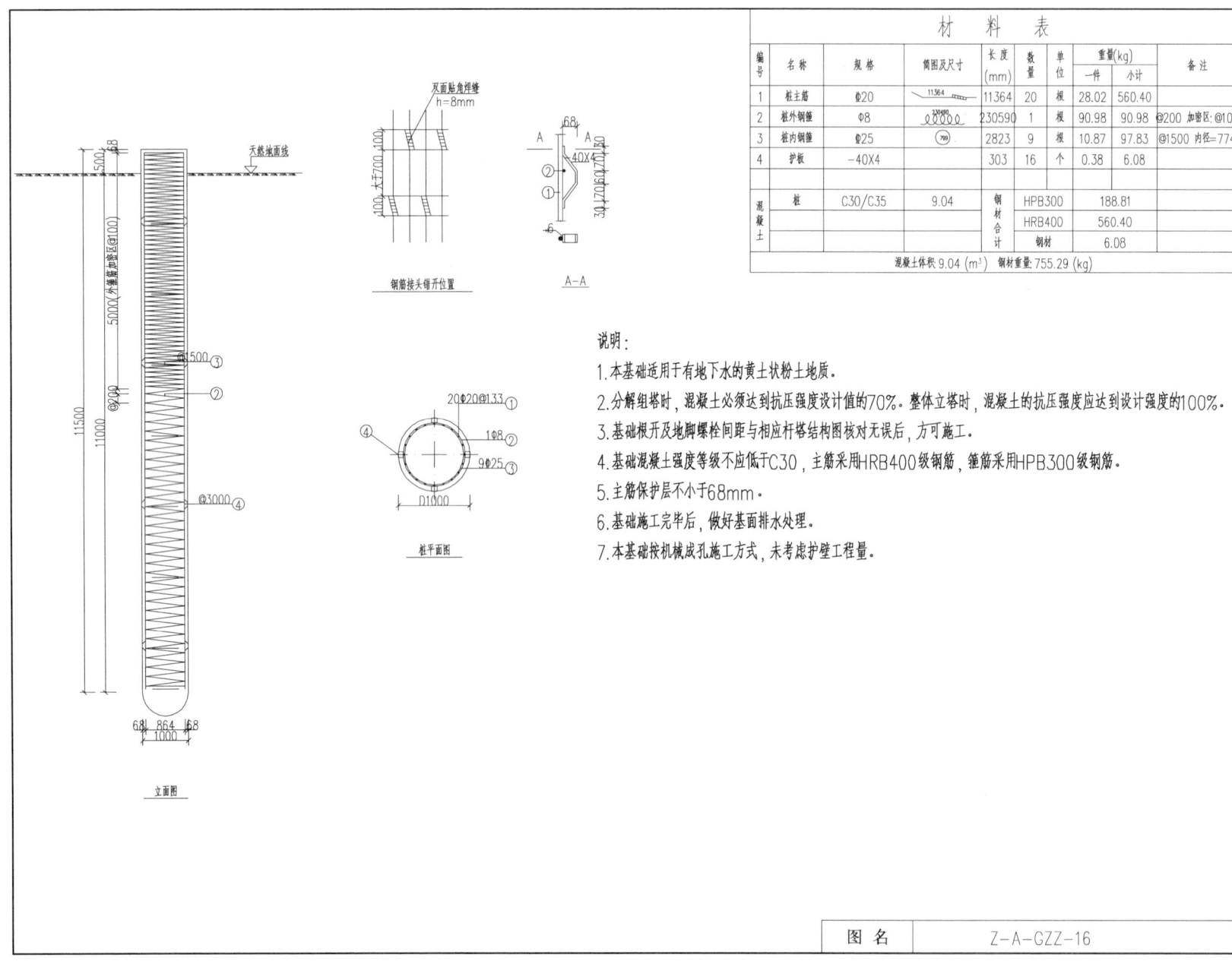

图名 Z-A-GZZ-16

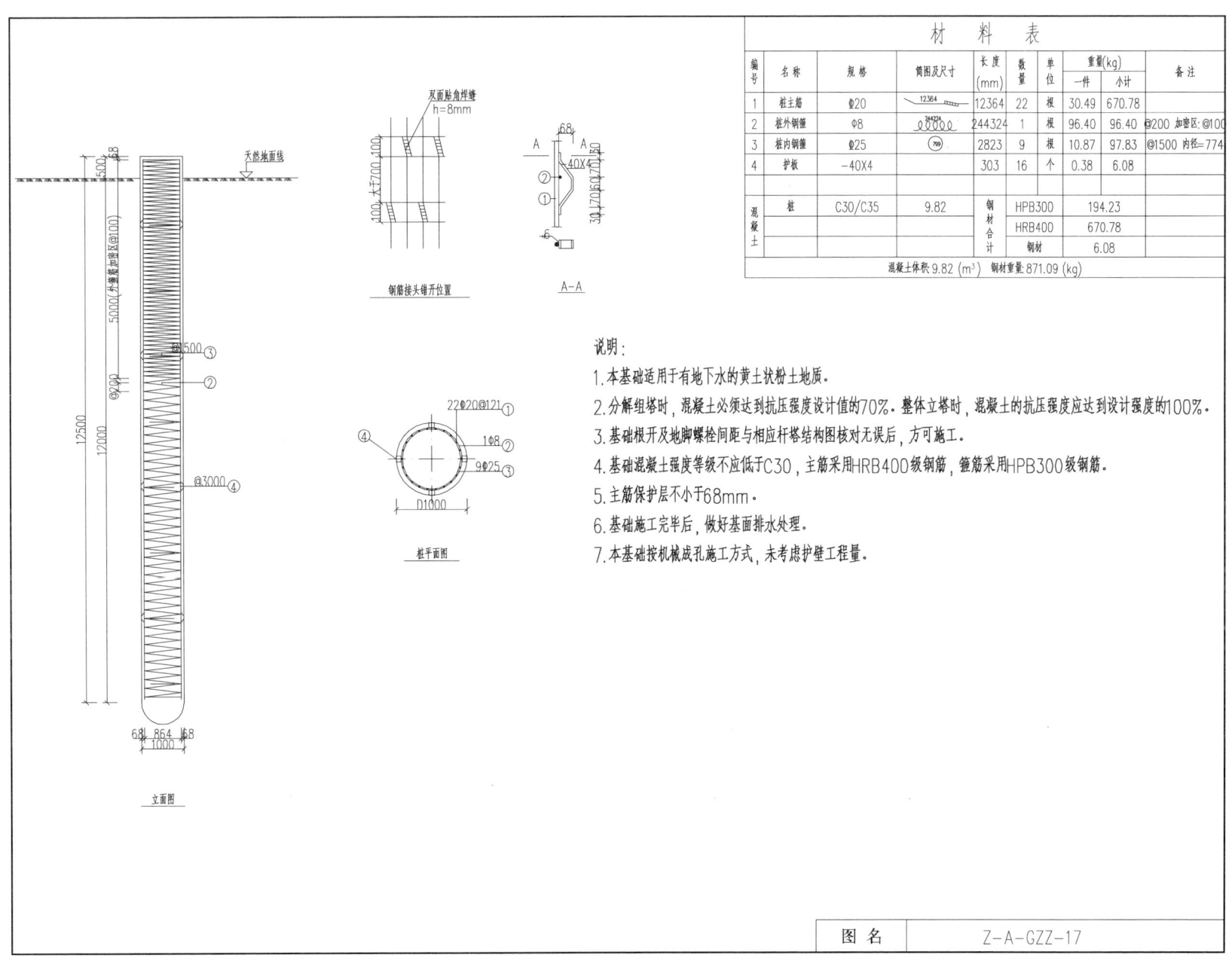

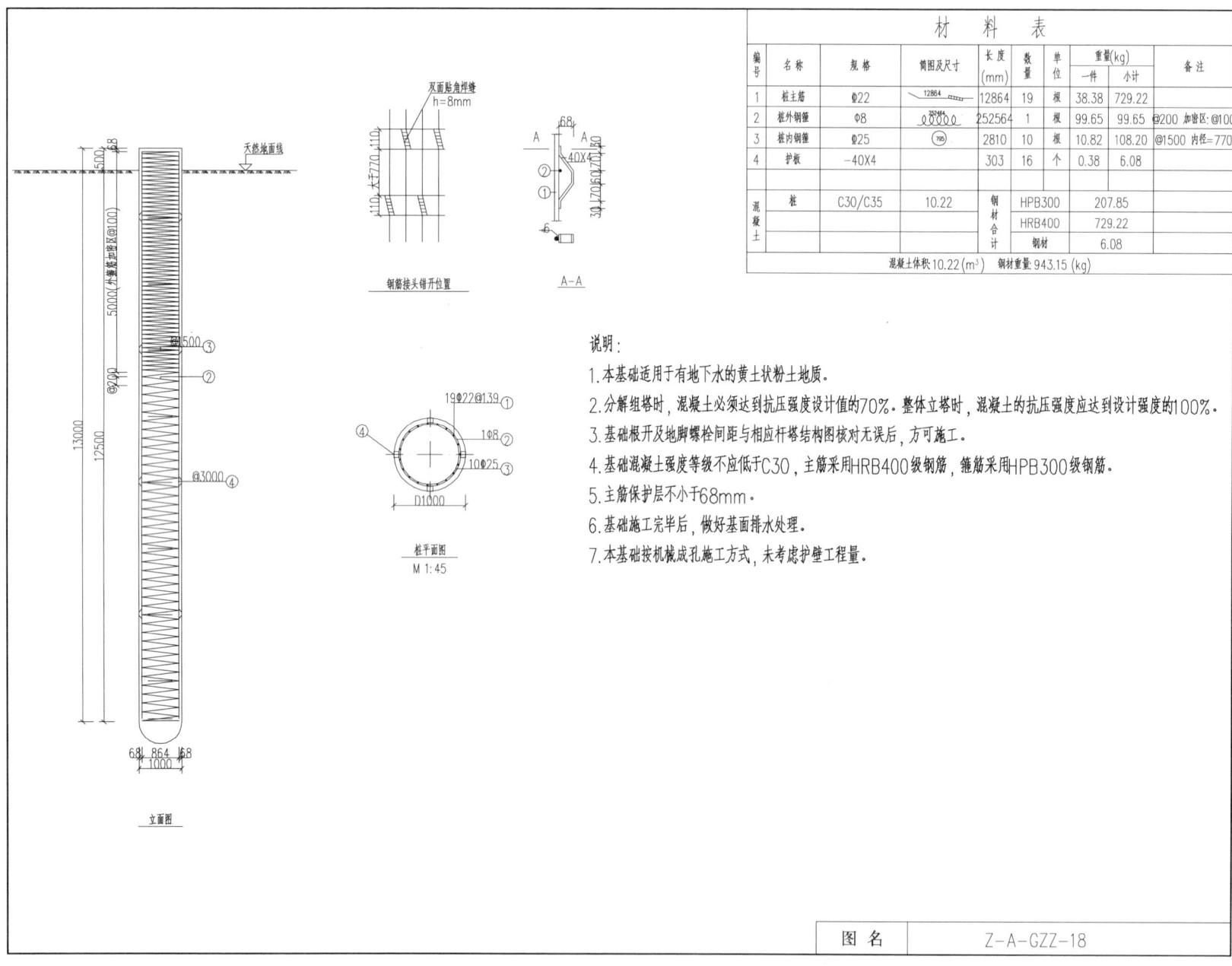

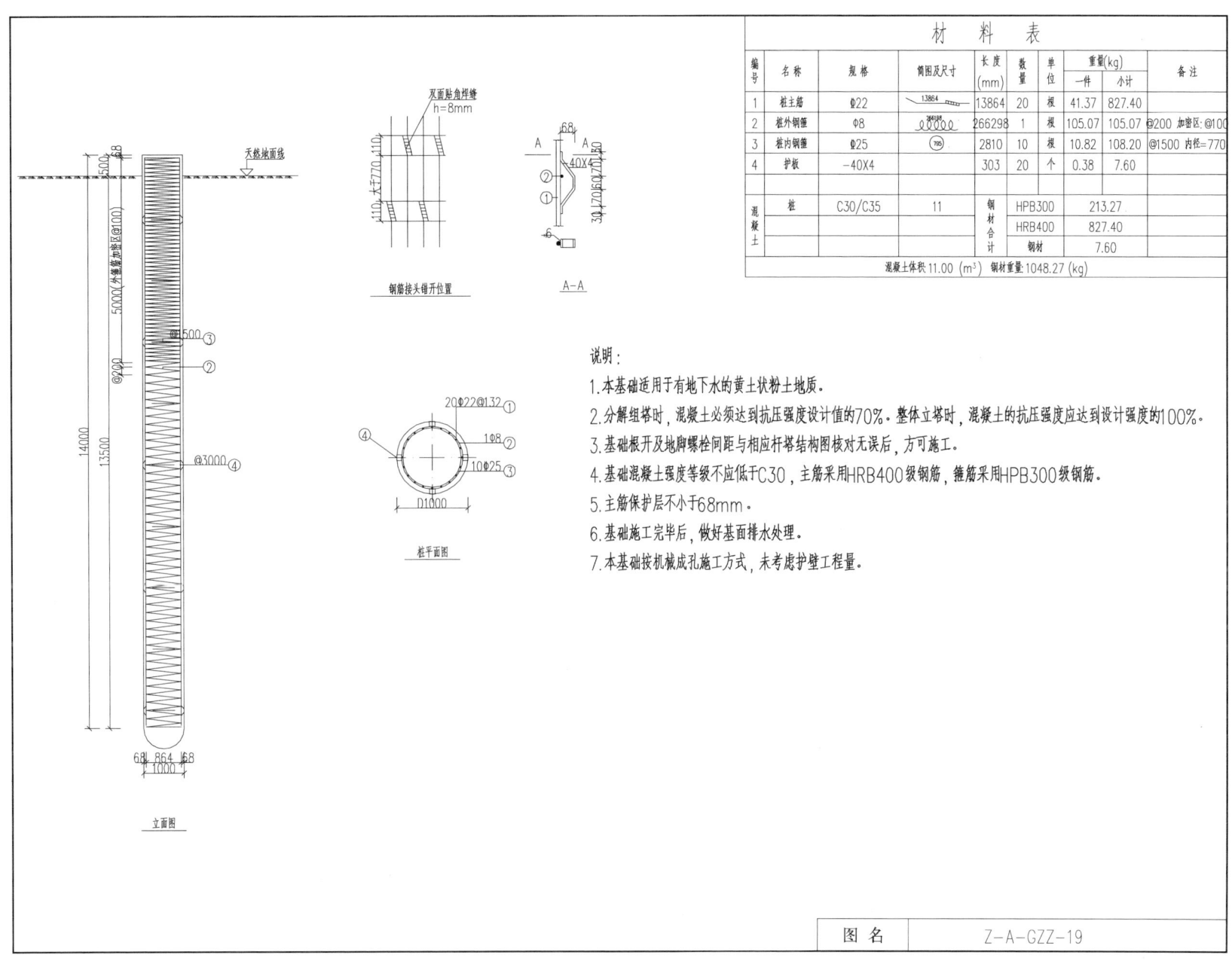

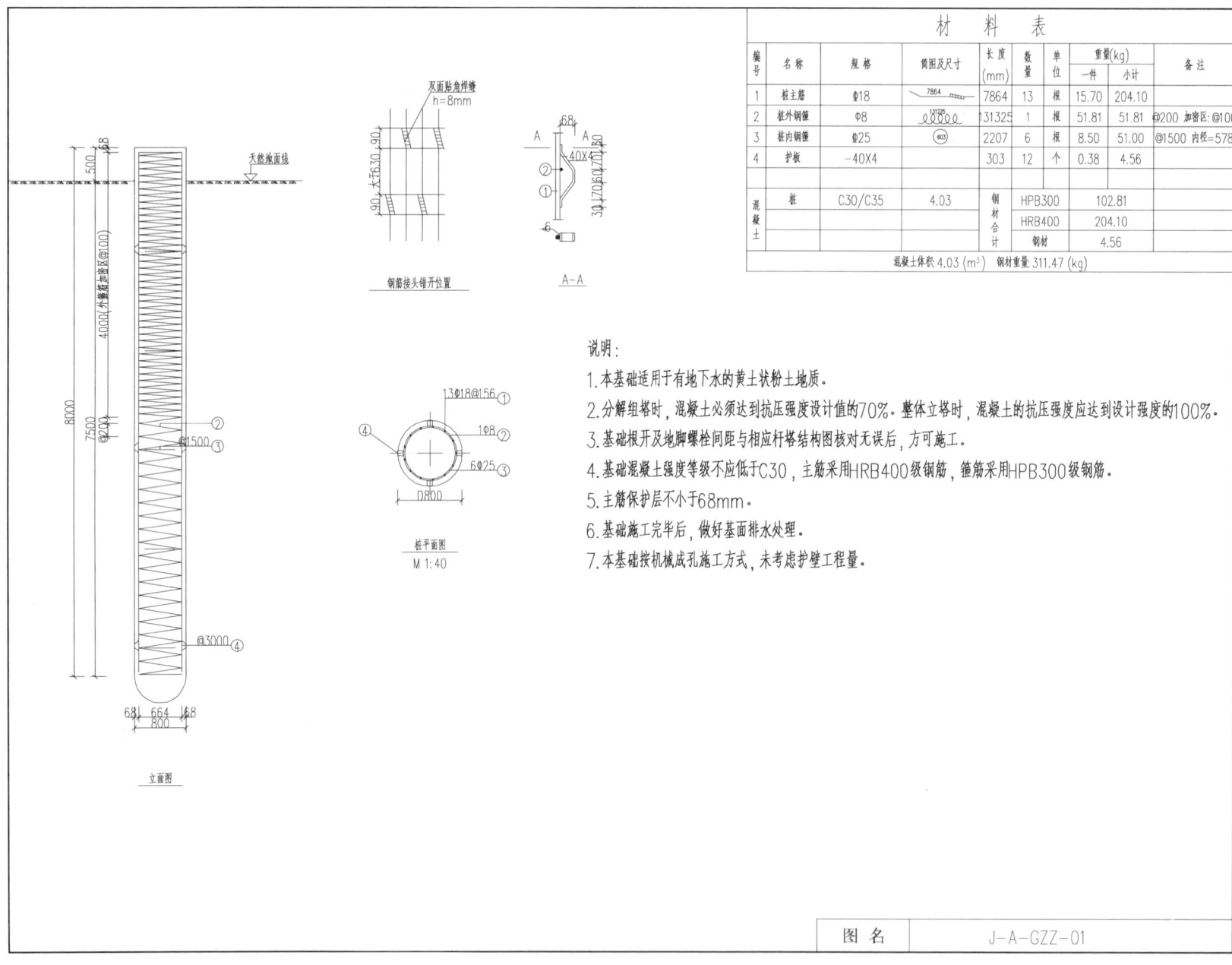

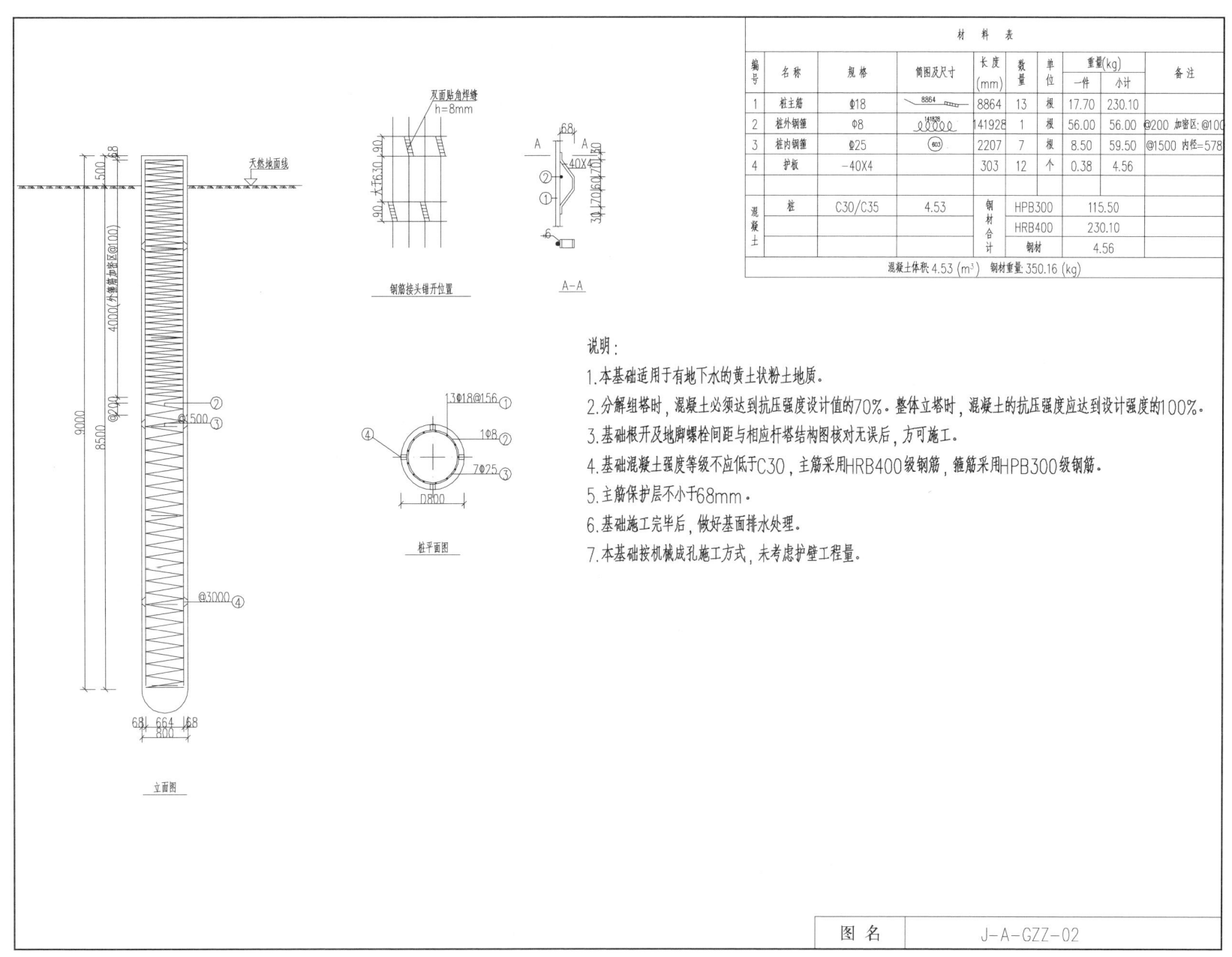

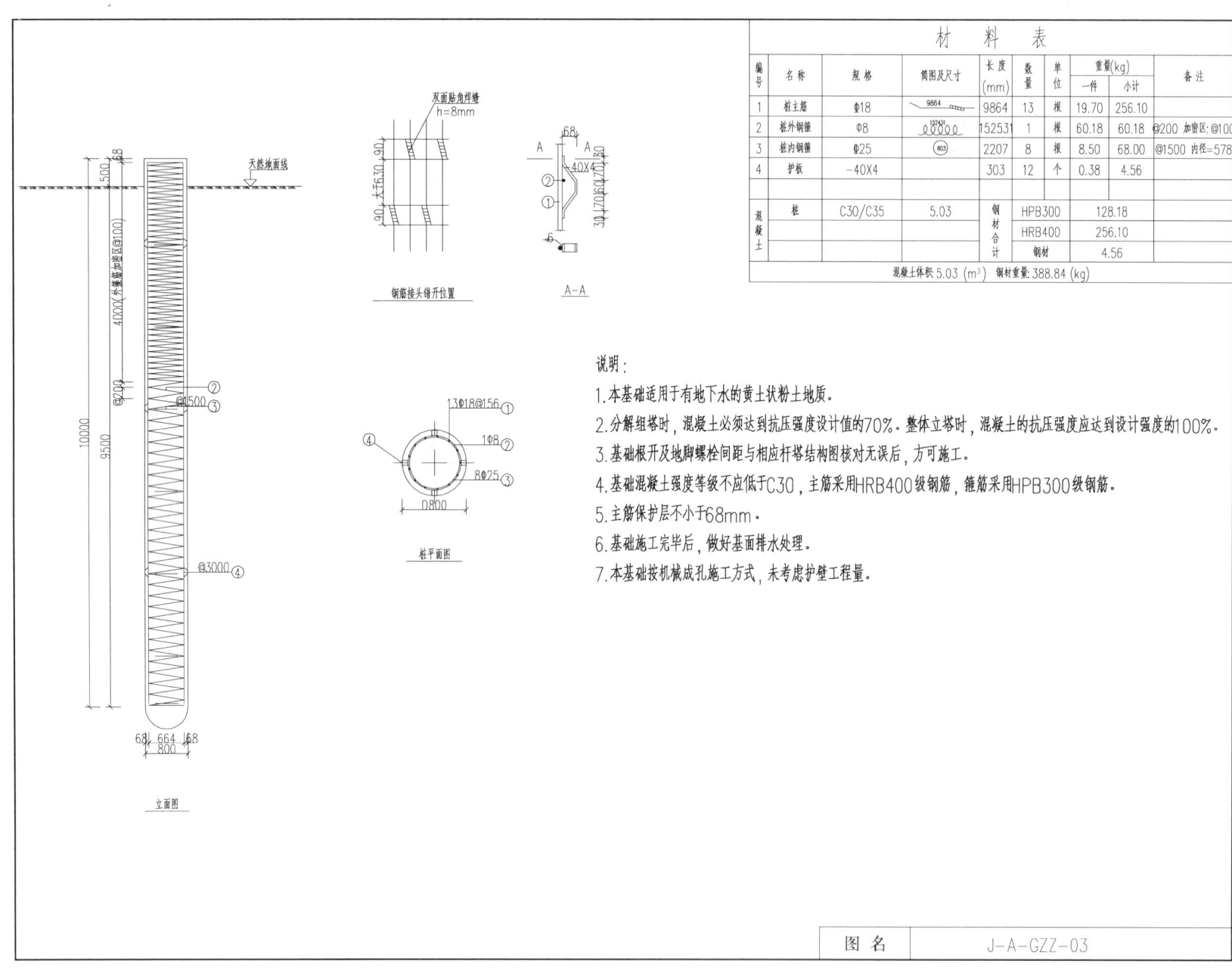

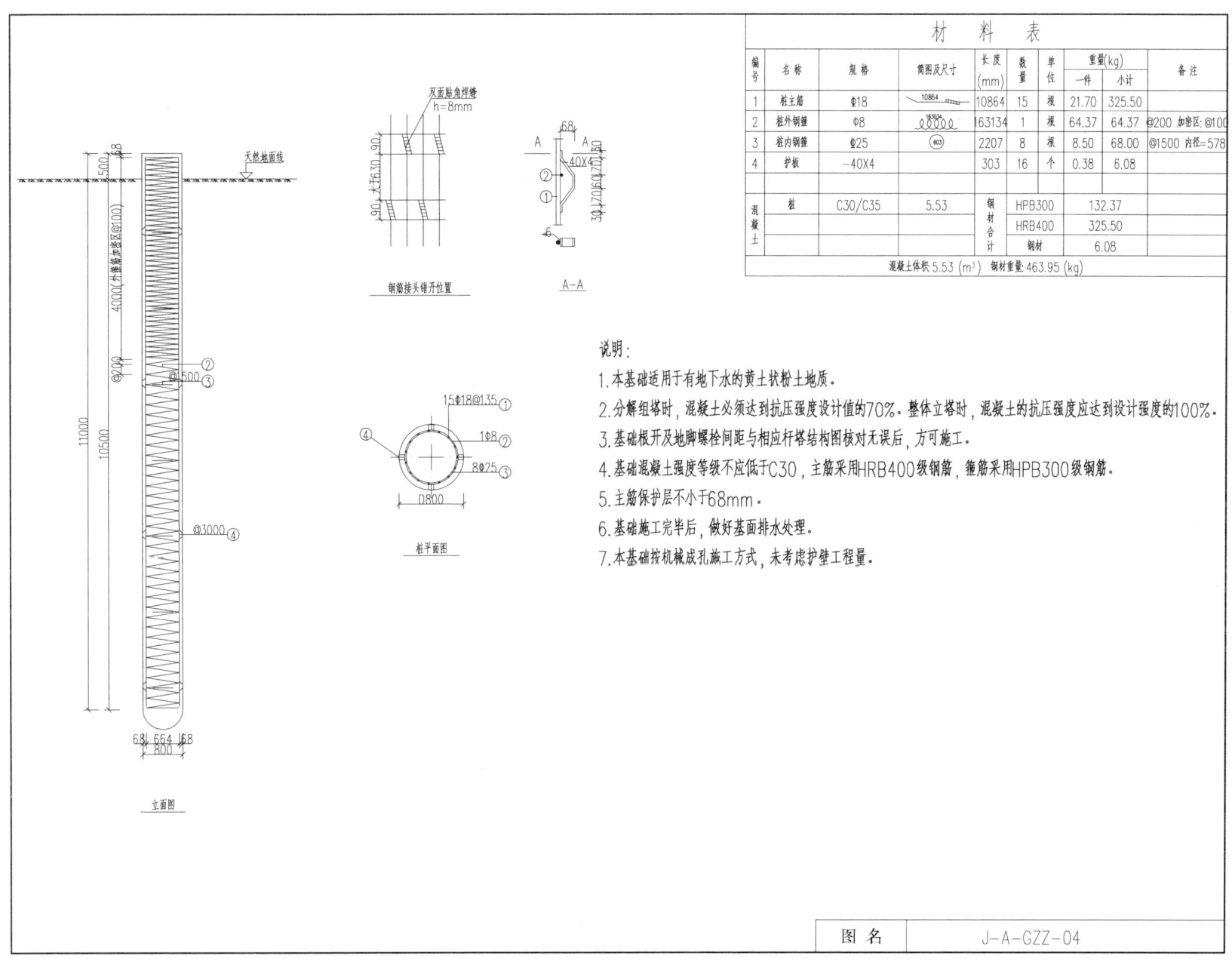

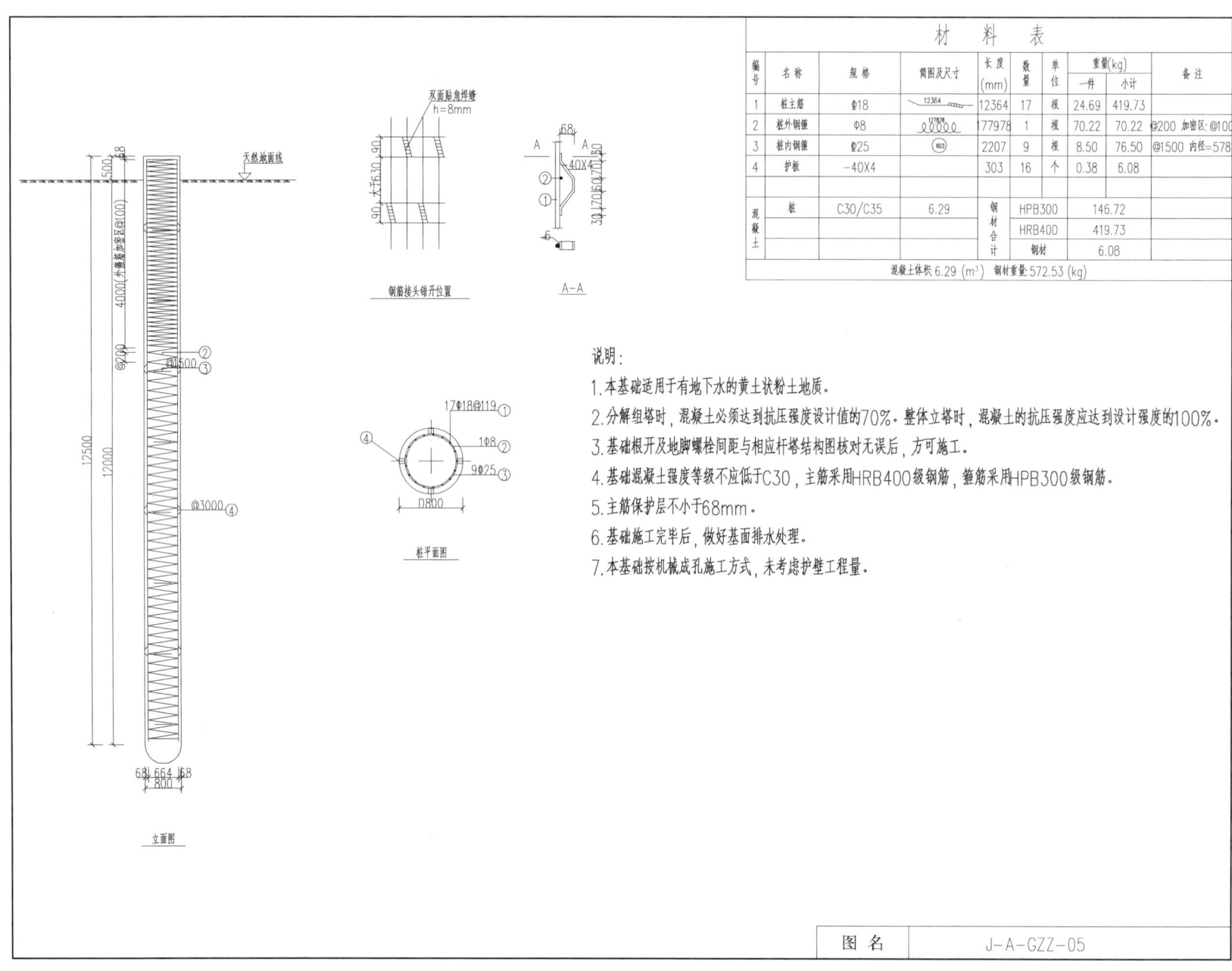

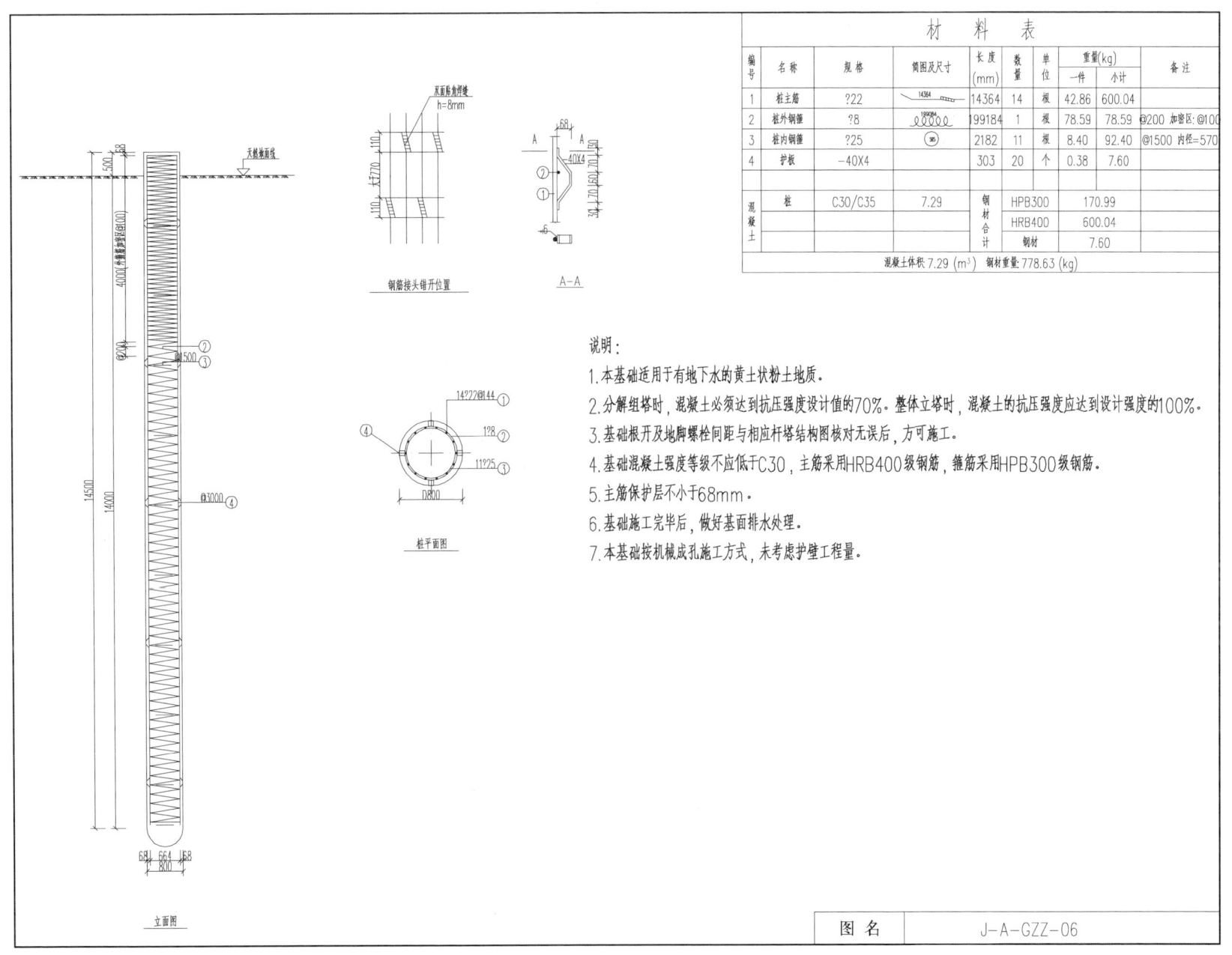

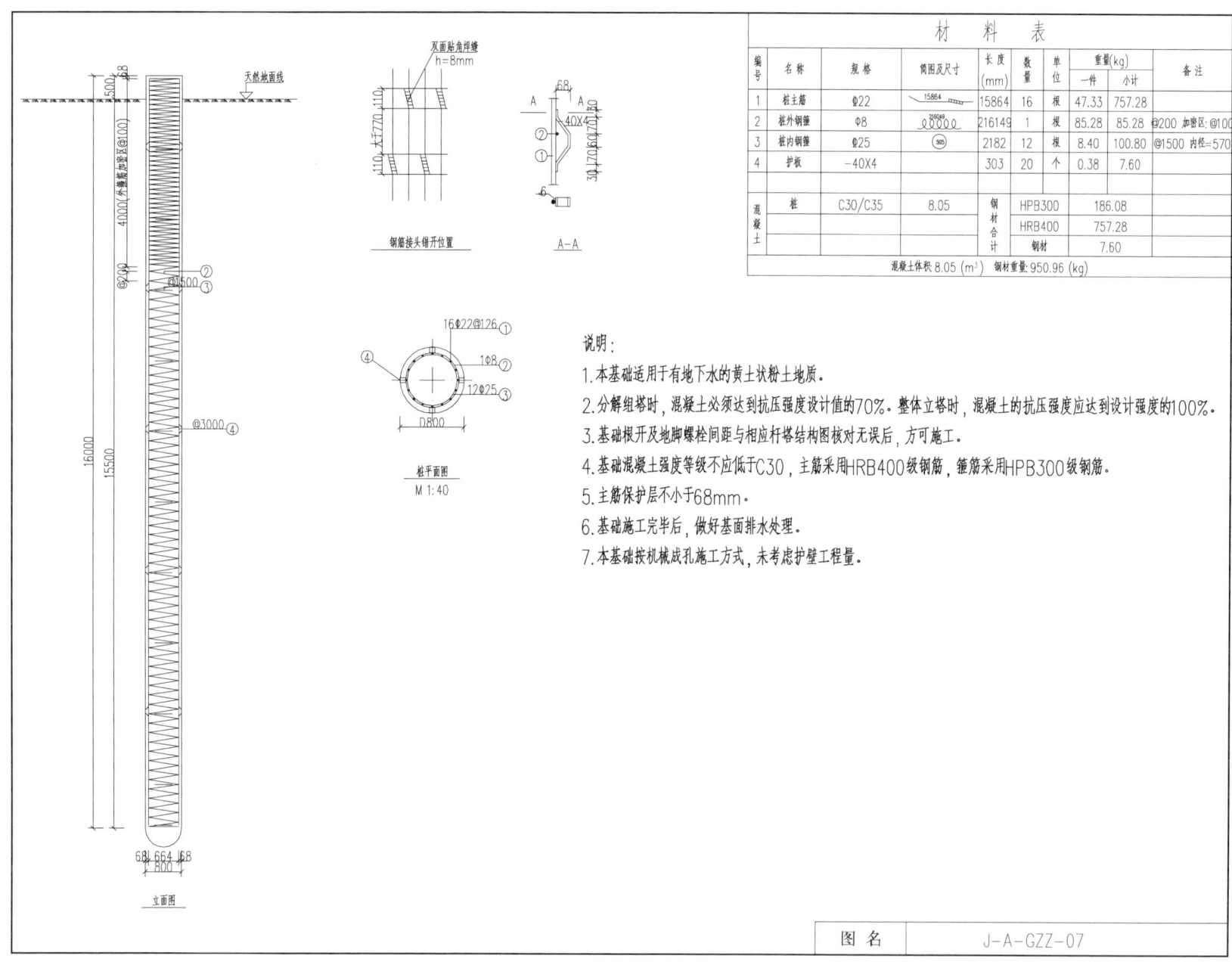

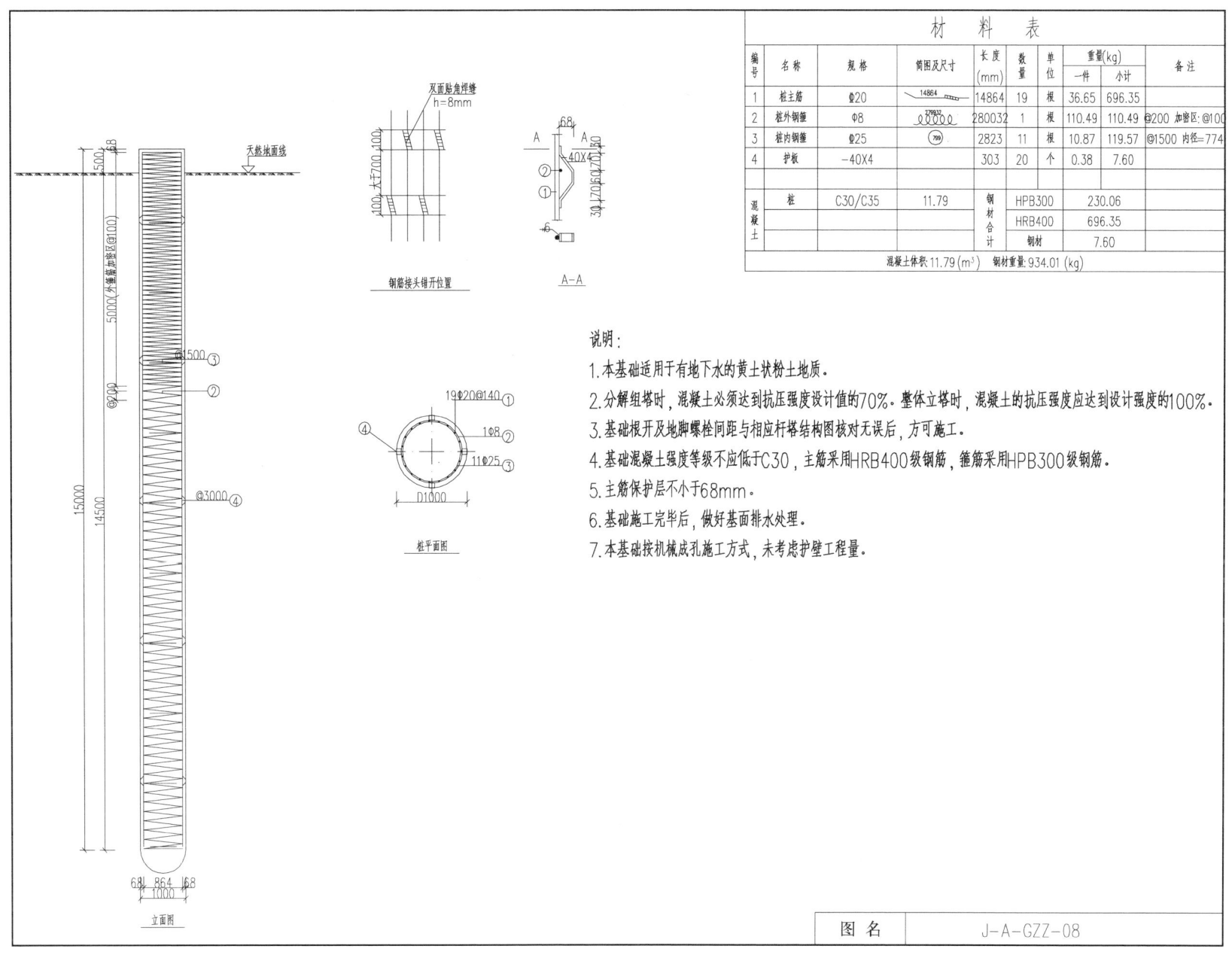

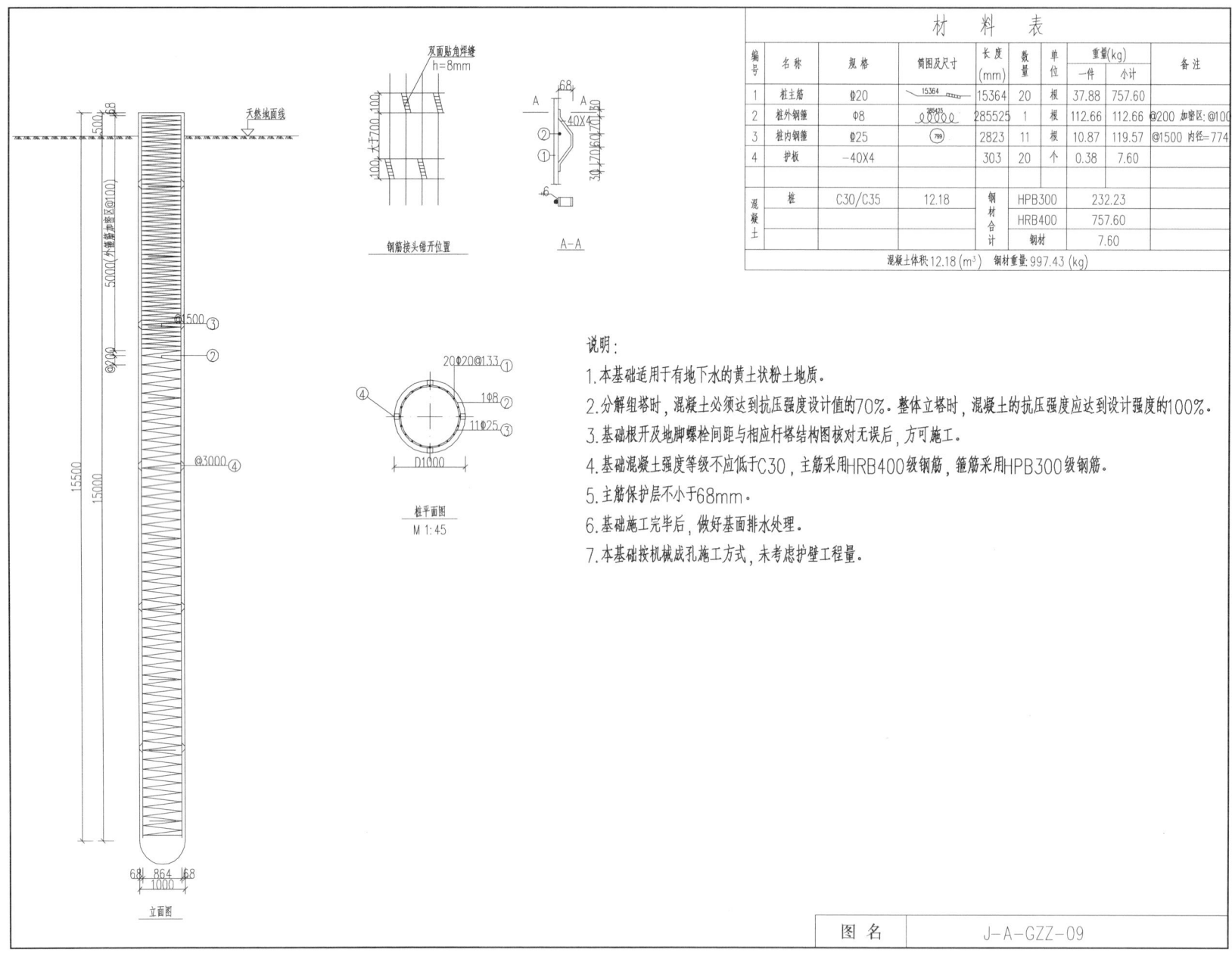

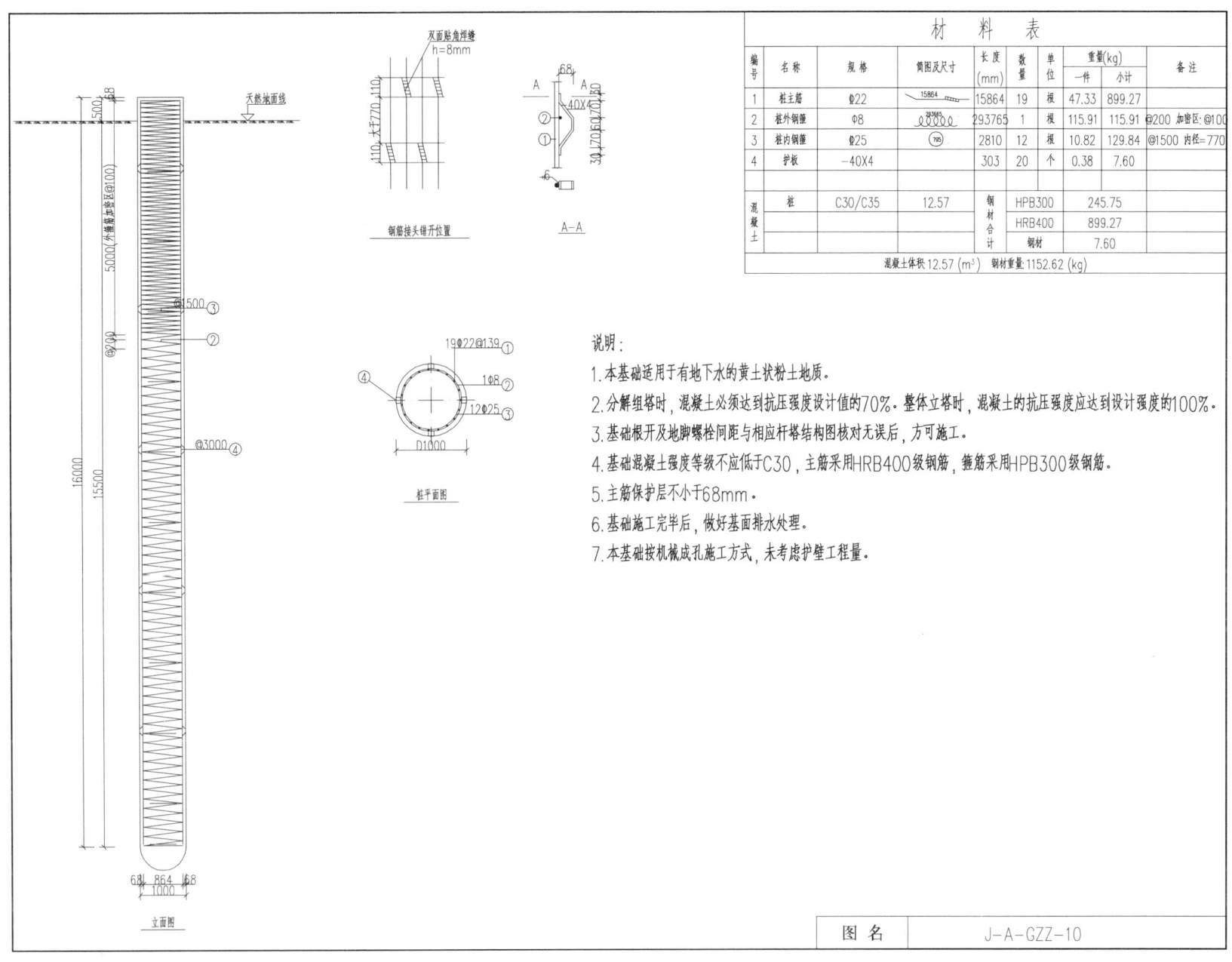

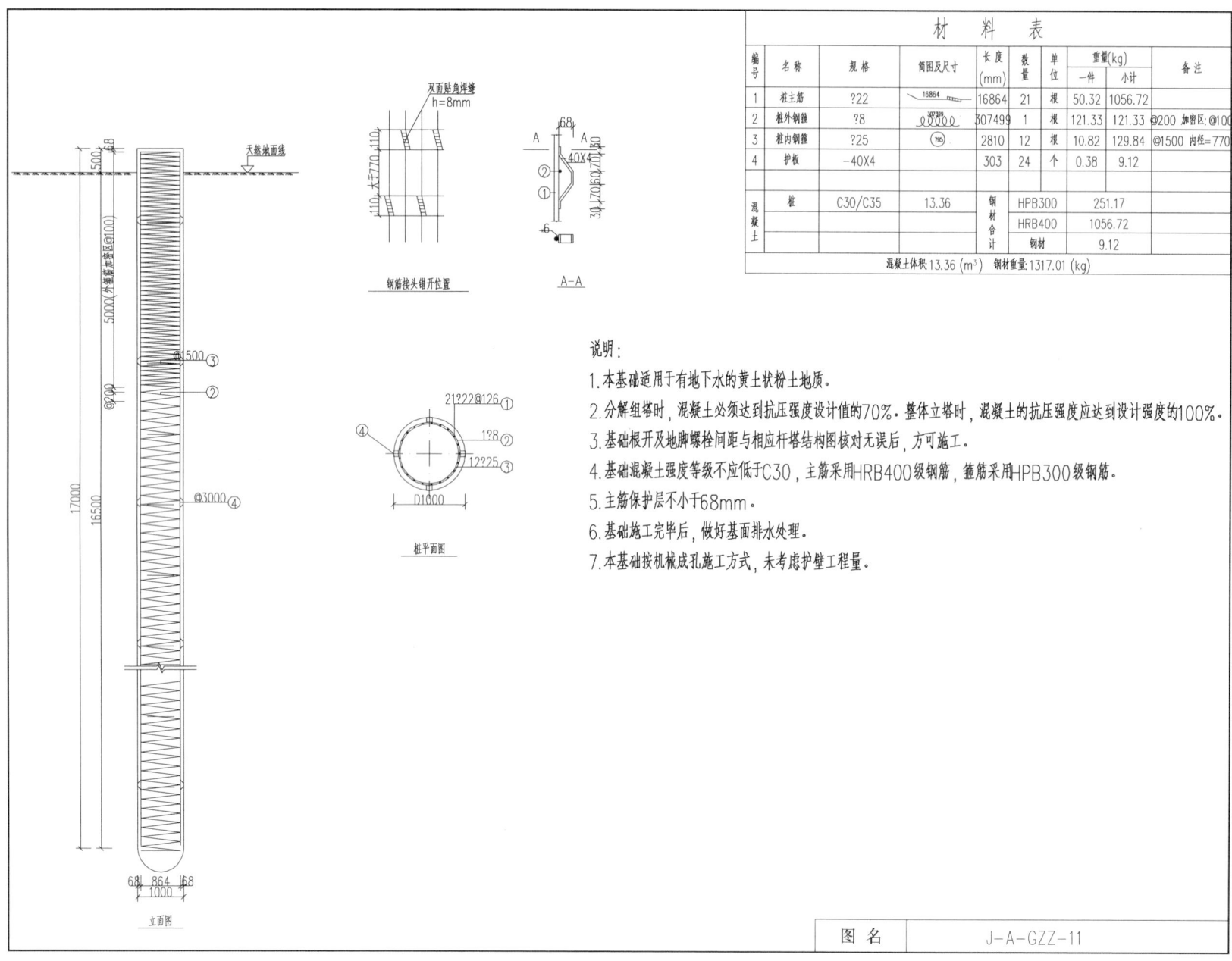

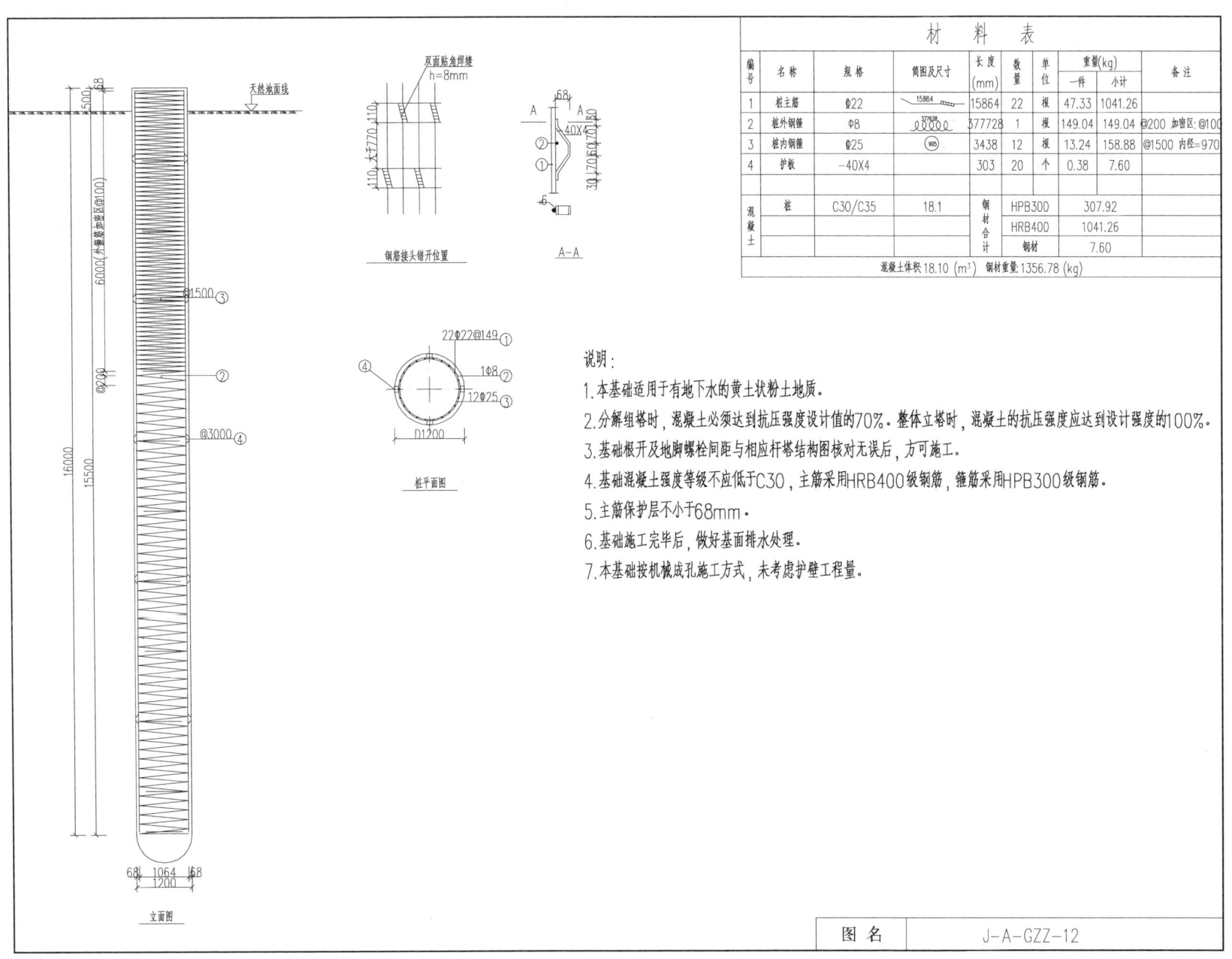

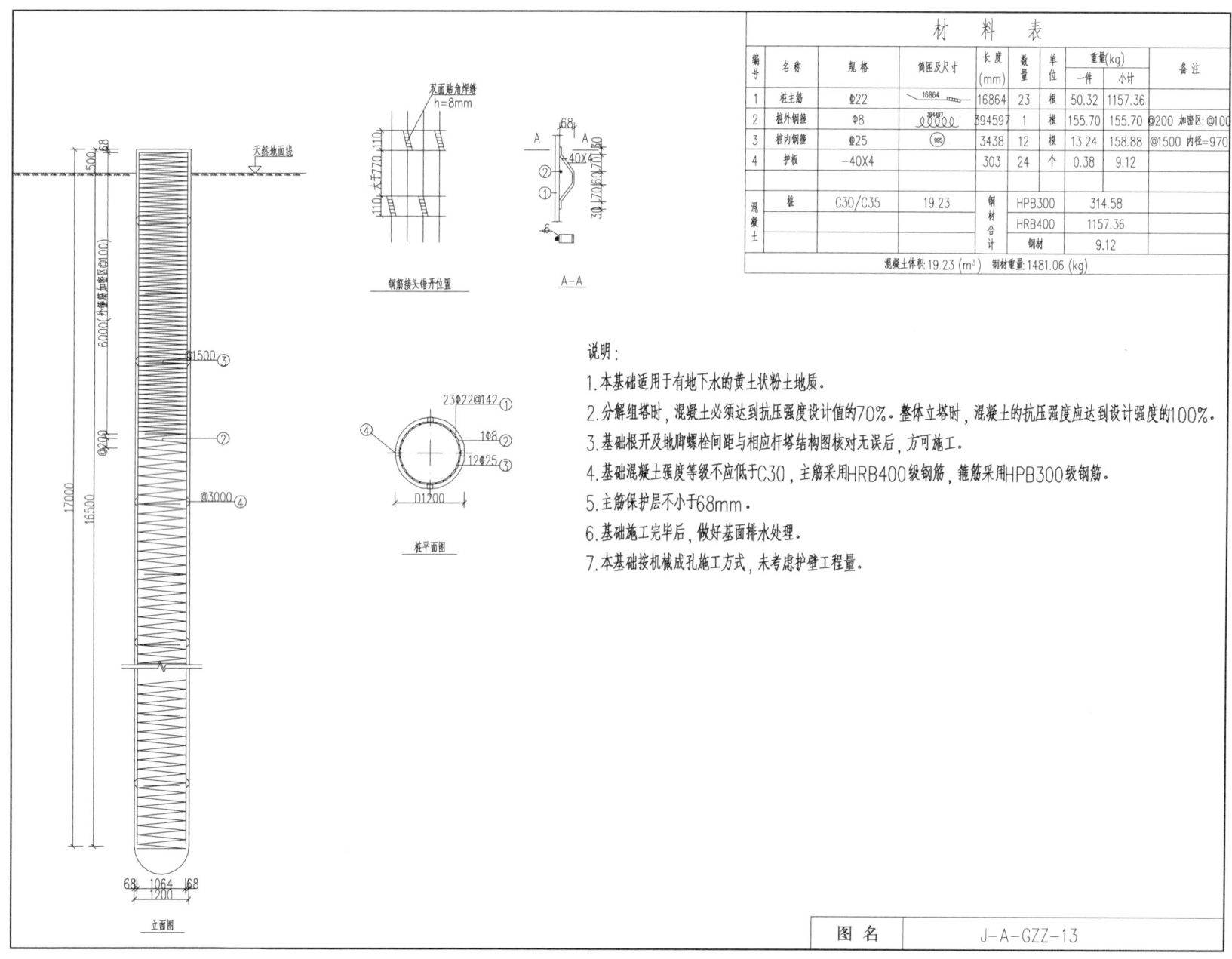

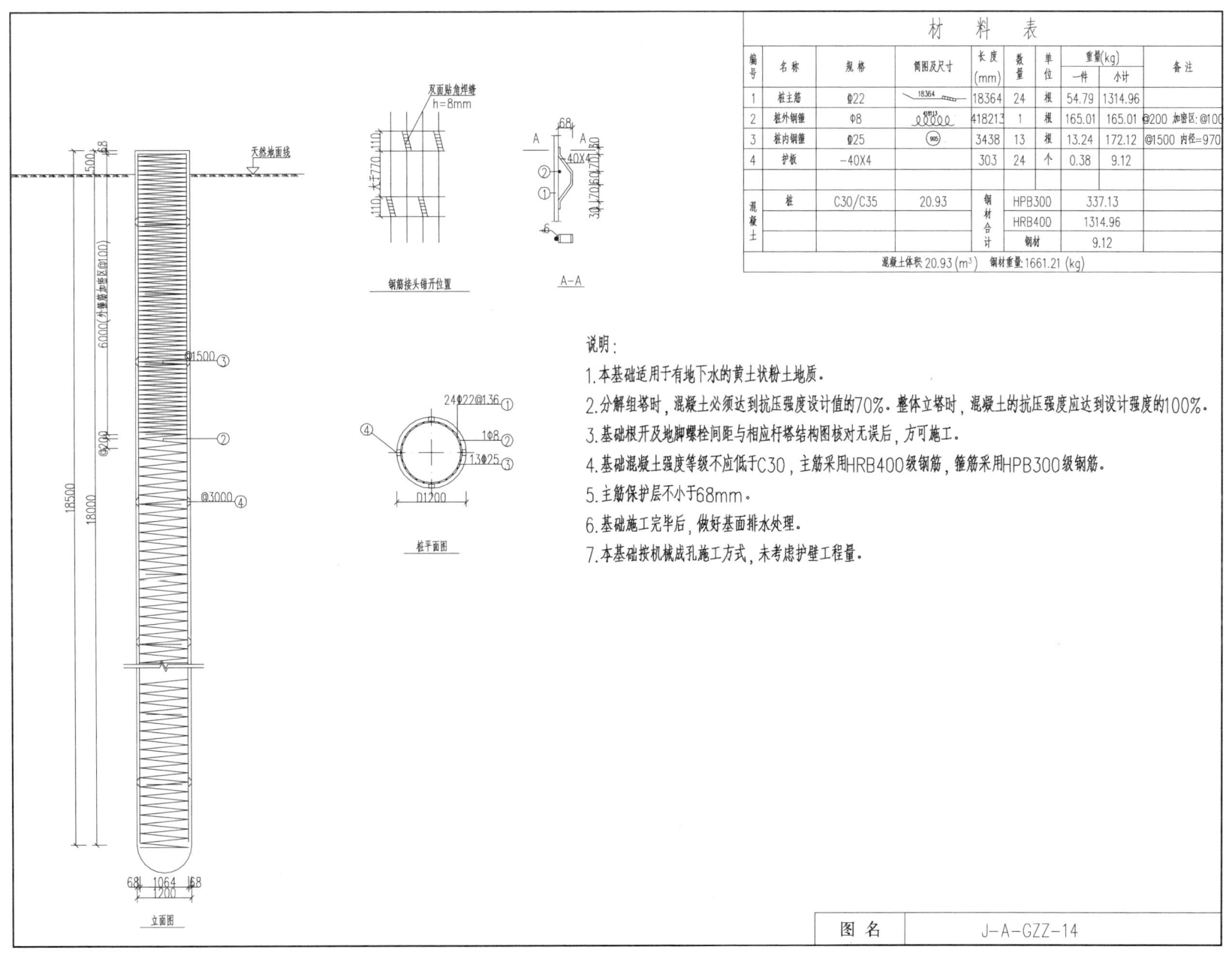

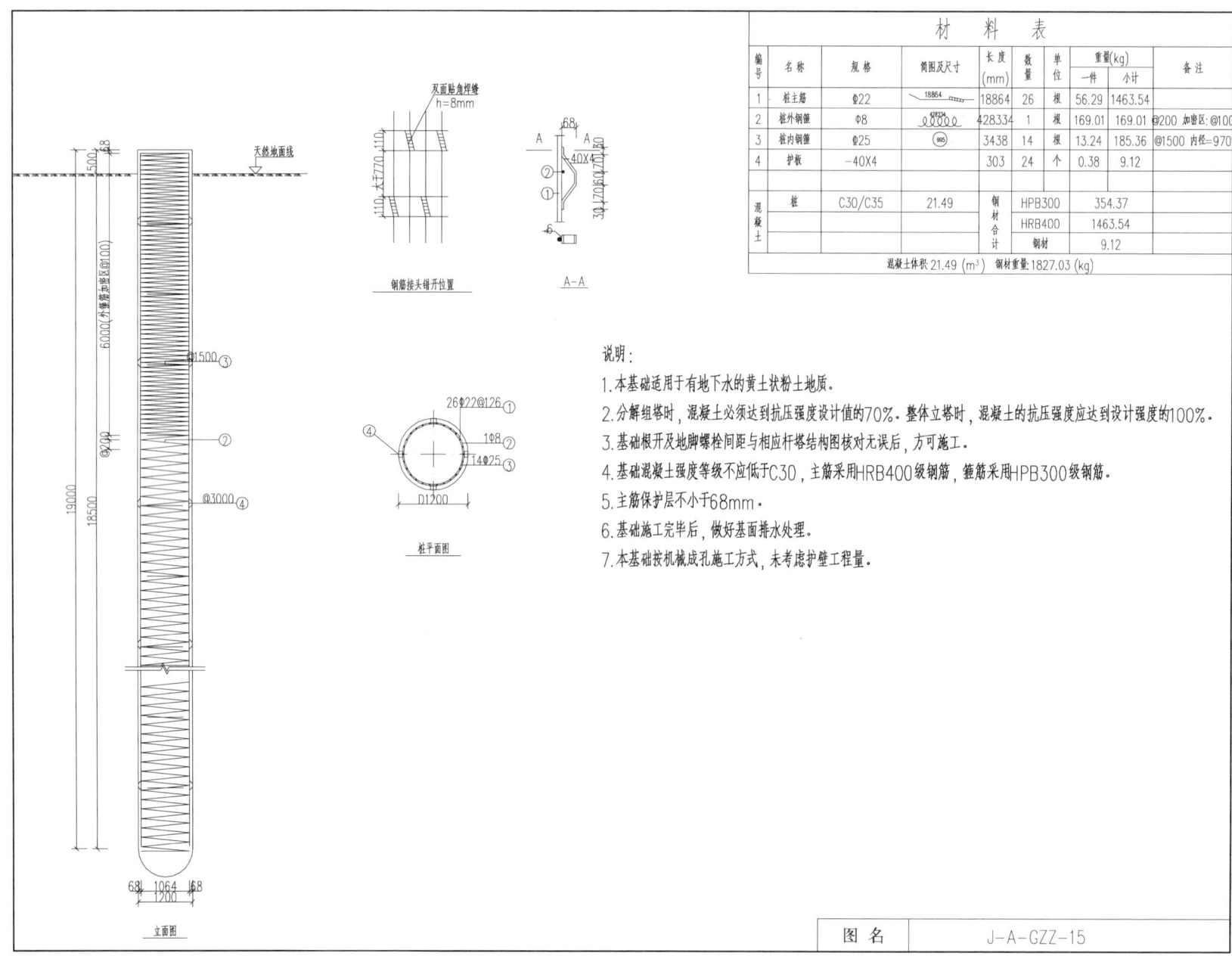

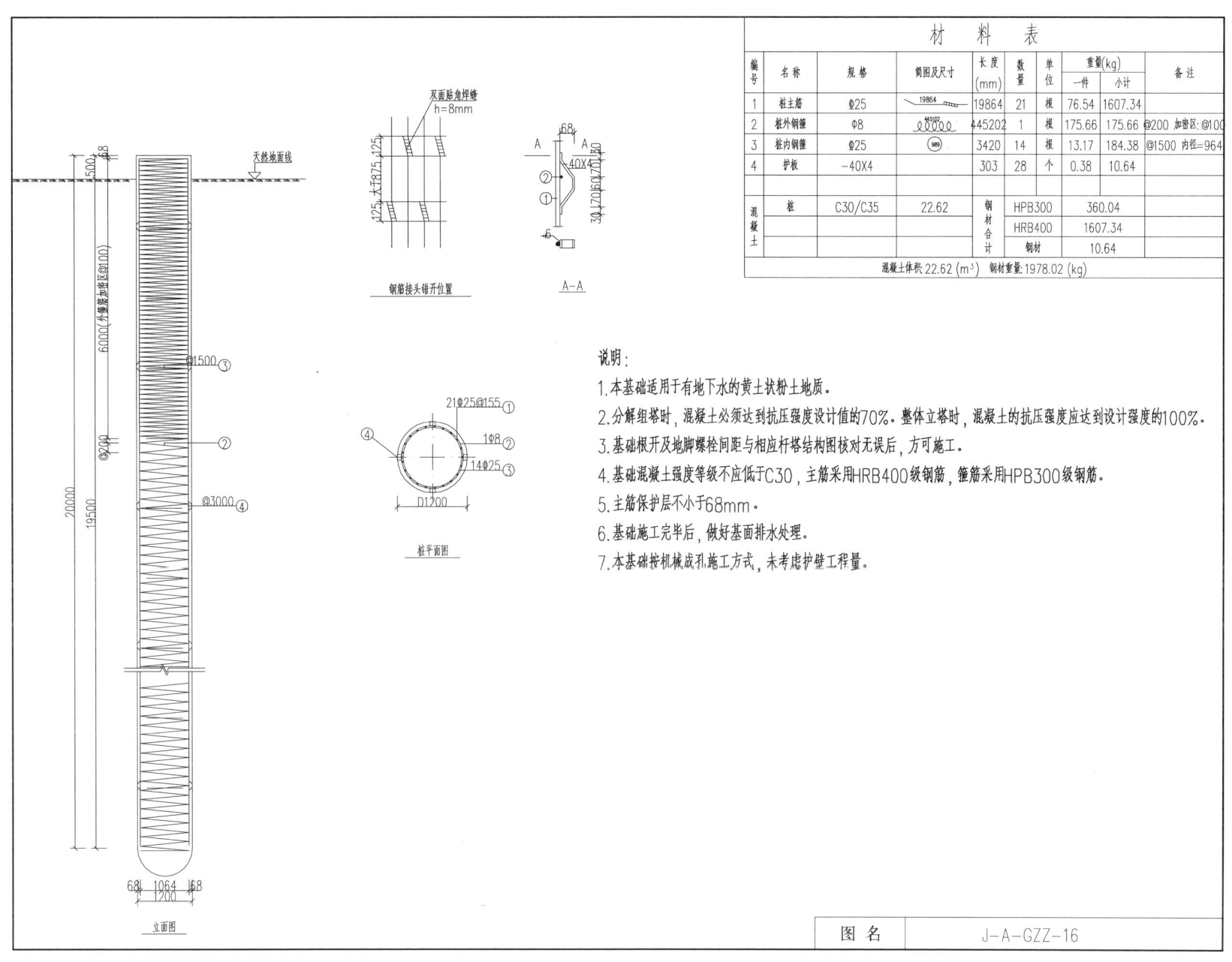

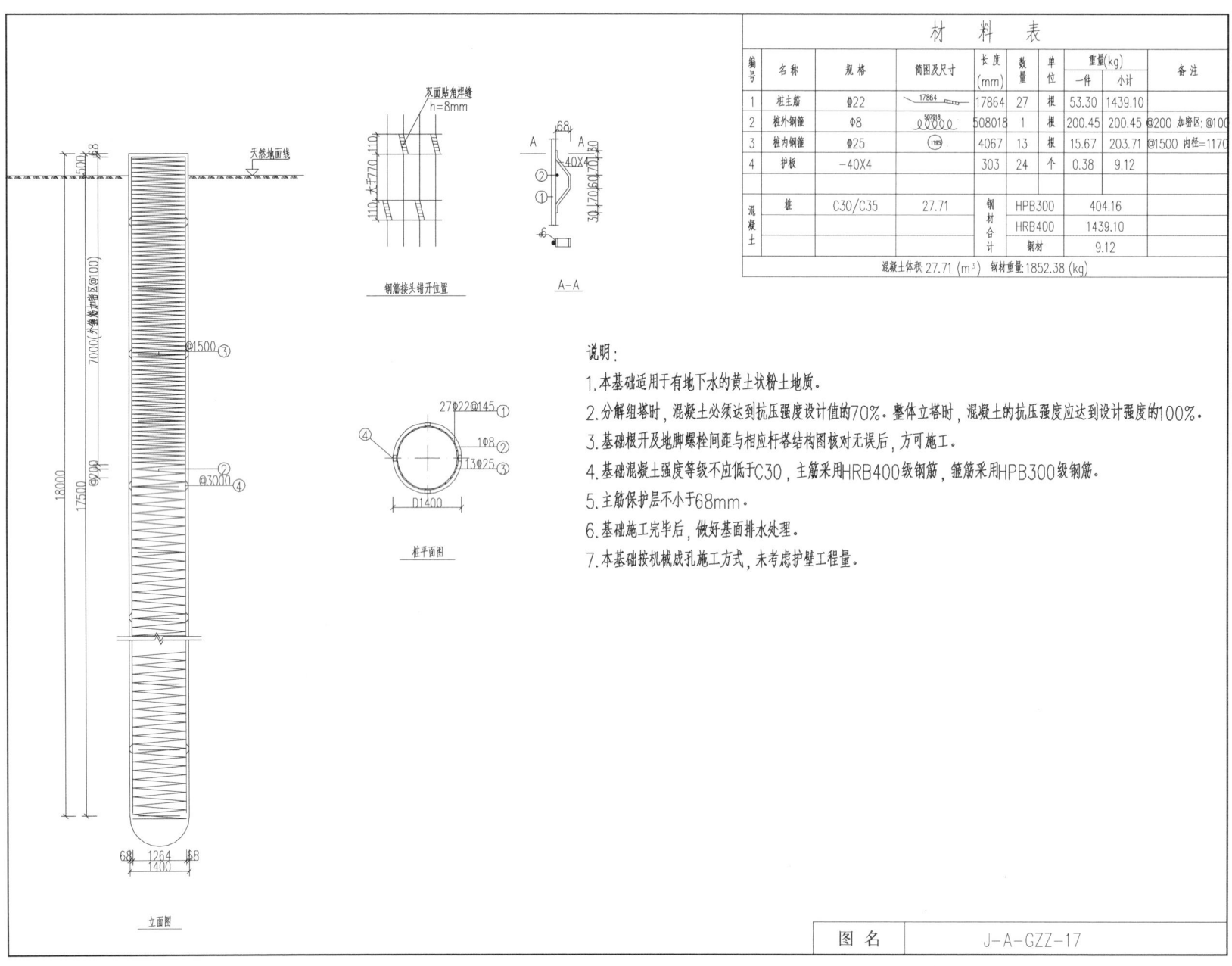

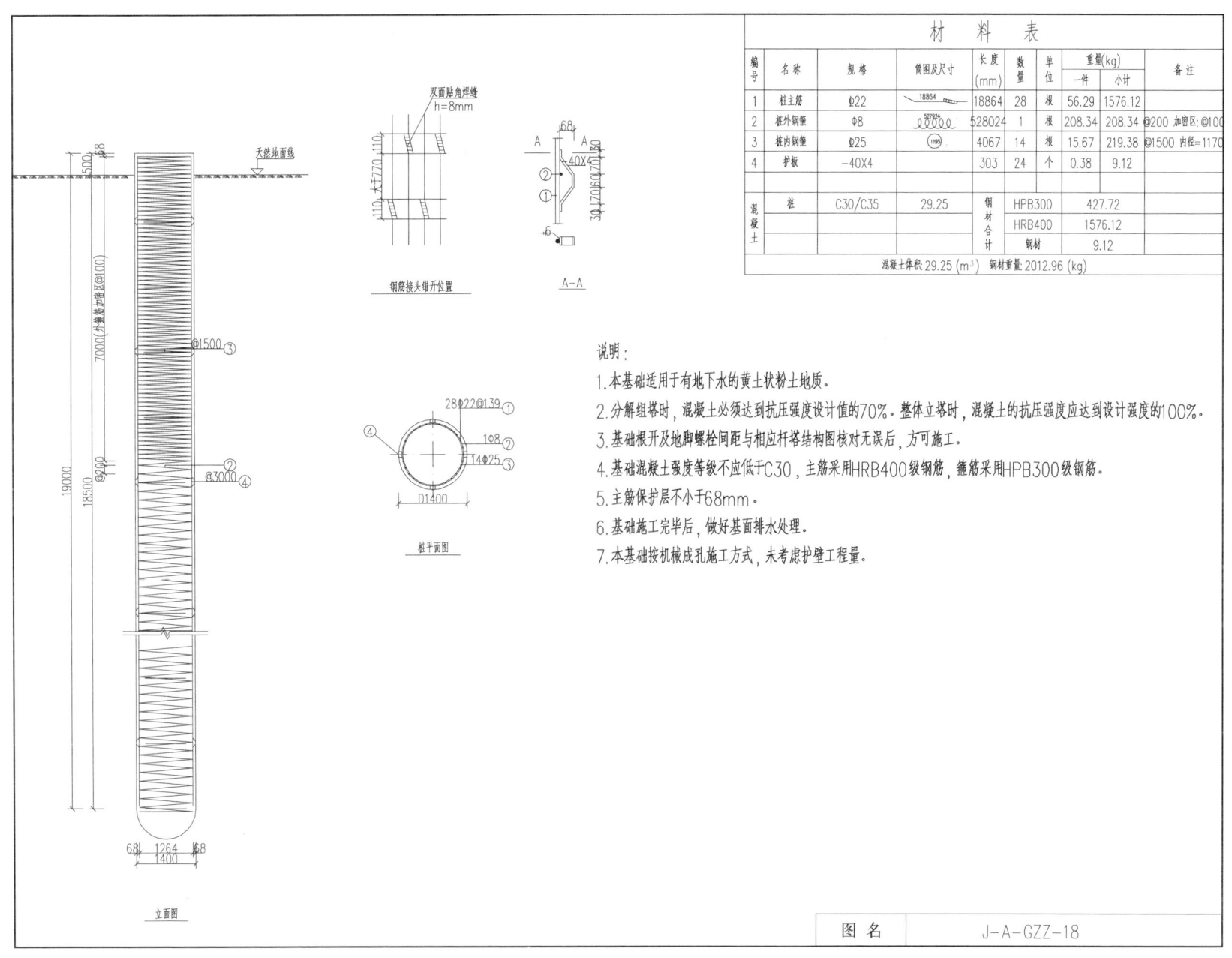

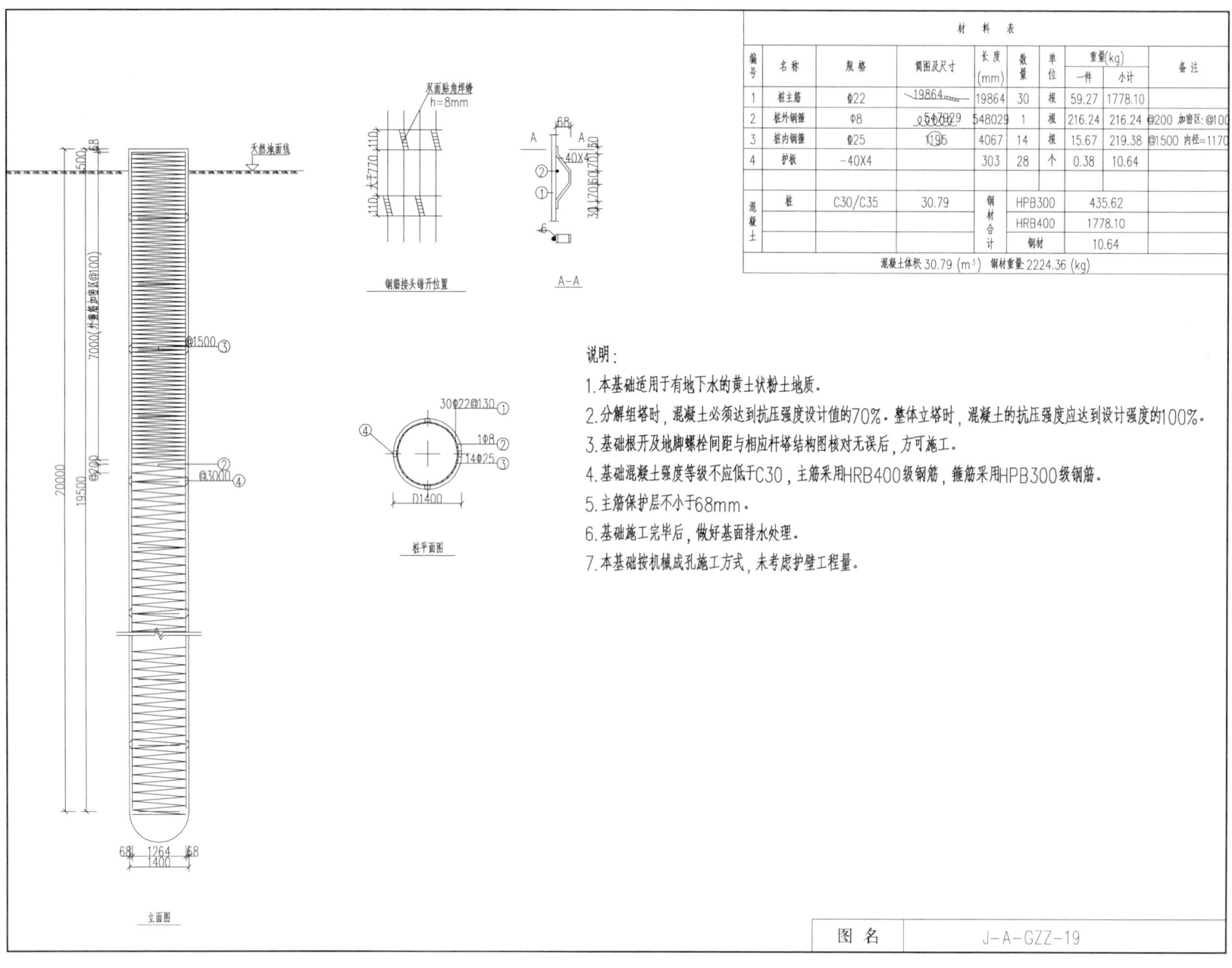

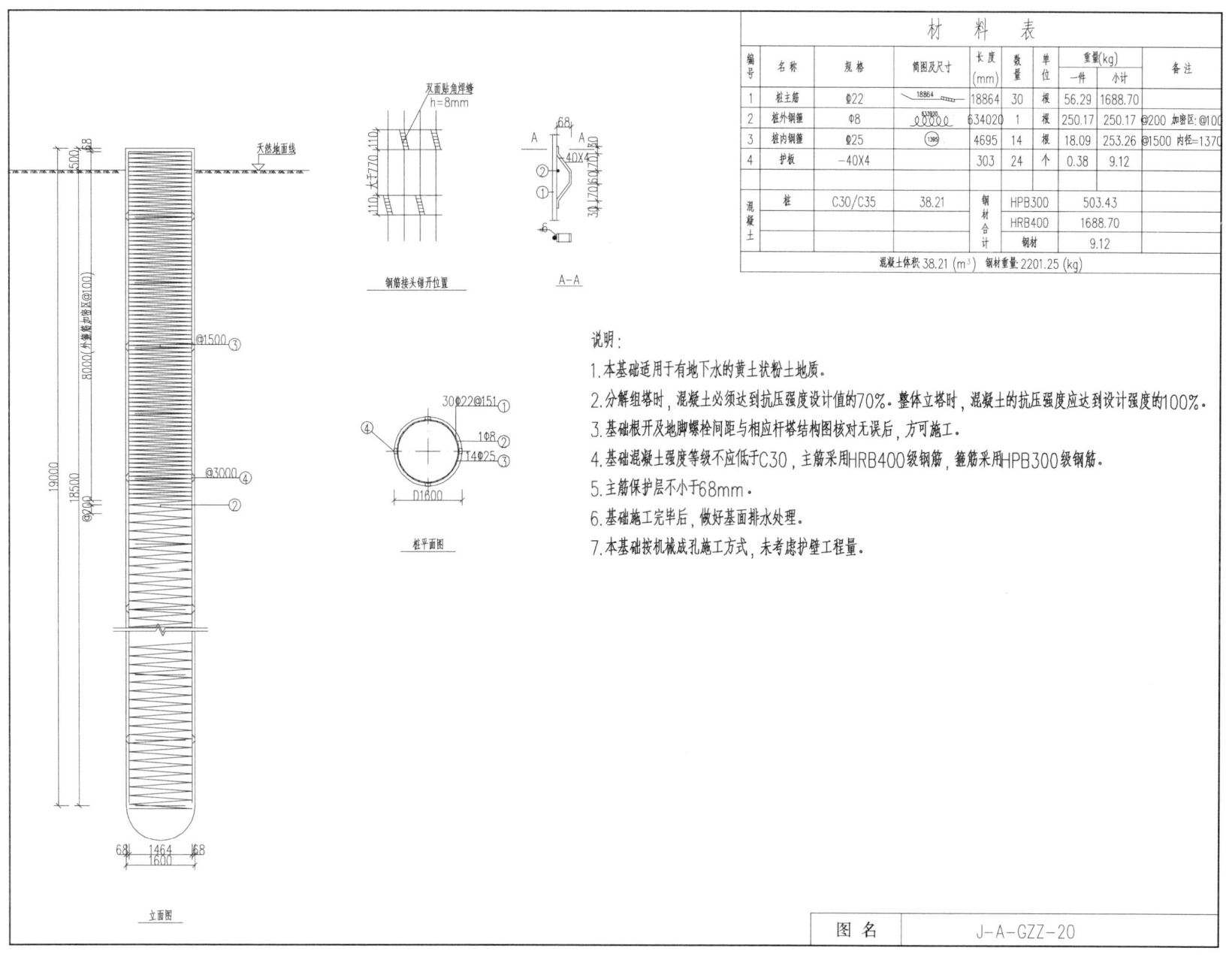

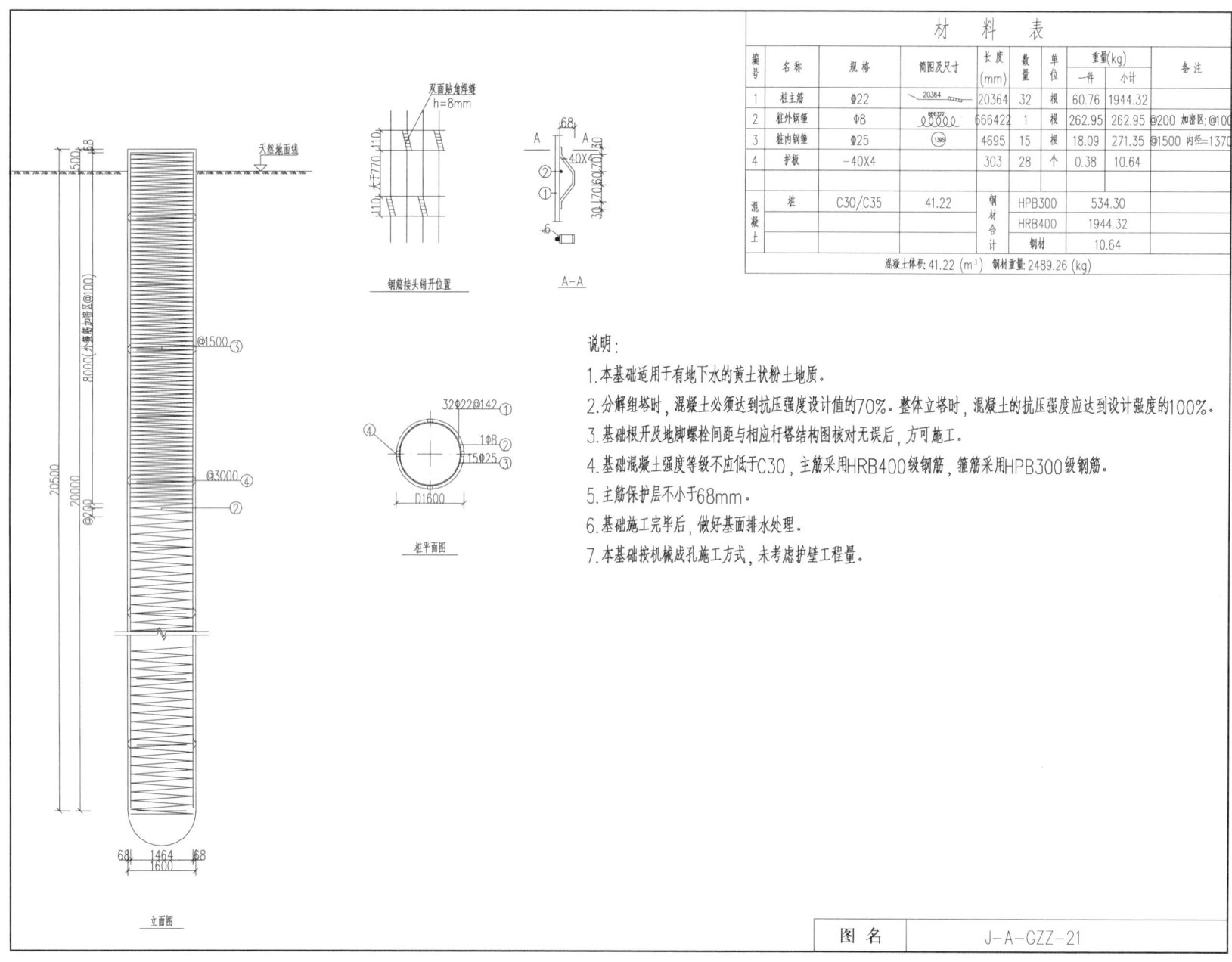

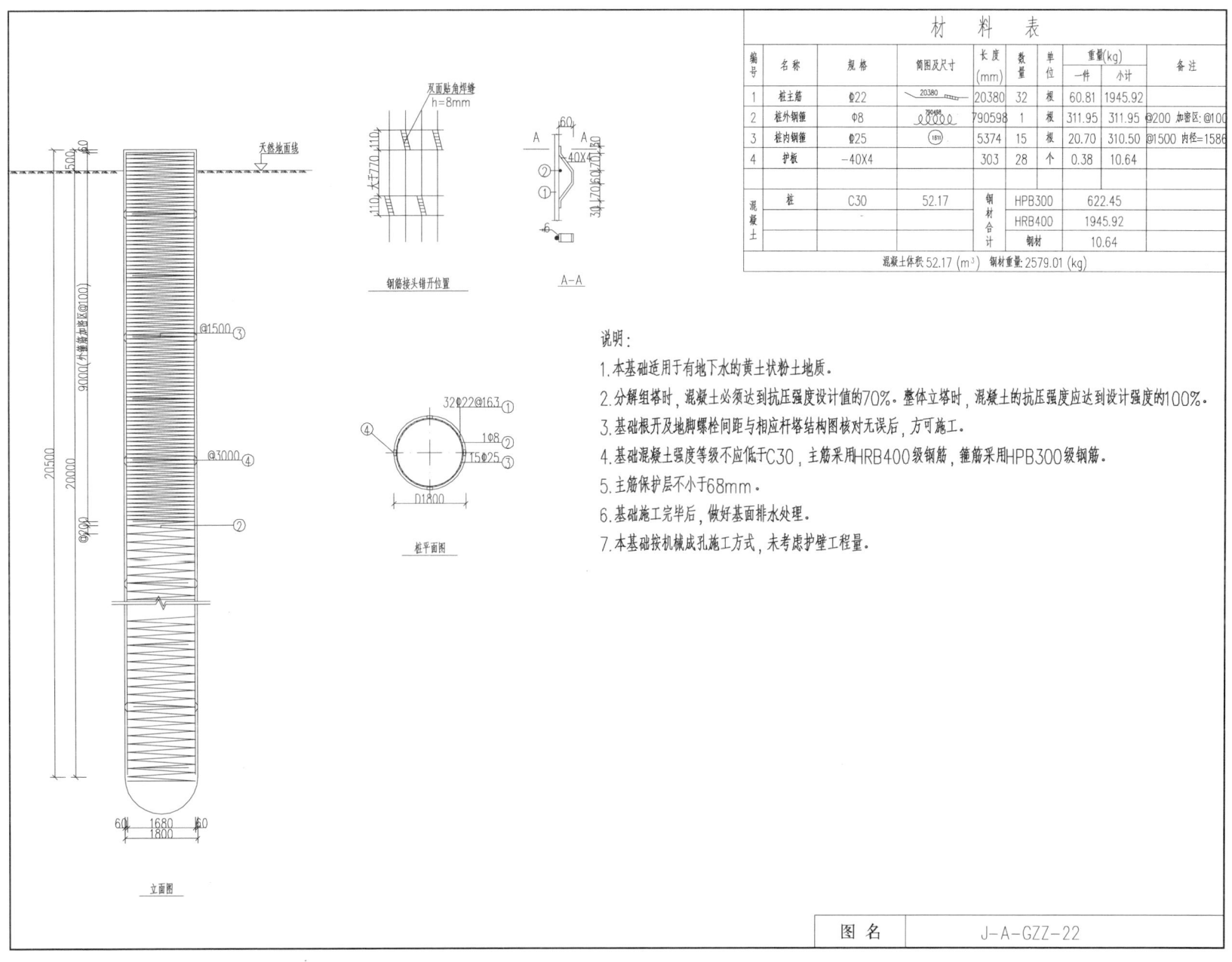

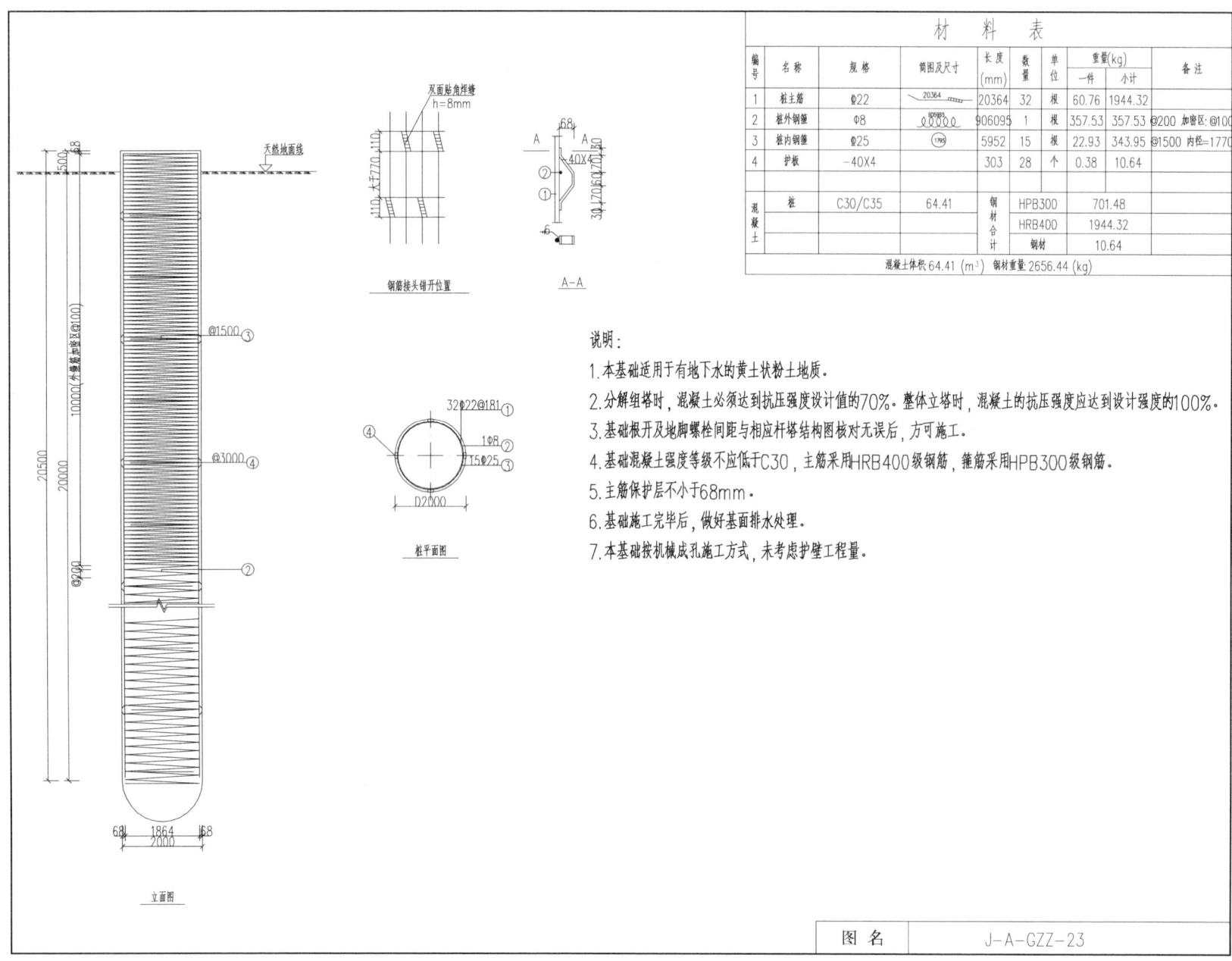

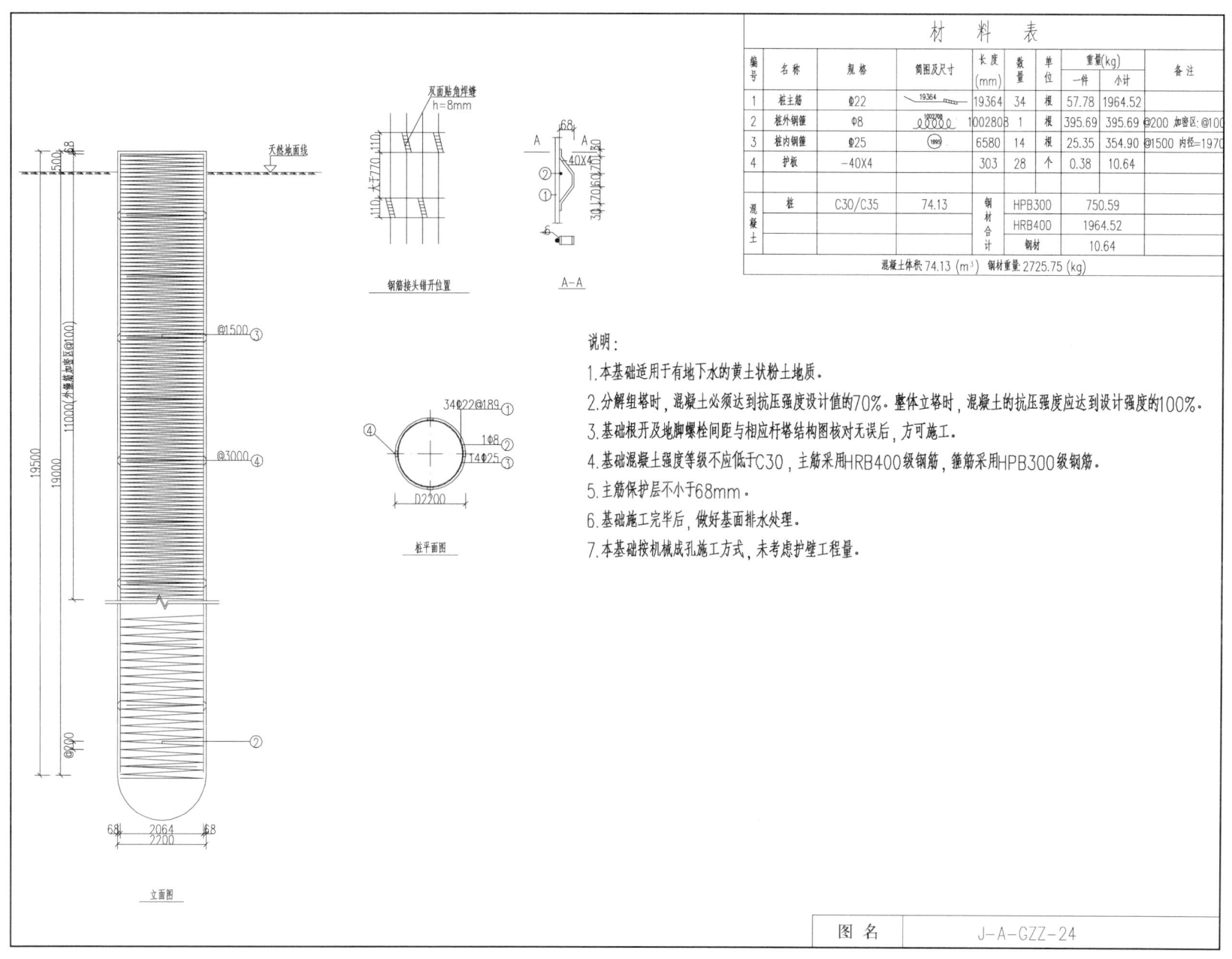

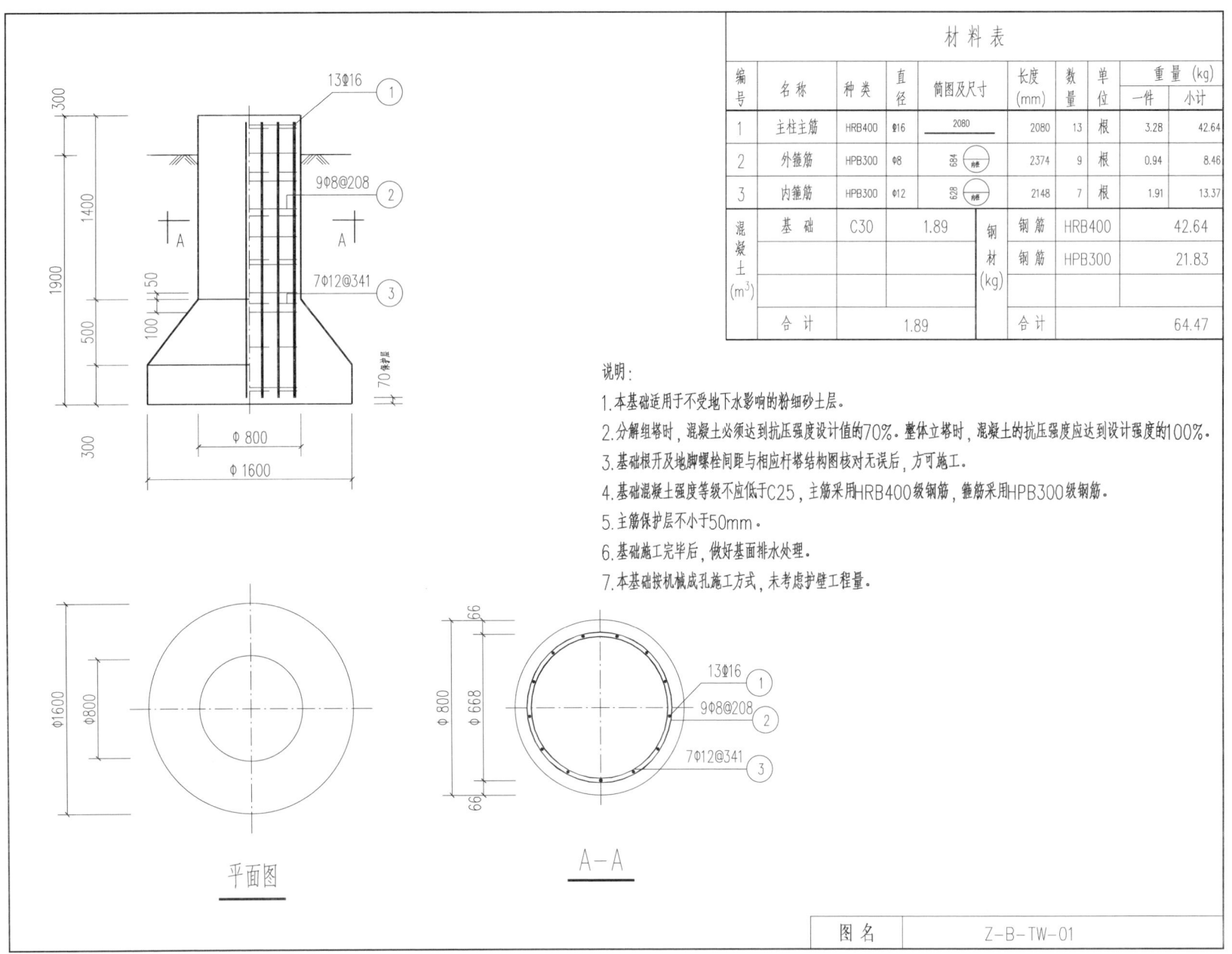

第2篇 典型设计

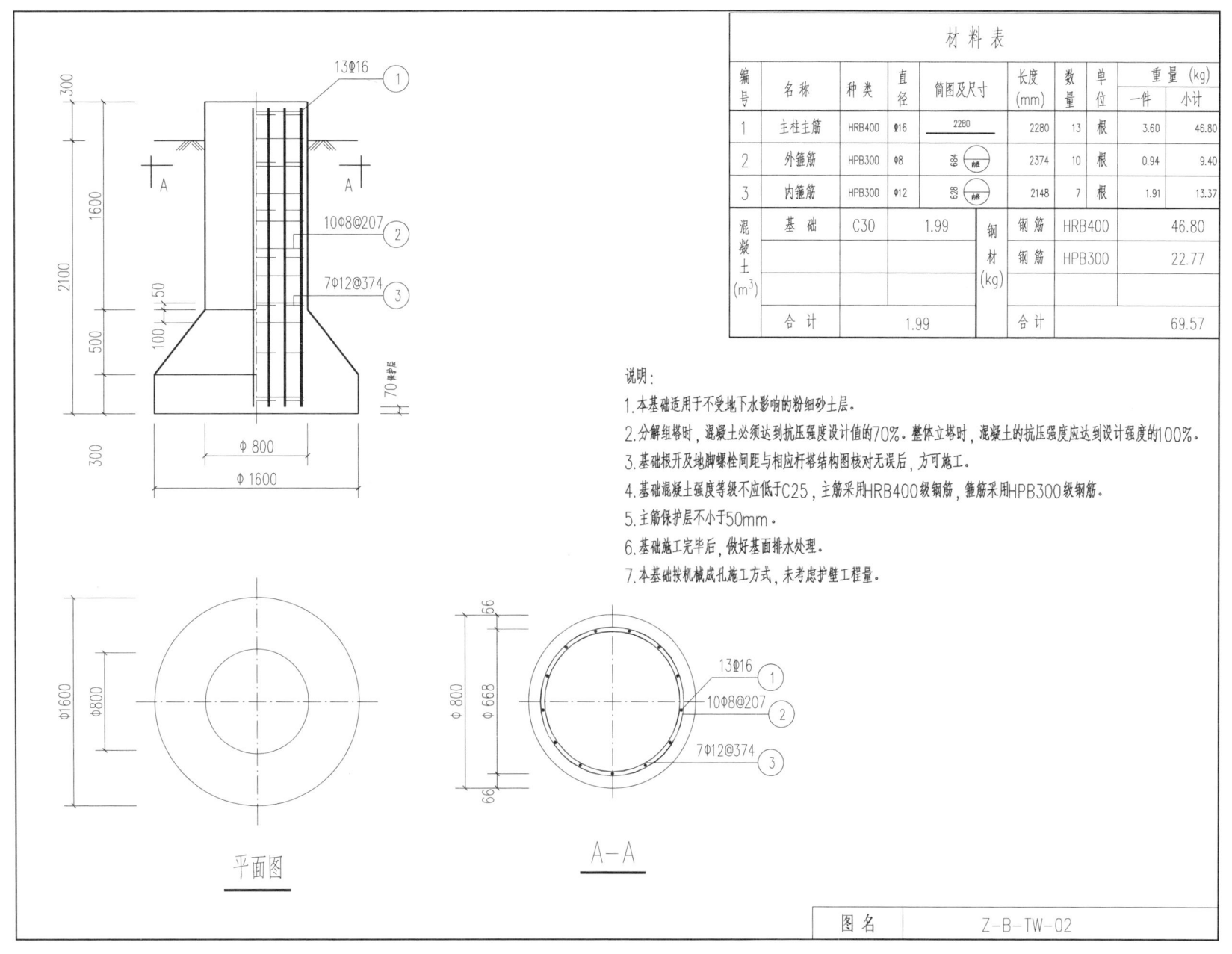

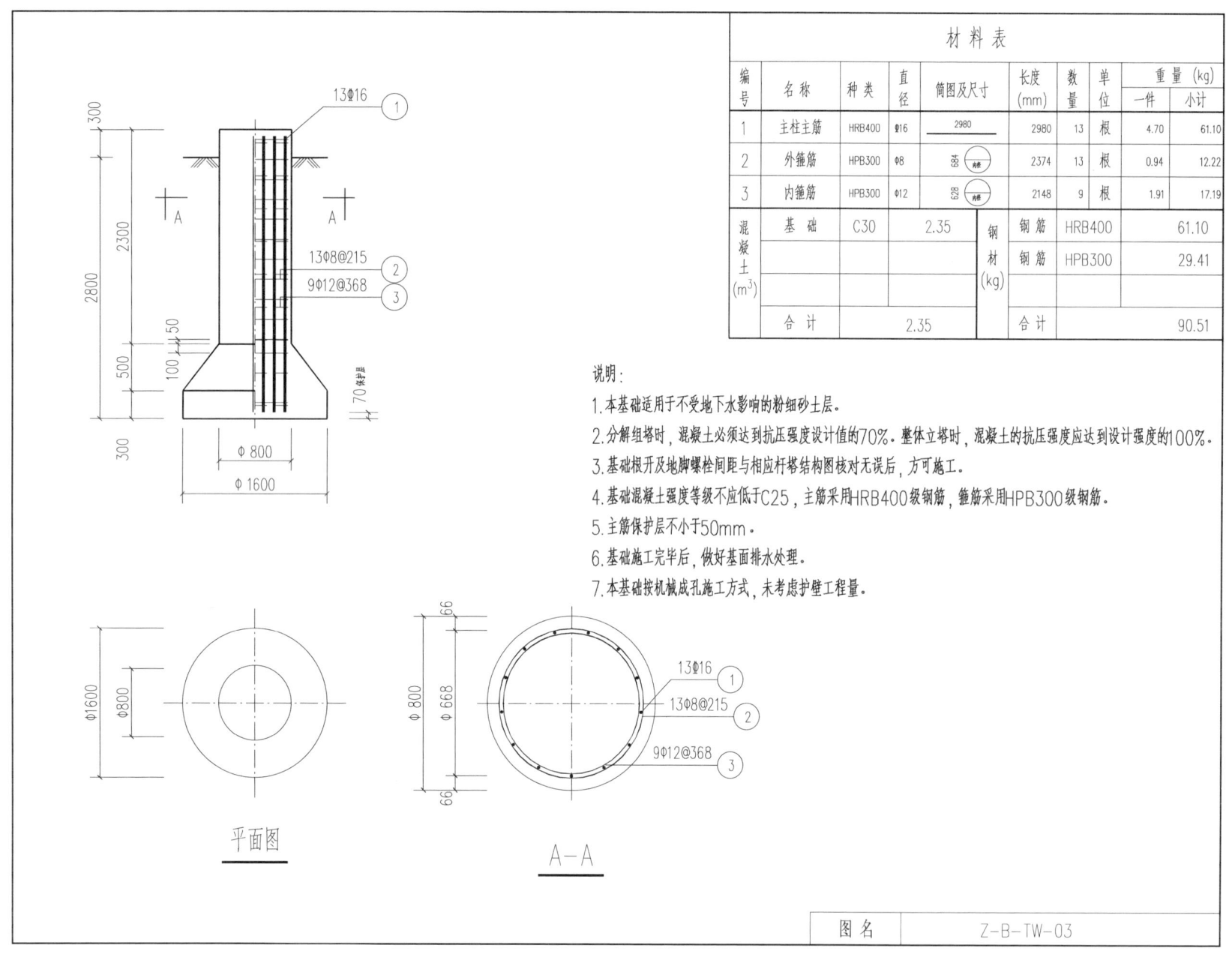

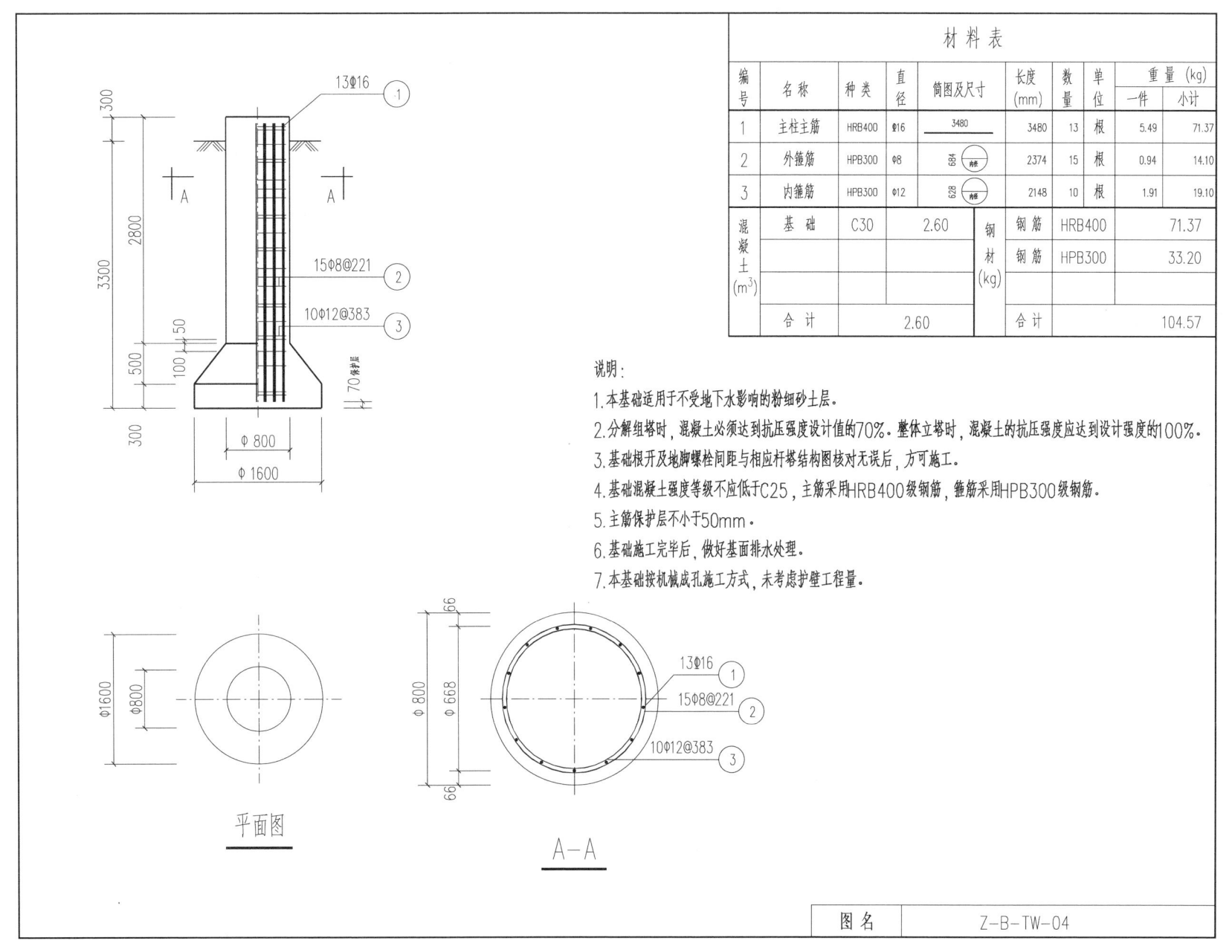

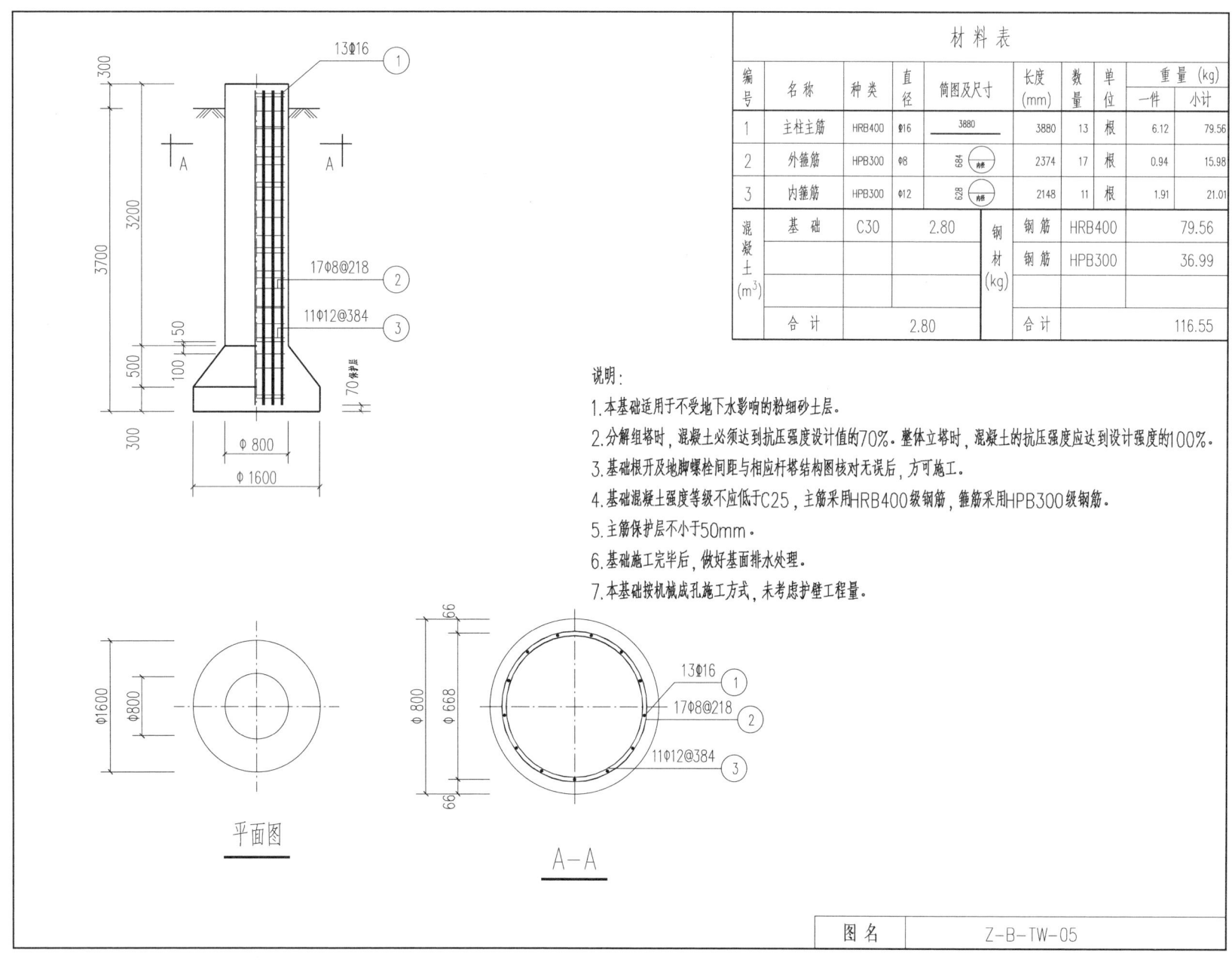

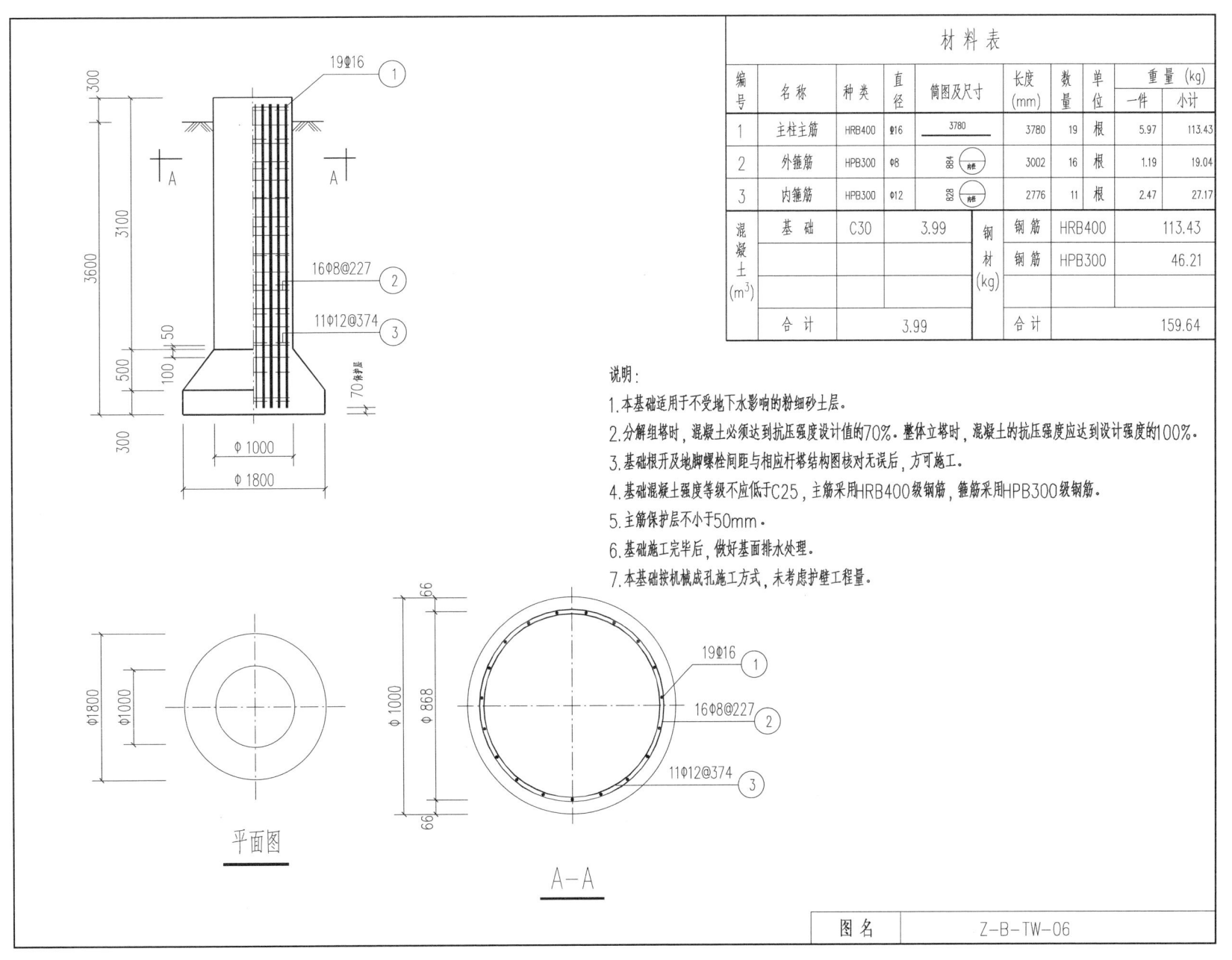

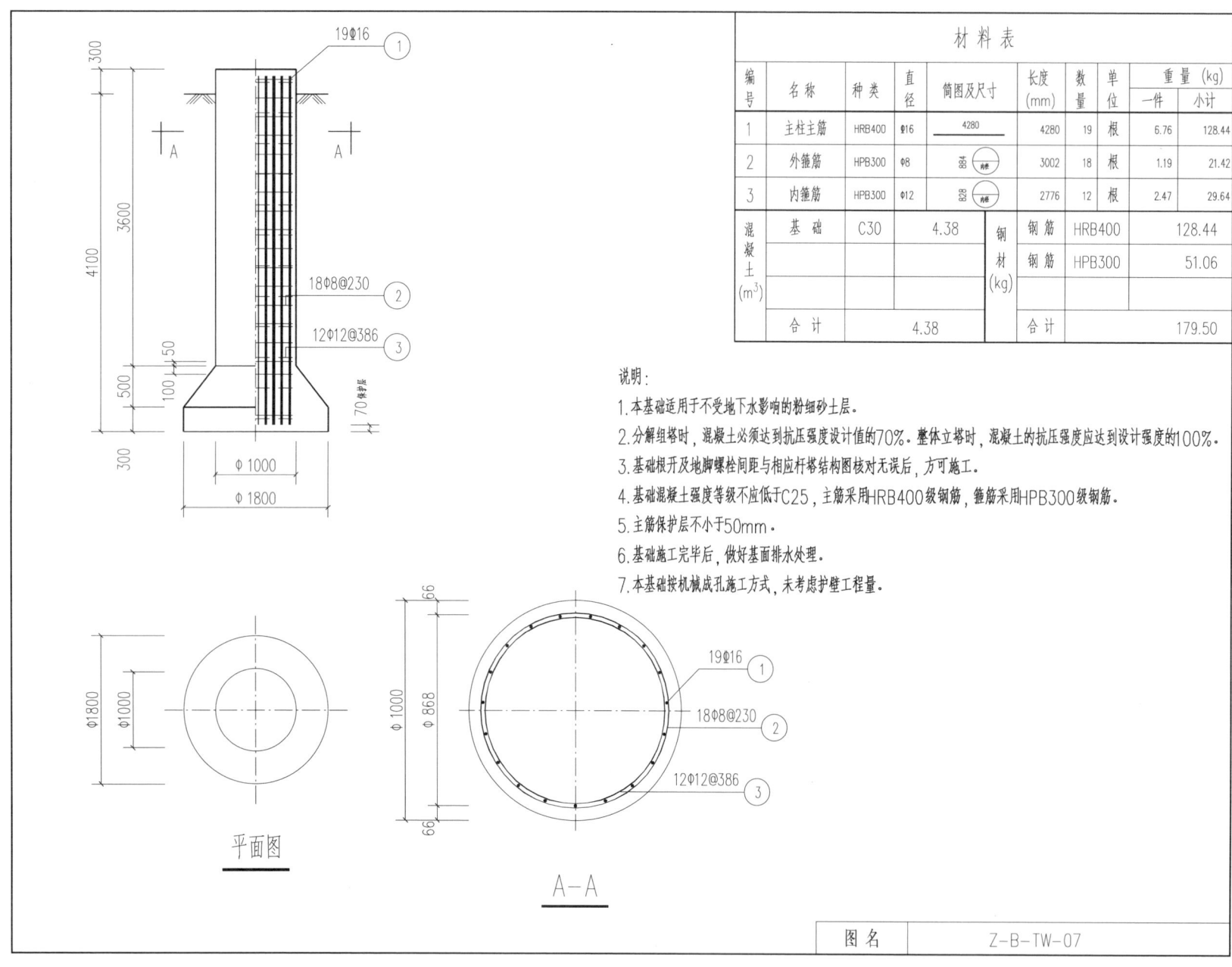

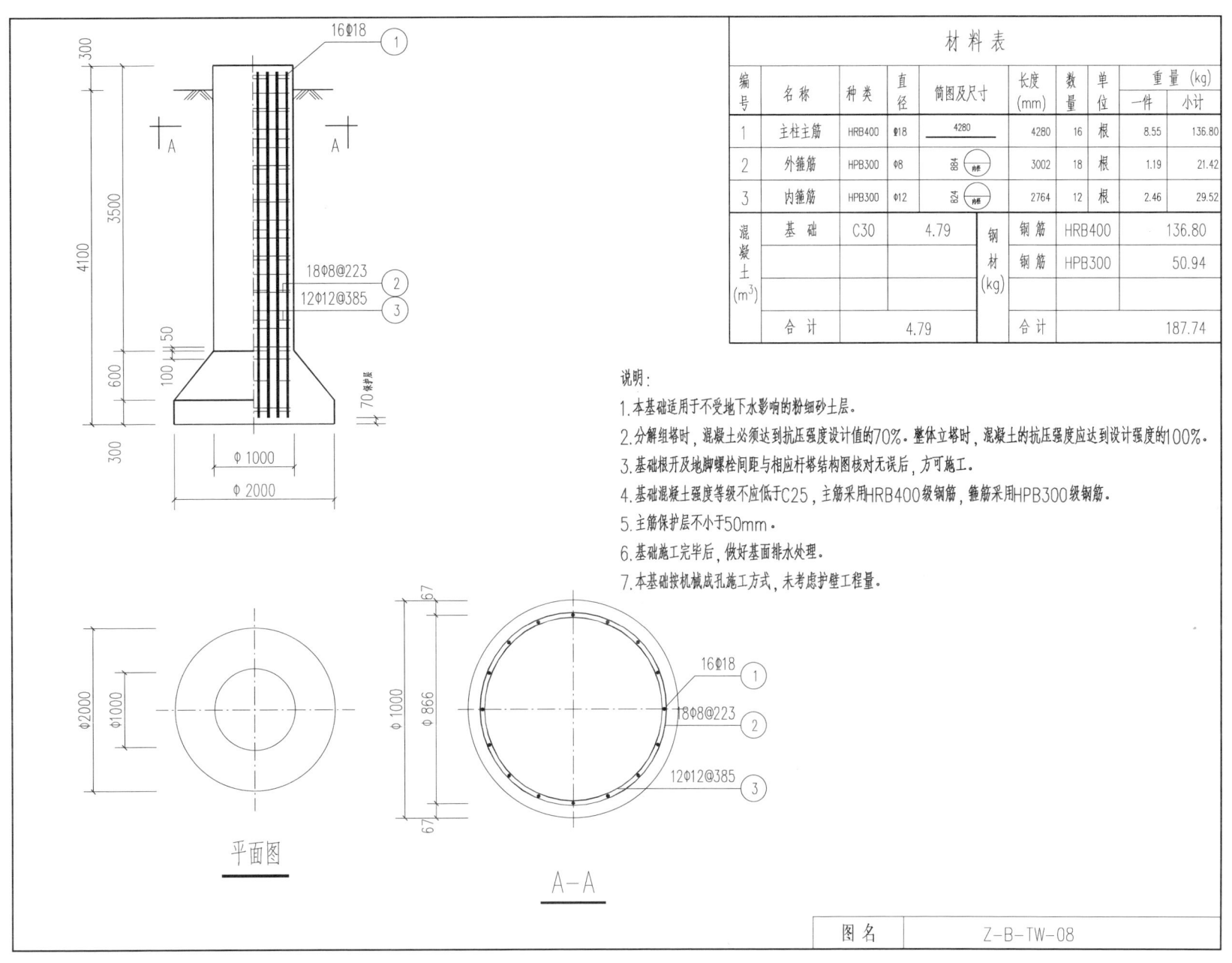

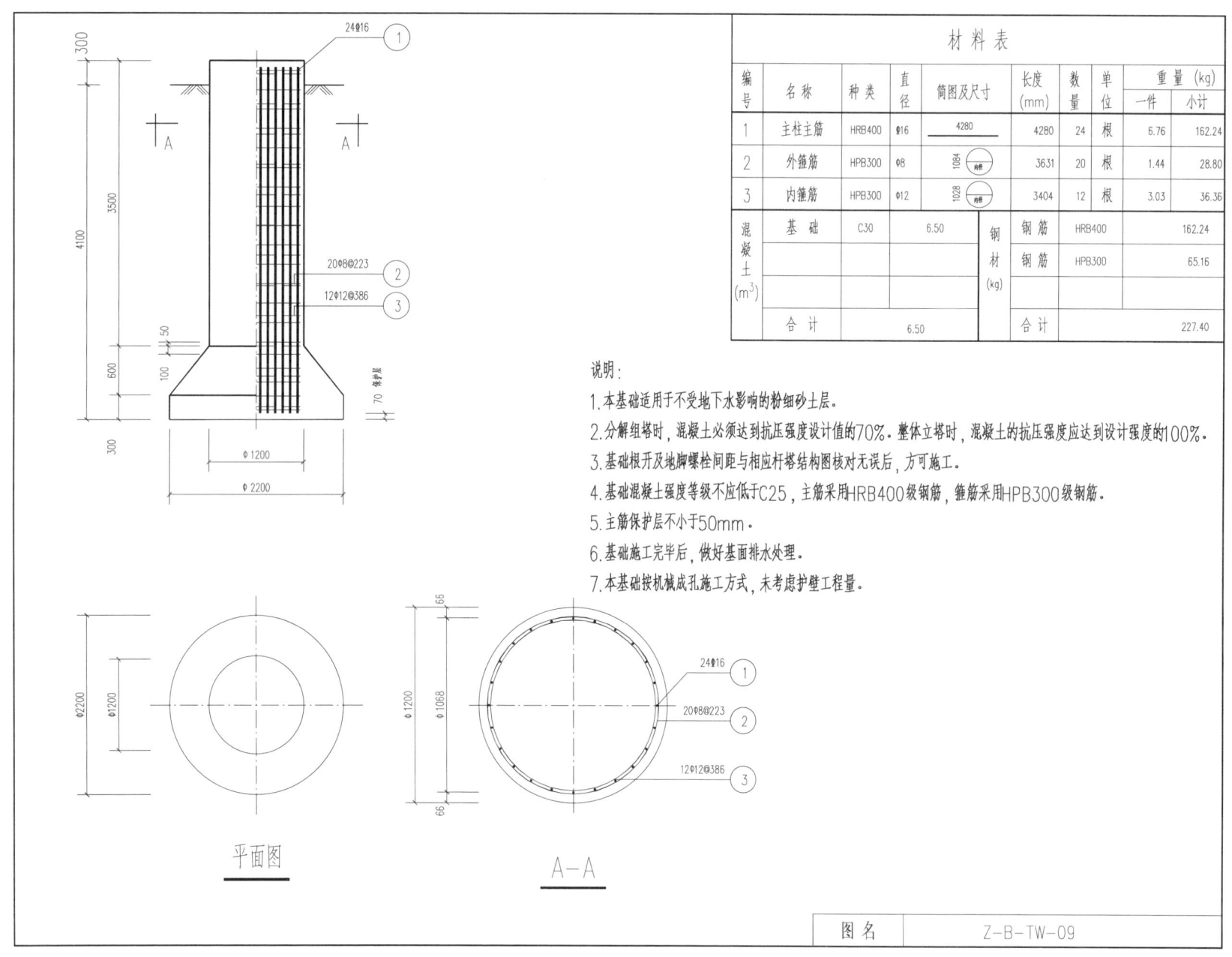

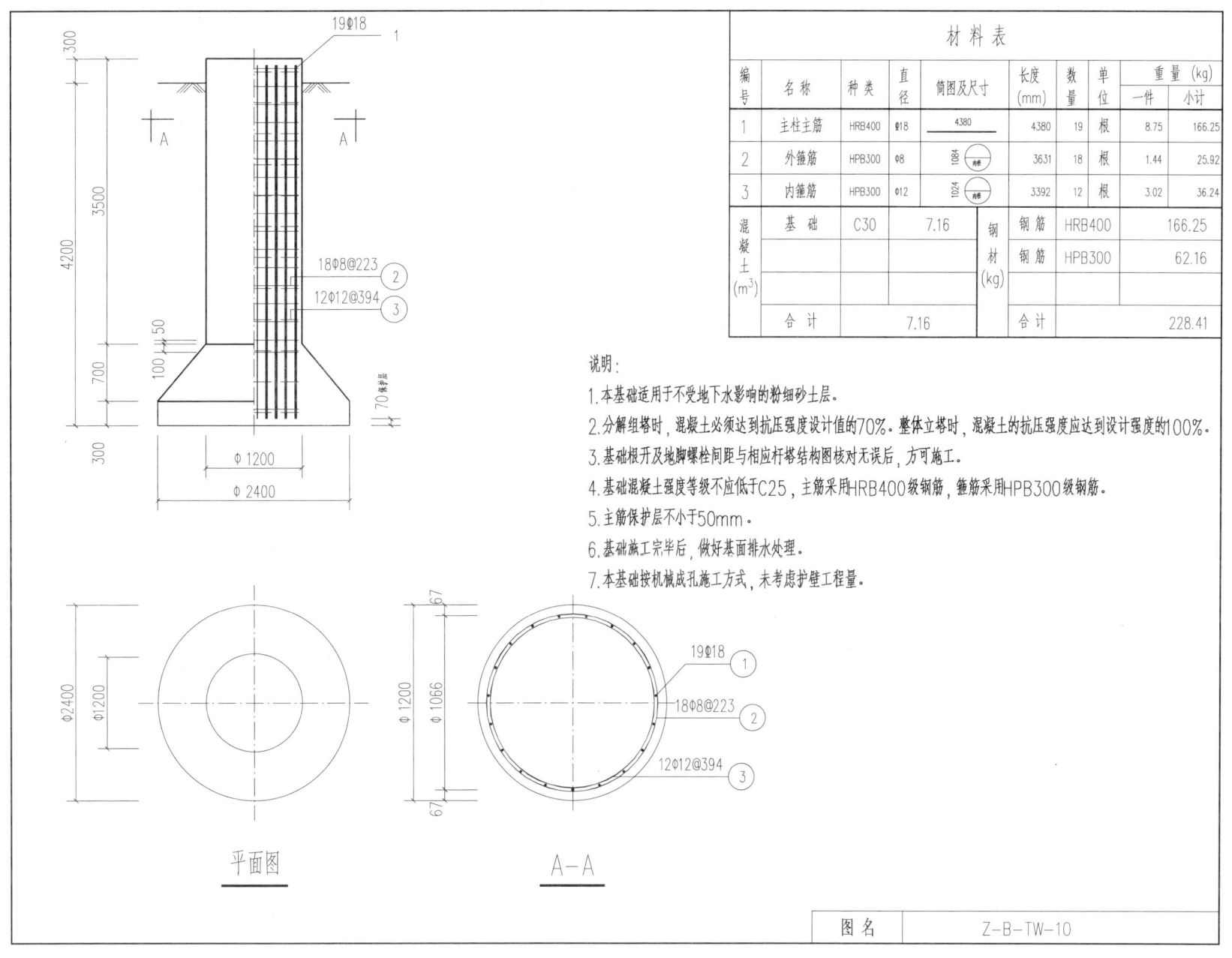

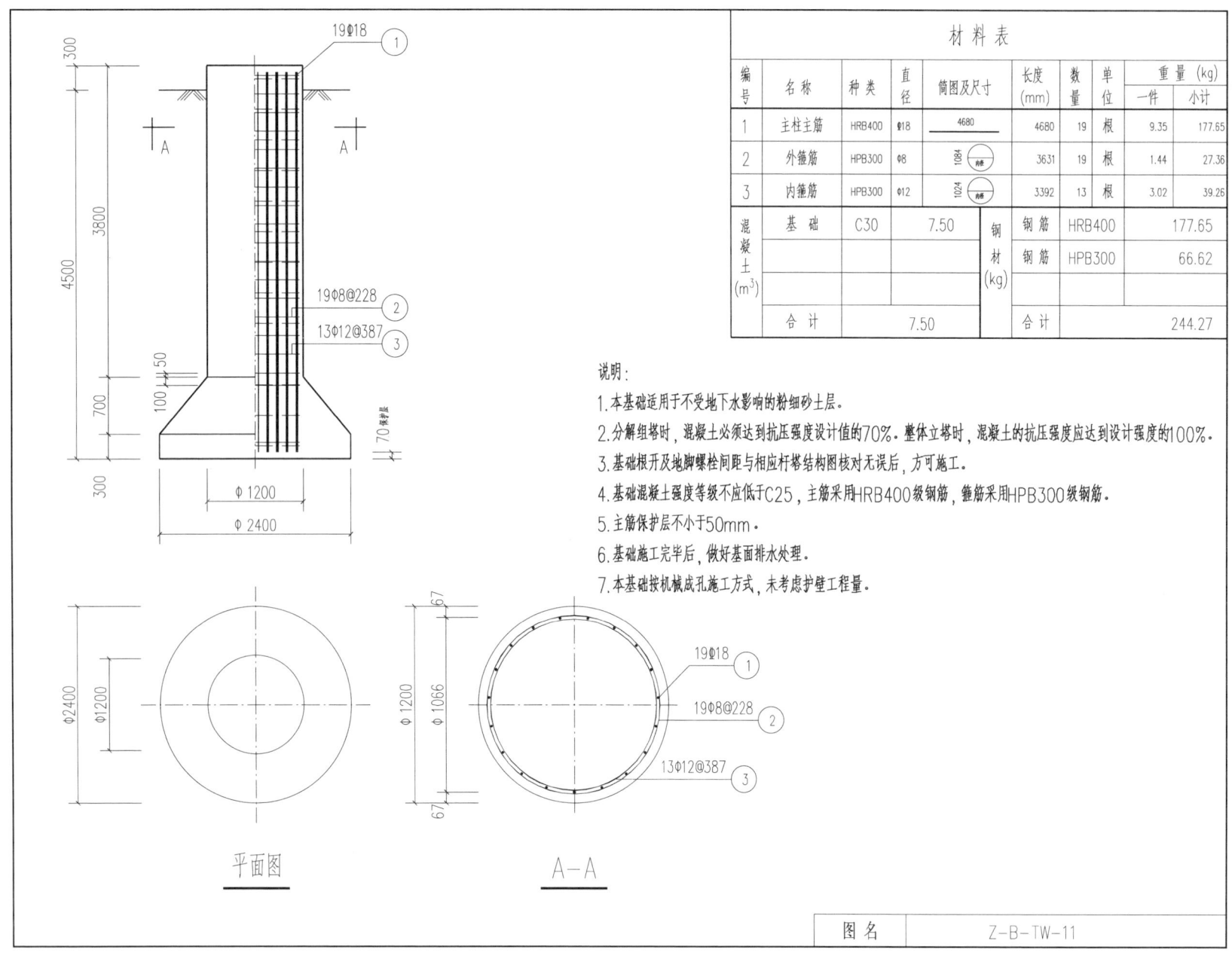

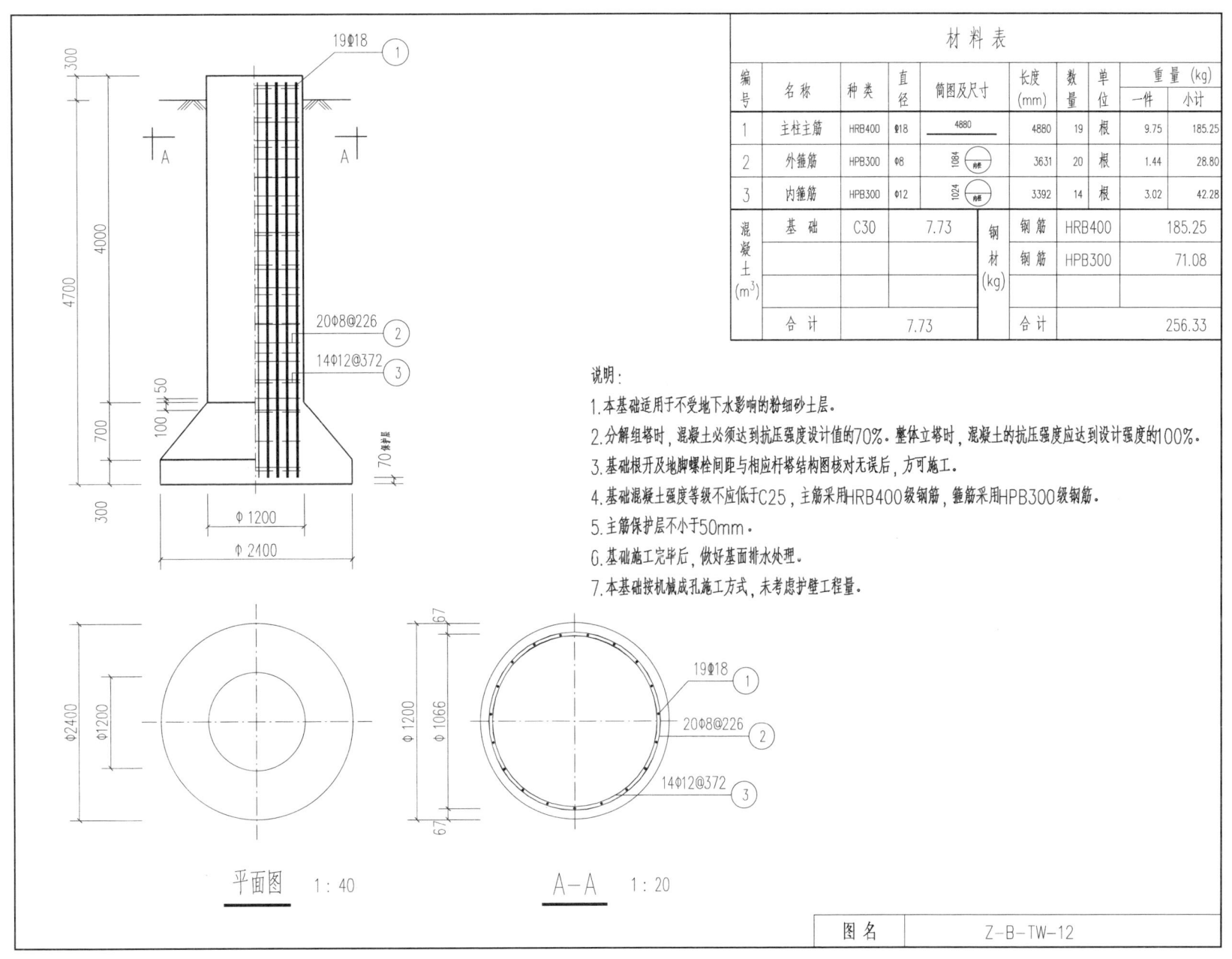

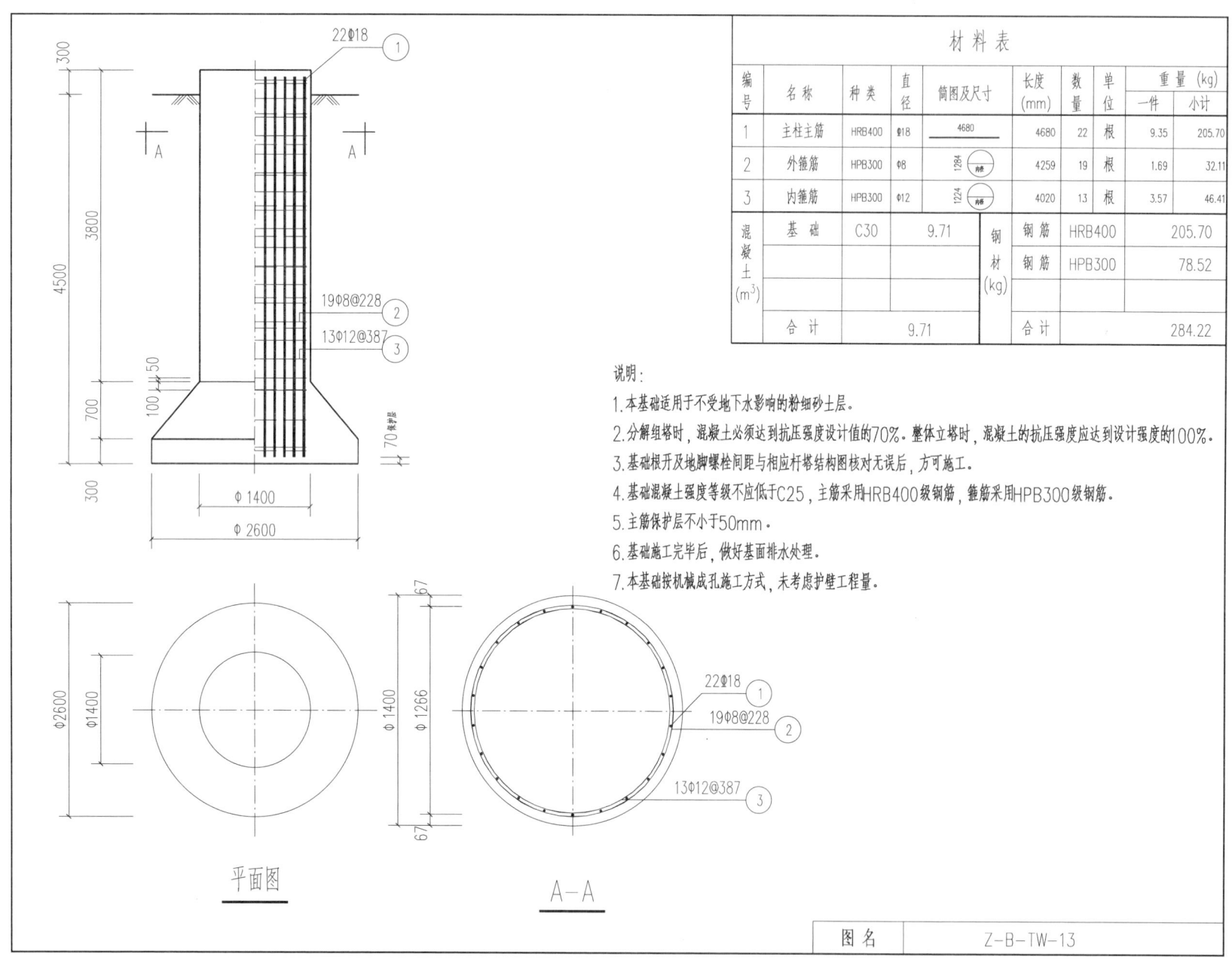

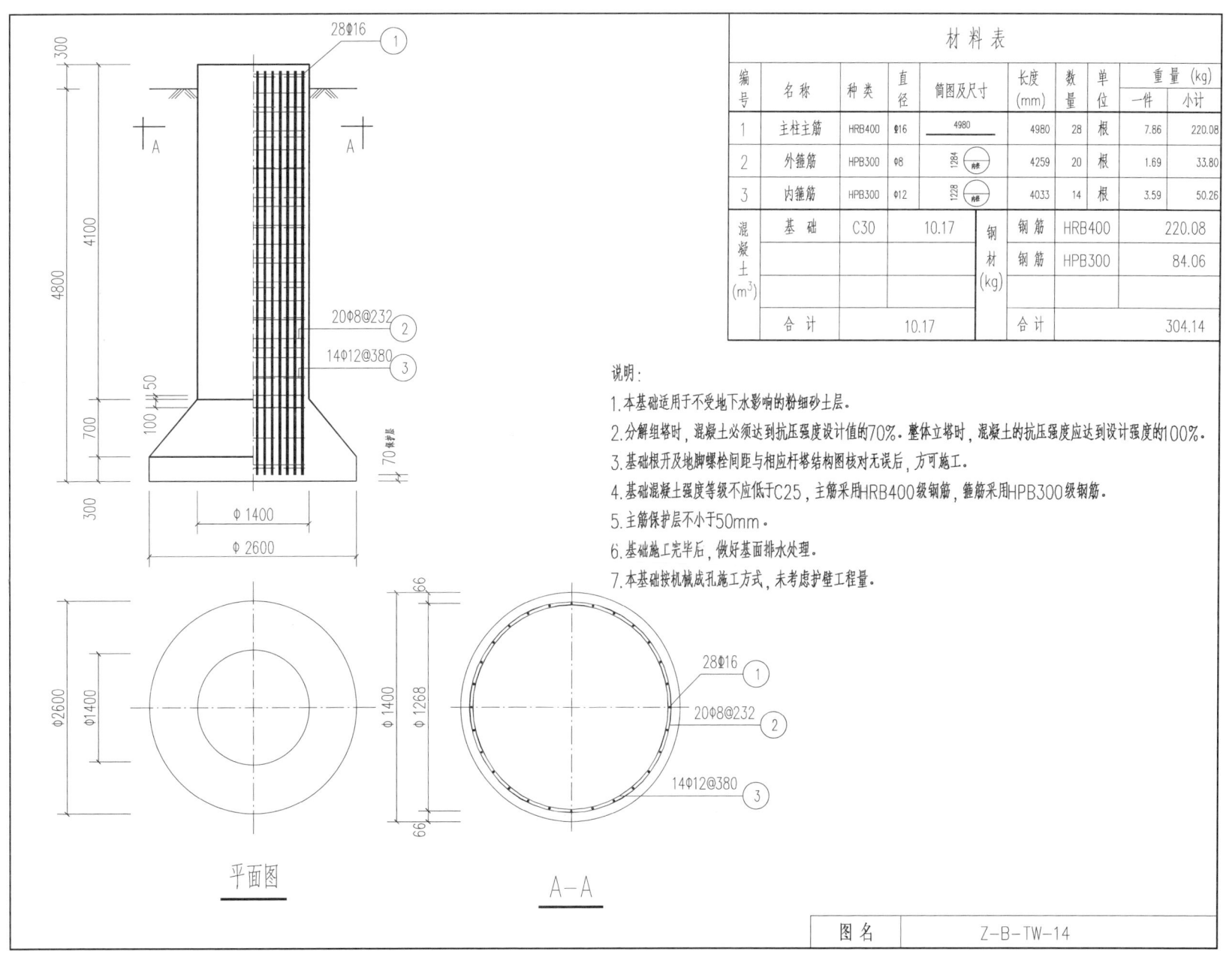

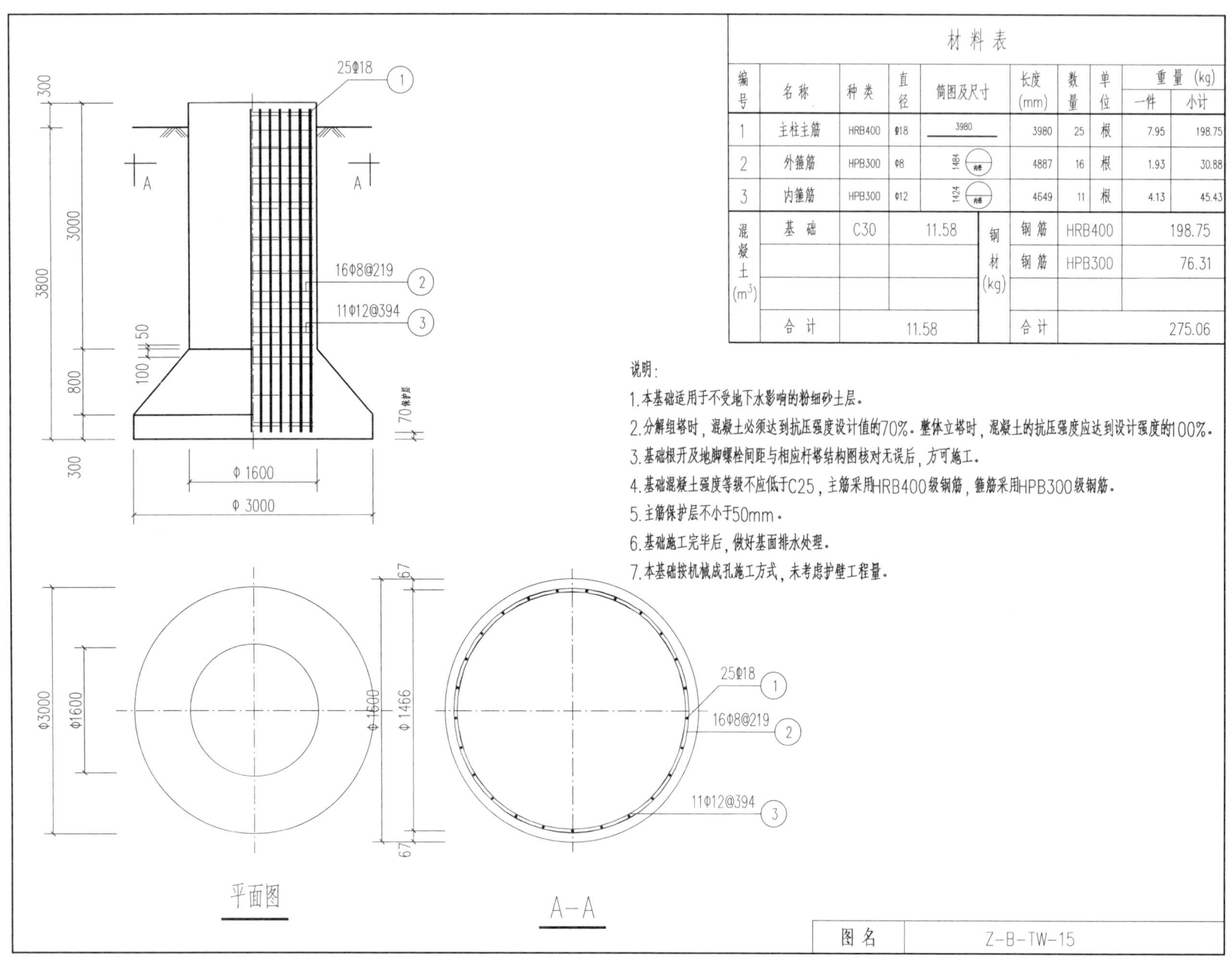

第2篇 典型设计

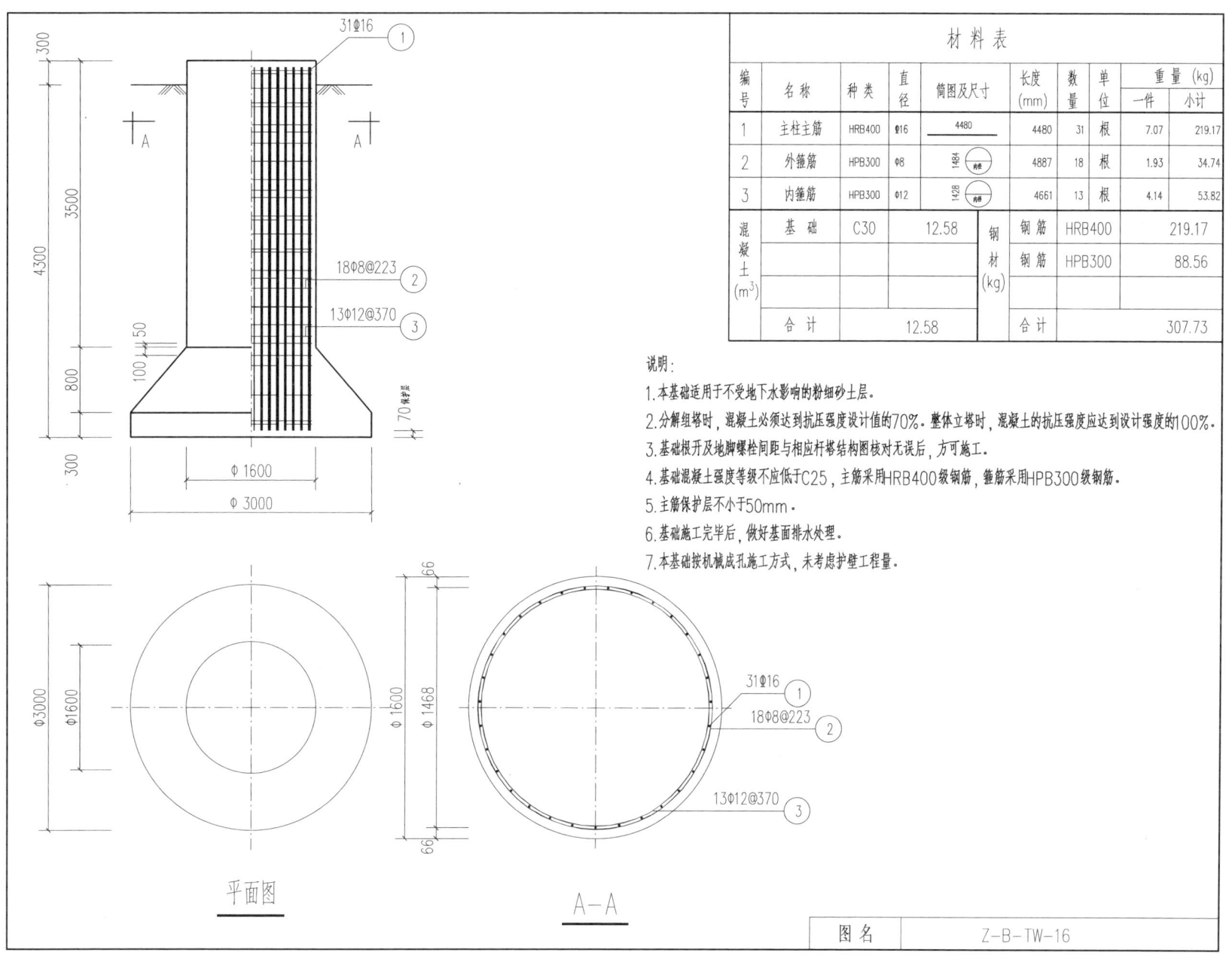

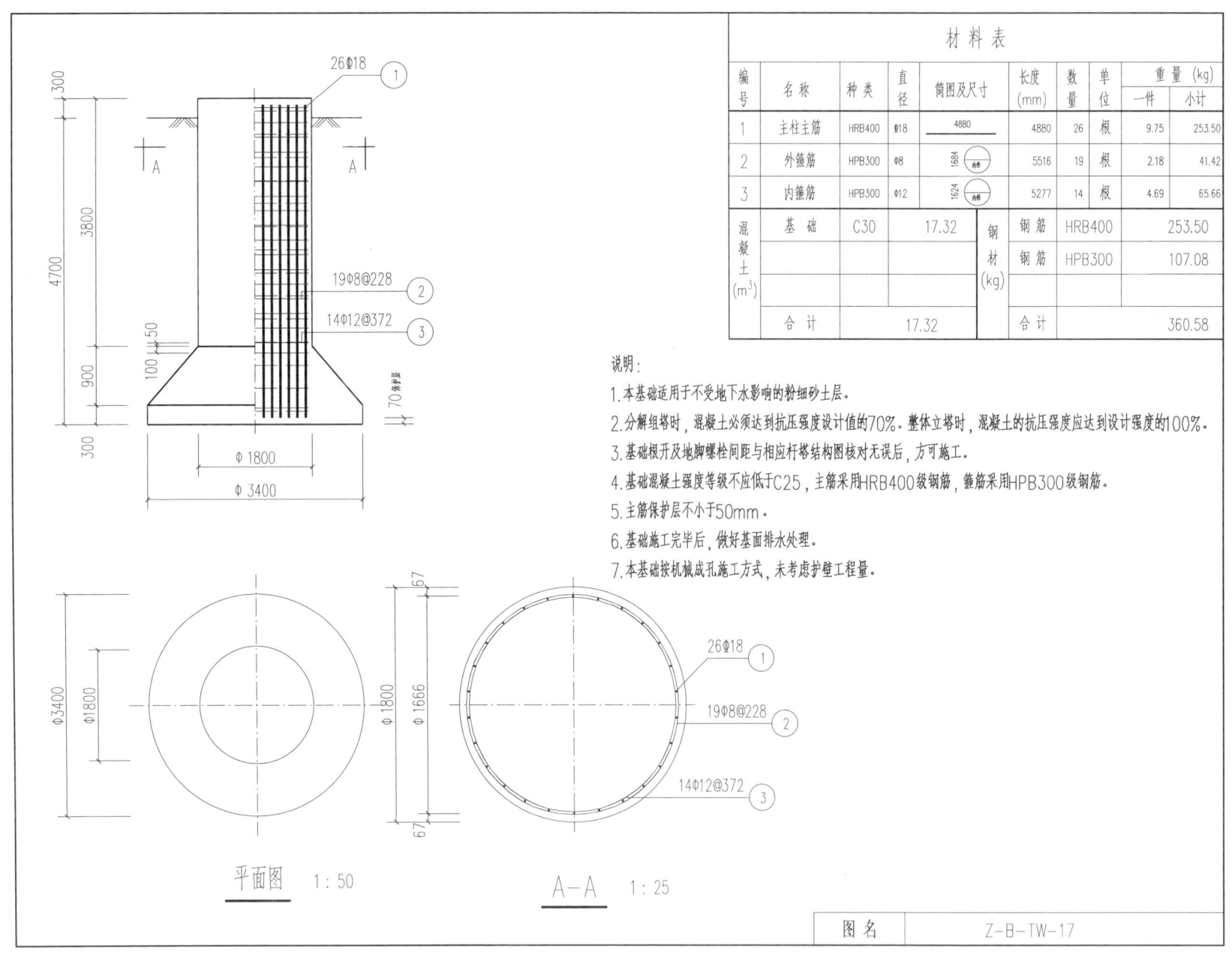

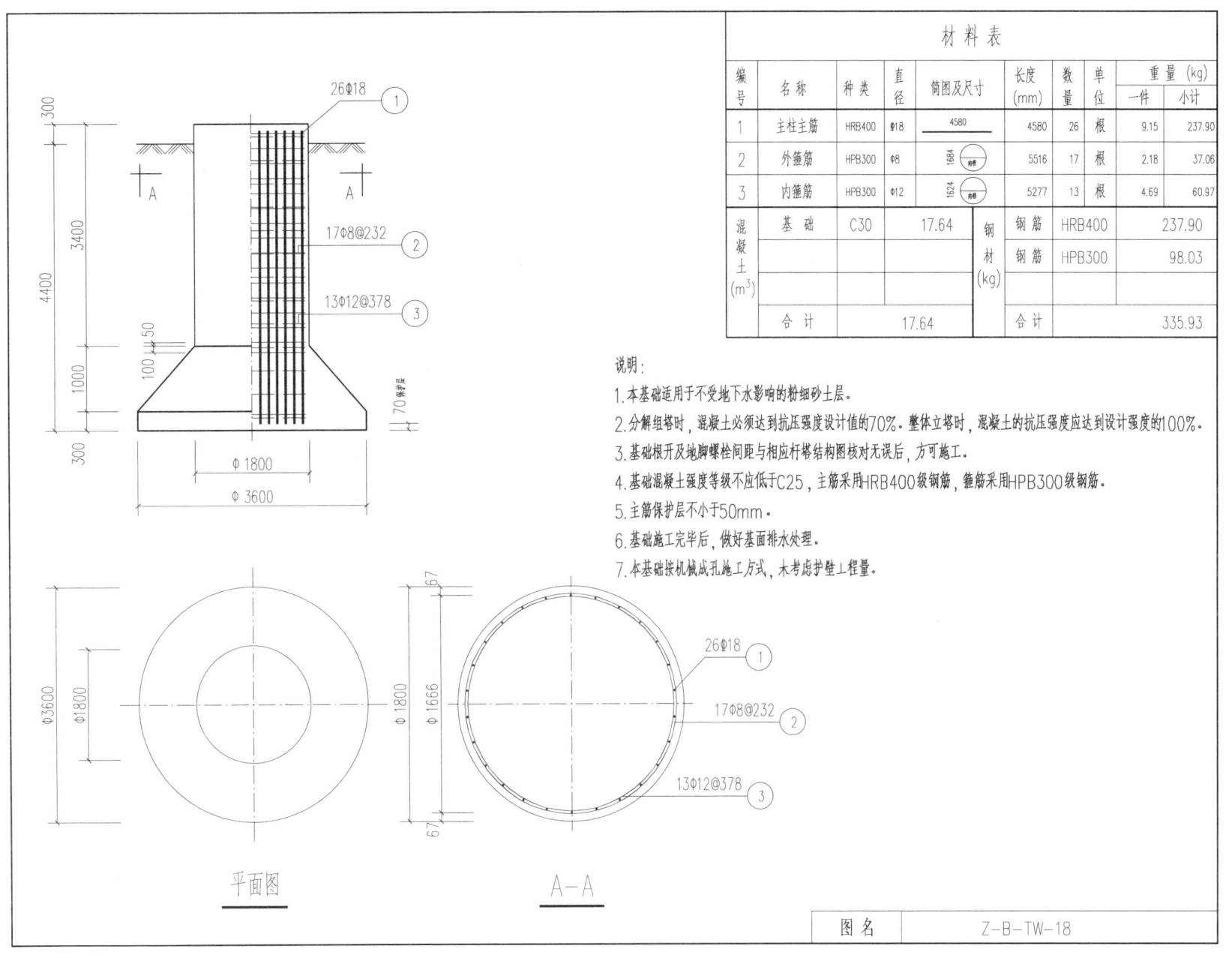

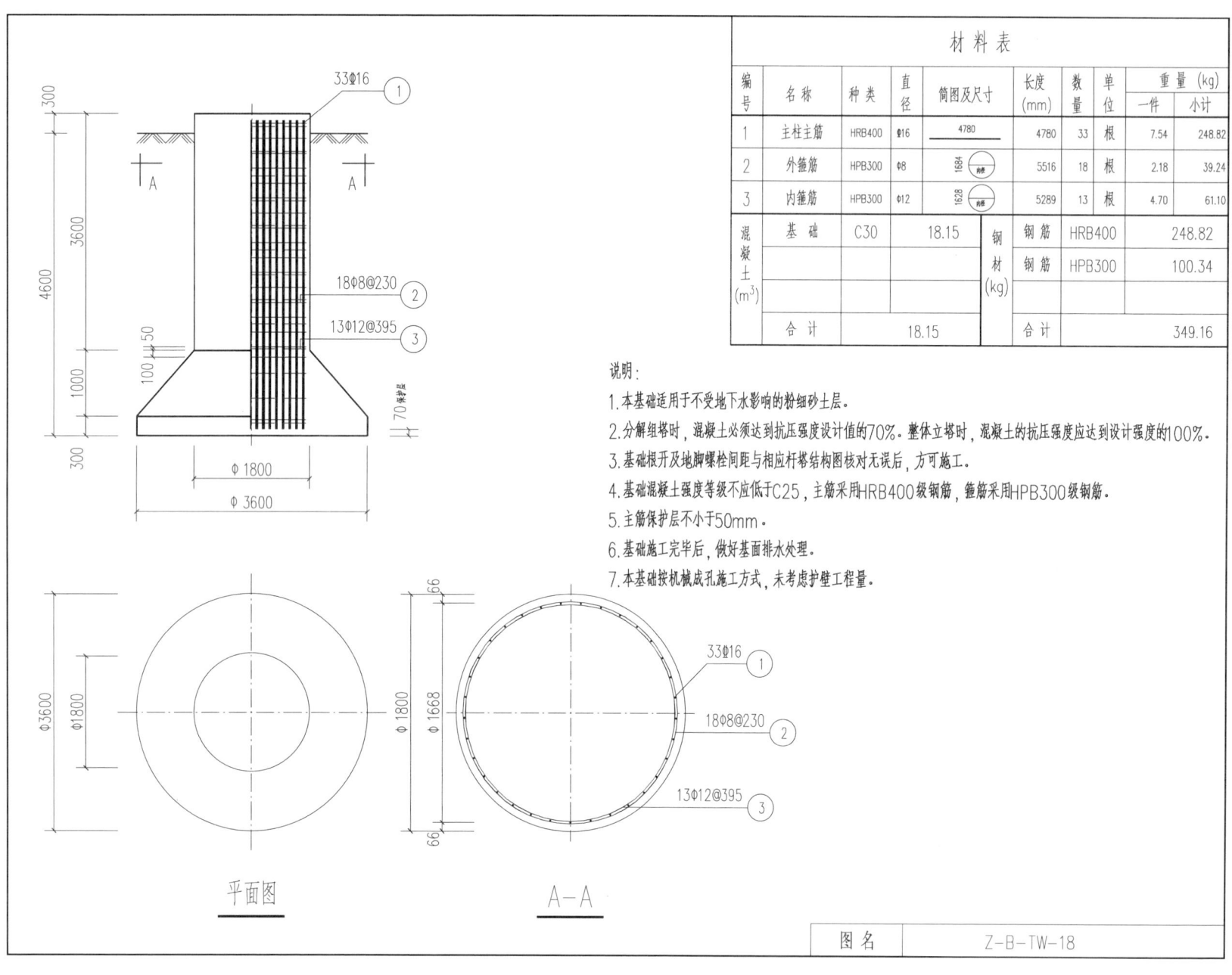

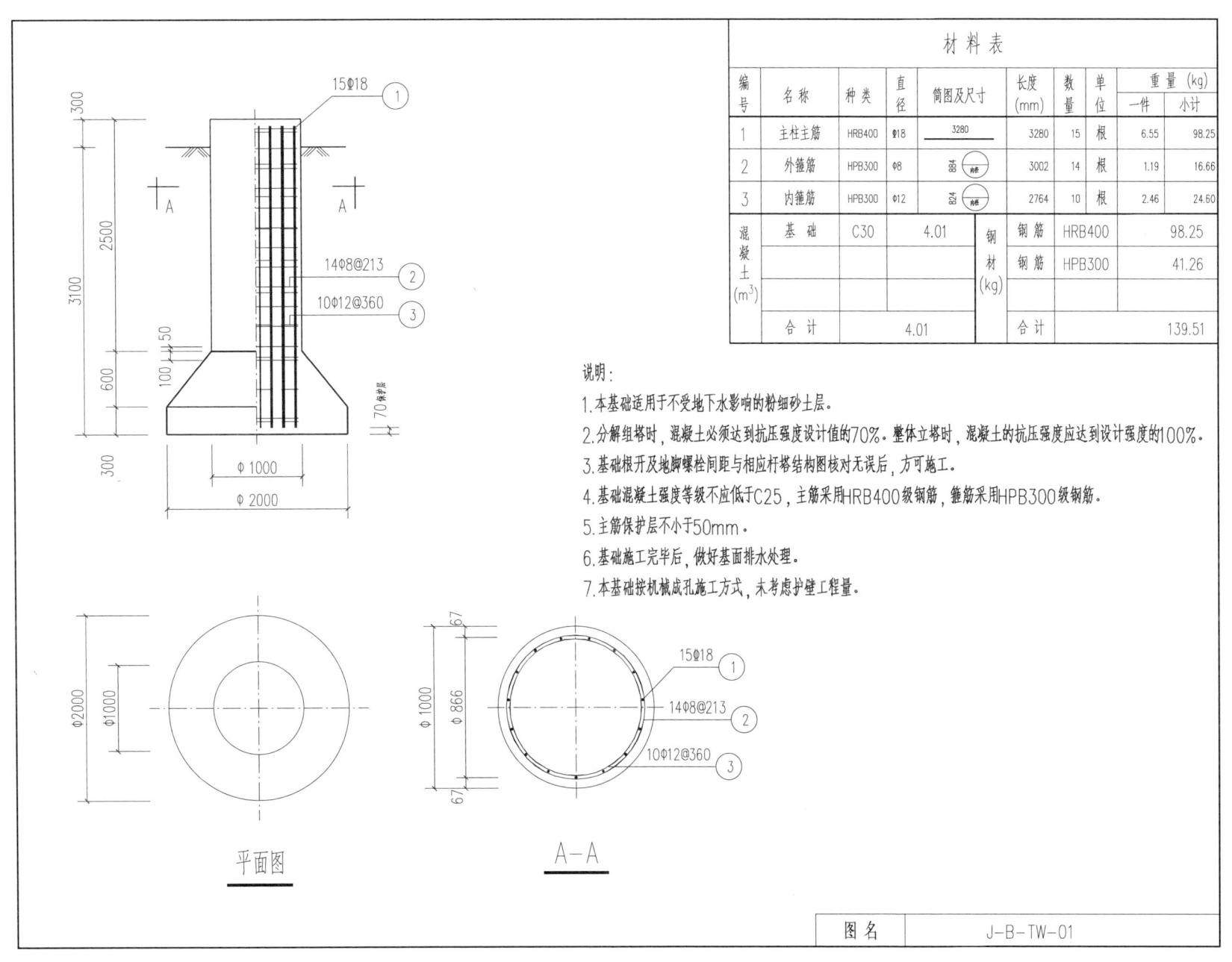

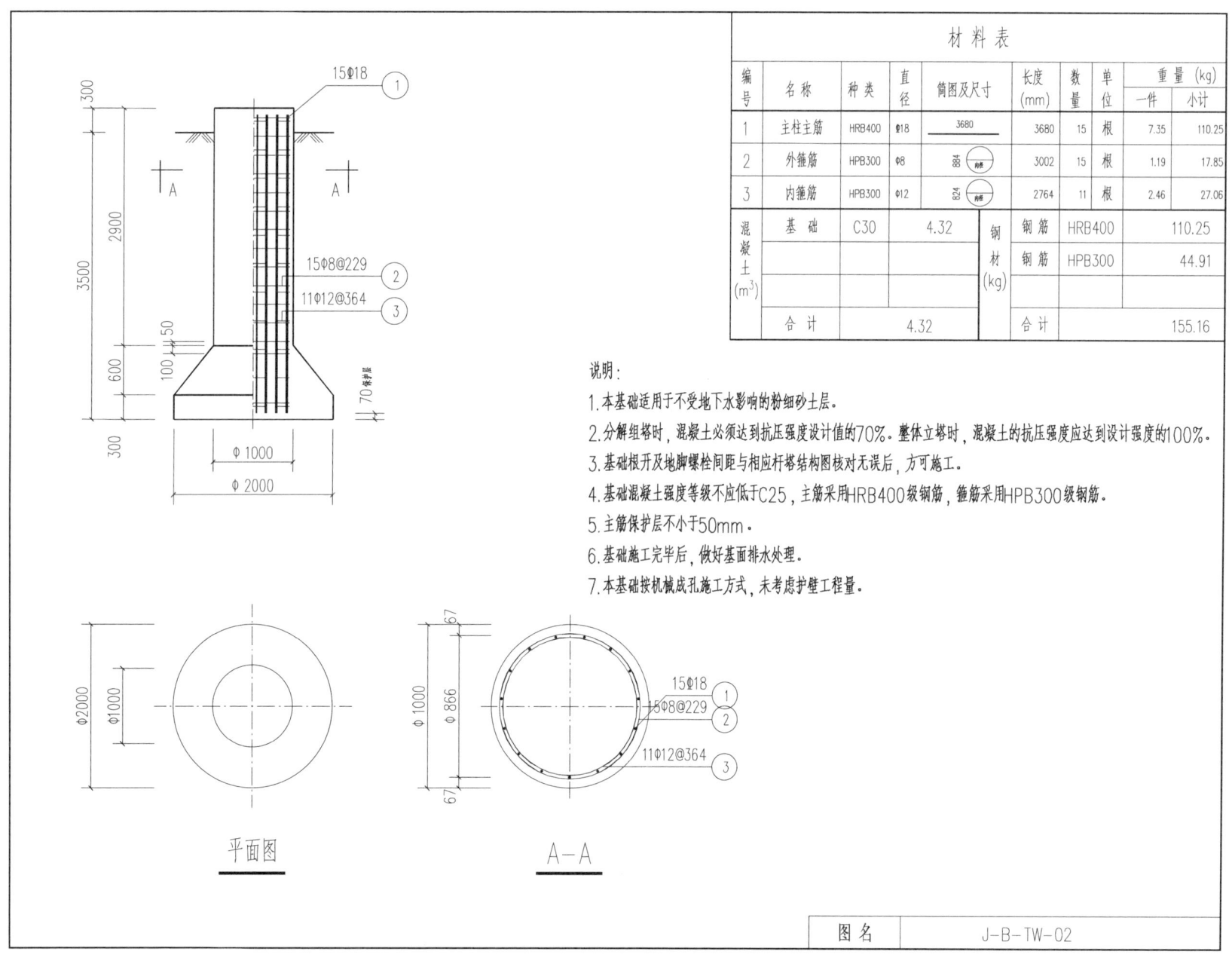

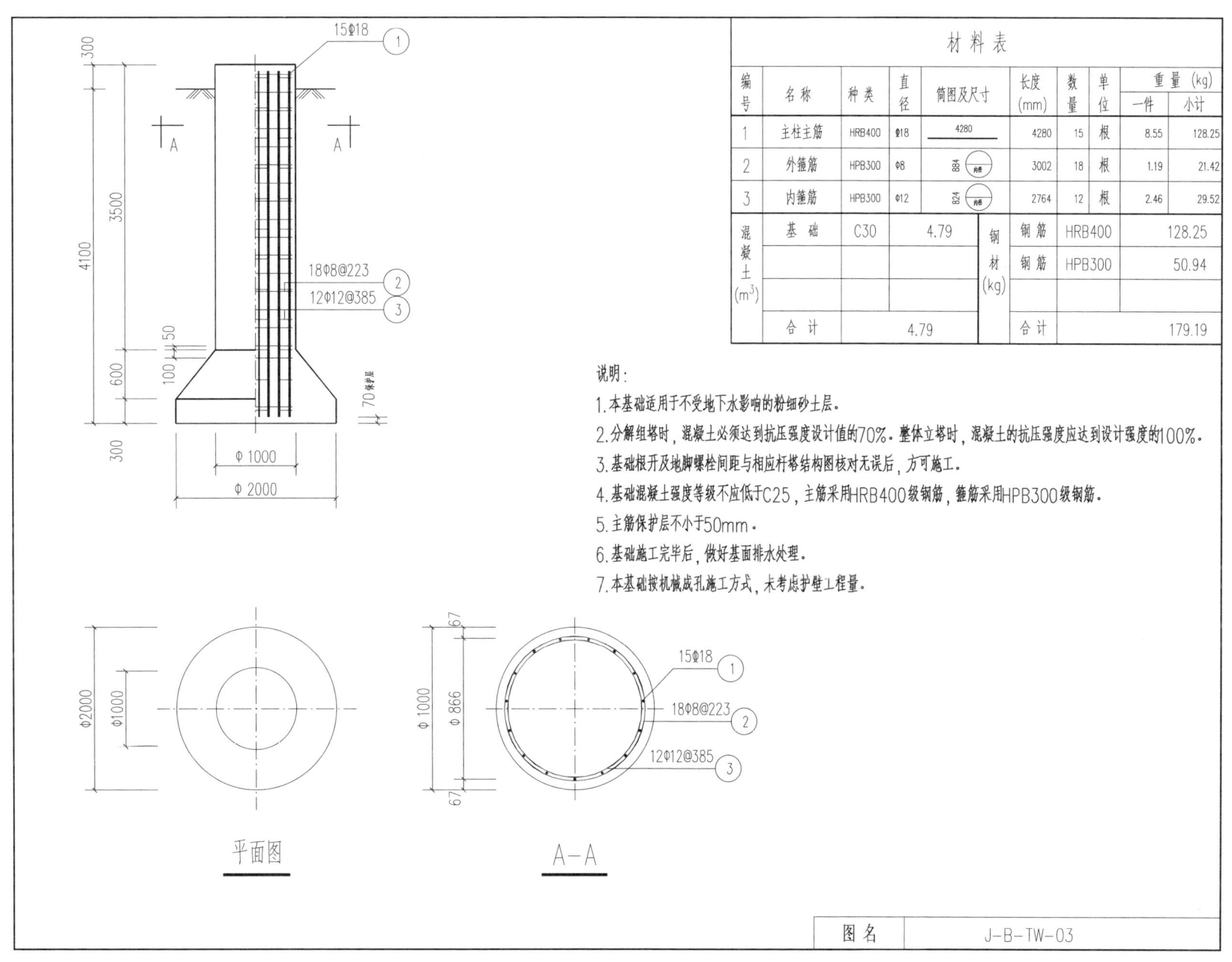

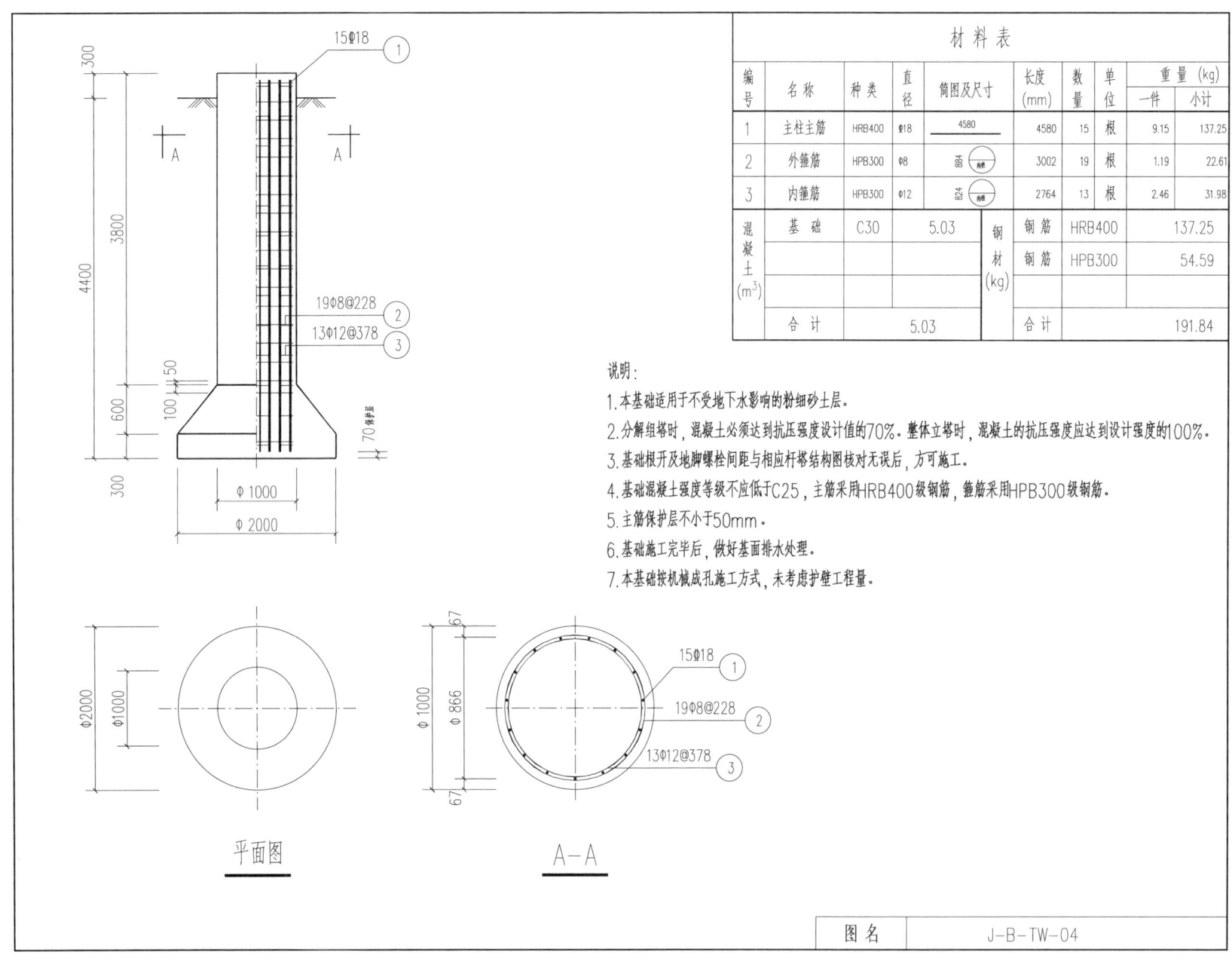

图名 J-B-TW-04

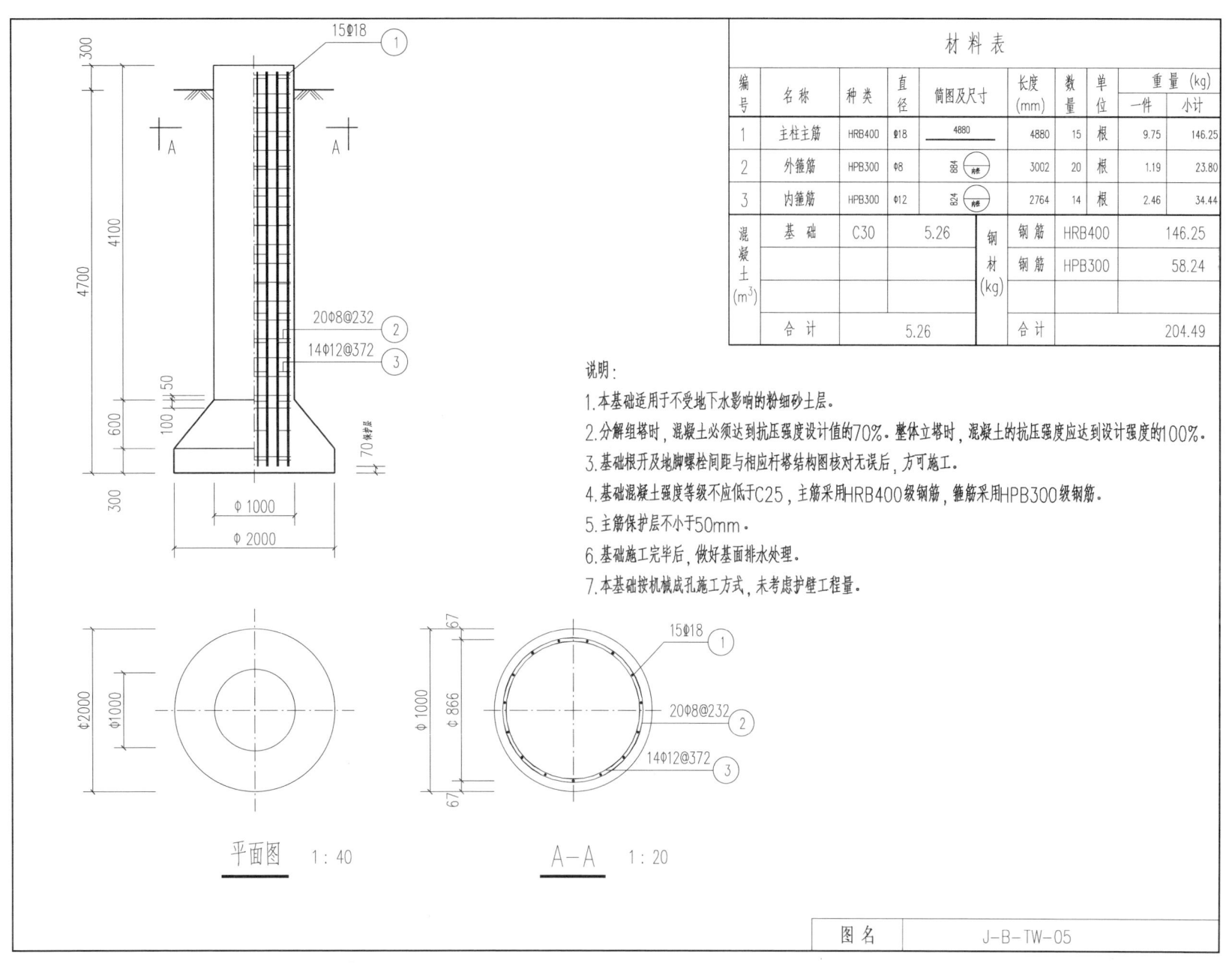

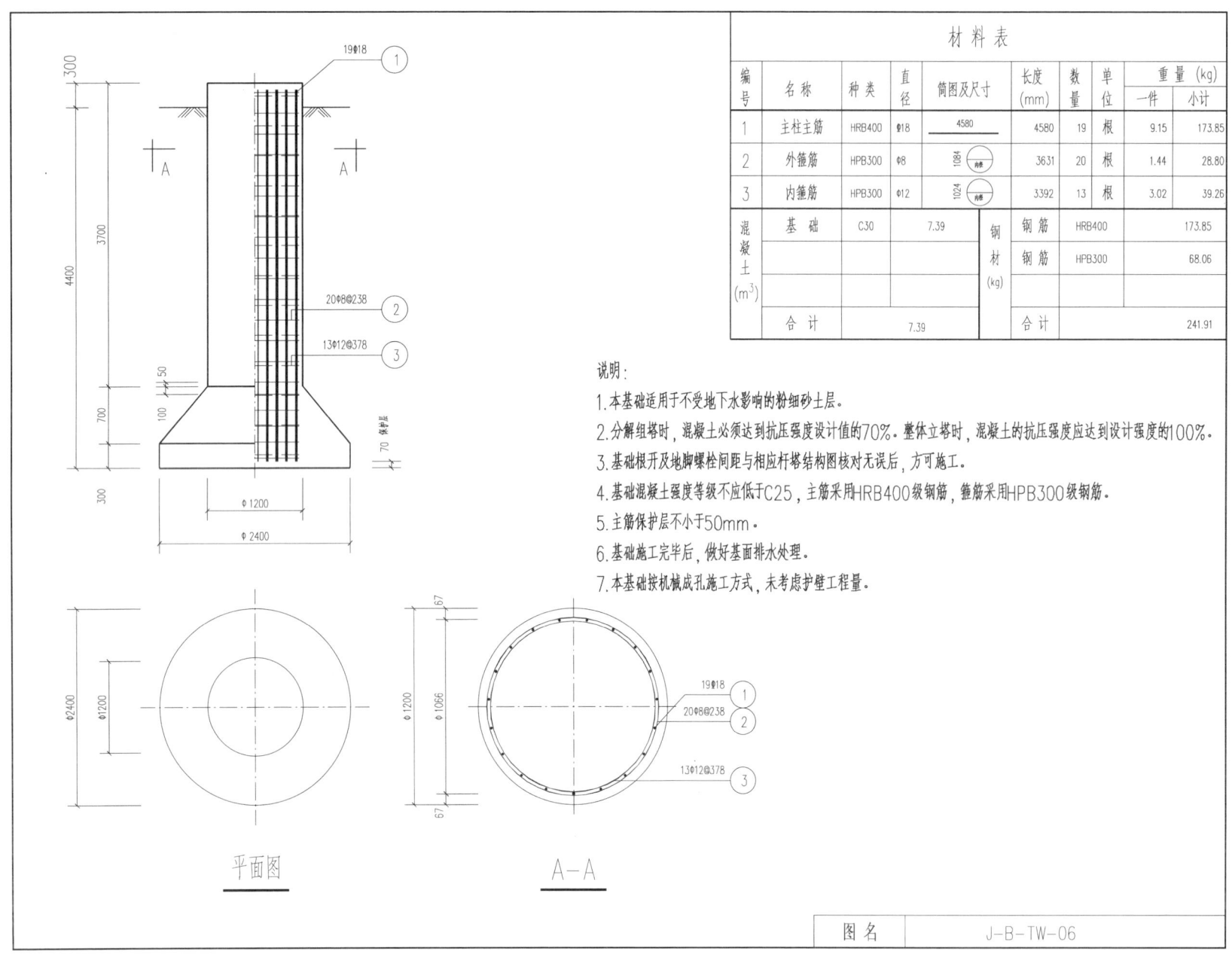

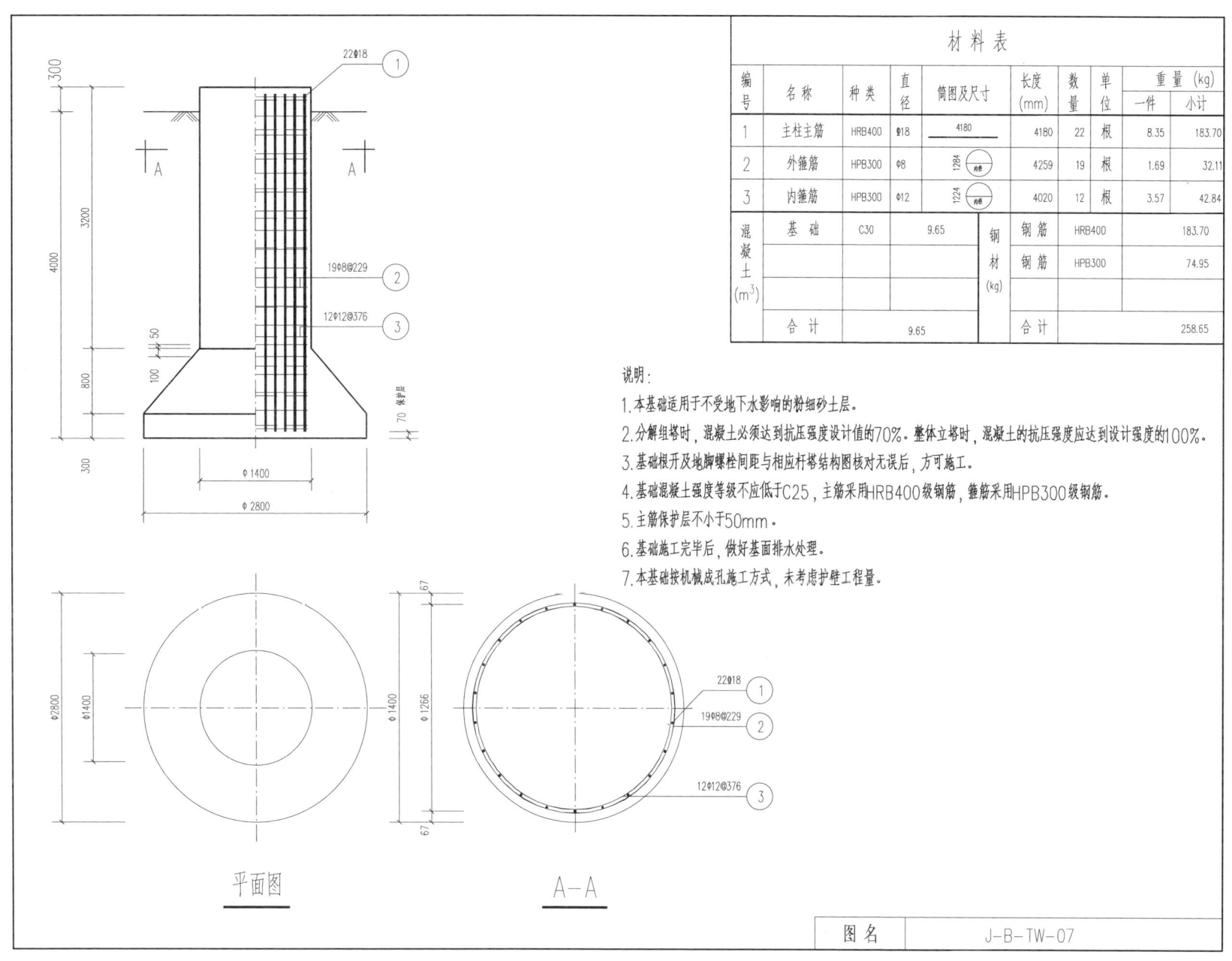

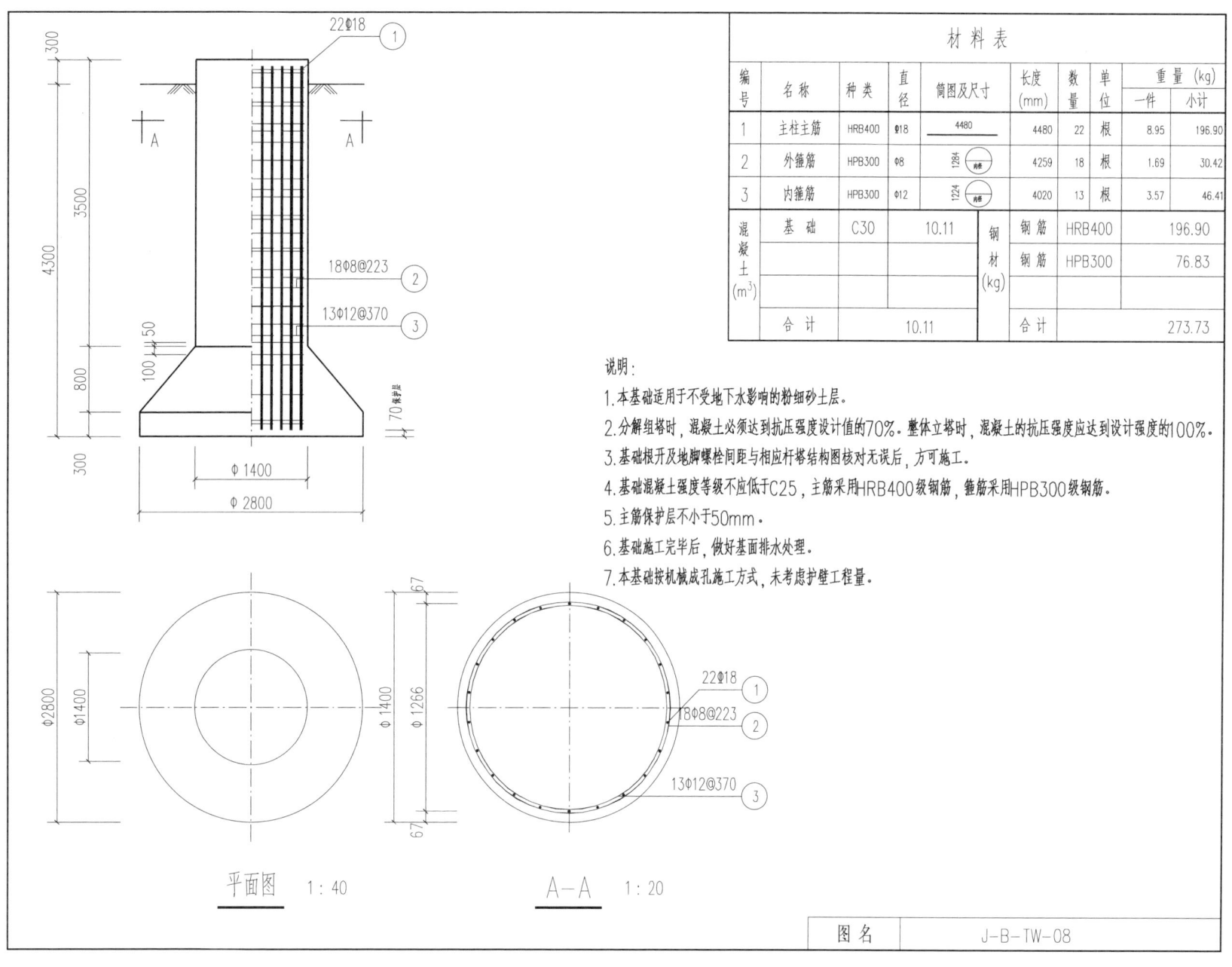

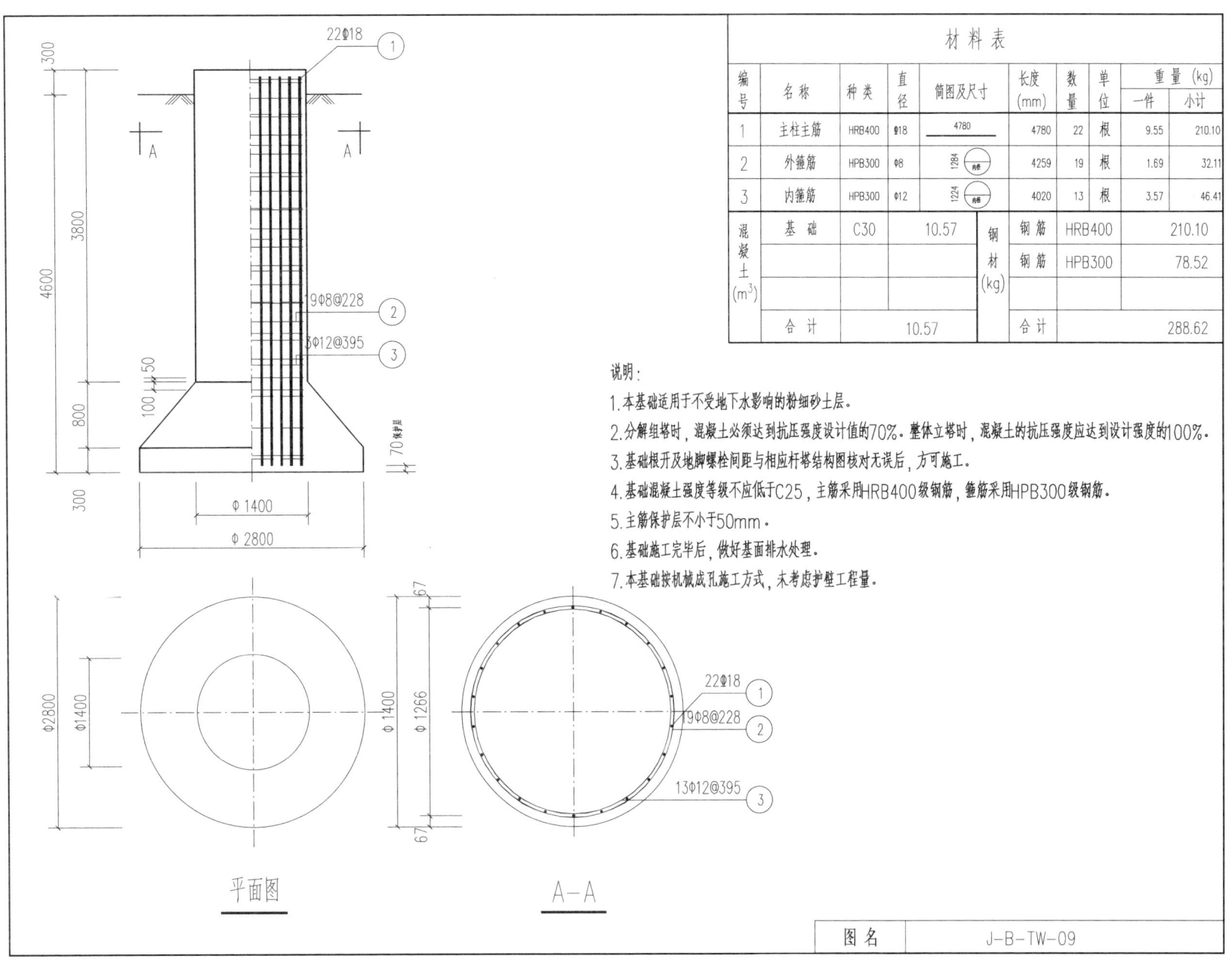

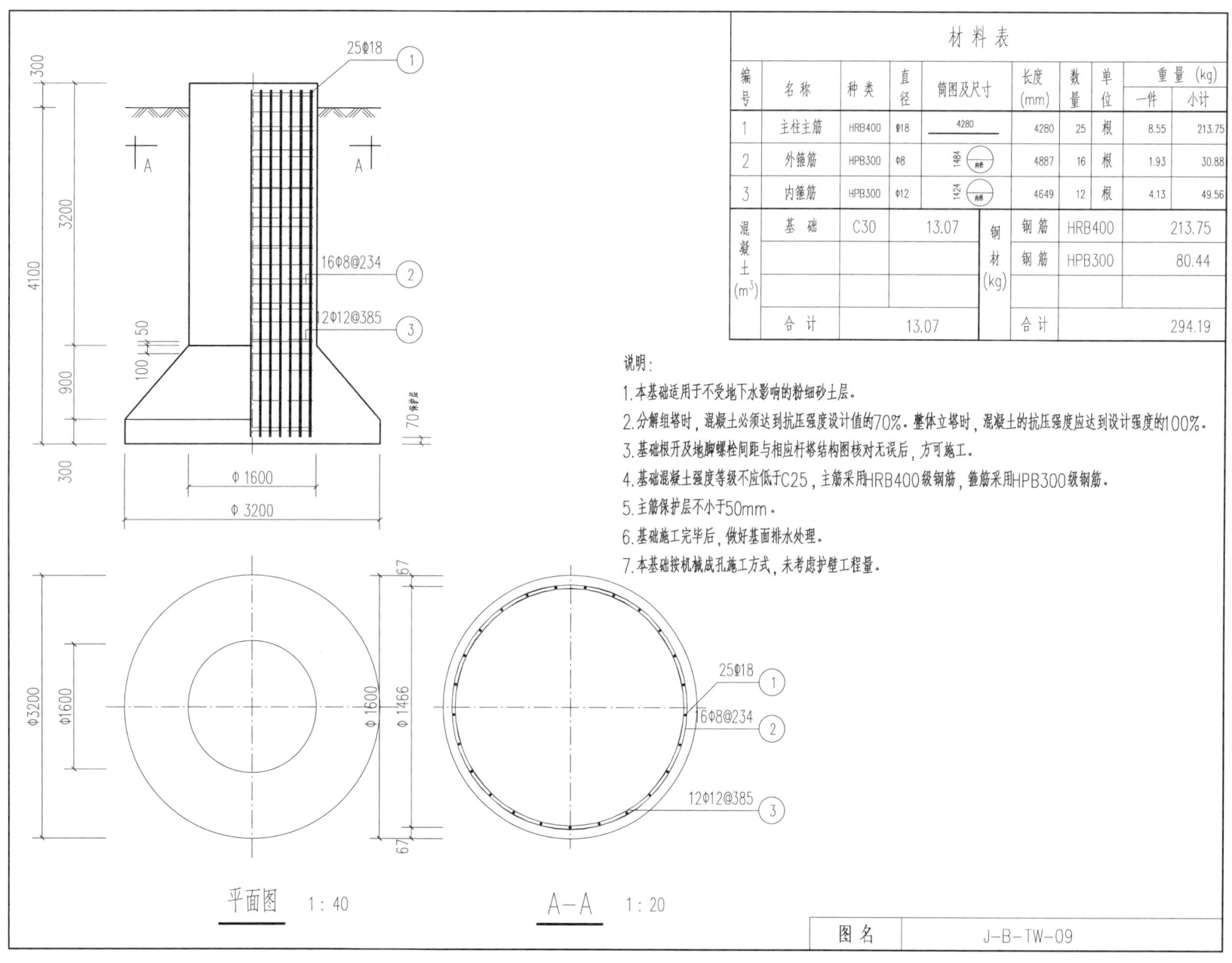

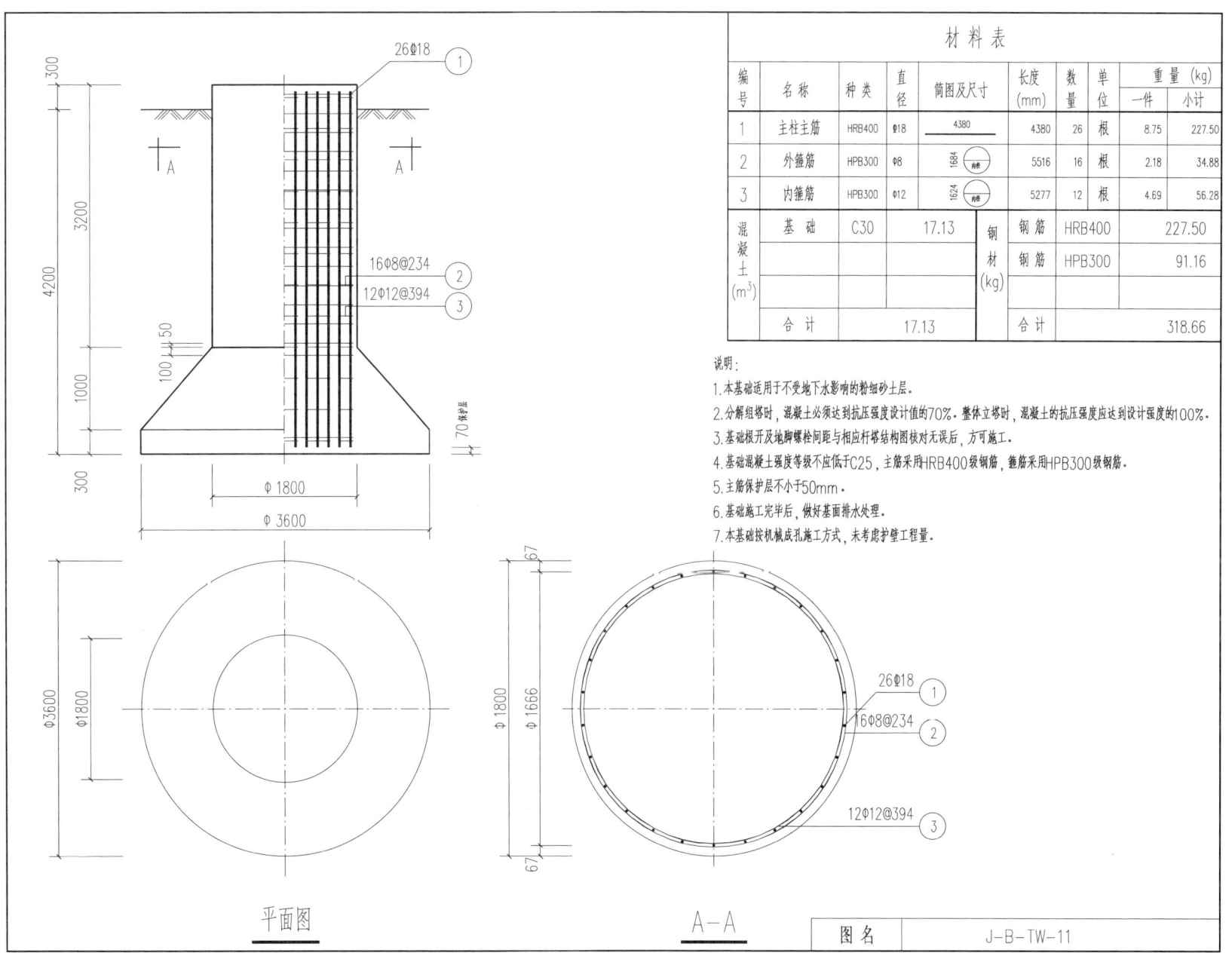

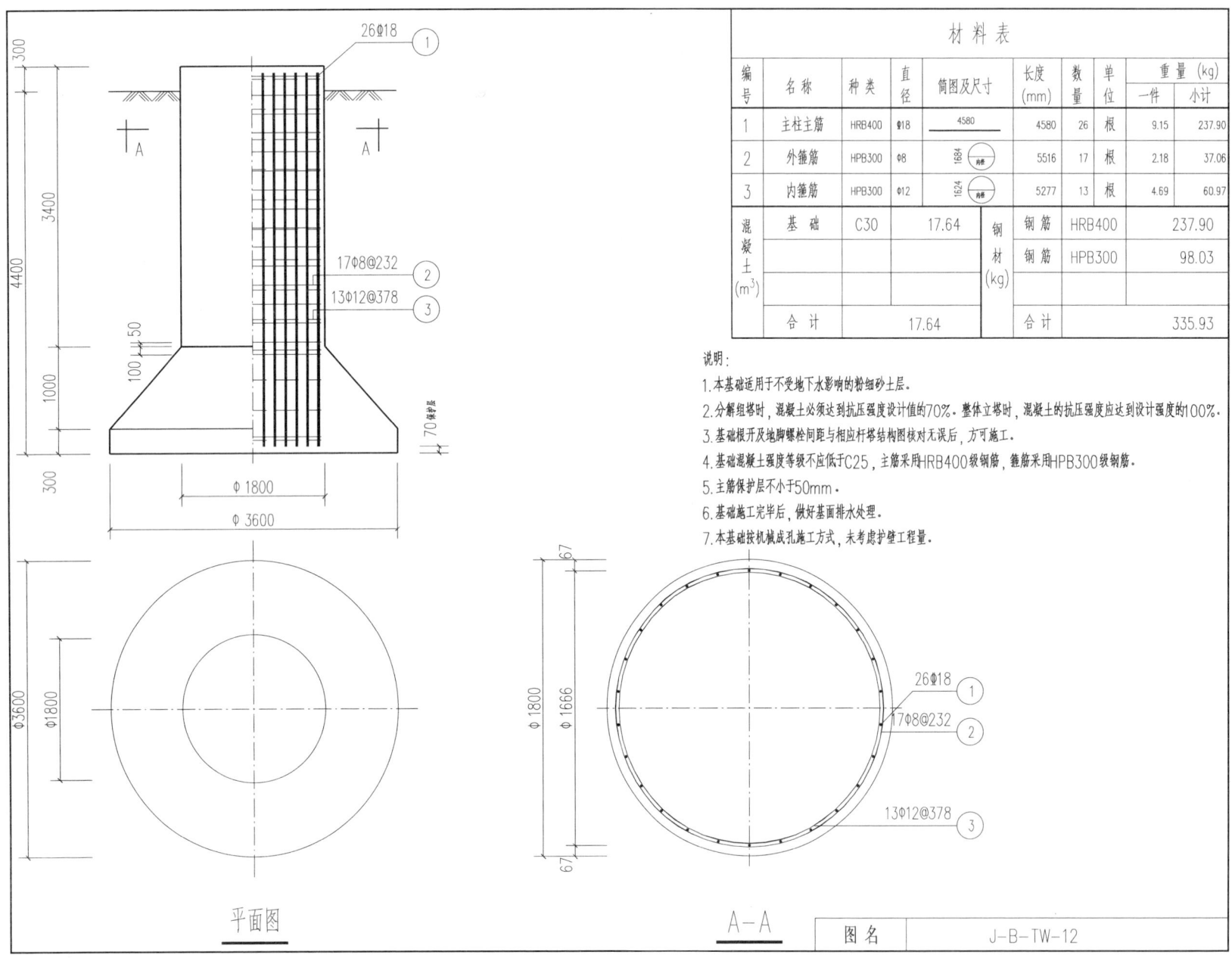

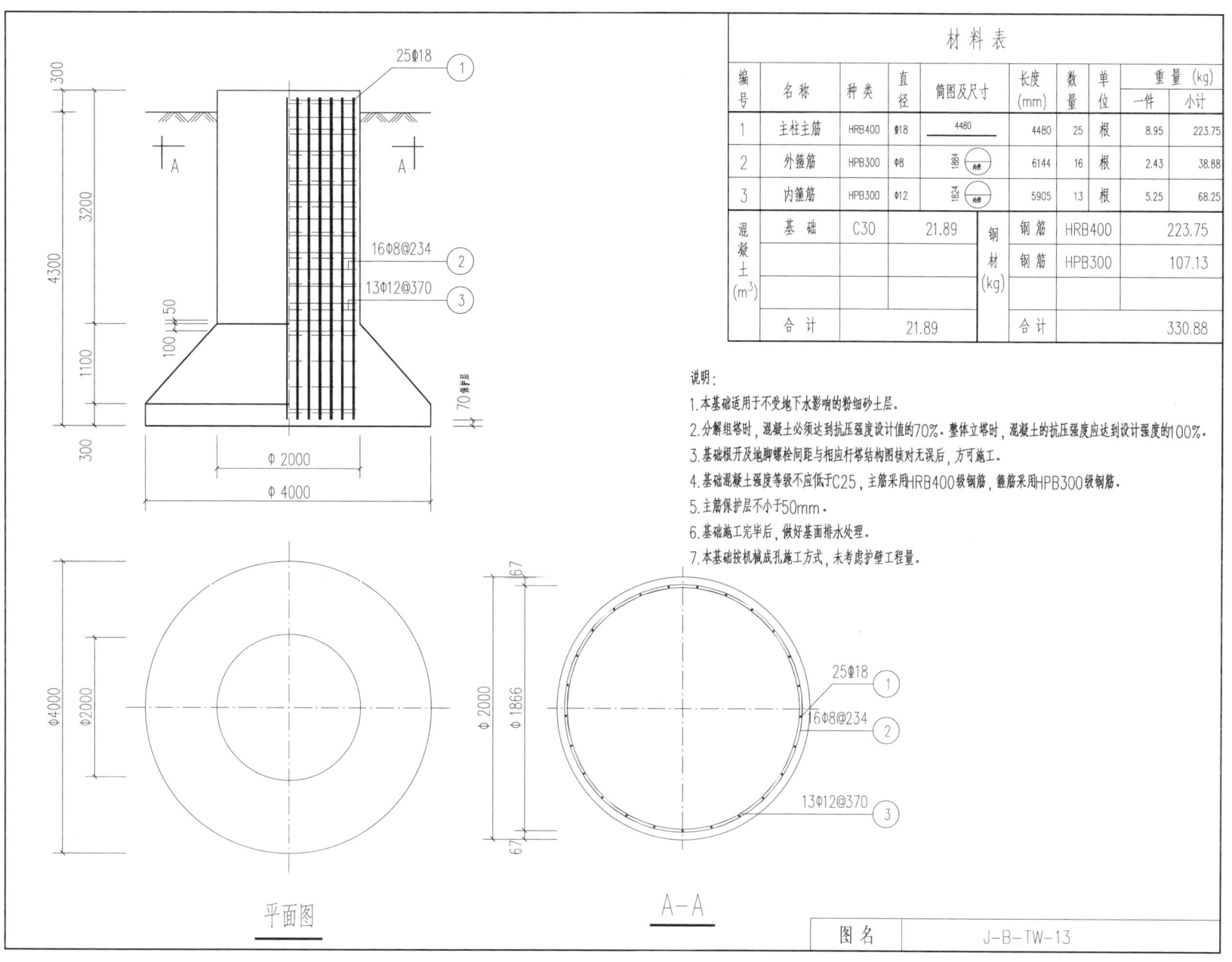

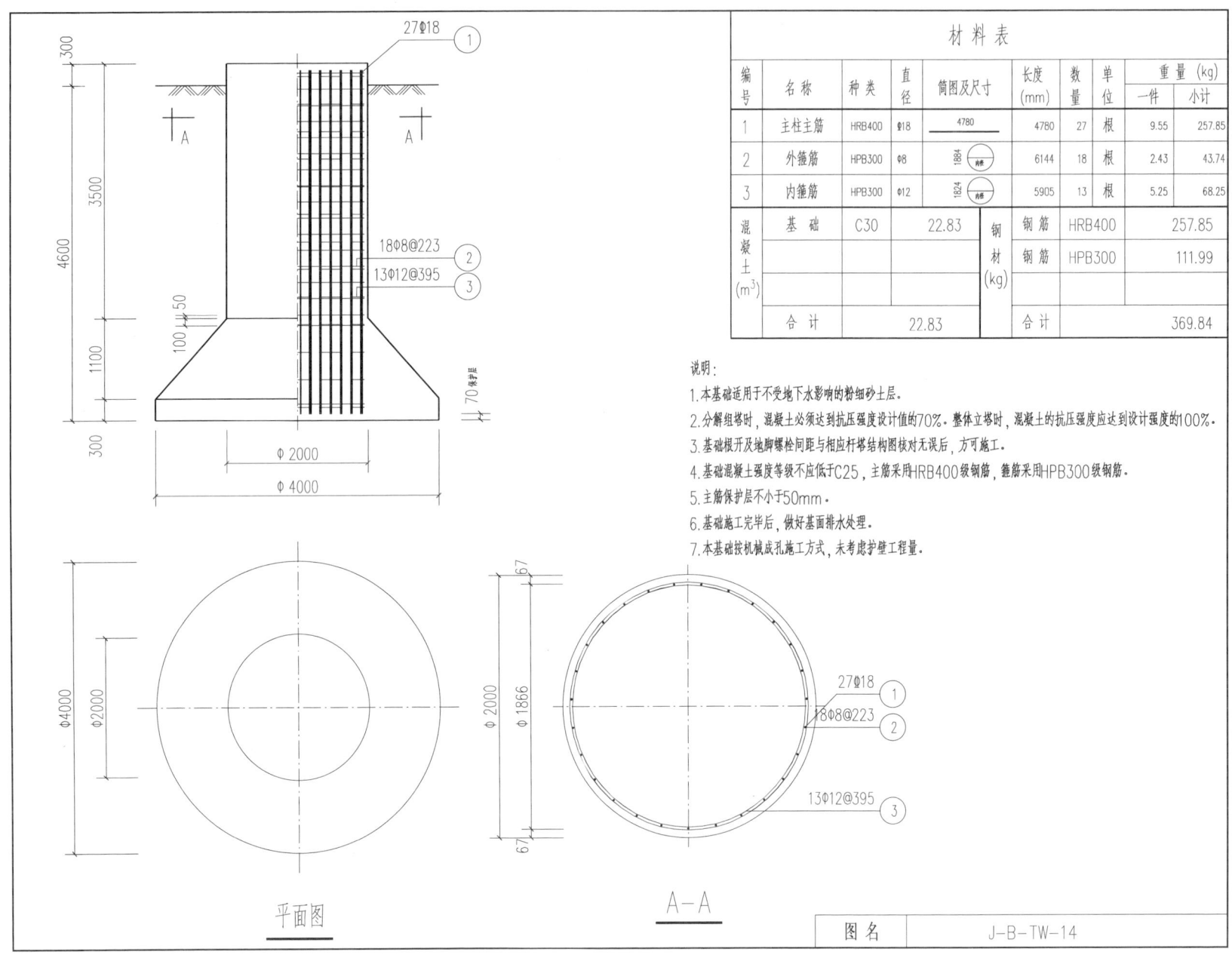

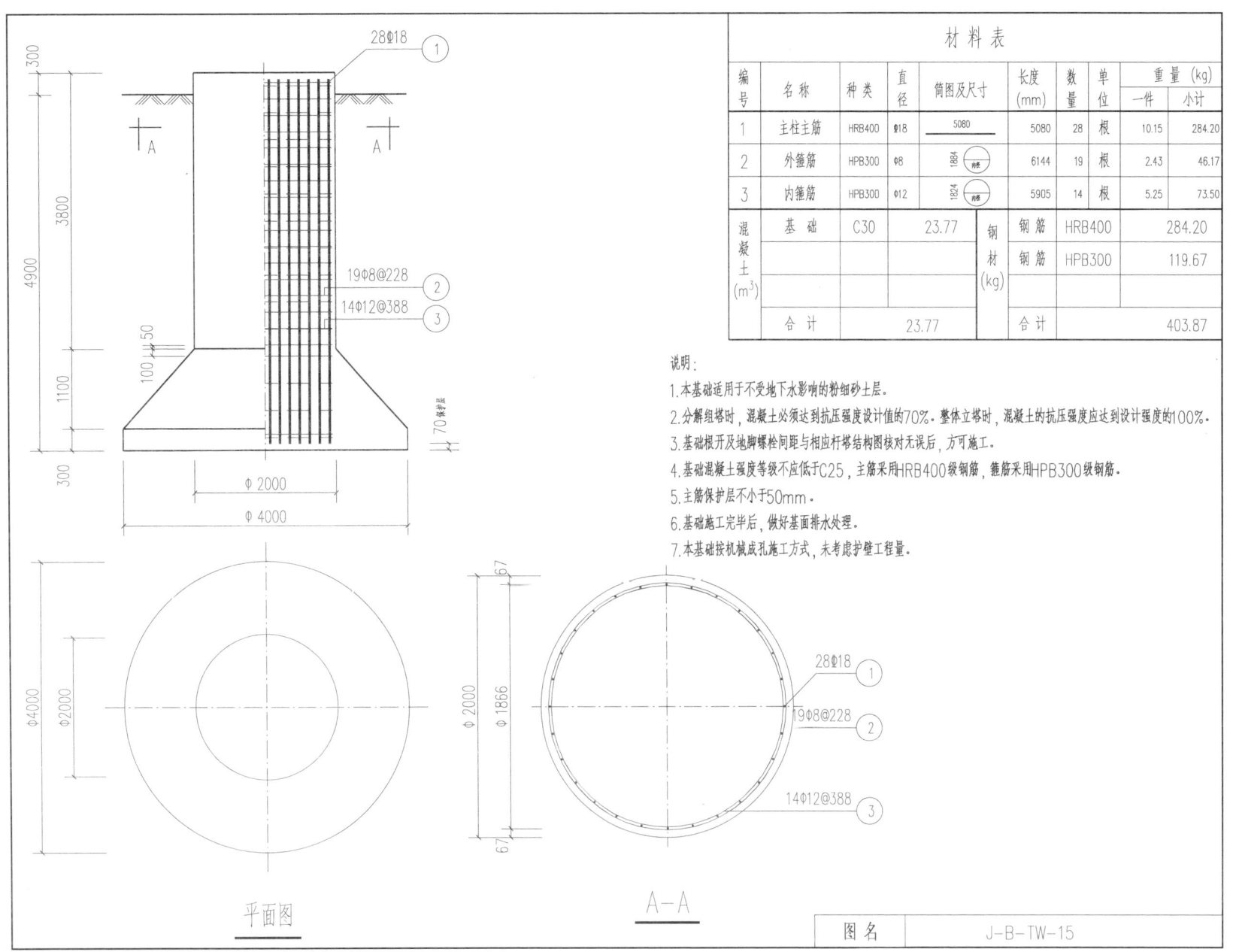

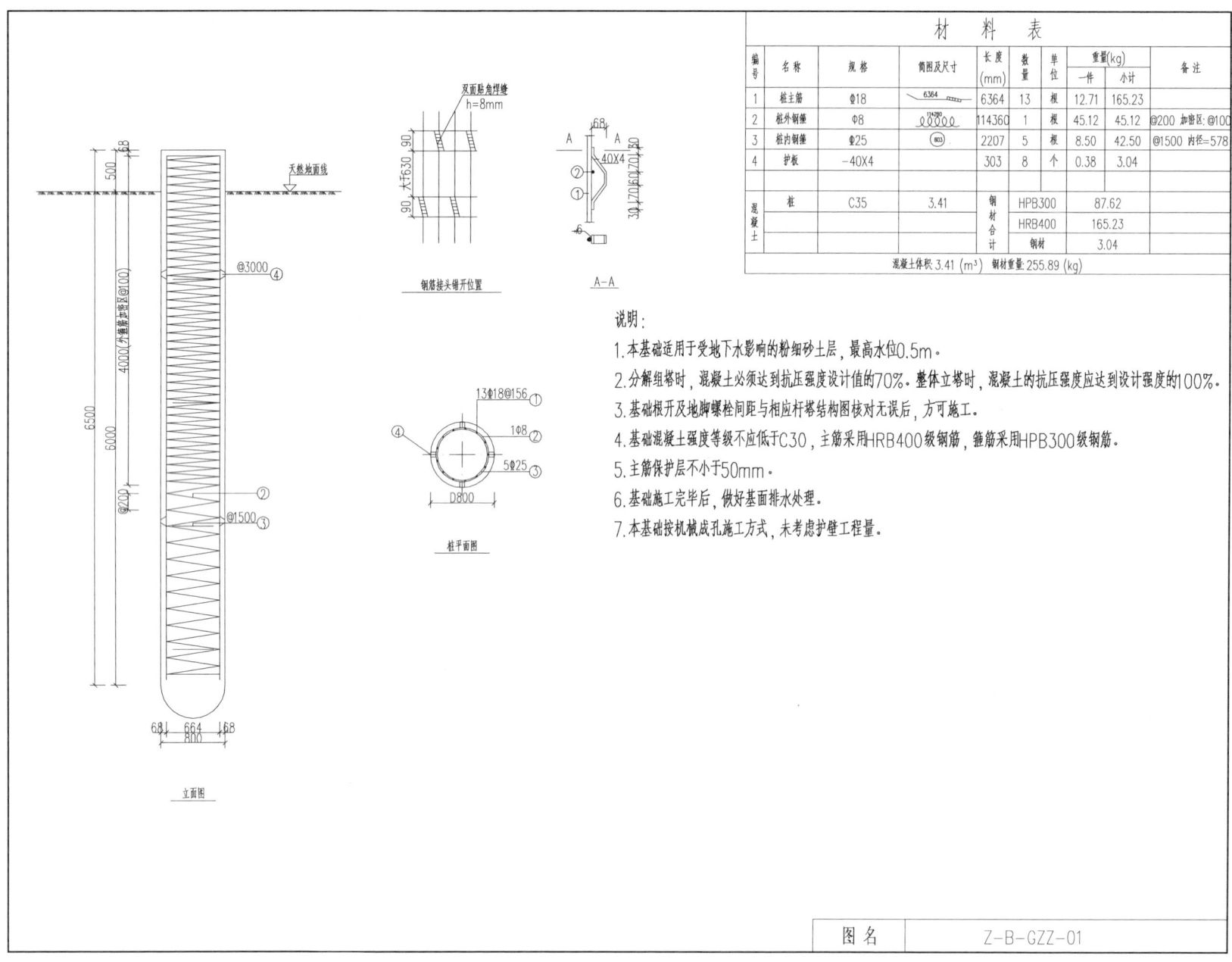

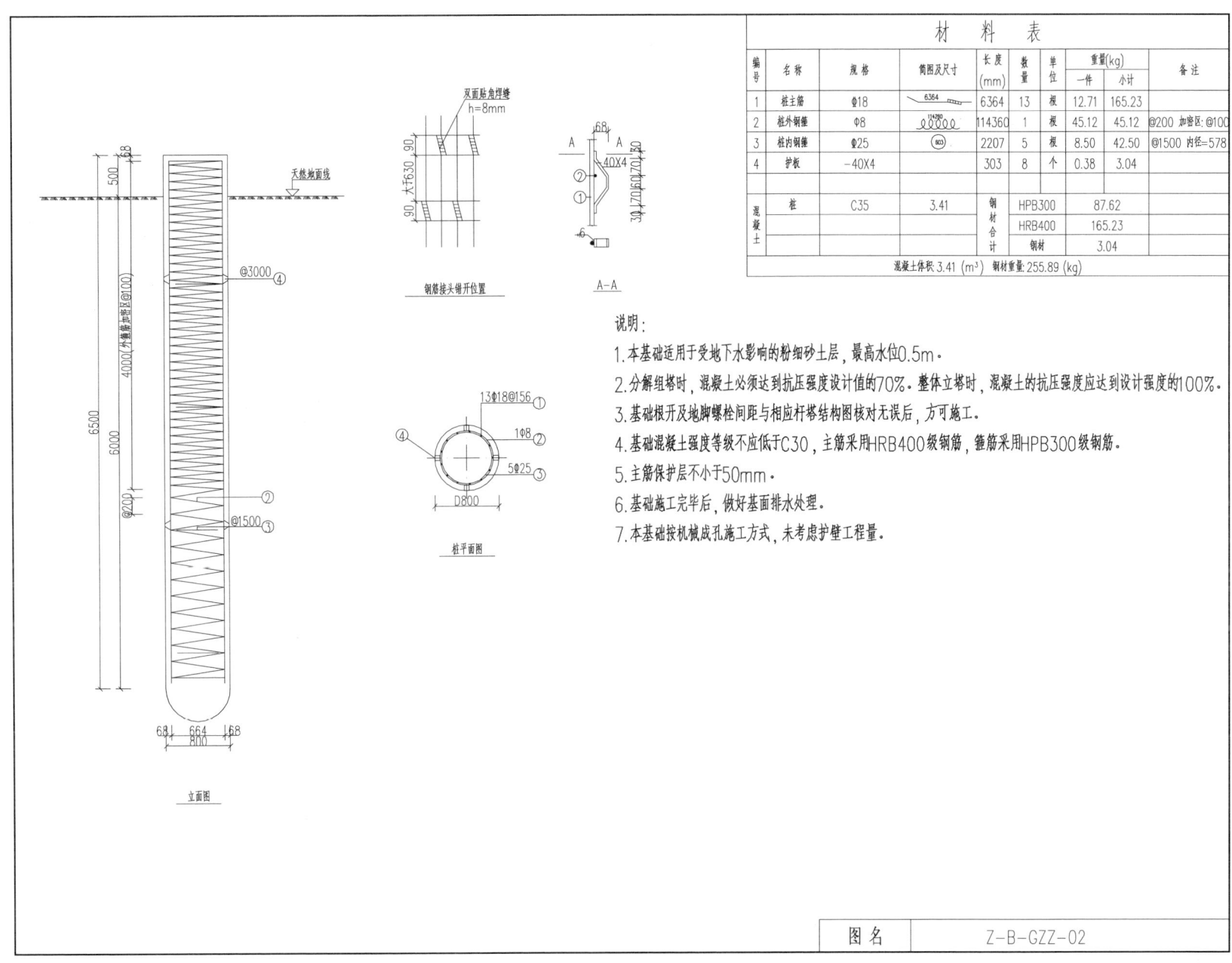

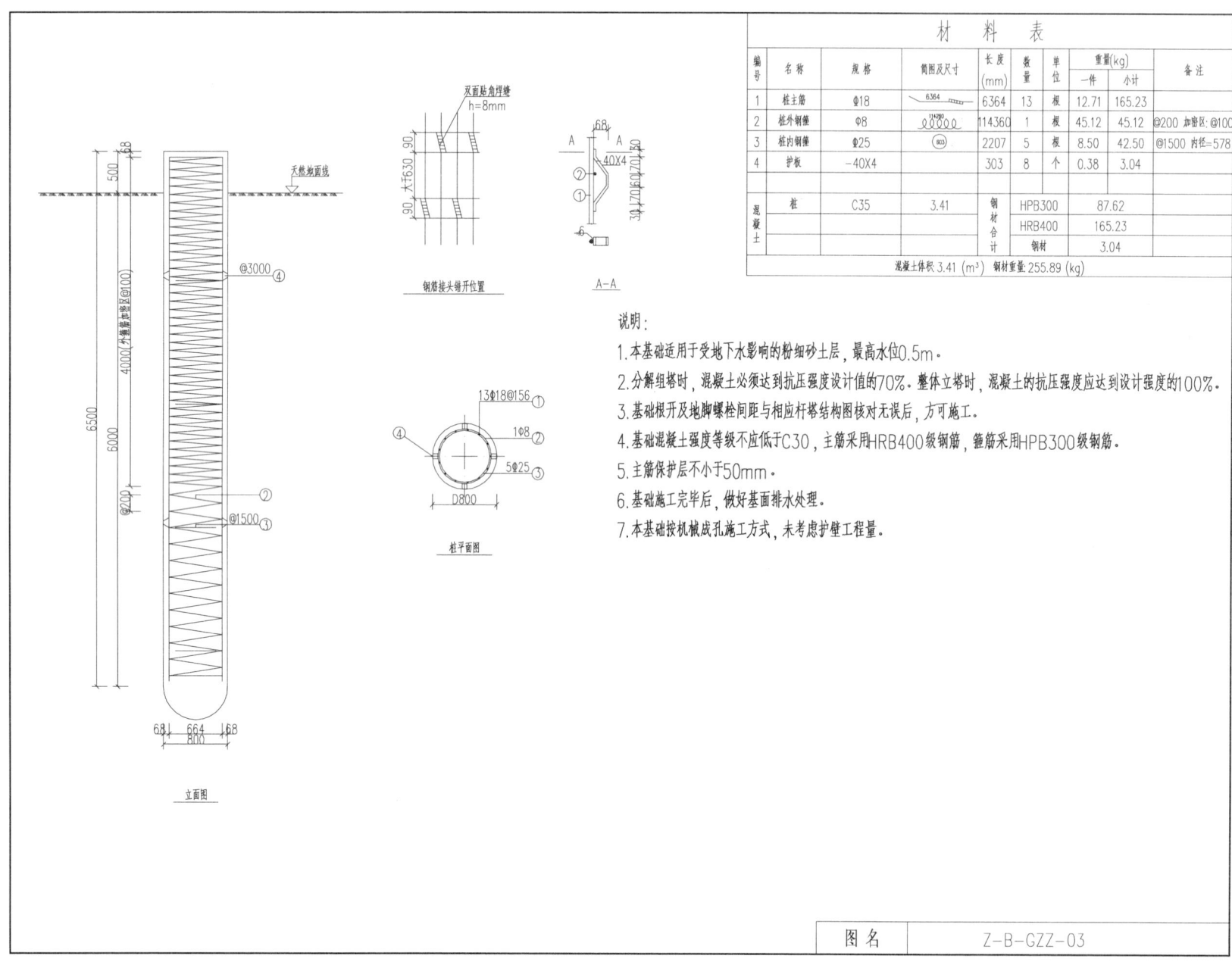

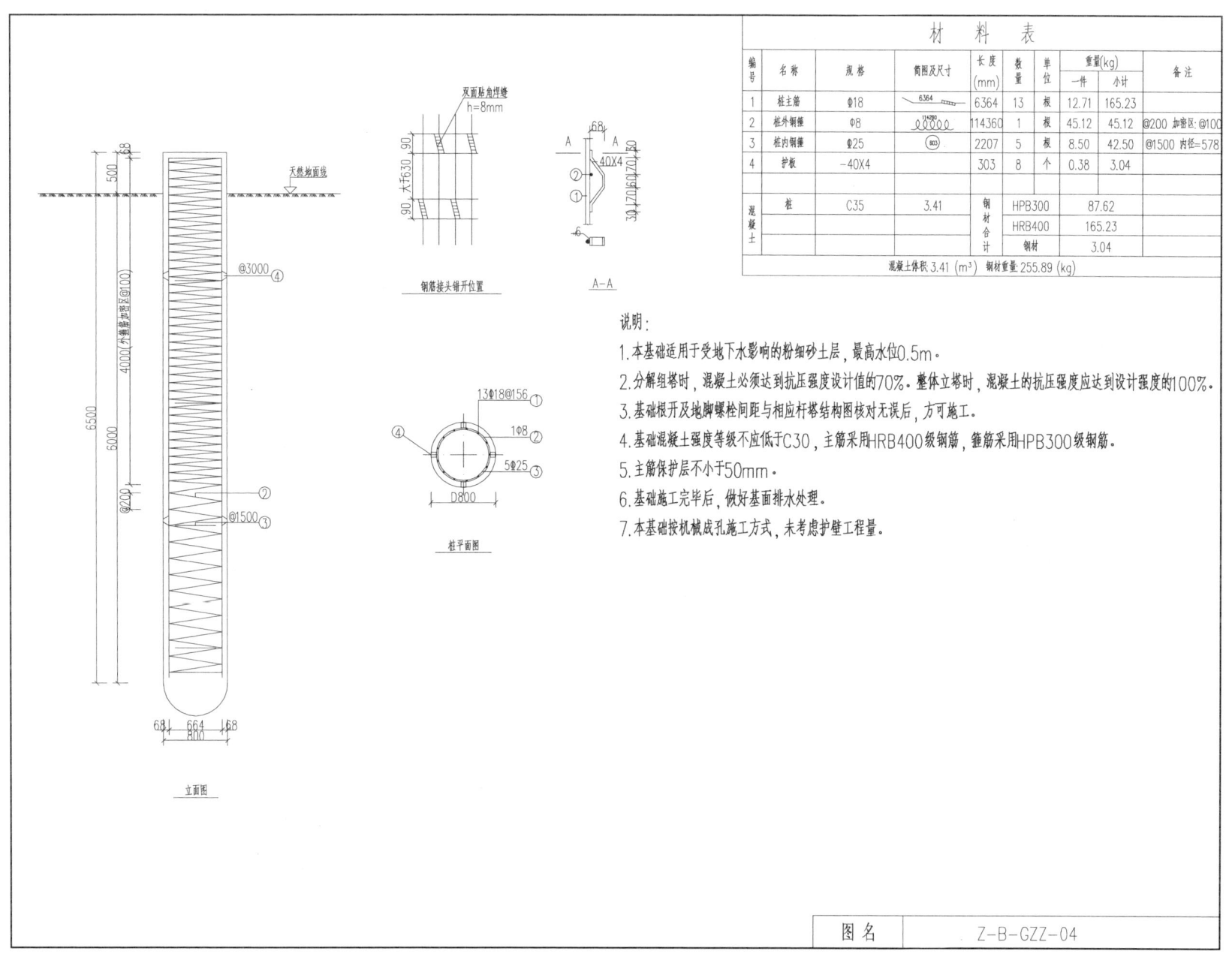

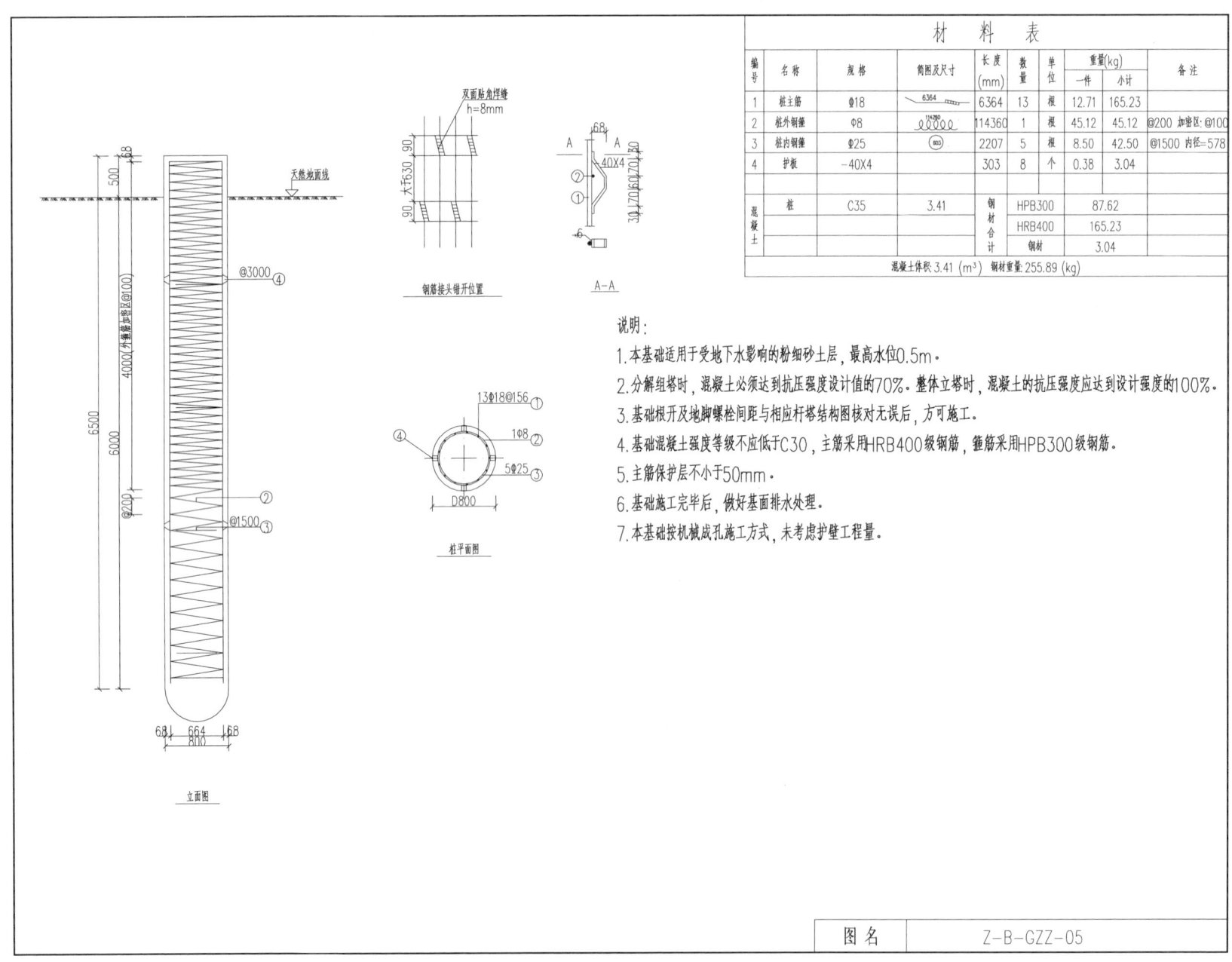

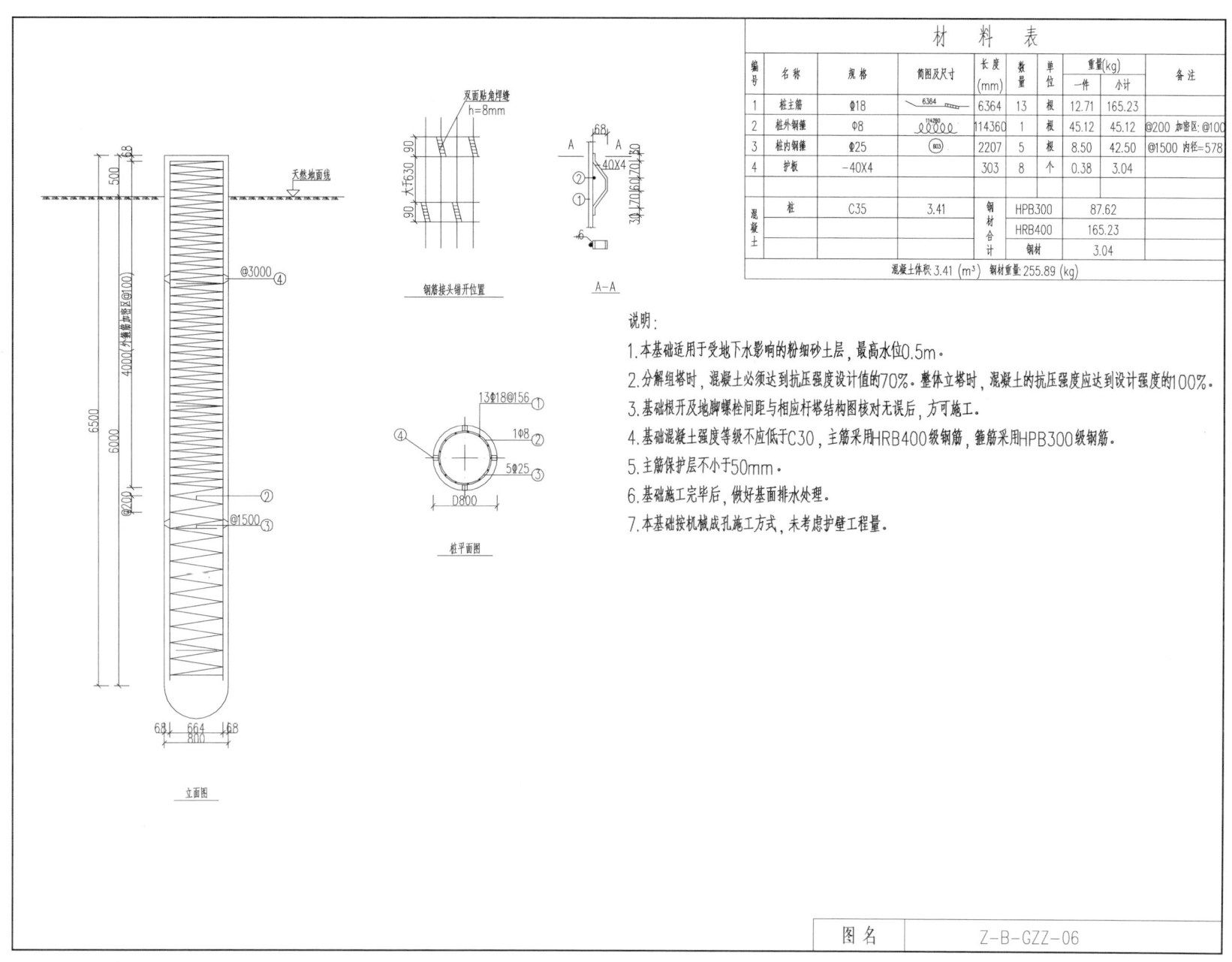

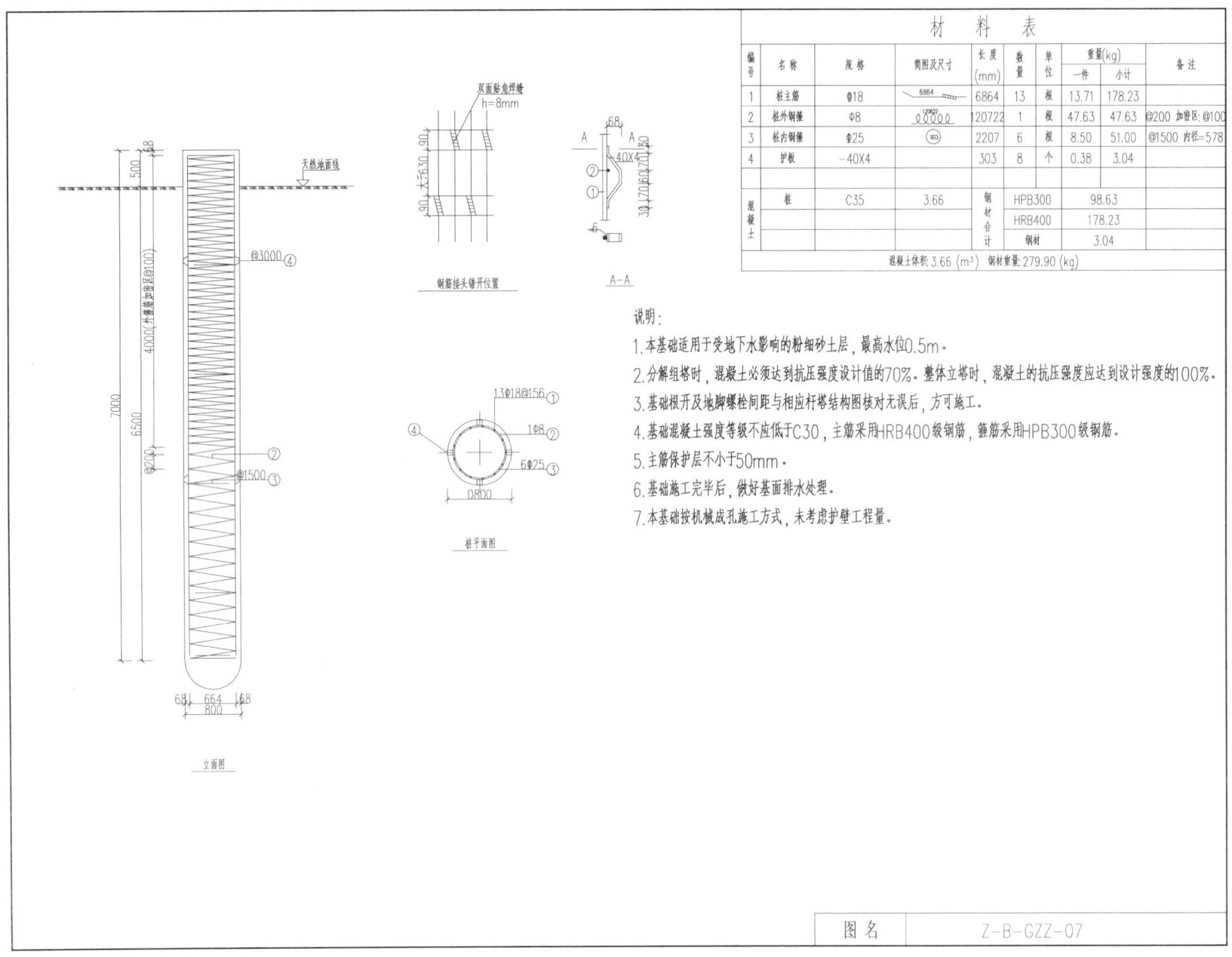

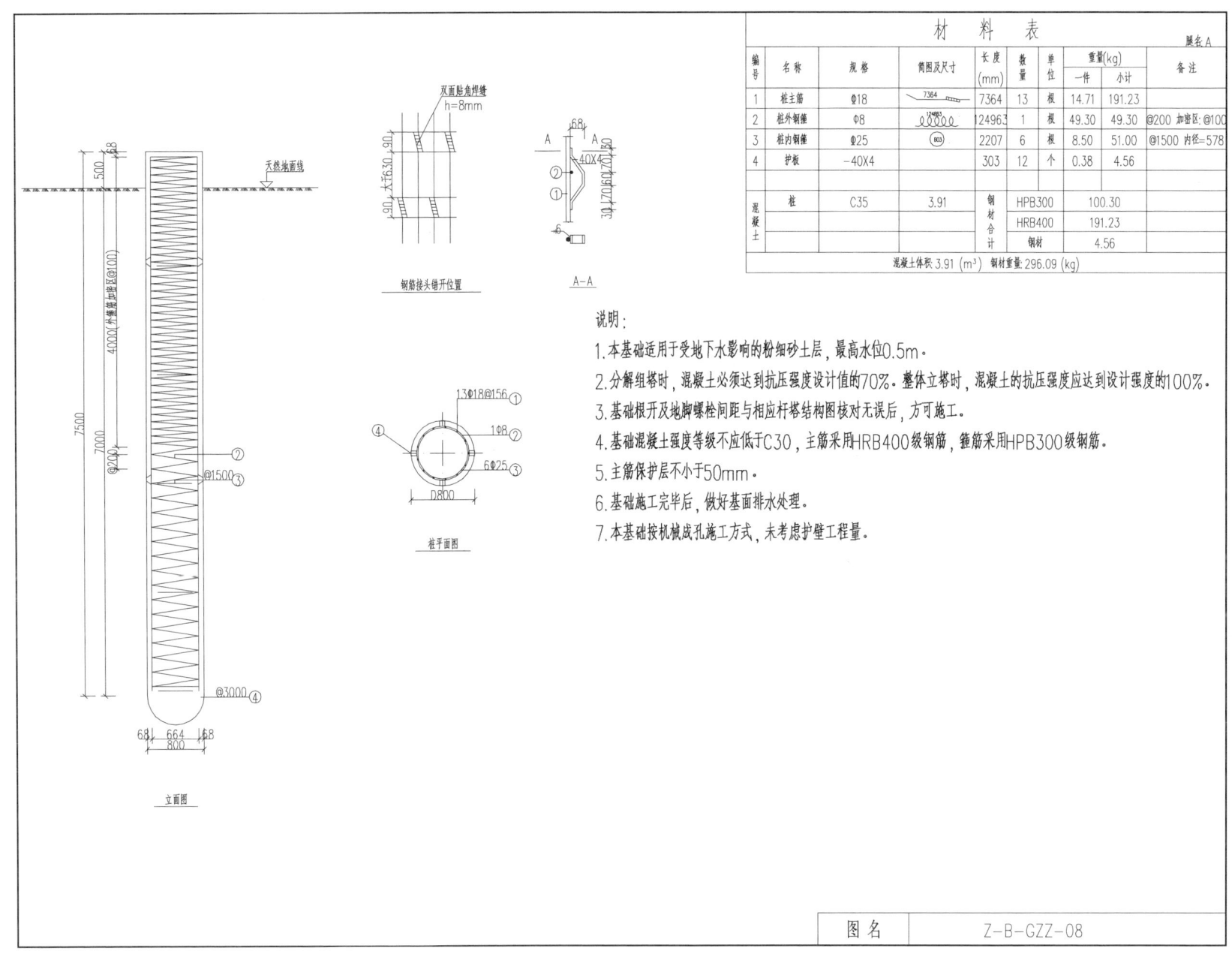

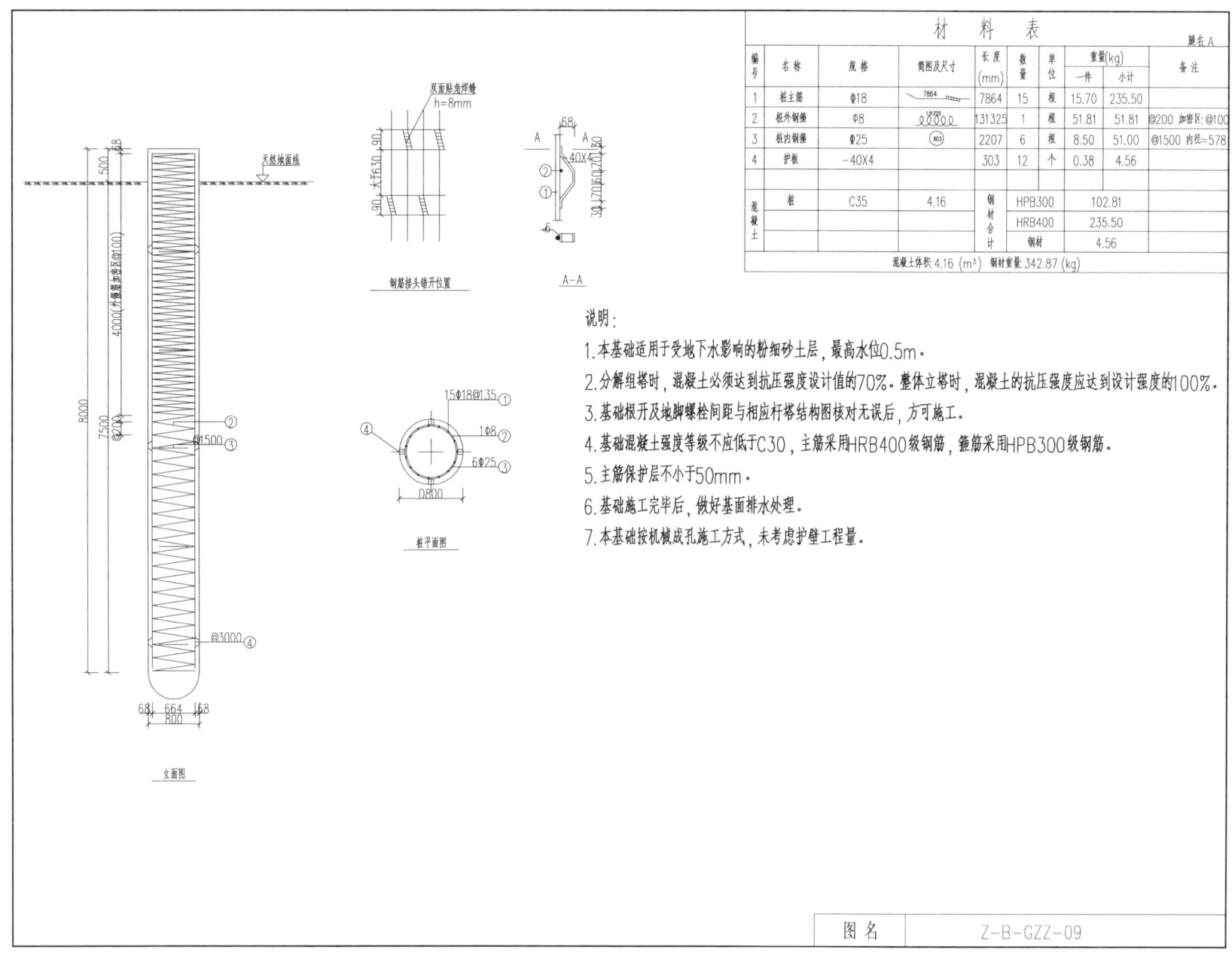

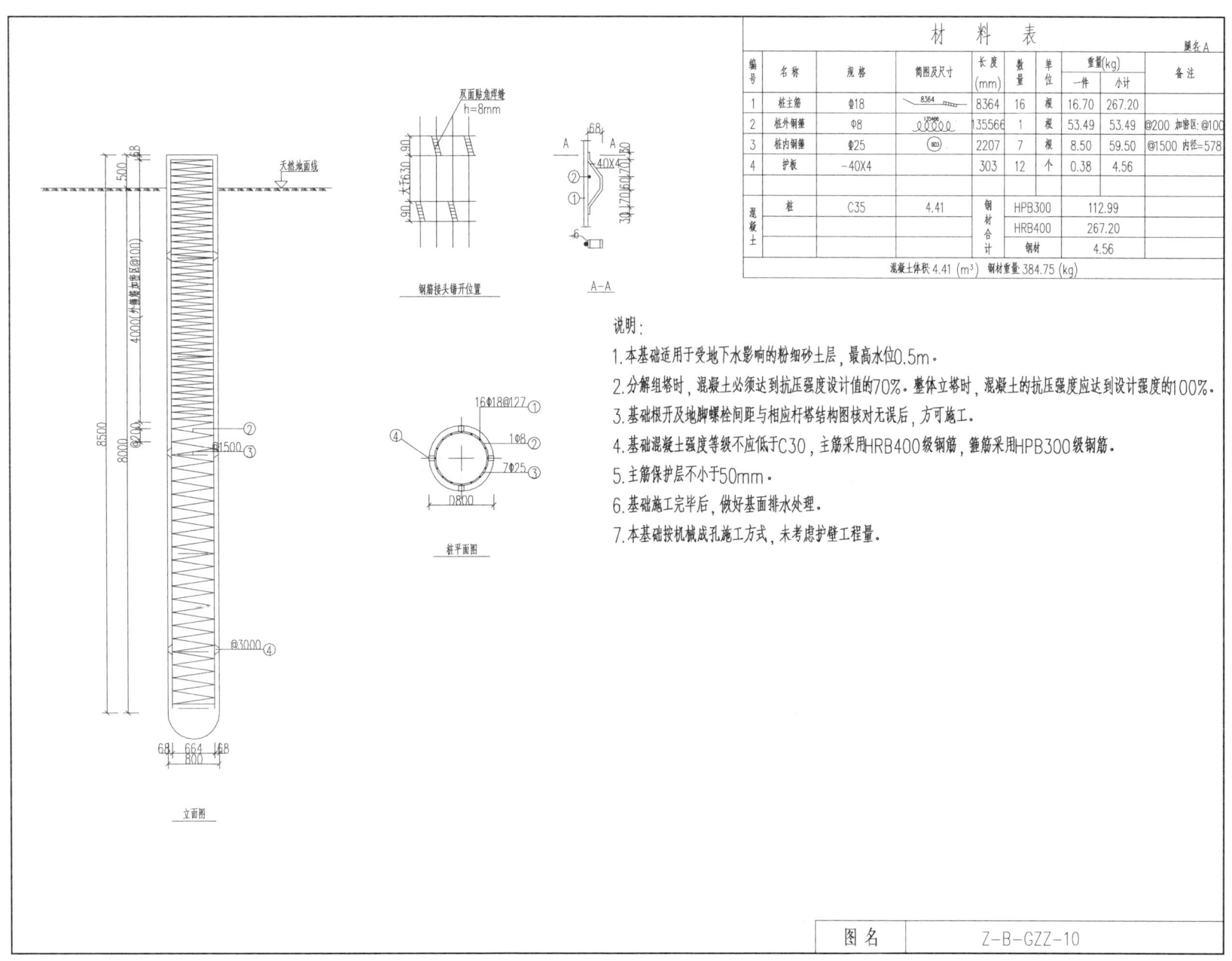

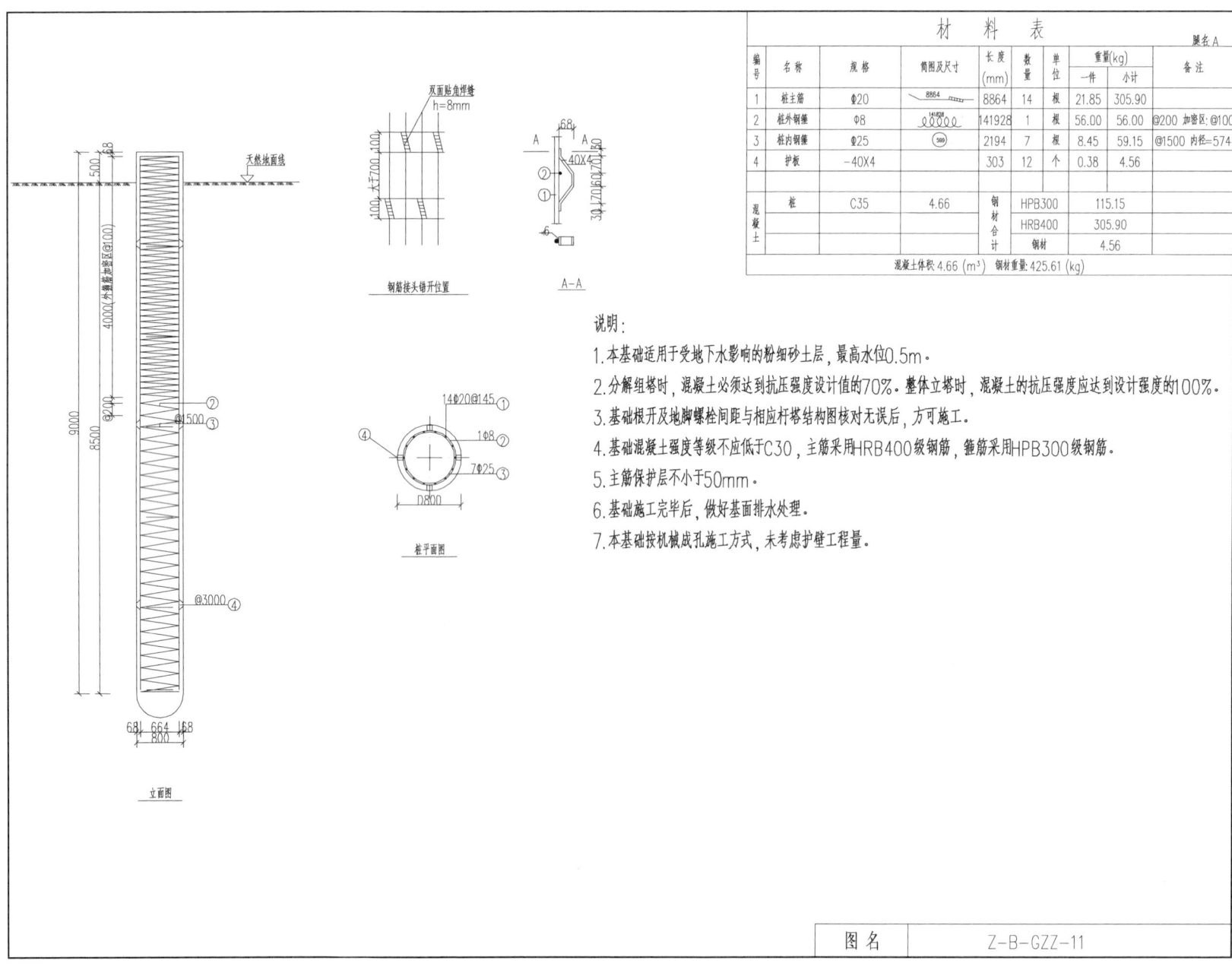

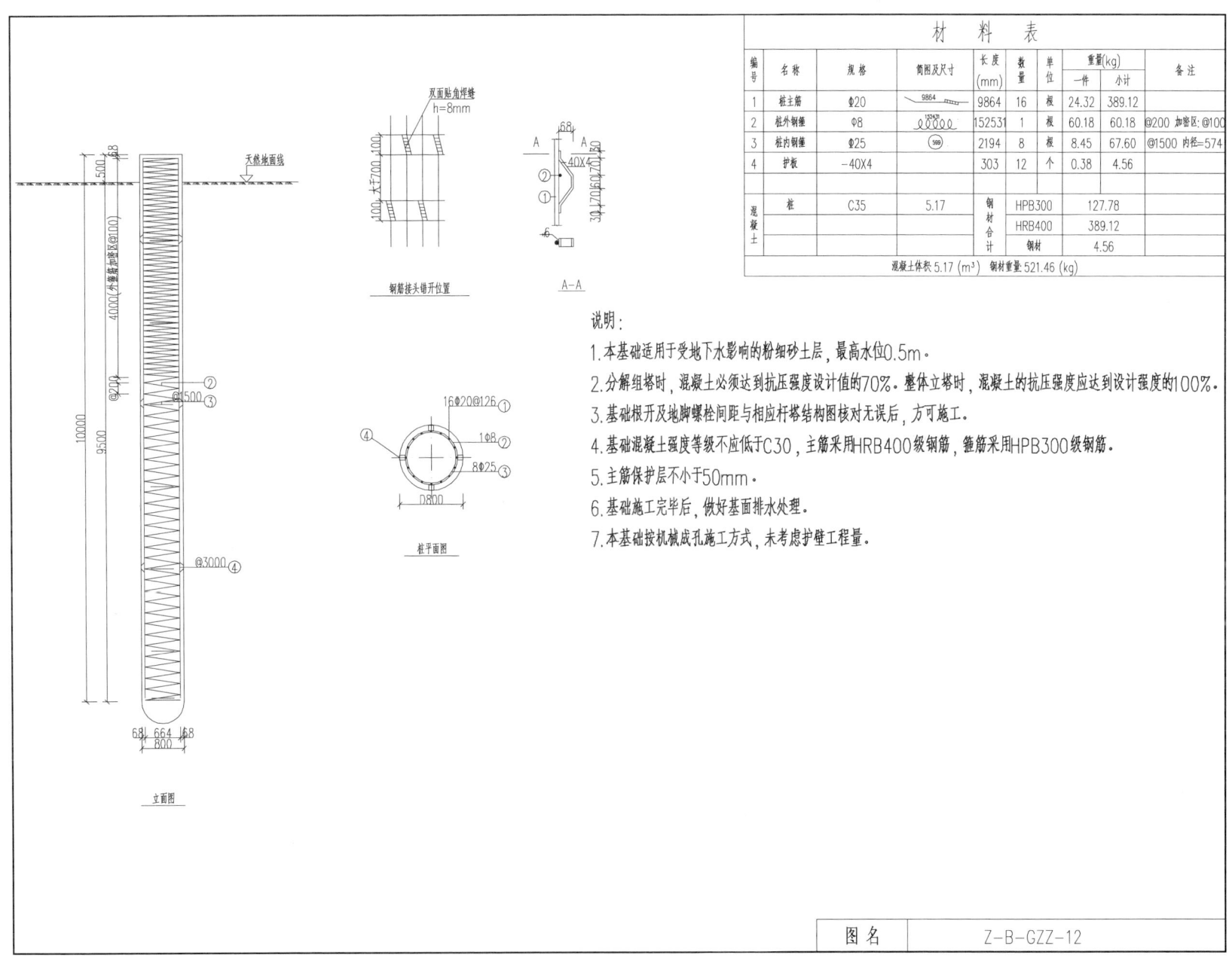

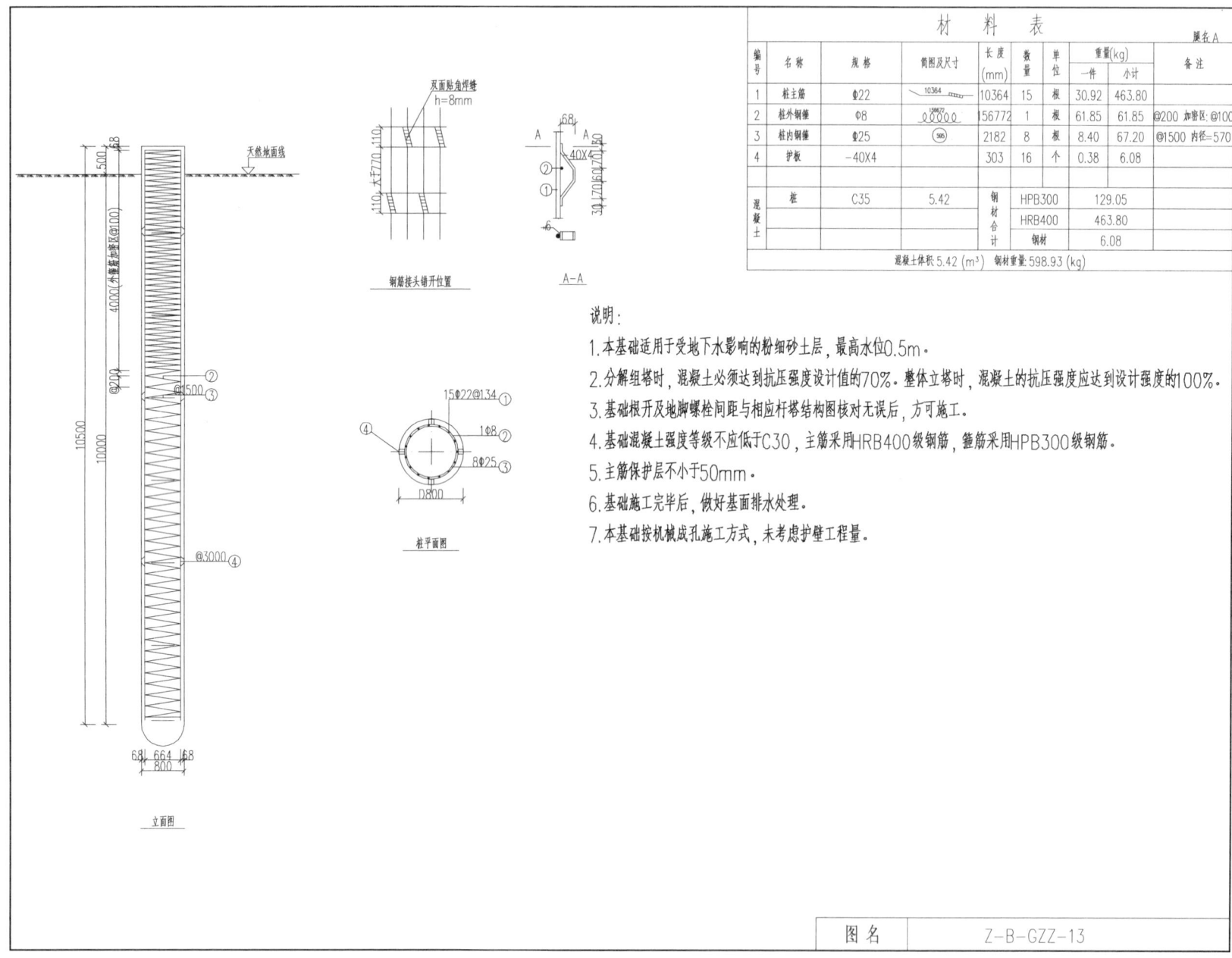

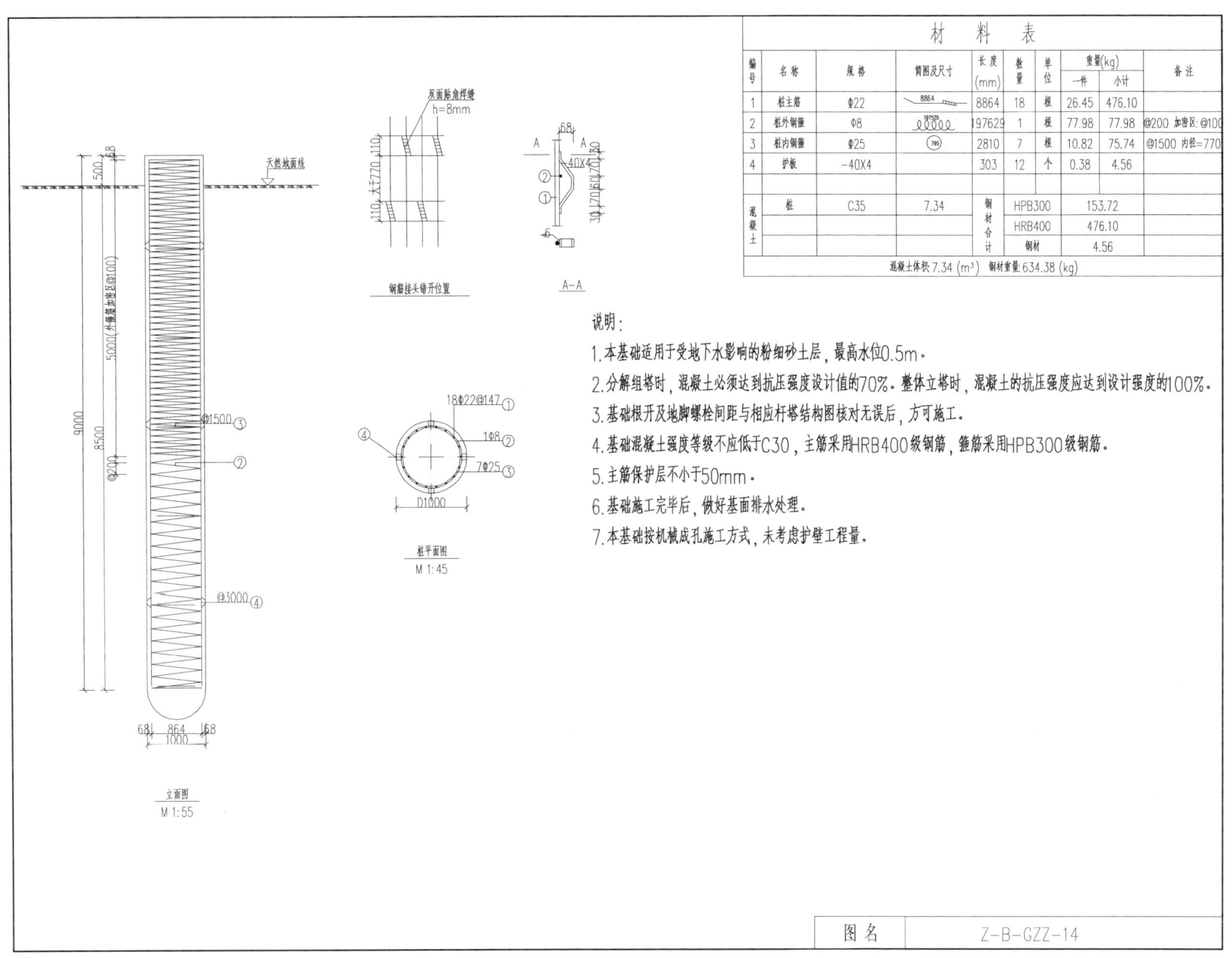

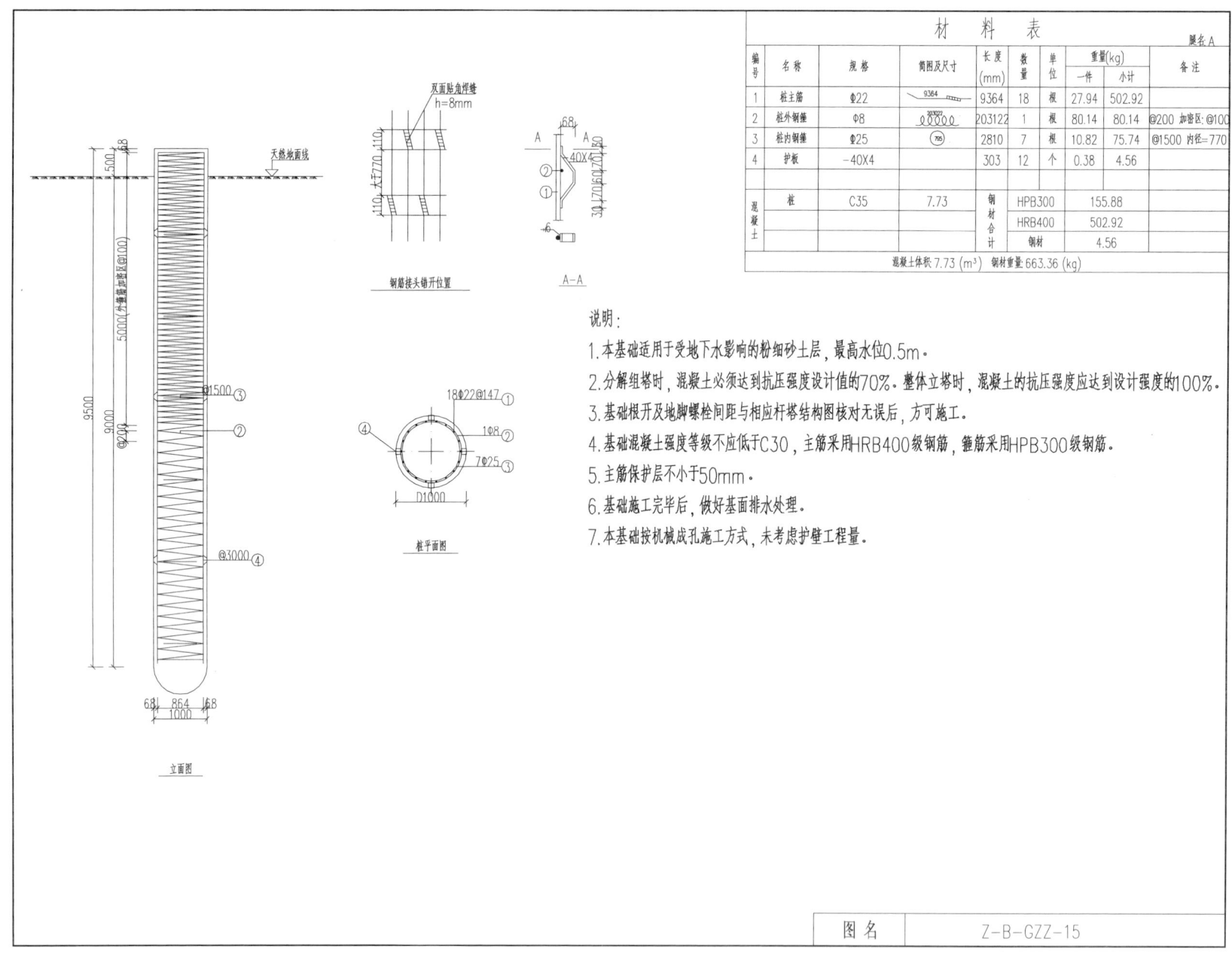

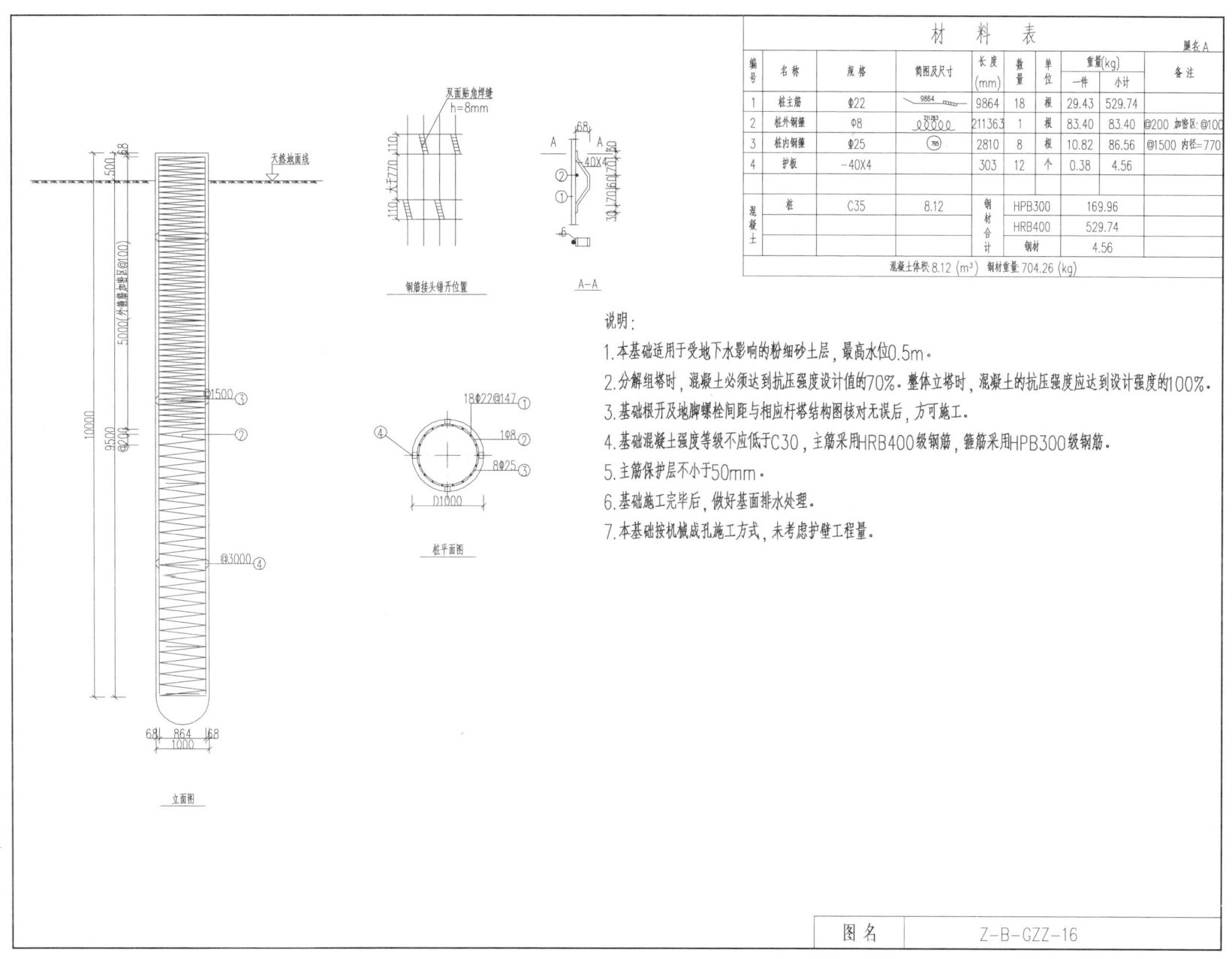

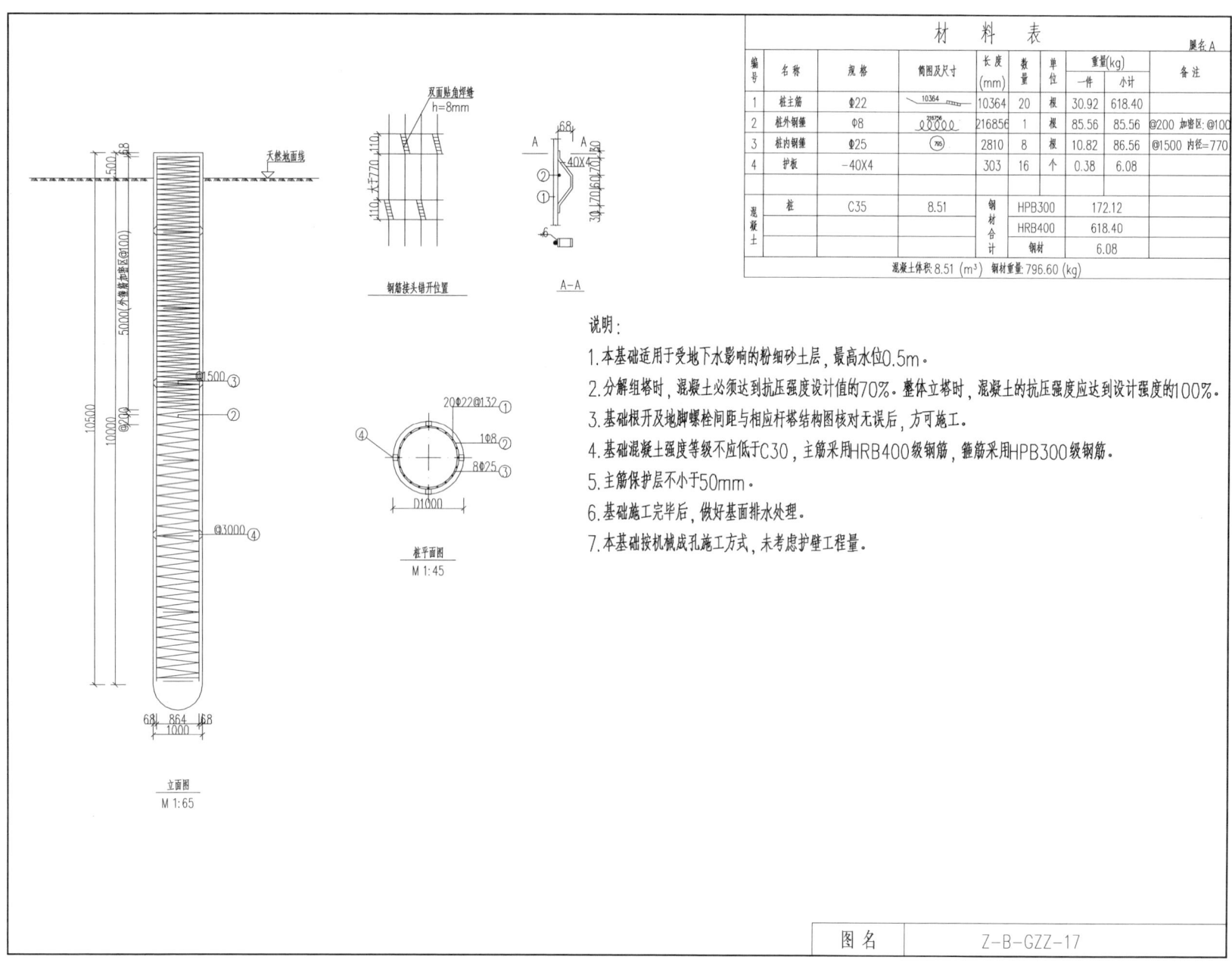

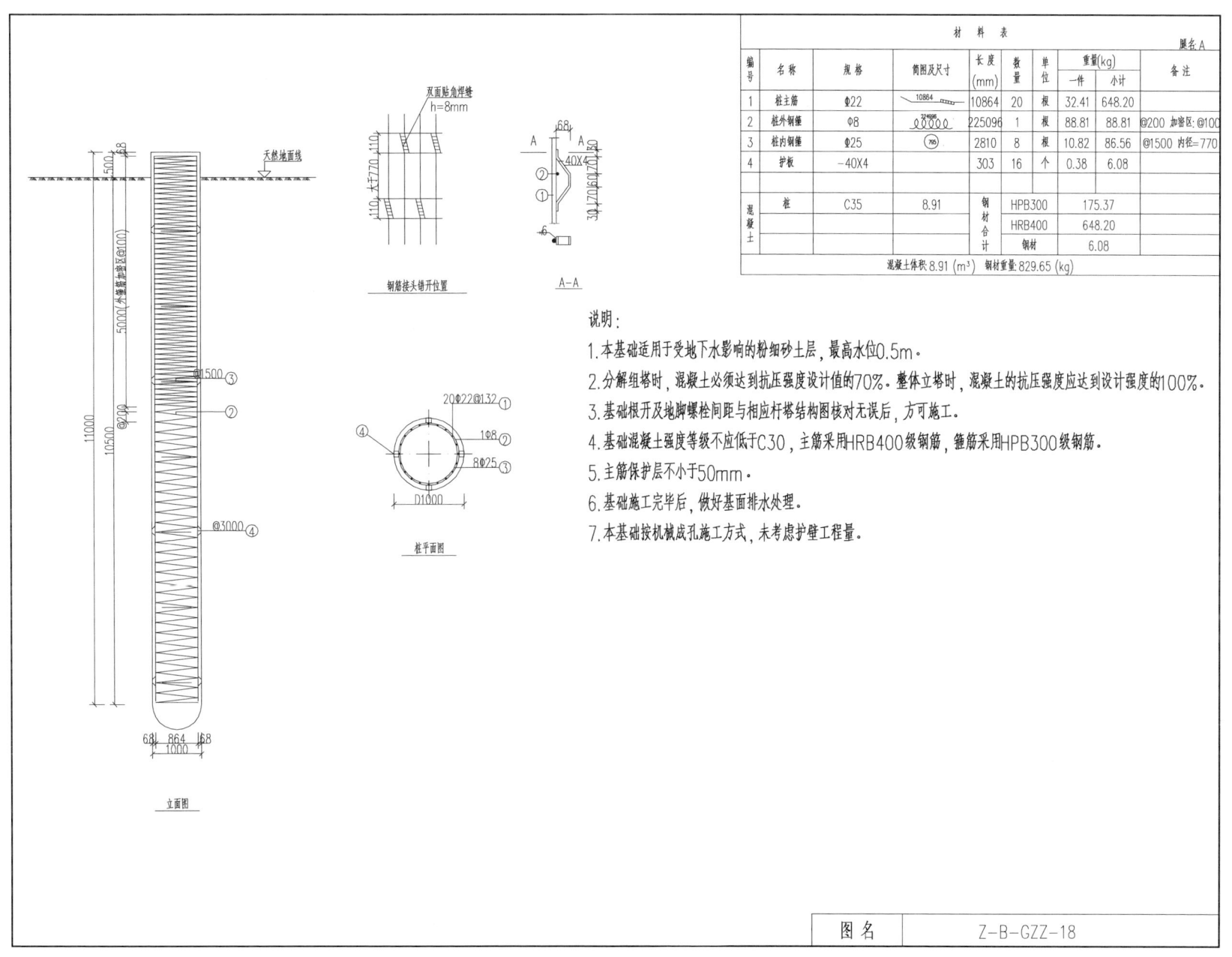

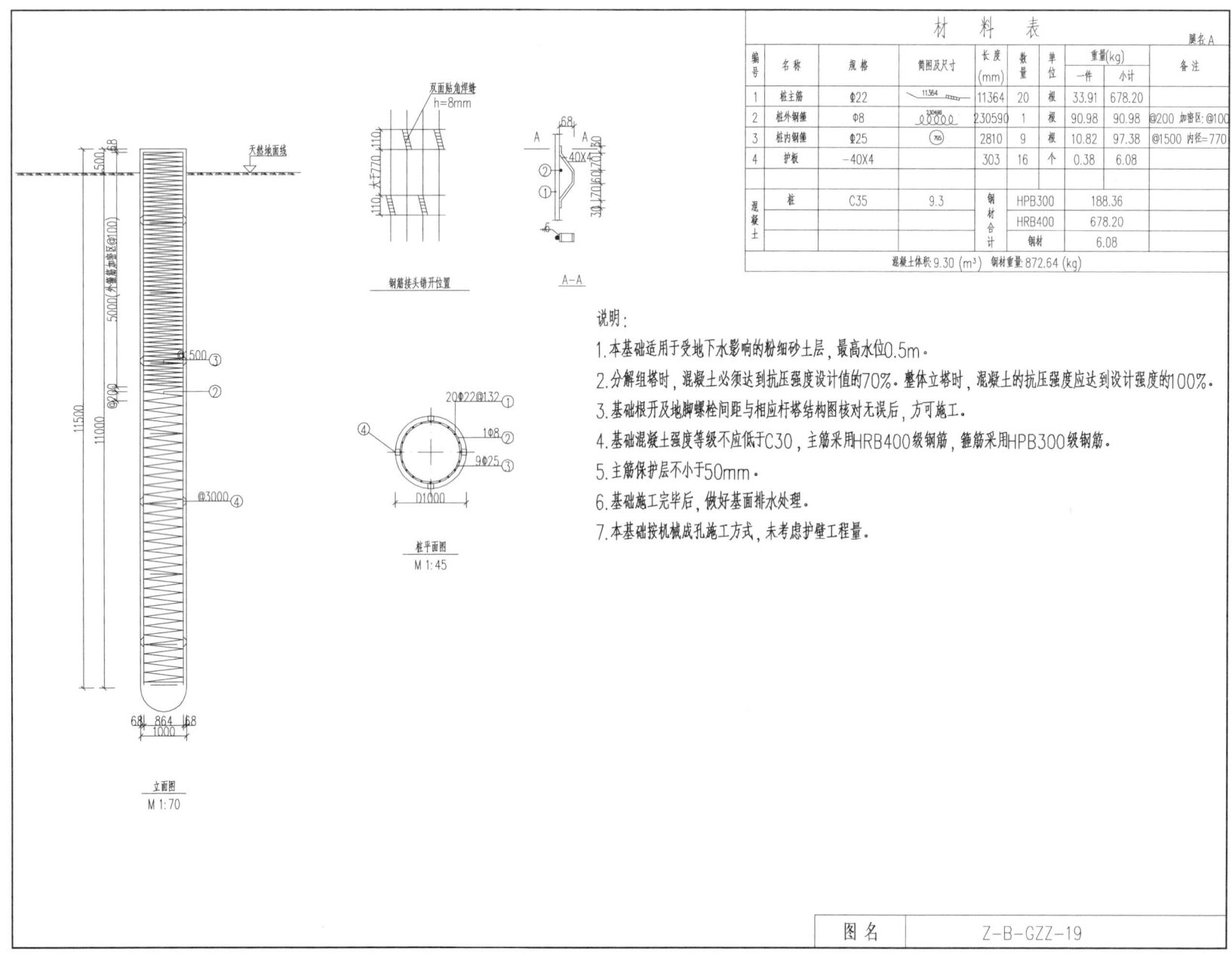

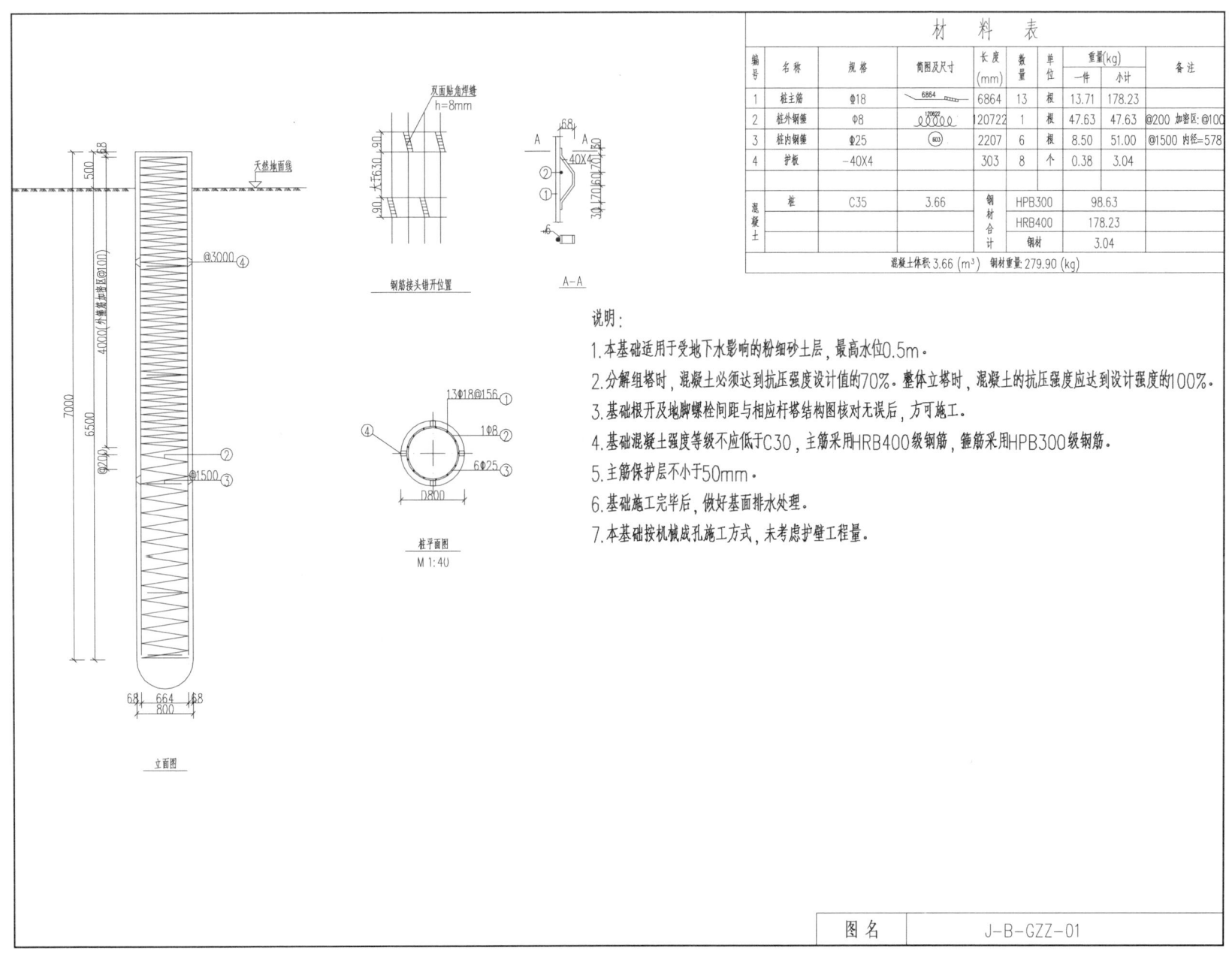

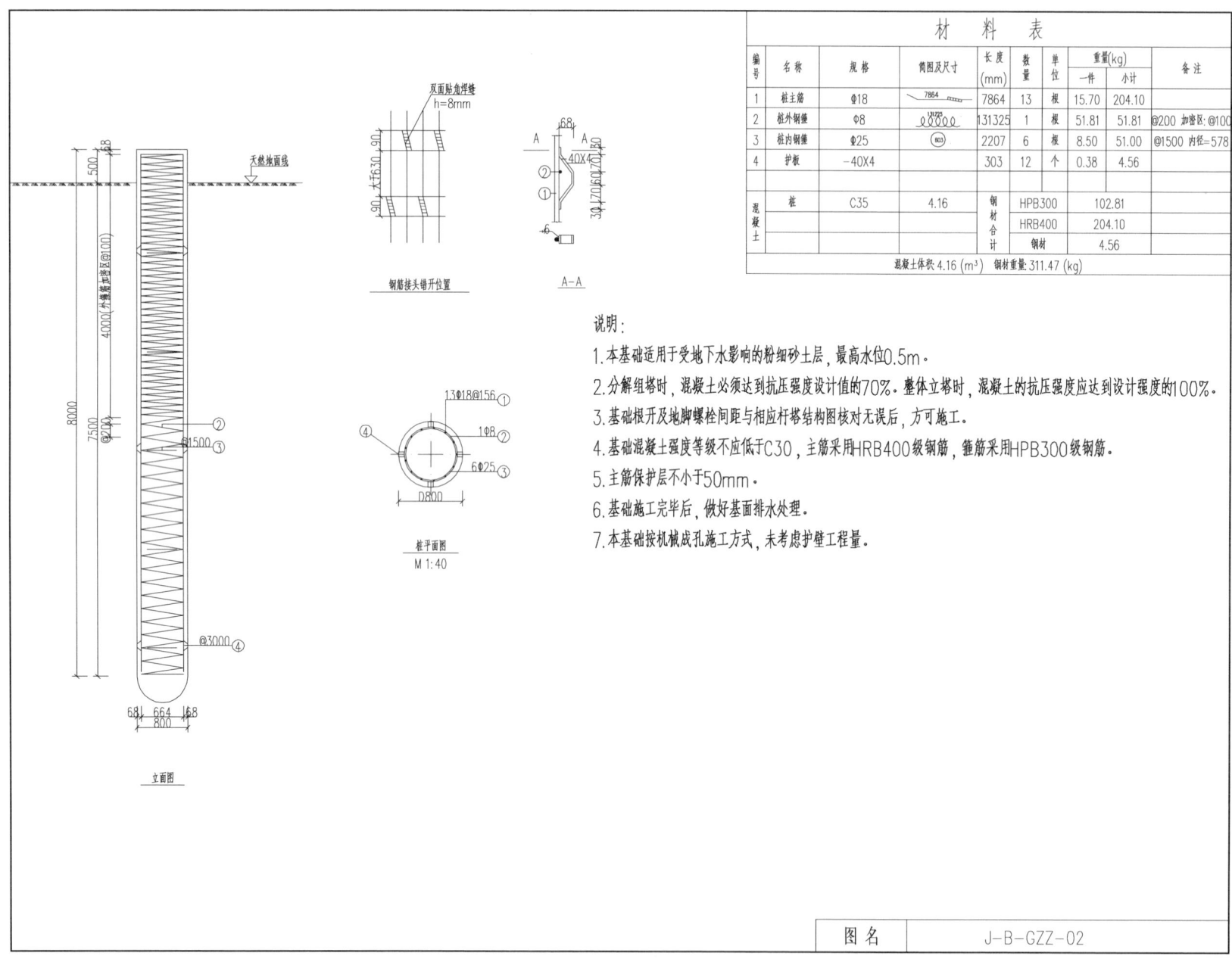

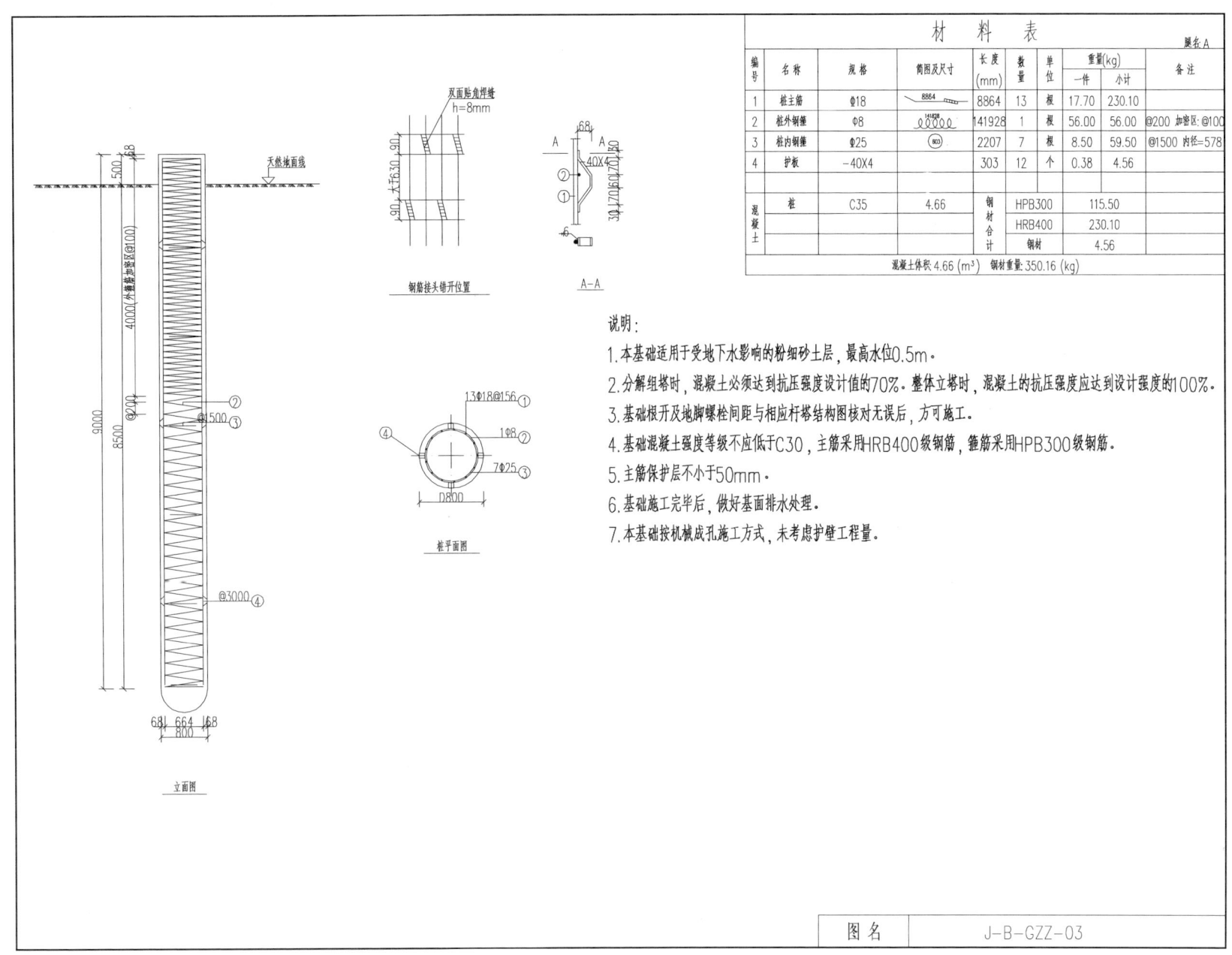

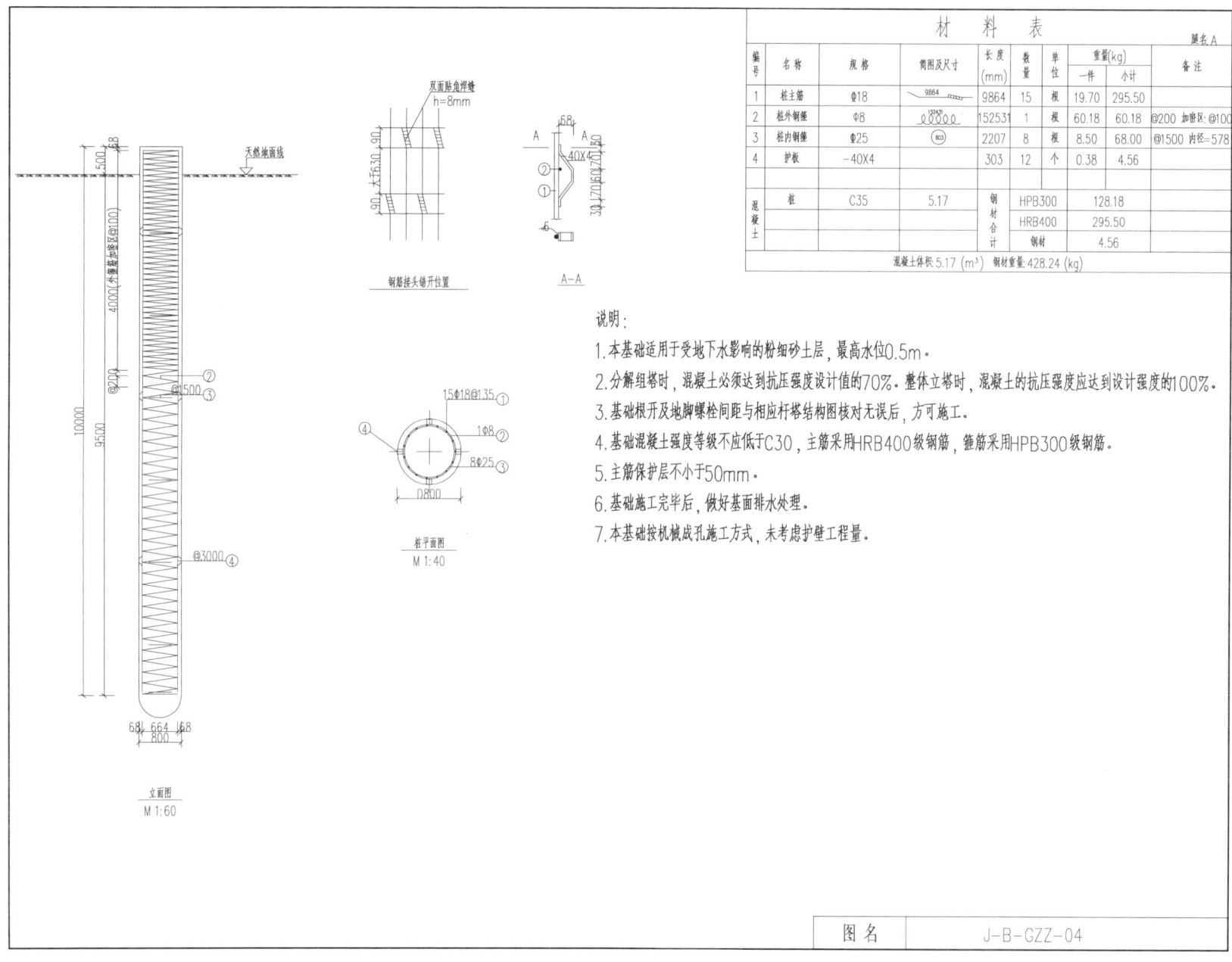

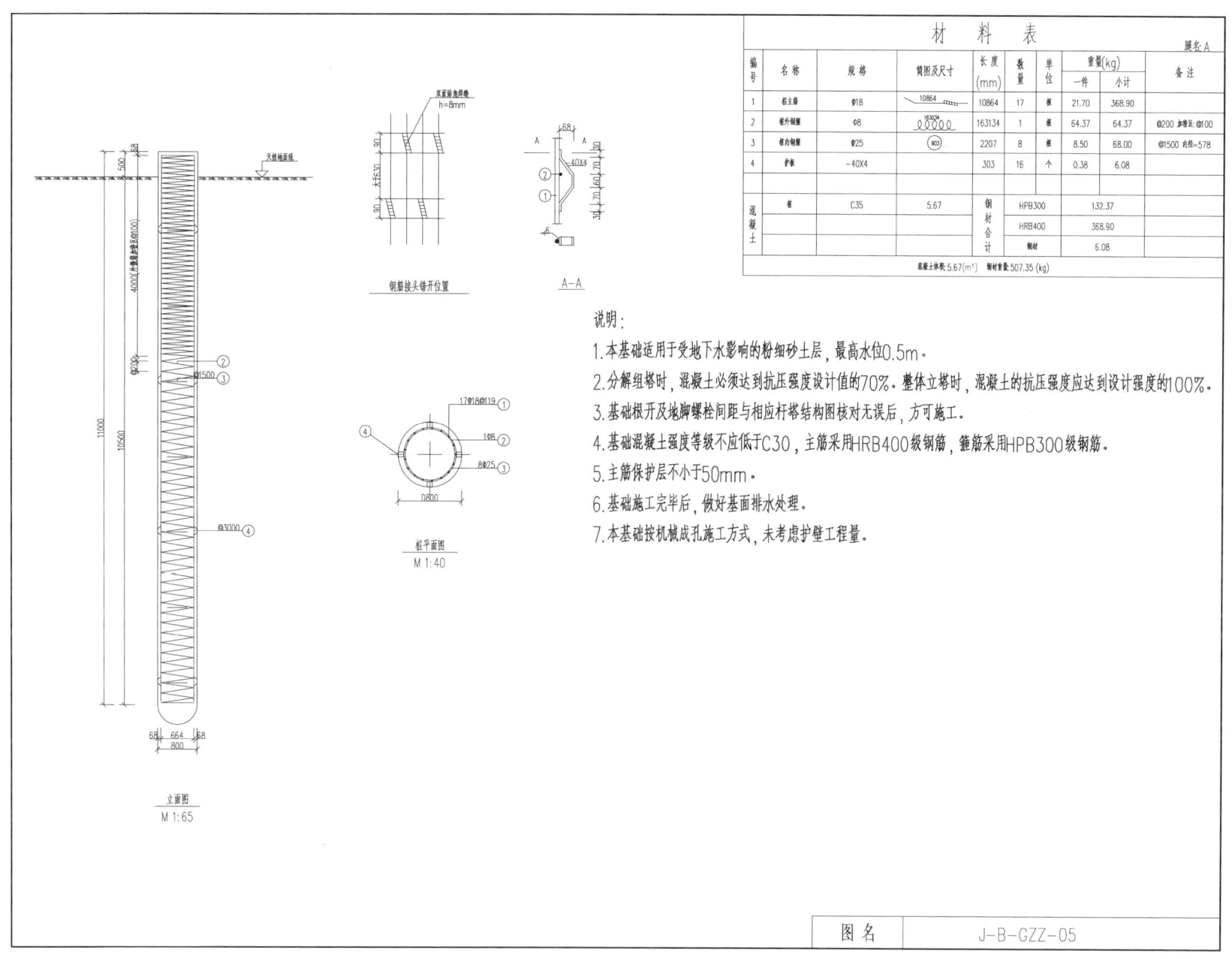

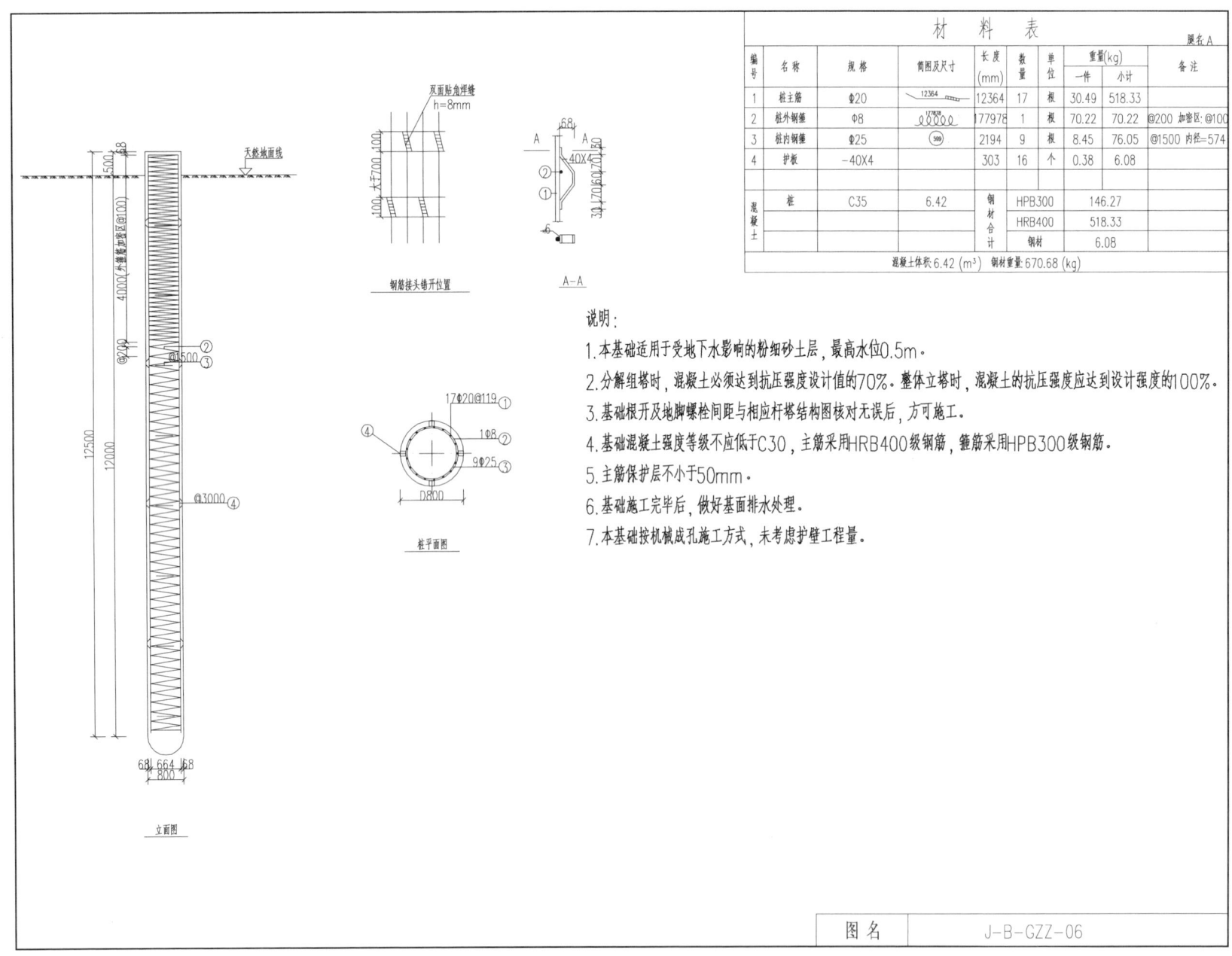

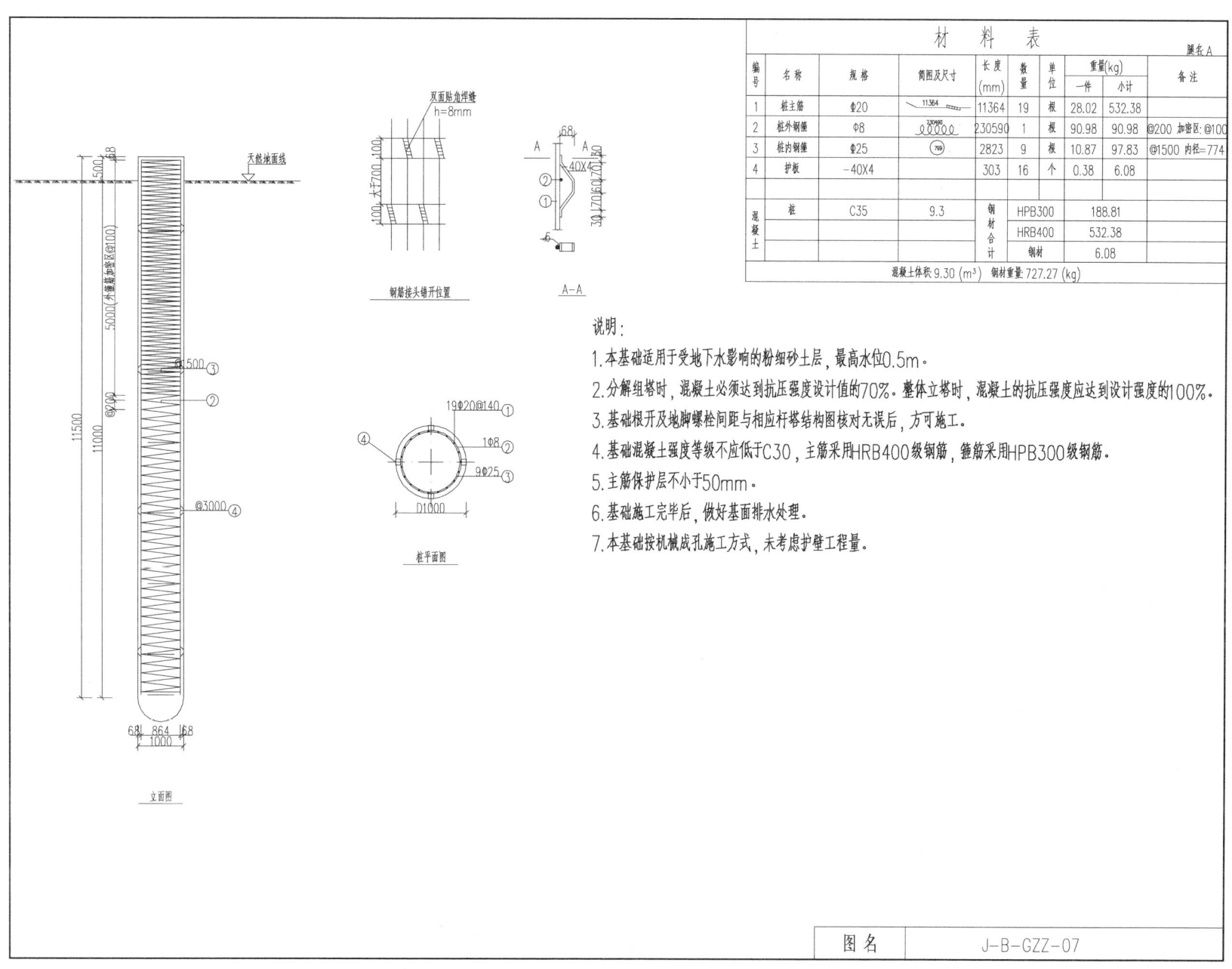

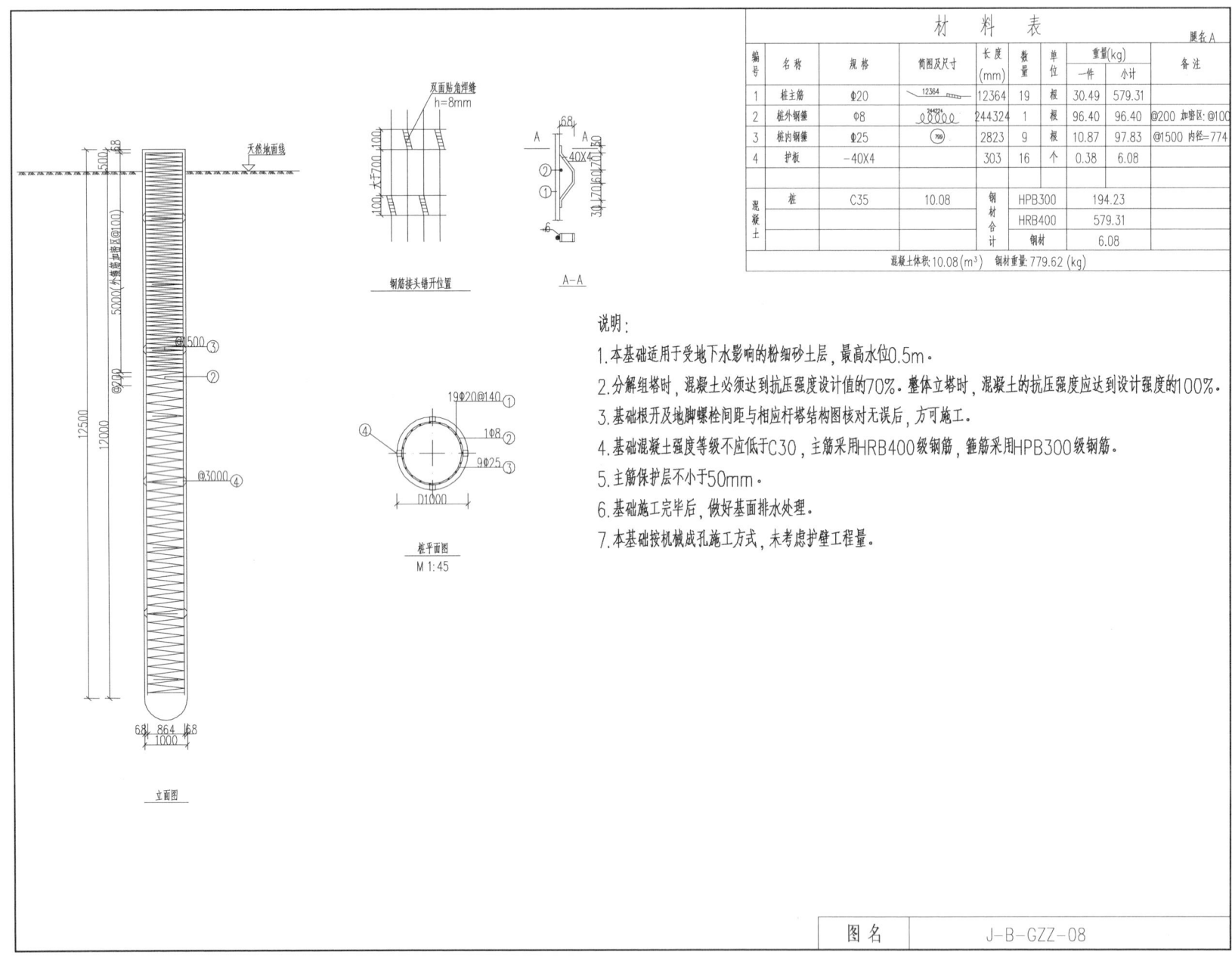

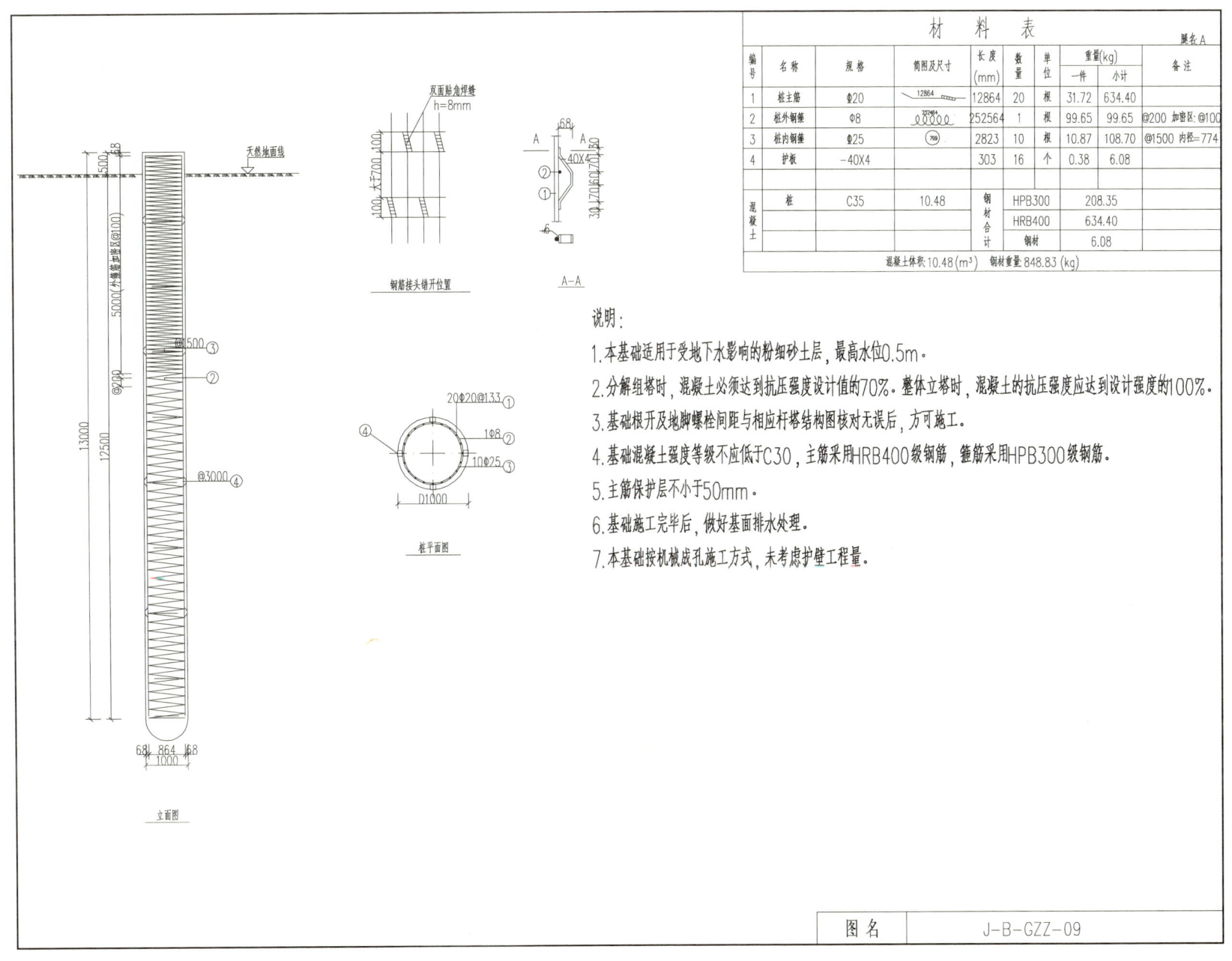

图名 J-B-GZZ-09

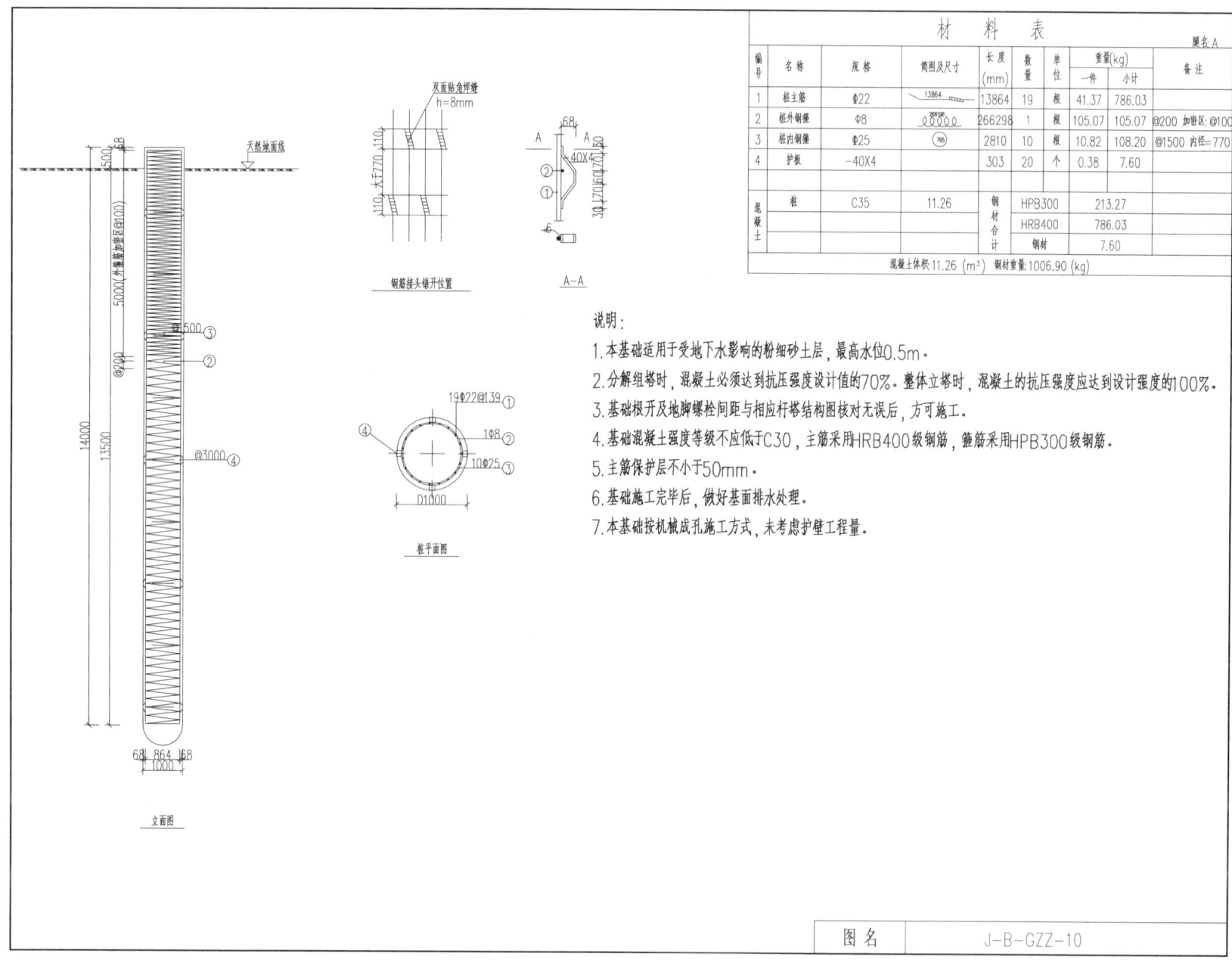

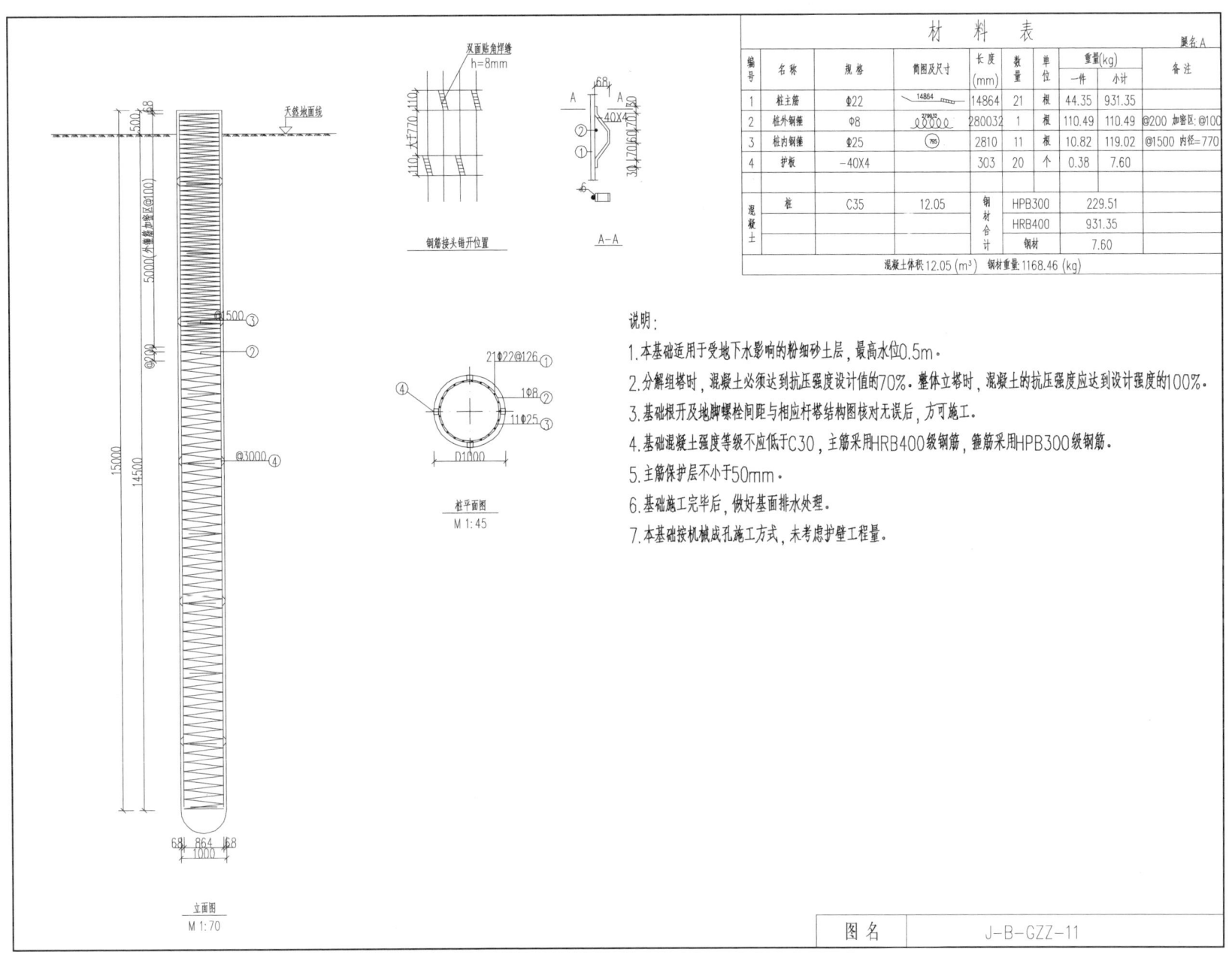

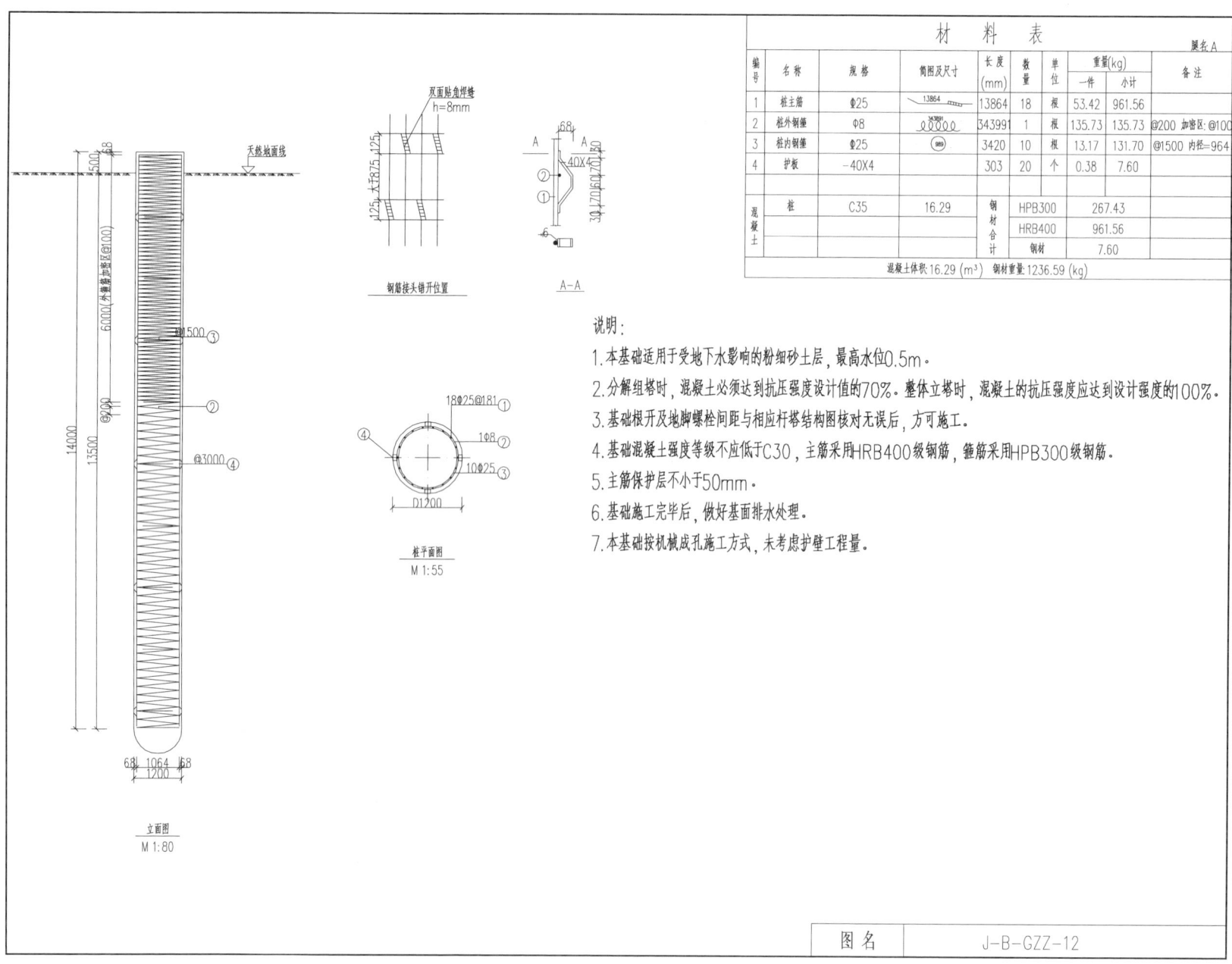

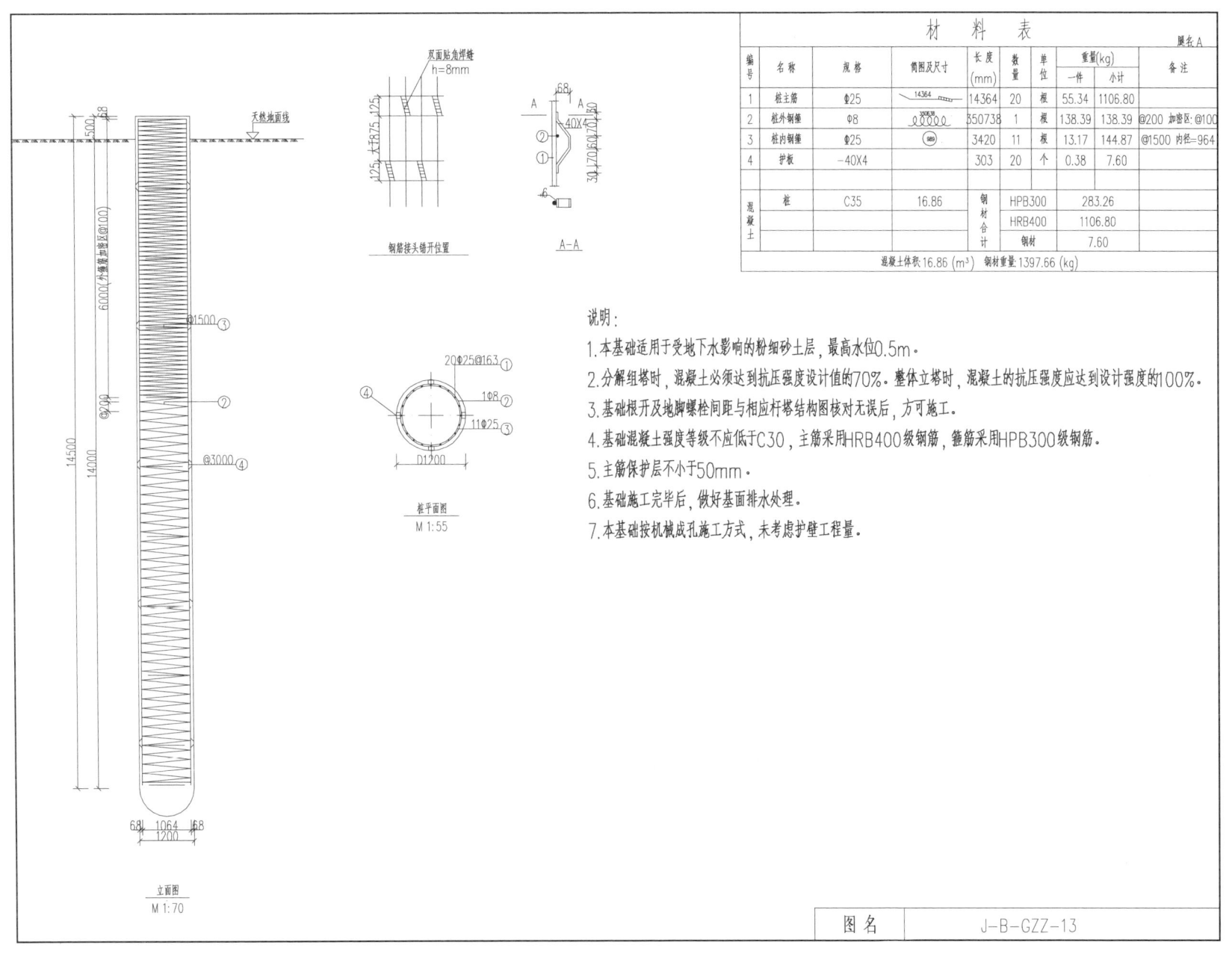

说明：
1.本基础适用于受地下水影响的粉细砂土层，最高水位0.5m。
2.分解组塔时，混凝土必须达到抗压强度设计值的70%。整体立塔时，混凝土的抗压强度应达到设计强度的100%。
3.基础根开及地脚螺栓间距与相应杆塔结构图校对无误后，方可施工。
4.基础混凝土强度等级不应低于C30，主筋采用HRB400级钢筋，箍筋采用HPB300级钢筋。
5.主筋保护层不小于50mm。
6.基础施工完毕后，做好基面排水处理。
7.本基础按机械成孔施工方式，未考虑护壁工程量。

图名 J-B-GZZ-13

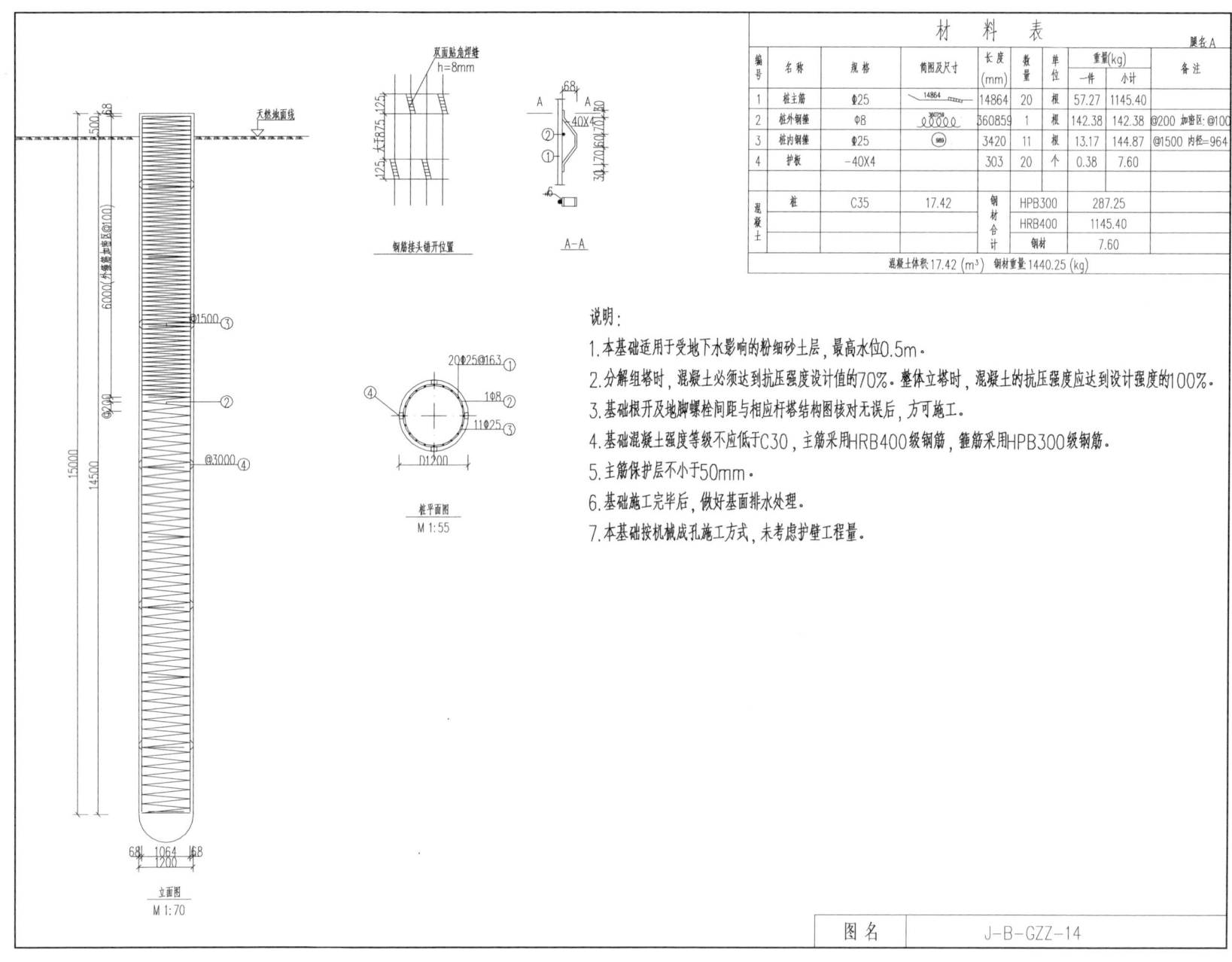

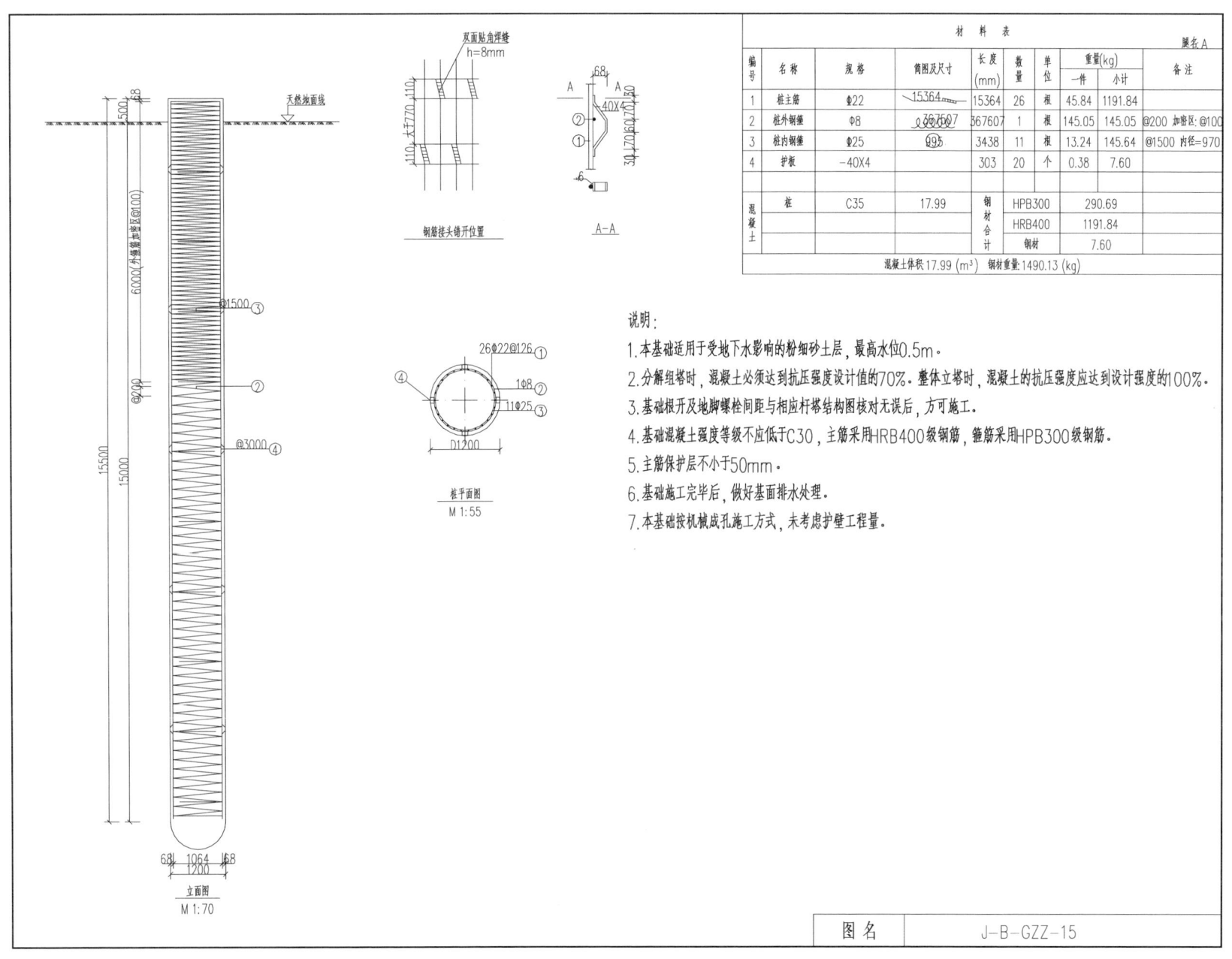

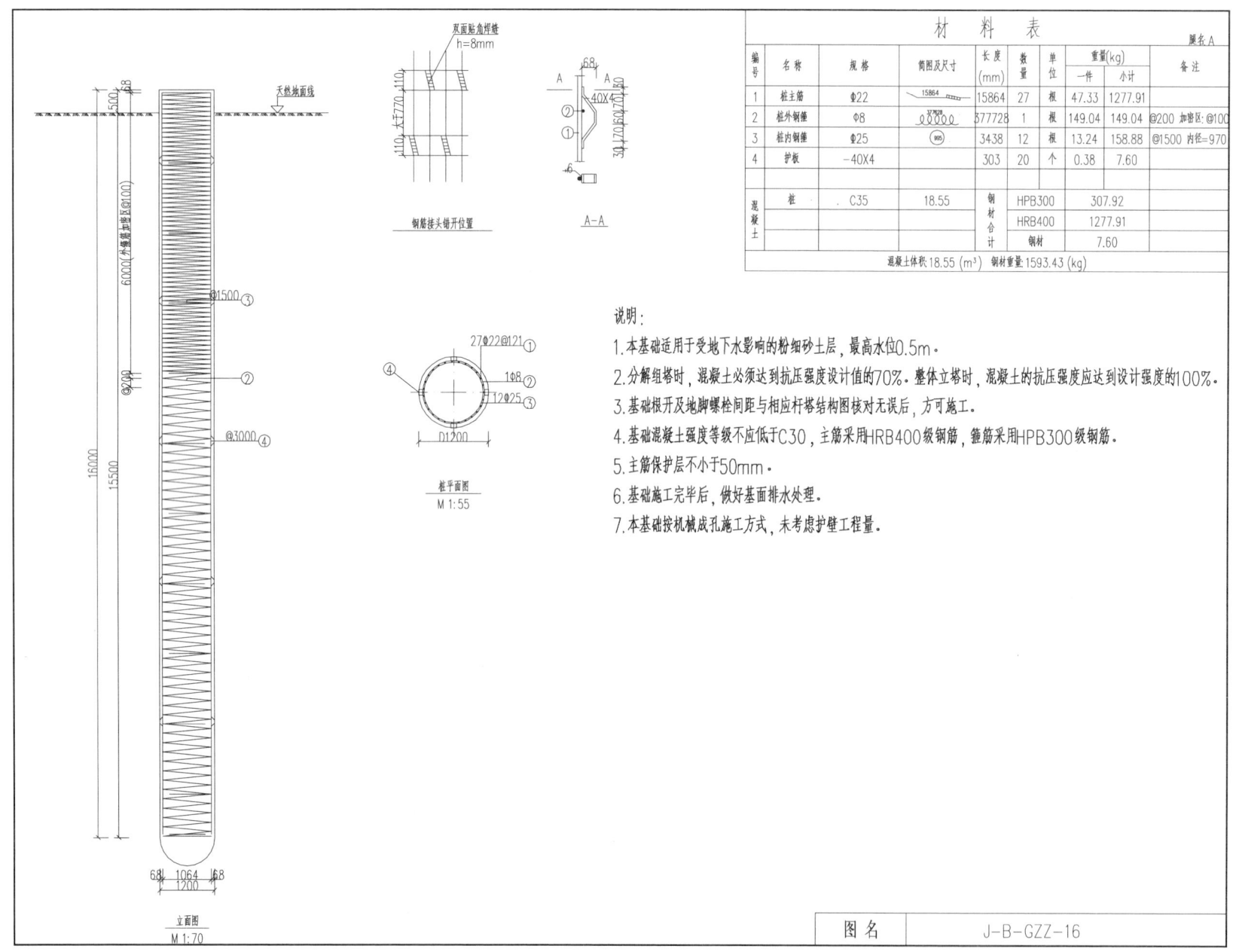

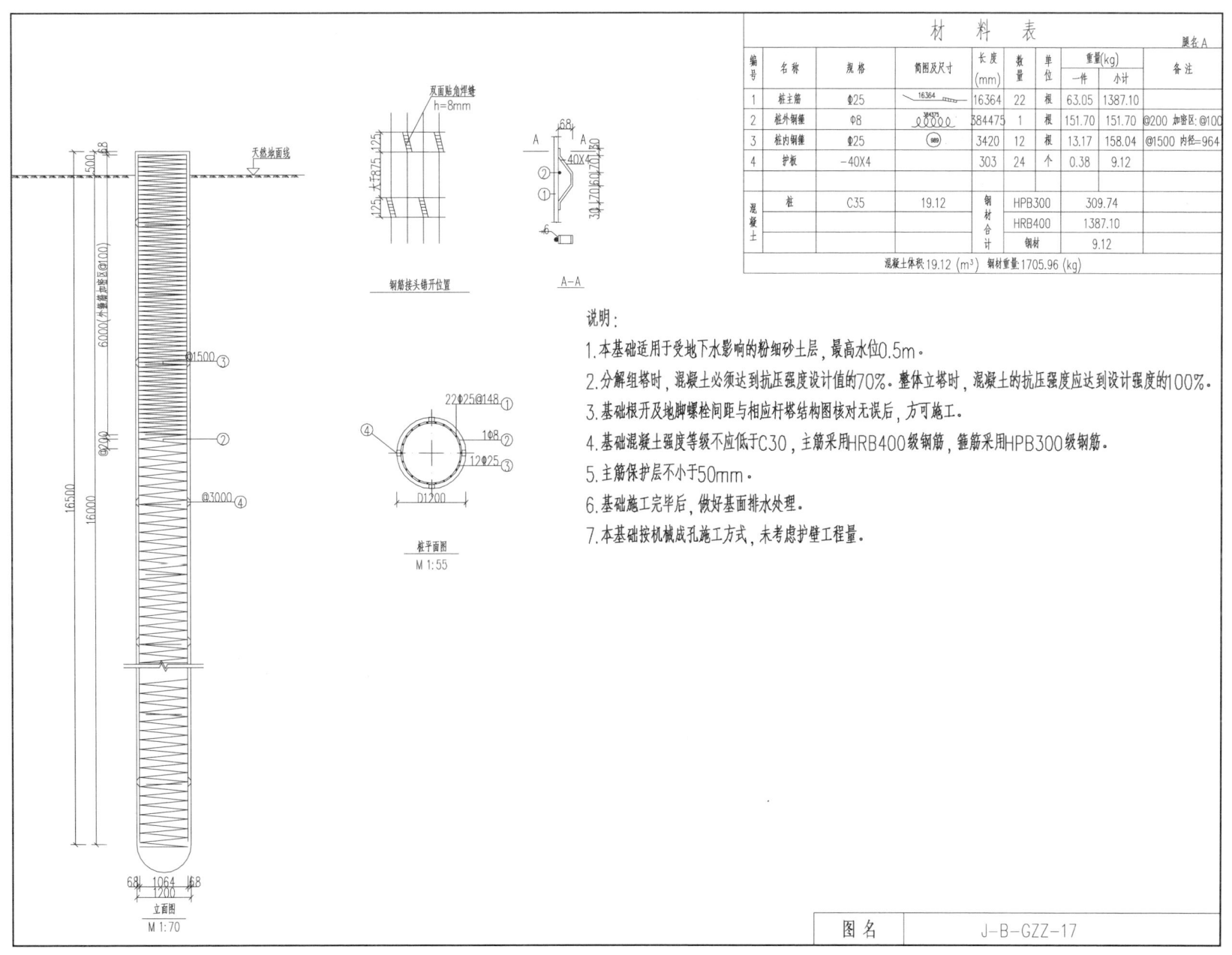

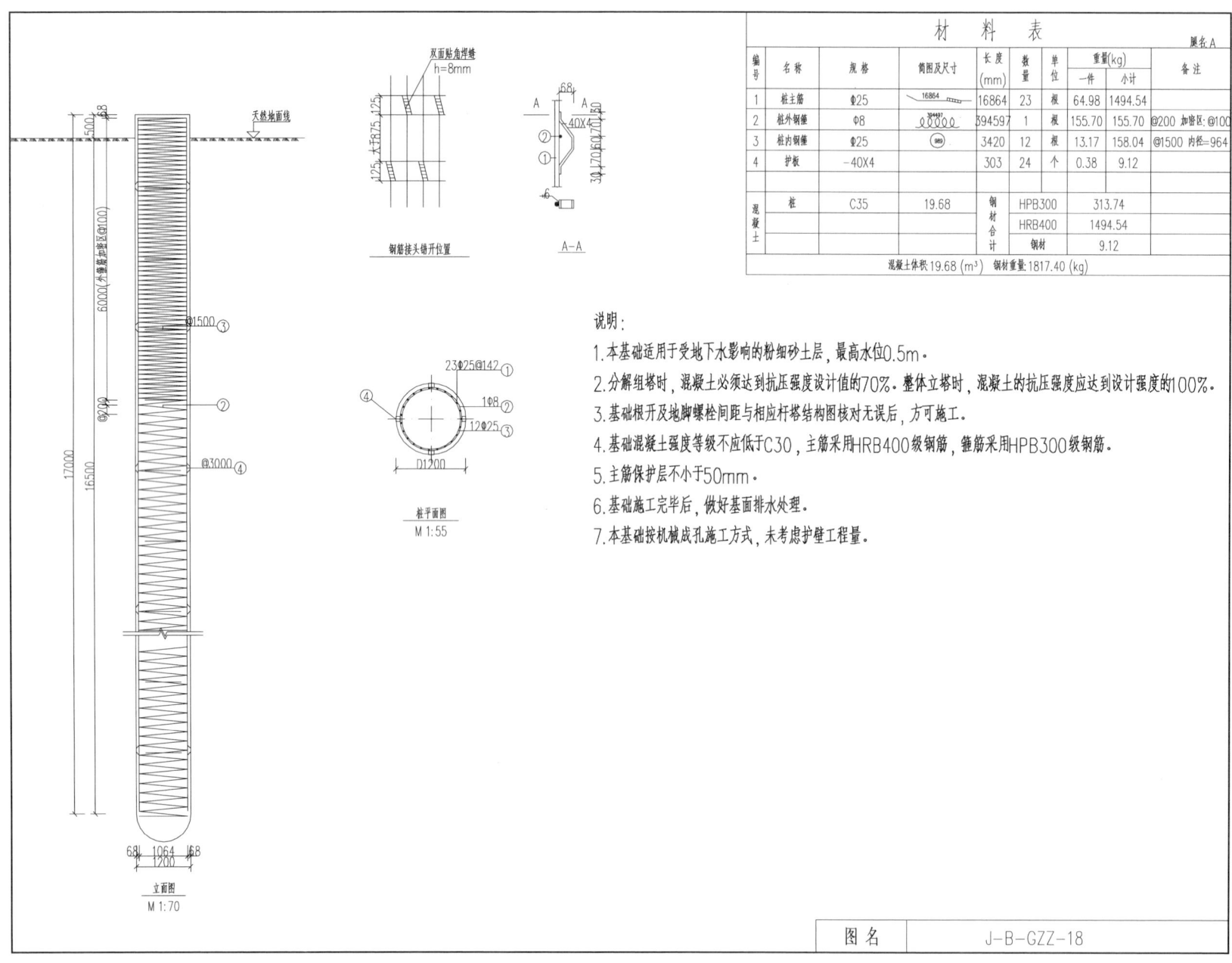

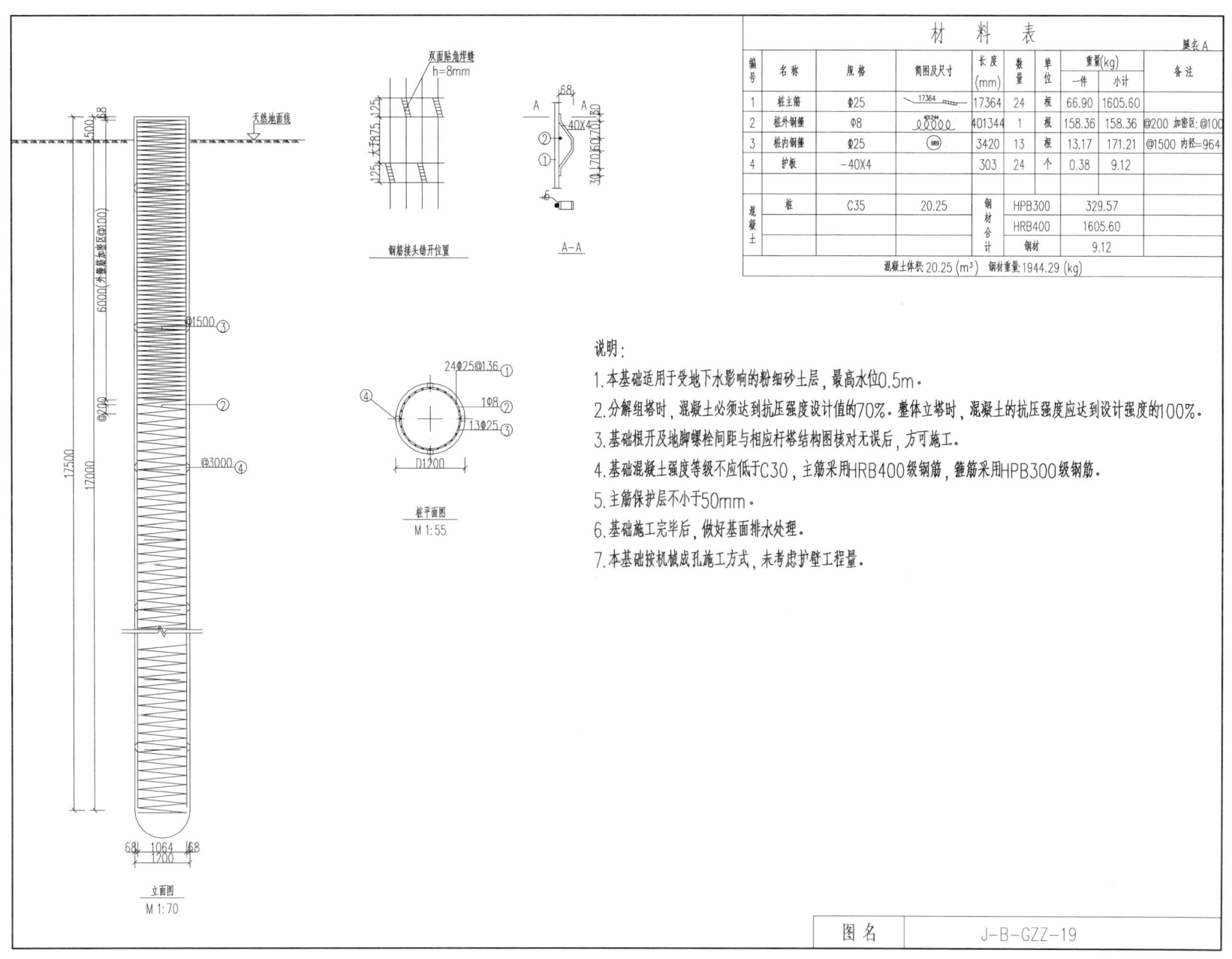

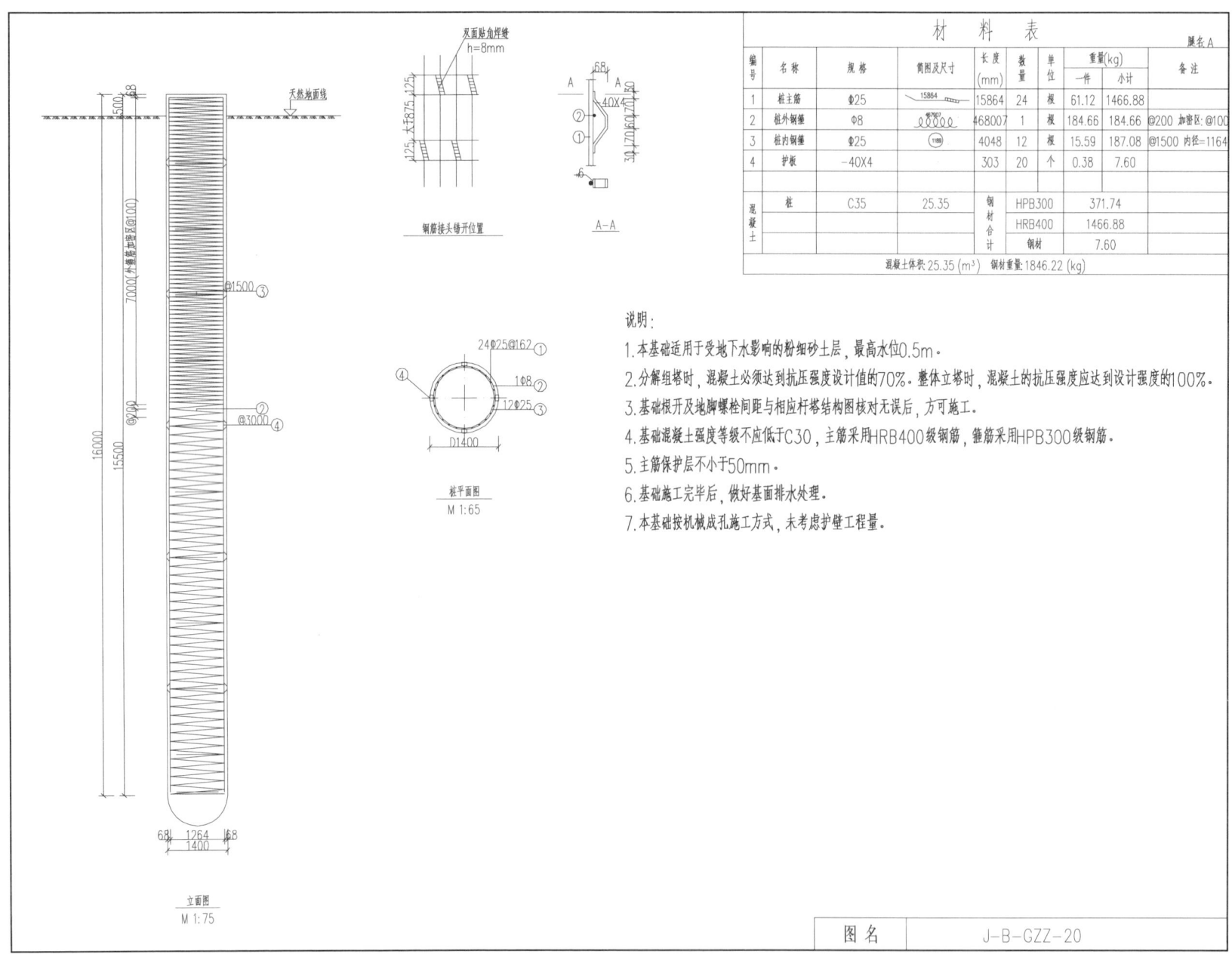

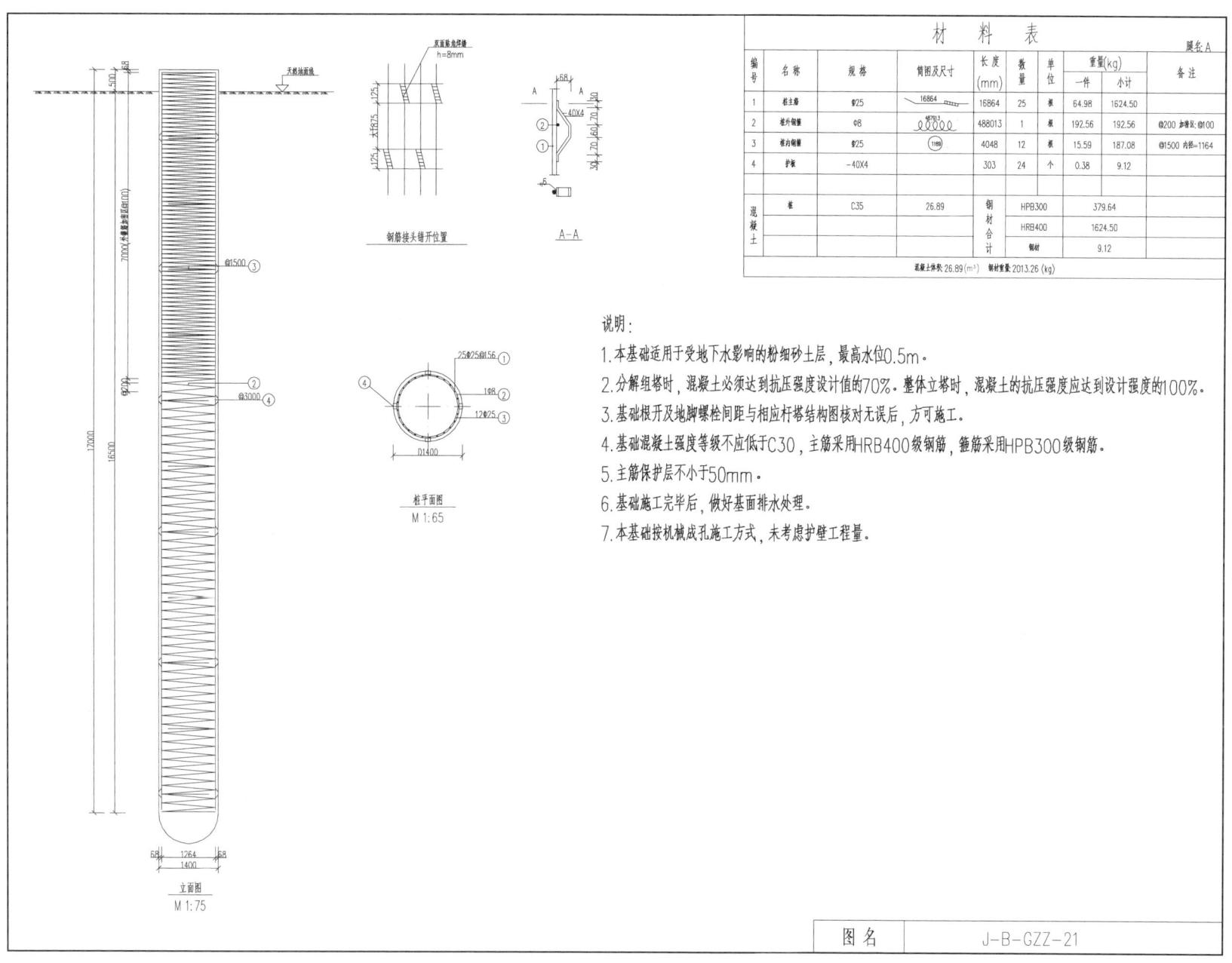

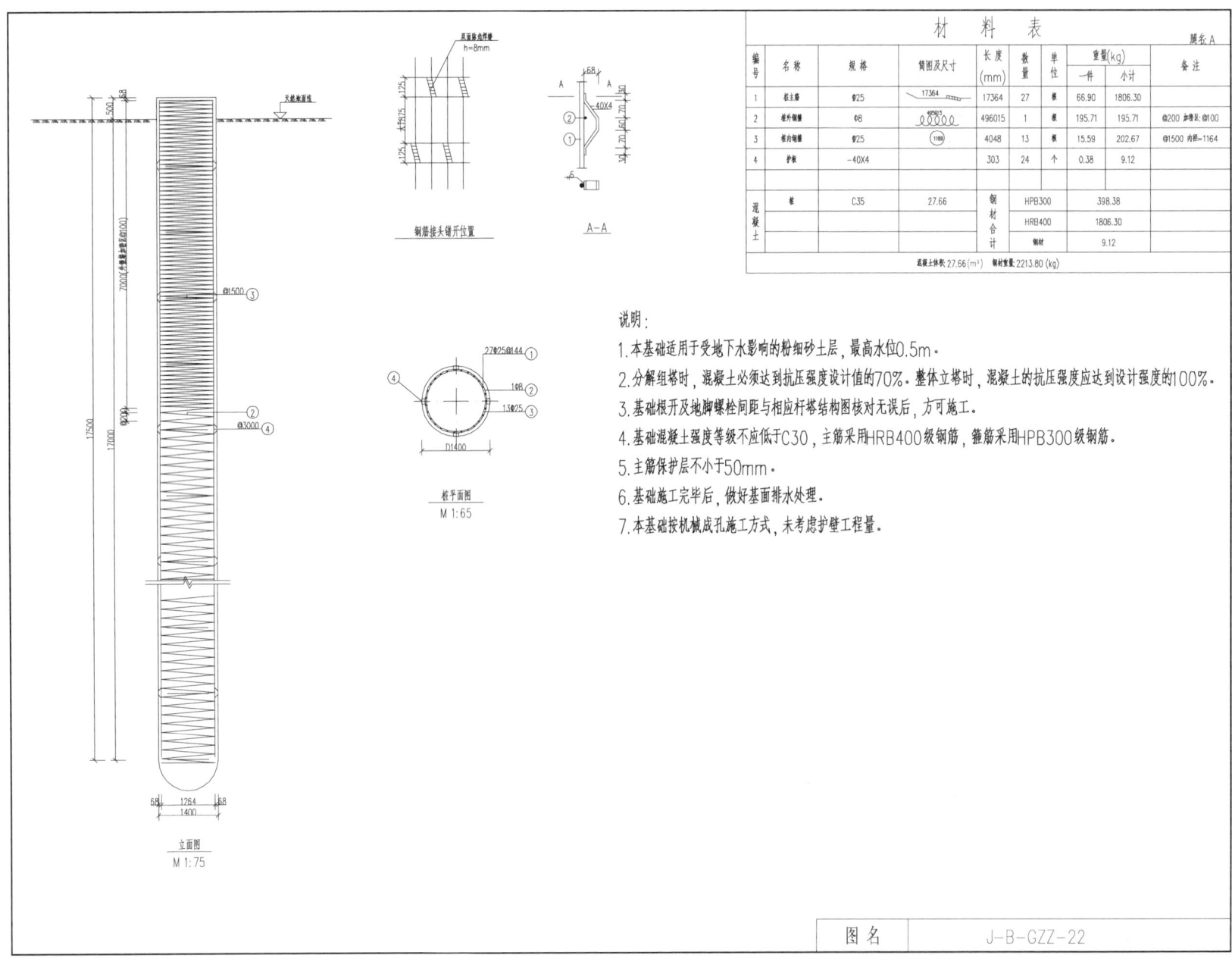

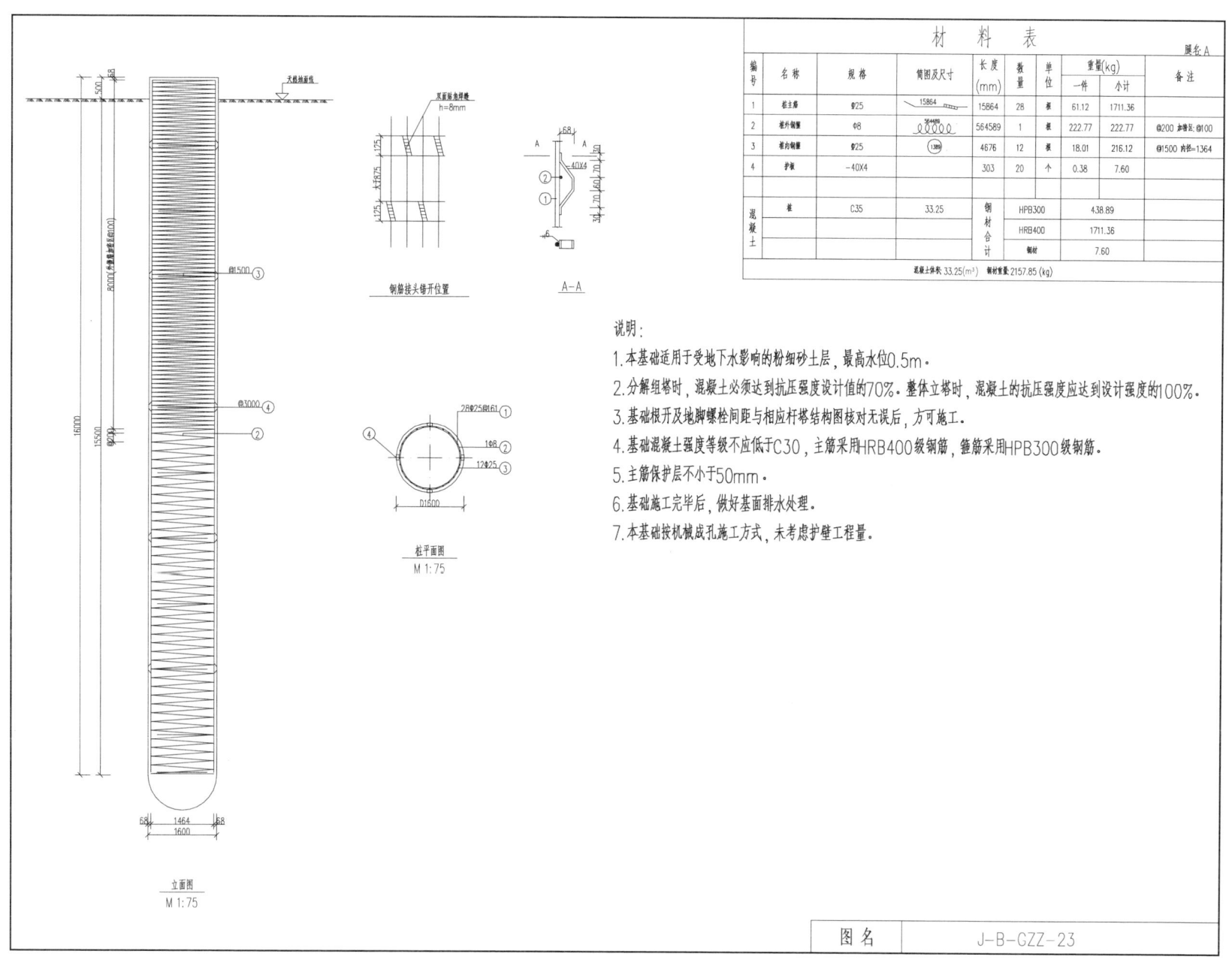

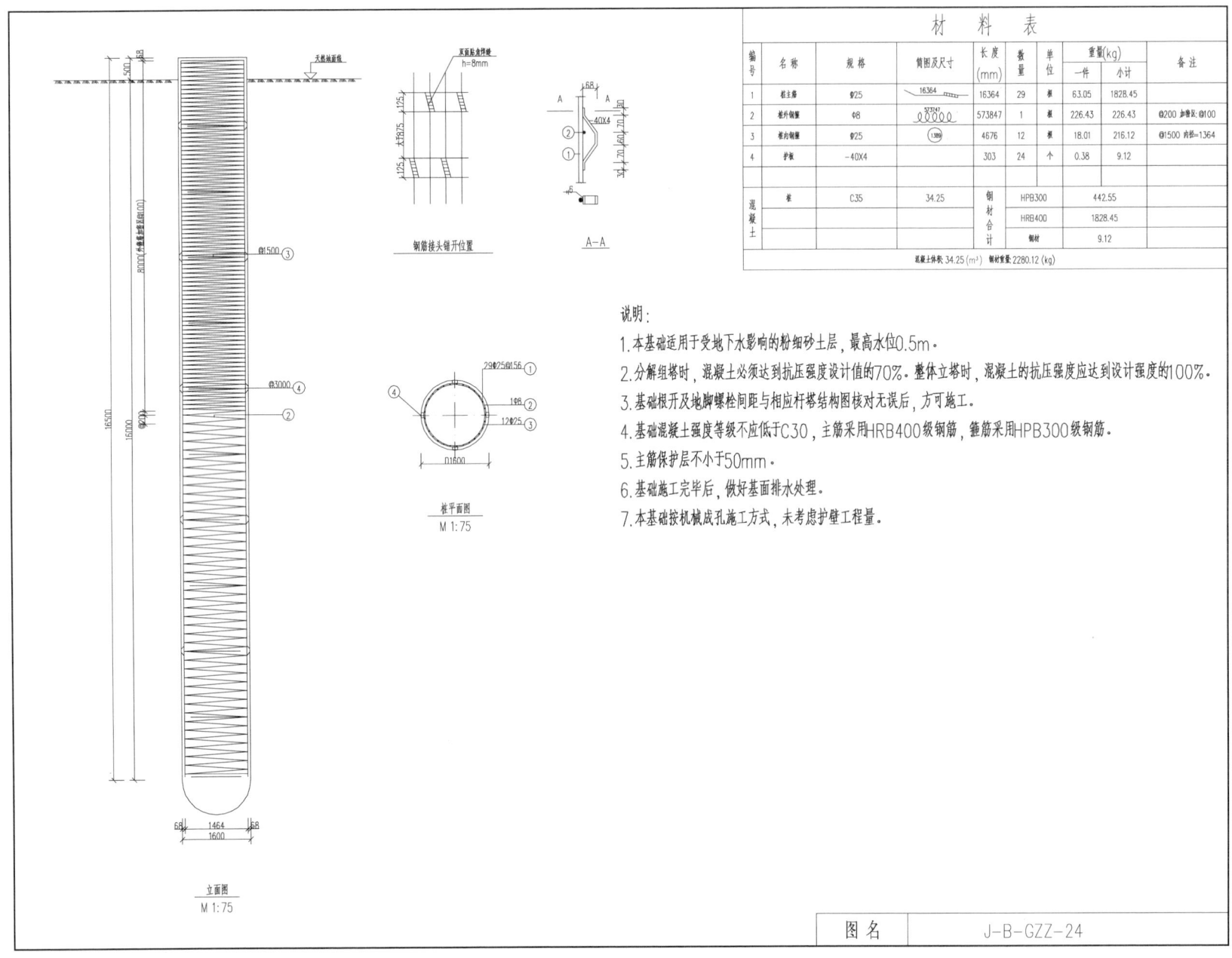

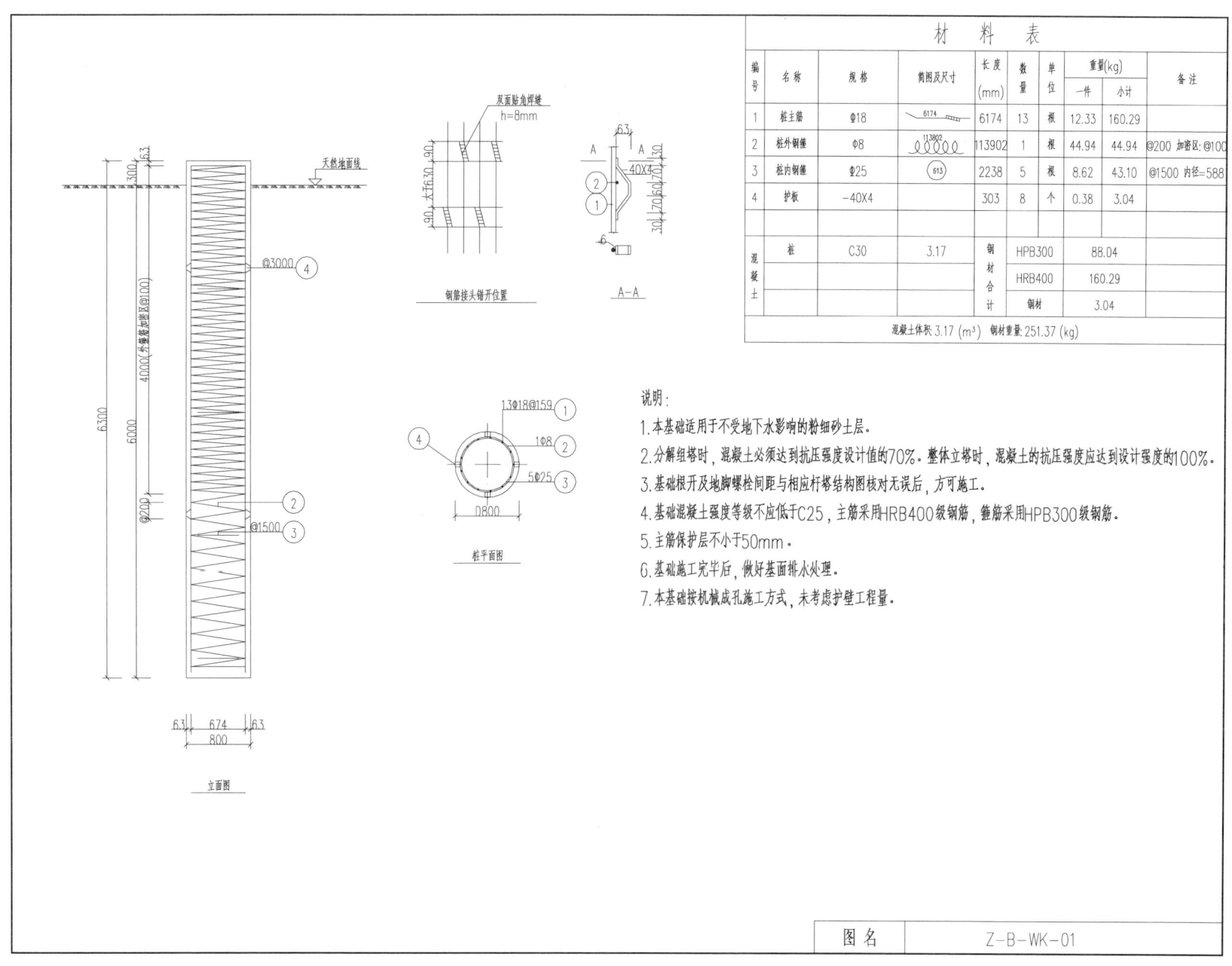

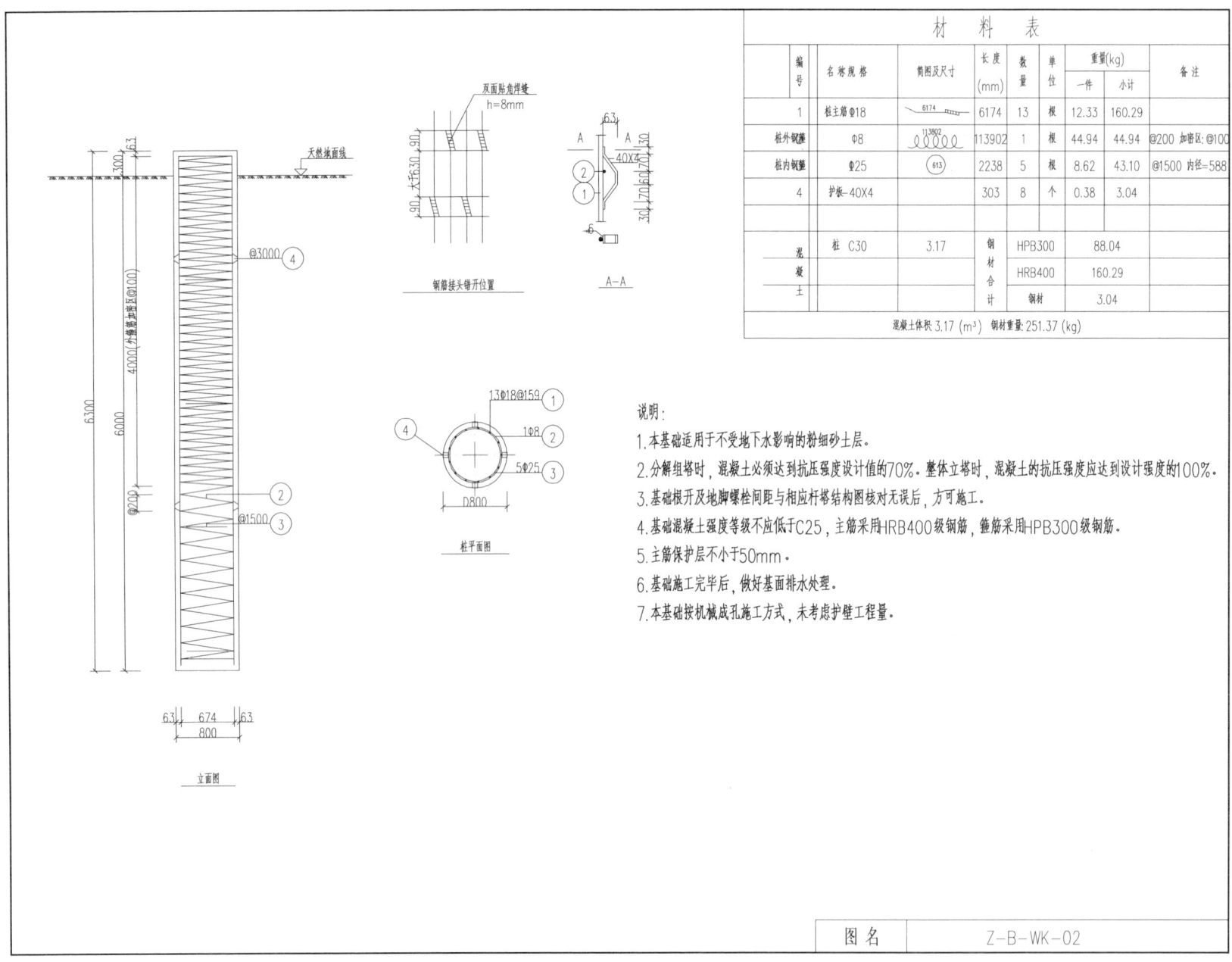

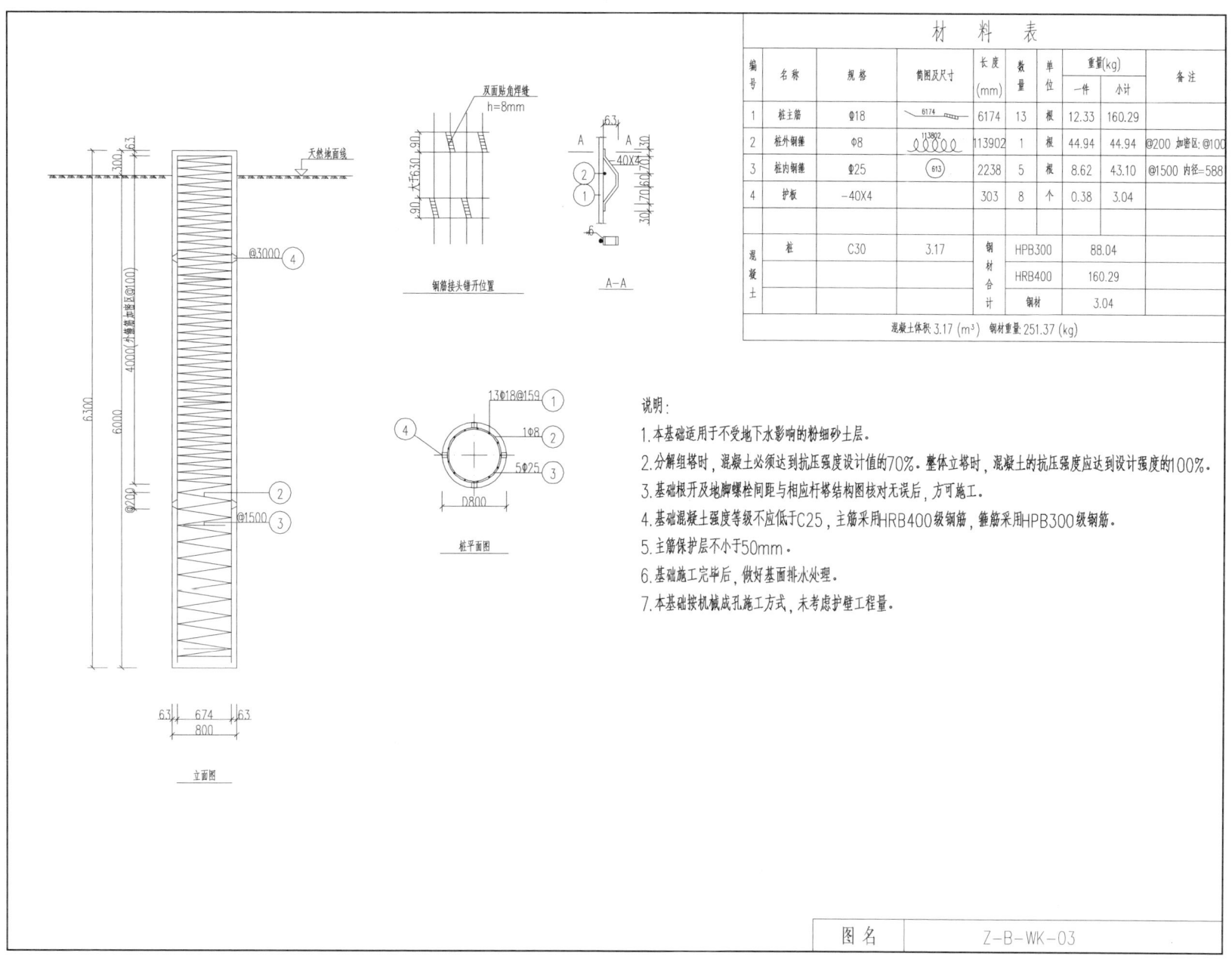

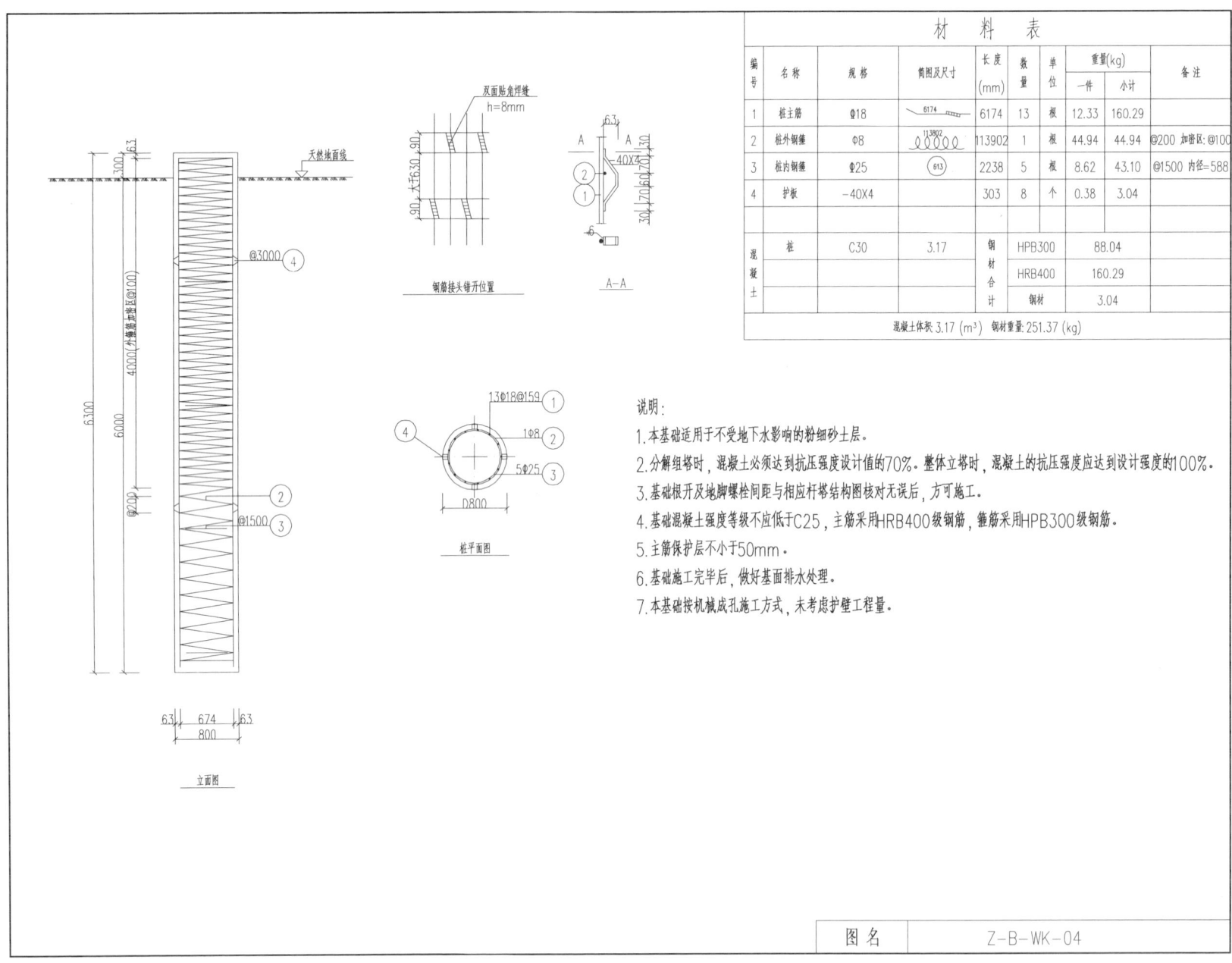

第2篇 典型设计

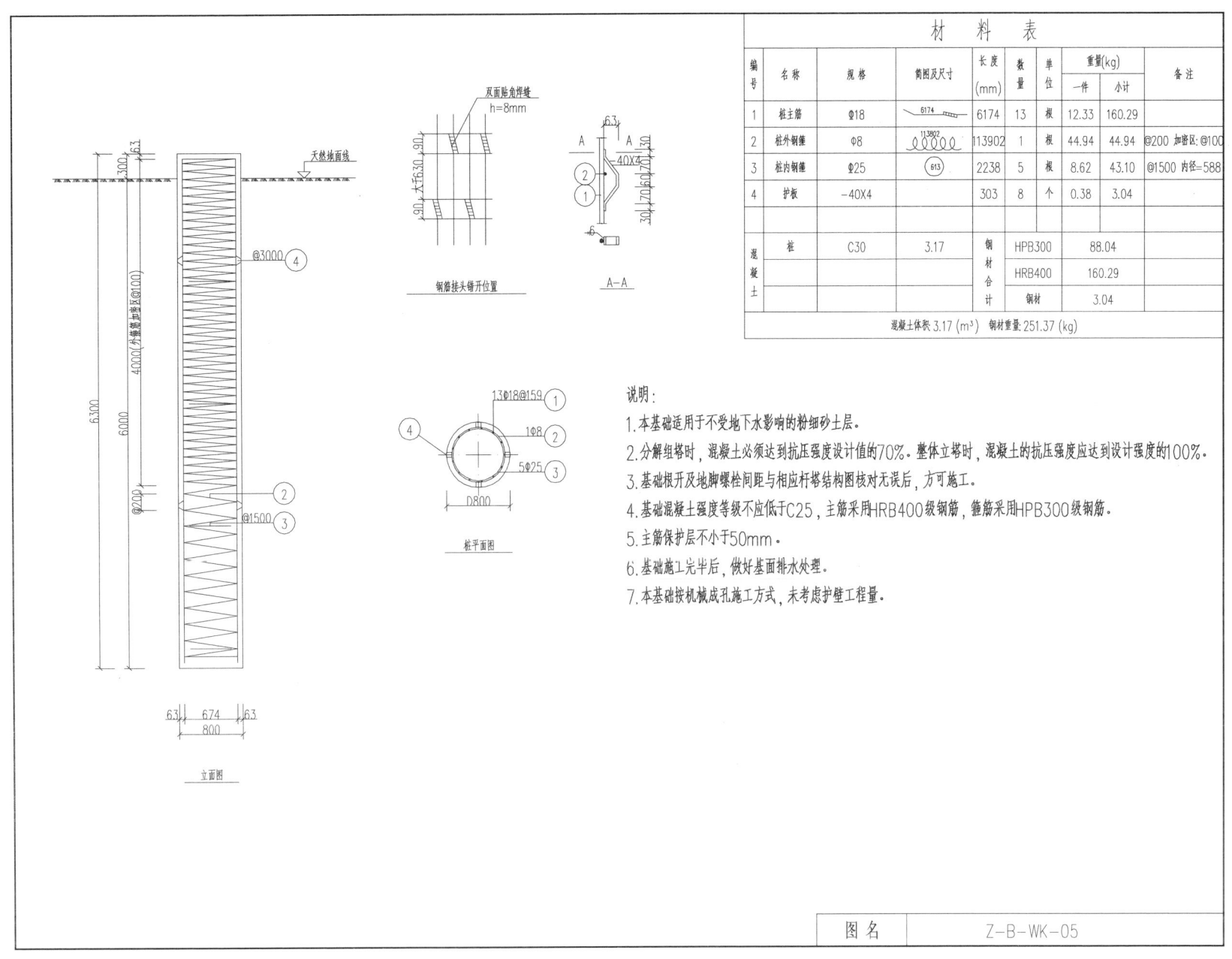

图名 Z-B-WK-05

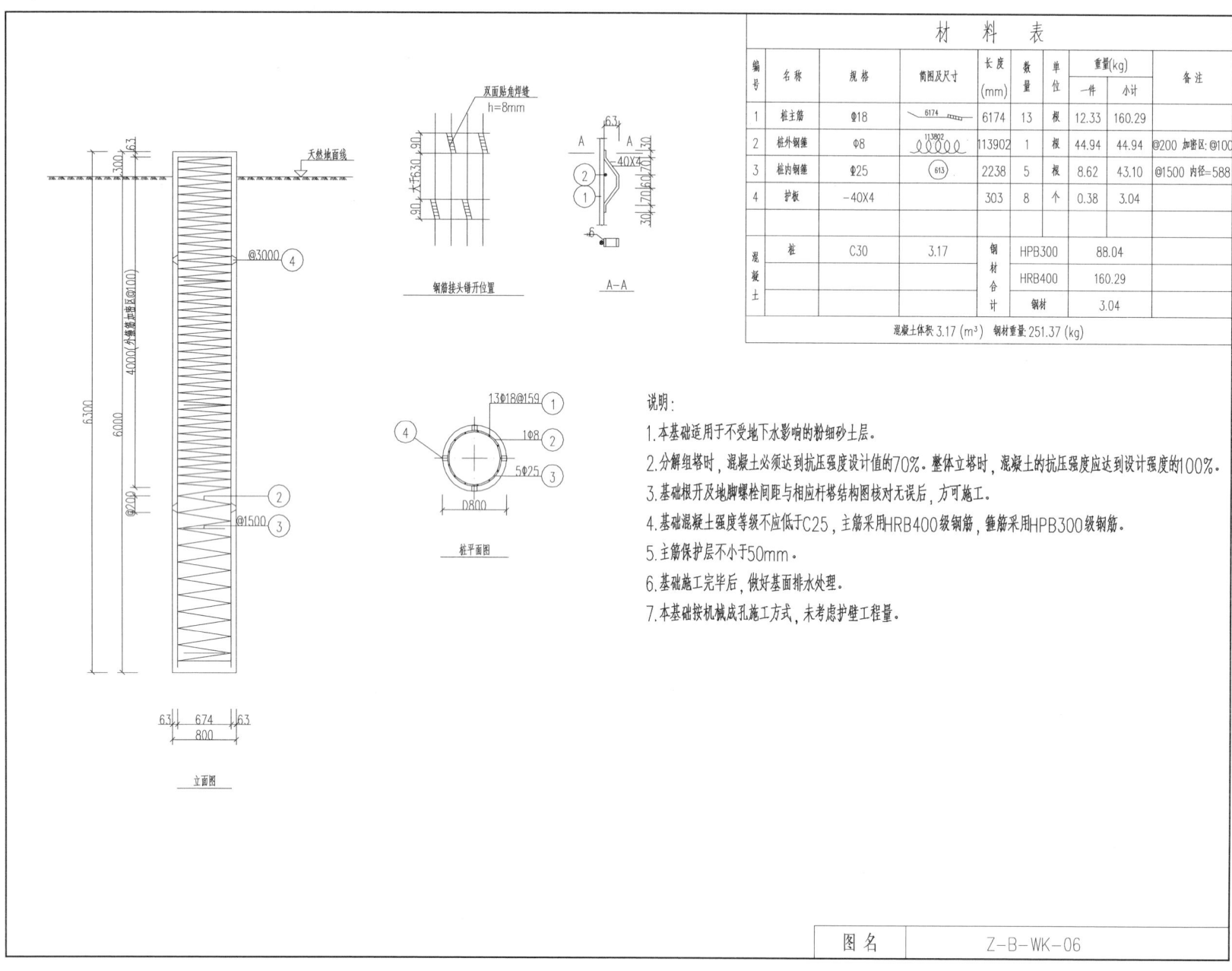

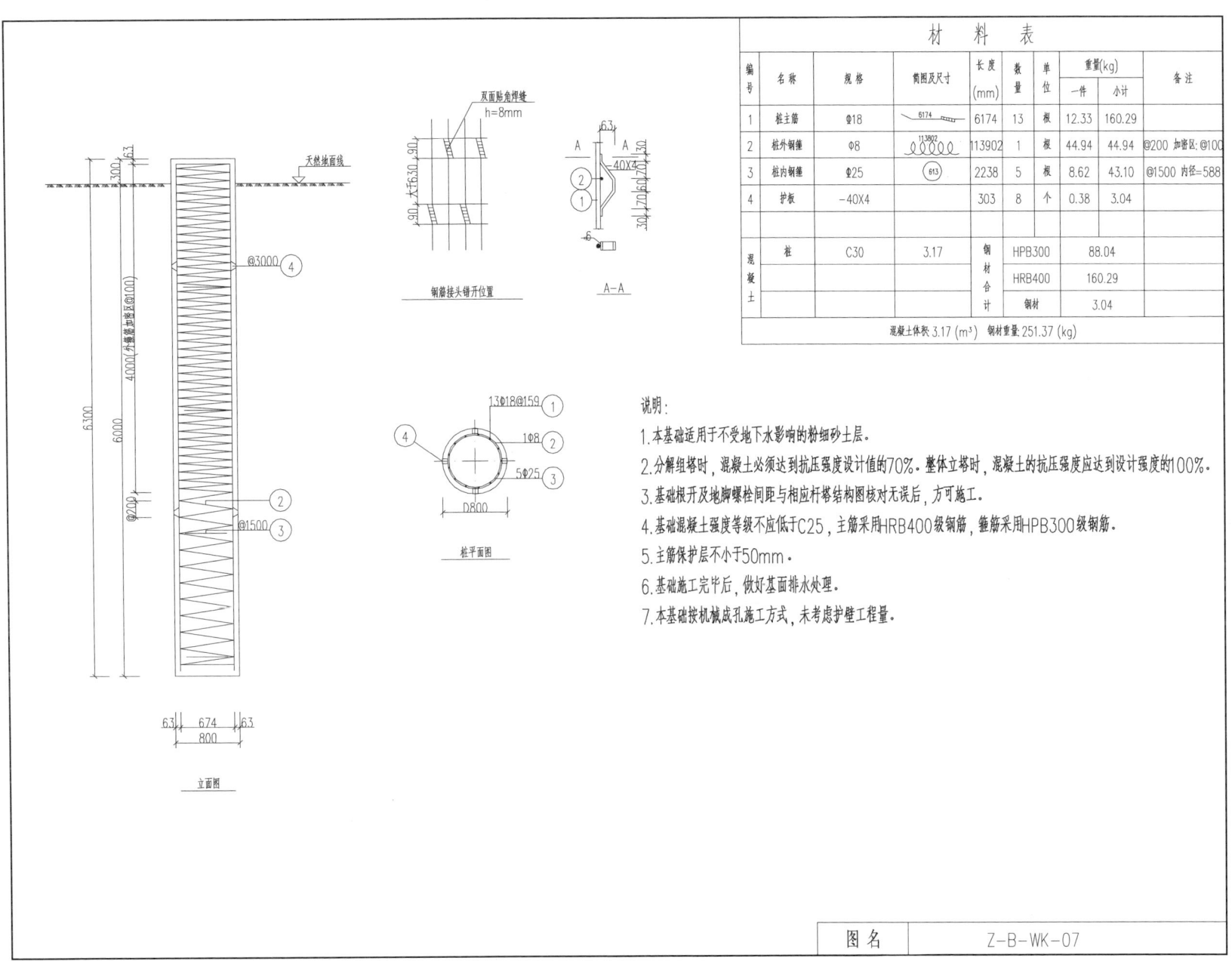

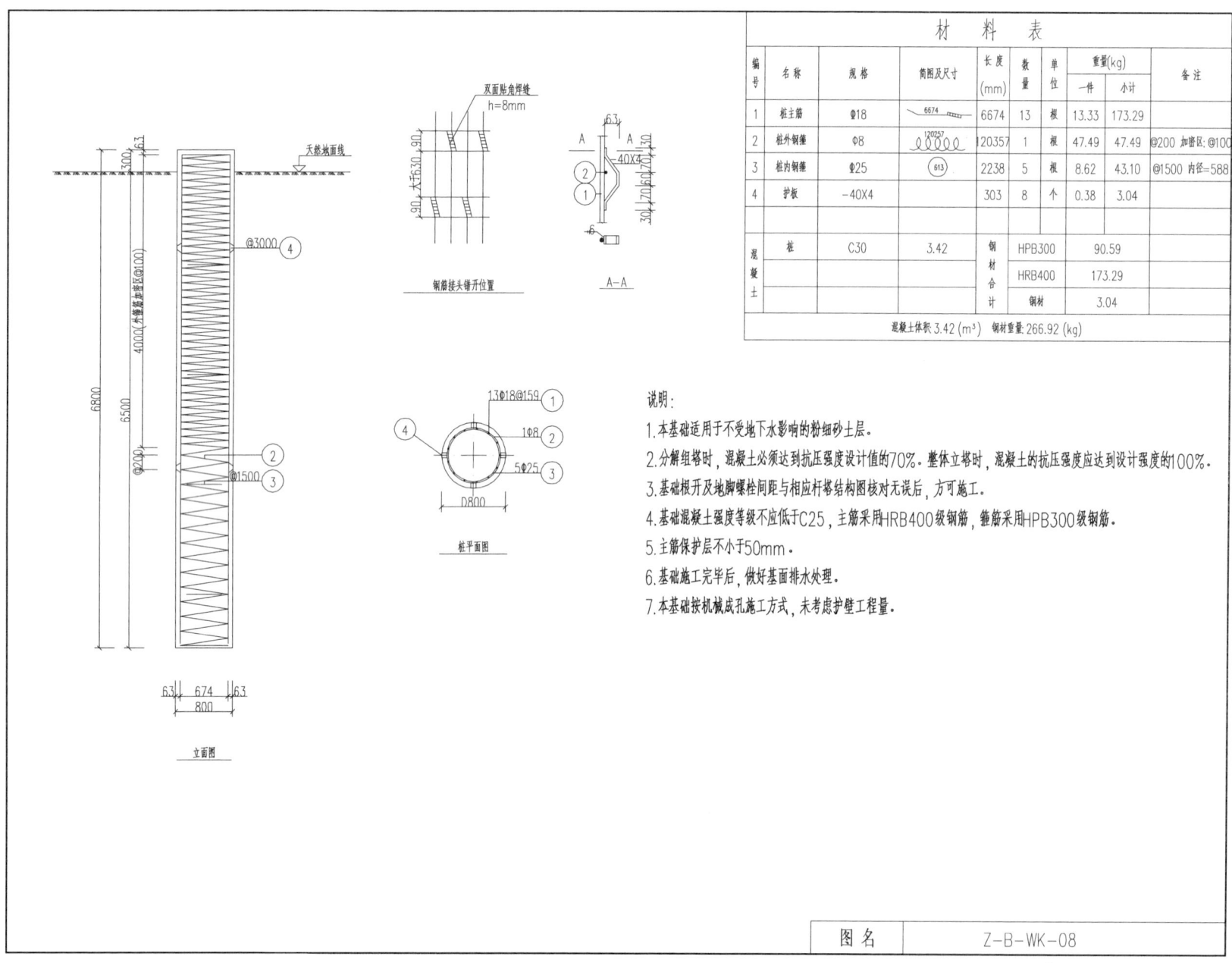

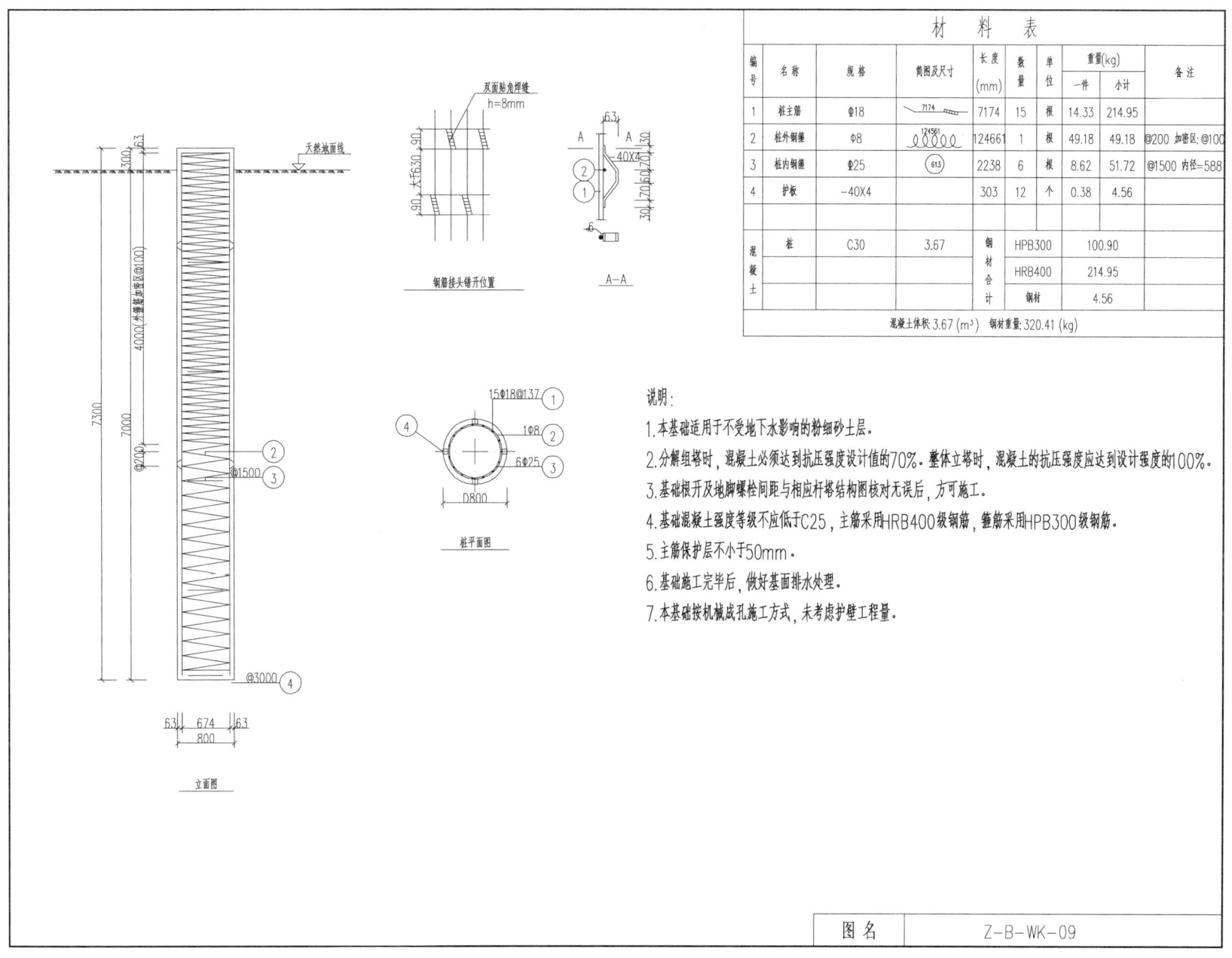

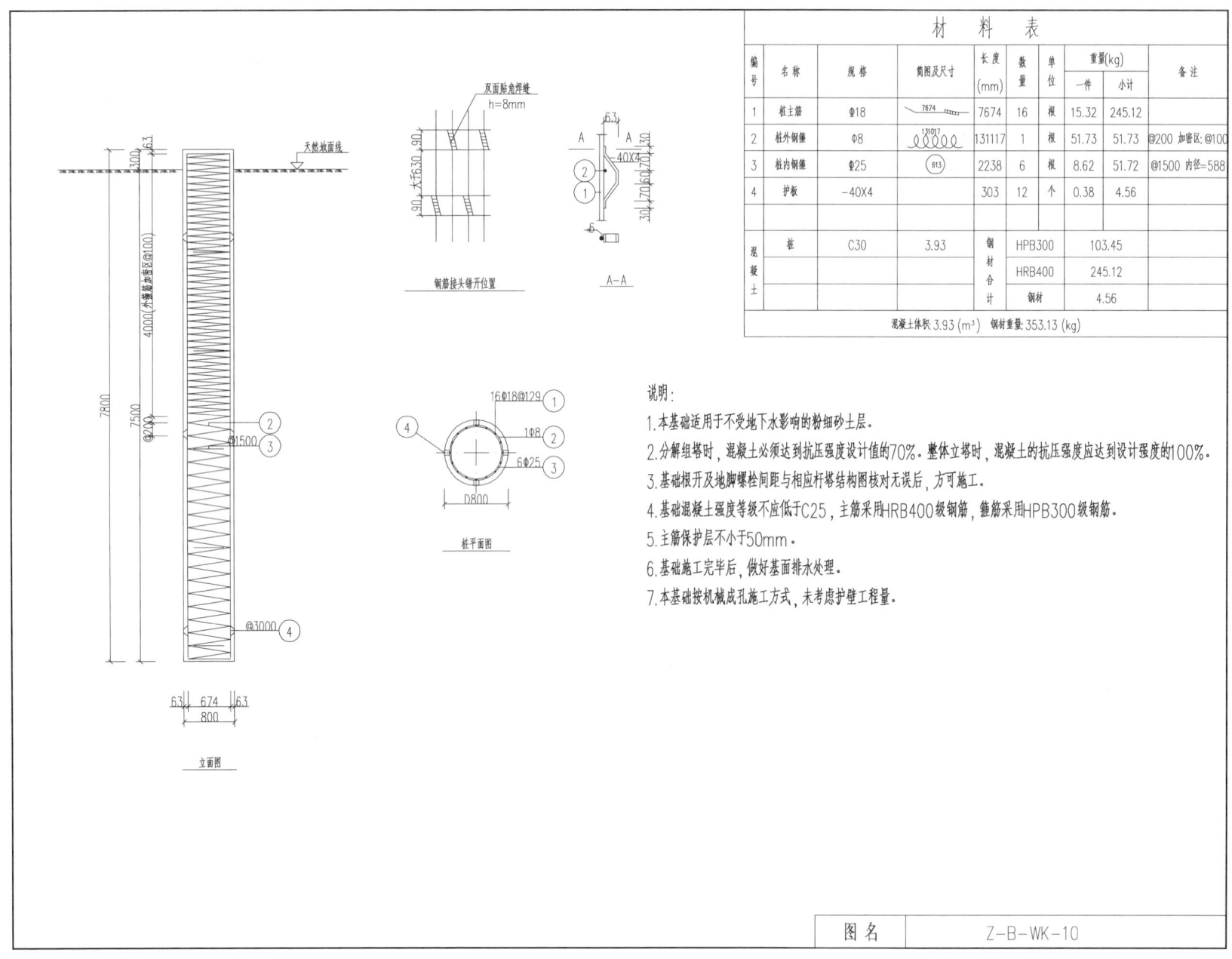

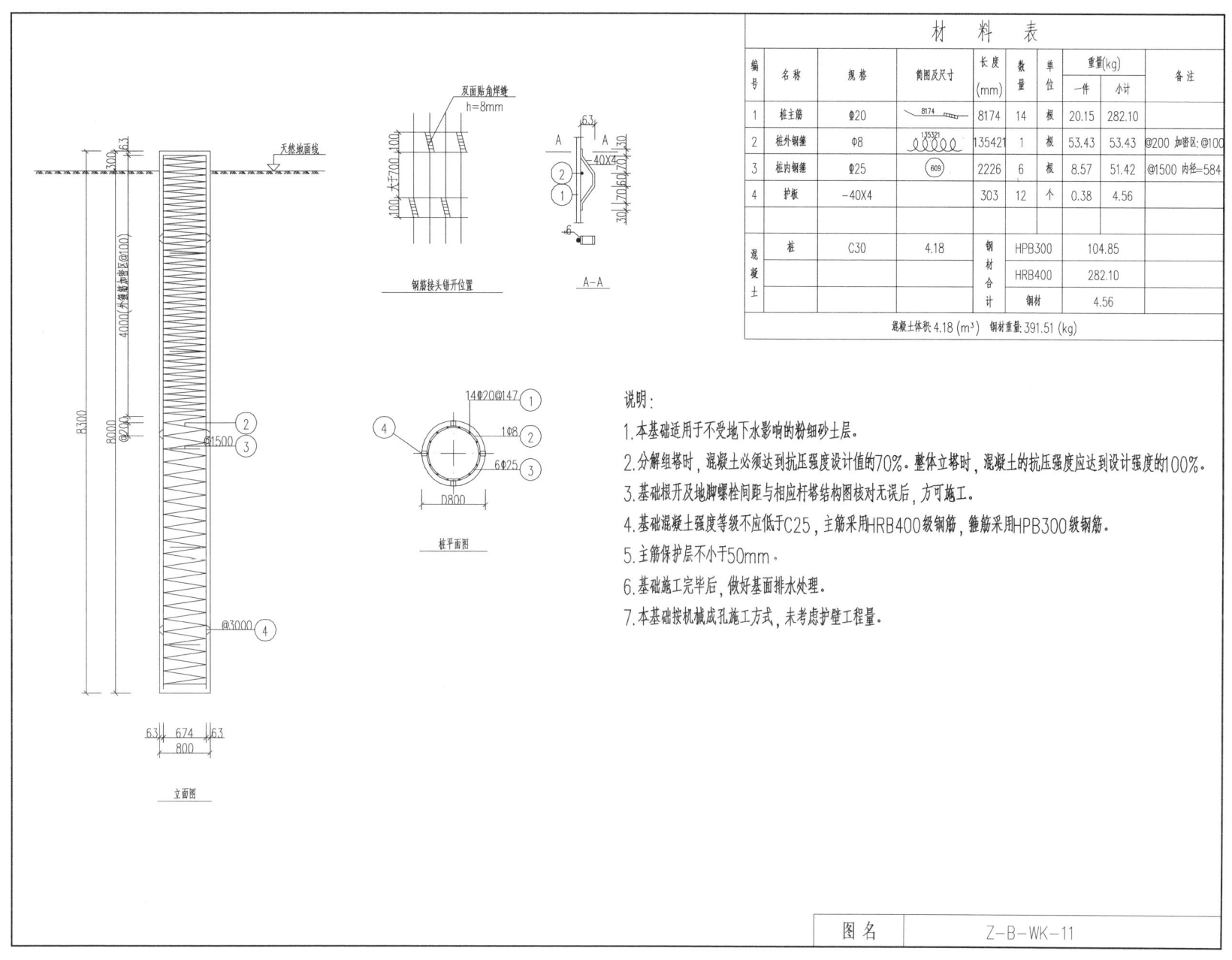

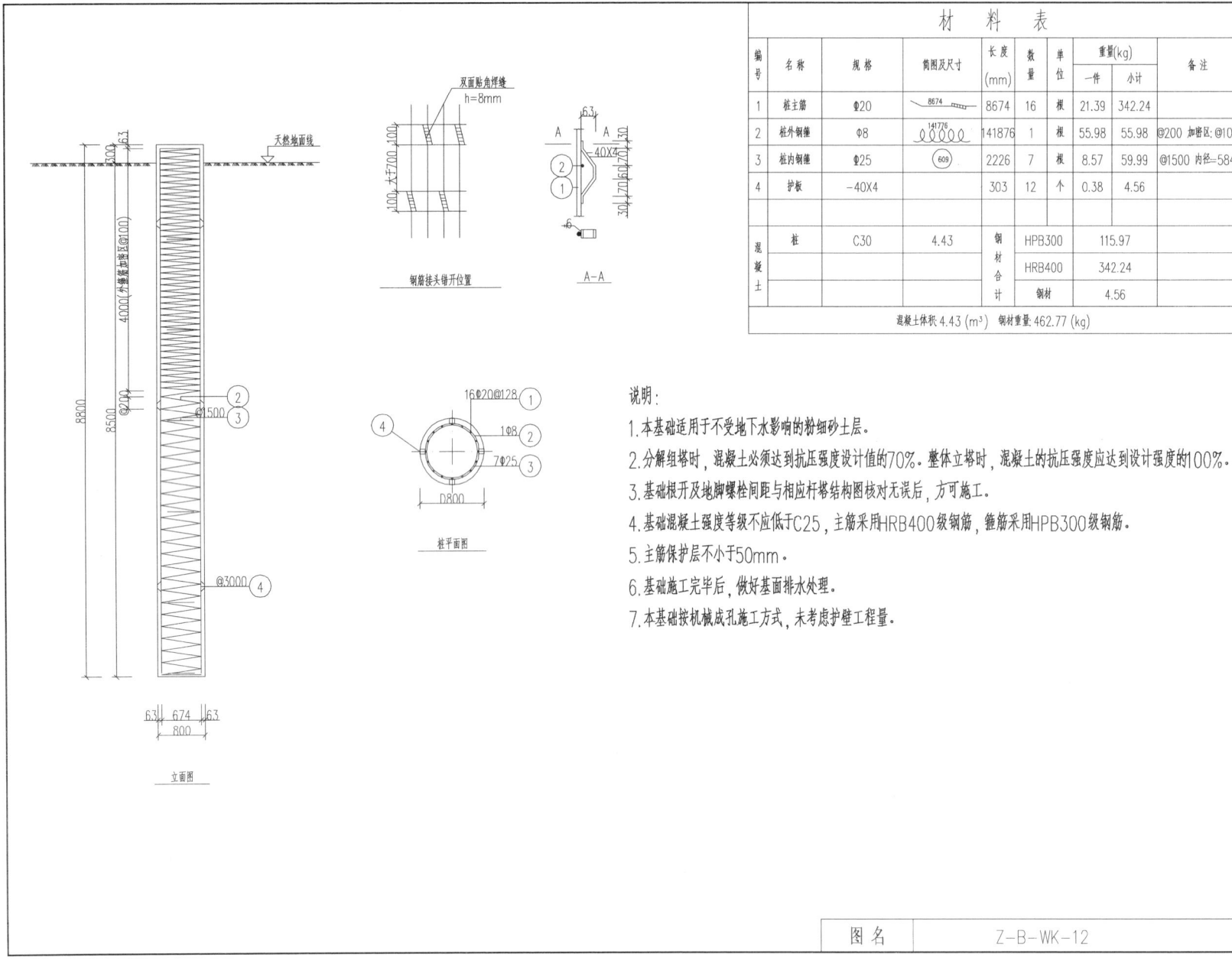

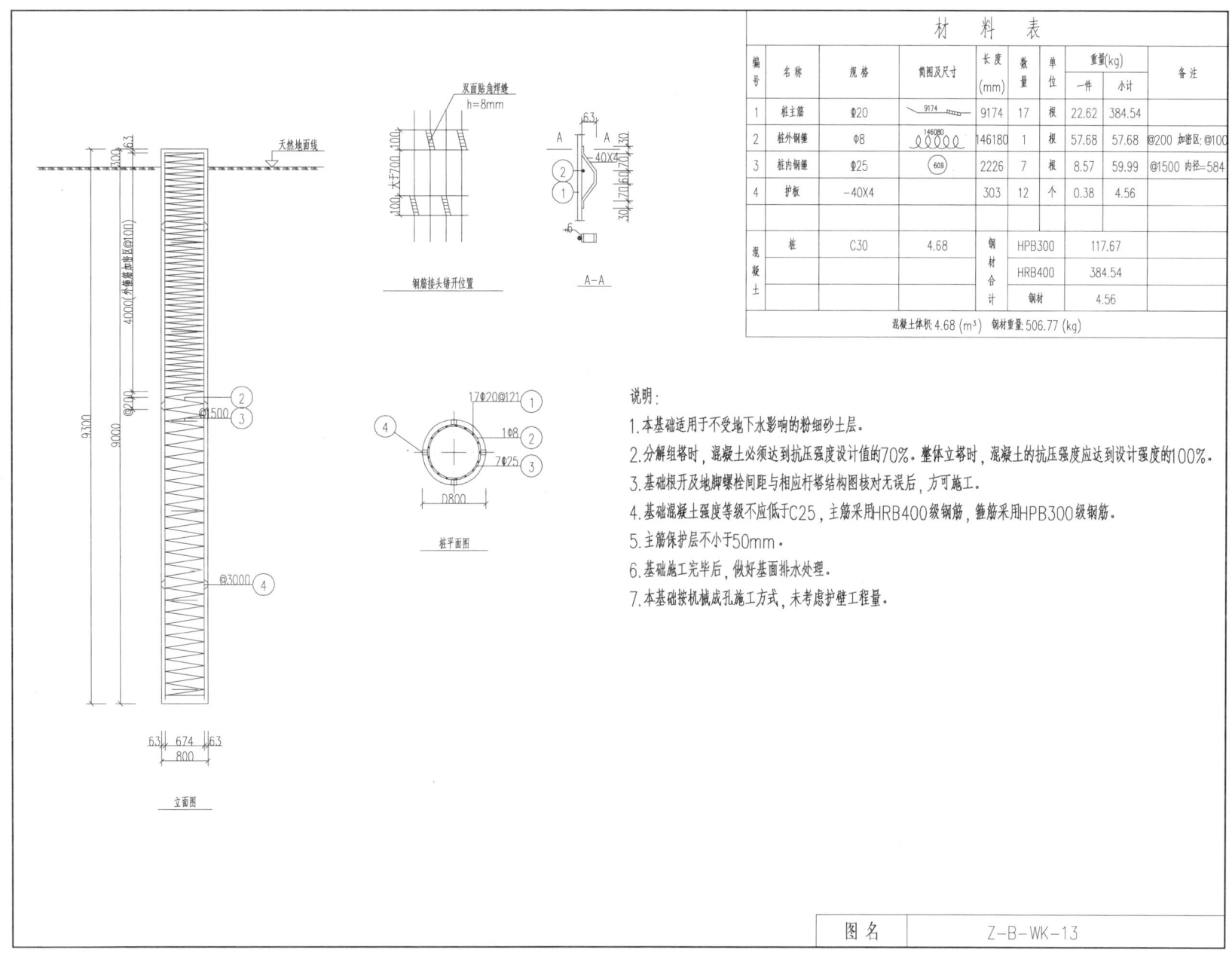

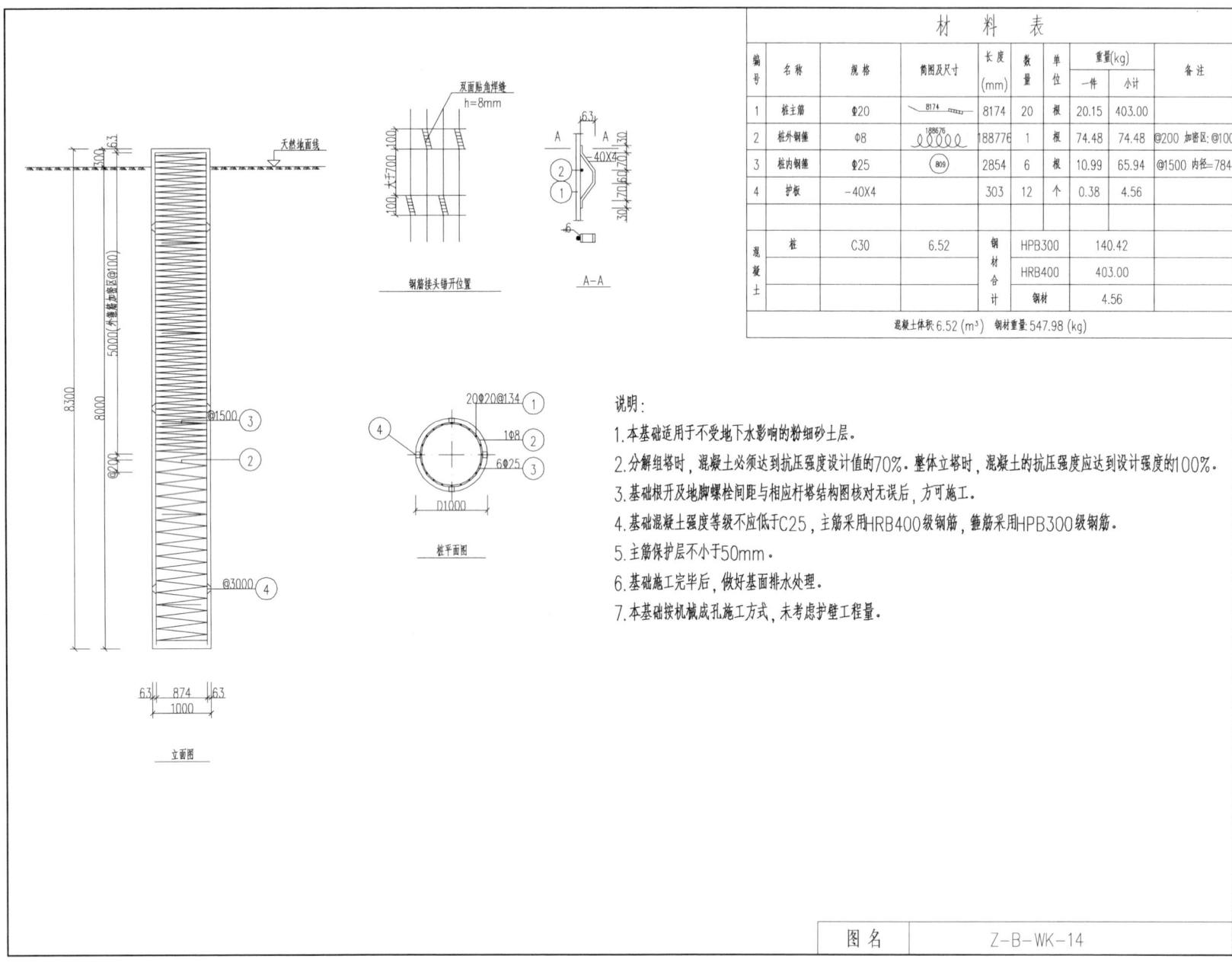

图名 Z-B-WK-14

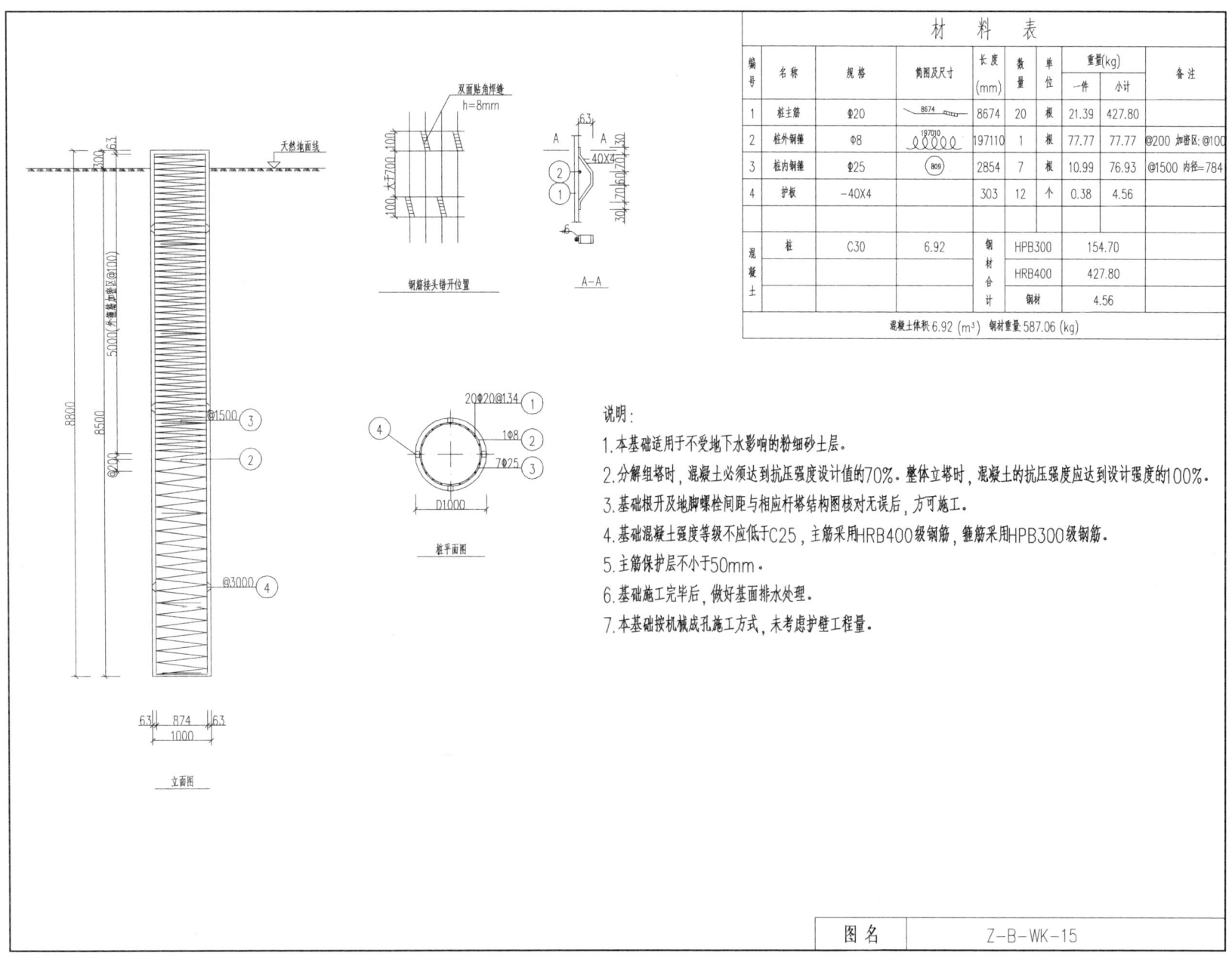

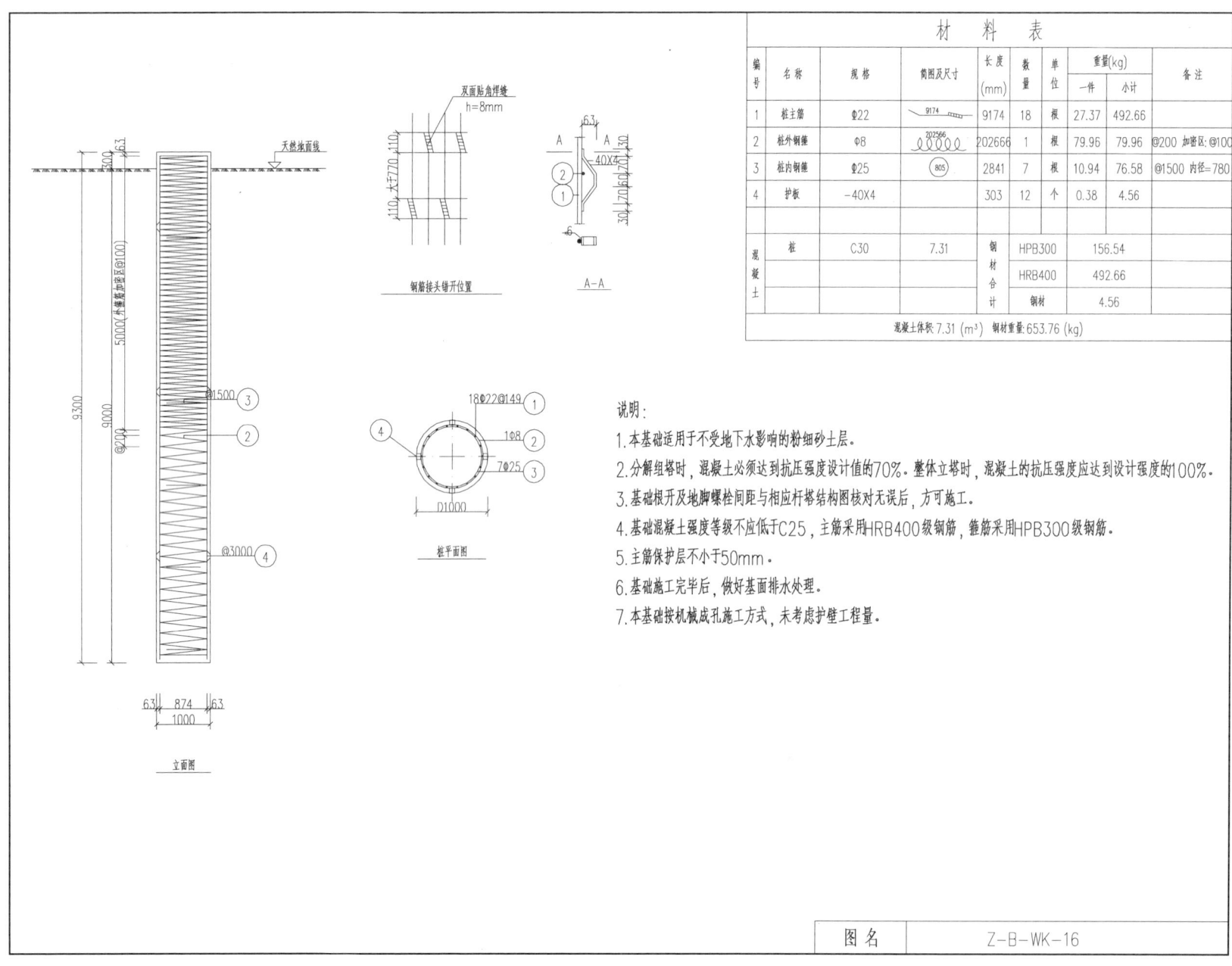

第2篇 典型设计

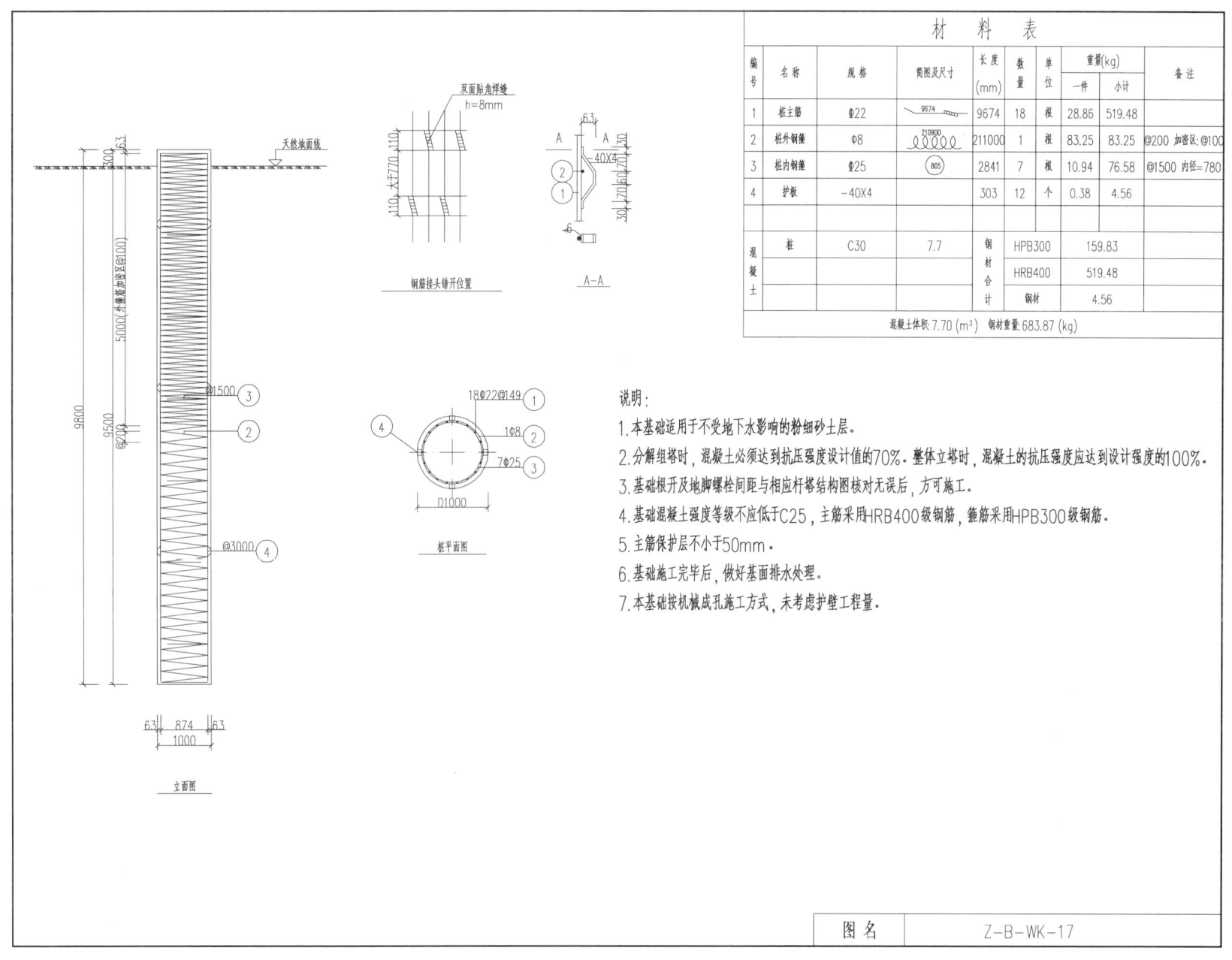

图名	Z-B-WK-17

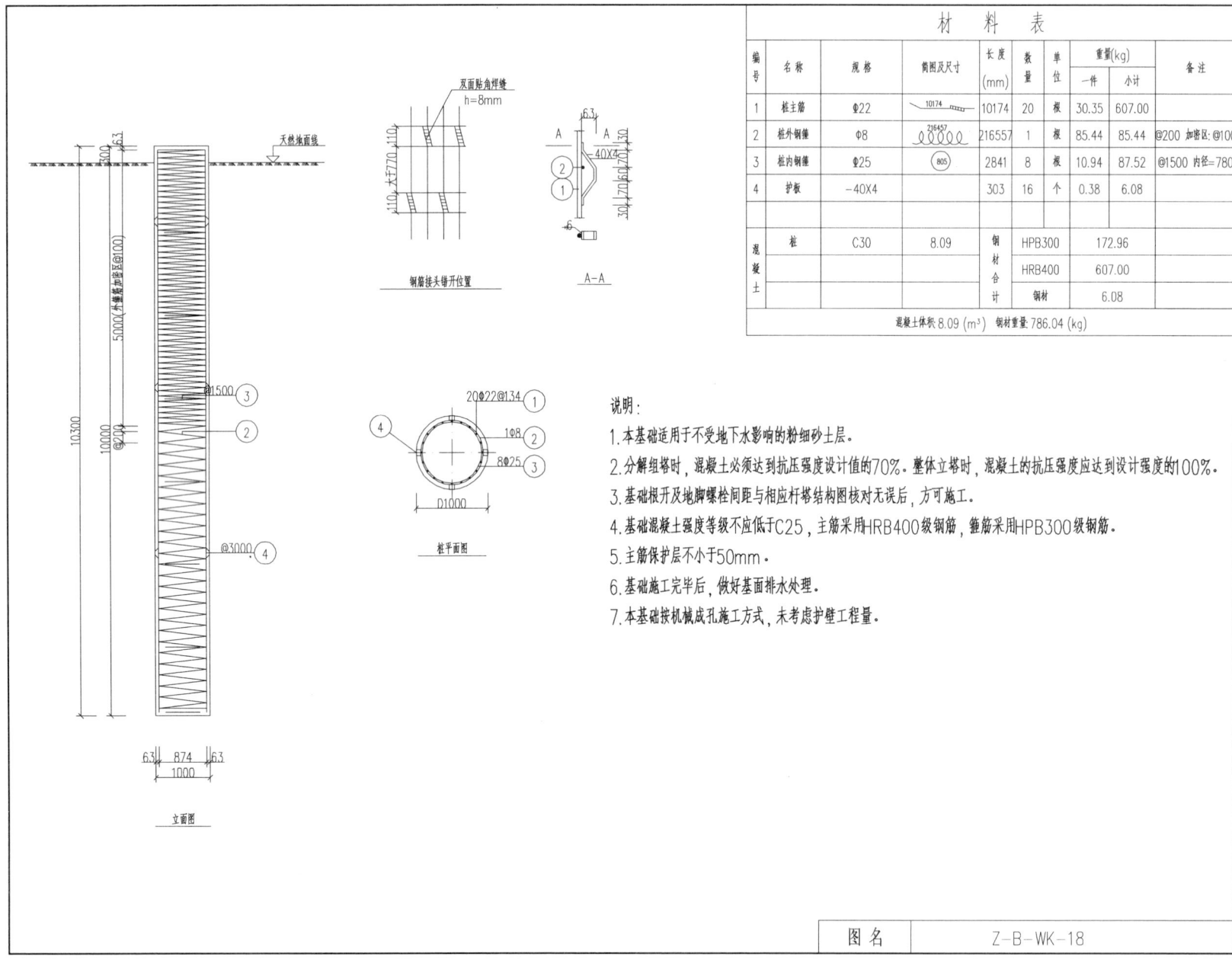

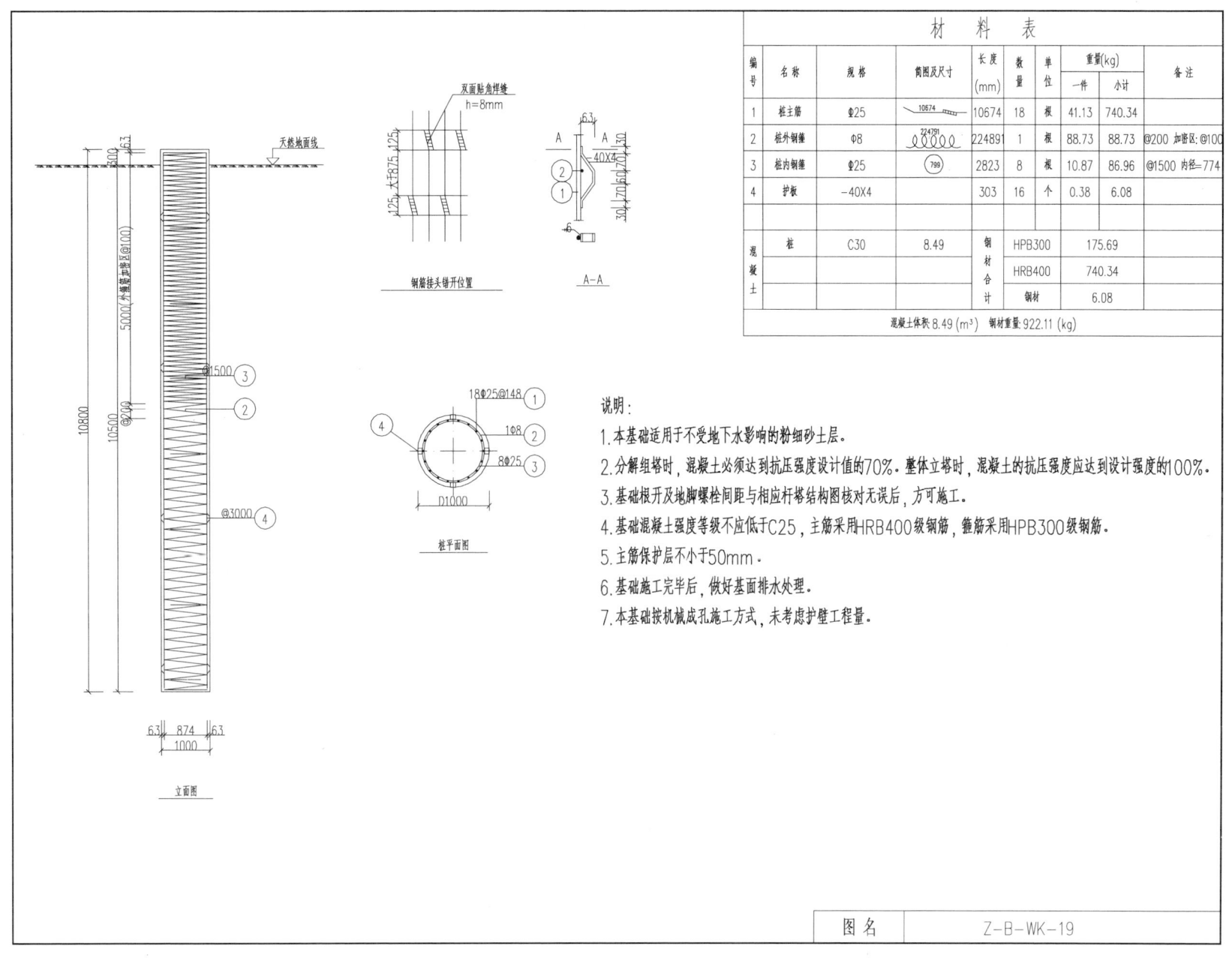

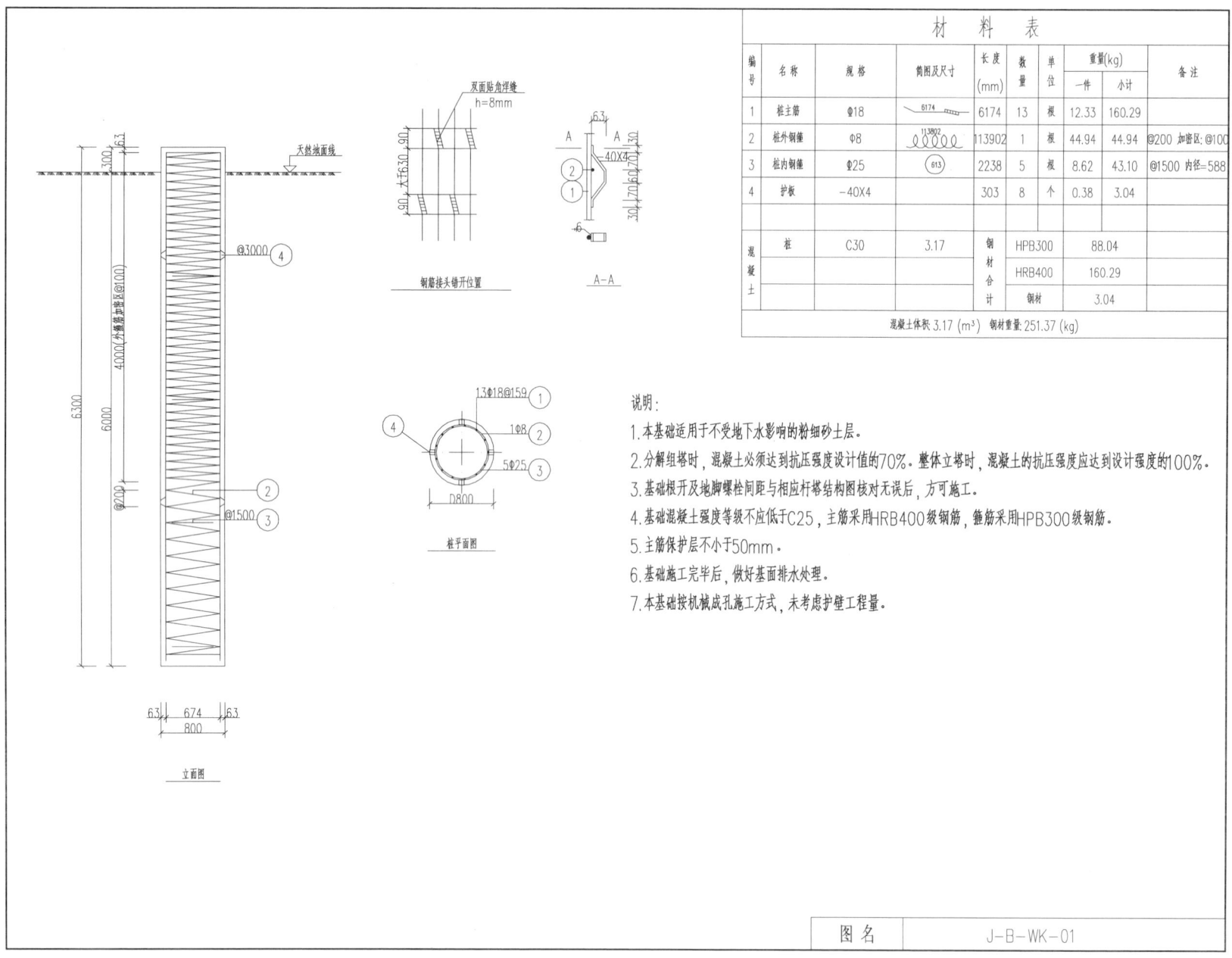

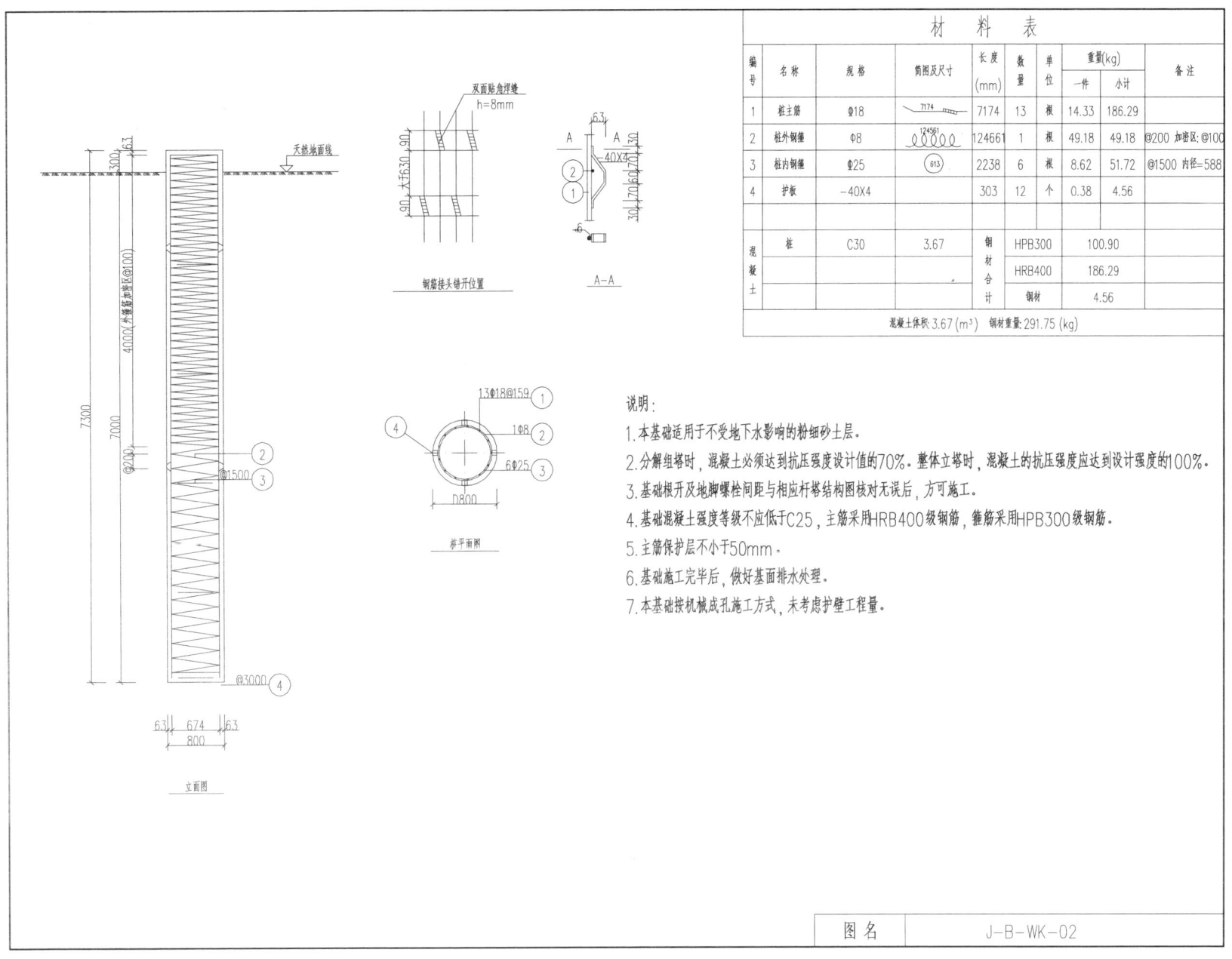

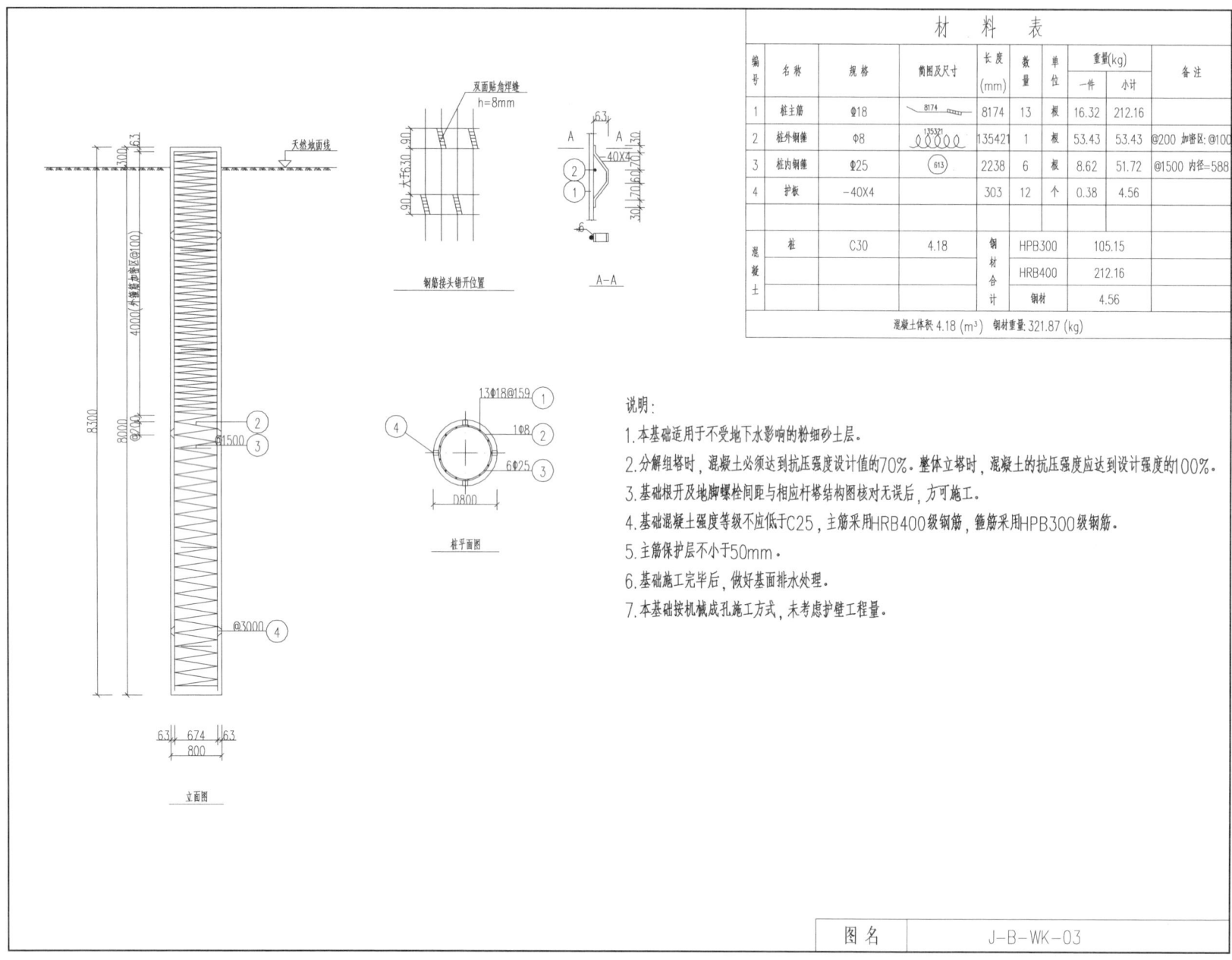

图名 J-B-WK-03

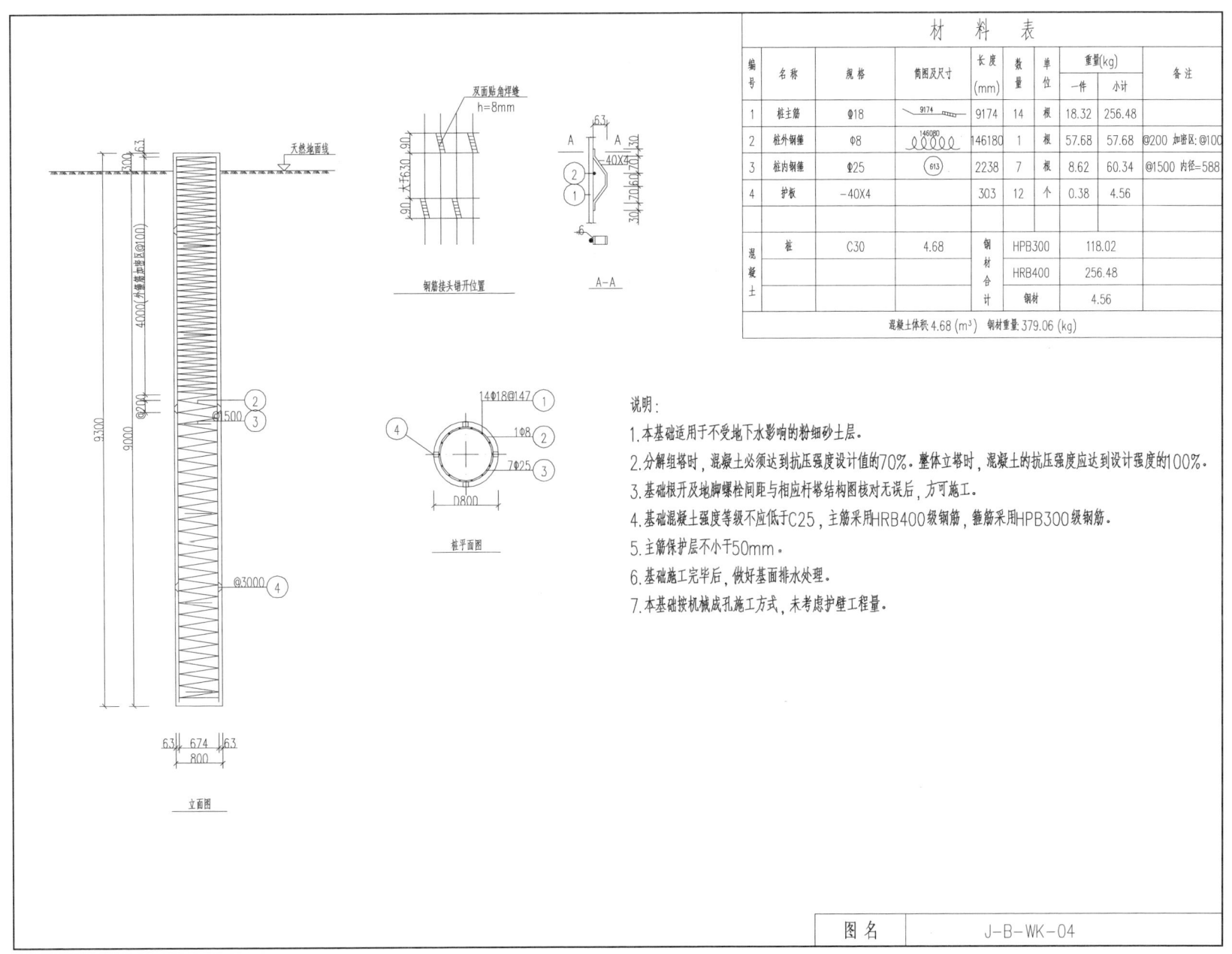

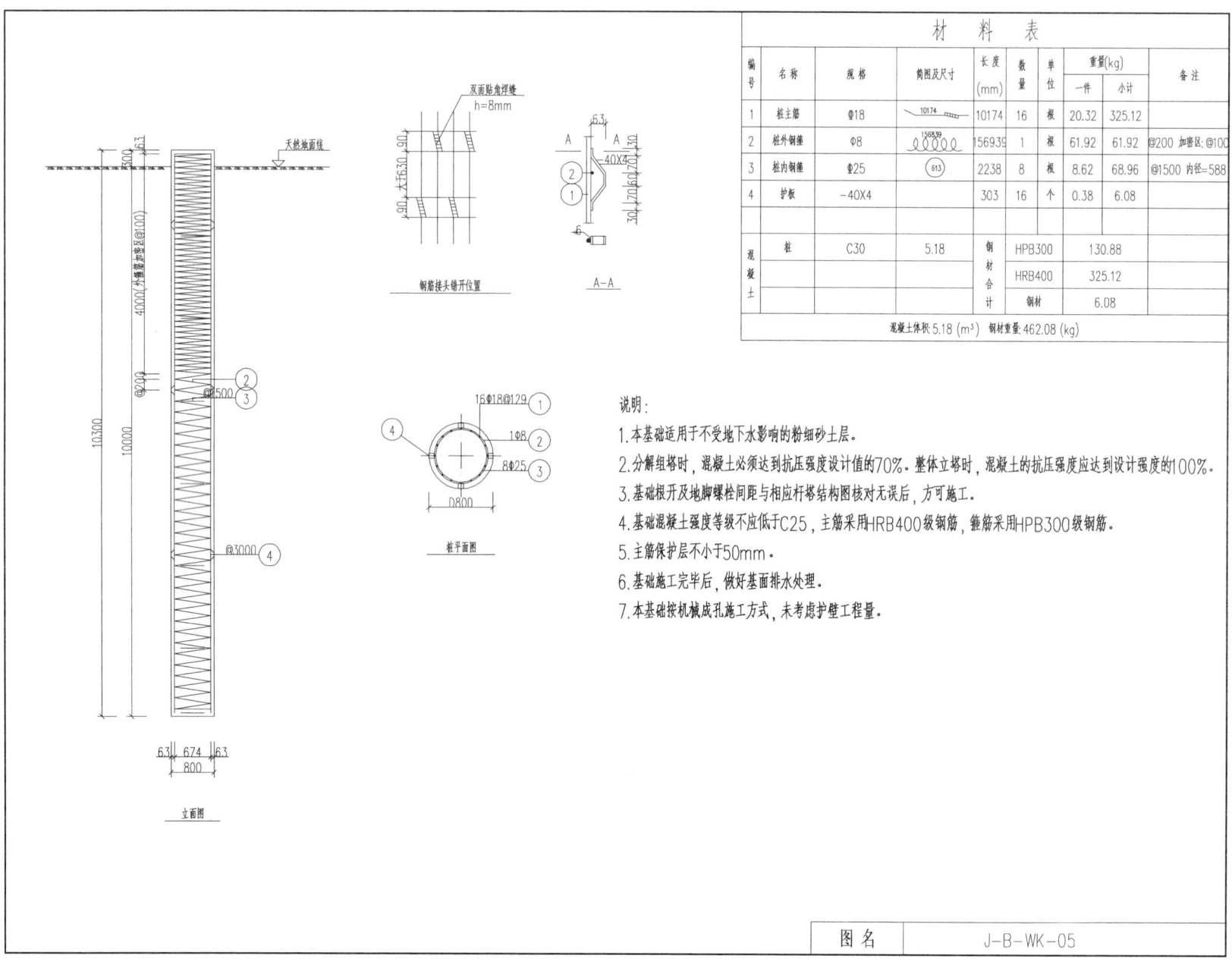

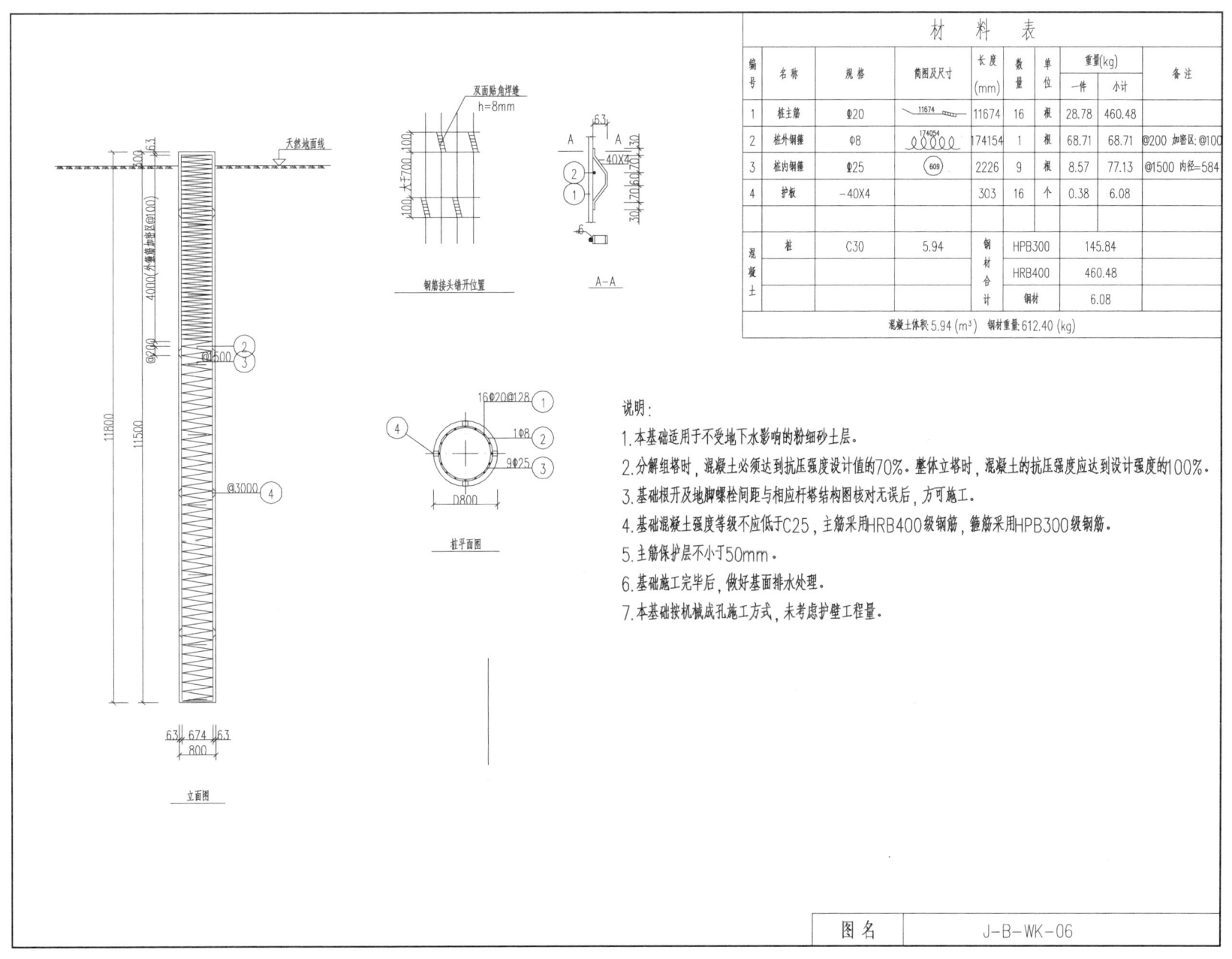

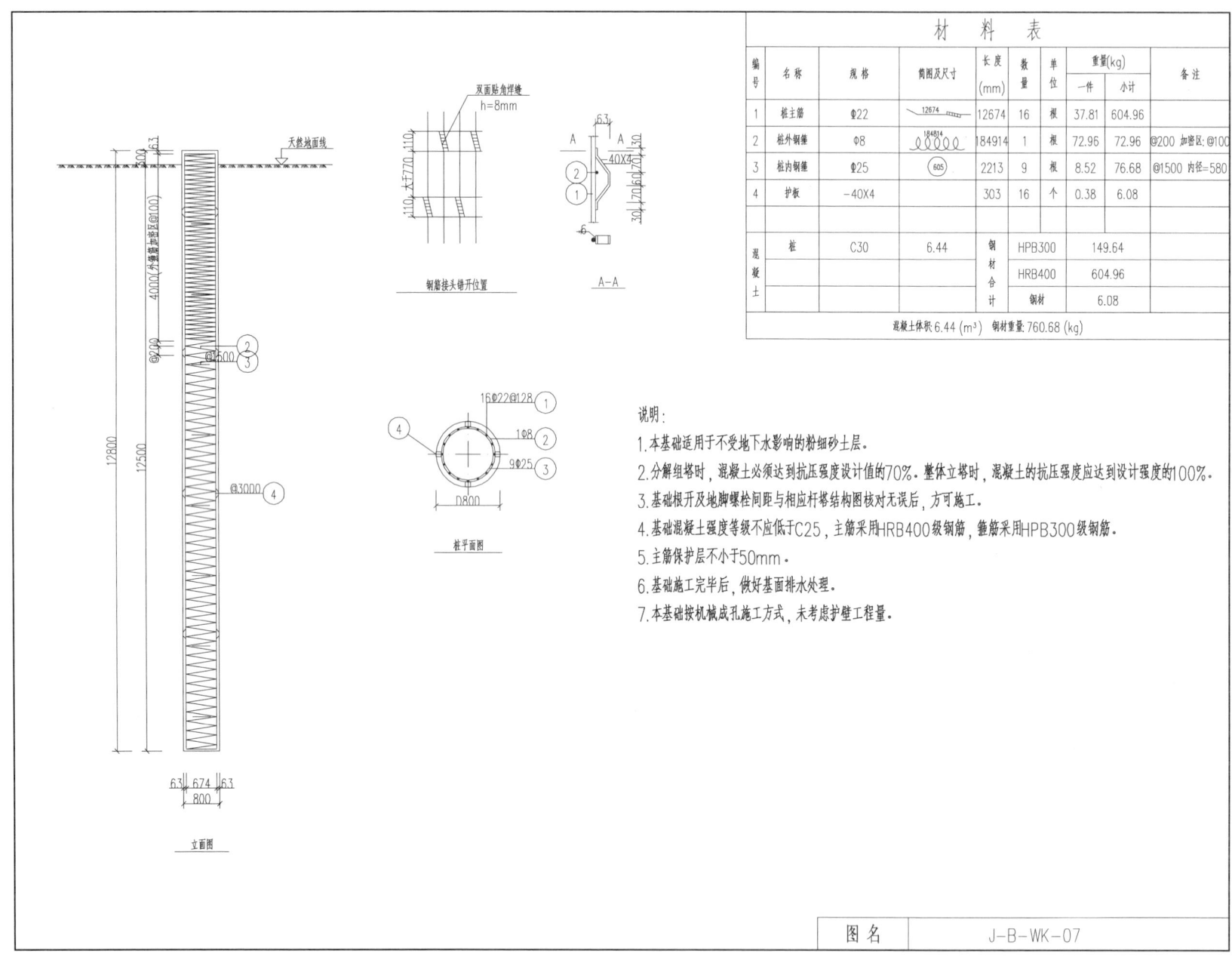

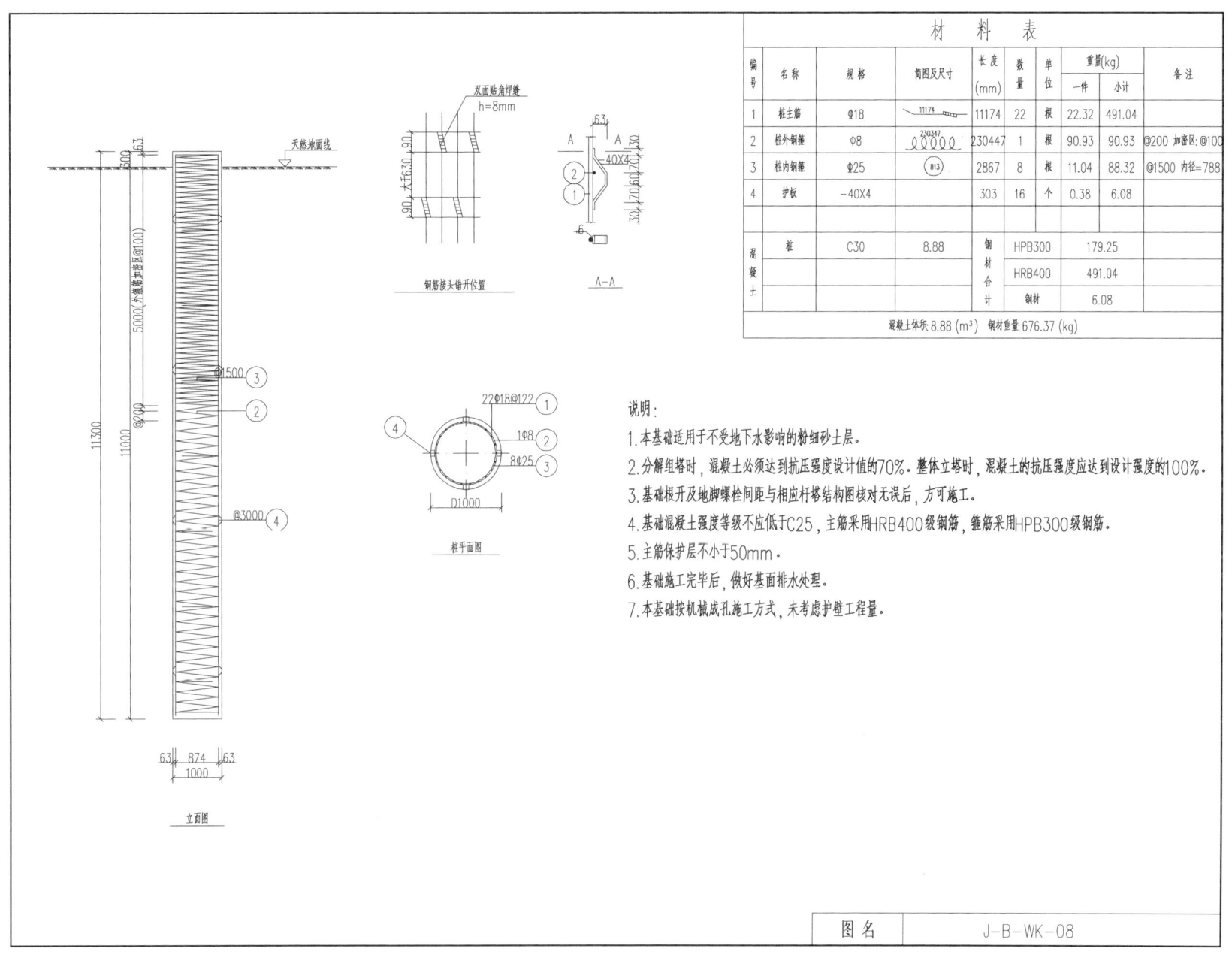

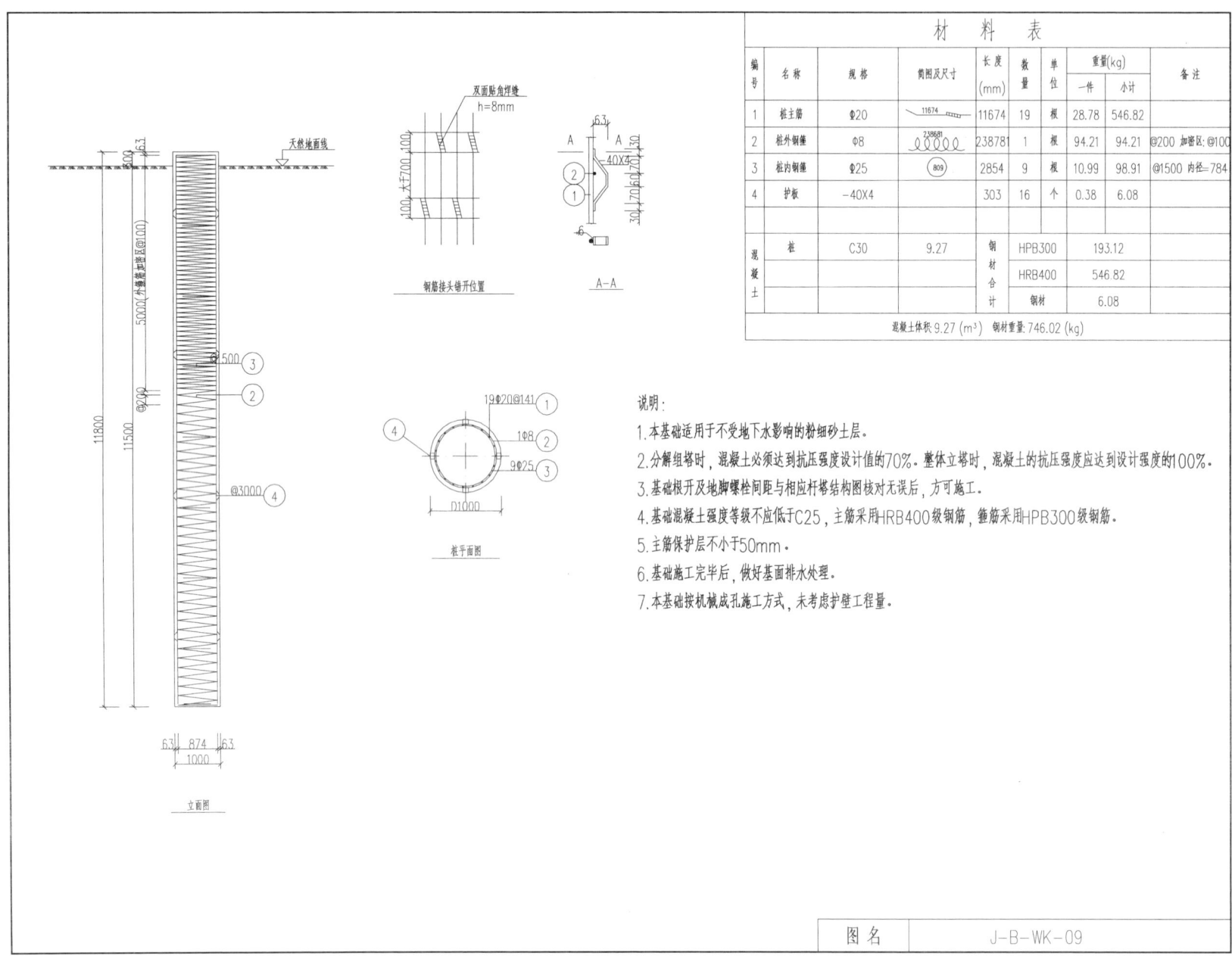

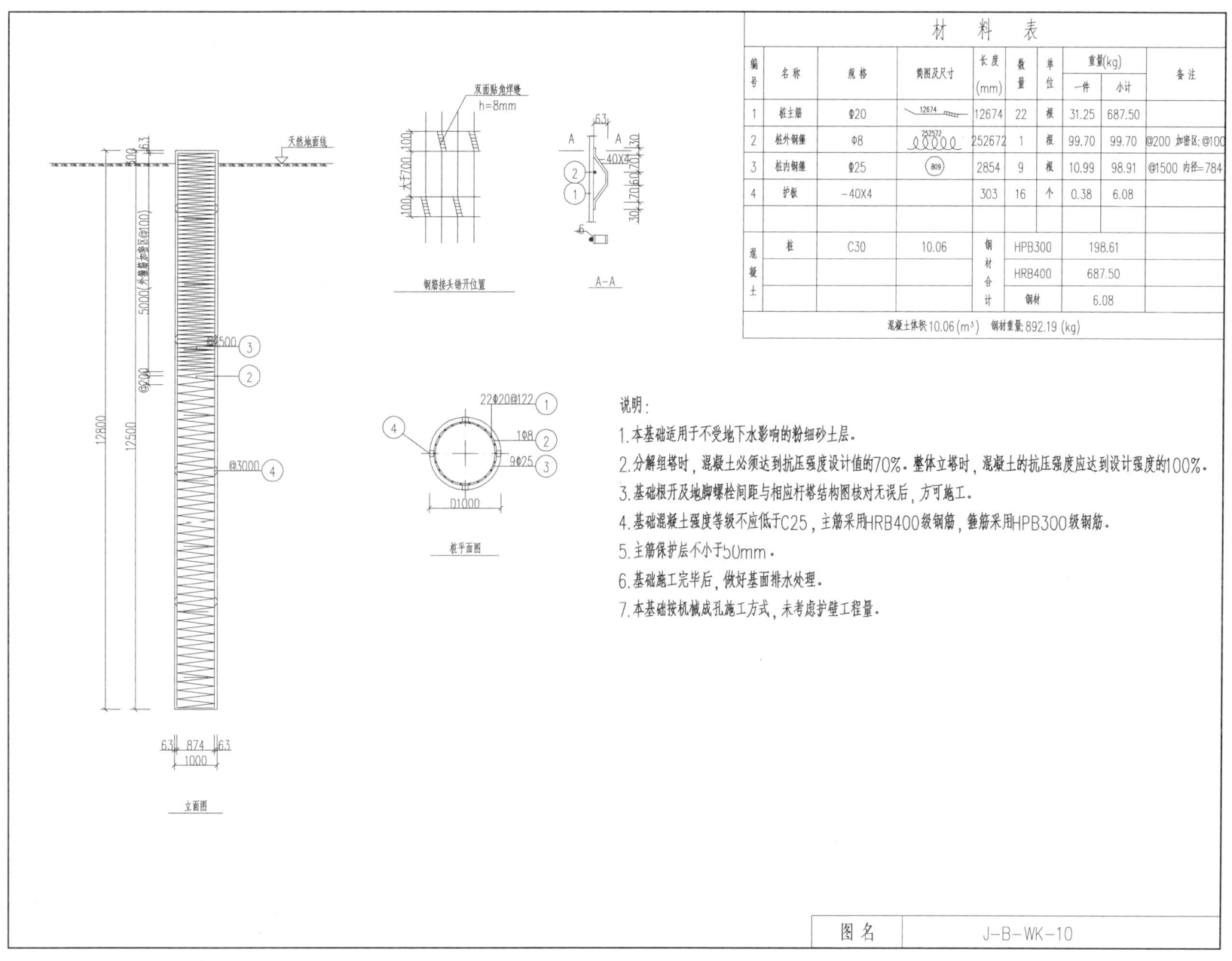

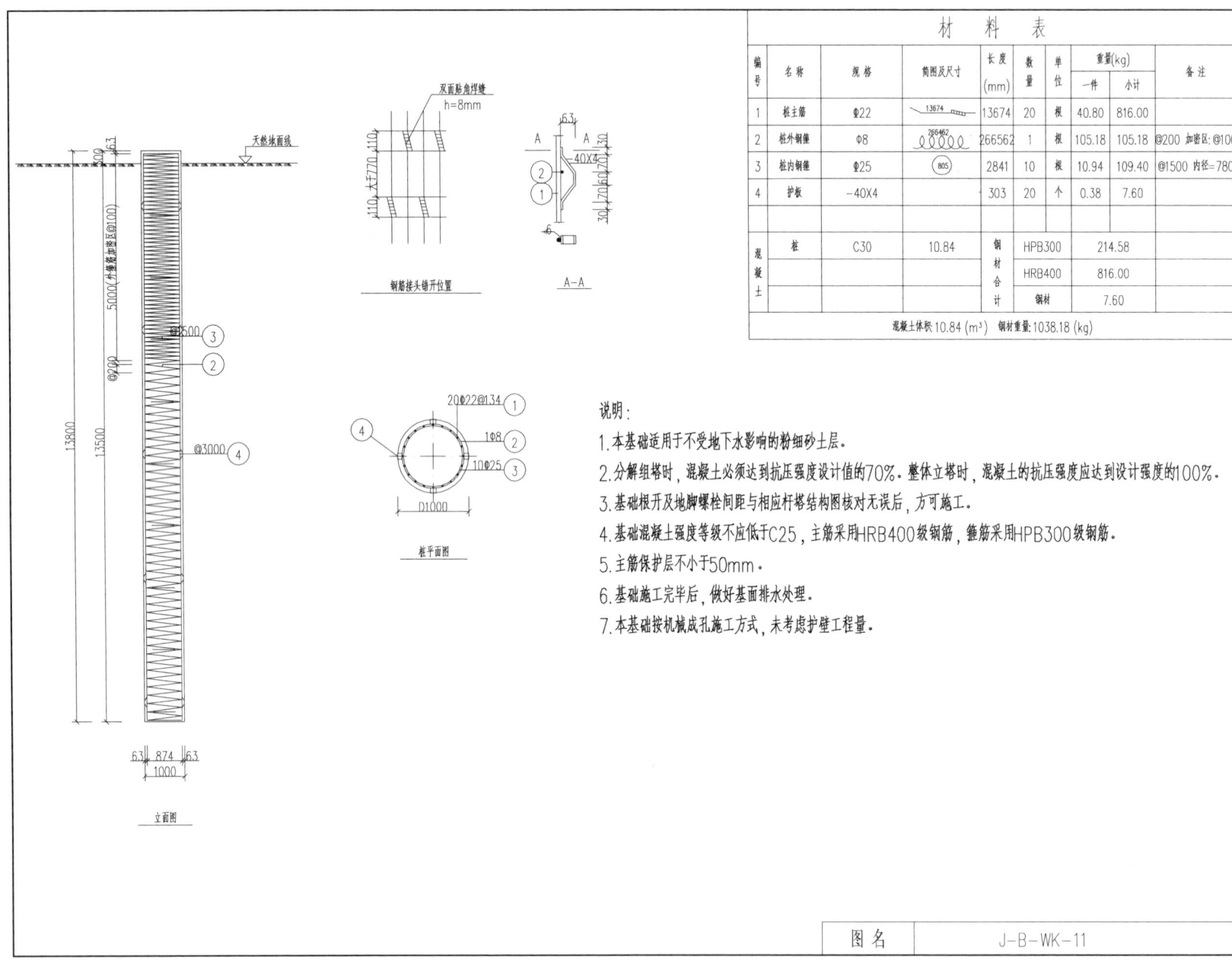

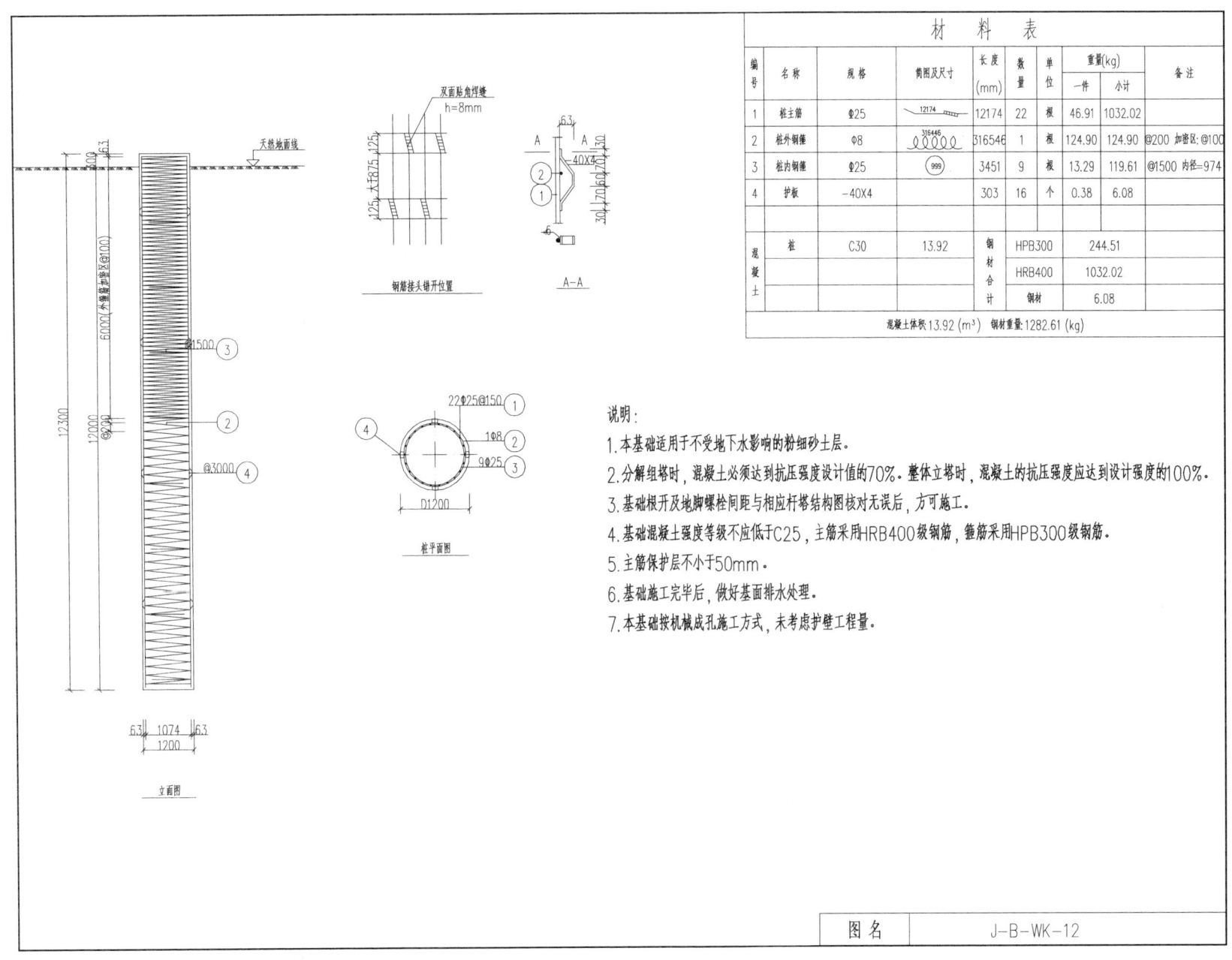

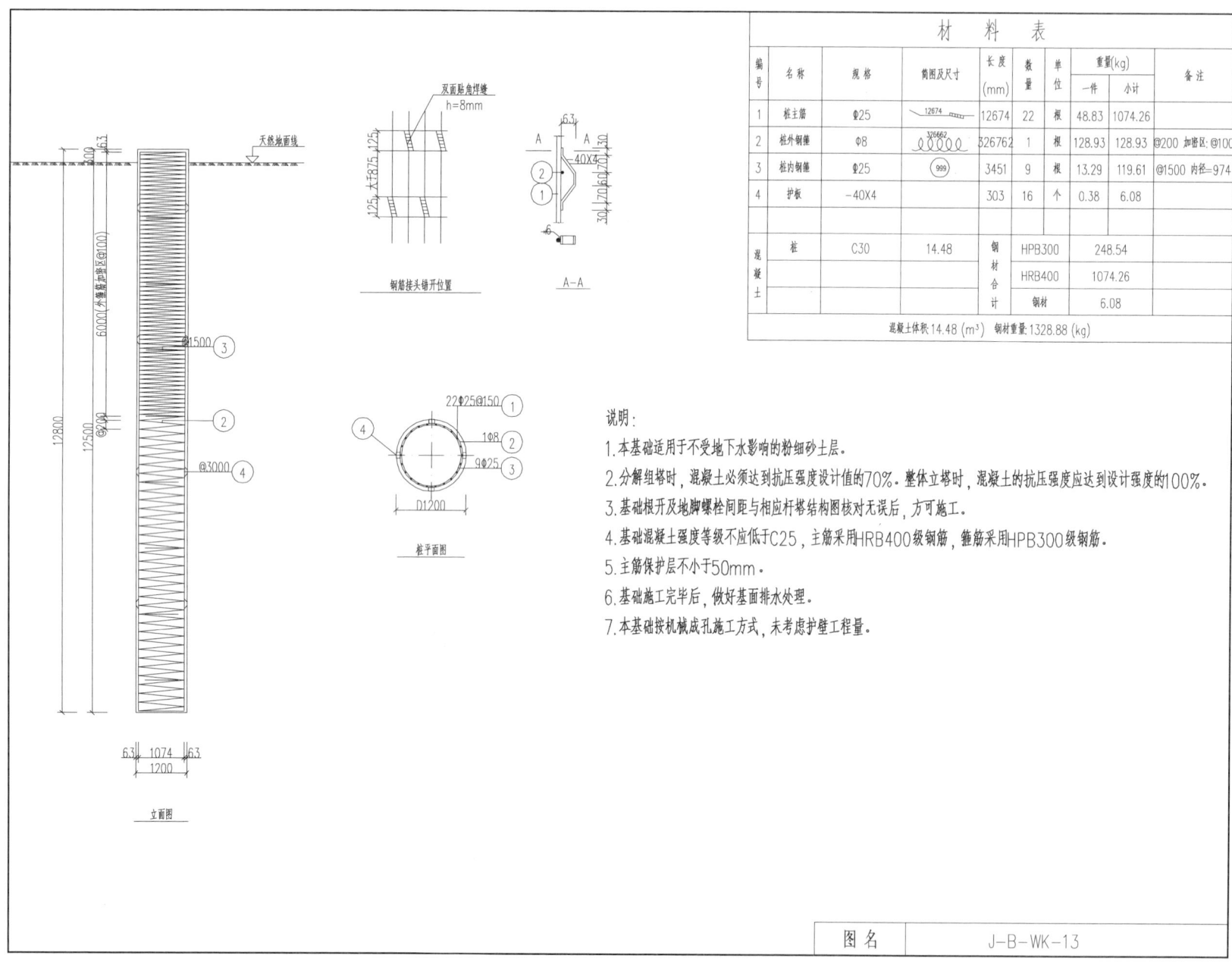

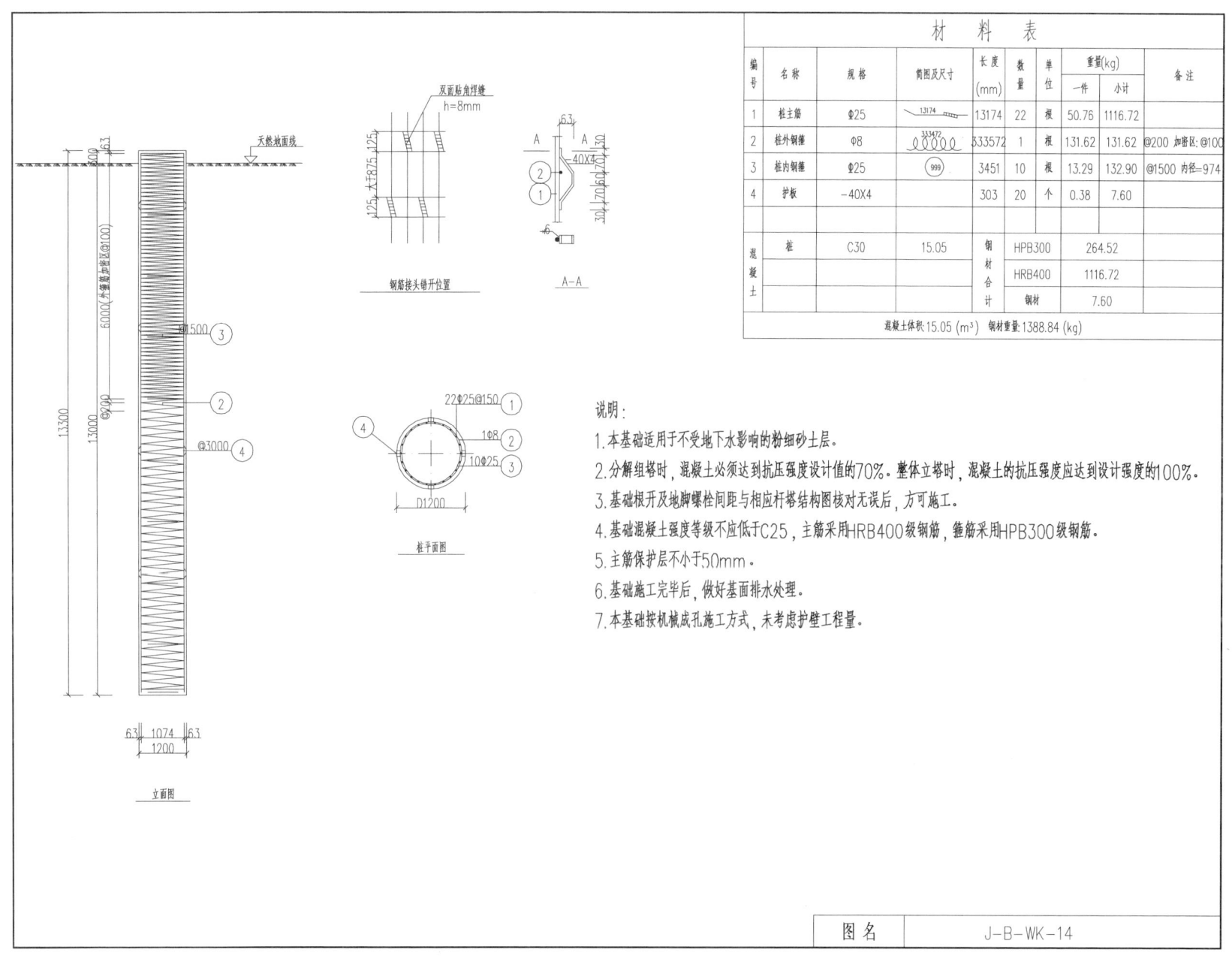

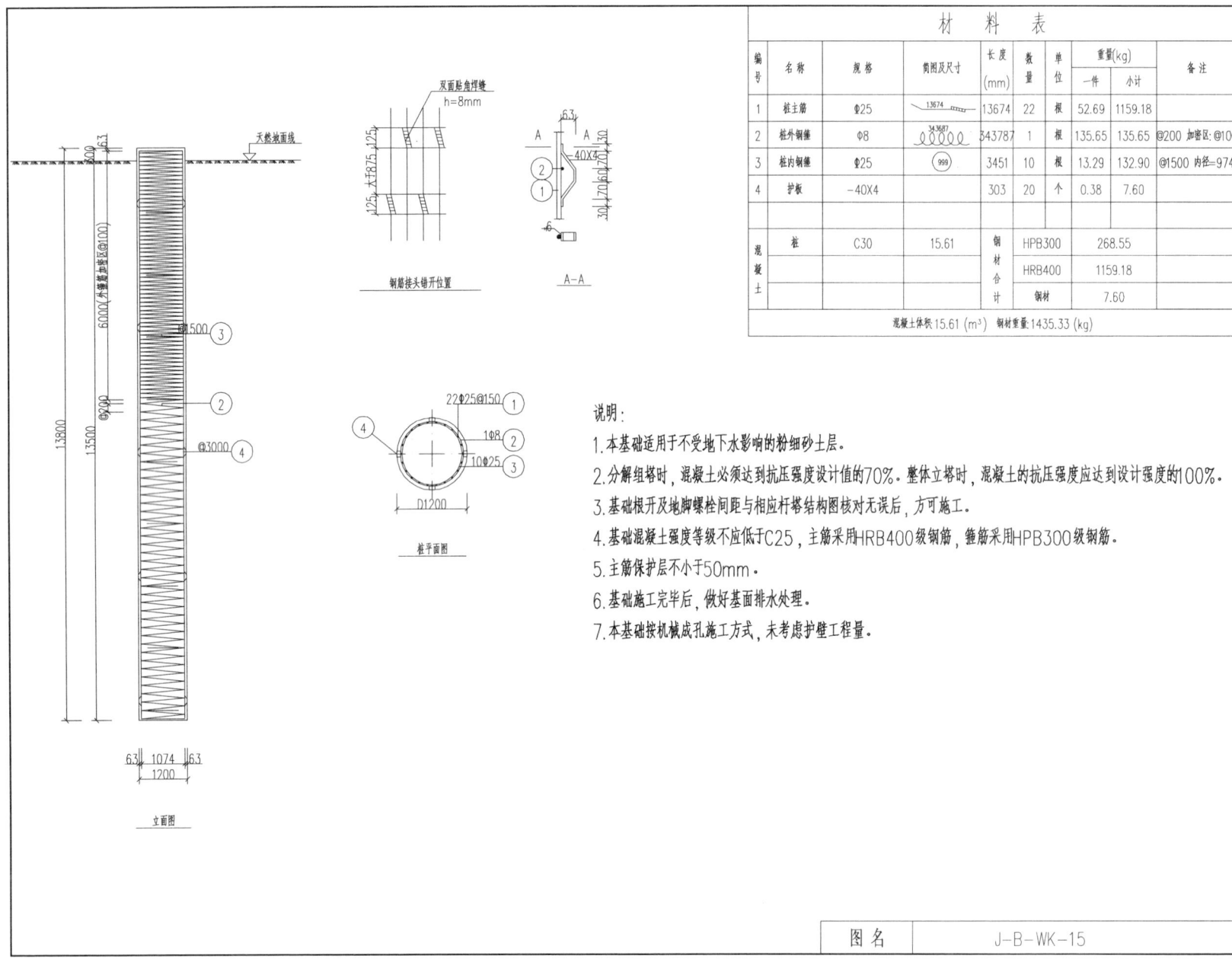

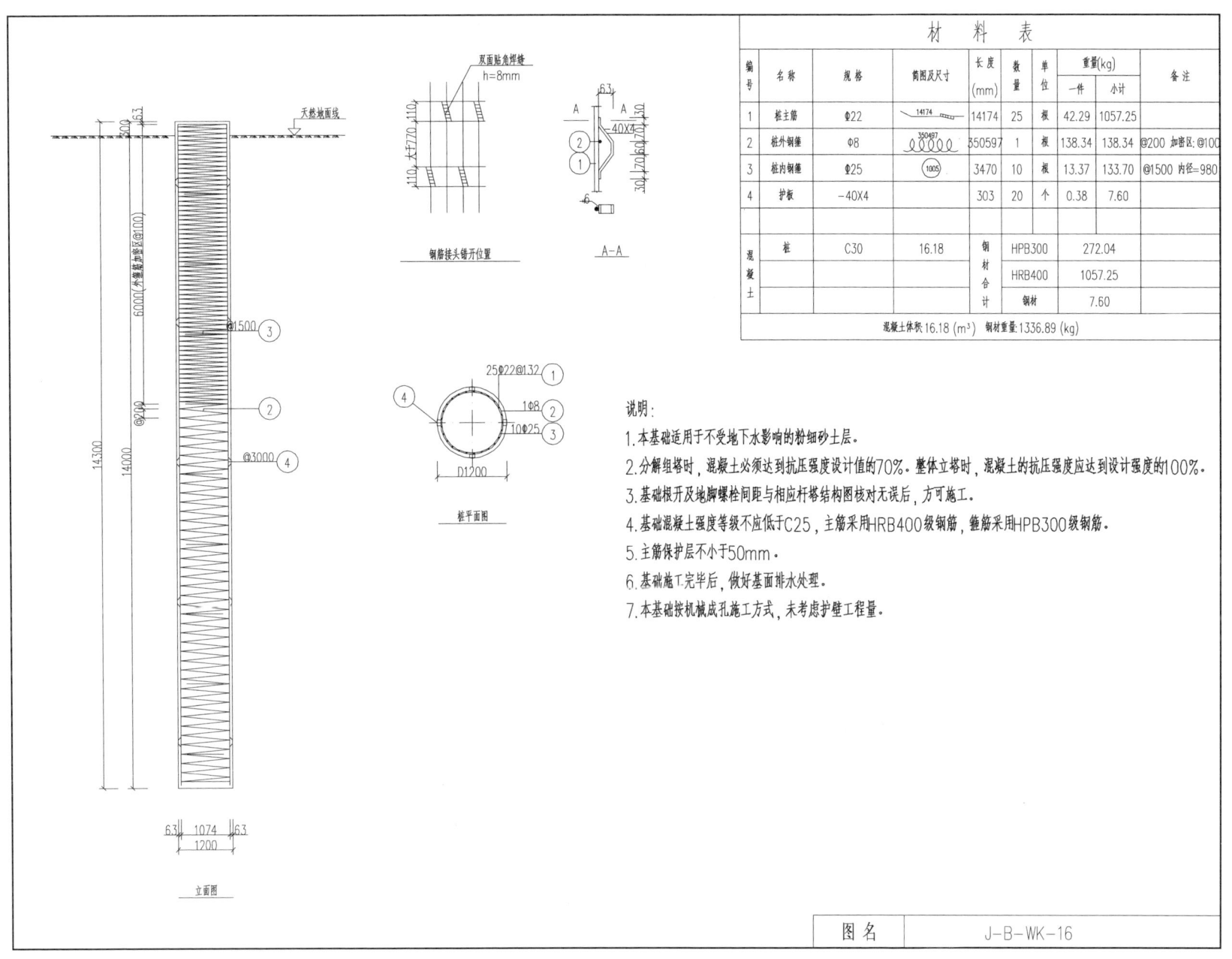

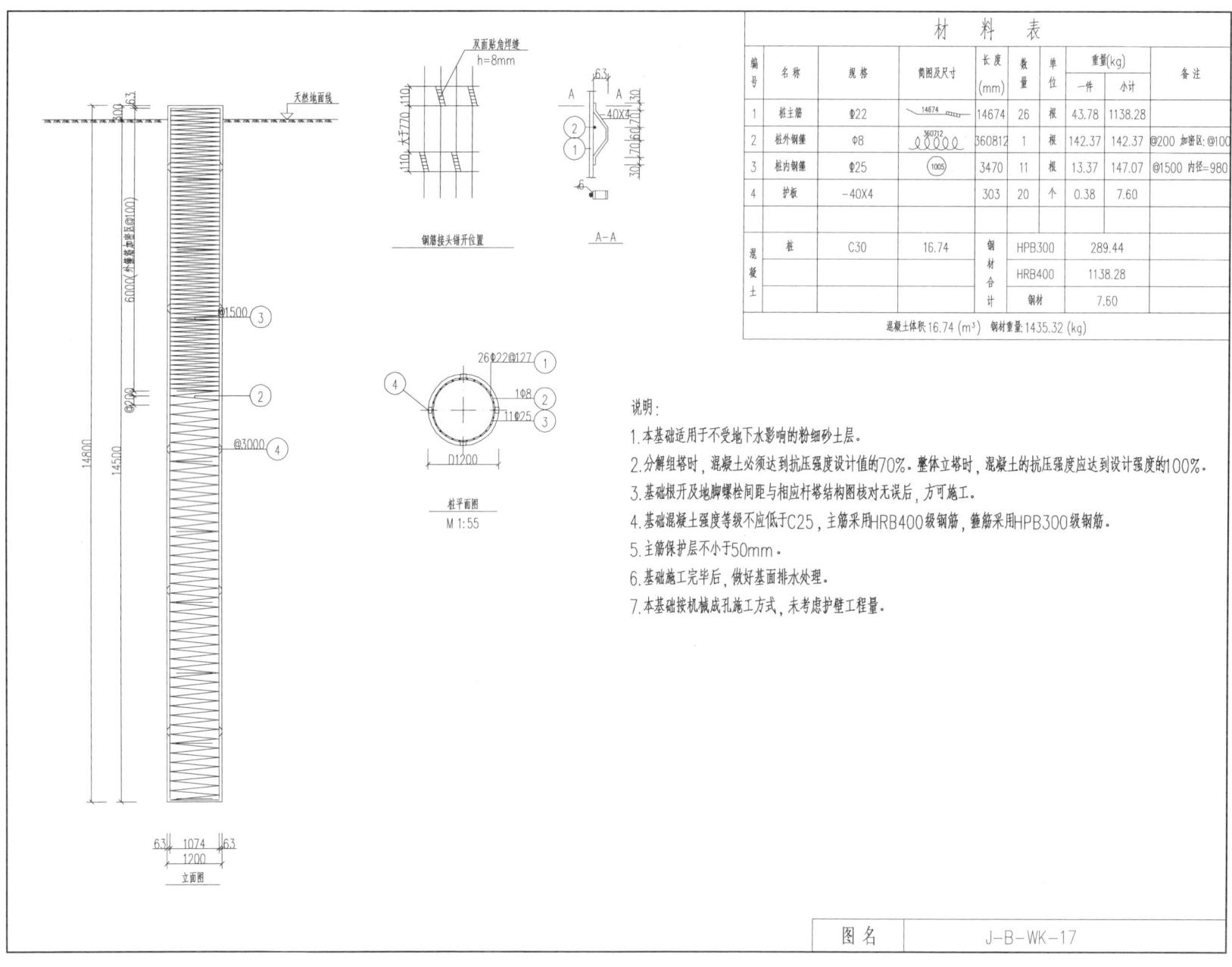

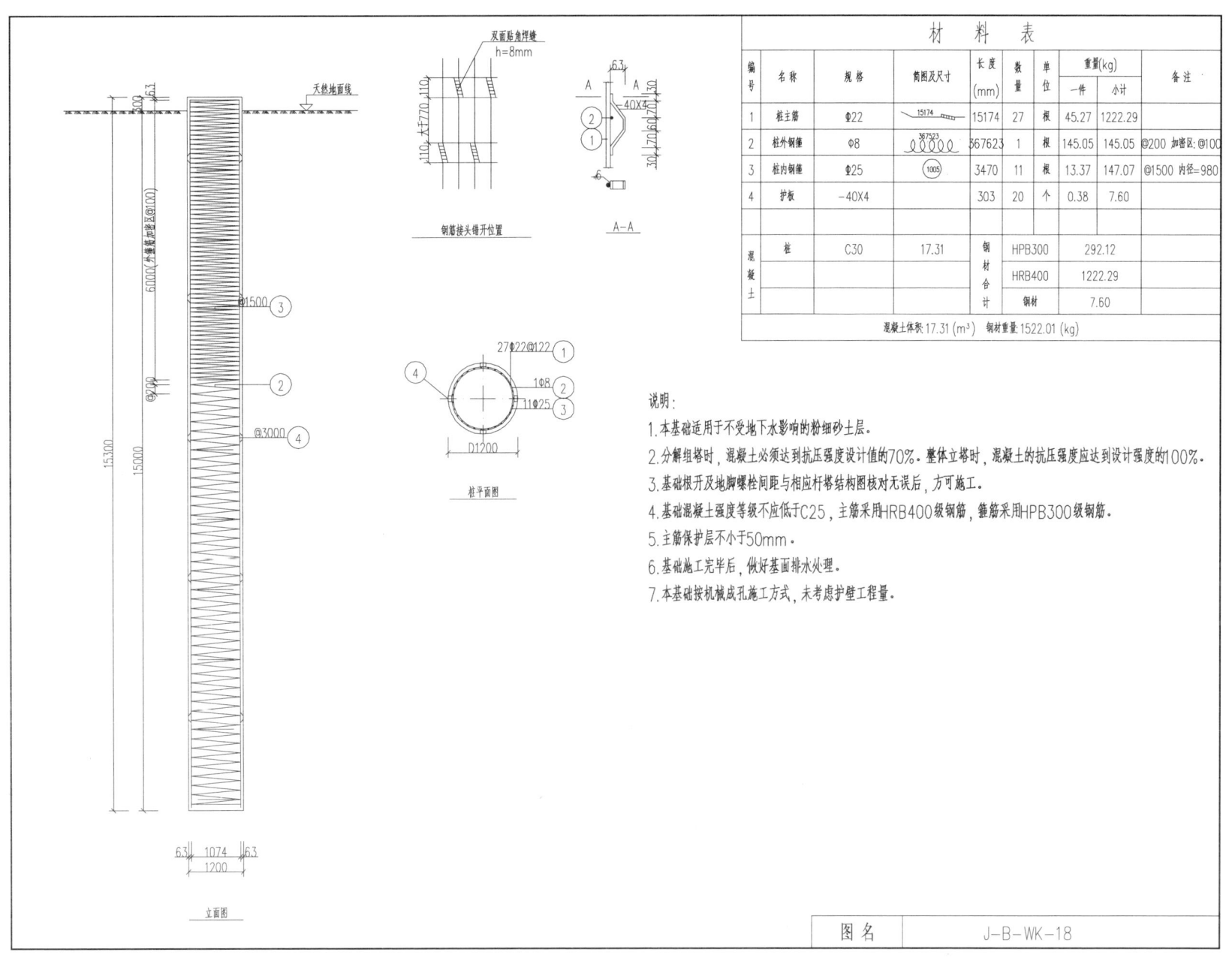

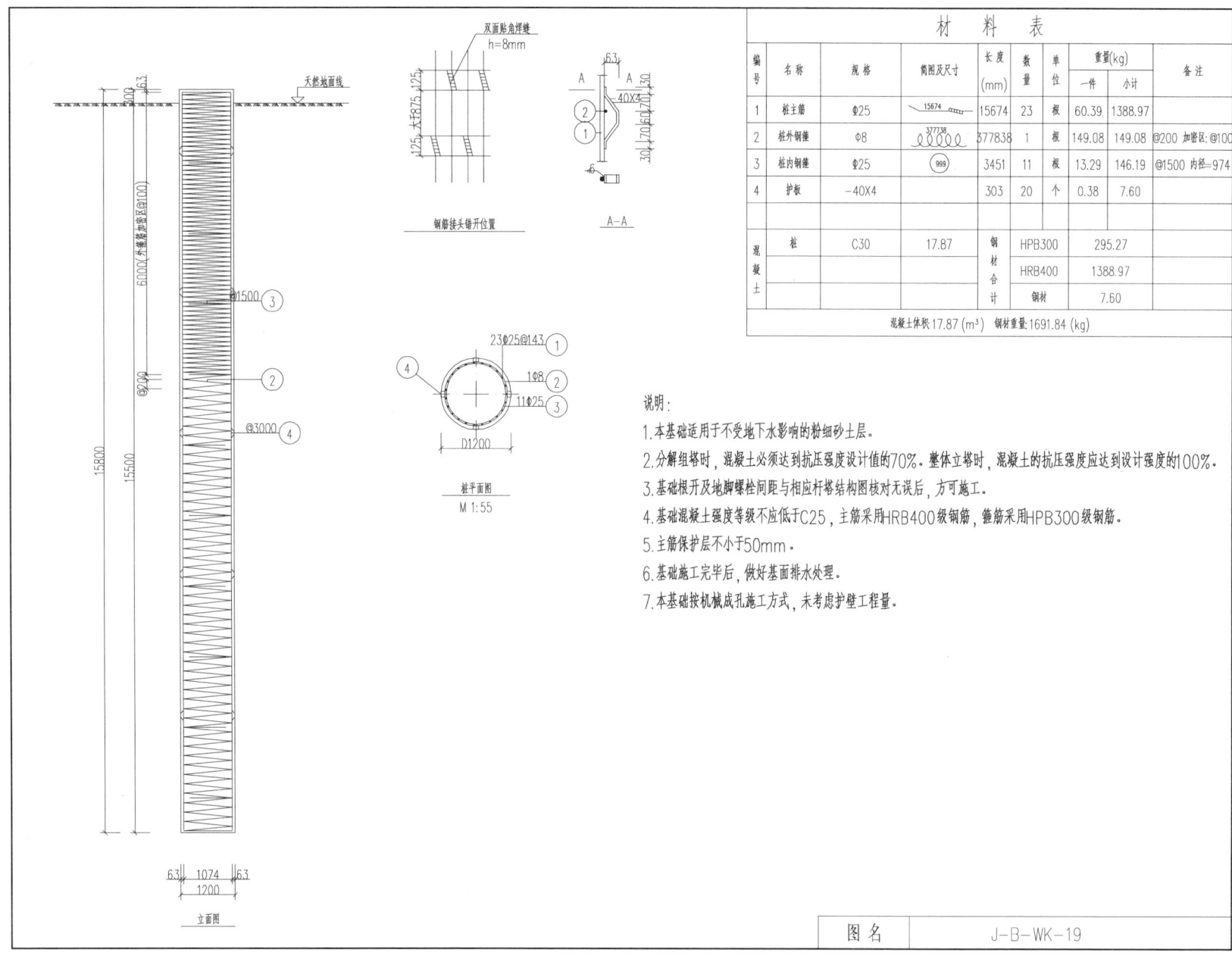

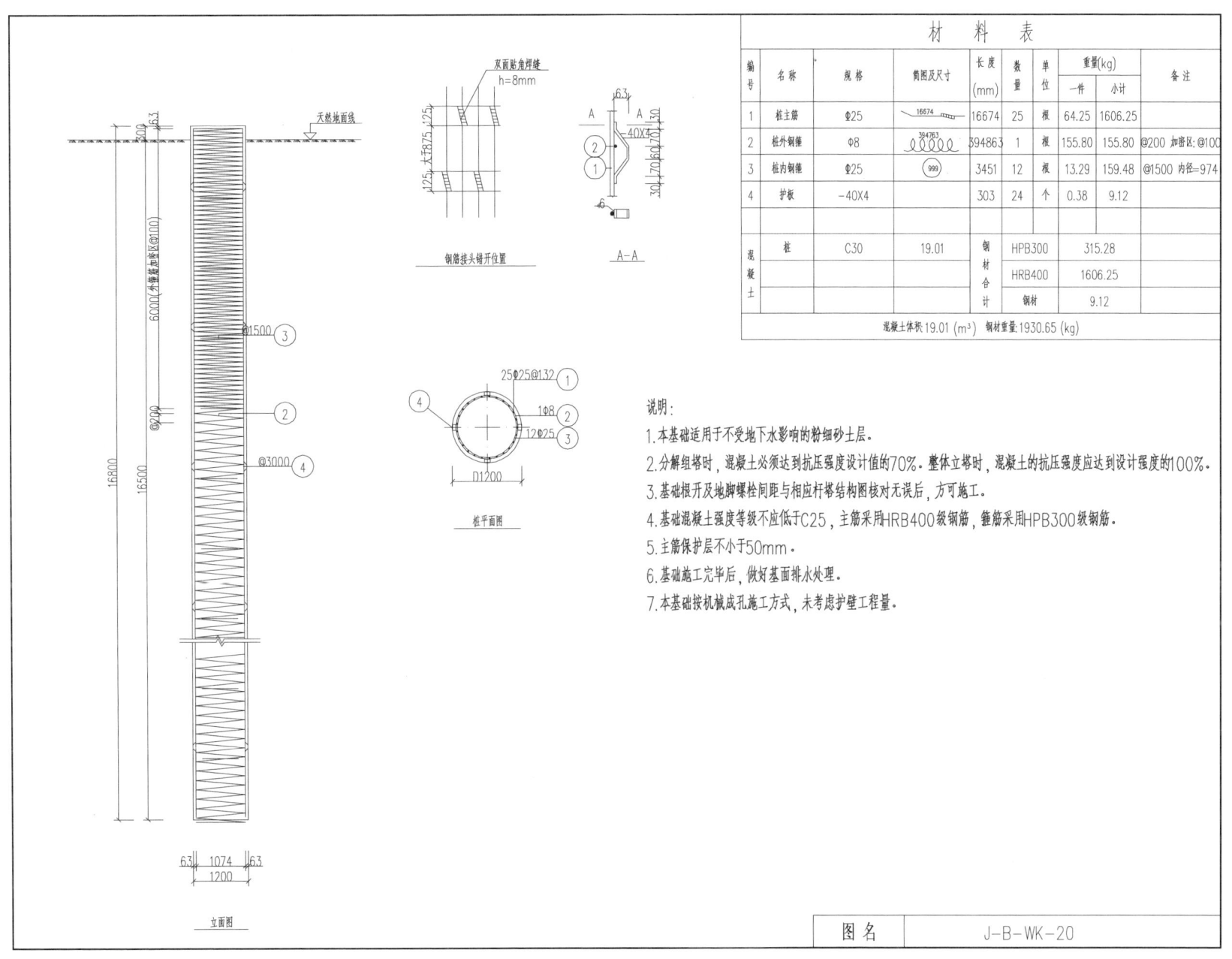

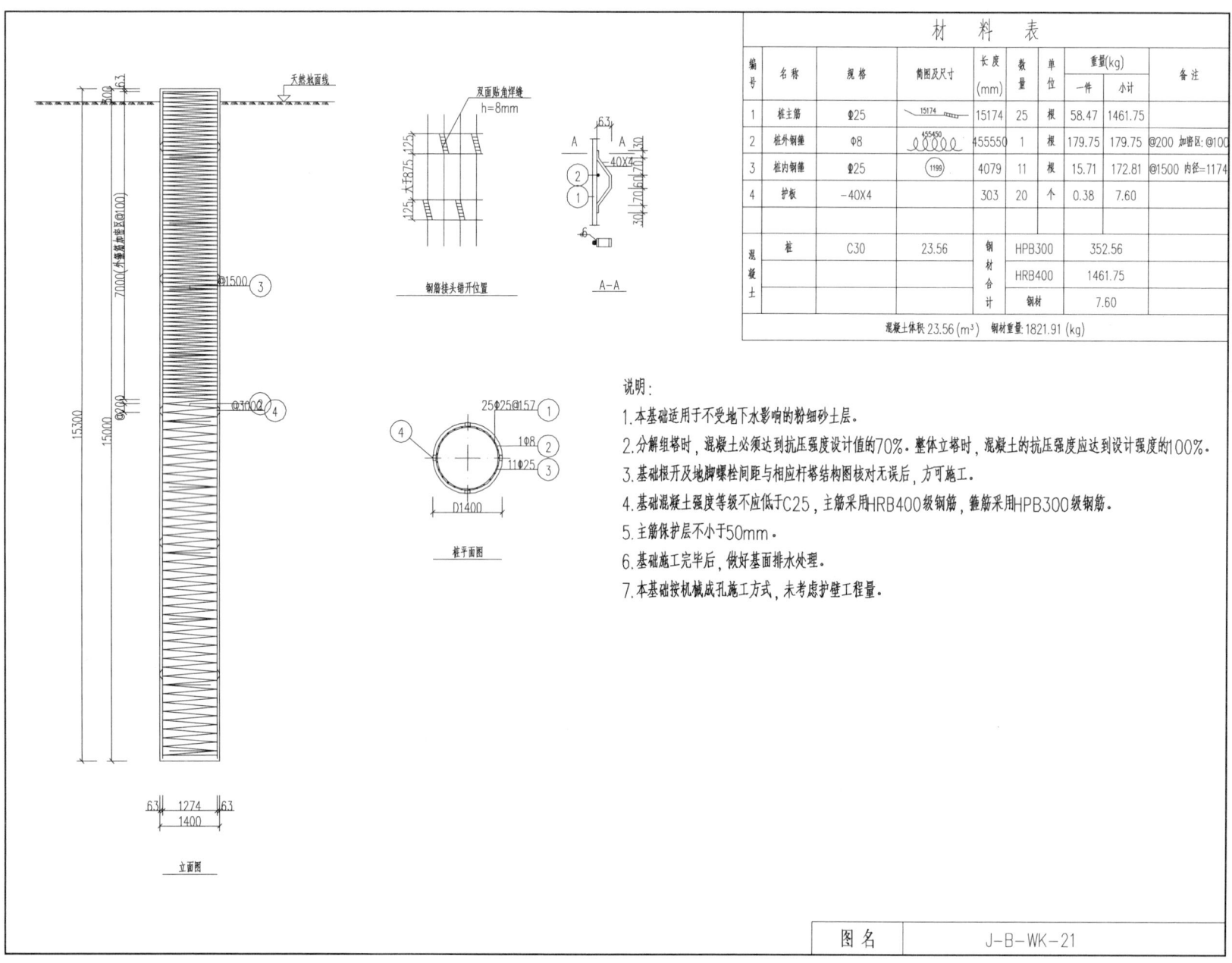

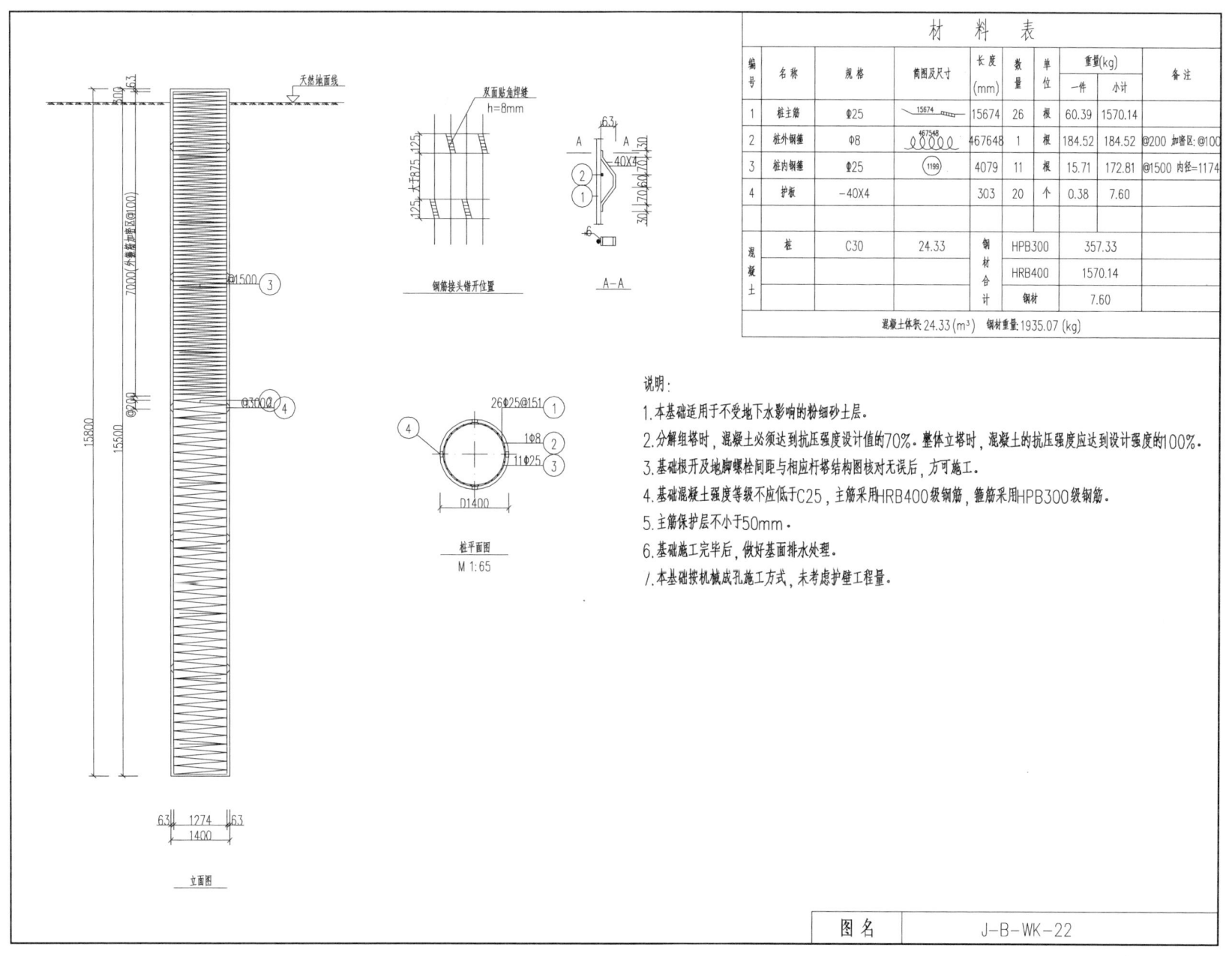

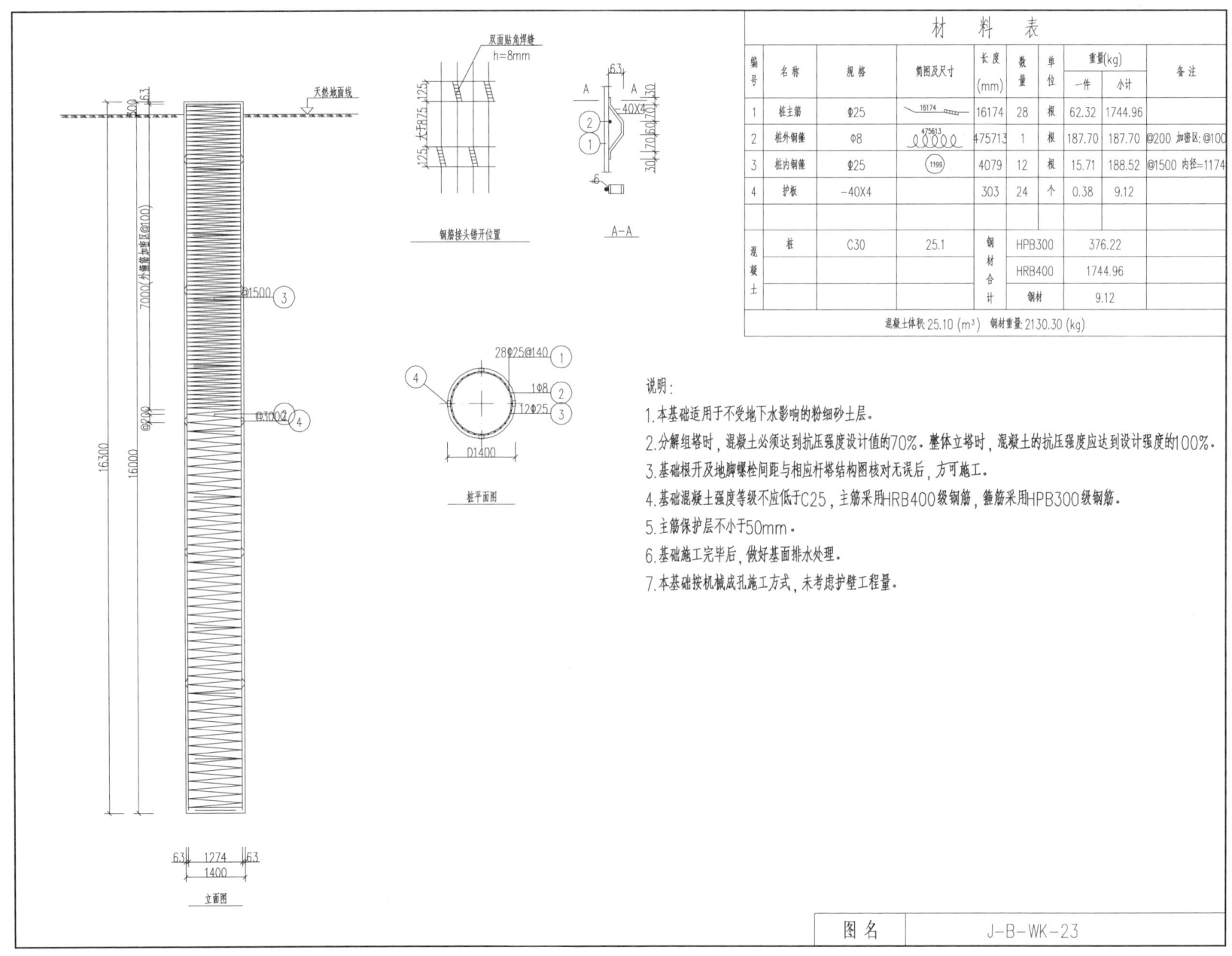

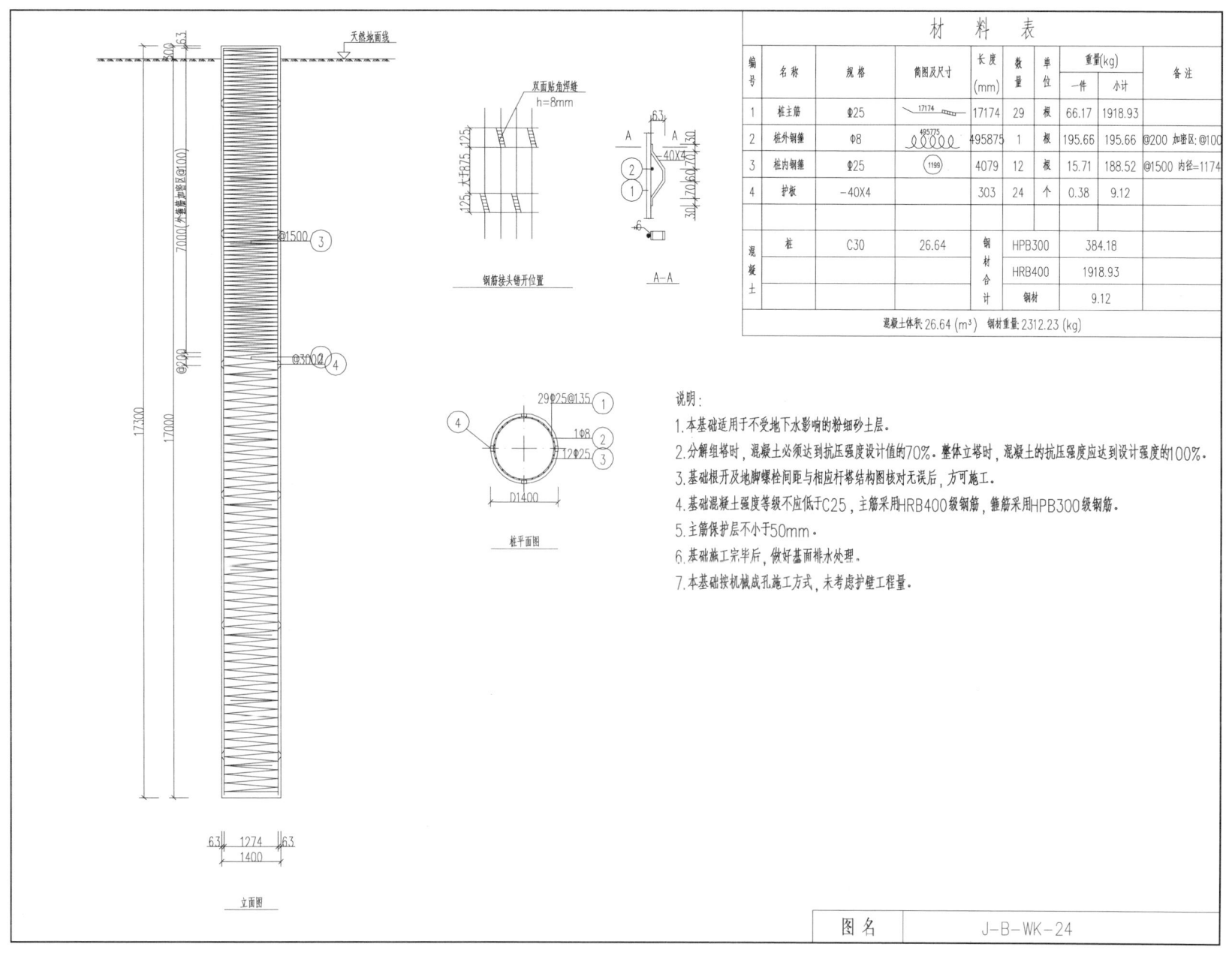

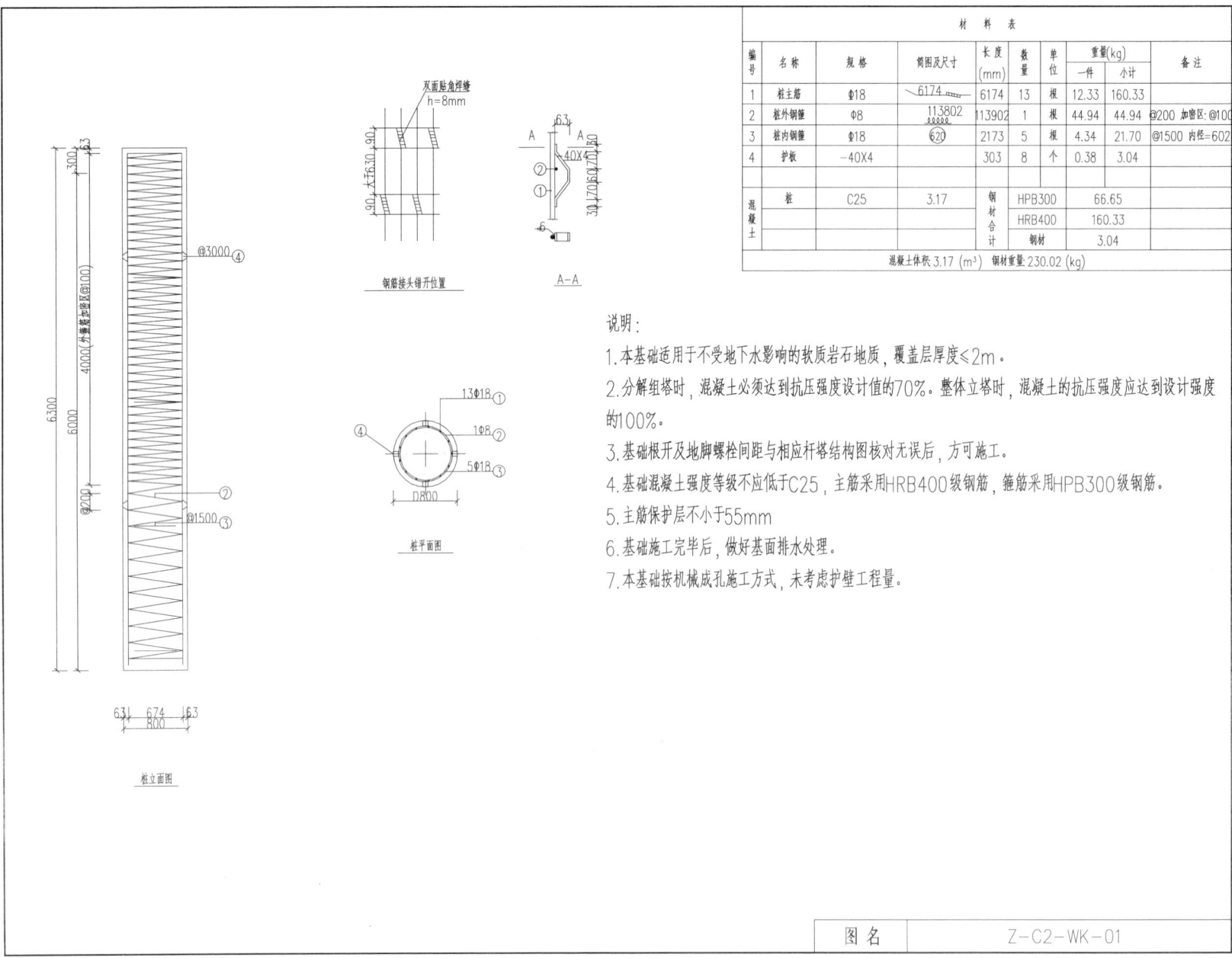

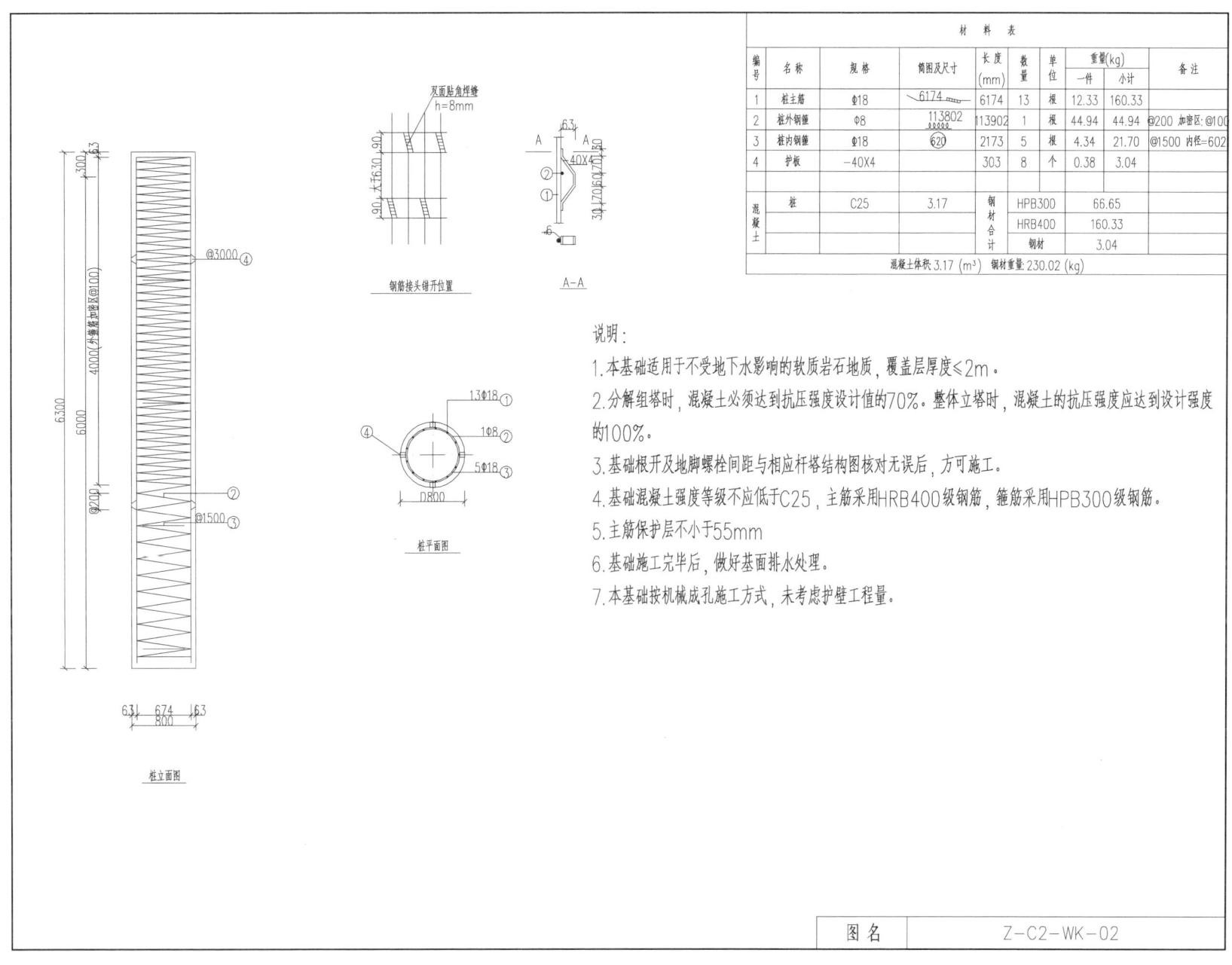

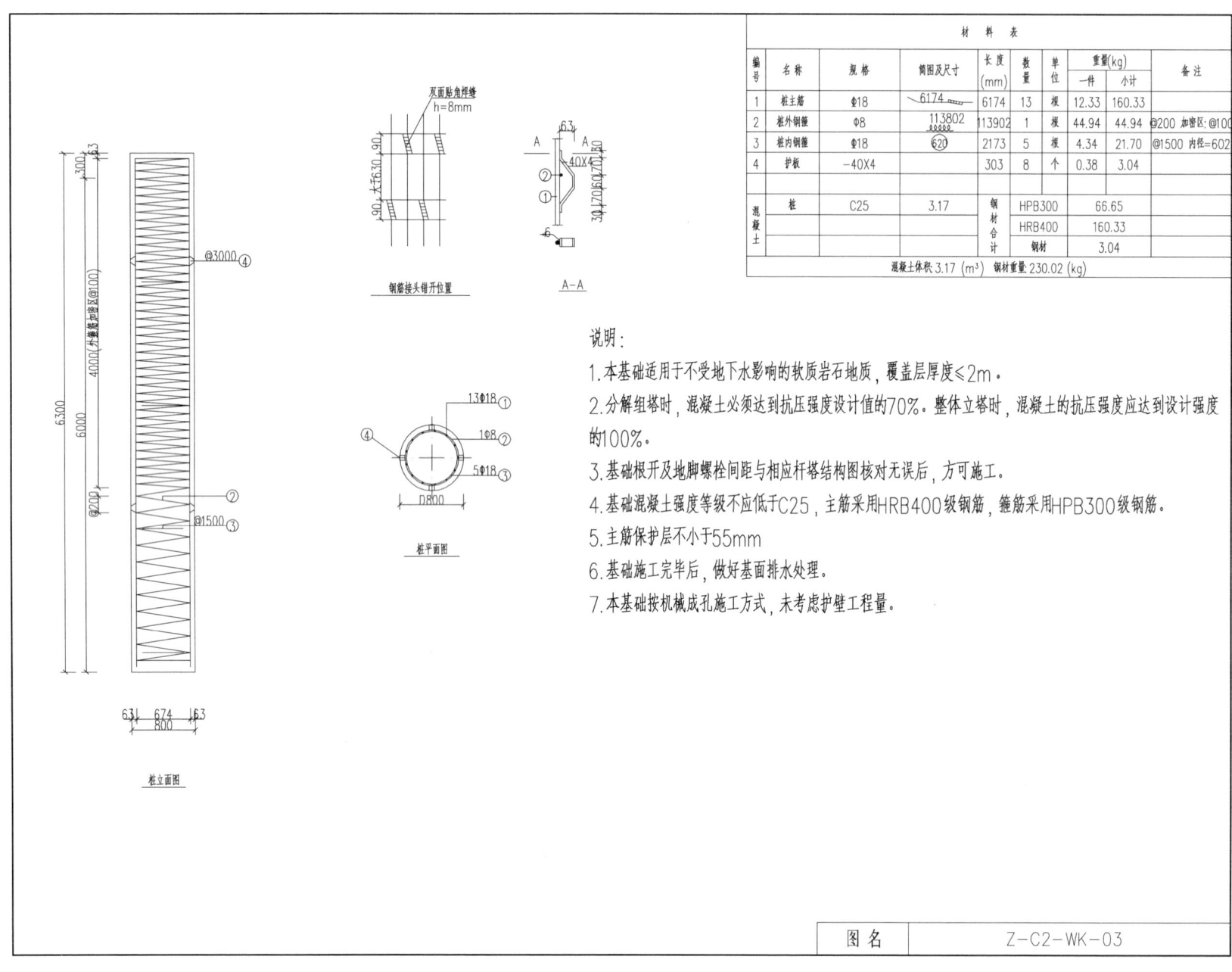

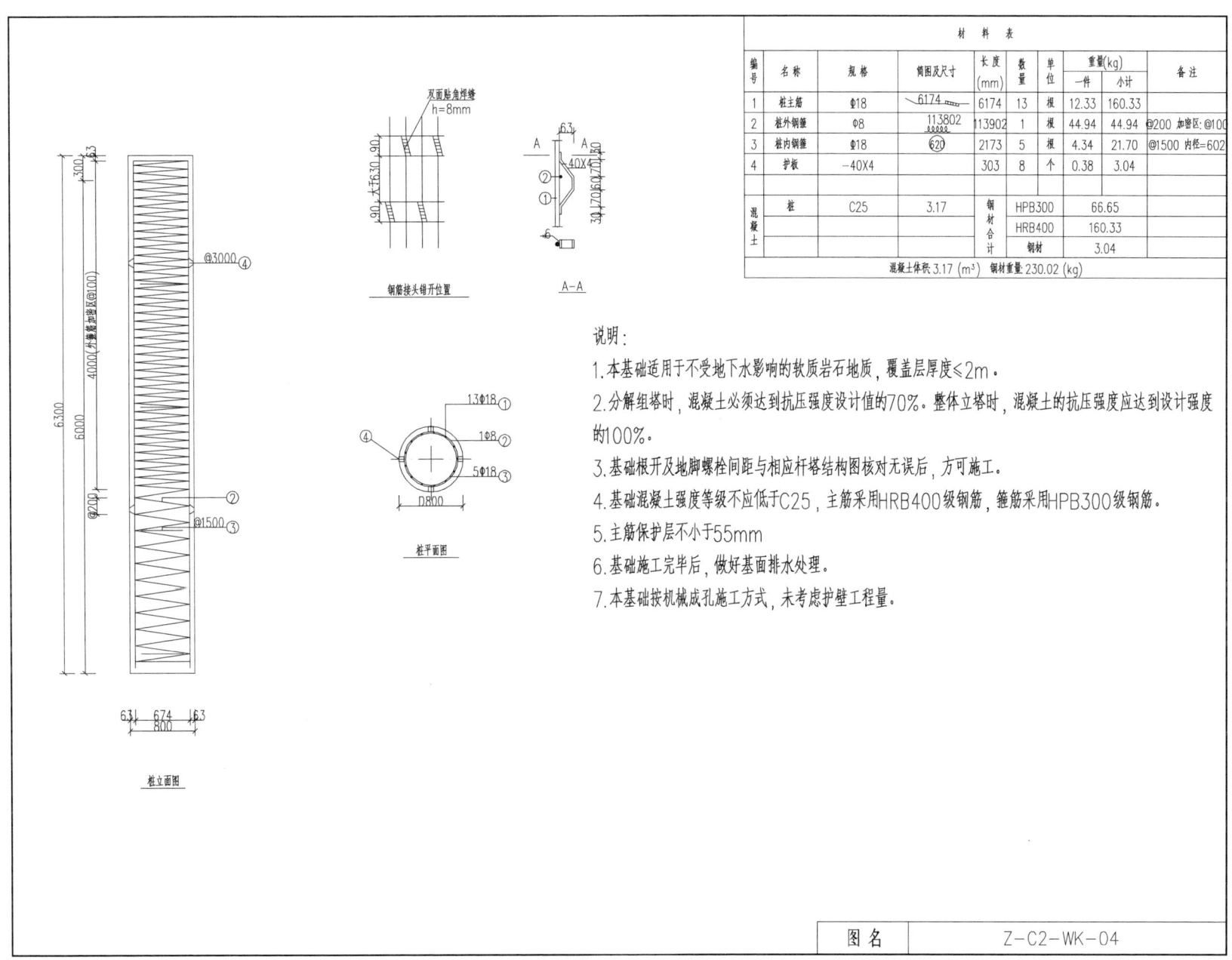

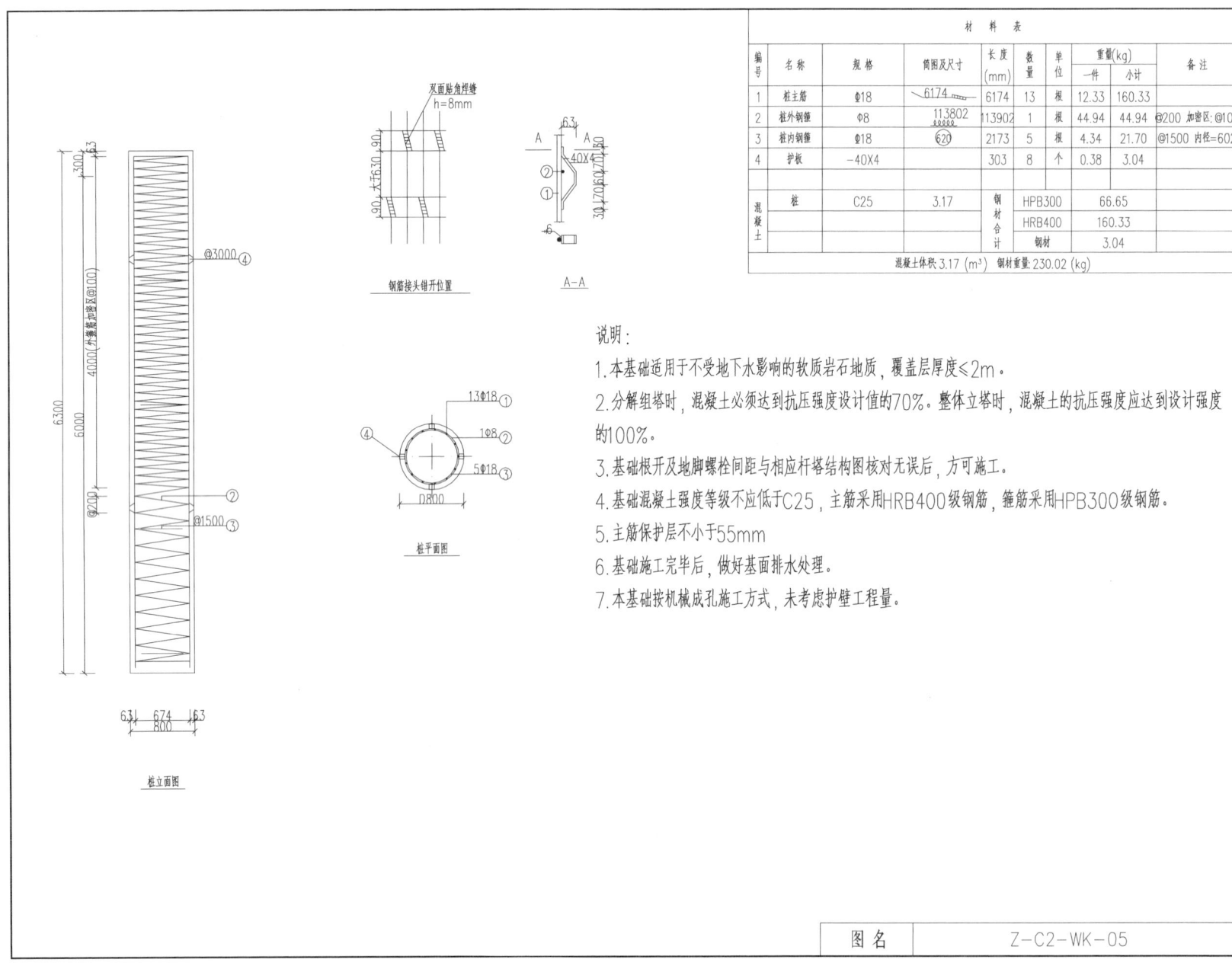

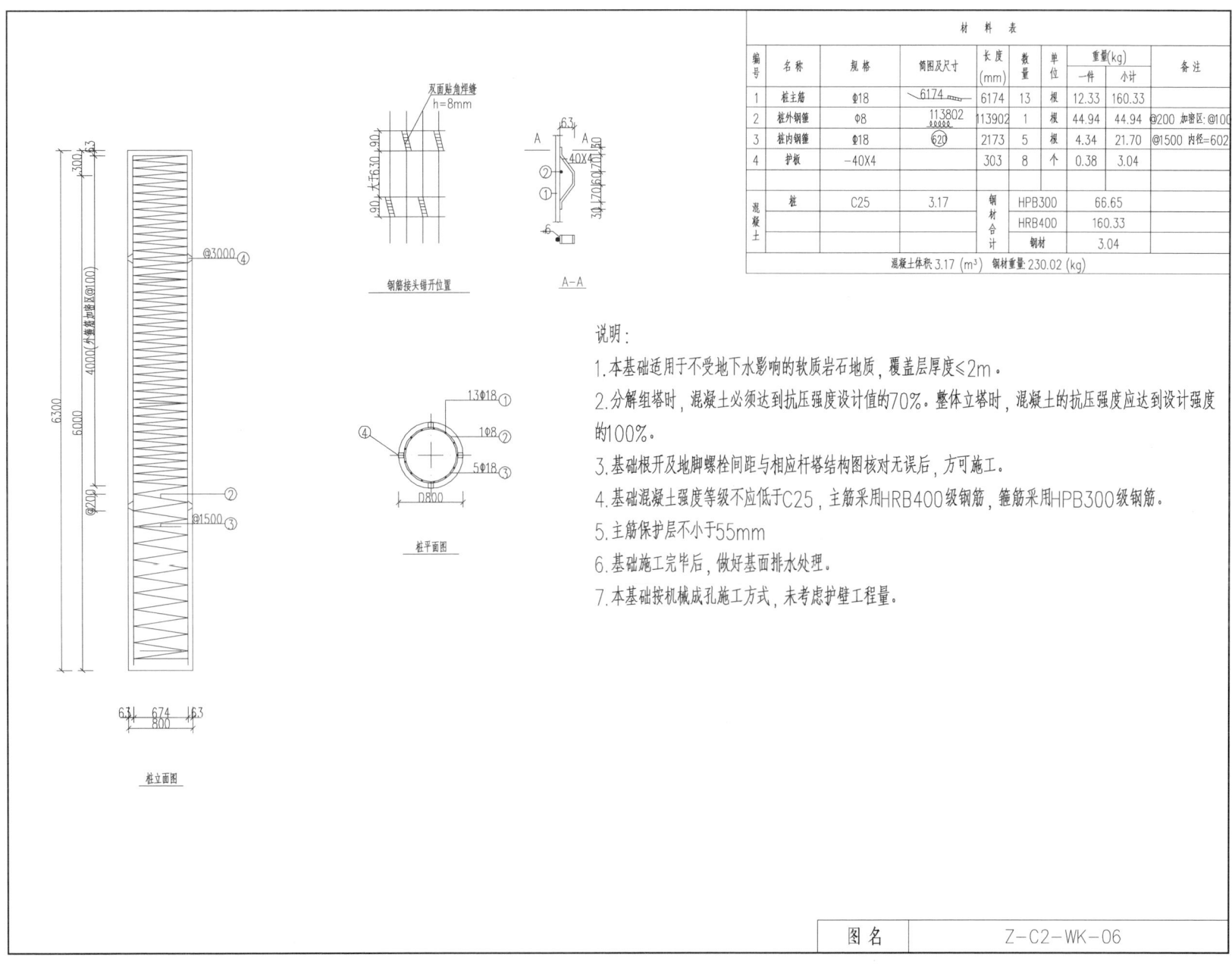

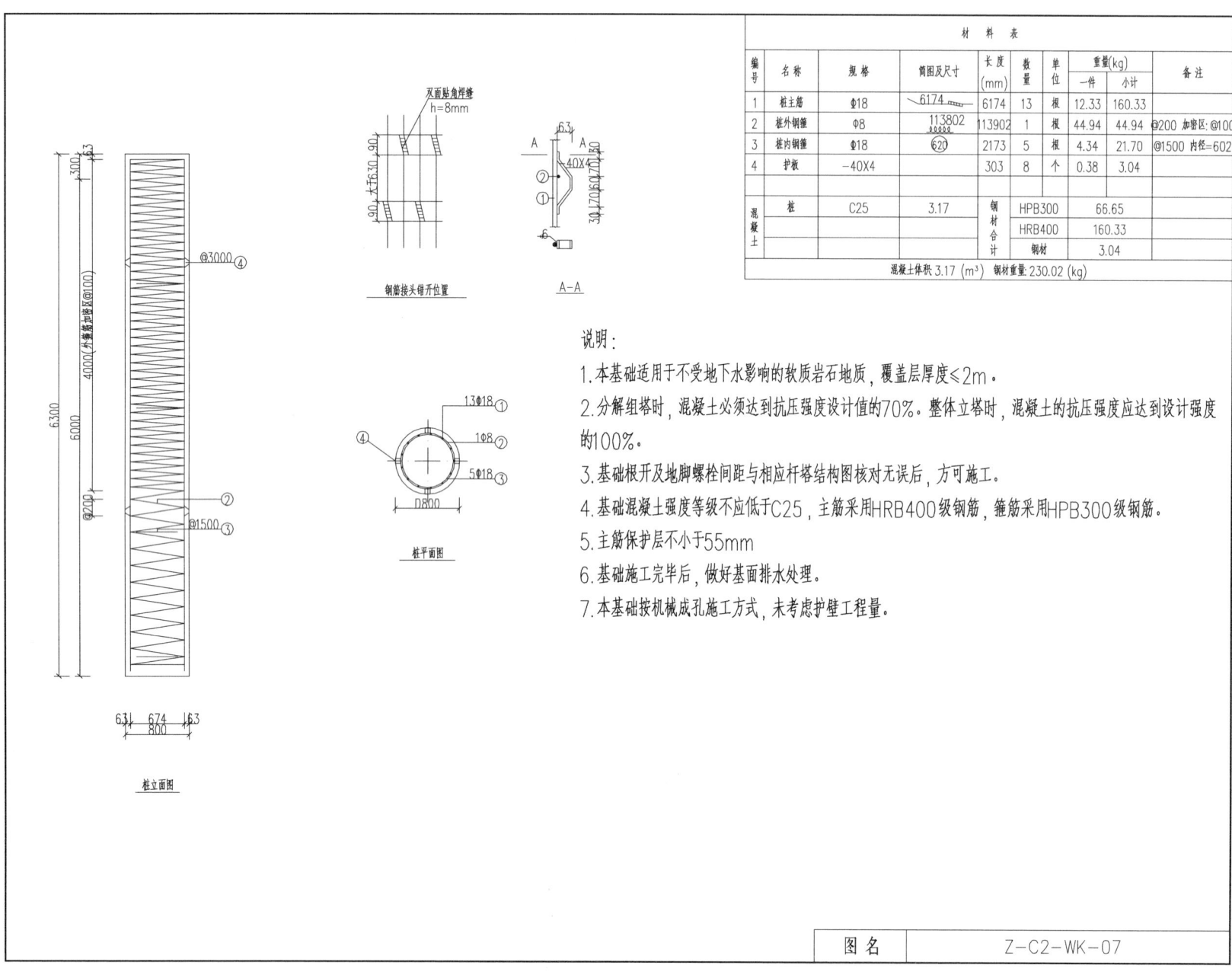

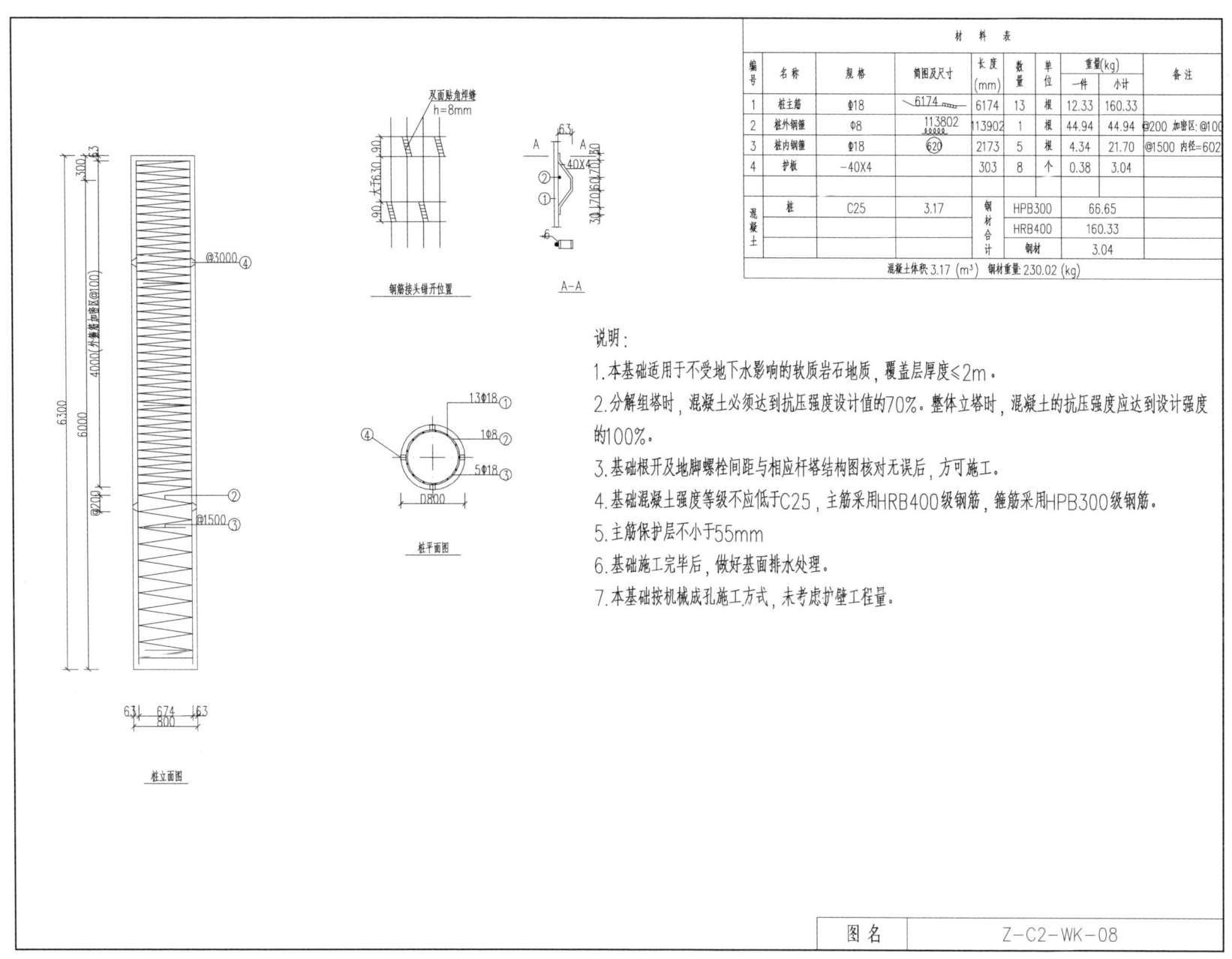

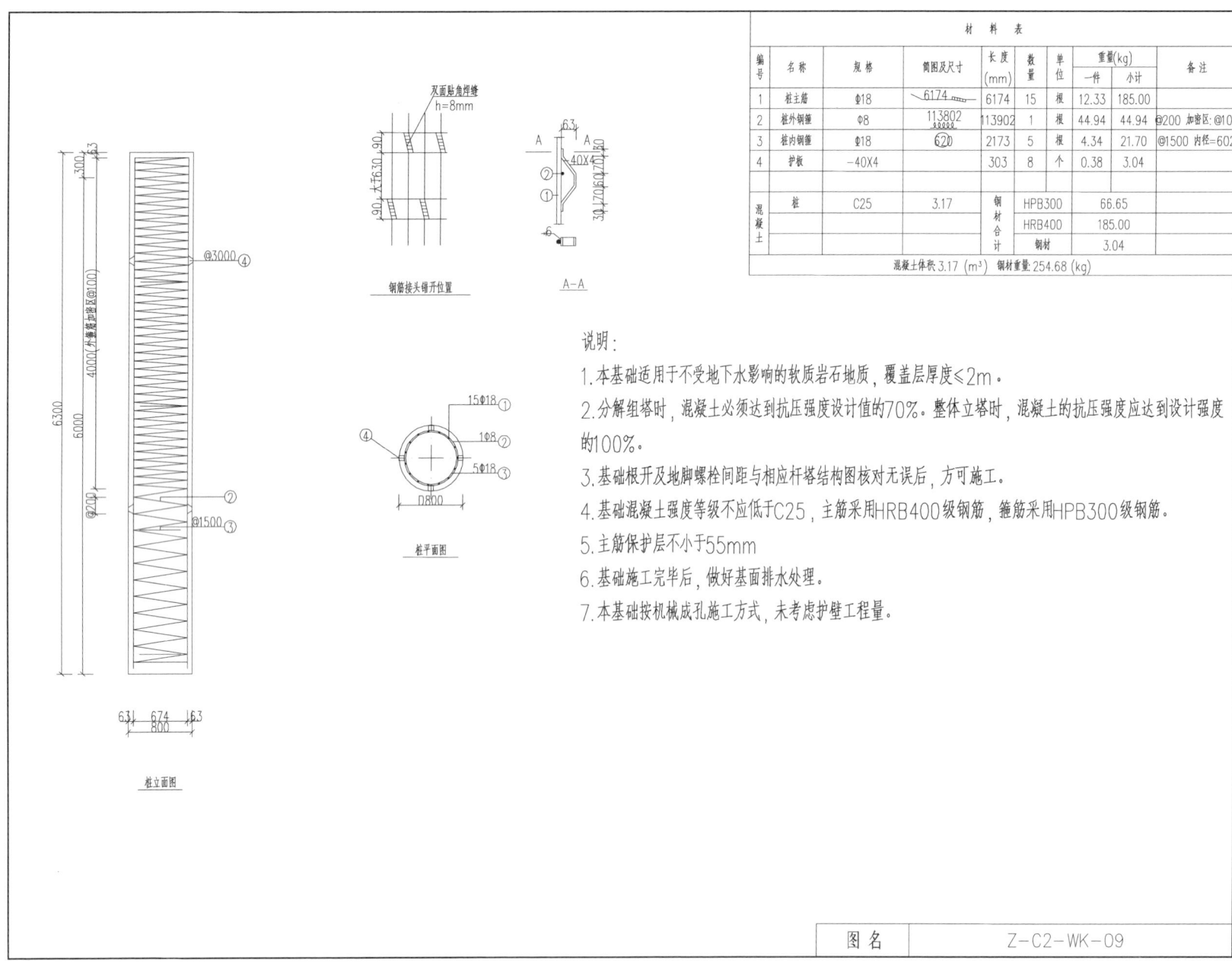

说明：
1. 本基础适用于不受地下水影响的软质岩石地质，覆盖层厚度≤2m。
2. 分解组塔时，混凝土必须达到抗压强度设计值的70%。整体立塔时，混凝土的抗压强度应达到设计强度的100%。
3. 基础根开及地脚螺栓间距与相应杆塔结构图核对无误后，方可施工。
4. 基础混凝土强度等级不应低于C25，主筋采用HRB400级钢筋，箍筋采用HPB300级钢筋。
5. 主筋保护层不小于55mm
6. 基础施工完毕后，做好基面排水处理。
7. 本基础按机械成孔施工方式，未考虑护壁工程量。

图名　Z-C2-WK-09

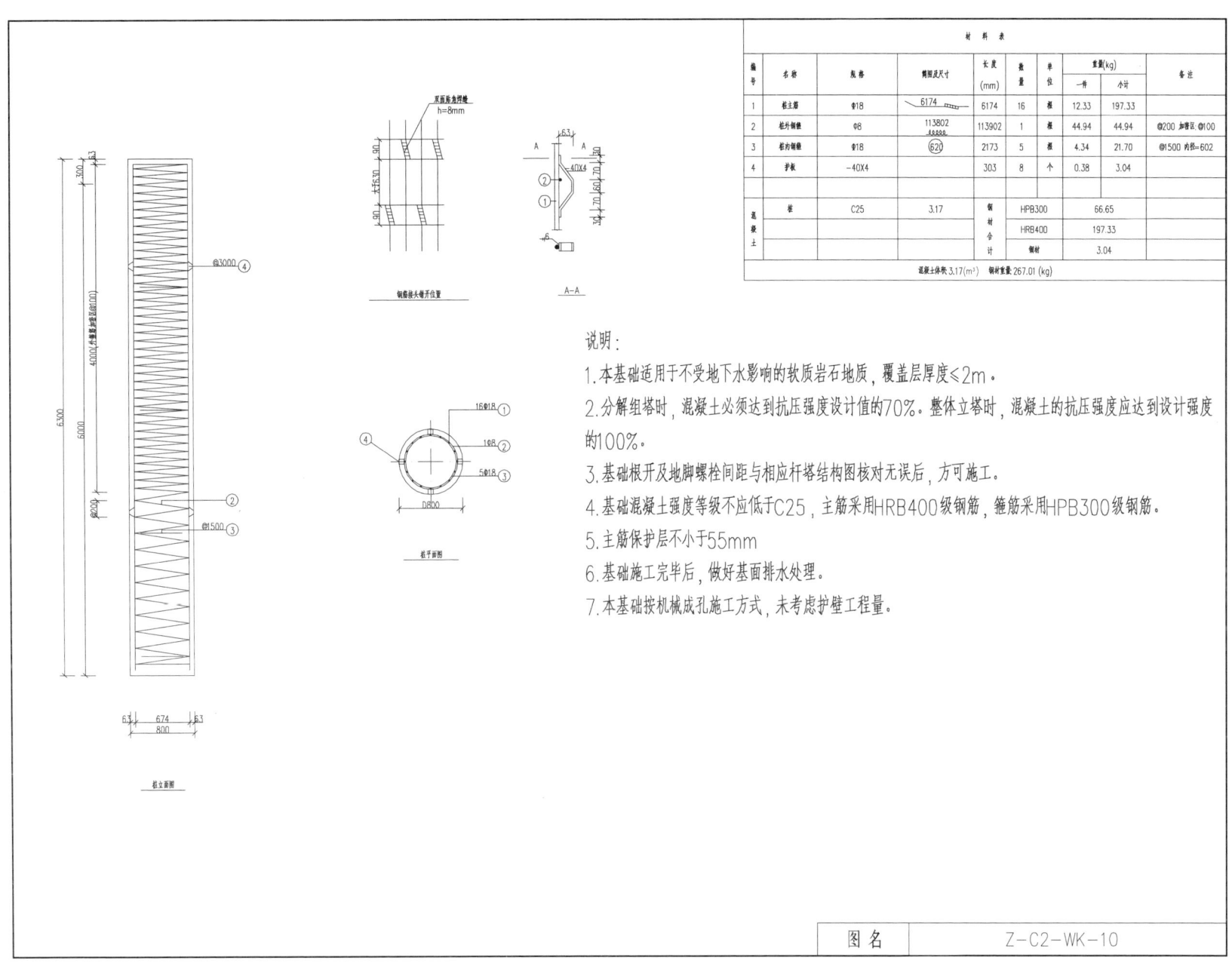

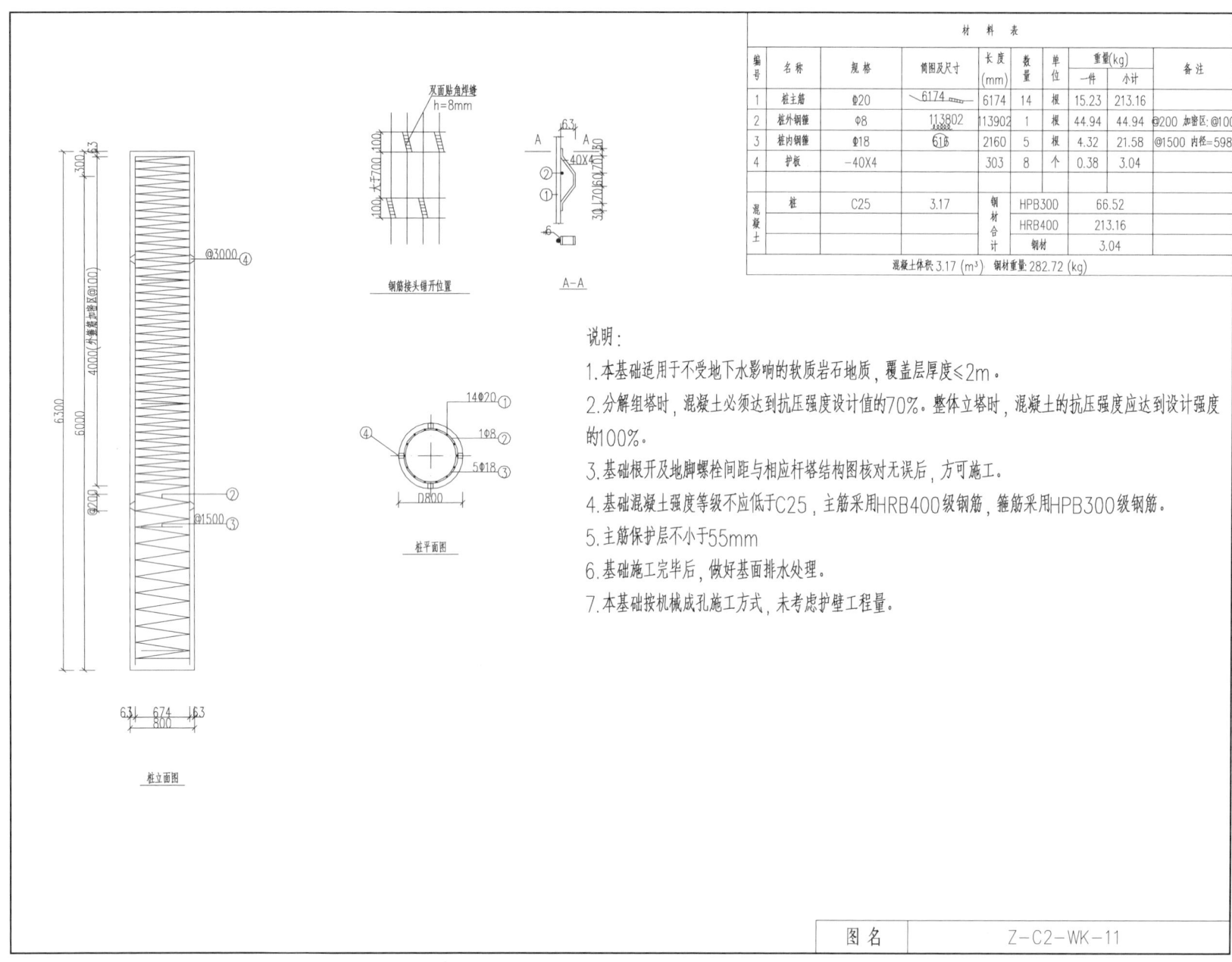

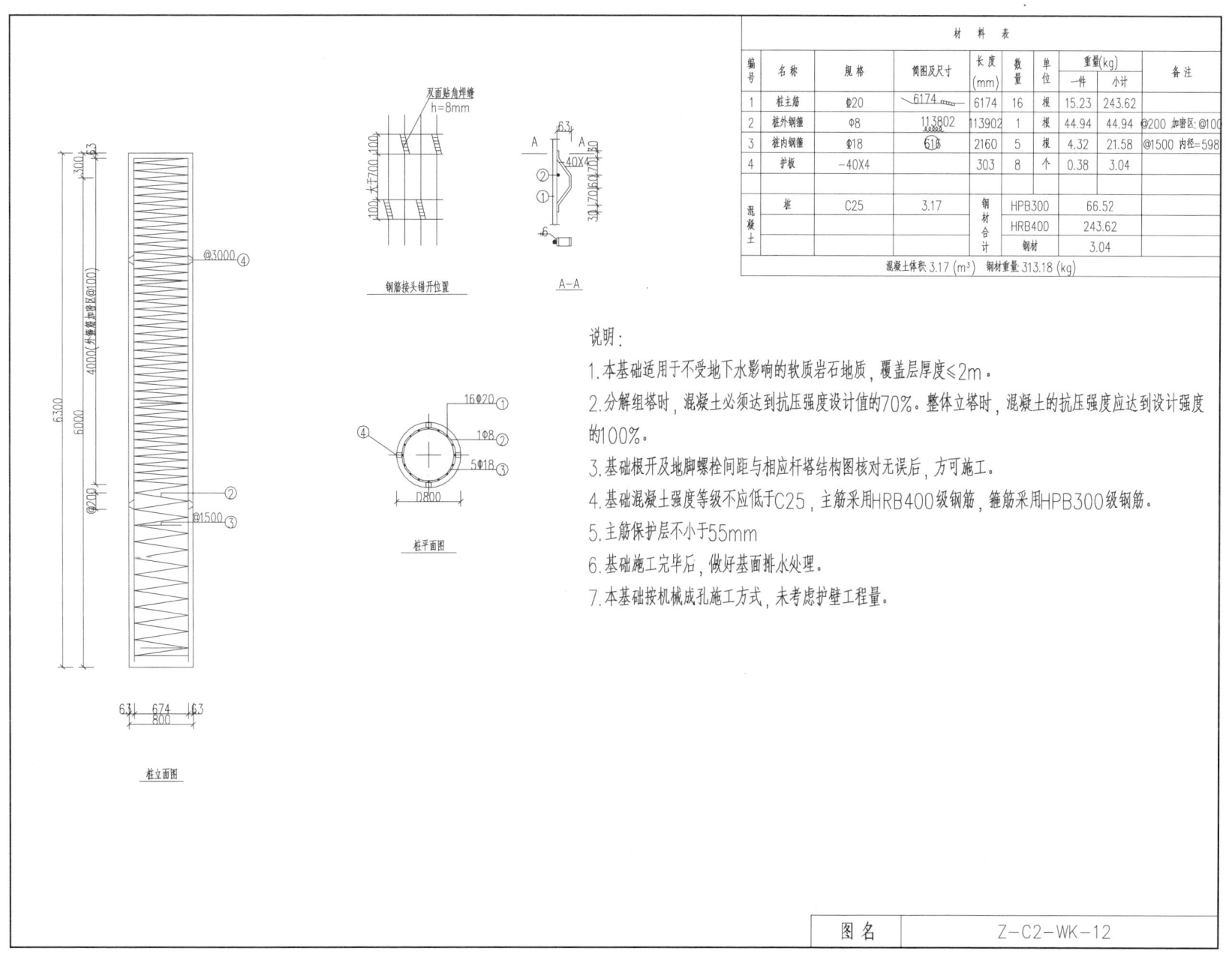

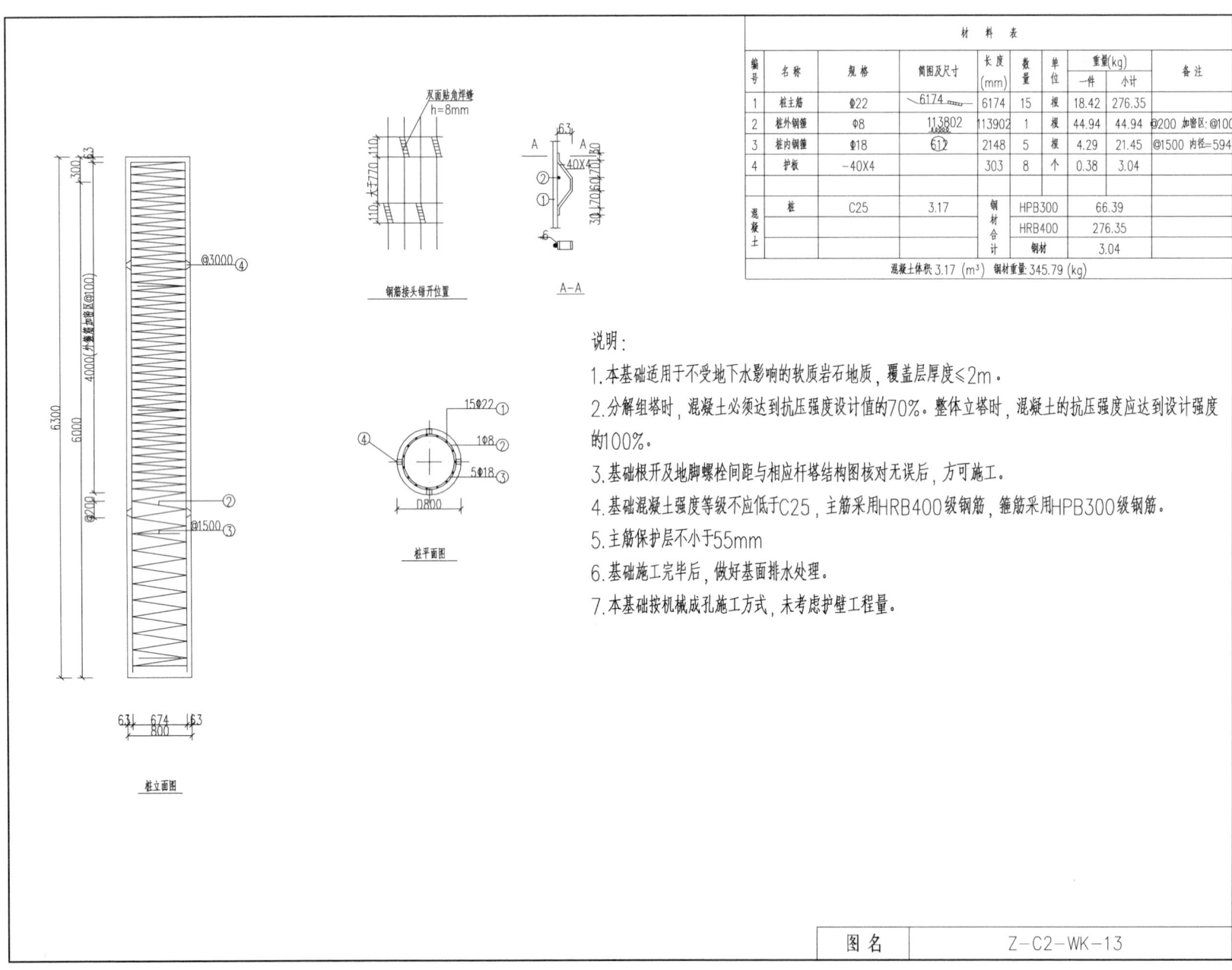

说明：
1. 本基础适用于不受地下水影响的软质岩石地质，覆盖层厚度≤2m。
2. 分解组塔时，混凝土必须达到抗压强度设计值的70%。整体立塔时，混凝土的抗压强度应达到设计强度的100%。
3. 基础根开及地脚螺栓间距与相应杆塔结构图核对无误后，方可施工。
4. 基础混凝土强度等级不应低于C25，主筋采用HRB400级钢筋，箍筋采用HPB300级钢筋。
5. 主筋保护层不小于55mm
6. 基础施工完毕后，做好基面排水处理。
7. 本基础按机械成孔施工方式，未考虑护壁工程量。

图名 Z-C2-WK-13

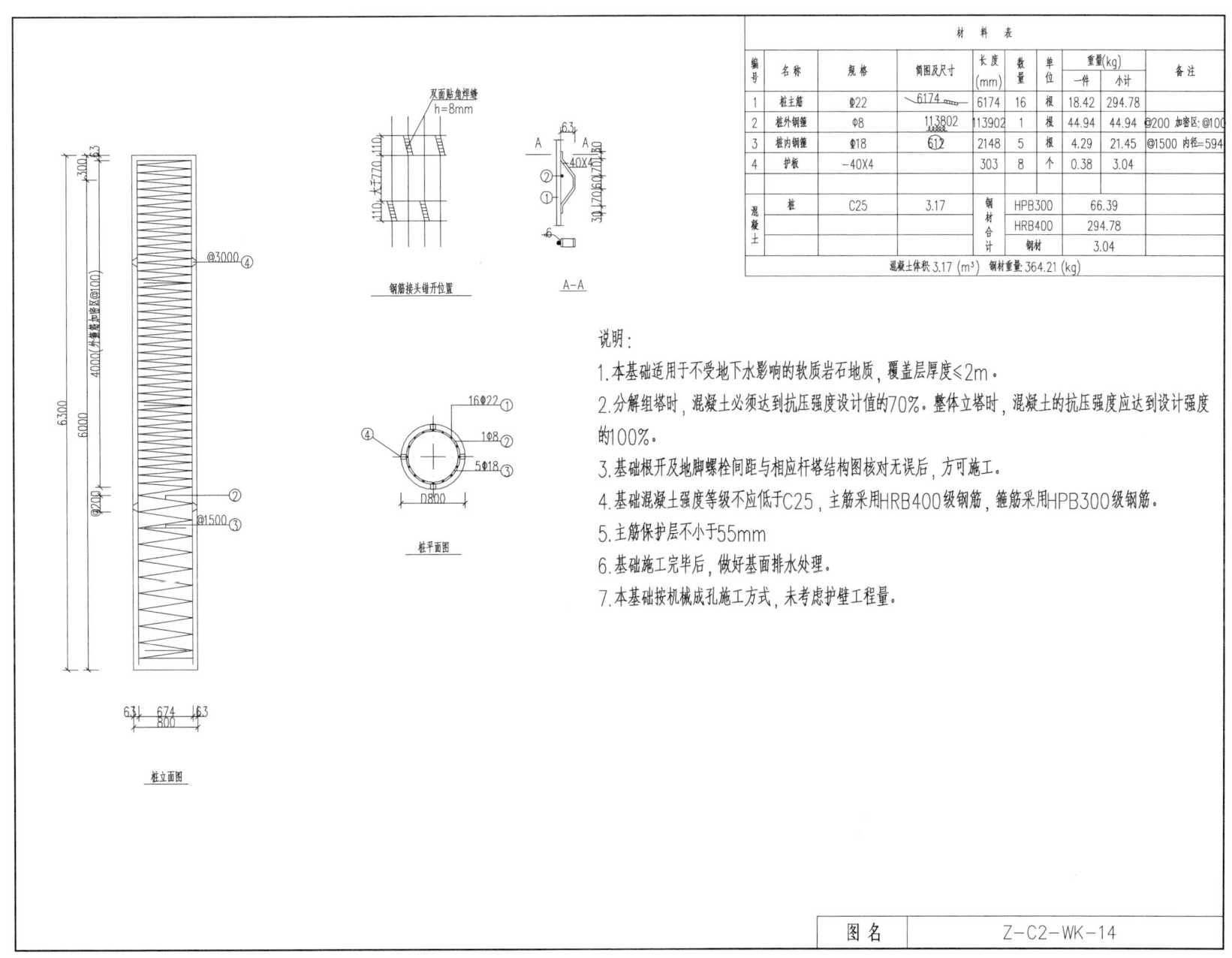

说明：
1. 本基础适用于不受地下水影响的软质岩石地质，覆盖层厚度≤2m。
2. 分解组塔时，混凝土必须达到抗压强度设计值的70%。整体立塔时，混凝土的抗压强度应达到设计强度的100%。
3. 基础根开及地脚螺栓间距与相应杆塔结构图核对无误后，方可施工。
4. 基础混凝土强度等级不应低于C25，主筋采用HRB400级钢筋，箍筋采用HPB300级钢筋。
5. 主筋保护层不小于55mm
6. 基础施工完毕后，做好基面排水处理。
7. 本基础按机械成孔施工方式，未考虑护壁工程量。

| 图名 | Z-C2-WK-14 |

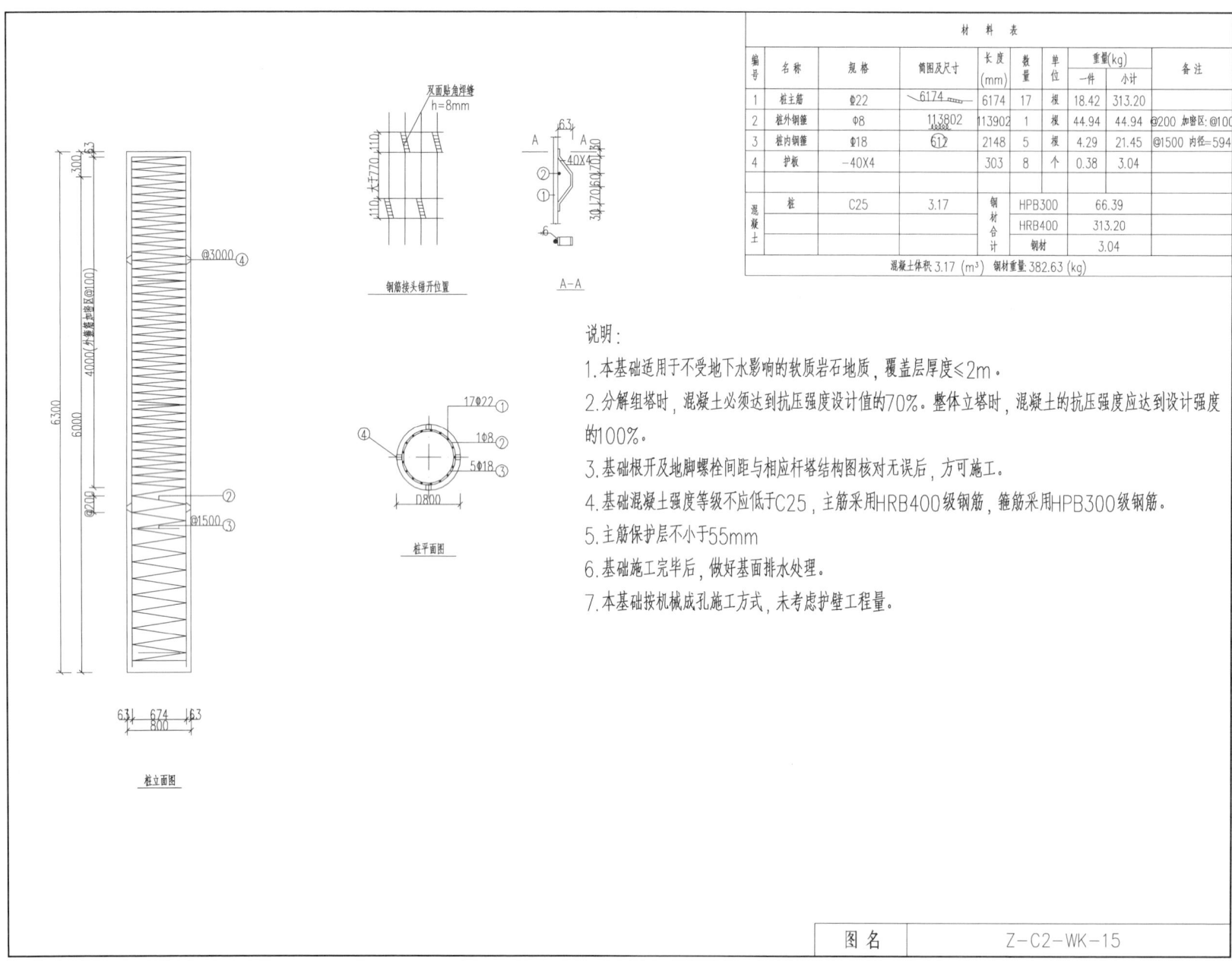

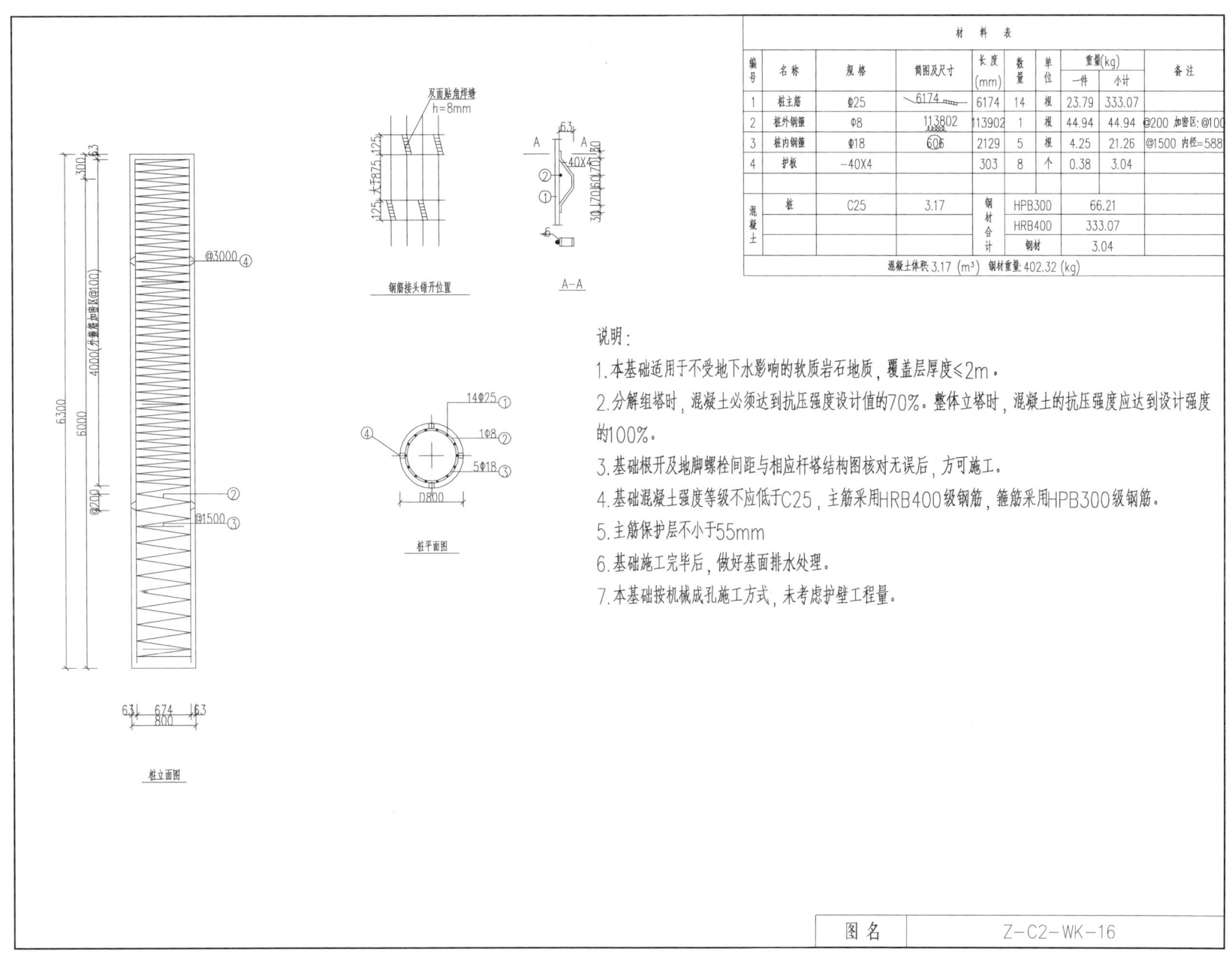

说明：
1. 本基础适用于不受地下水影响的软质岩石地质，覆盖层厚度≤2m。
2. 分解组塔时，混凝土必须达到抗压强度设计值的70%。整体立塔时，混凝土的抗压强度应达到设计强度的100%。
3. 基础根开及地脚螺栓间距与相应杆塔结构图核对无误后，方可施工。
4. 基础混凝土强度等级不应低于C25，主筋采用HRB400级钢筋，箍筋采用HPB300级钢筋。
5. 主筋保护层不小于55mm
6. 基础施工完毕后，做好基面排水处理。
7. 本基础按机械成孔施工方式，未考虑护壁工程量。

| 图名 | Z-C2-WK-16 |

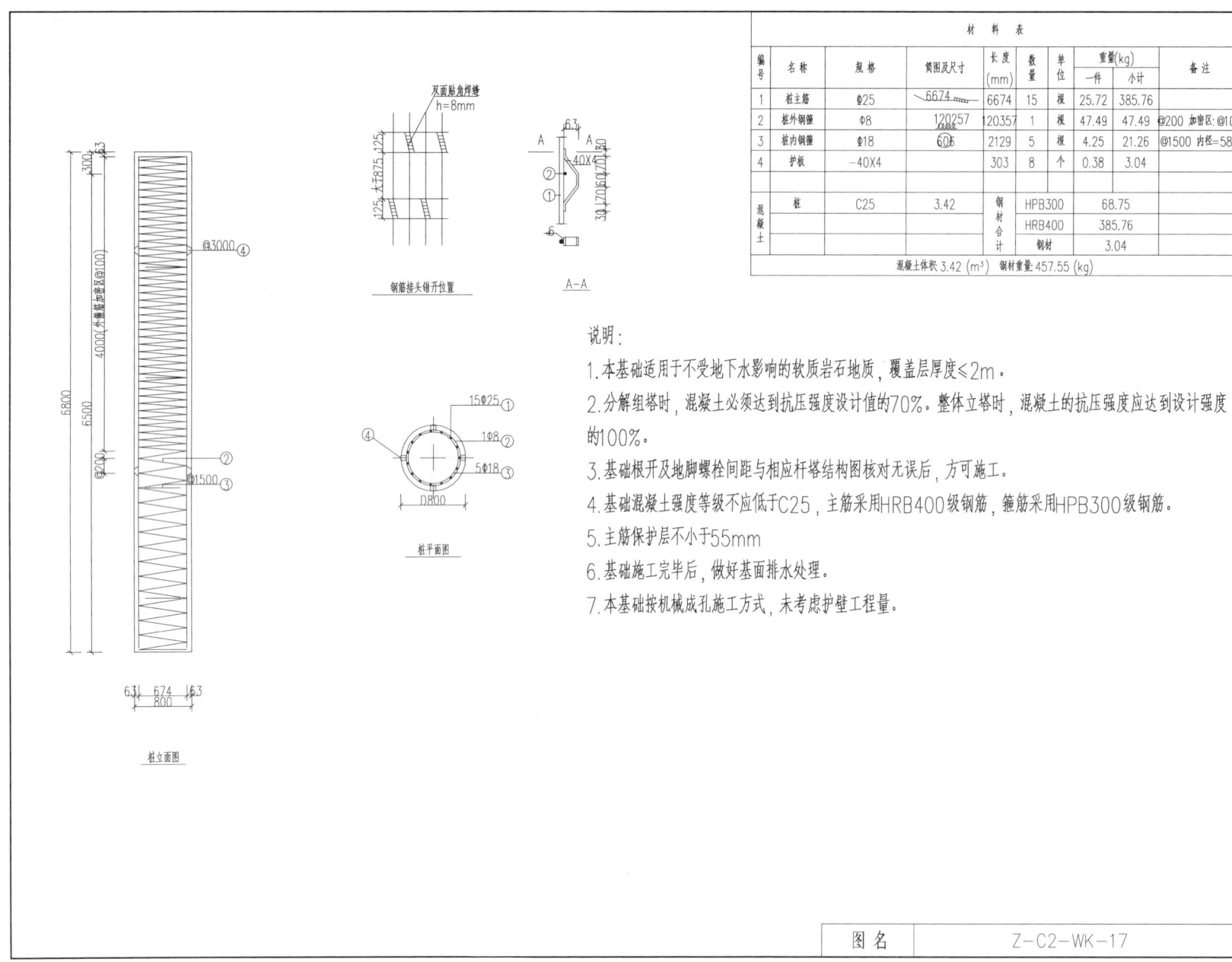

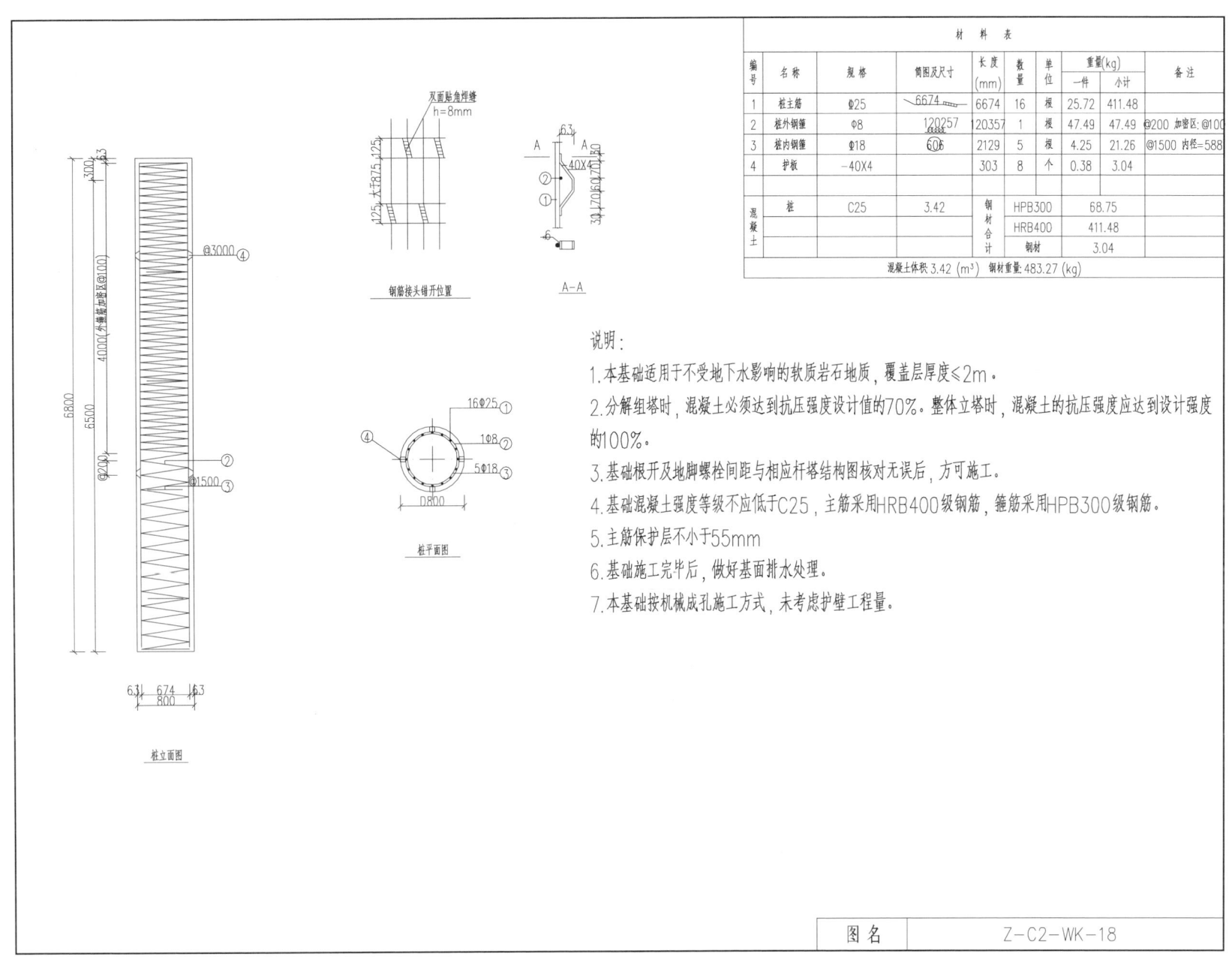

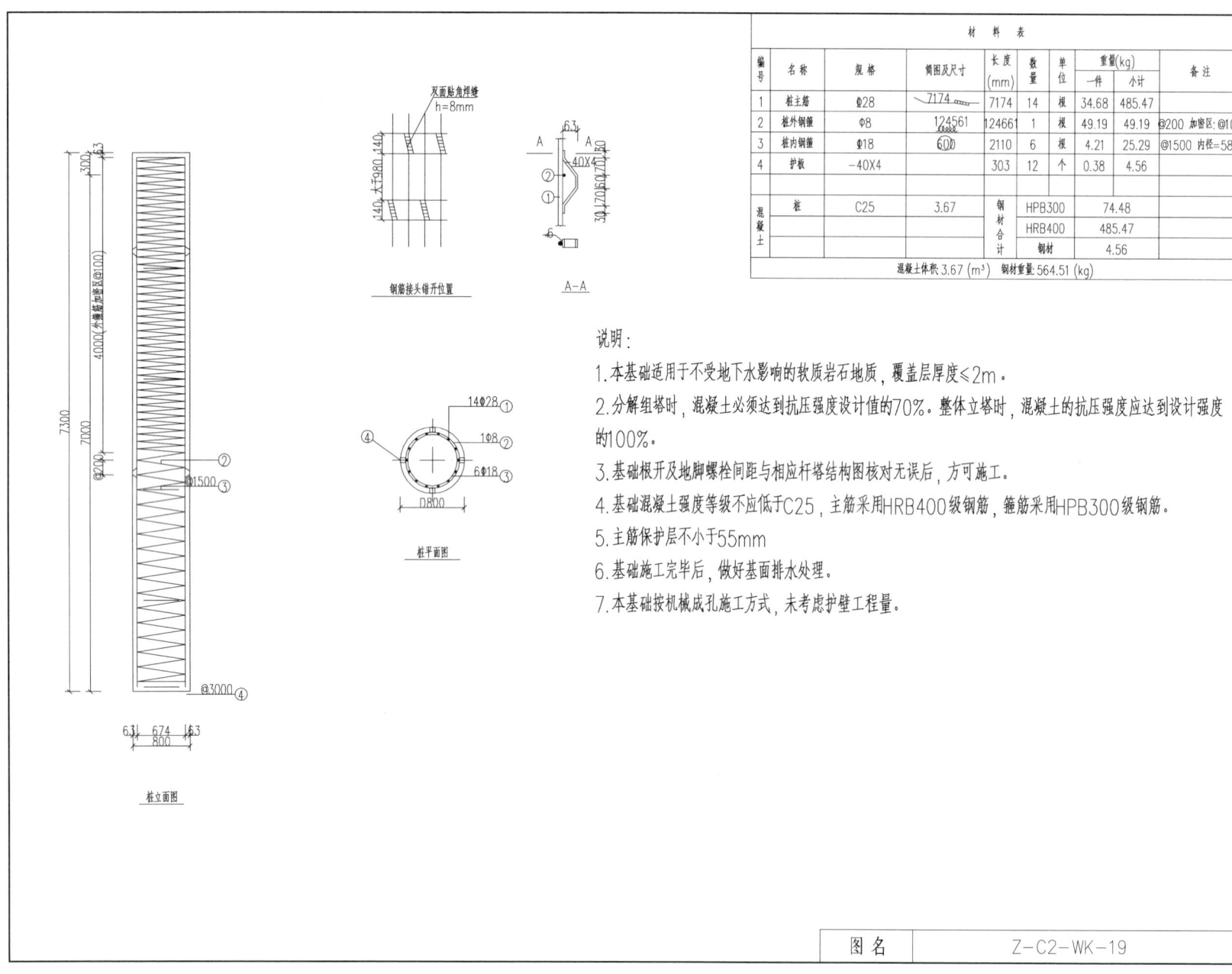

图名 Z-C2-WK-19

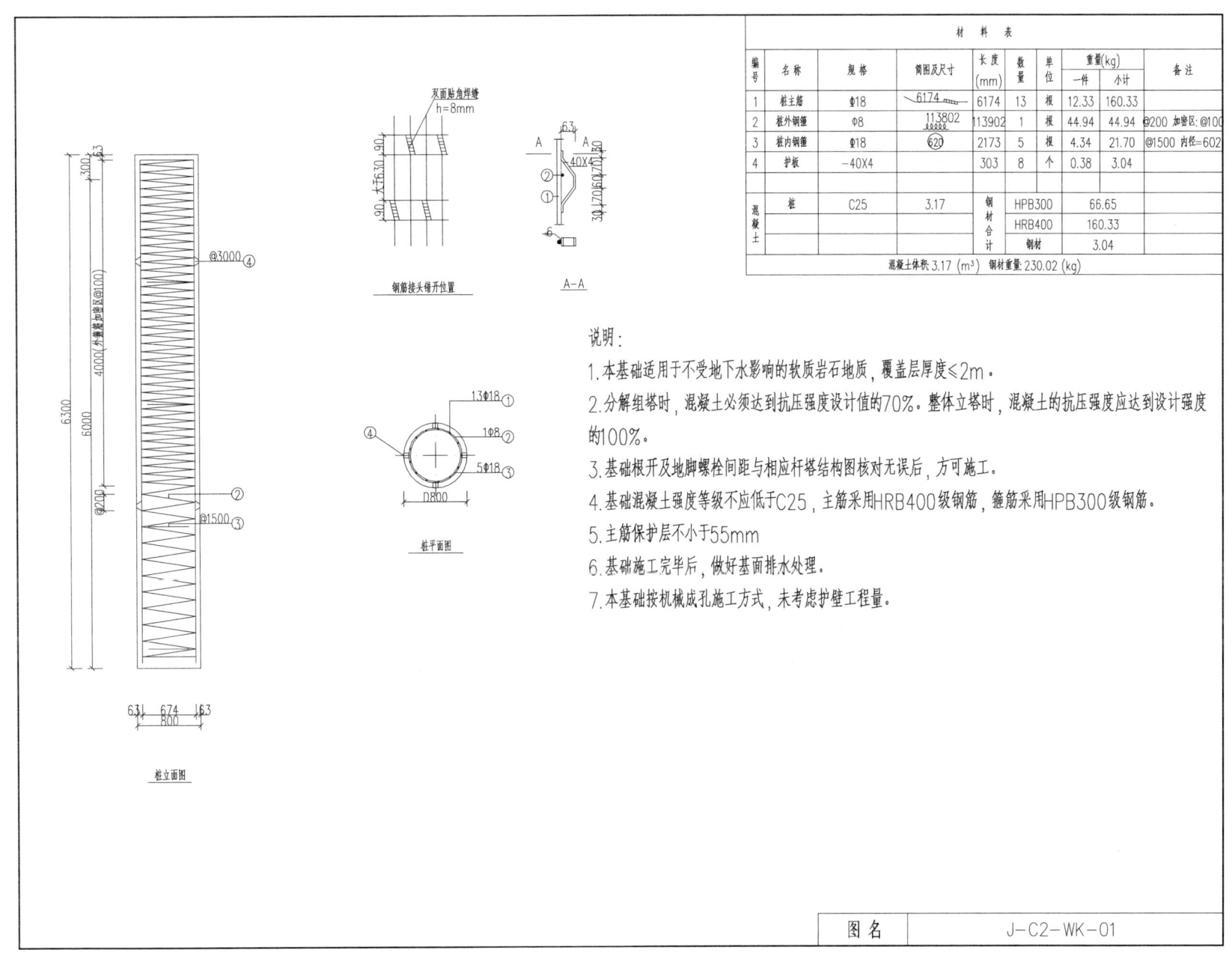

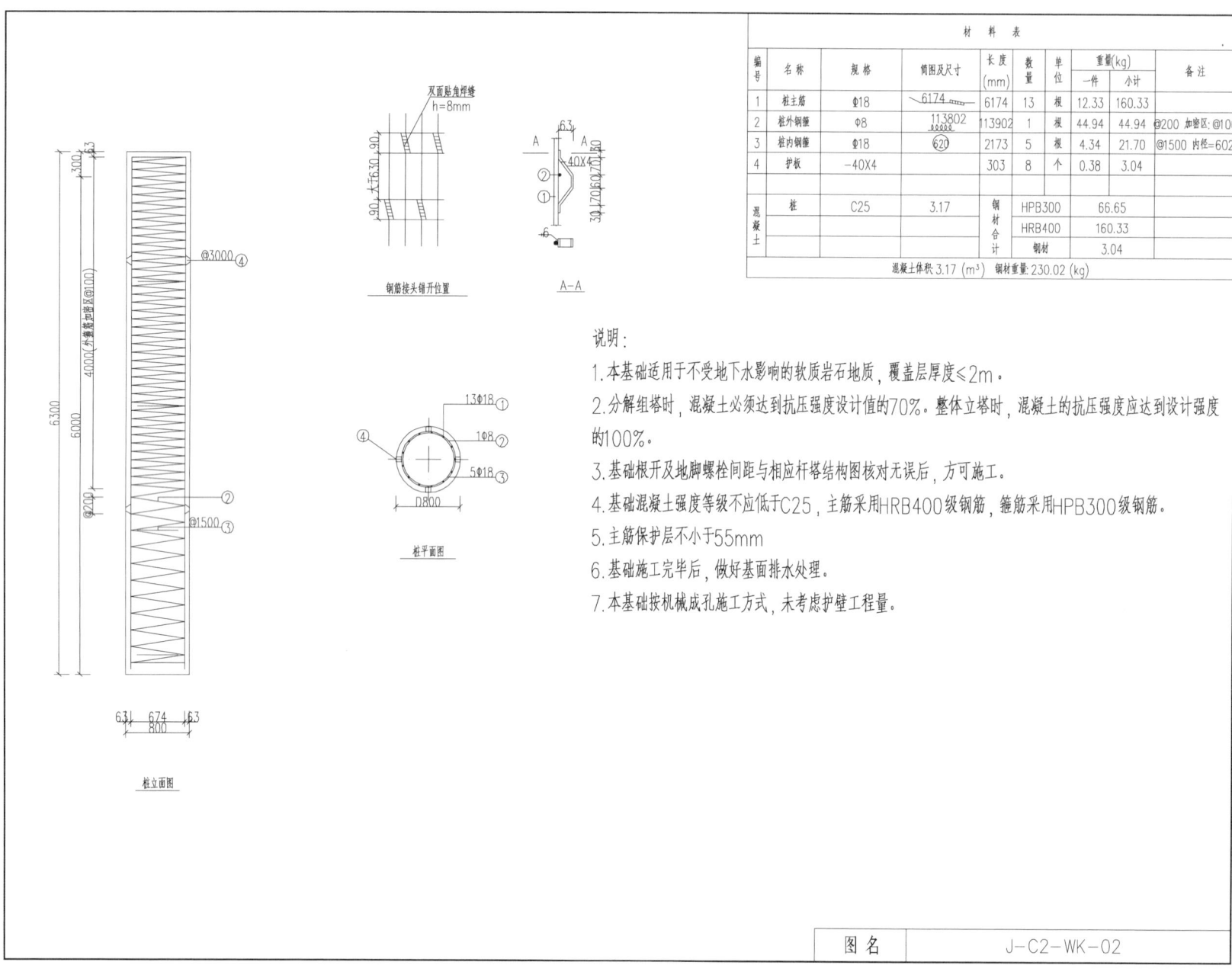

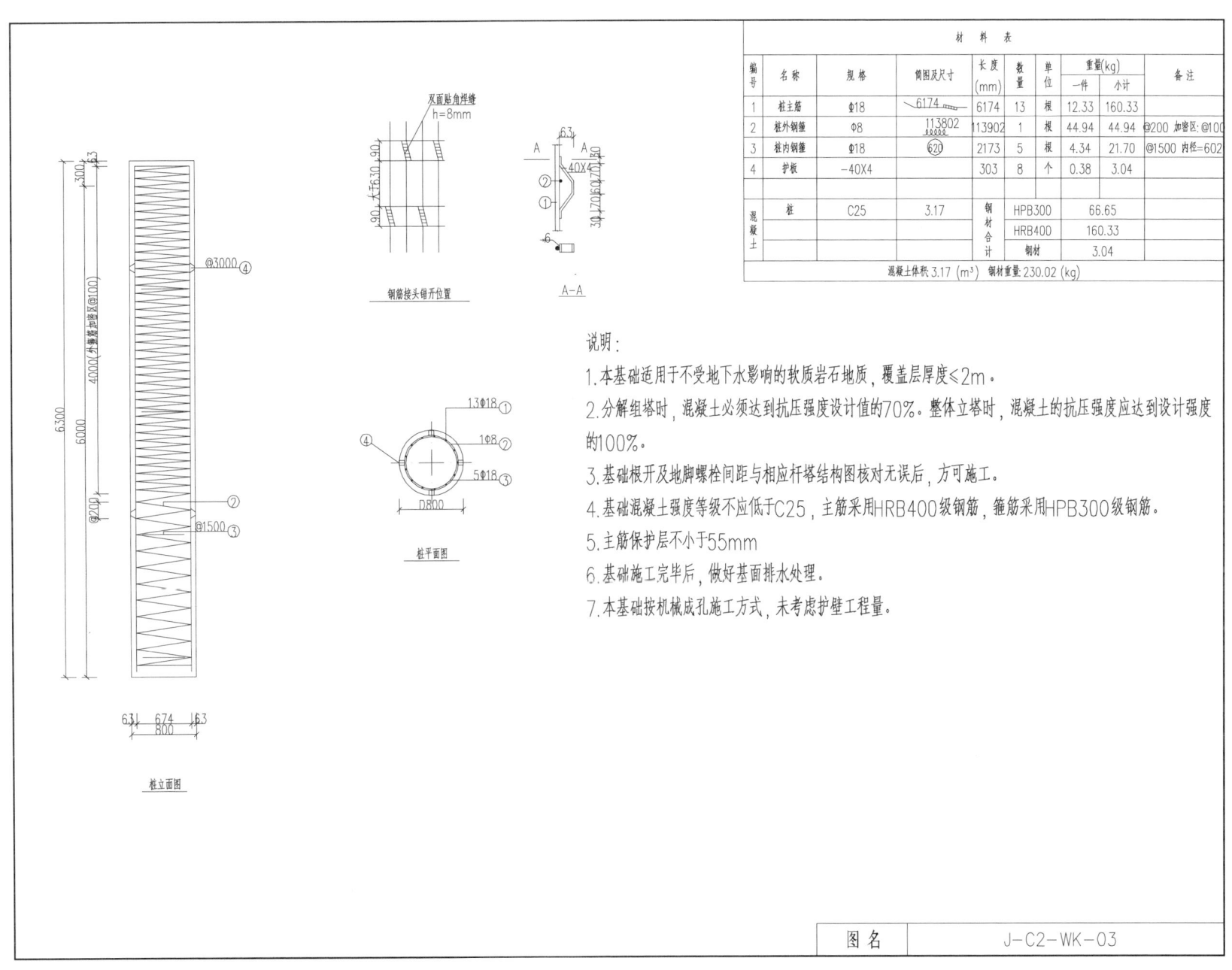

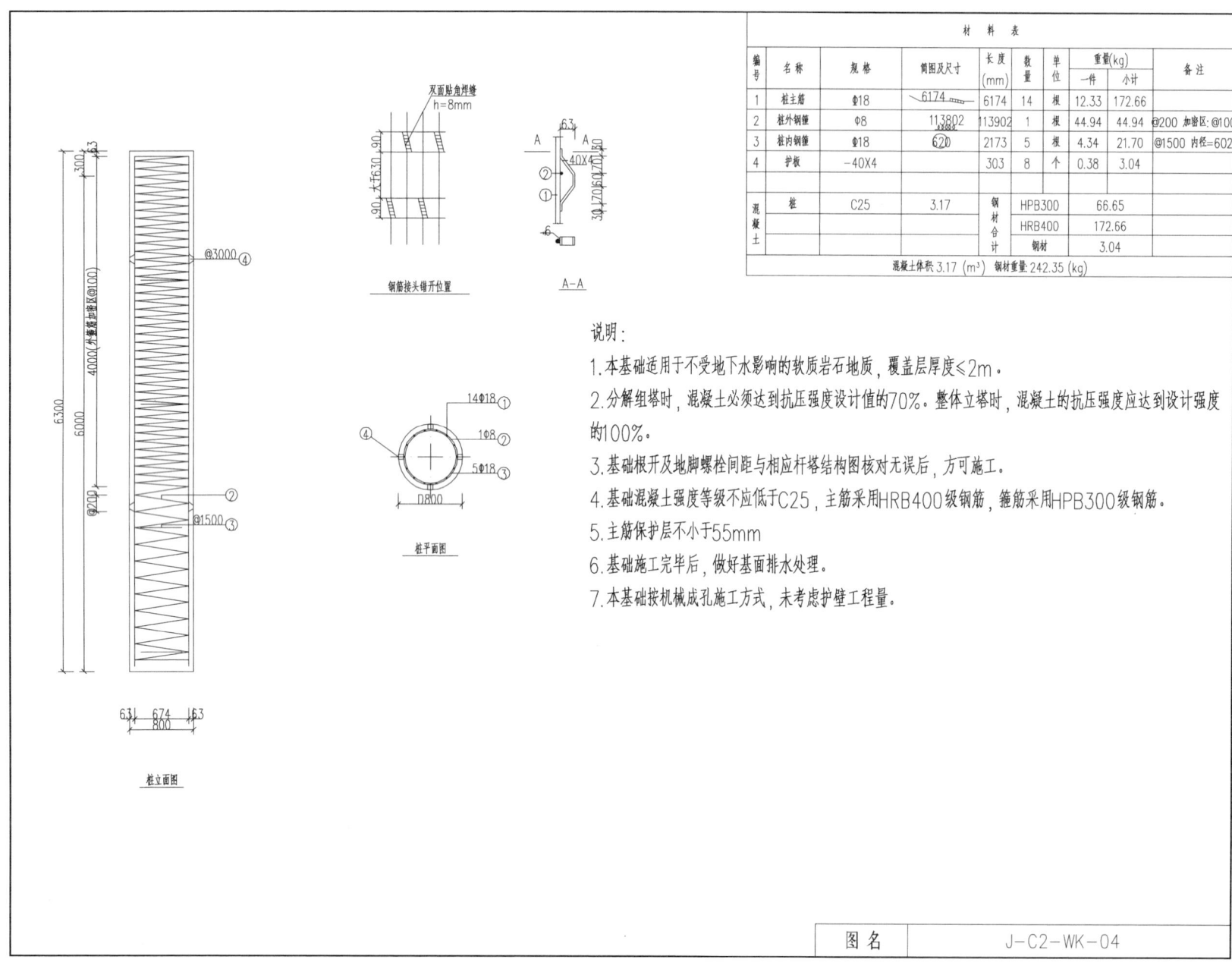

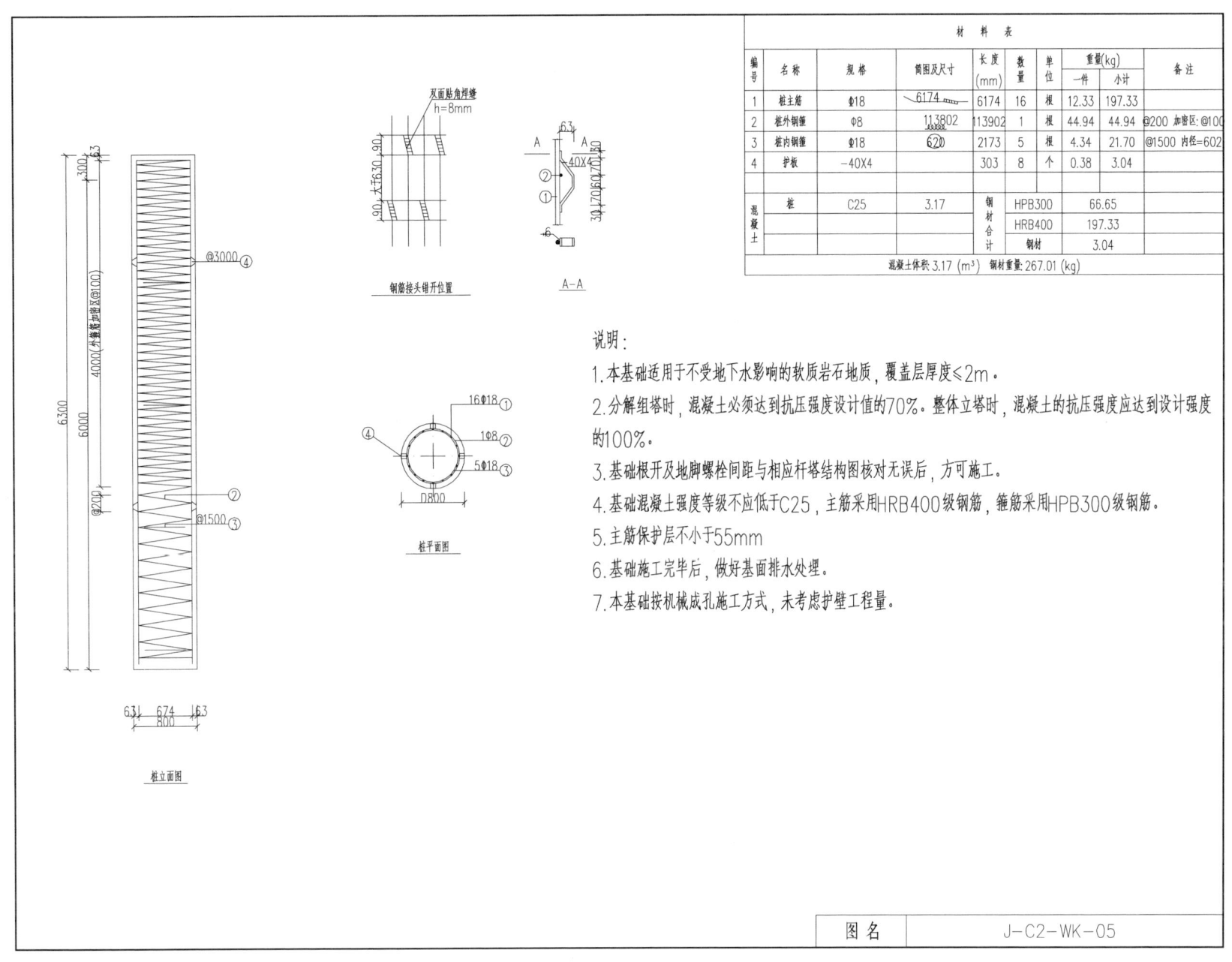

说明：
1. 本基础适用于不受地下水影响的软质岩石地质，覆盖层厚度≤2m。
2. 分解组塔时，混凝土必须达到抗压强度设计值的70%。整体立塔时，混凝土的抗压强度应达到设计强度的100%。
3. 基础根开及地脚螺栓间距与相应杆塔结构图核对无误后，方可施工。
4. 基础混凝土强度等级不应低于C25，主筋采用HRB400级钢筋，箍筋采用HPB300级钢筋。
5. 主筋保护层不小于55mm
6. 基础施工完毕后，做好基面排水处理。
7. 本基础按机械成孔施工方式，未考虑护壁工程量。

图名	J-C2-WK-05

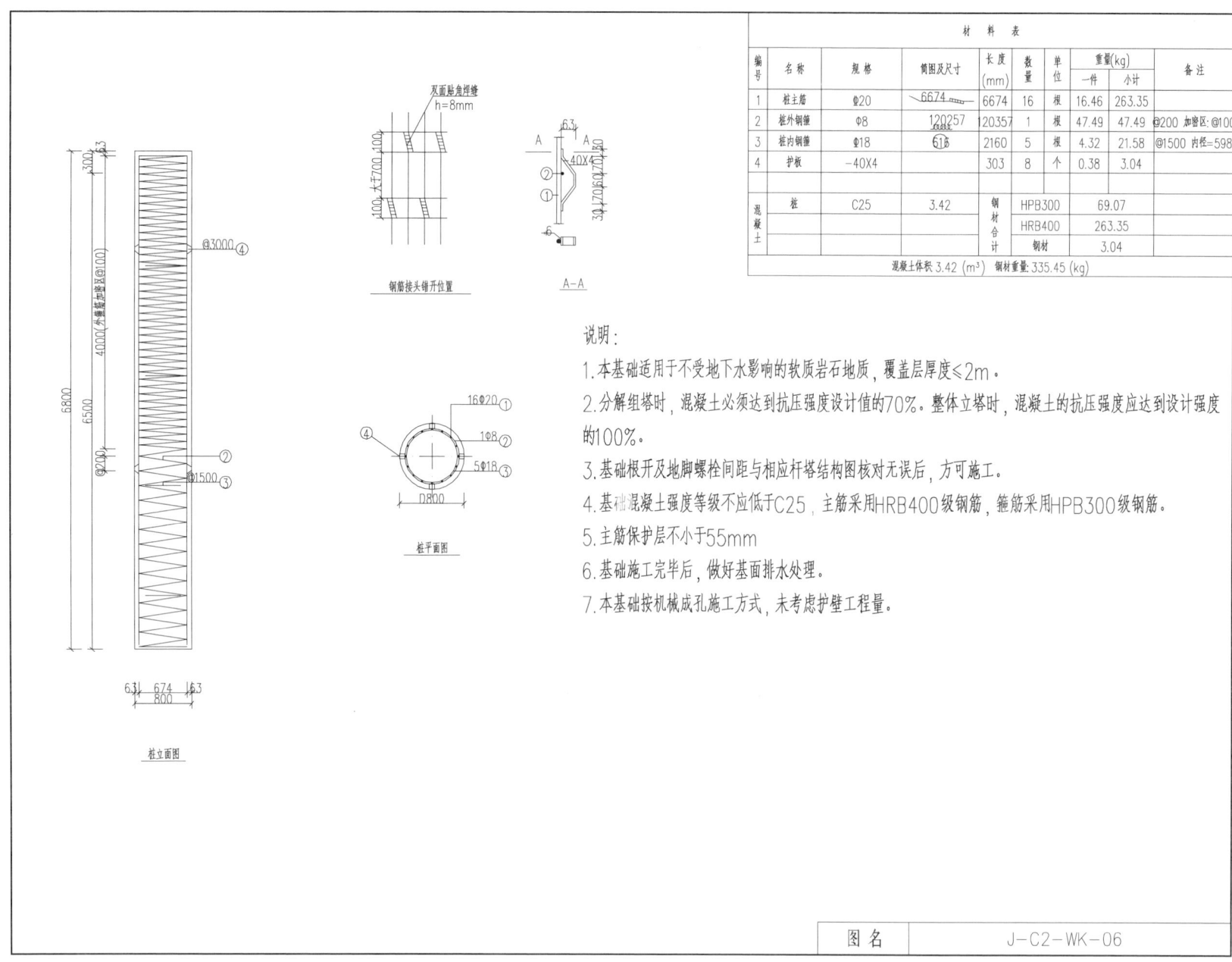

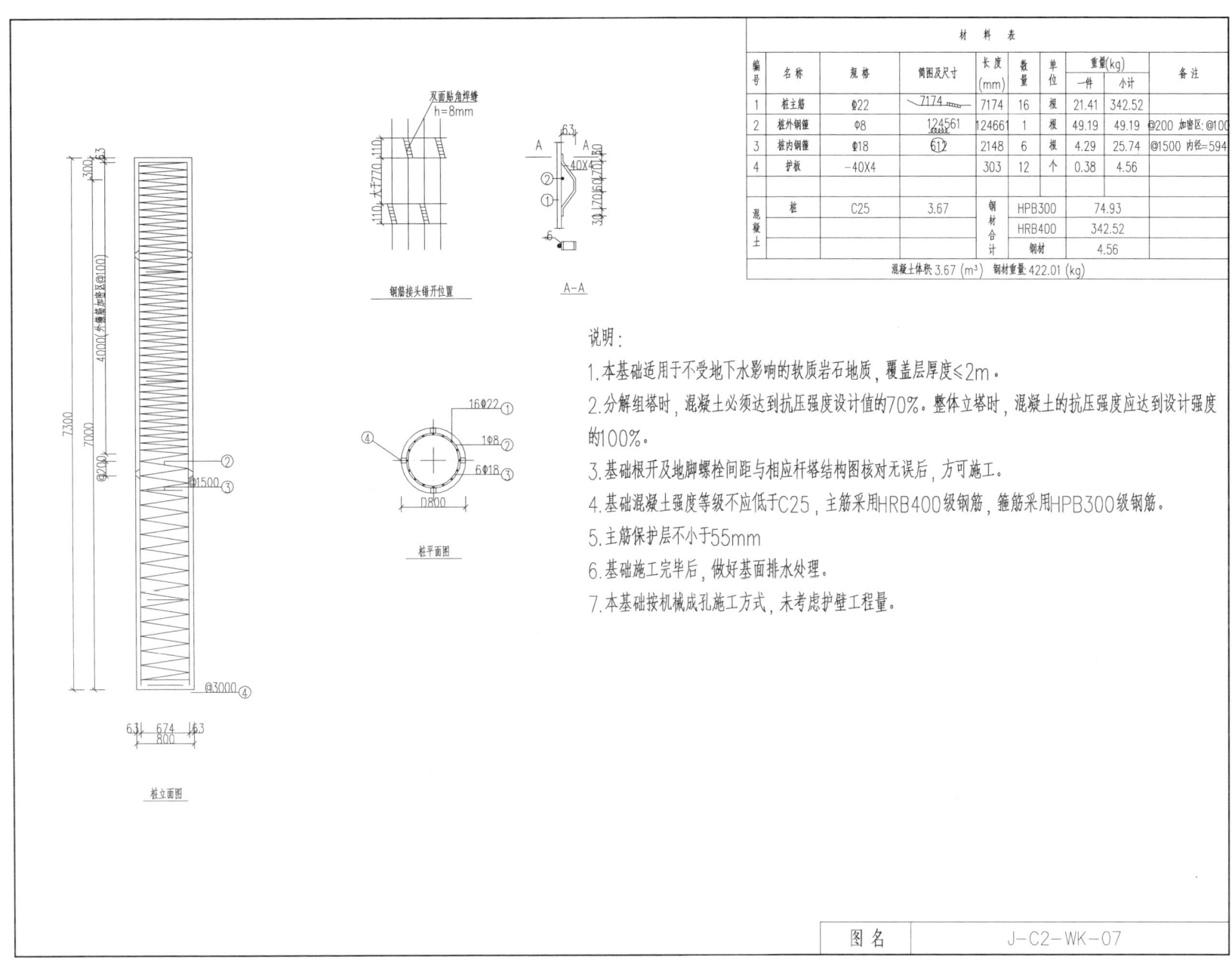

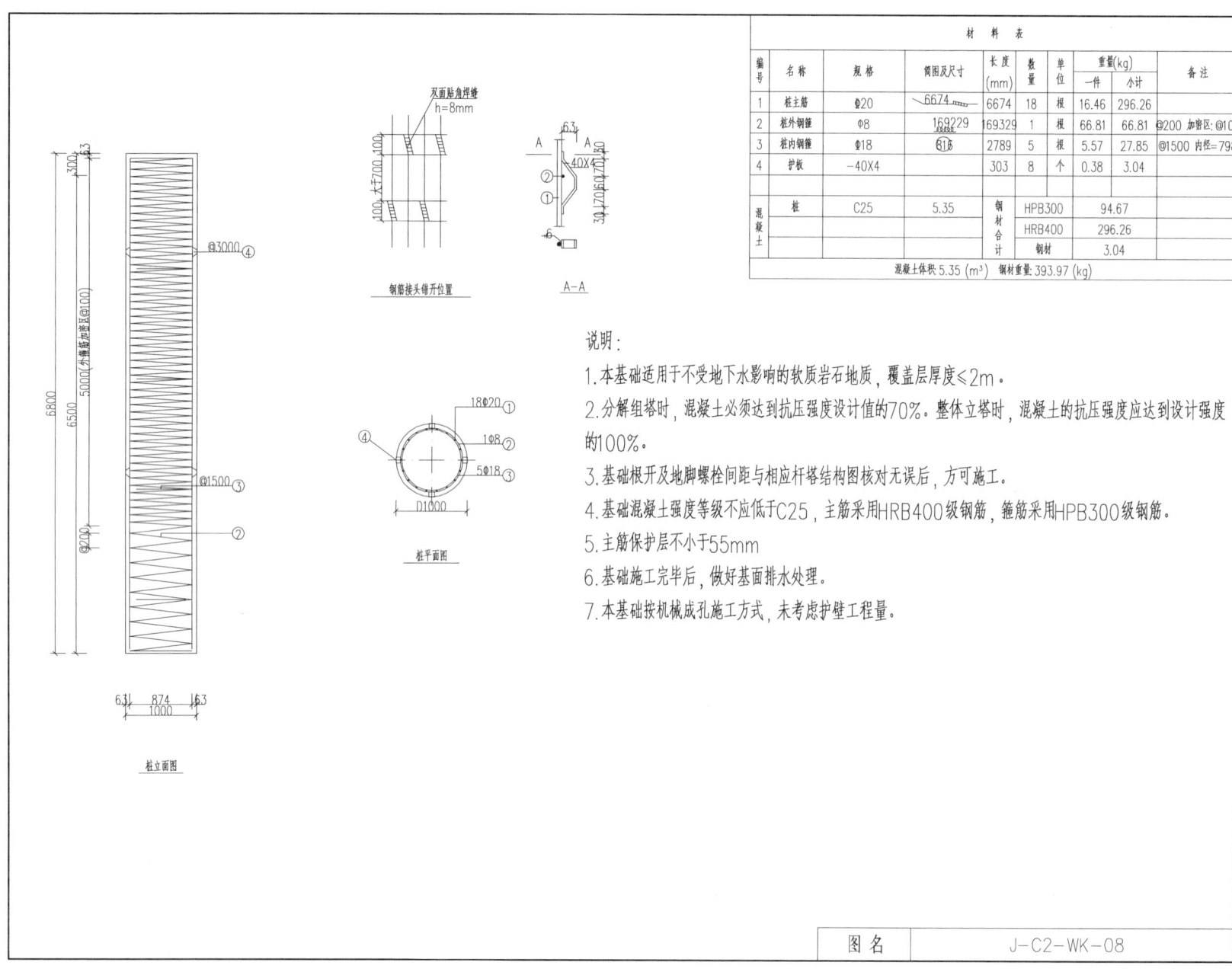

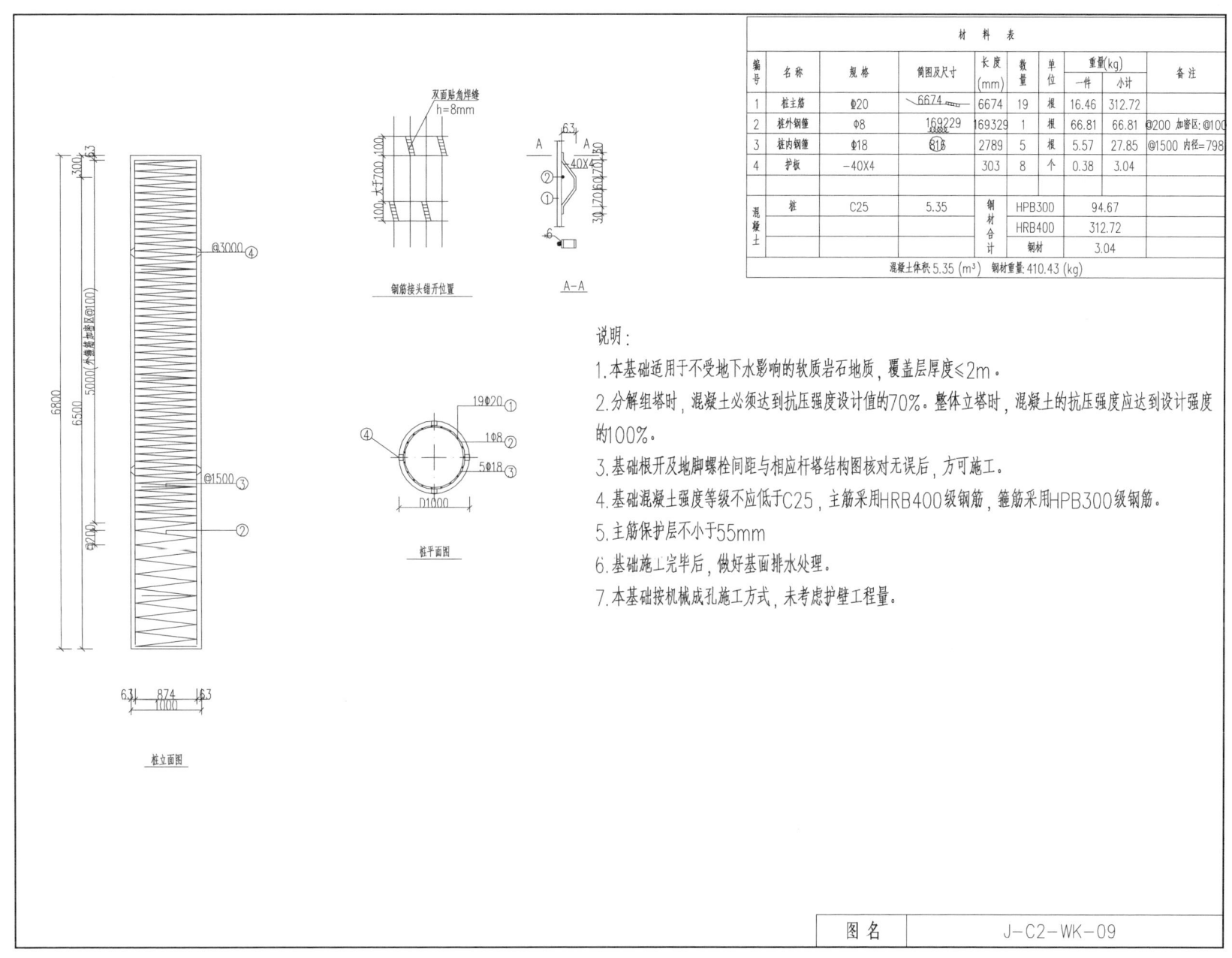

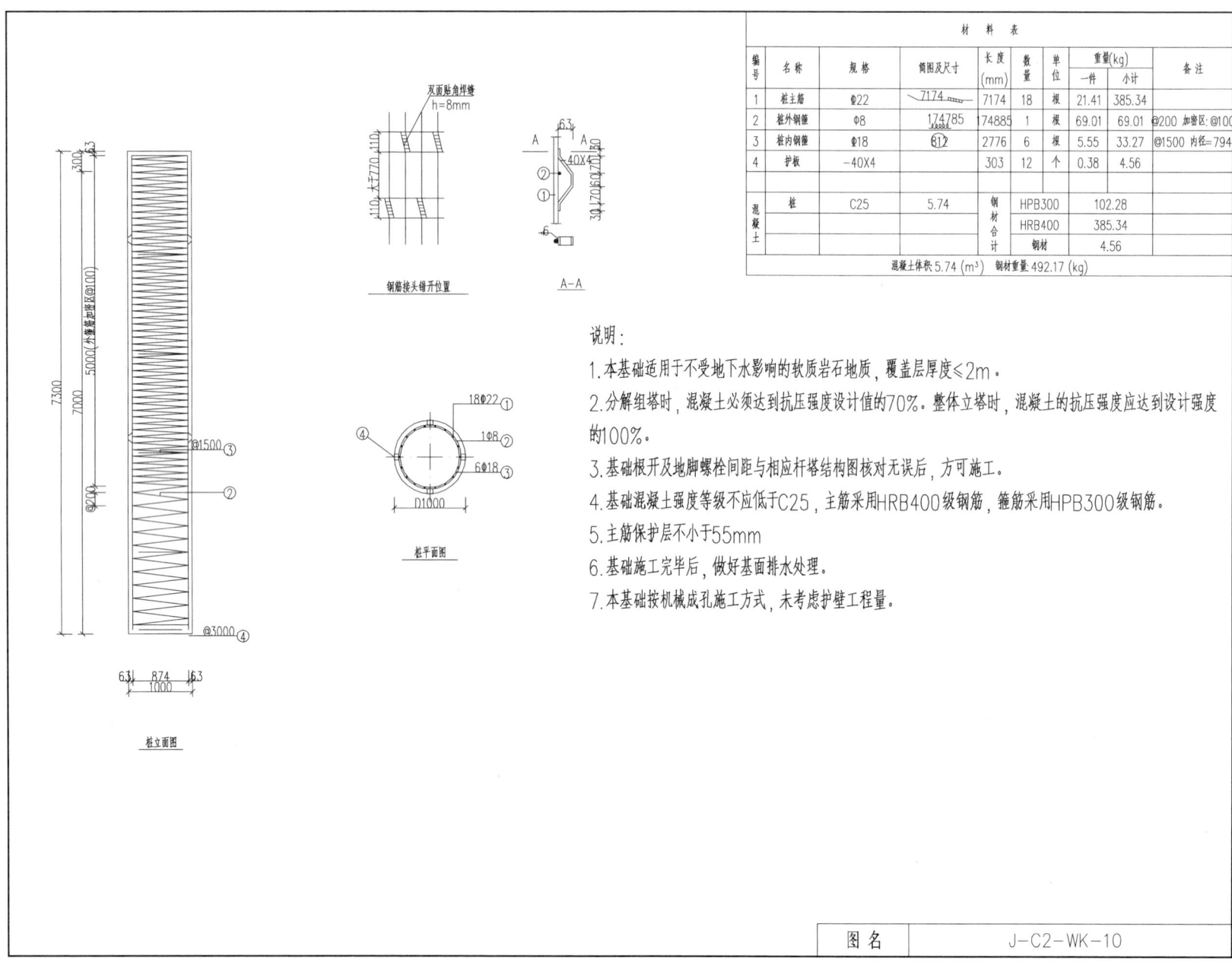

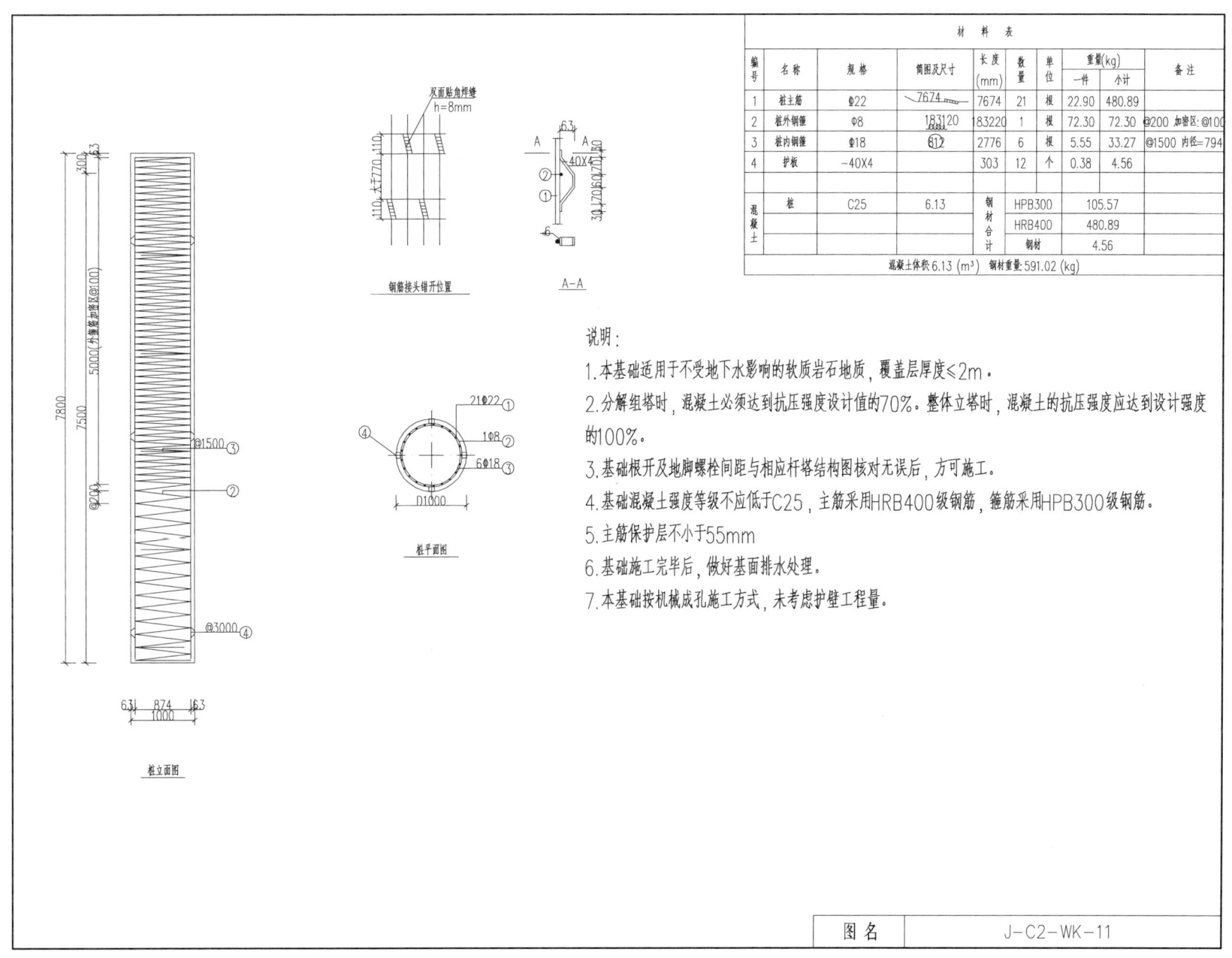

说明：
1. 本基础适用于不受地下水影响的软质岩石地质，覆盖层厚度≤2m。
2. 分解组塔时，混凝土必须达到抗压强度设计值的70%。整体立塔时，混凝土的抗压强度应达到设计强度的100%。
3. 基础根开及地脚螺栓间距与相应杆塔结构图核对无误后，方可施工。
4. 基础混凝土强度等级不应低于C25，主筋采用HRB400级钢筋，箍筋采用HPB300级钢筋。
5. 主筋保护层不小于55mm
6. 基础施工完毕后，做好基面排水处理。
7. 本基础按机械成孔施工方式，未考虑护壁工程量。

| 图名 | J-C2-WK-11 |

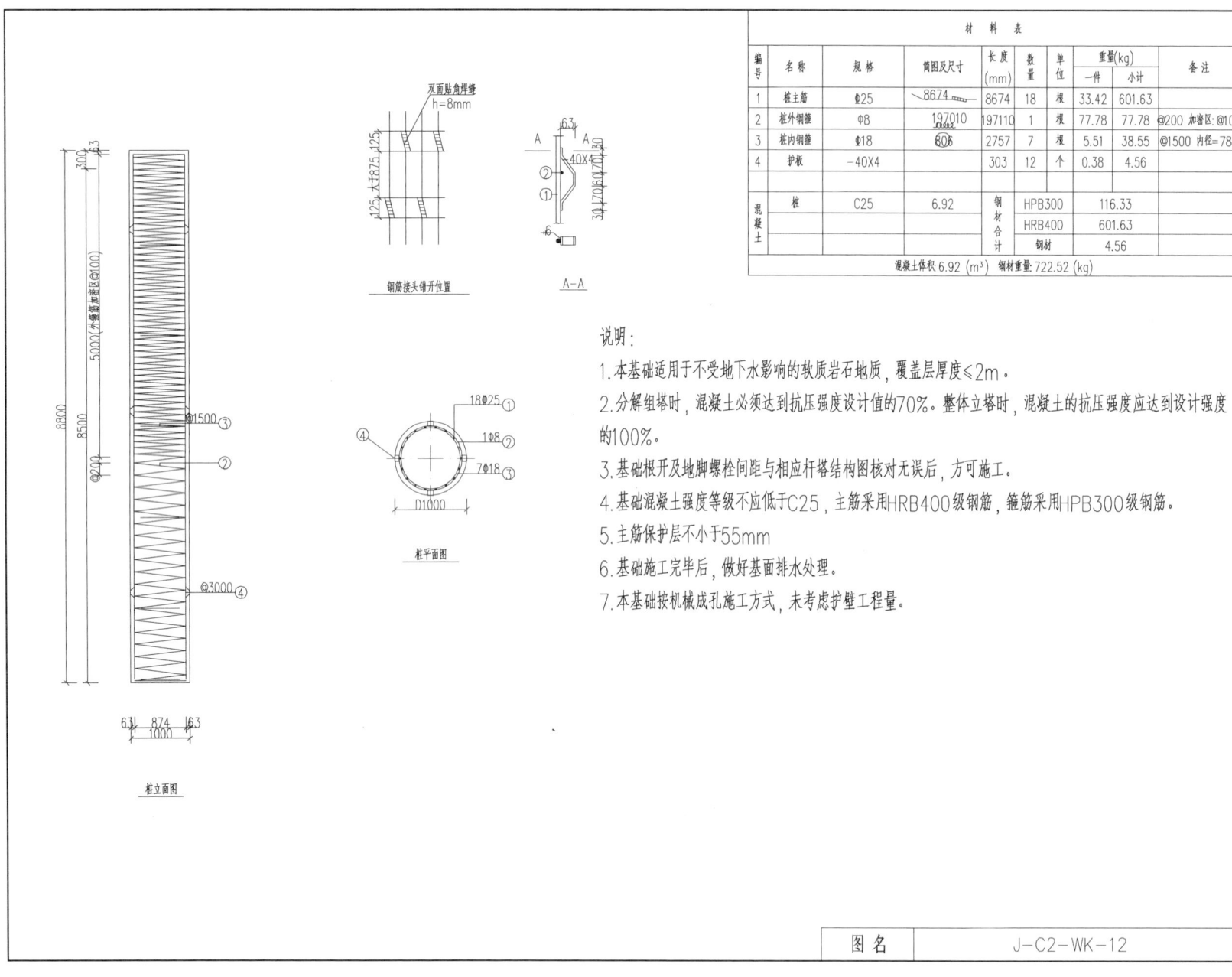

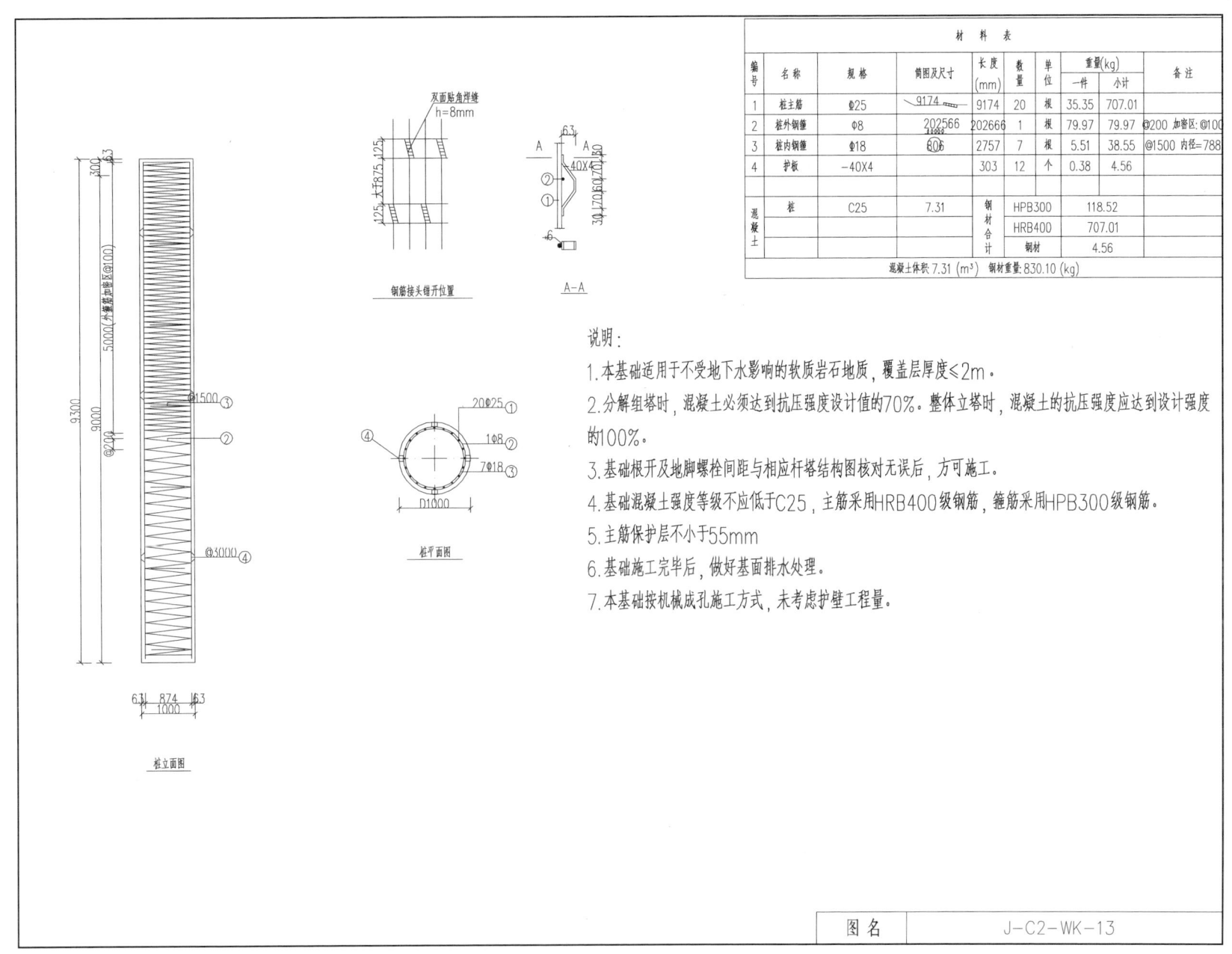

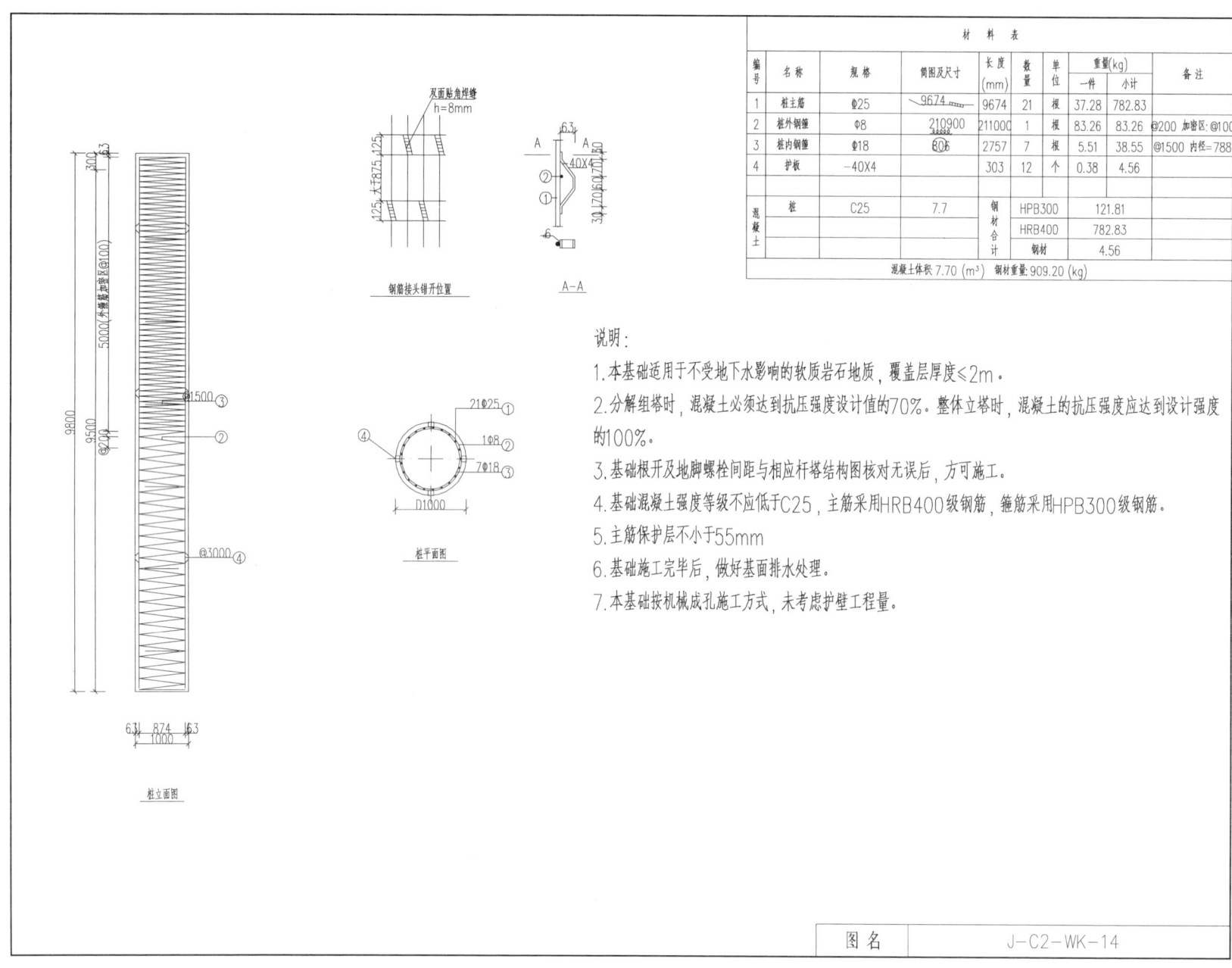

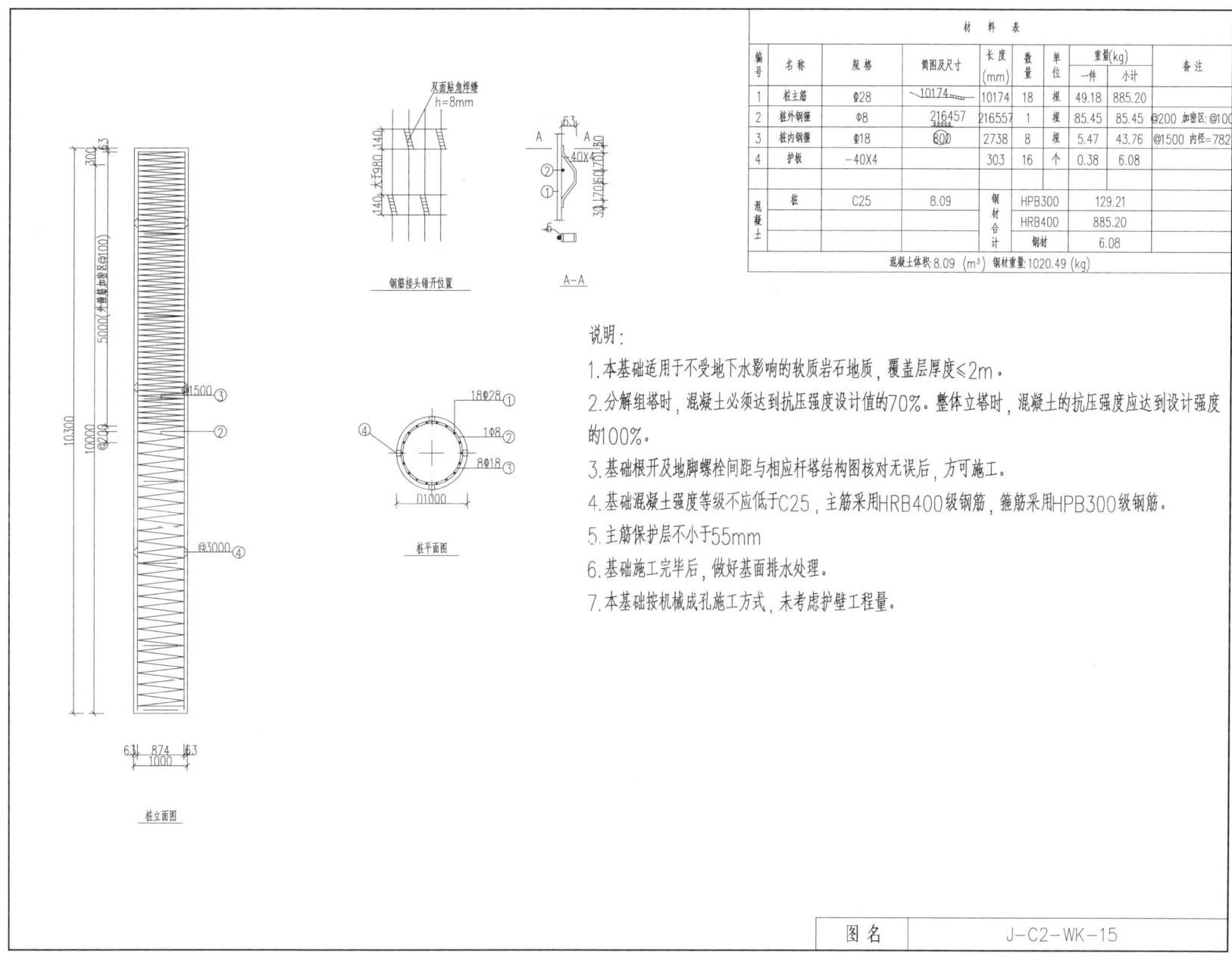

说明：
1. 本基础适用于不受地下水影响的软质岩石地质，覆盖层厚度≤2m。
2. 分解组塔时，混凝土必须达到抗压强度设计值的70%。整体立塔时，混凝土的抗压强度应达到设计强度的100%。
3. 基础根开及地脚螺栓间距与相应杆塔结构图核对无误后，方可施工。
4. 基础混凝土强度等级不应低于C25，主筋采用HRB400级钢筋，箍筋采用HPB300级钢筋。
5. 主筋保护层不小于55mm
6. 基础施工完毕后，做好基面排水处理。
7. 本基础按机械成孔施工方式，未考虑护壁工程量。

| 图名 | J-C2-WK-15 |

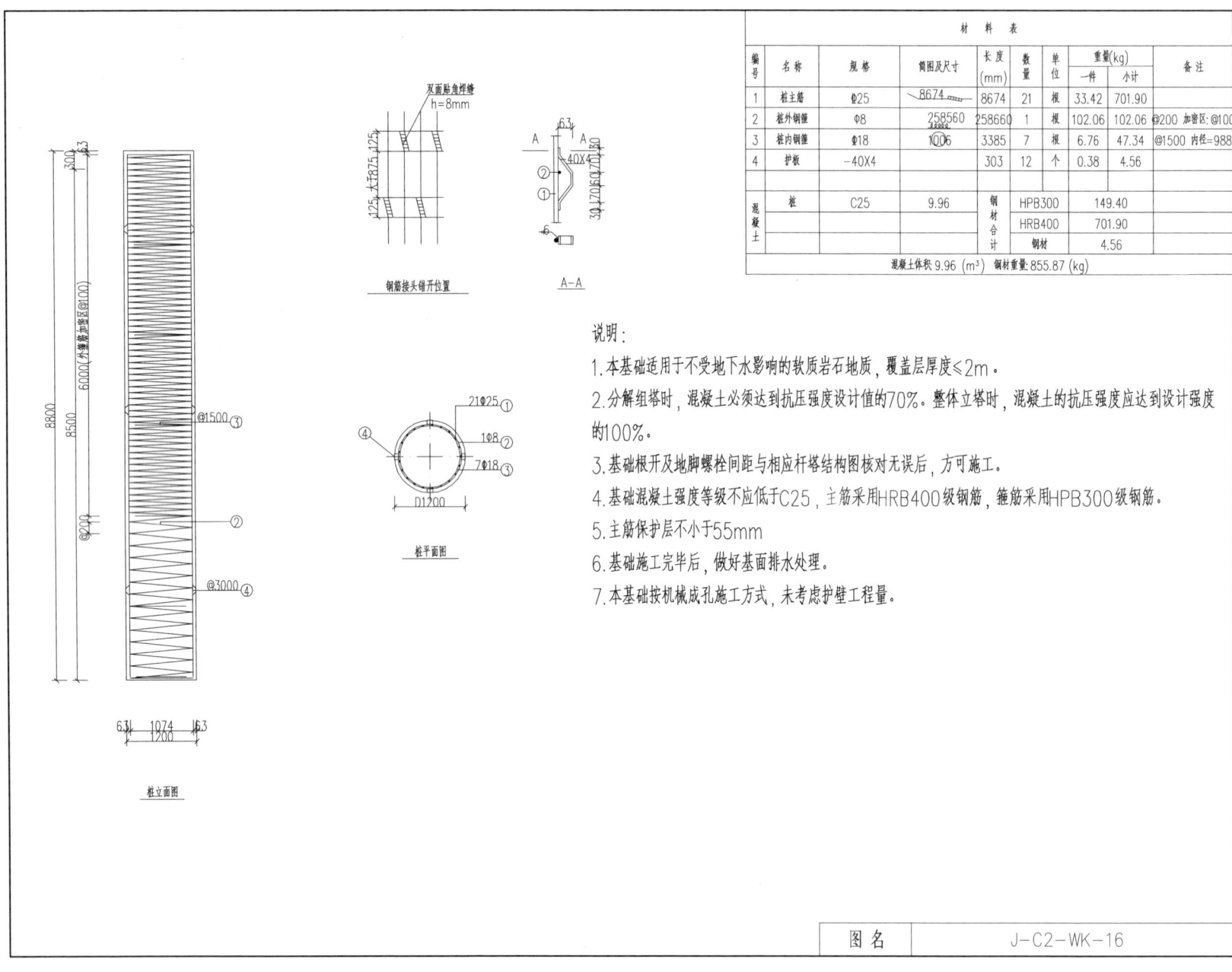

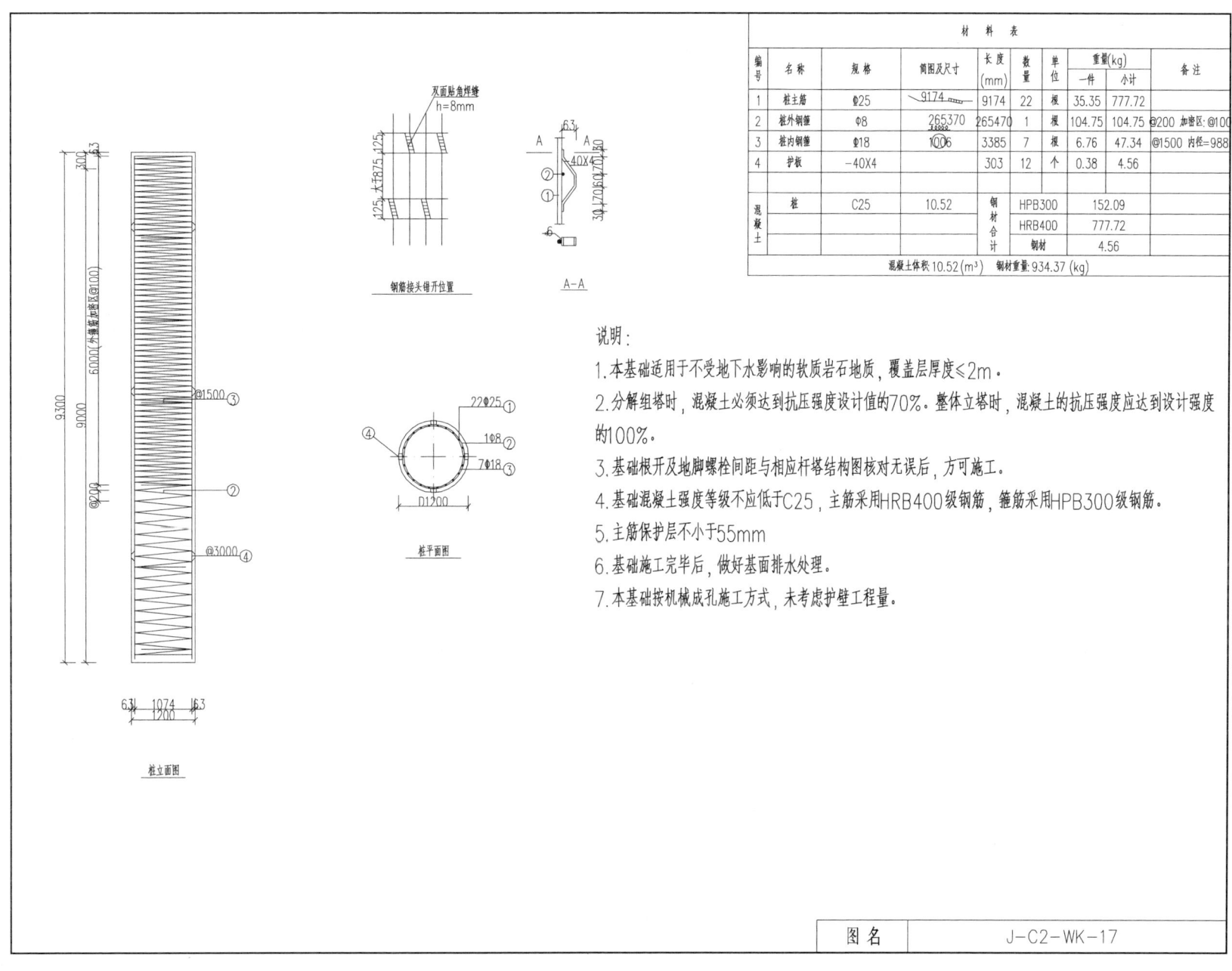

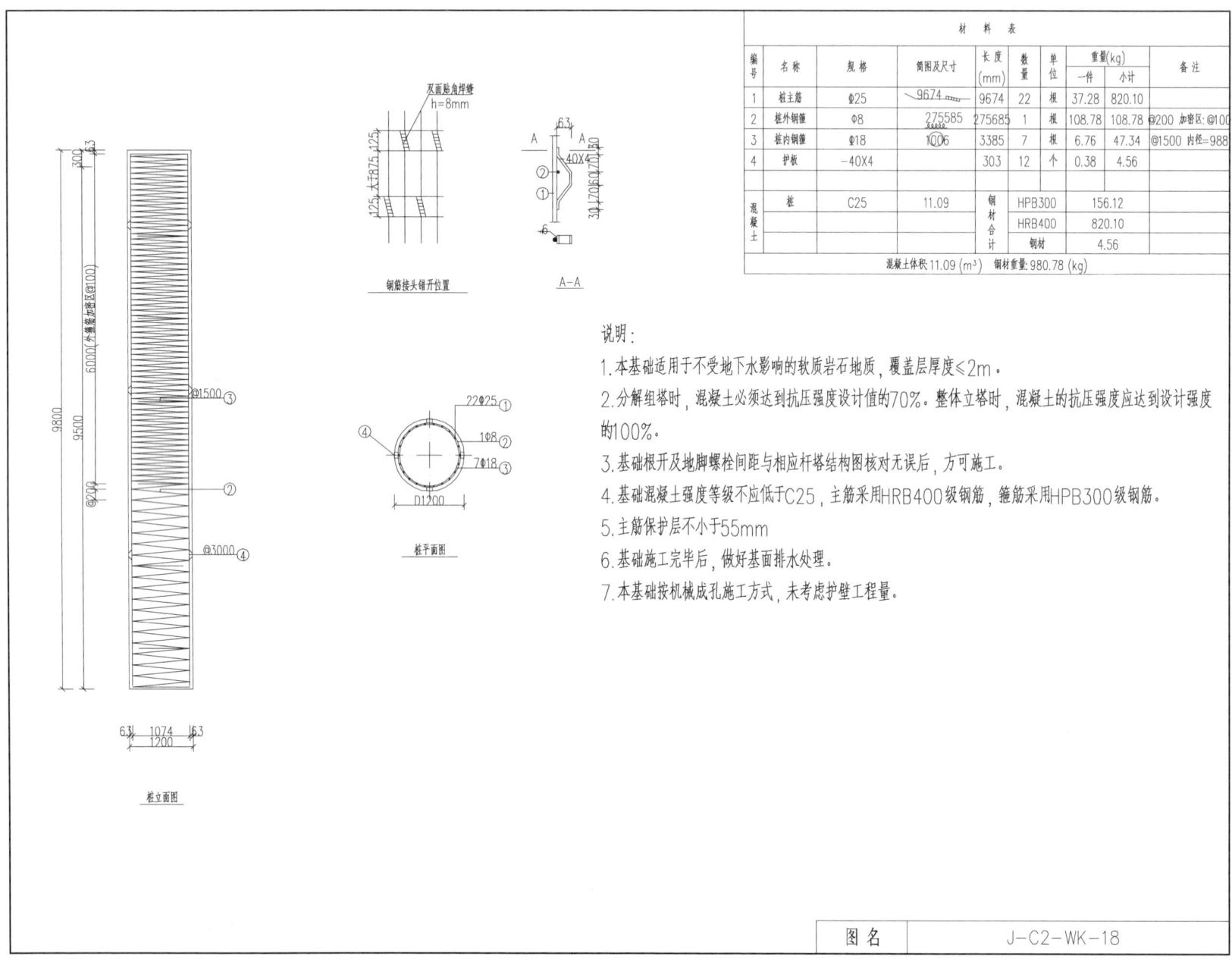

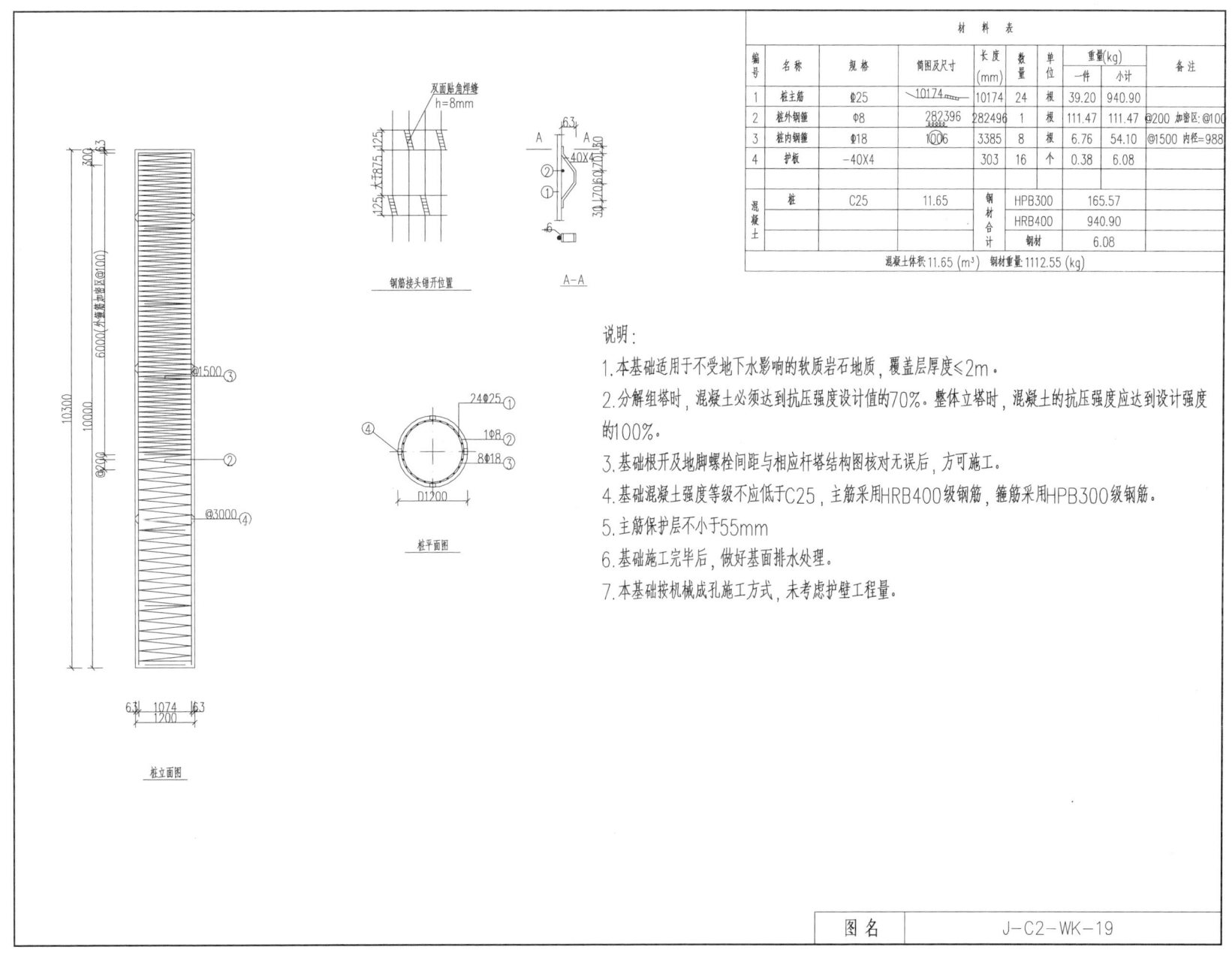

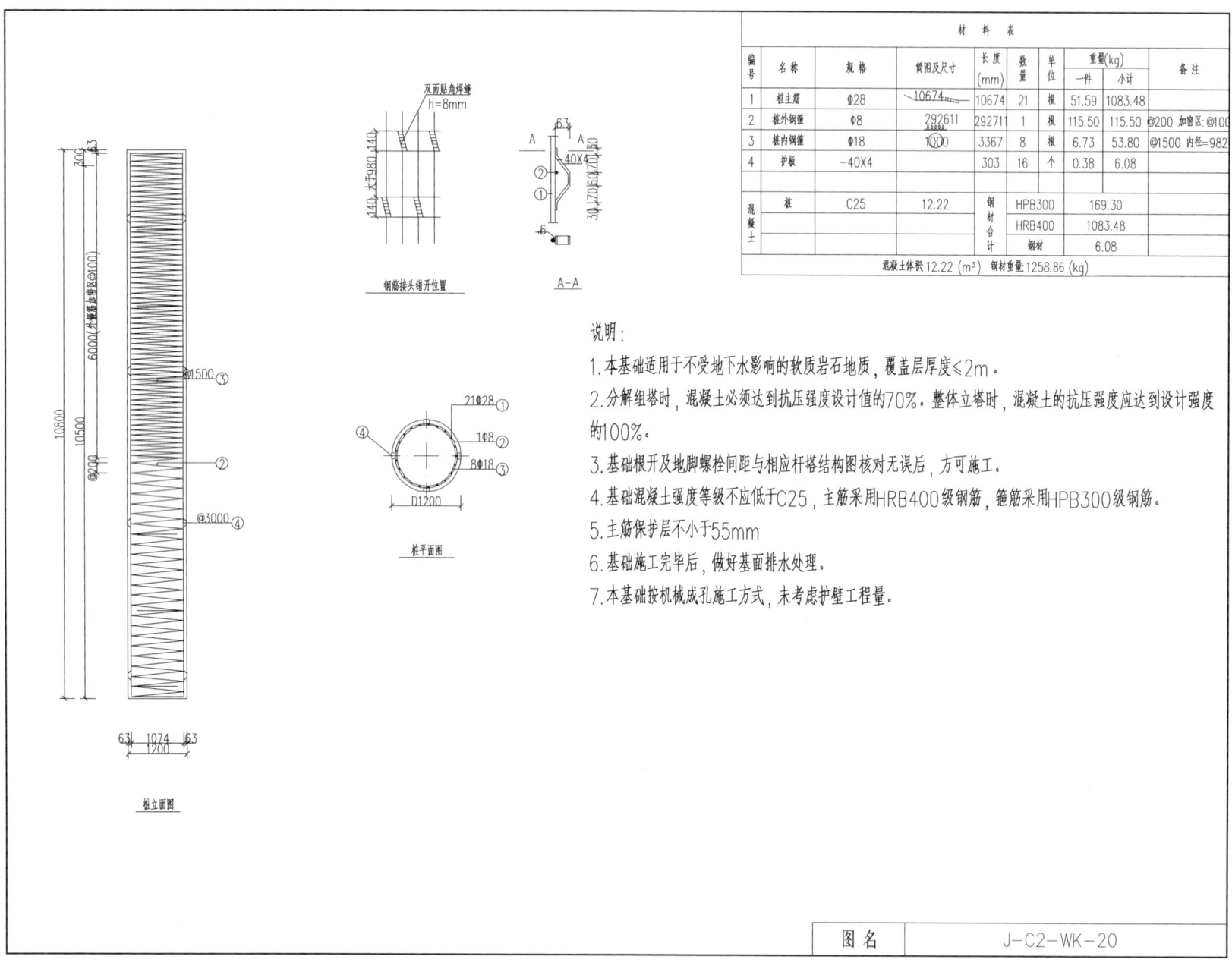

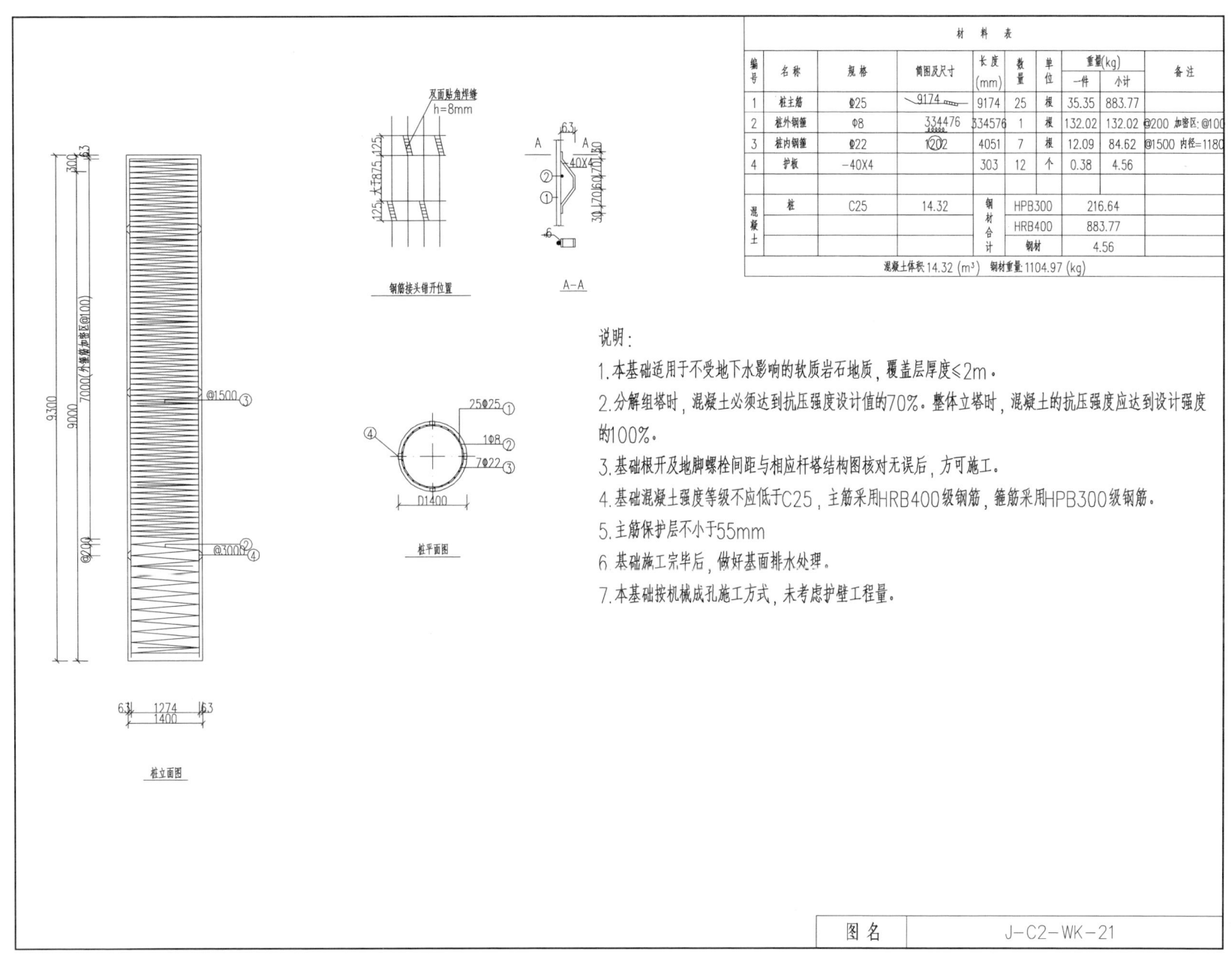

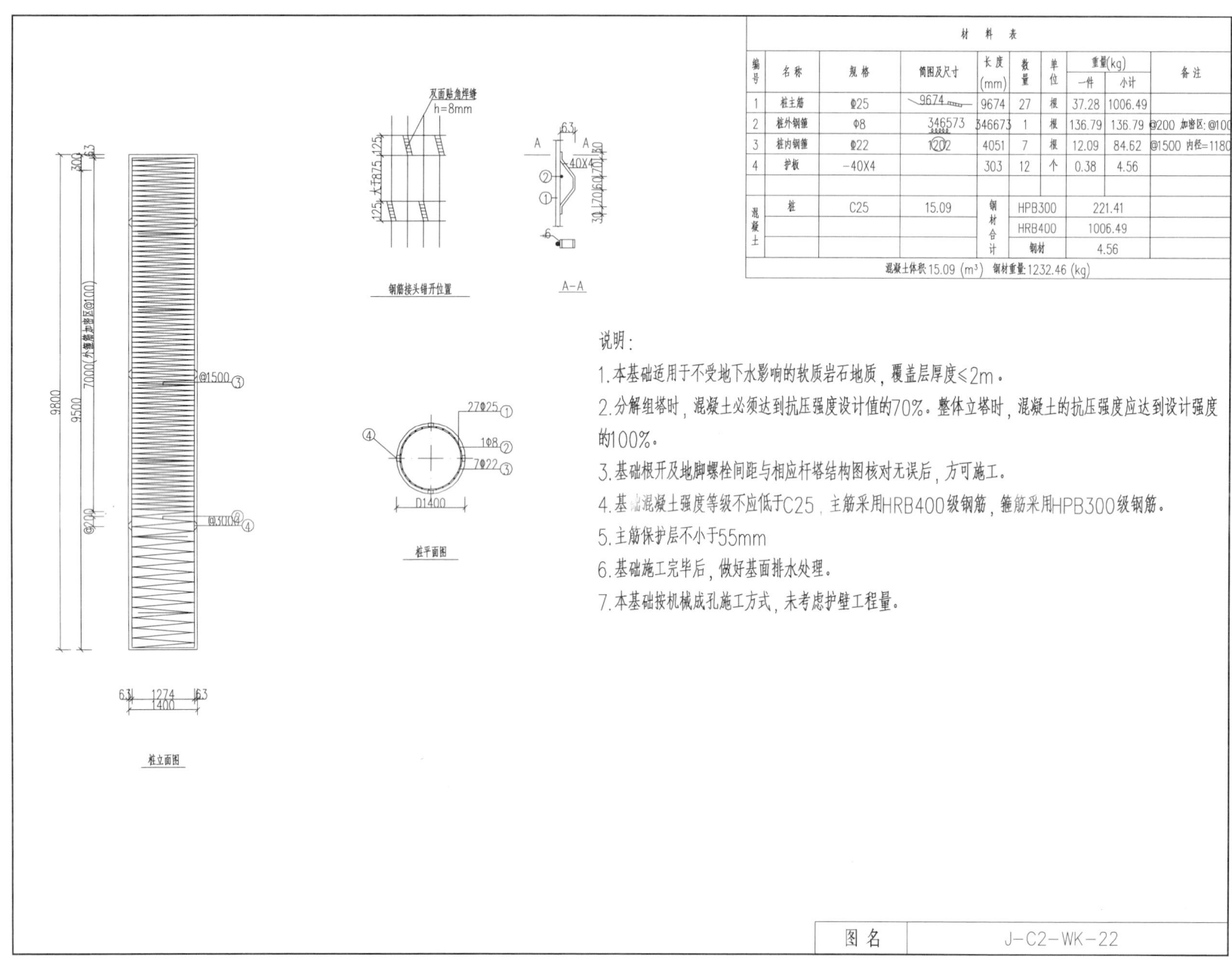

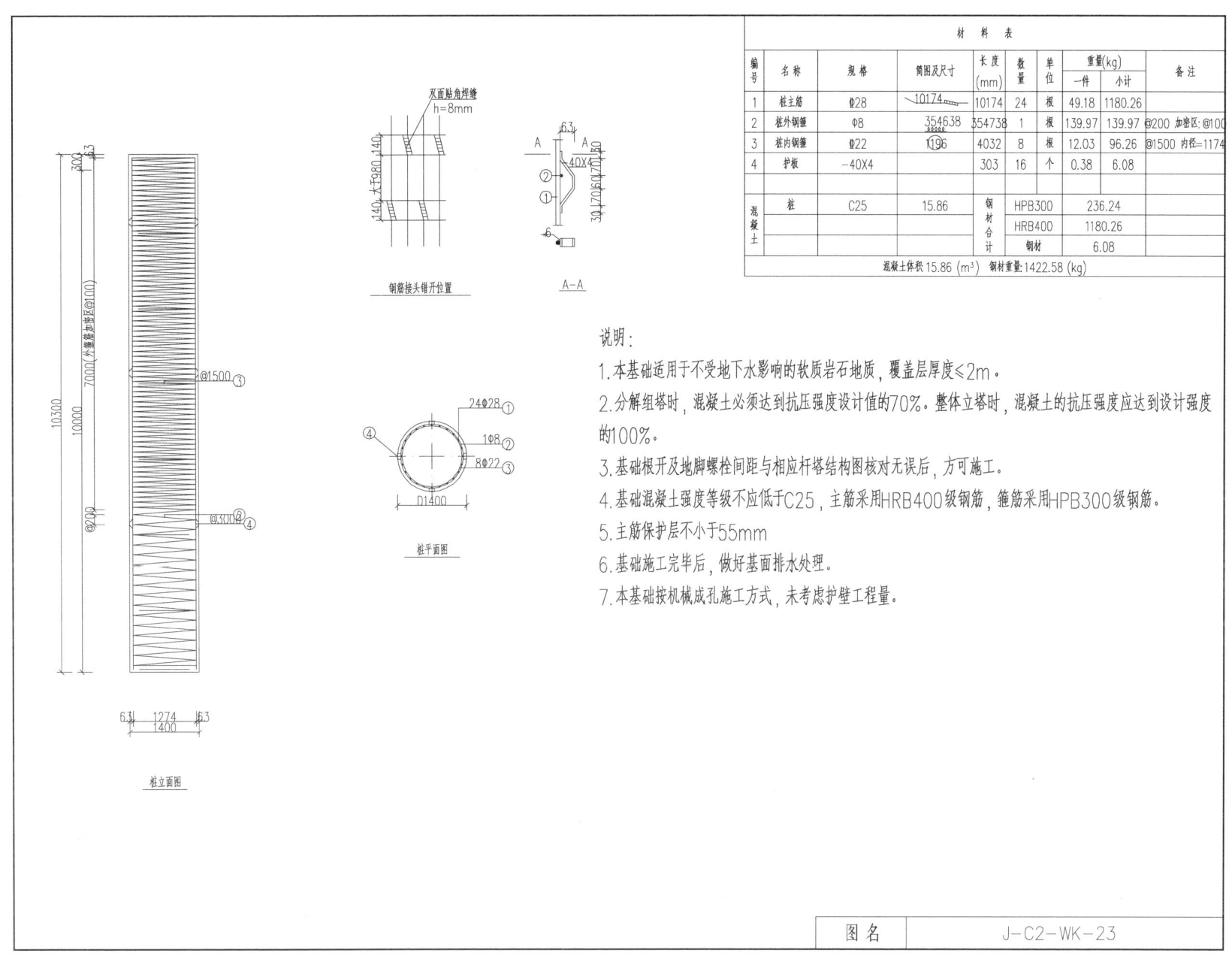

图名 J-C2-WK-23

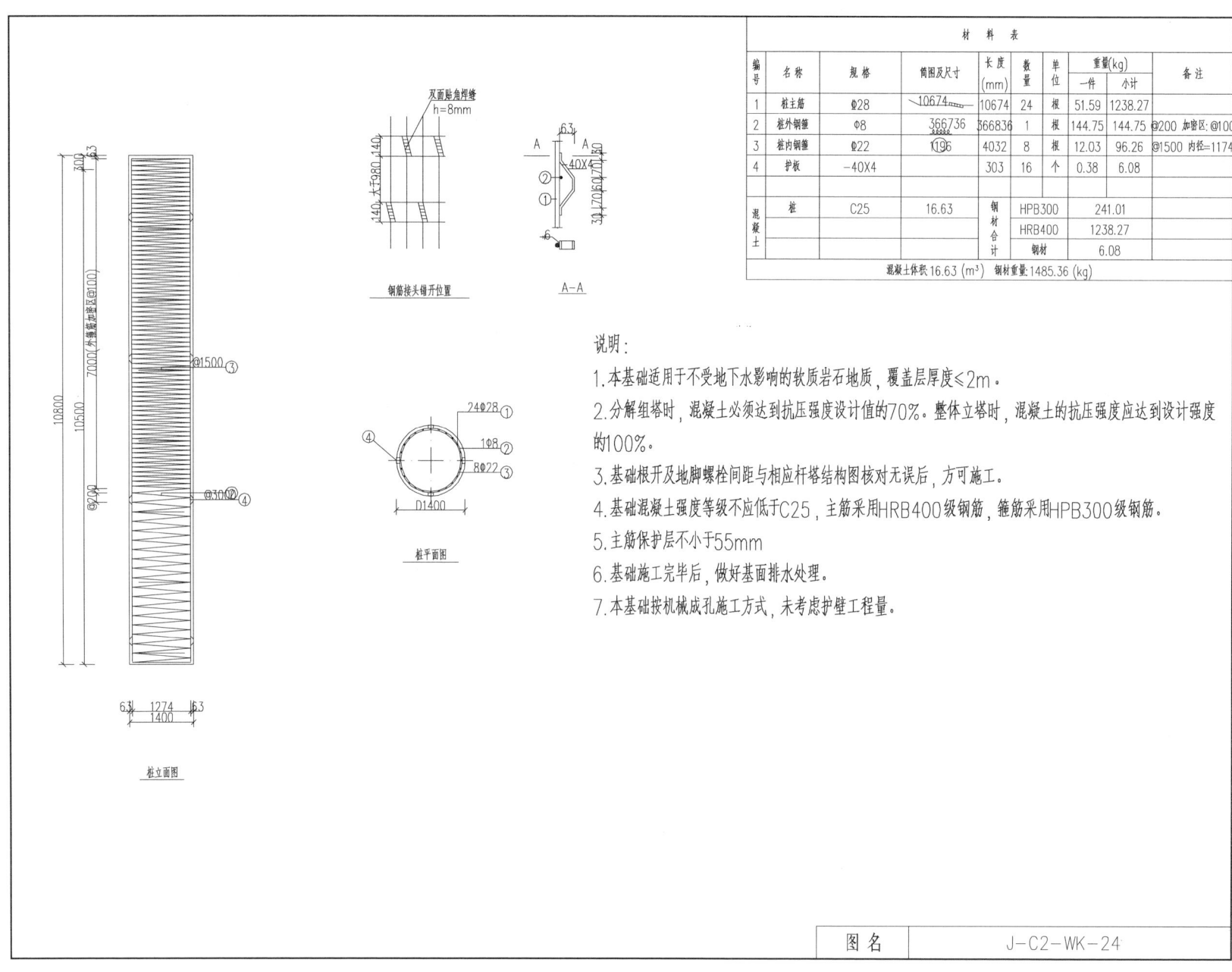

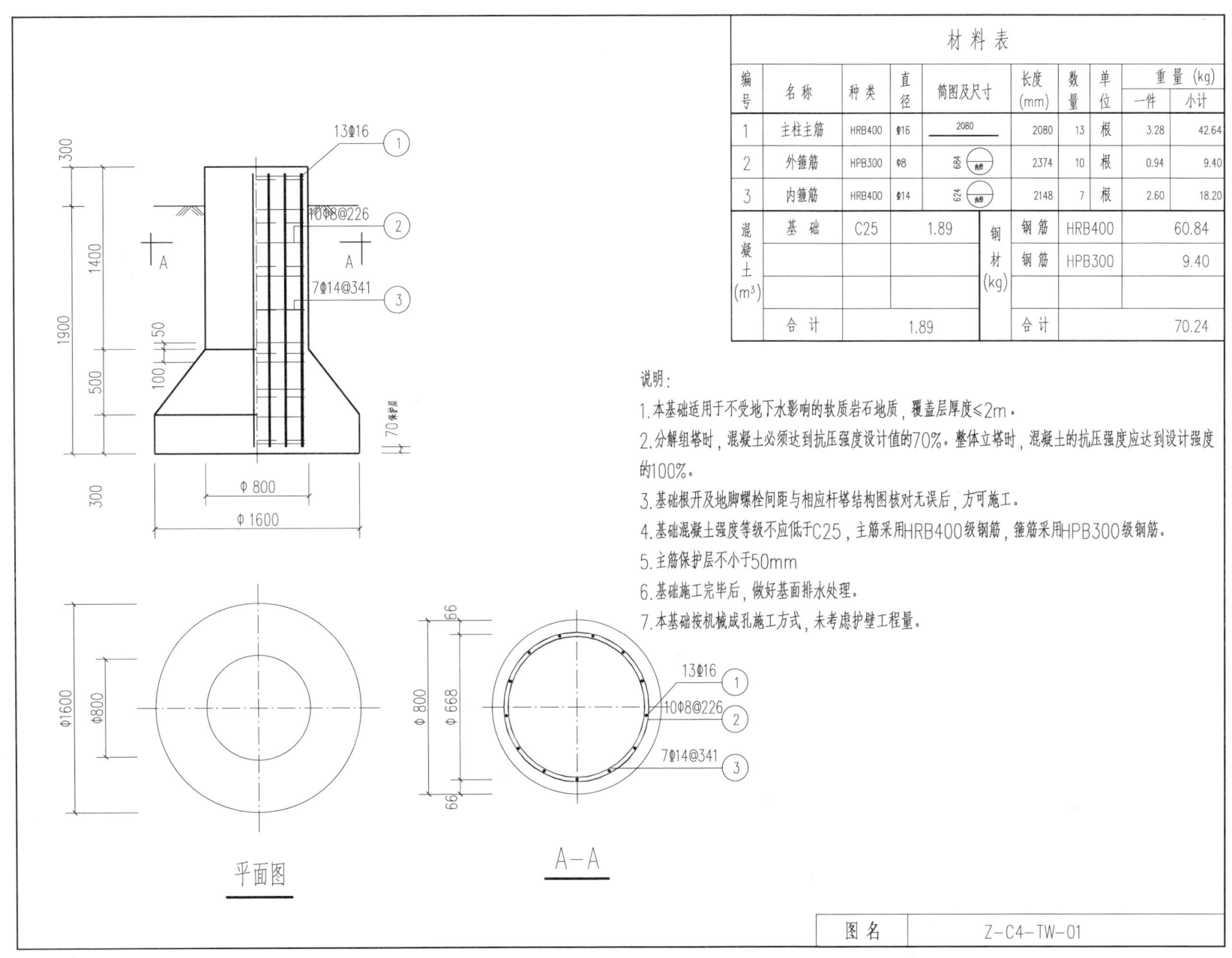

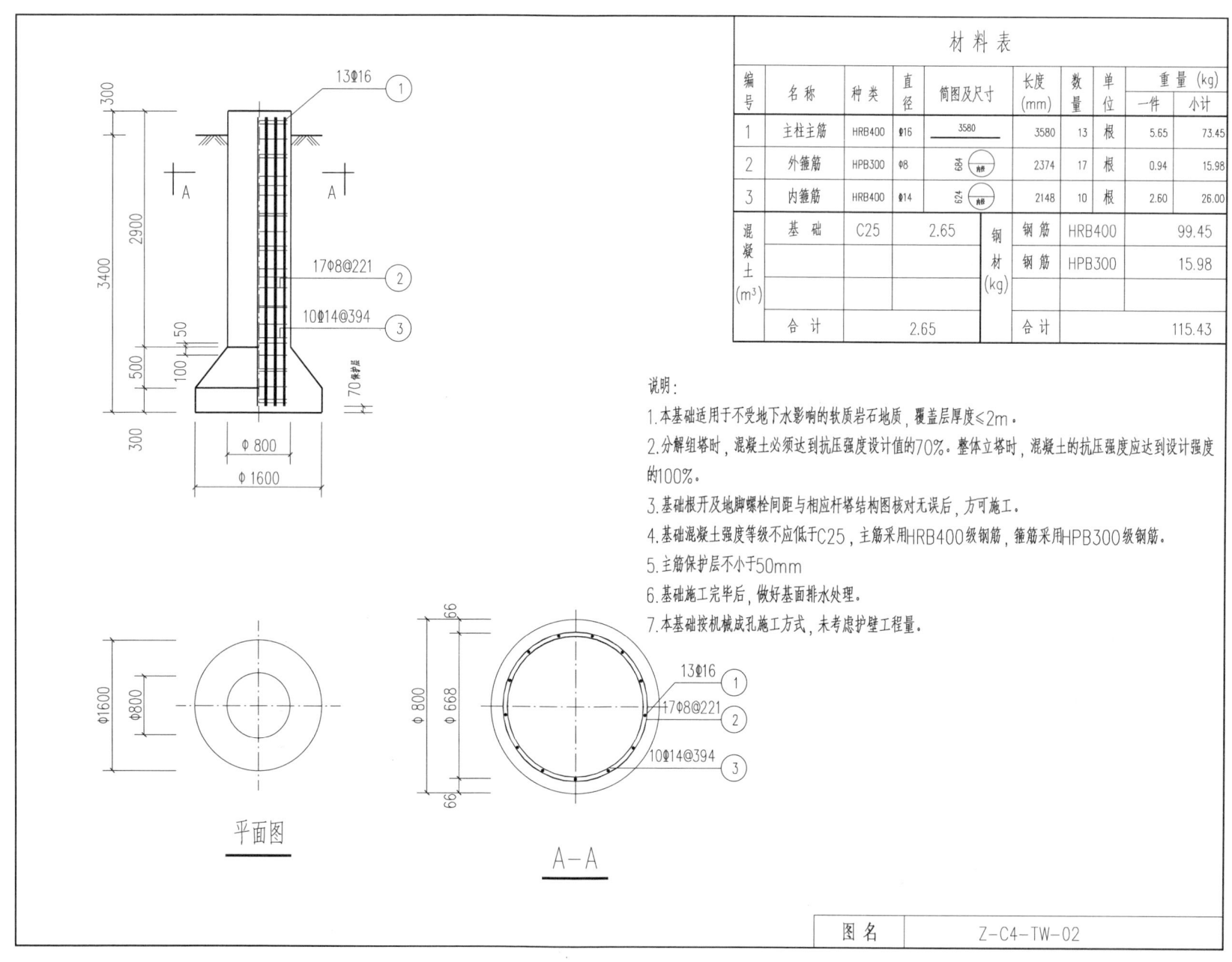

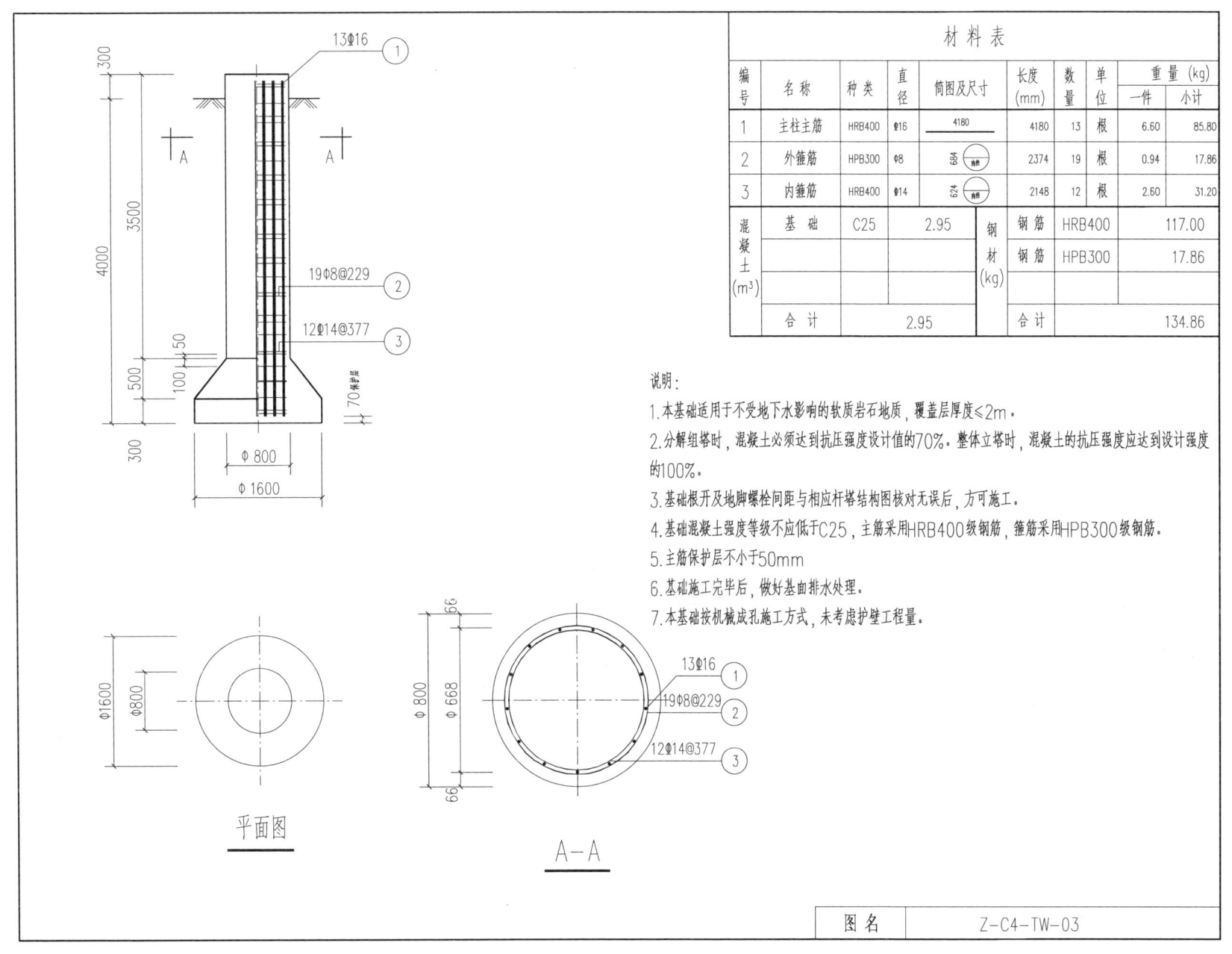

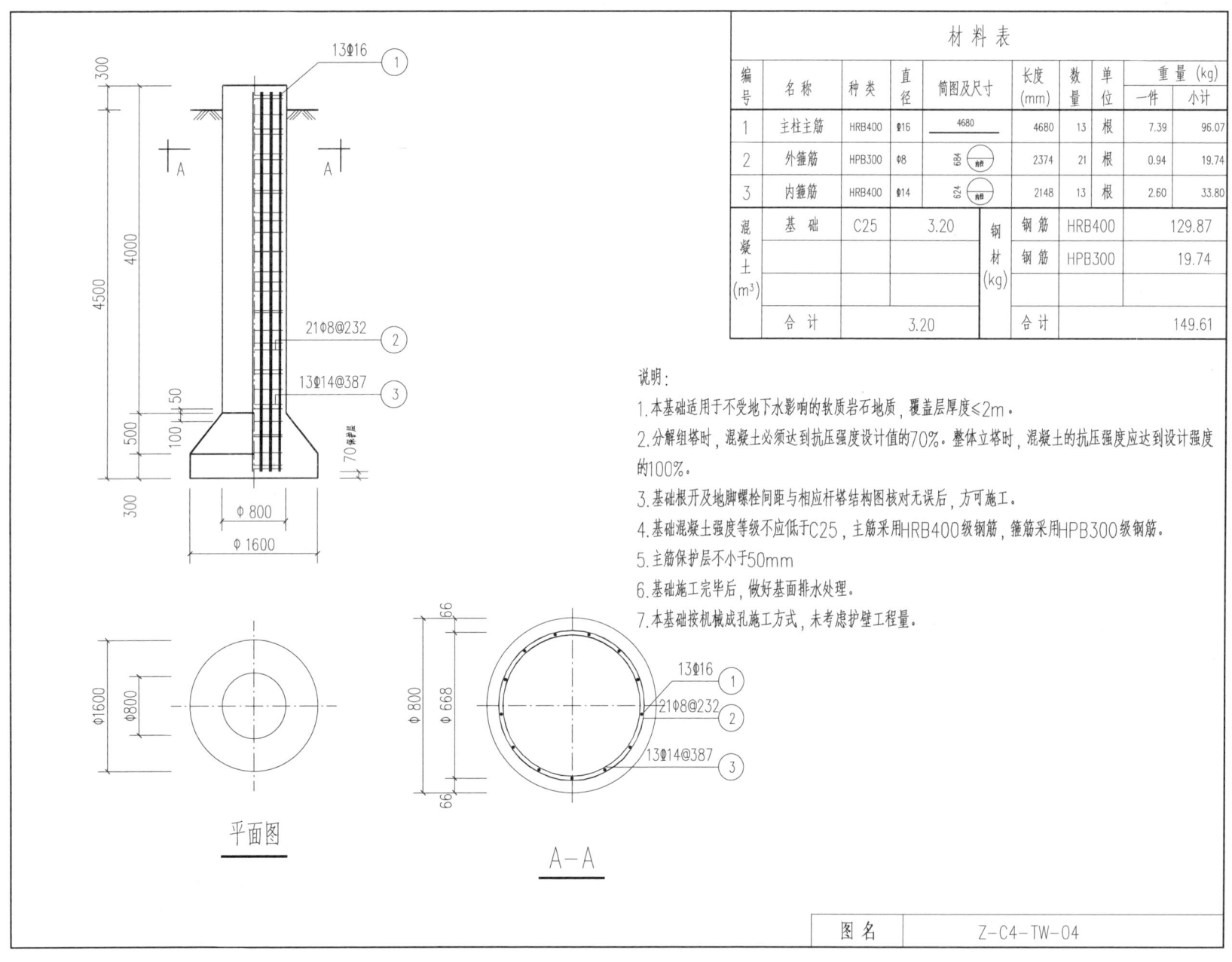

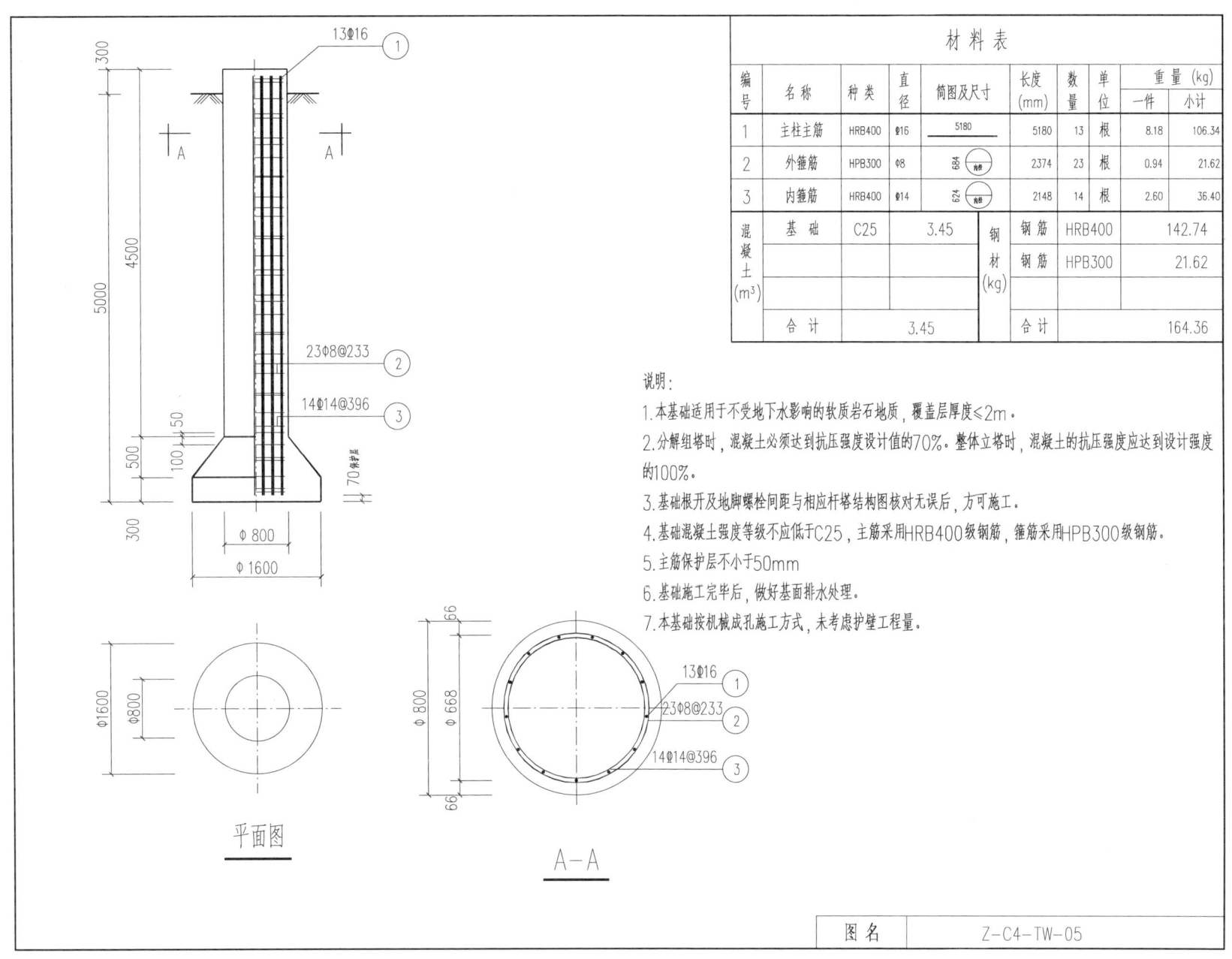

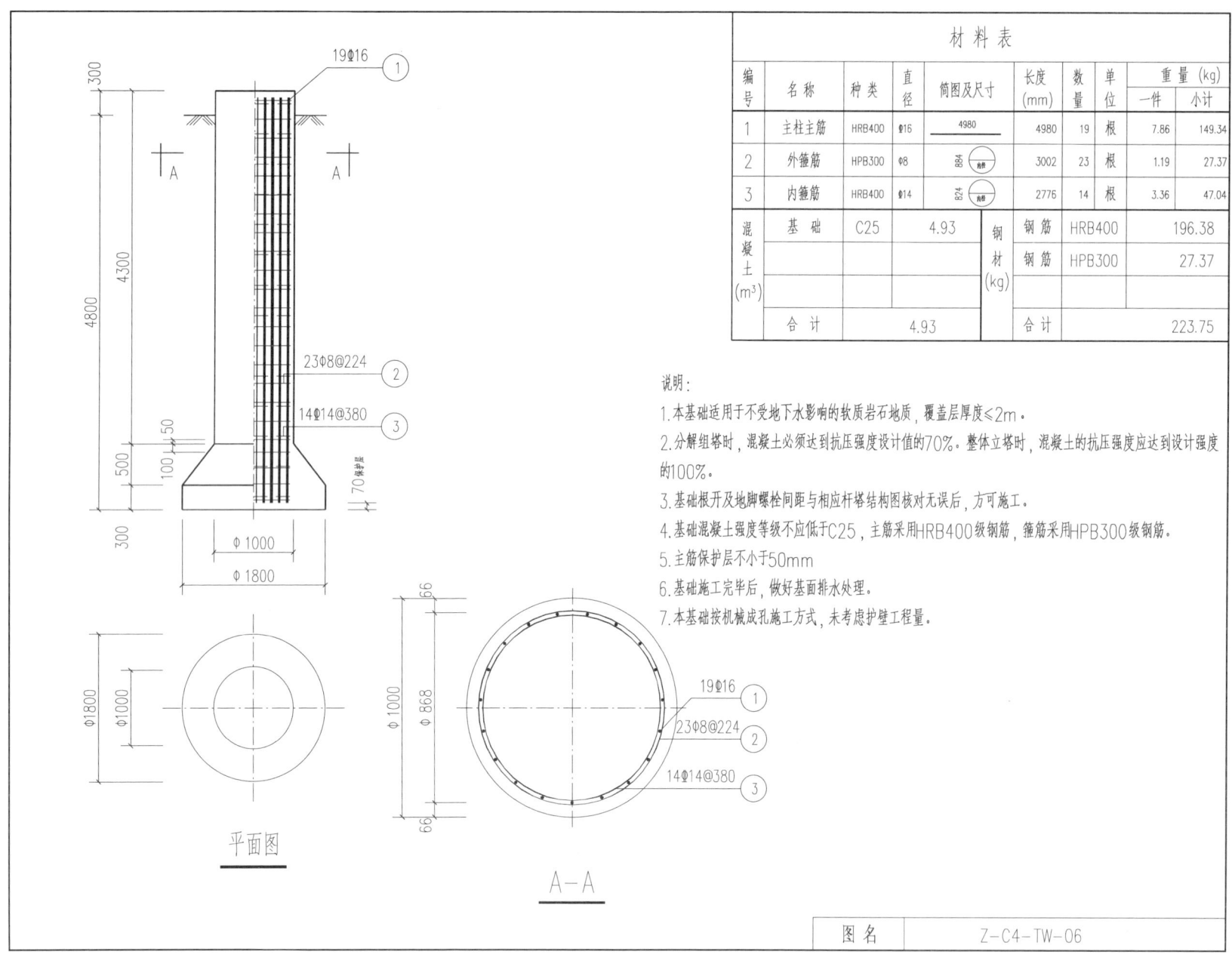

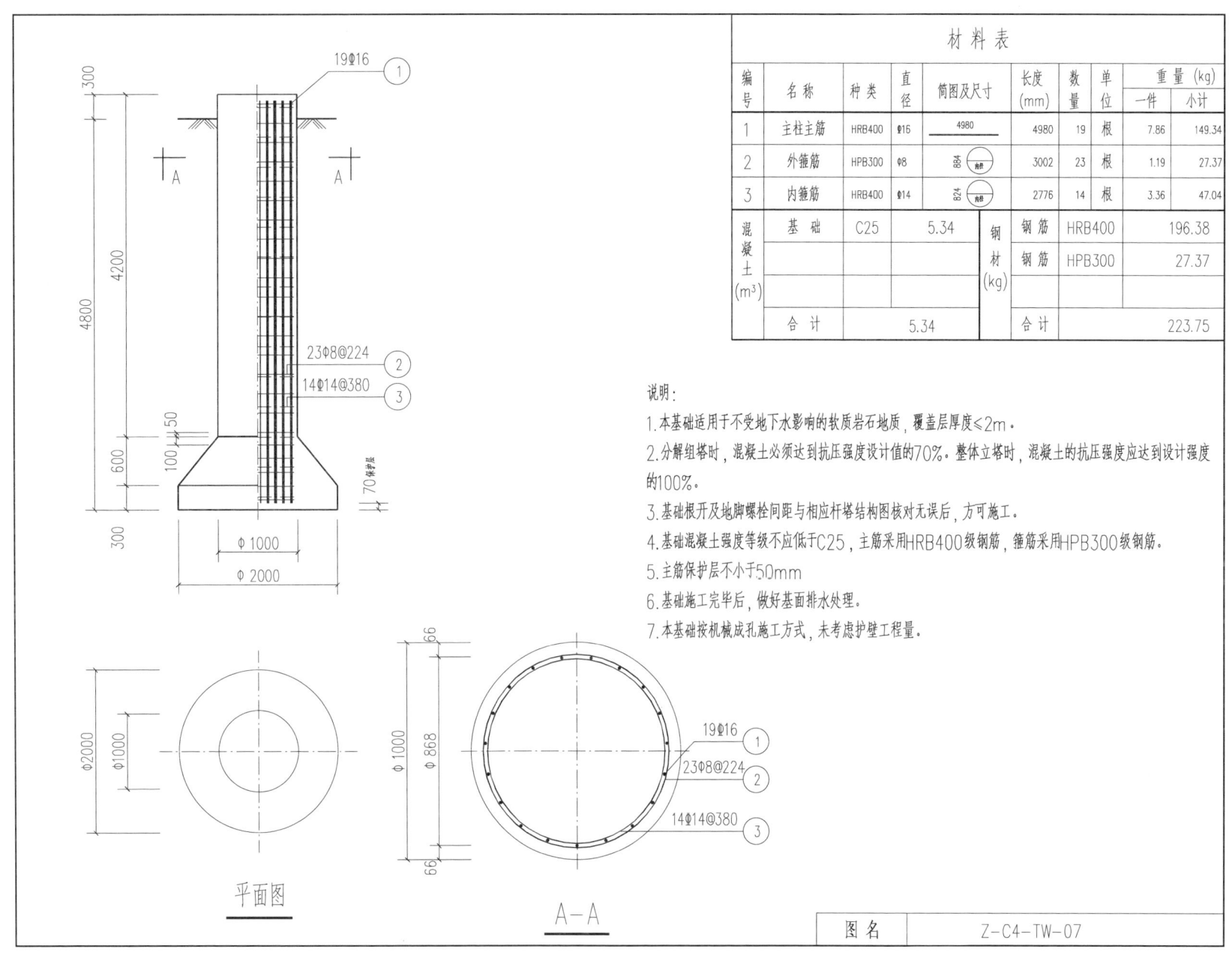

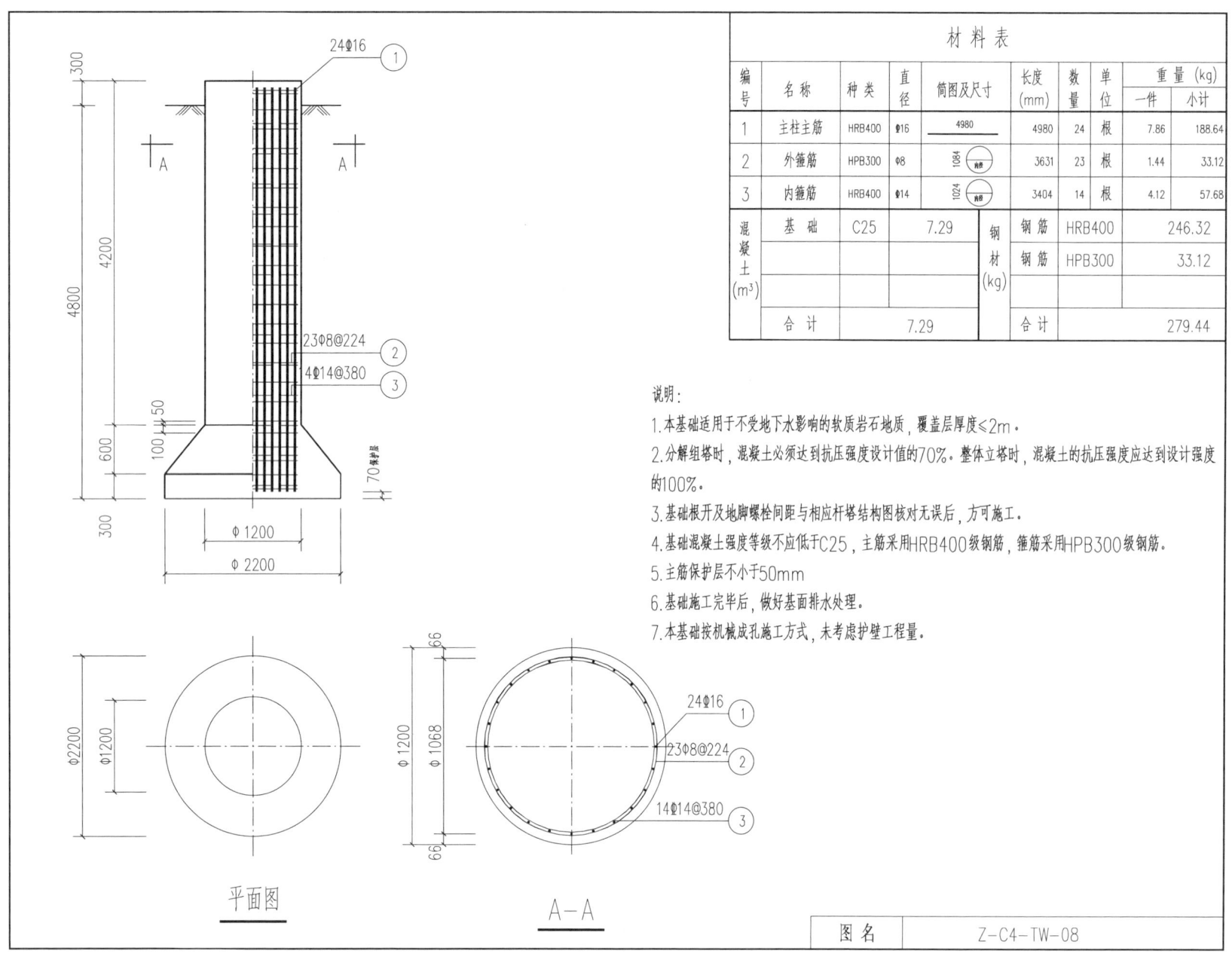

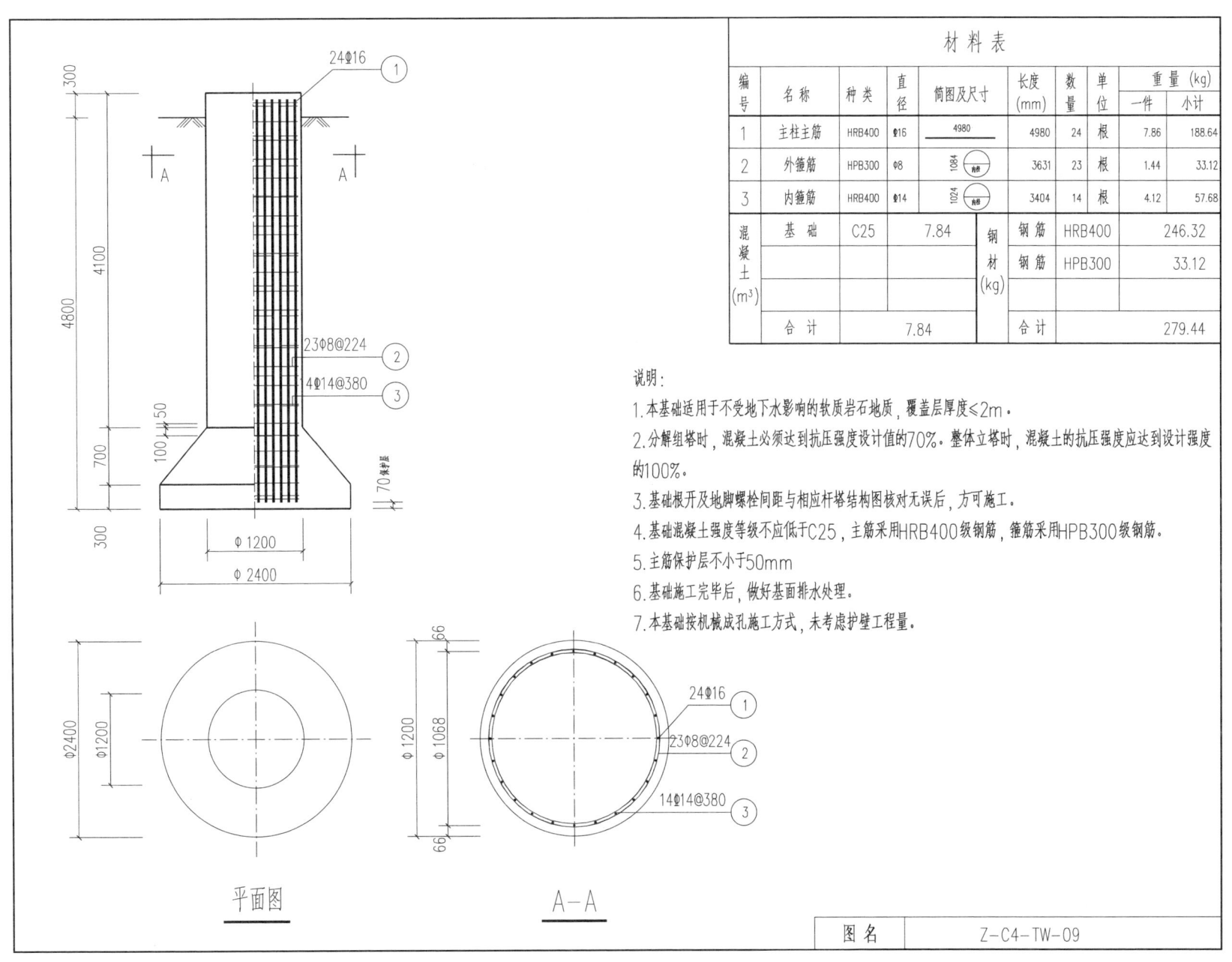

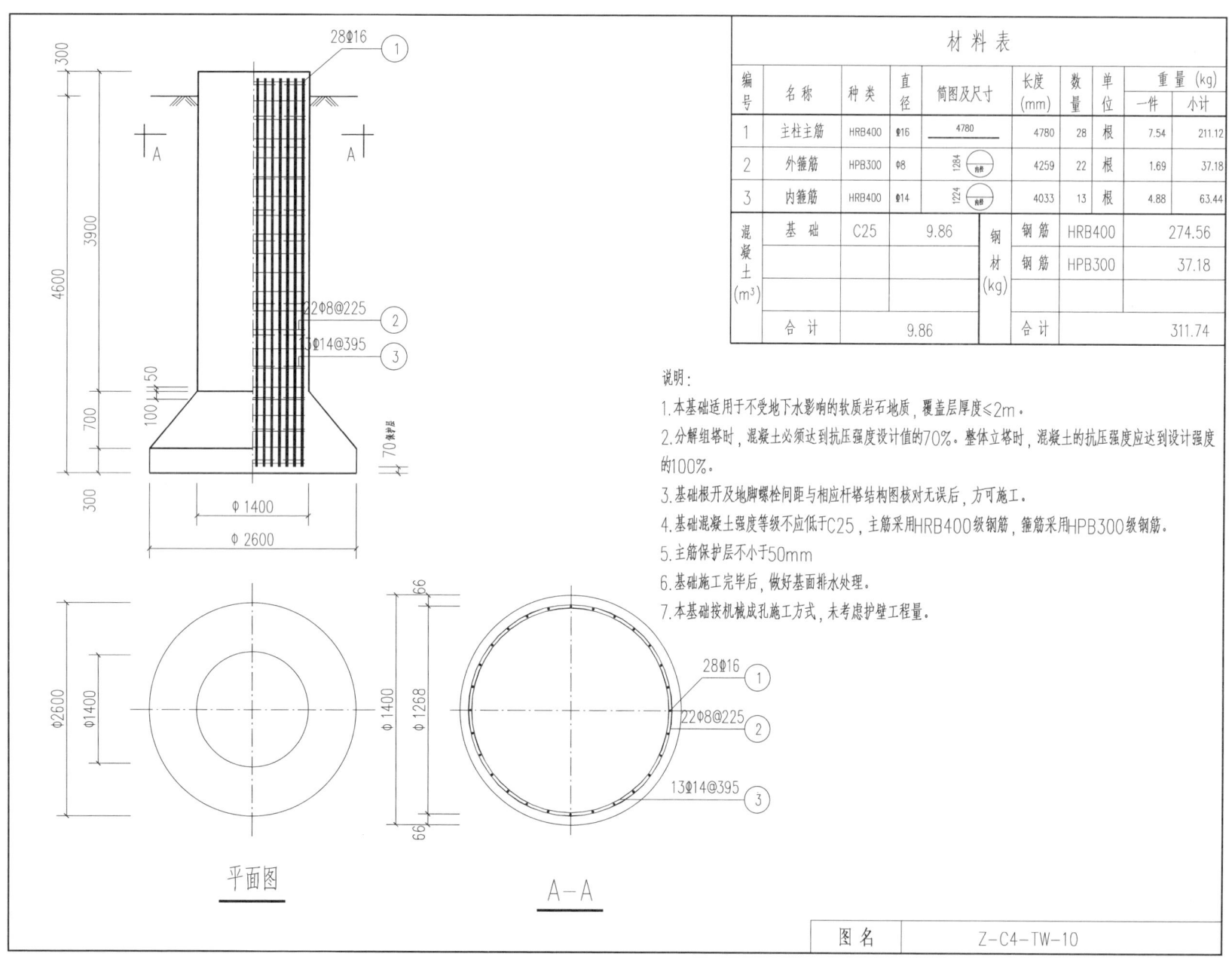

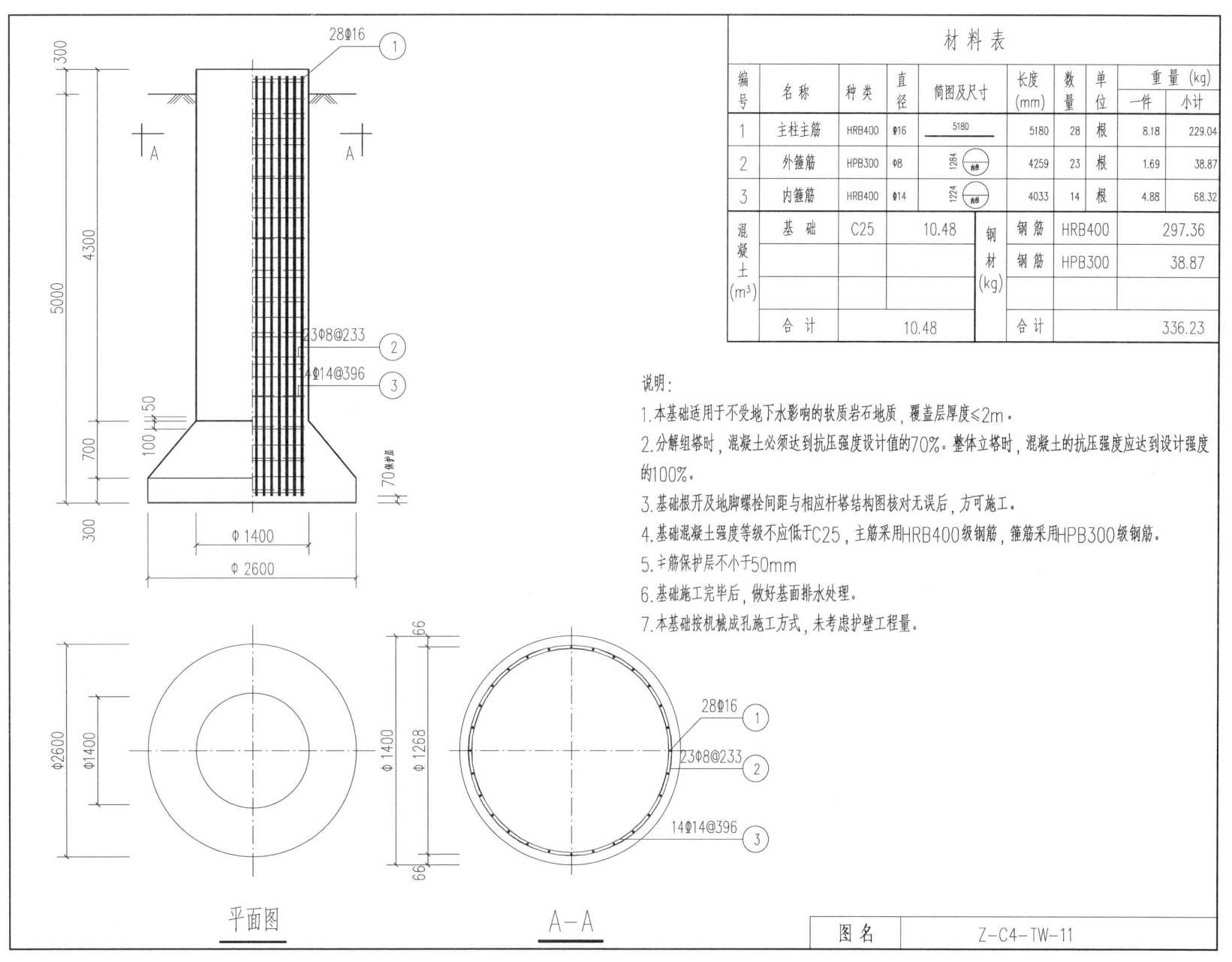

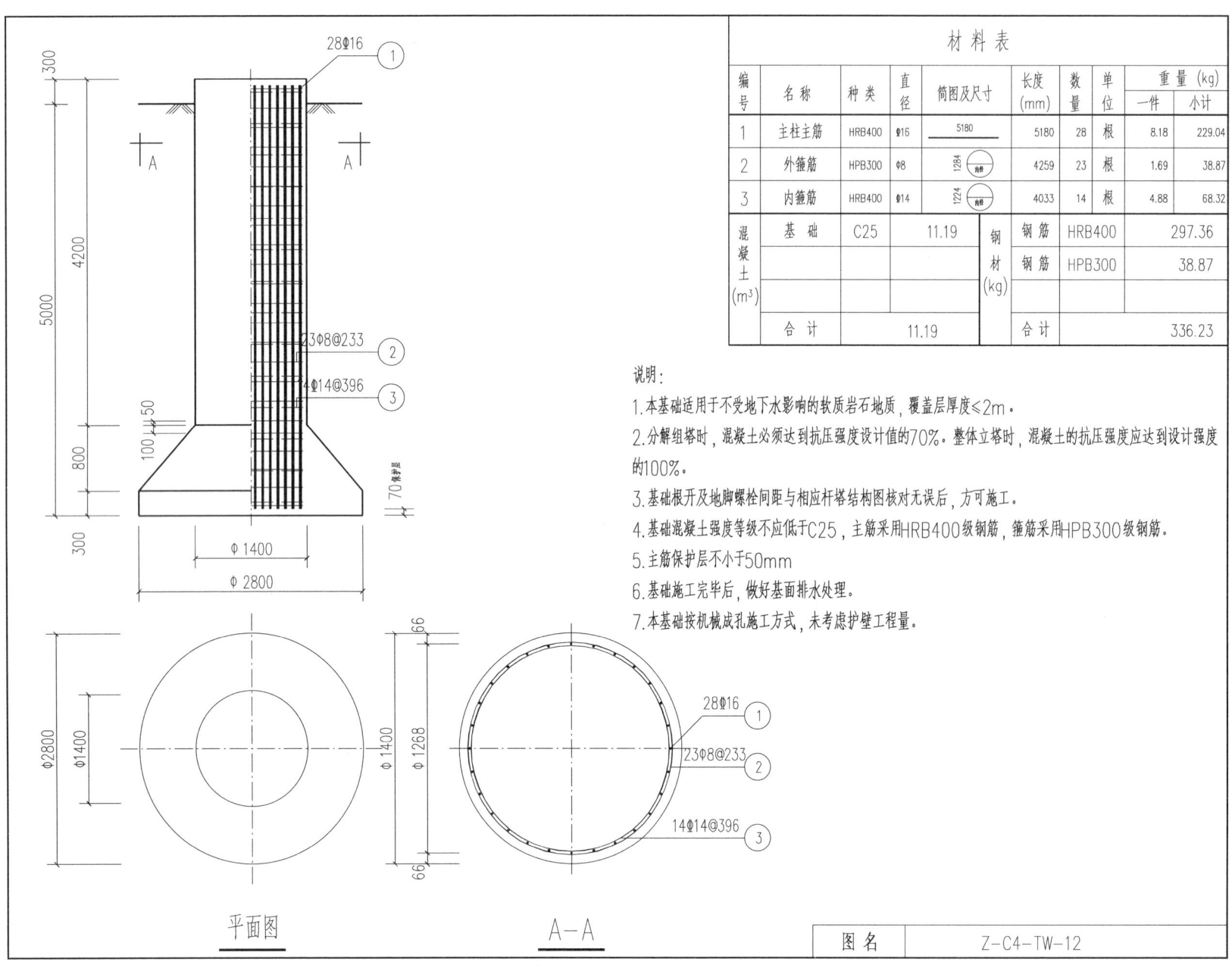

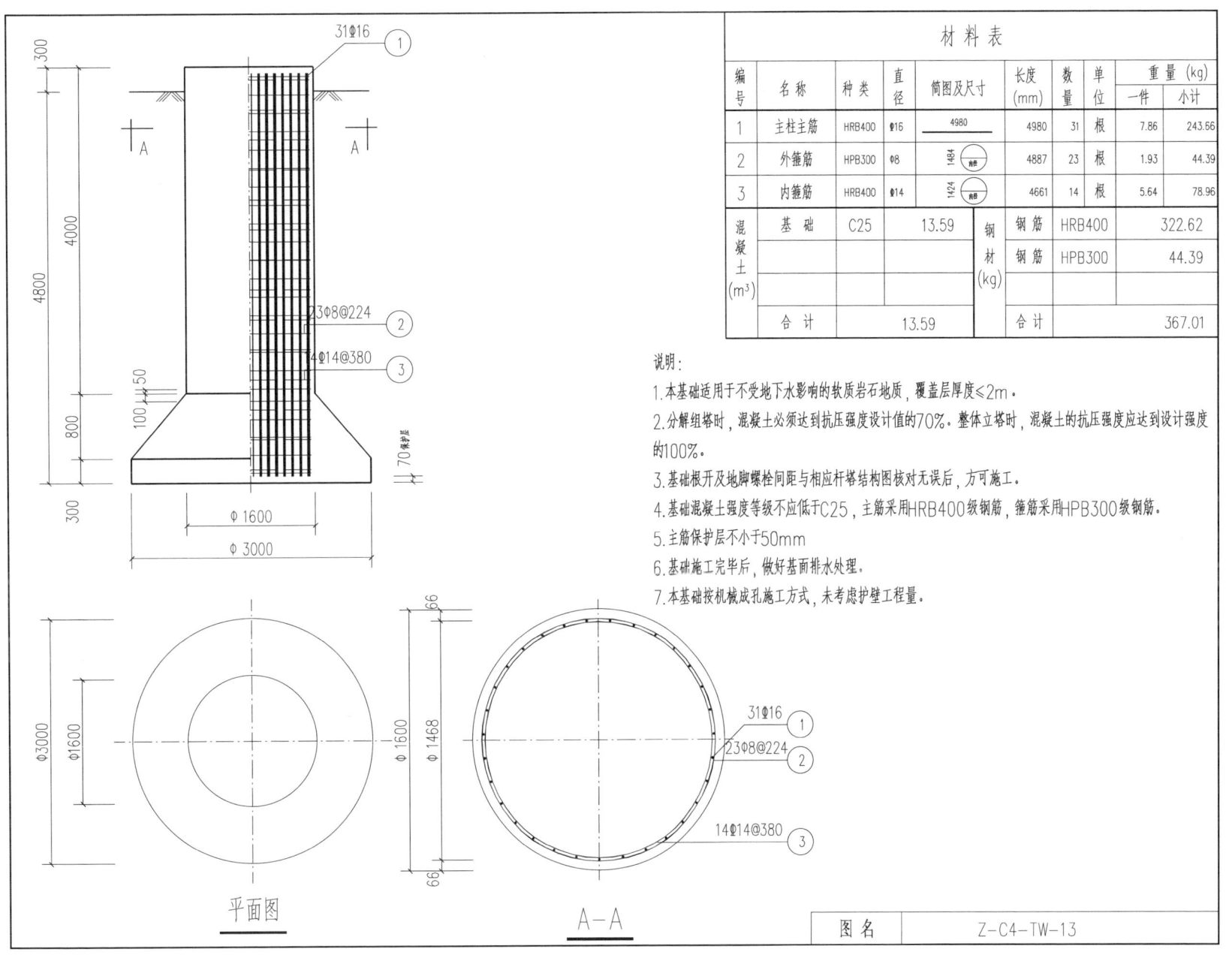

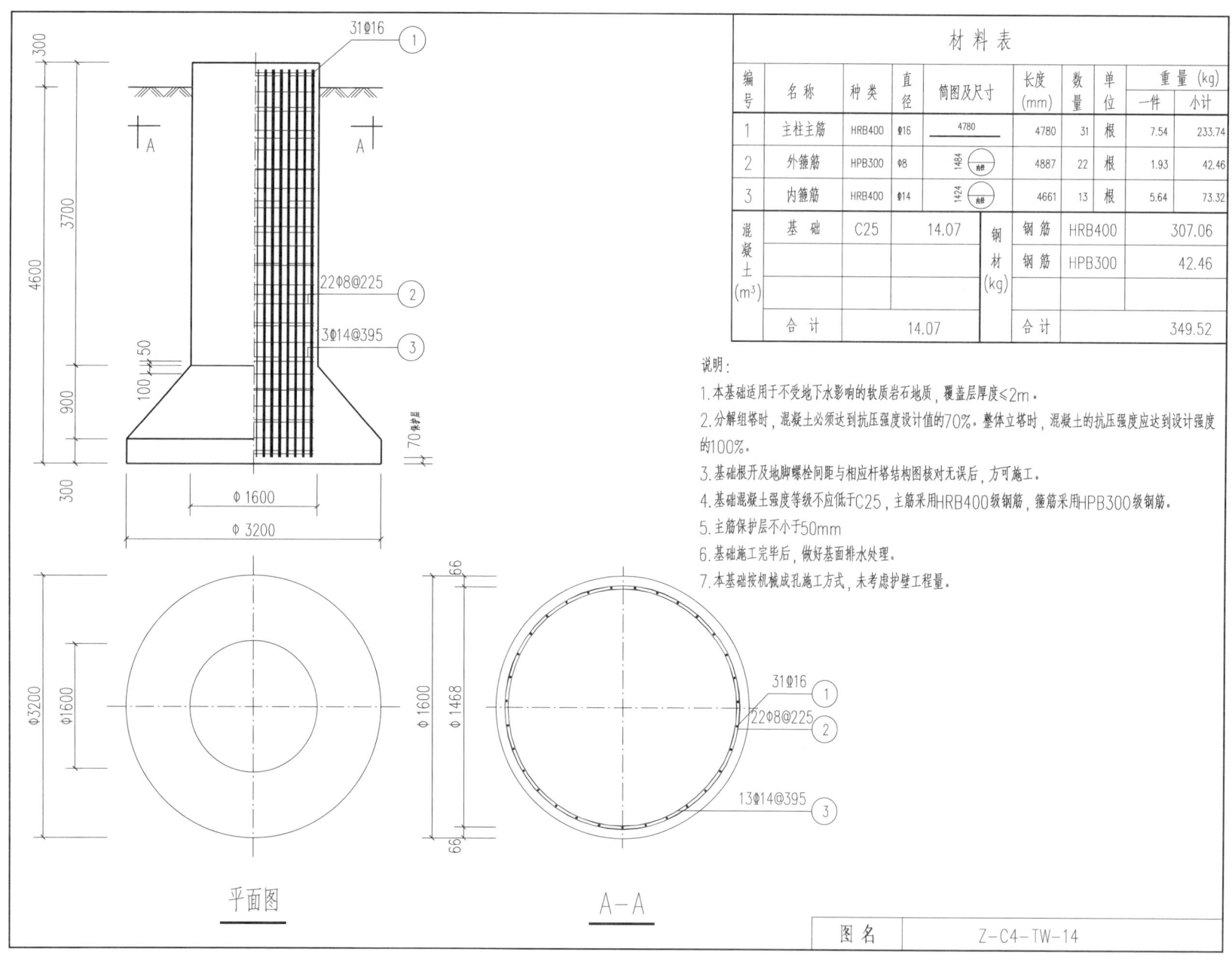

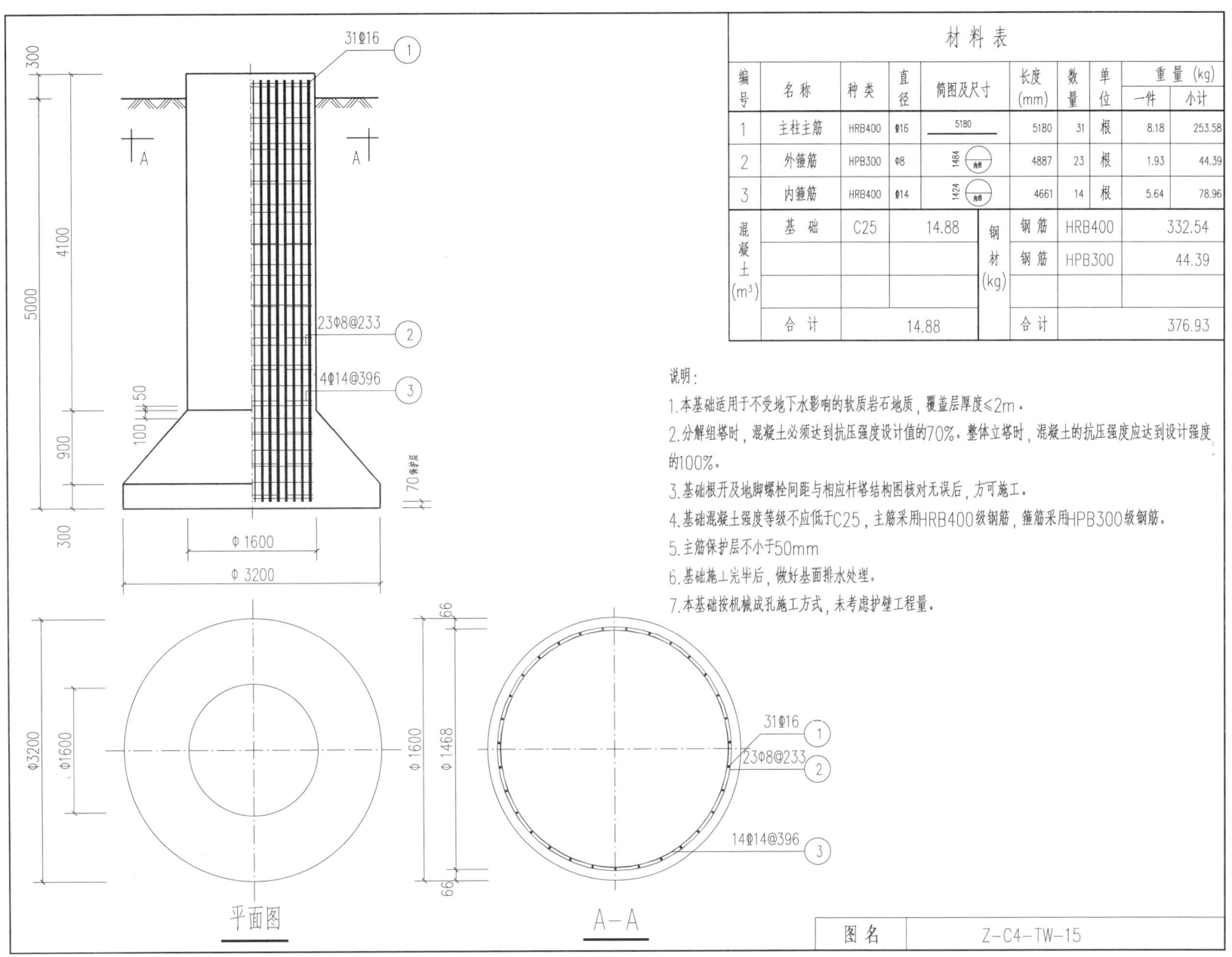

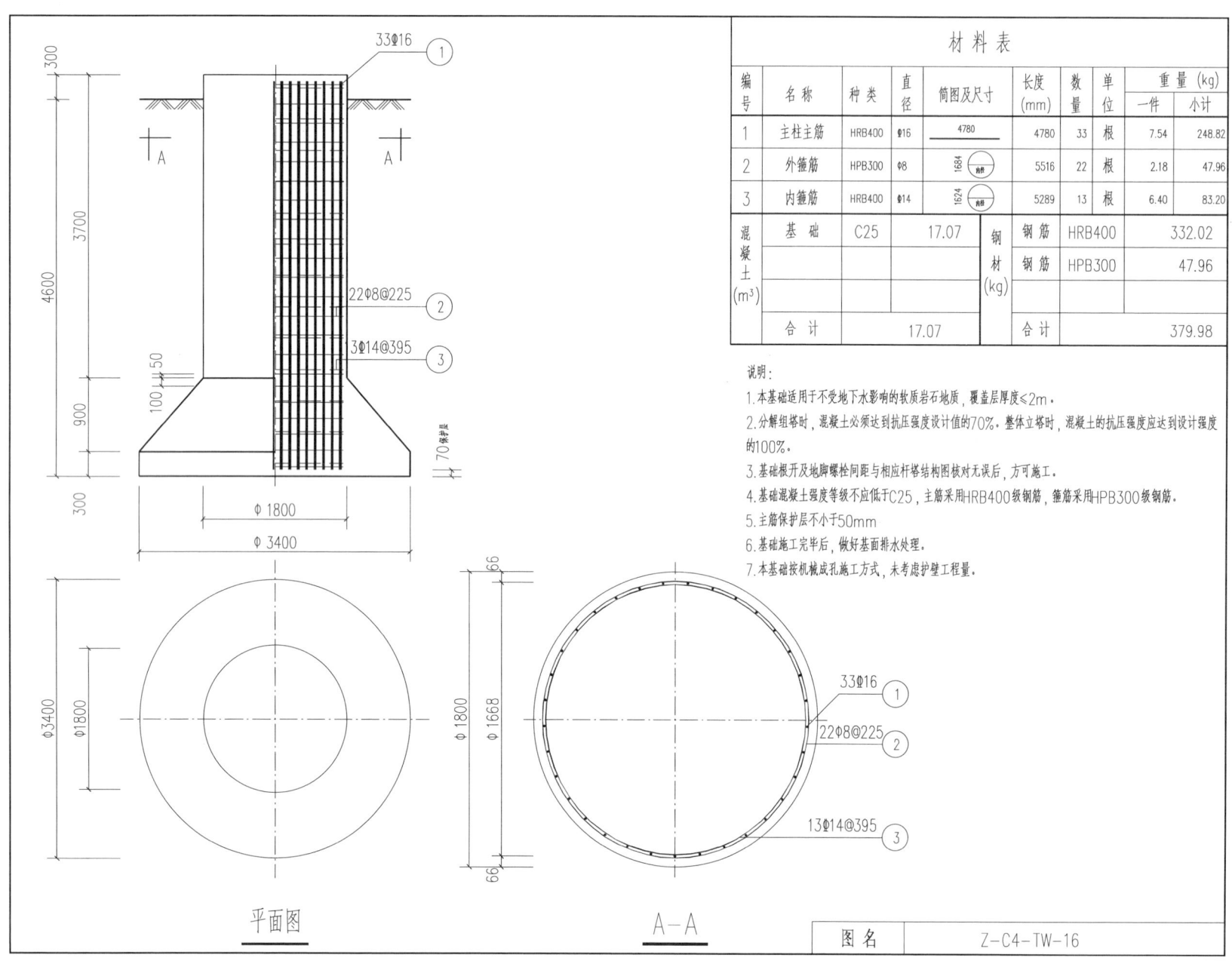

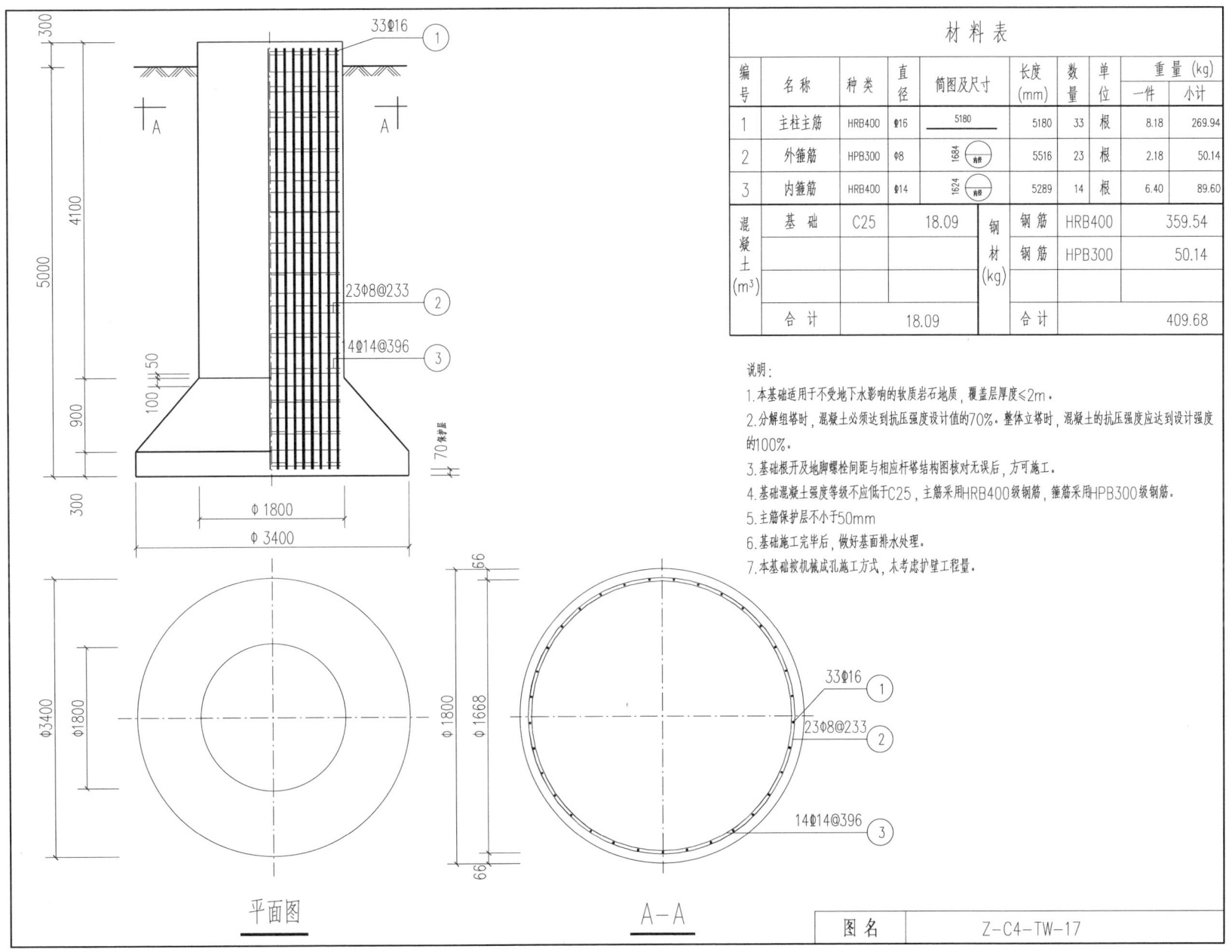

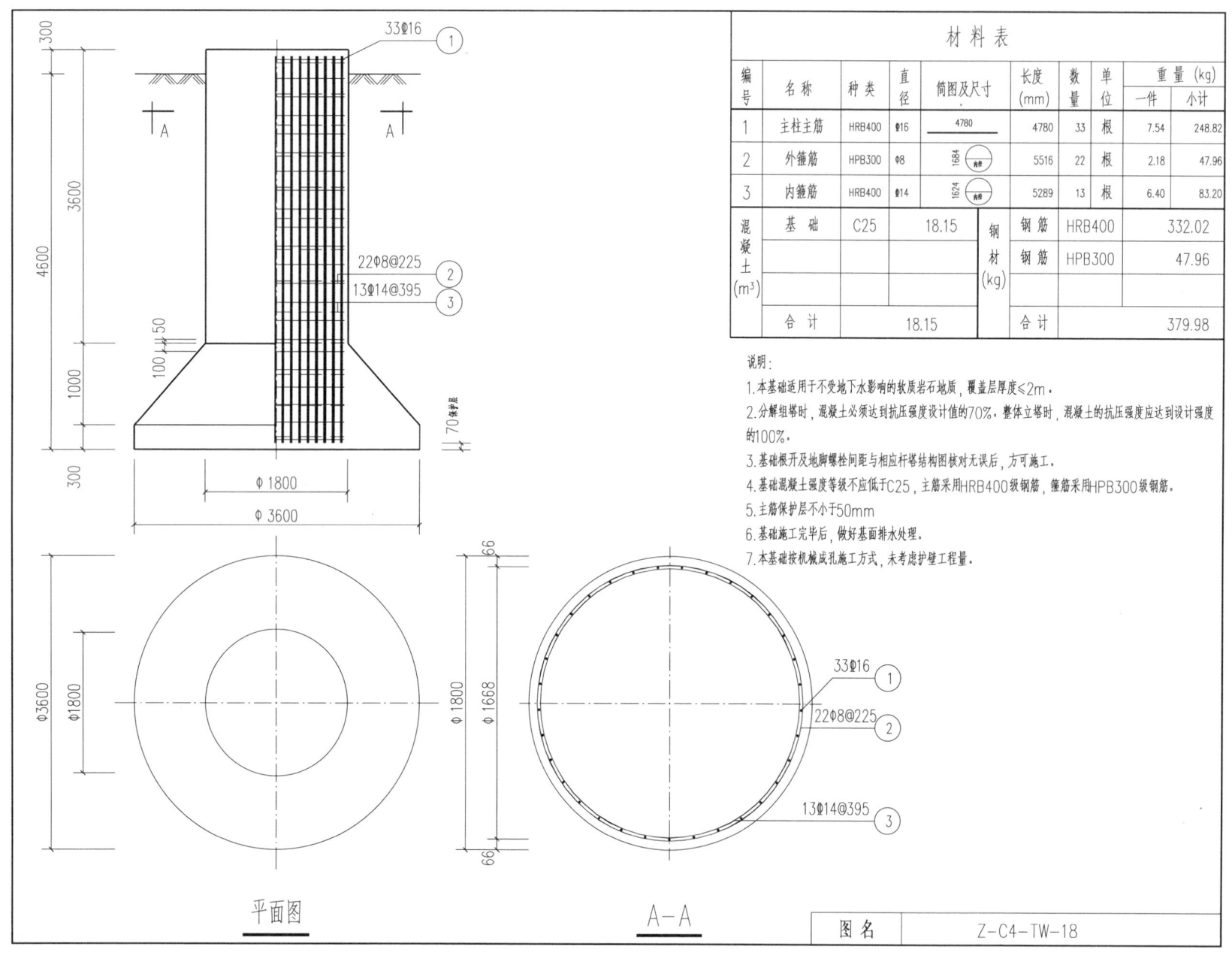

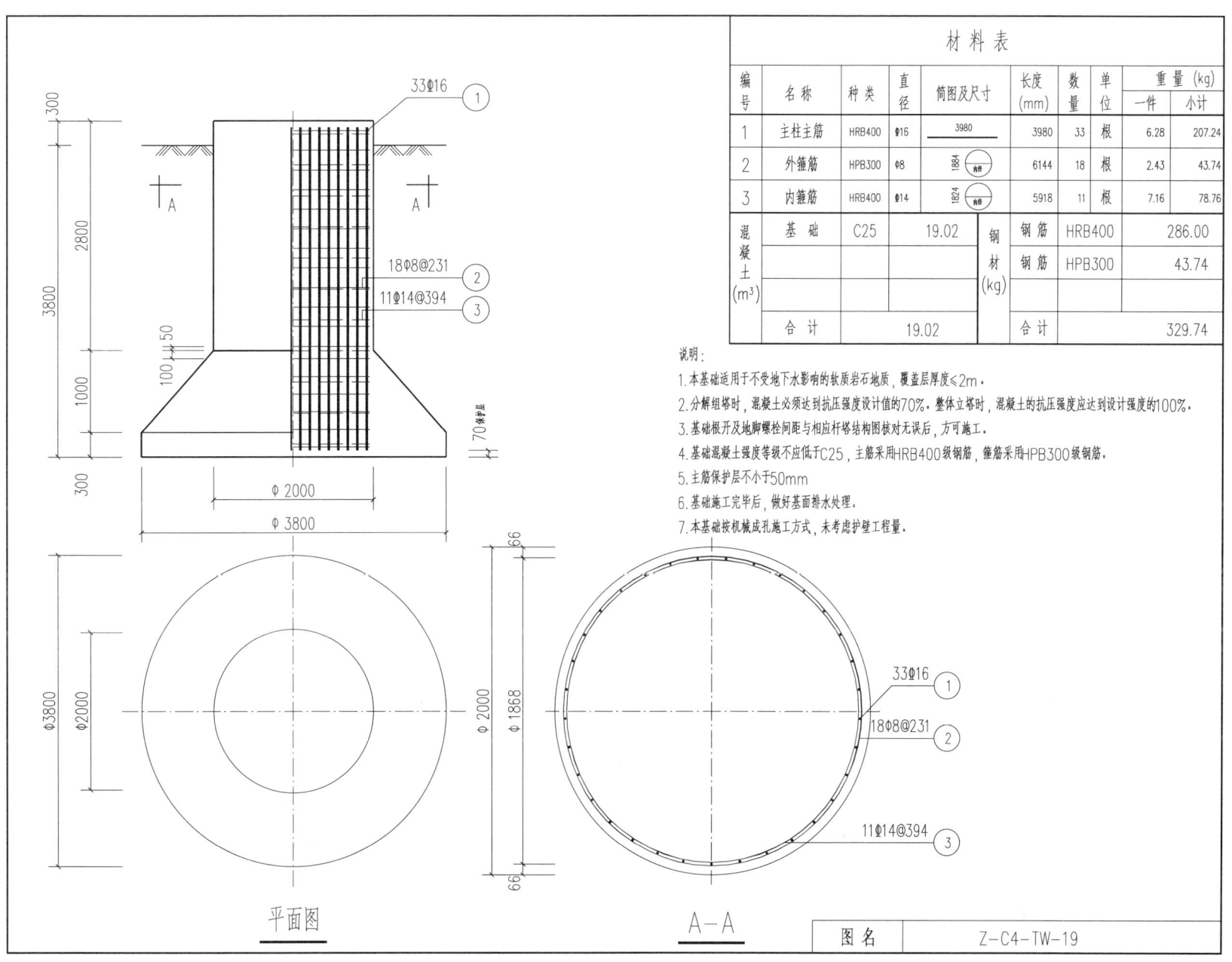

图名 Z-C4-TW-19

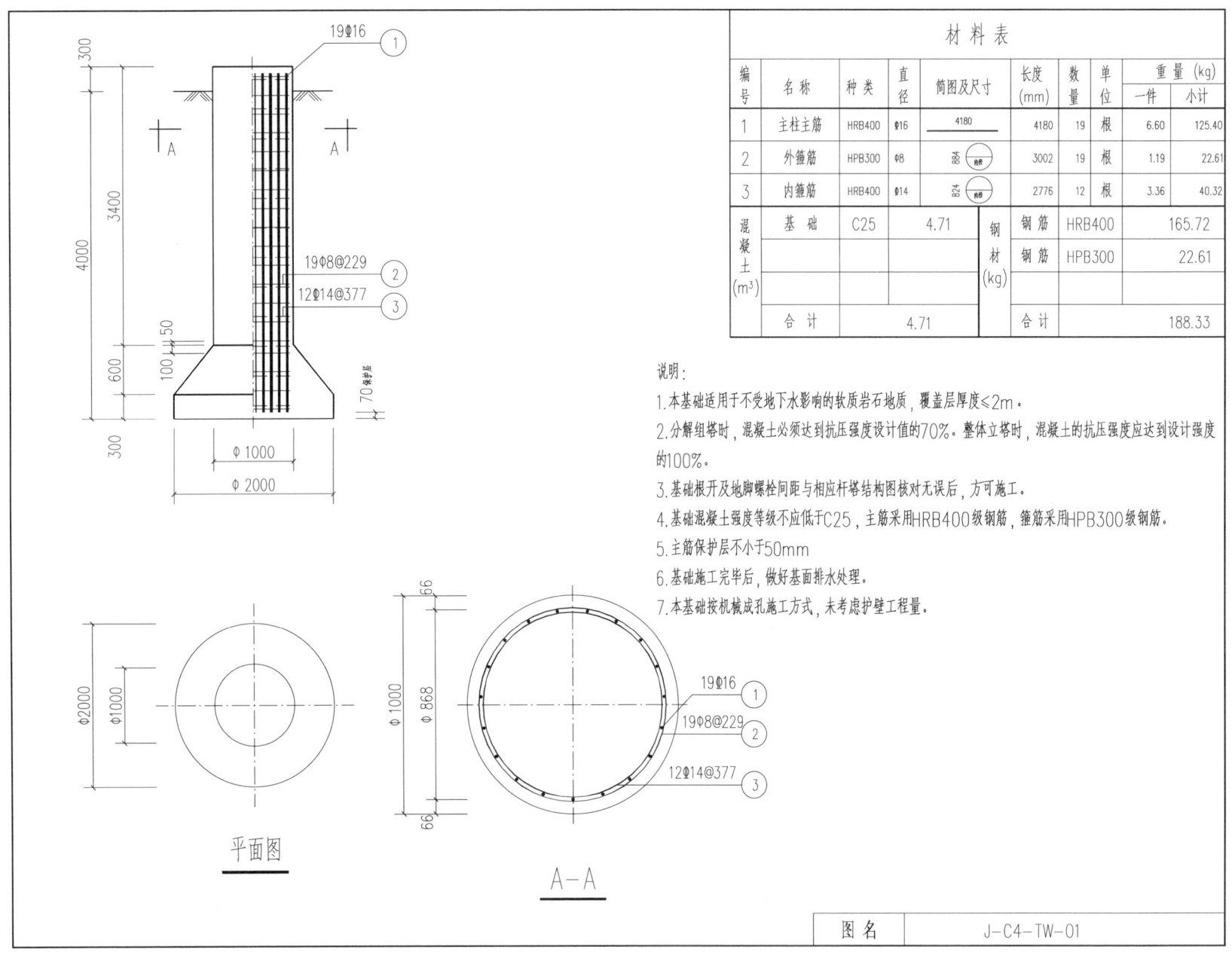

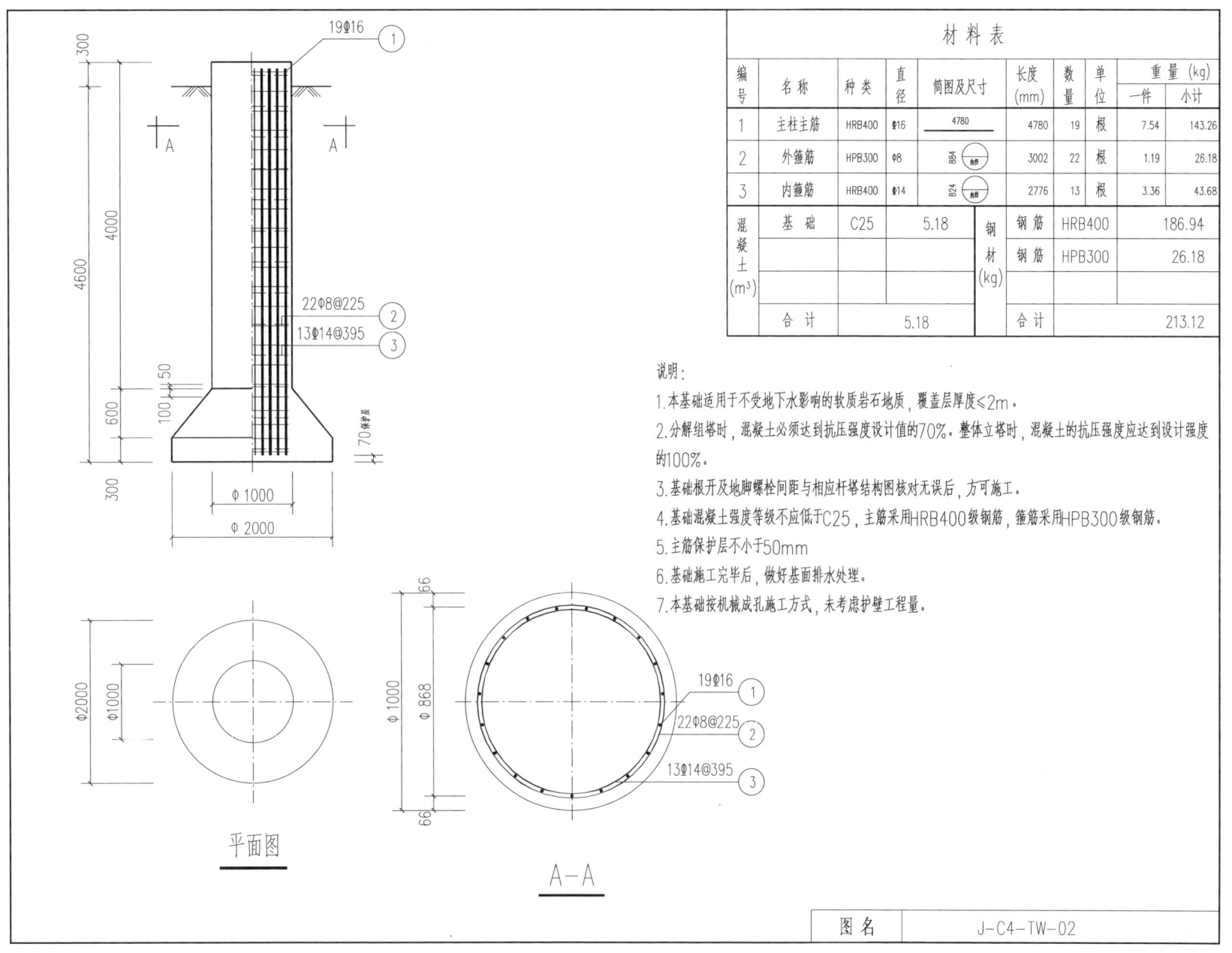

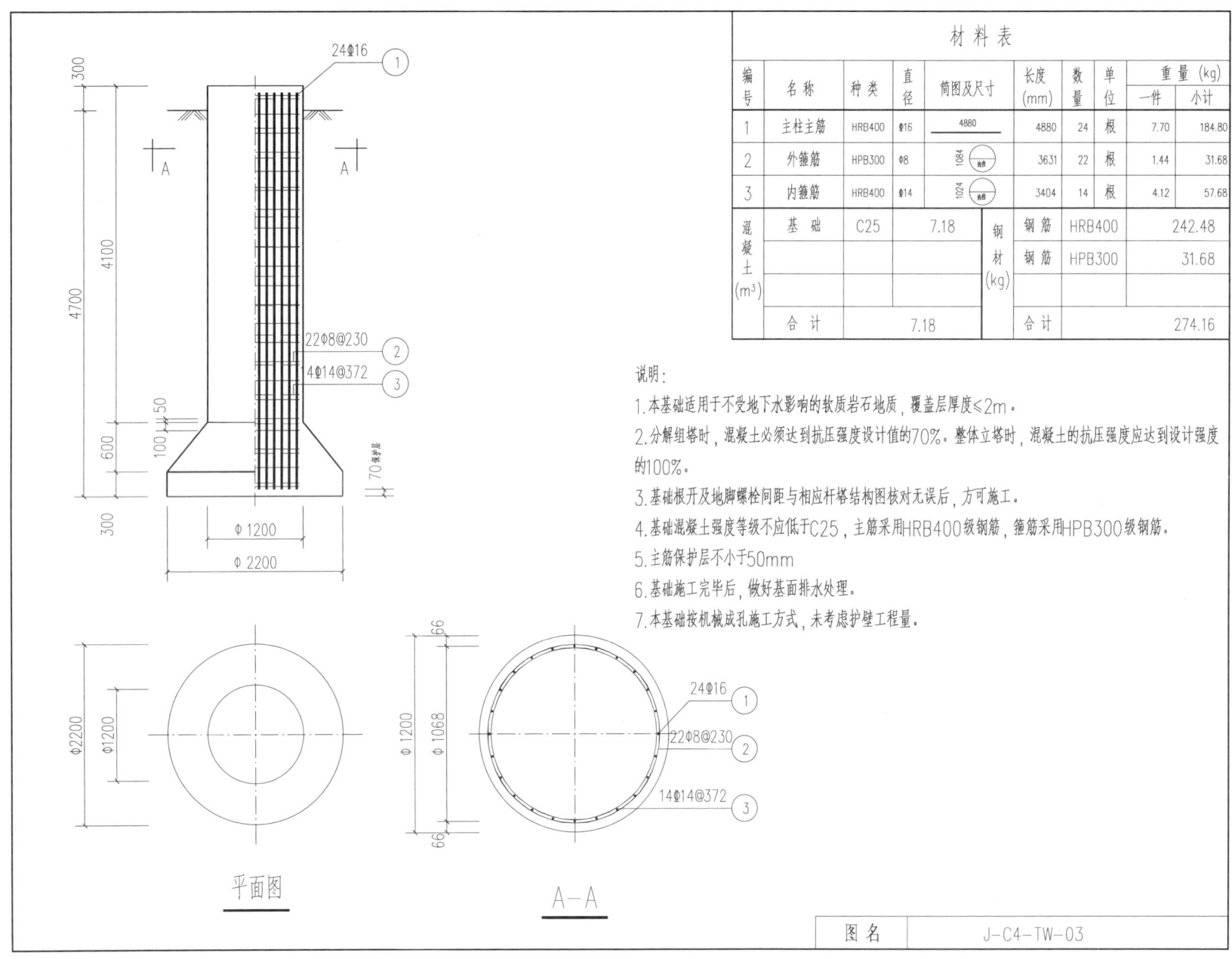

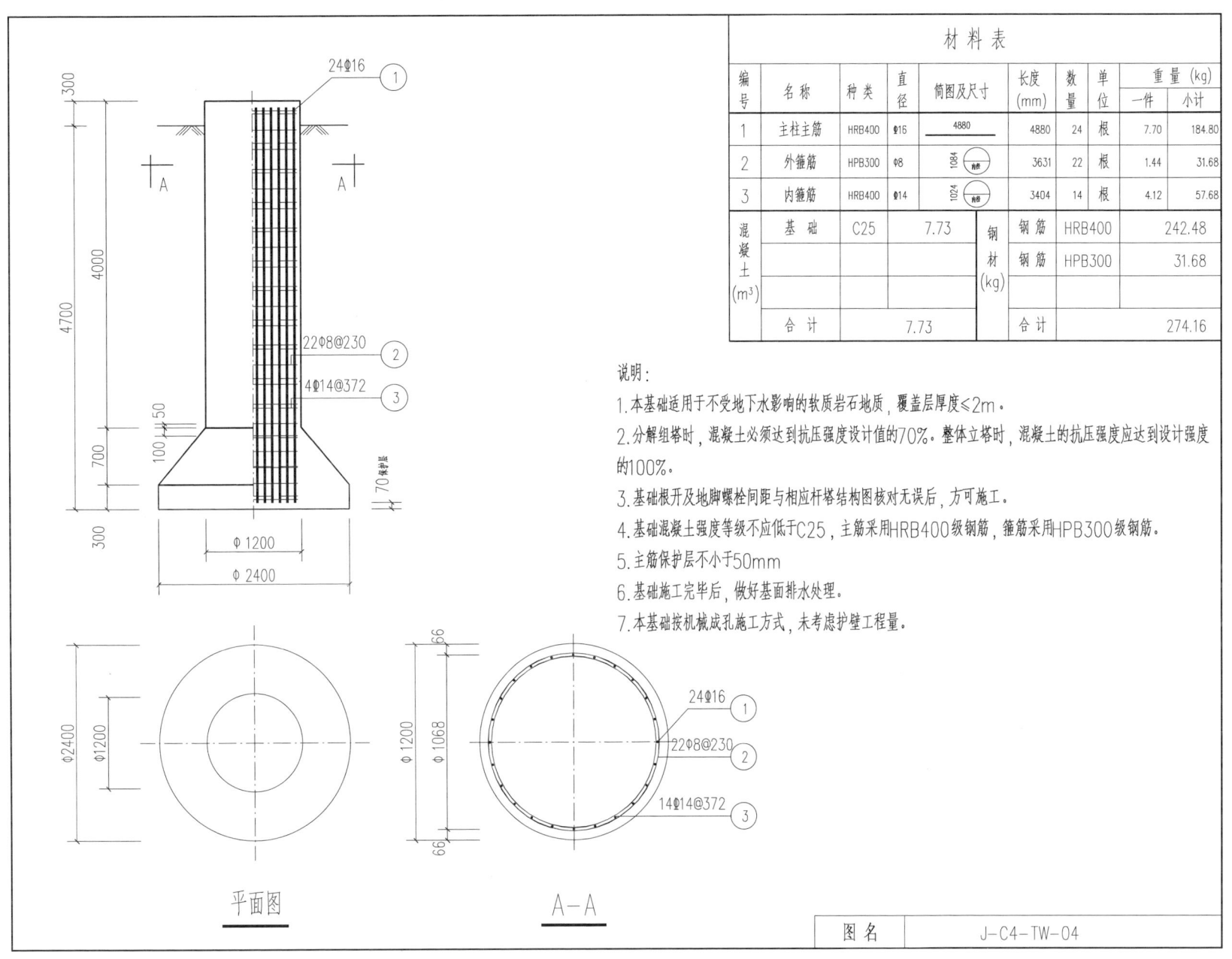

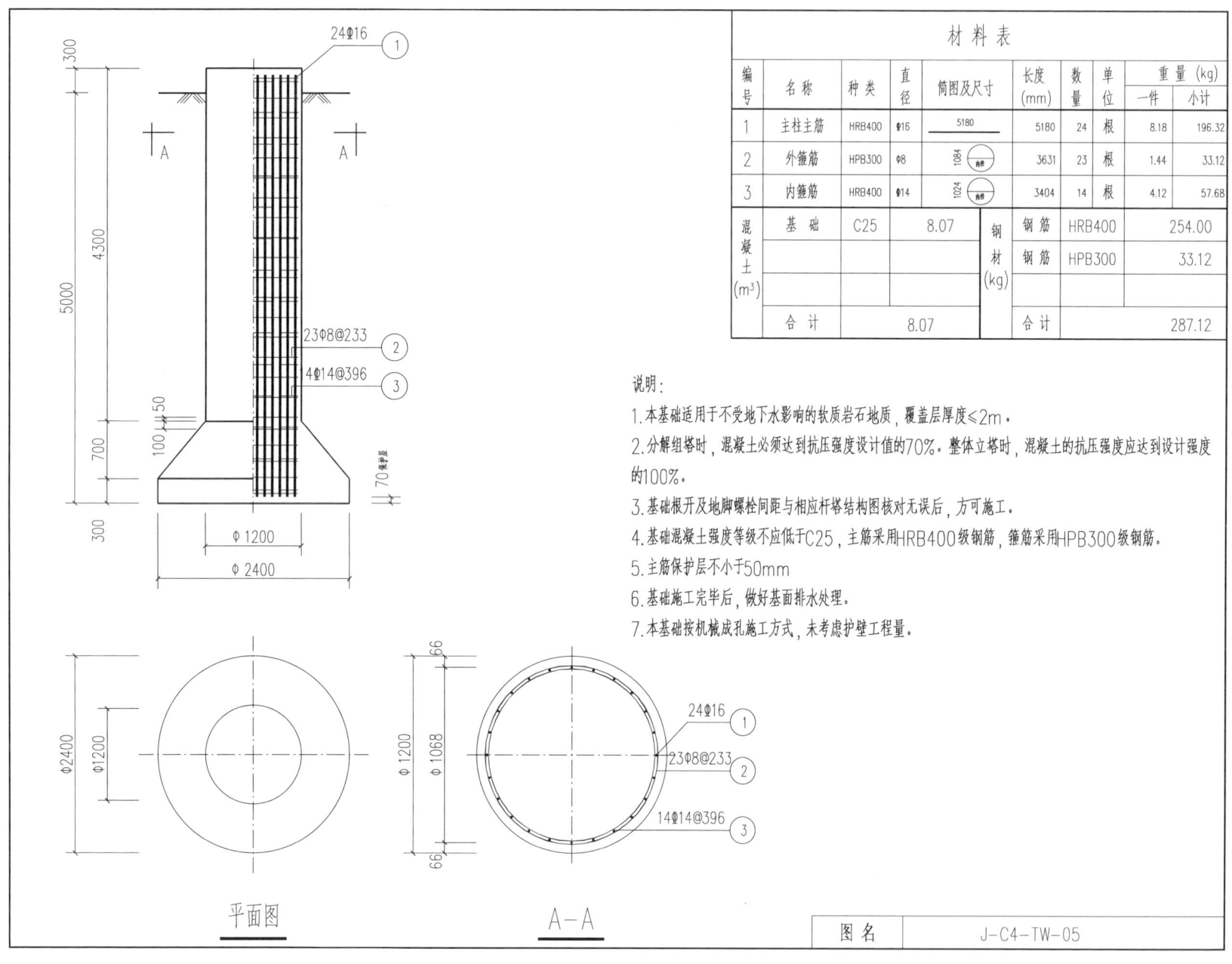

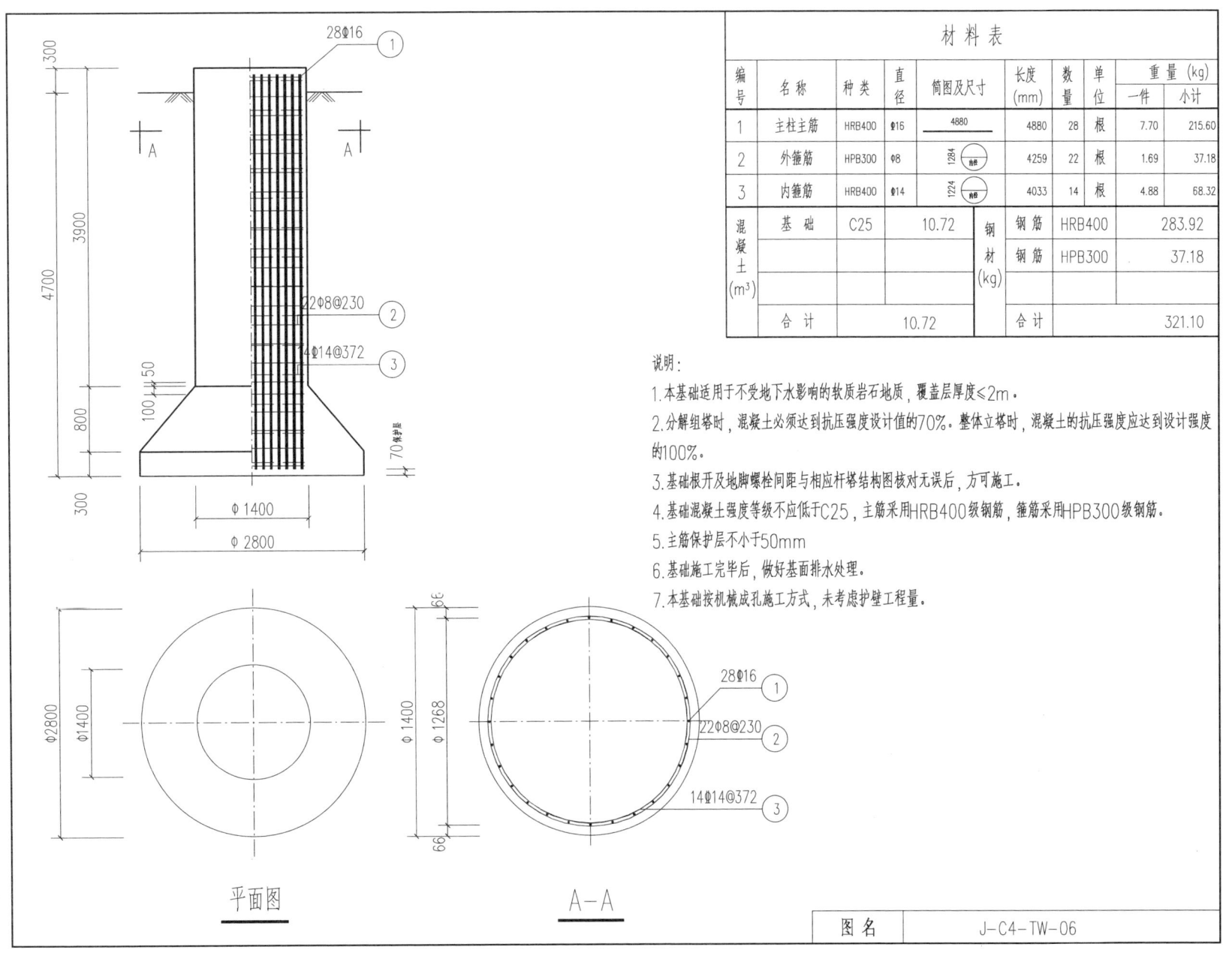

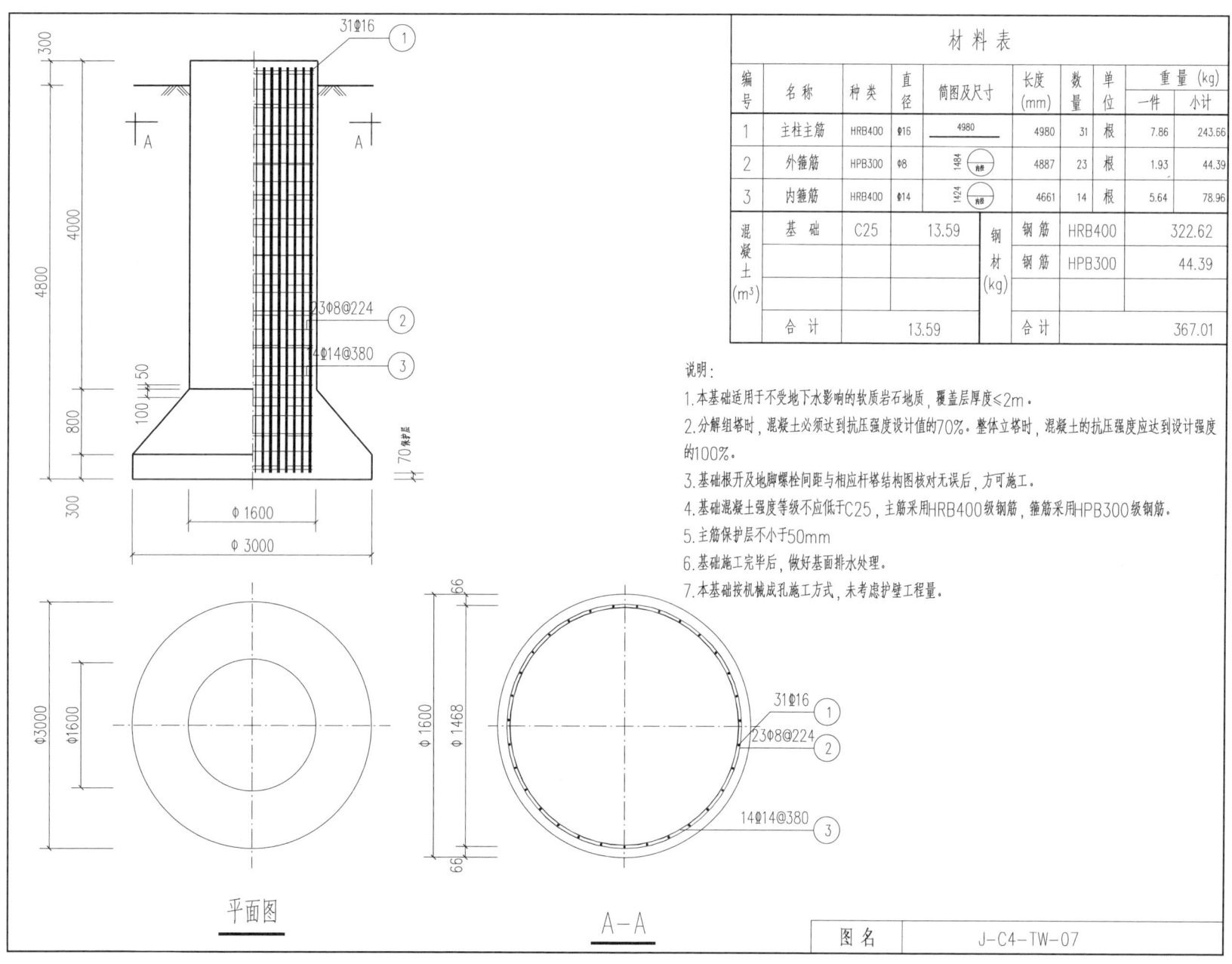

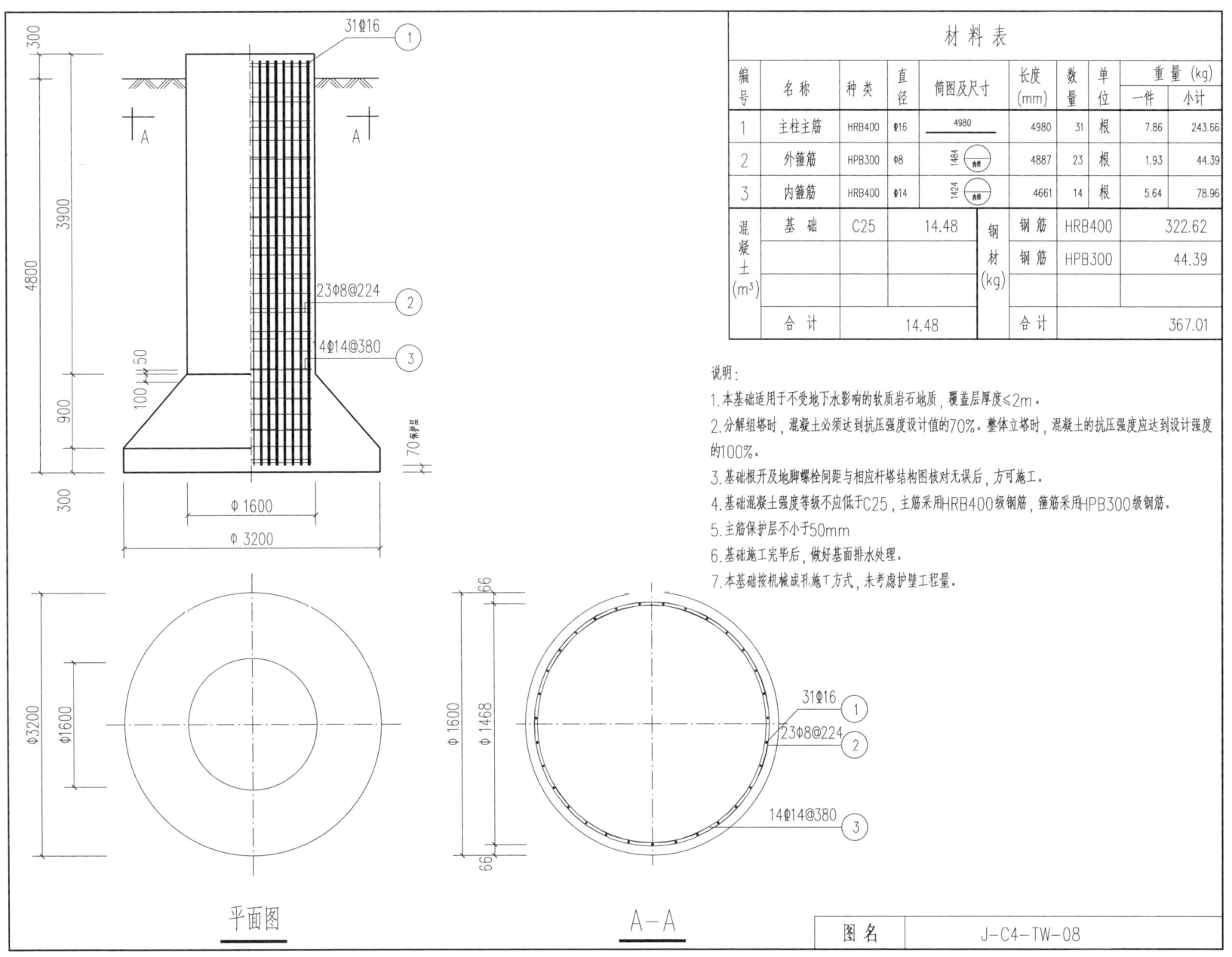

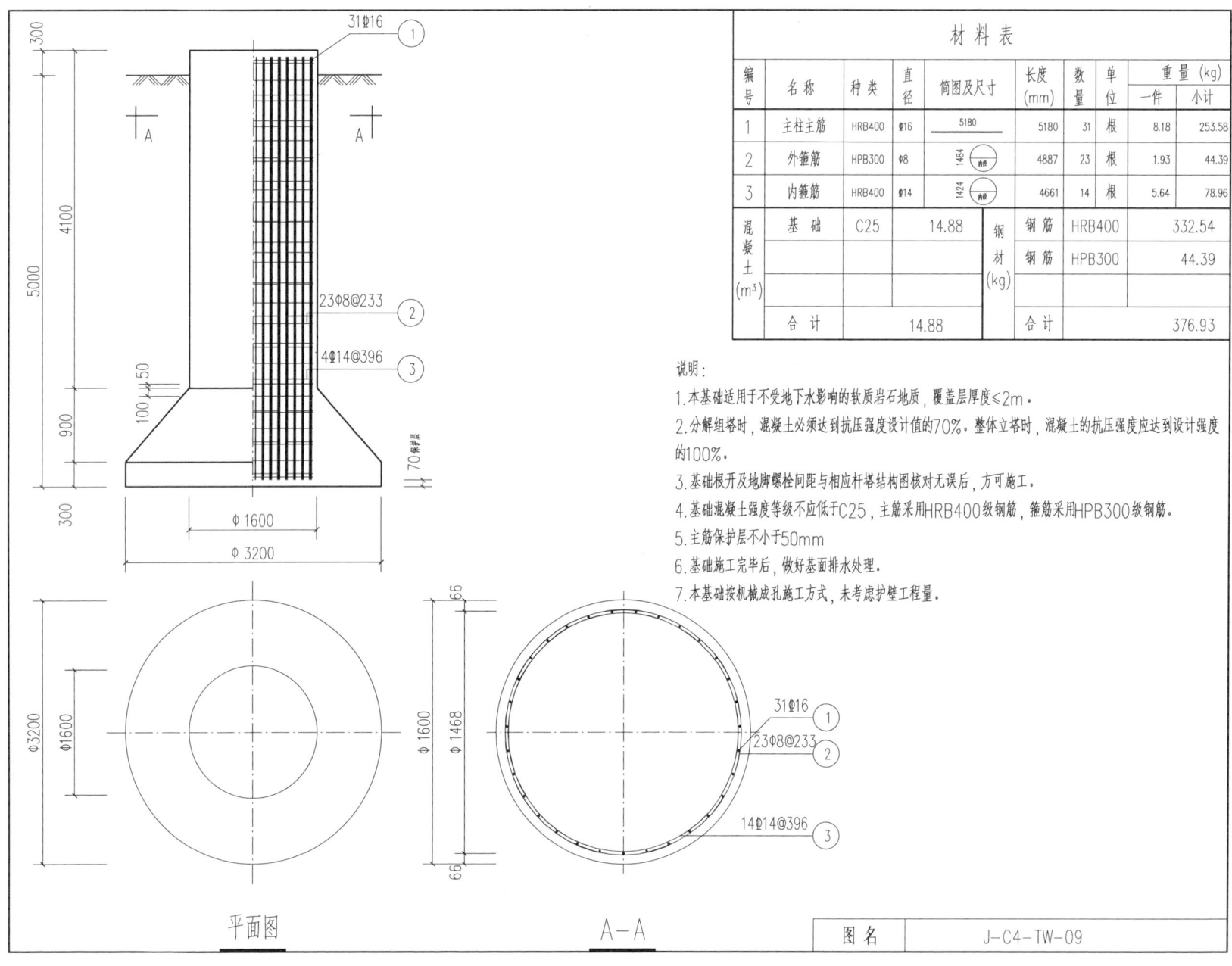

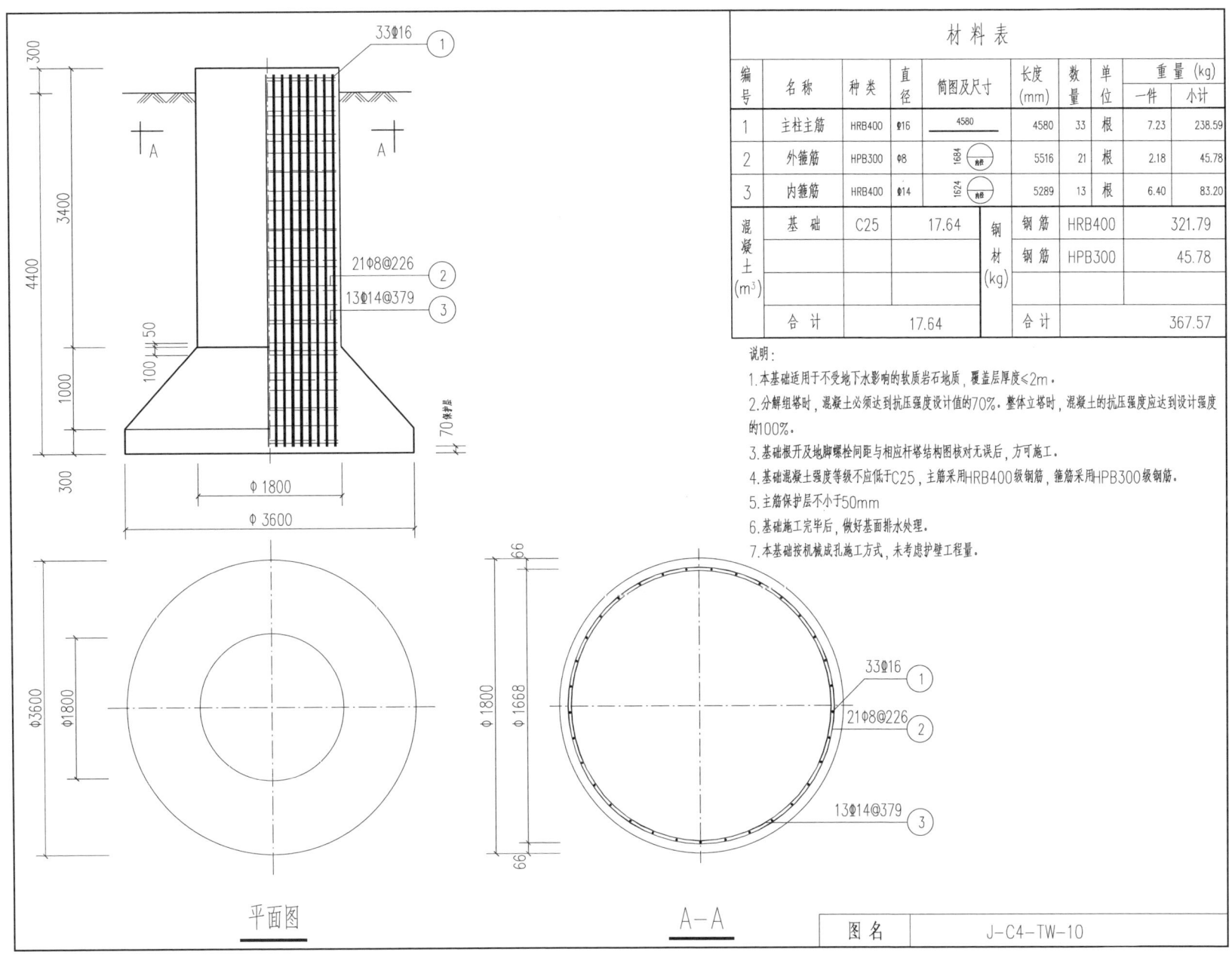

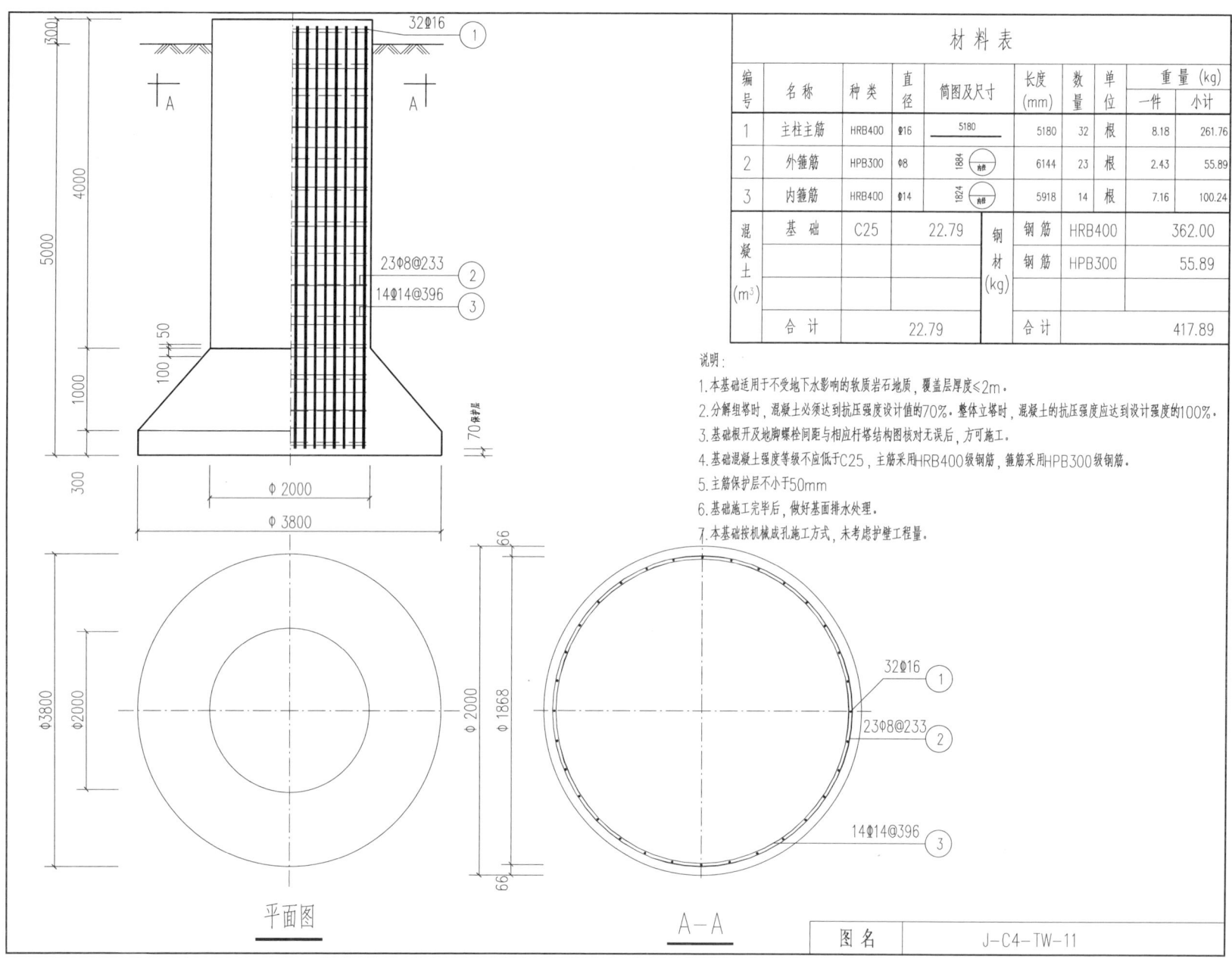

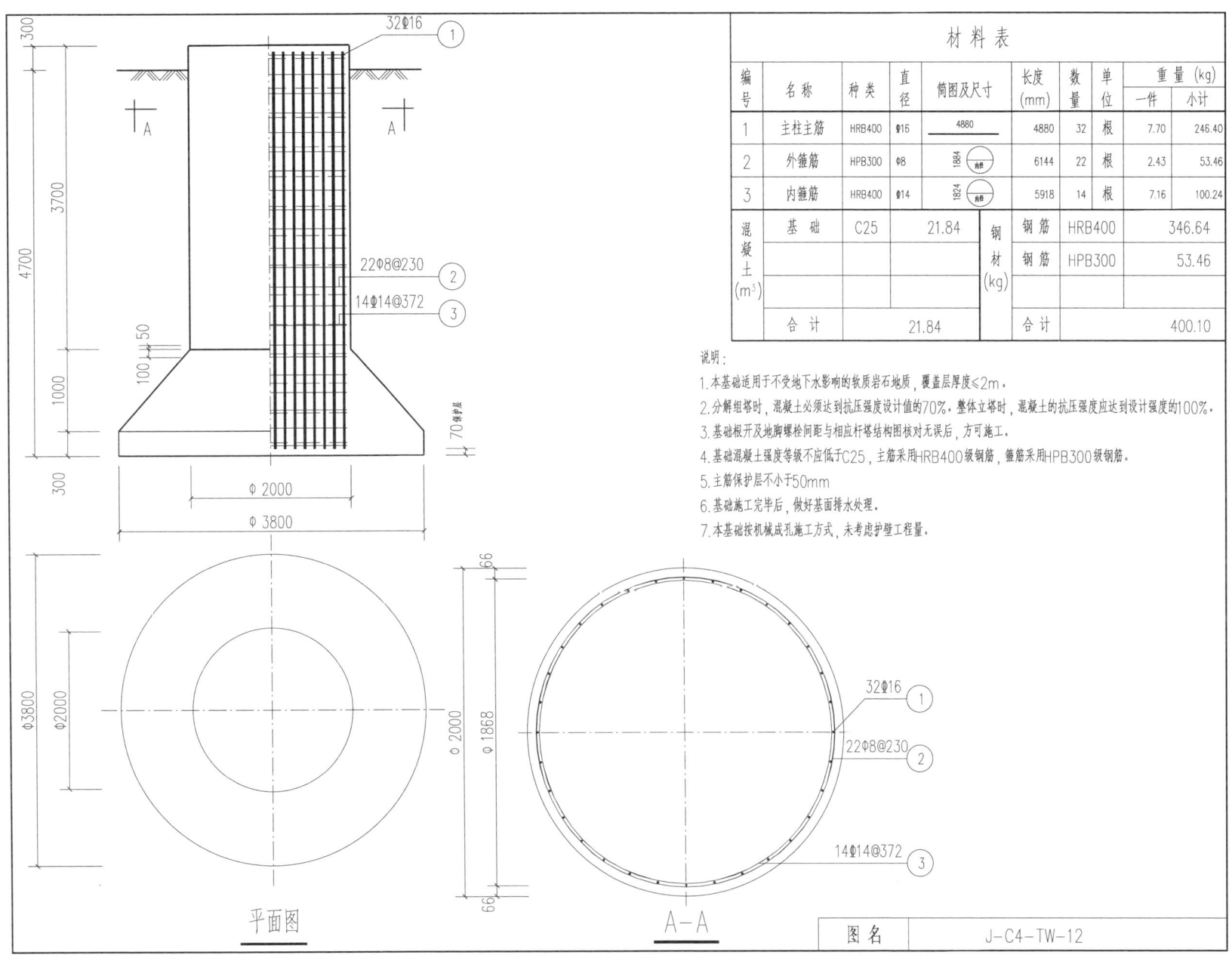

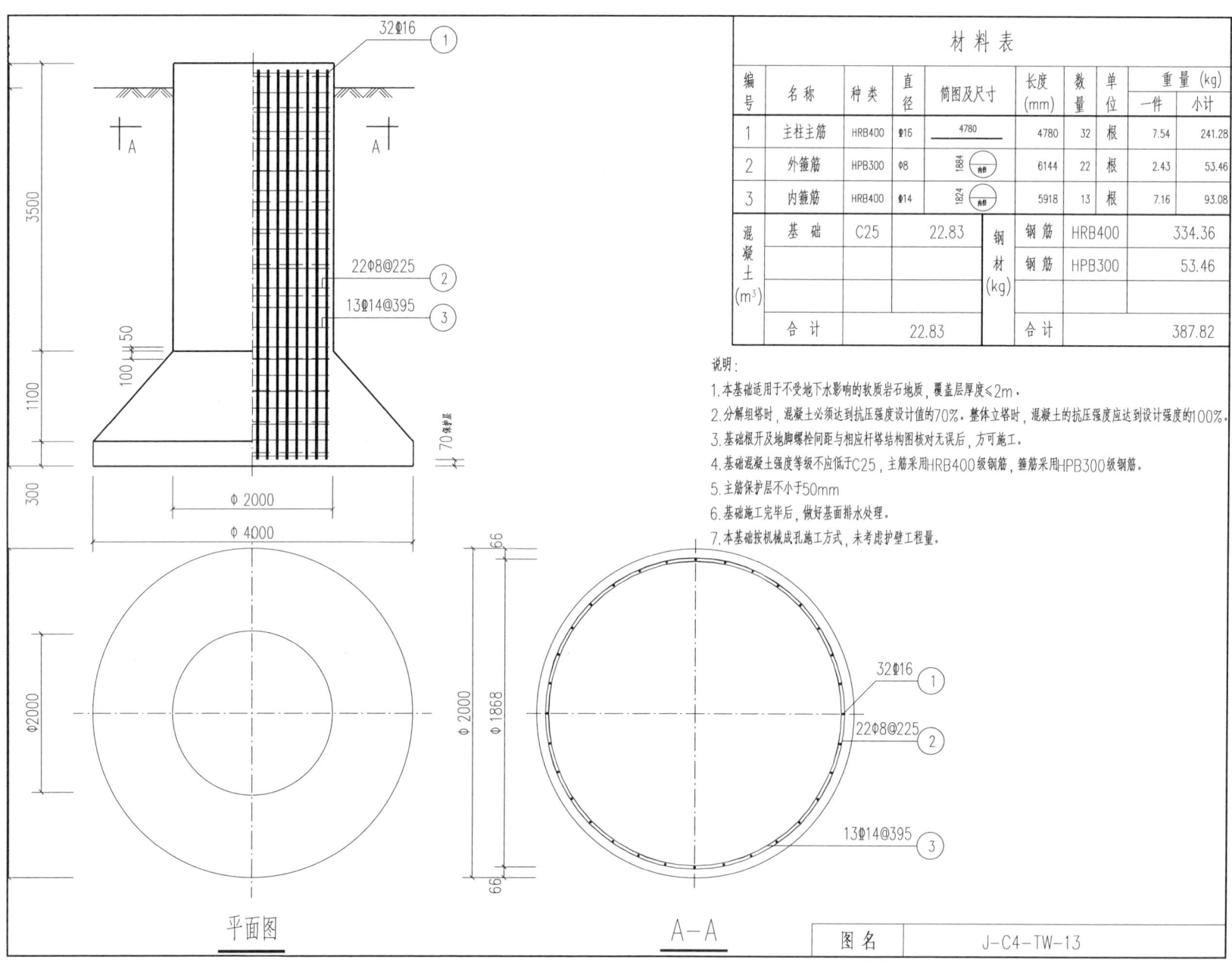

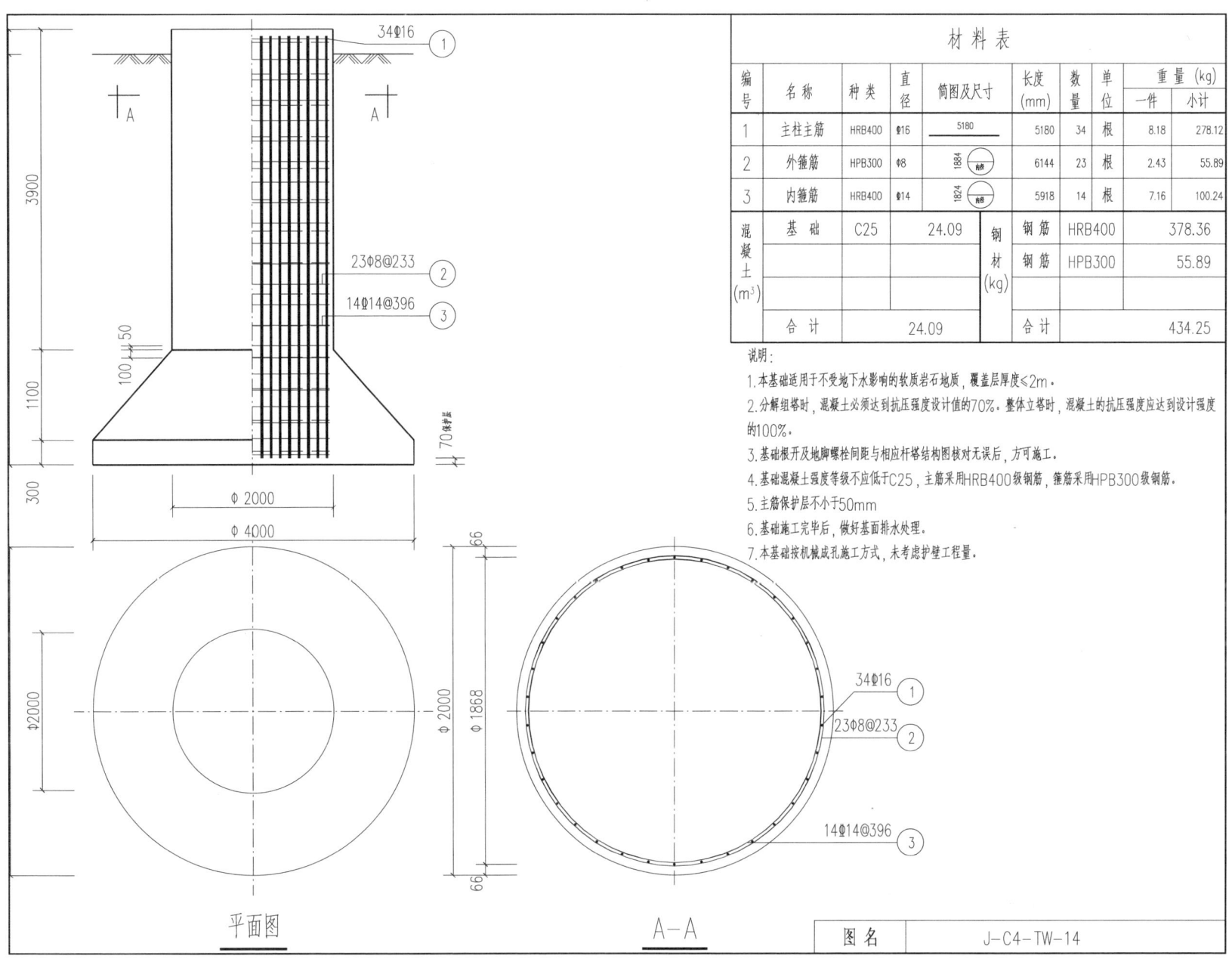

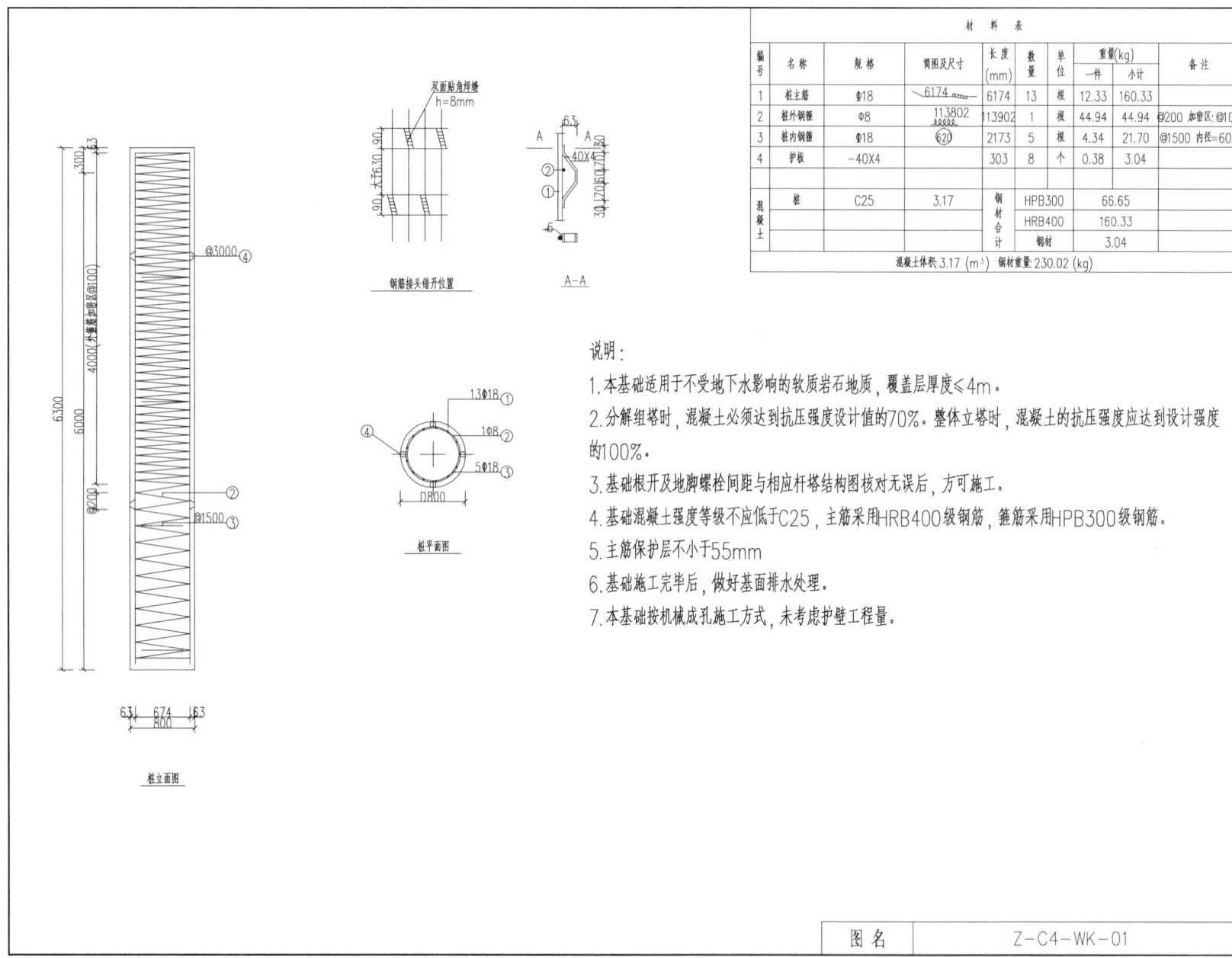

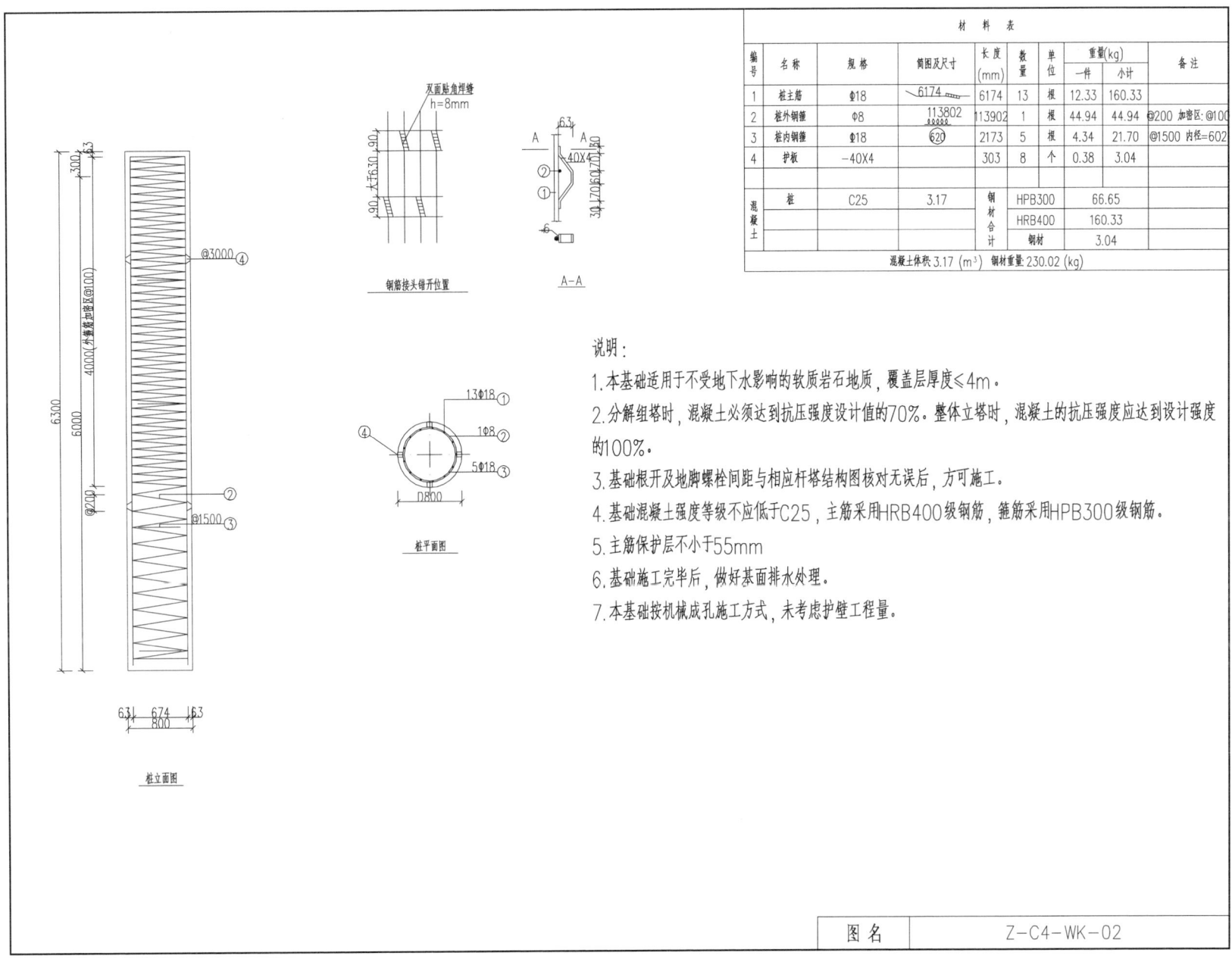

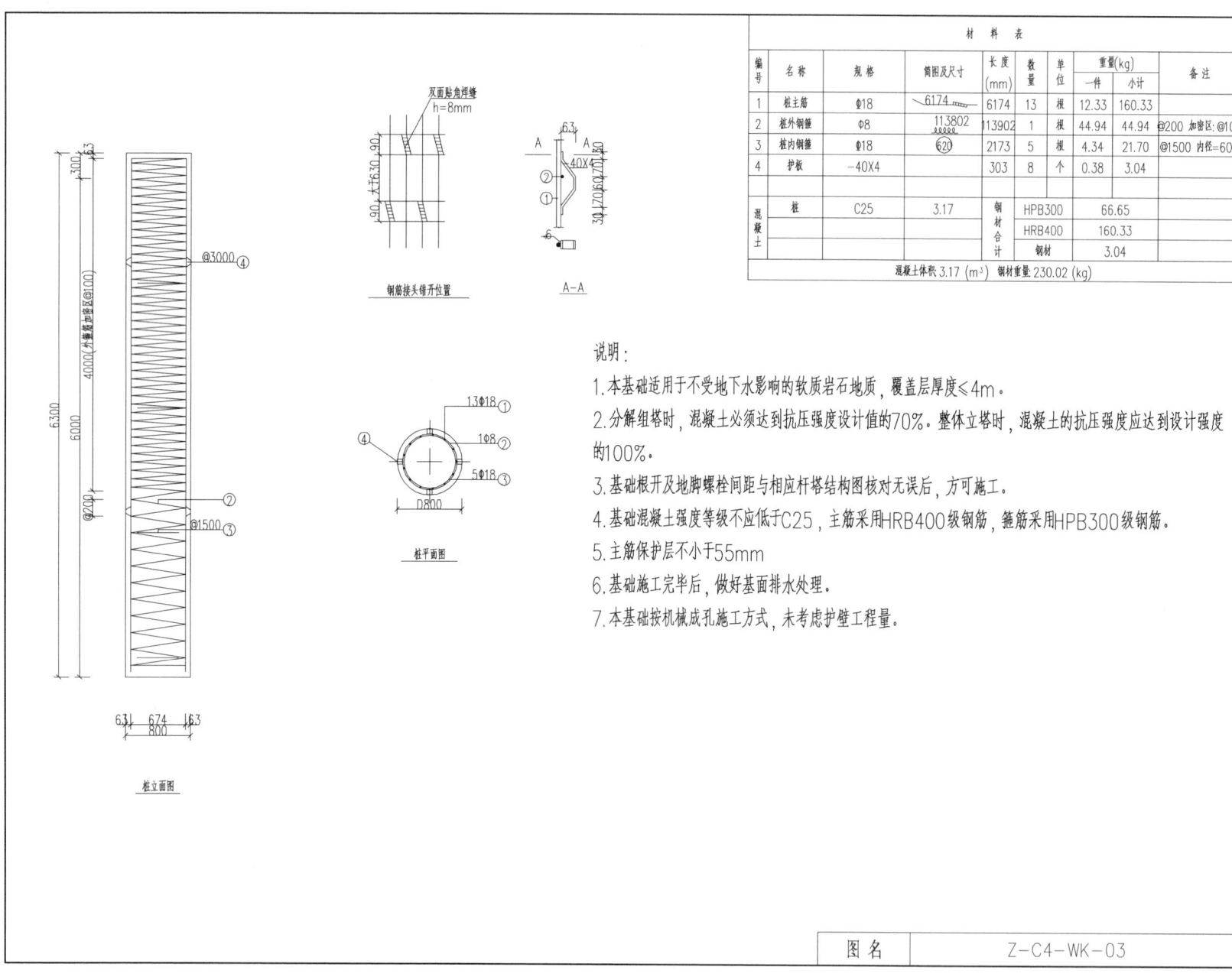

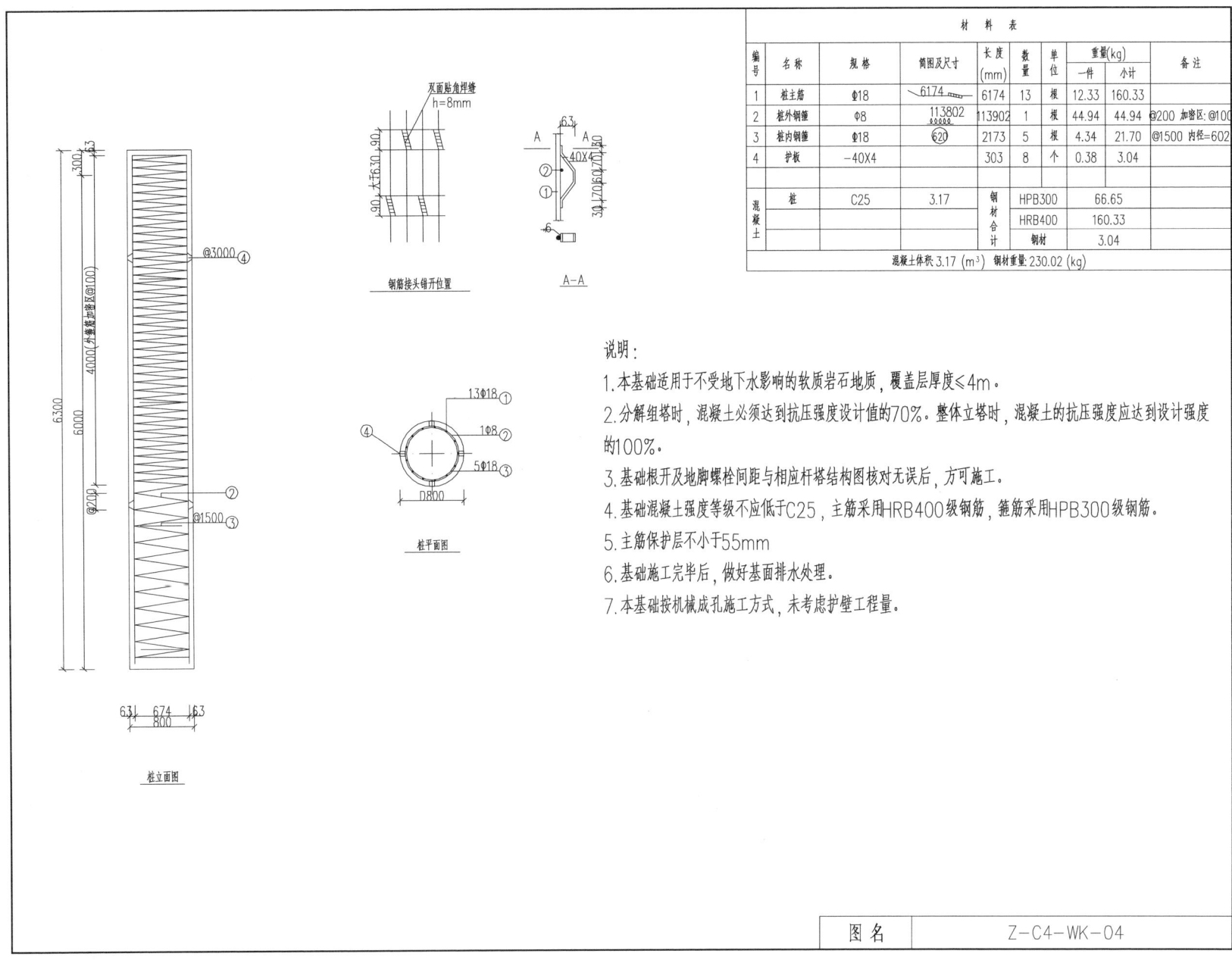

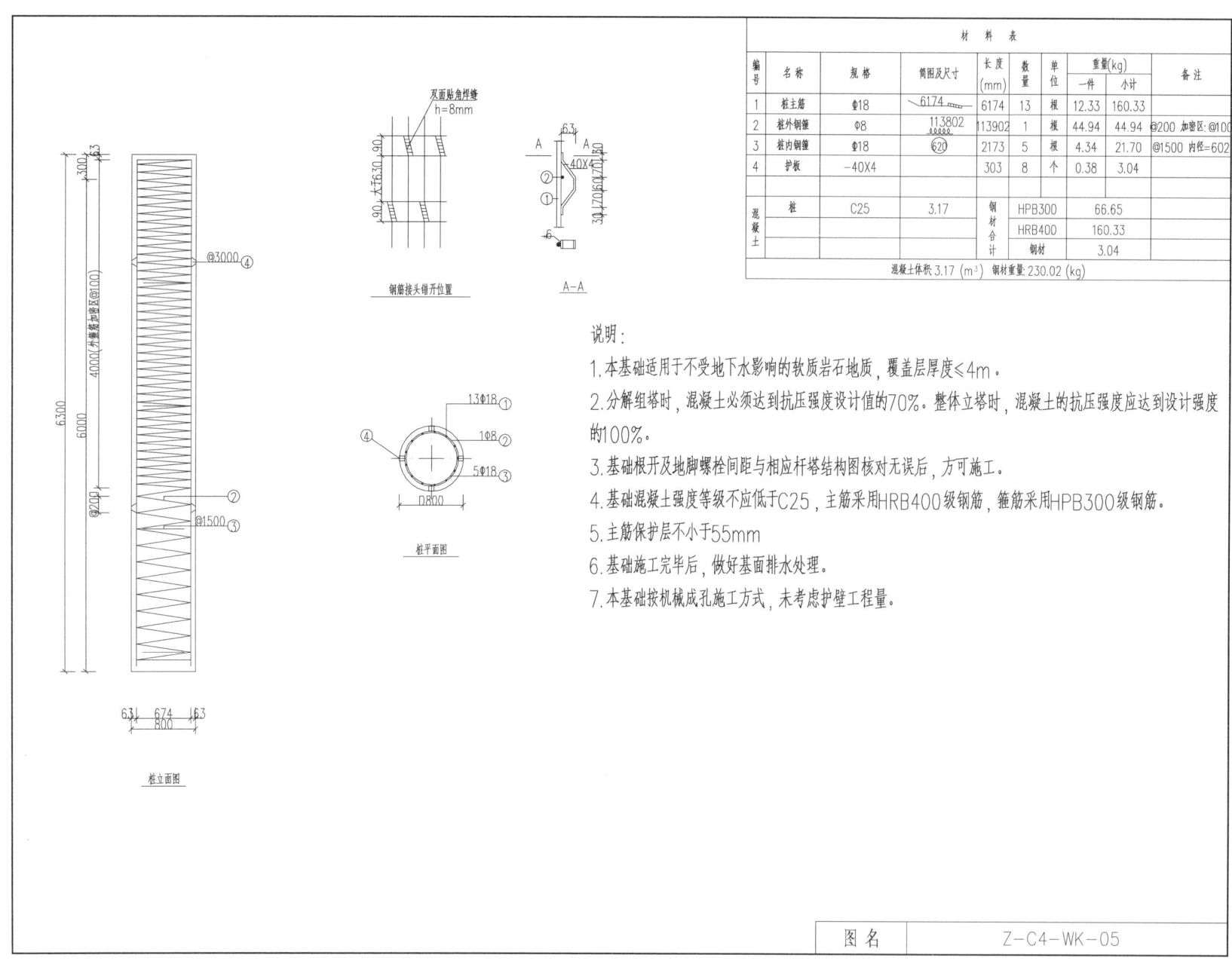

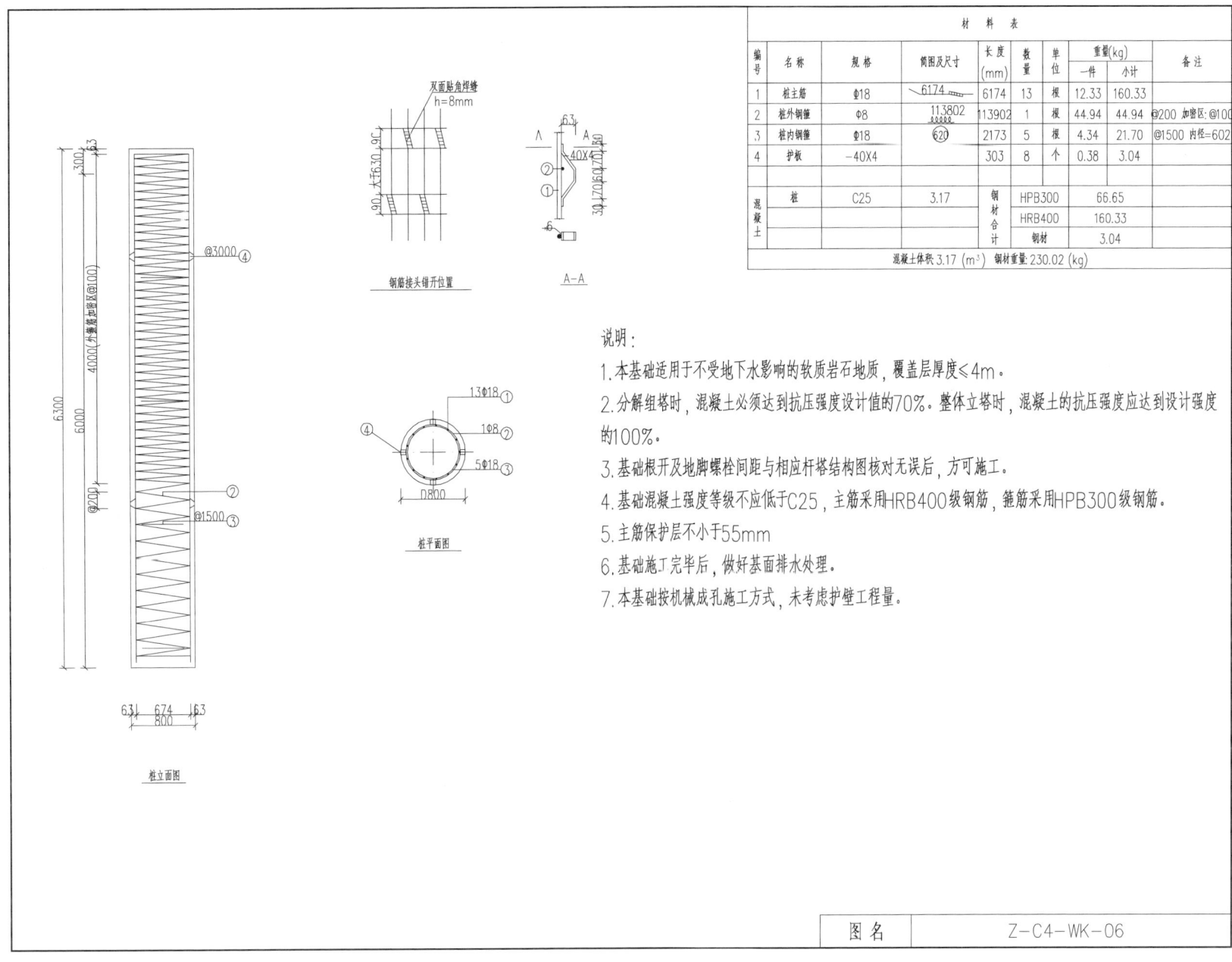

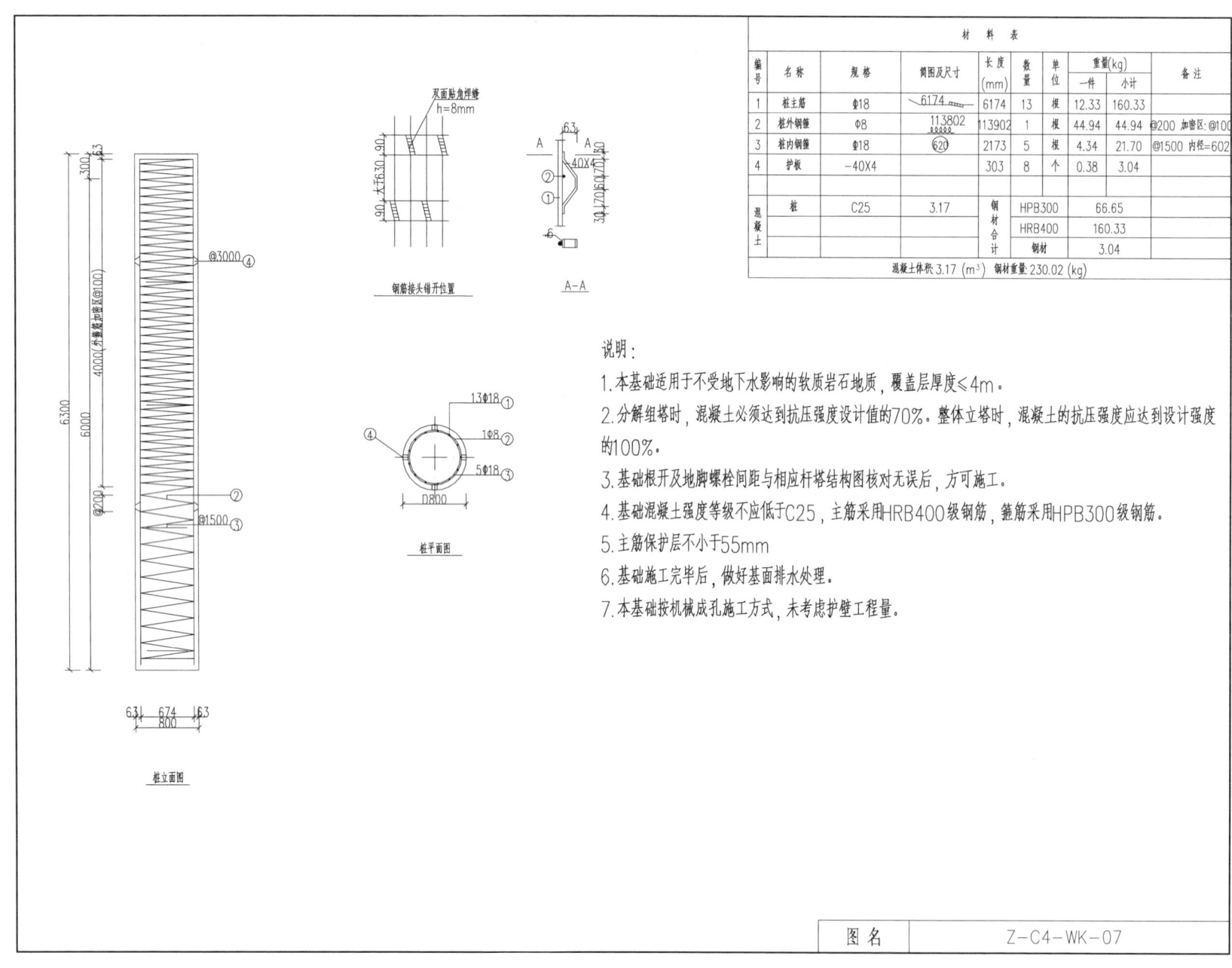

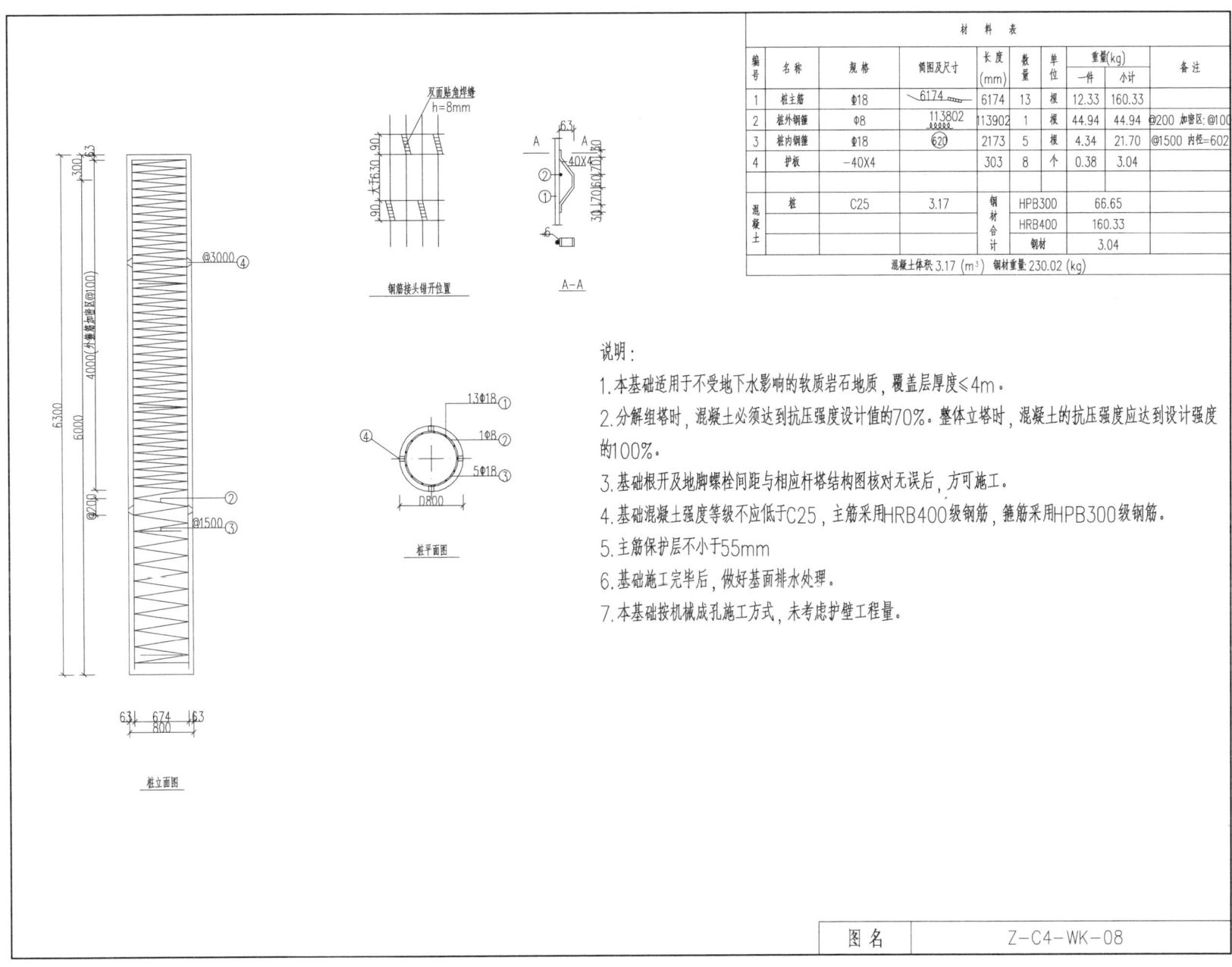

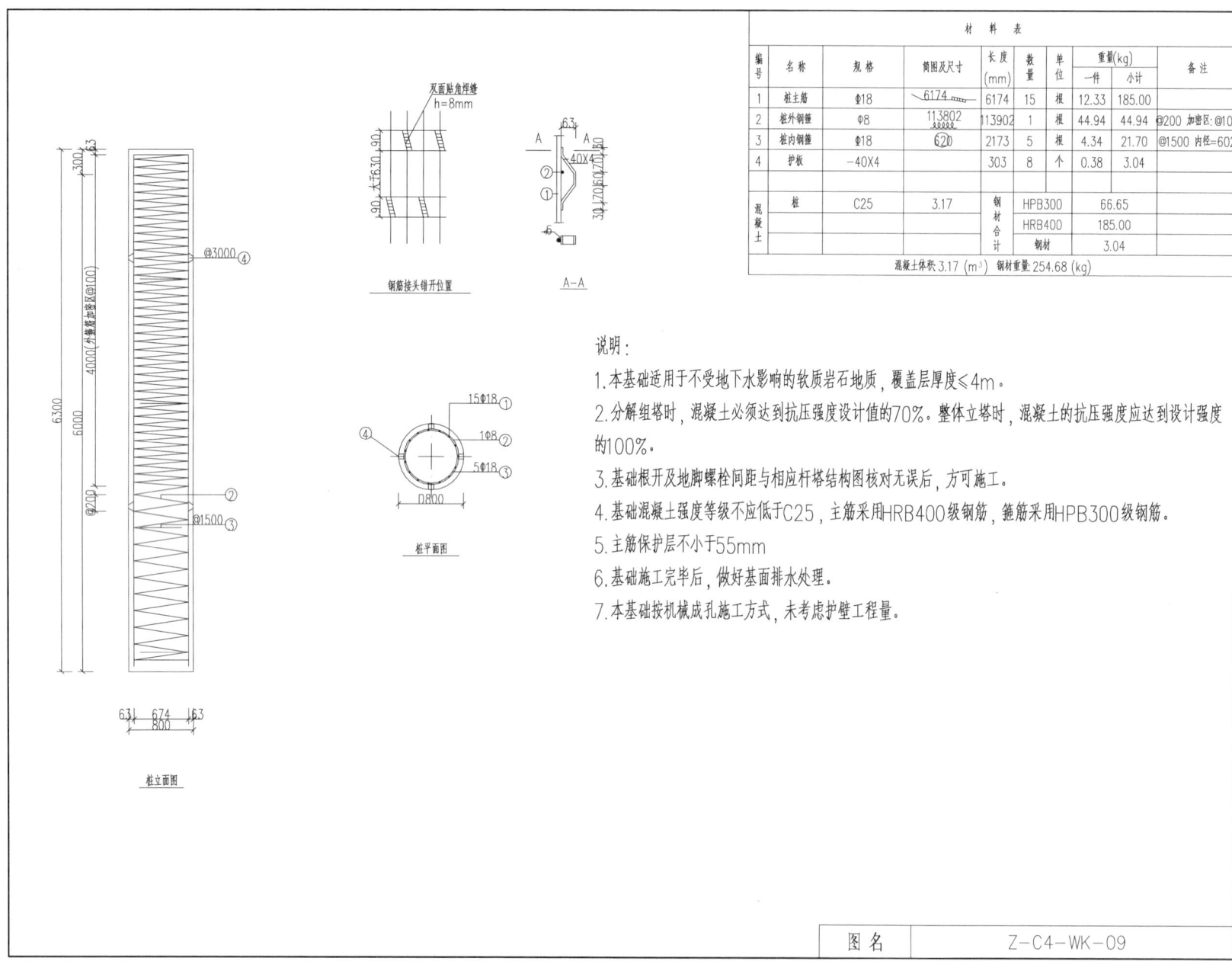

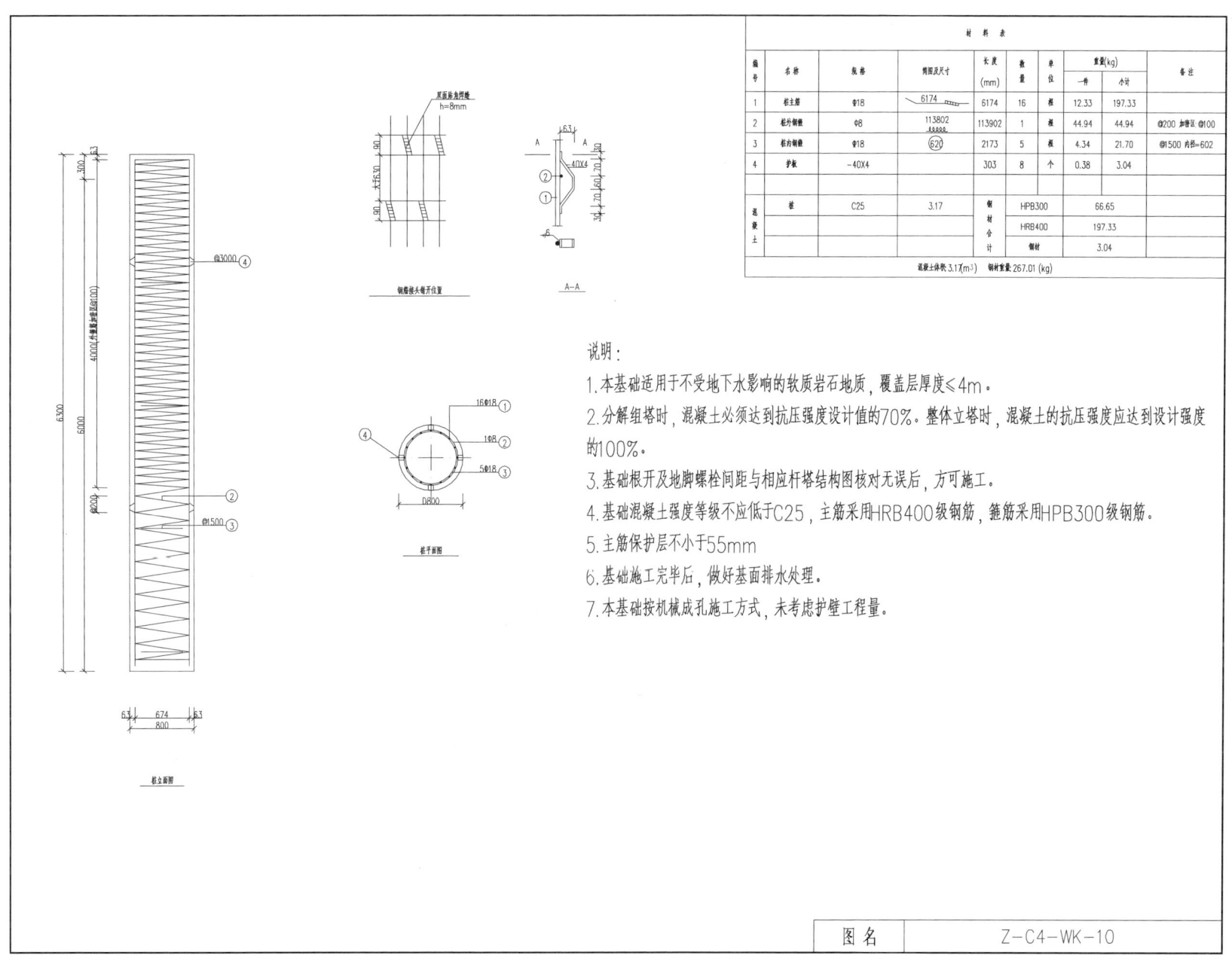

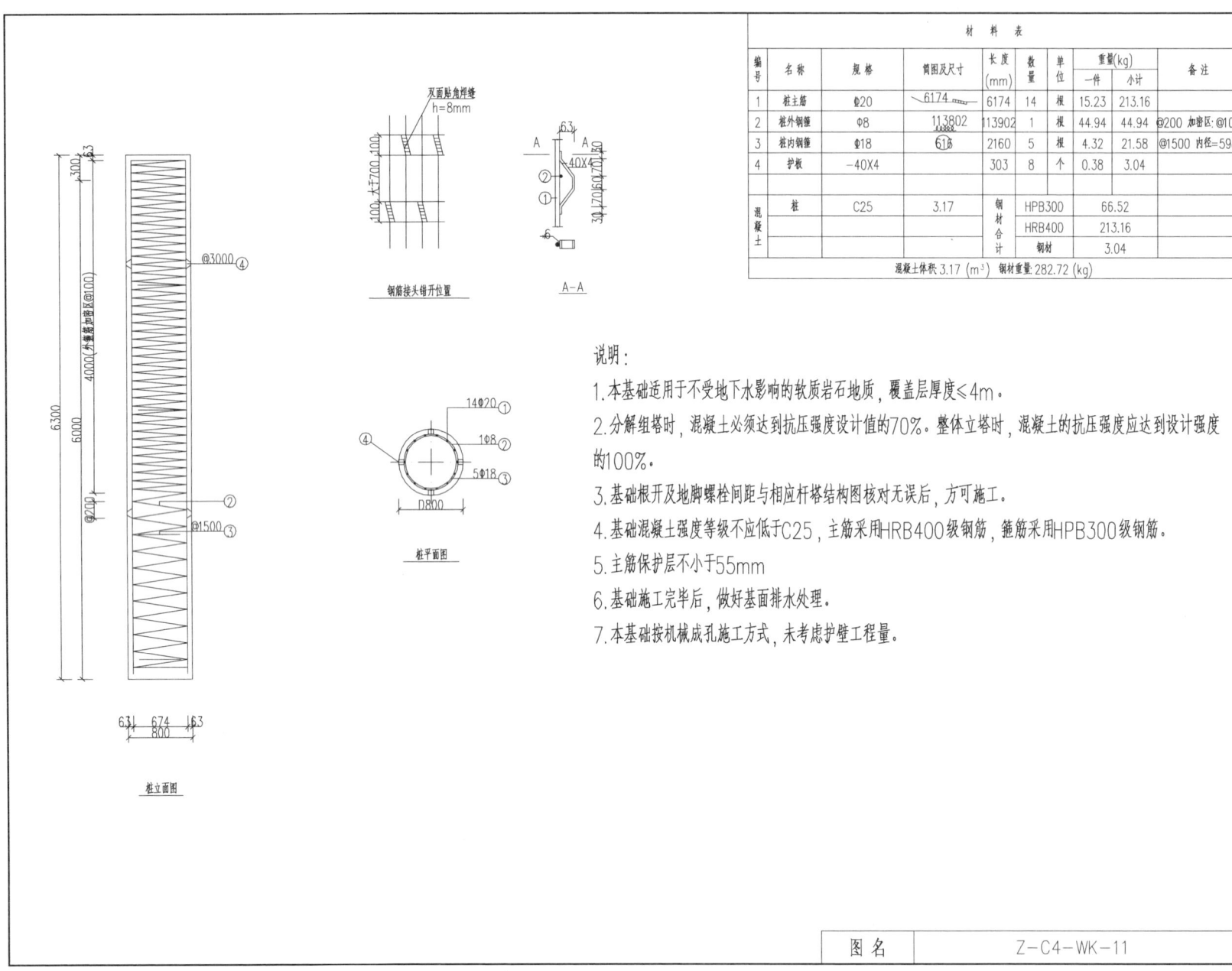

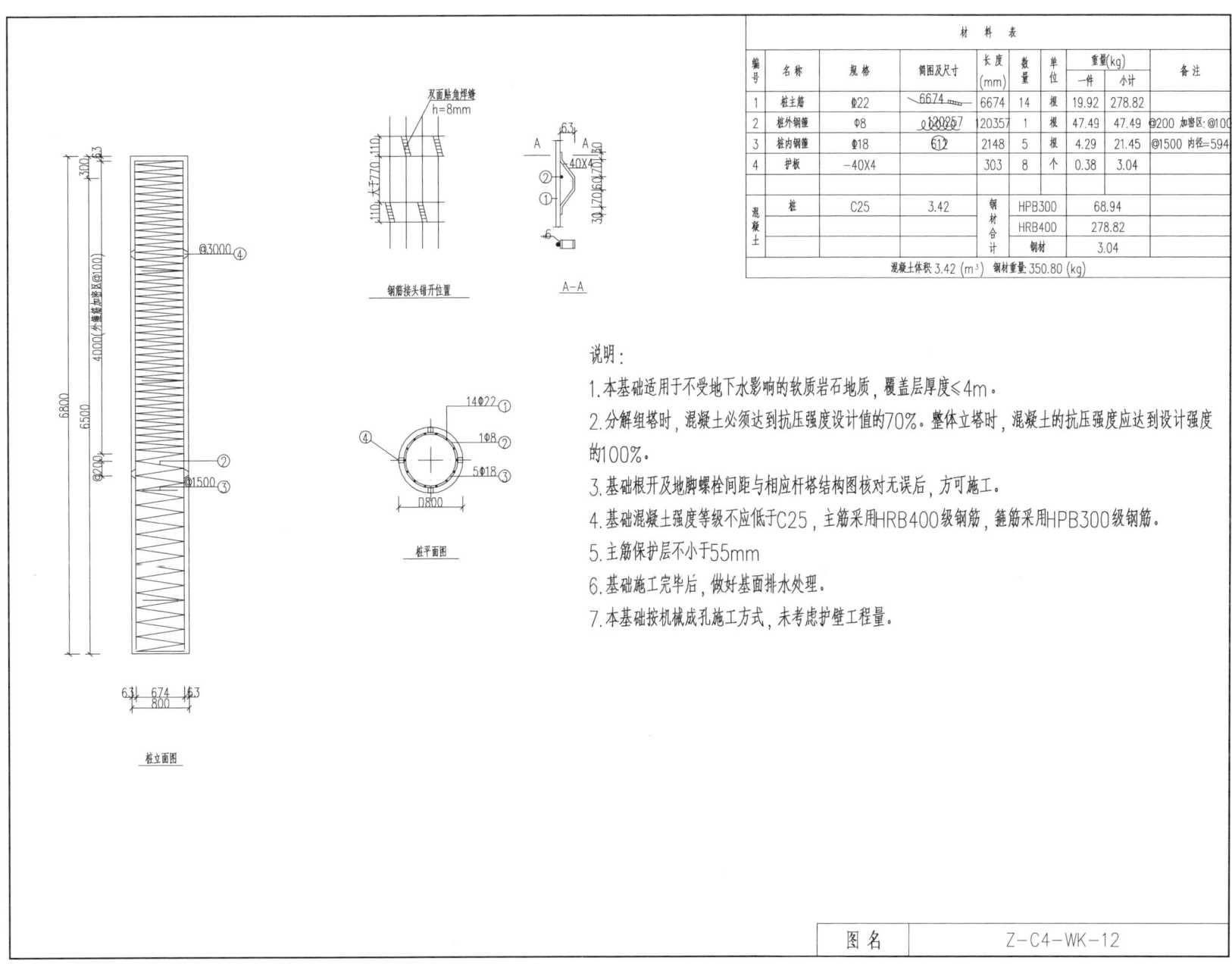

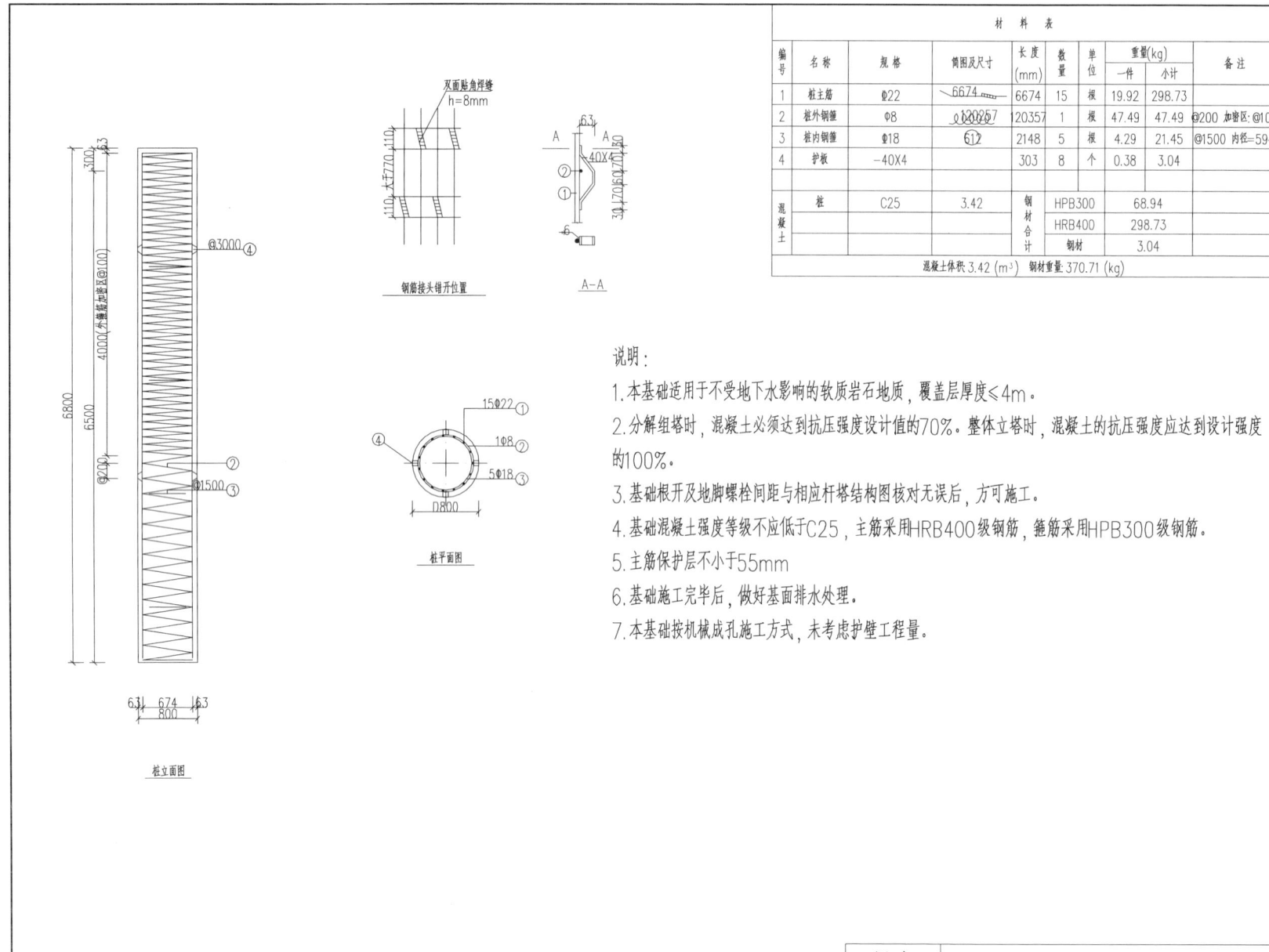

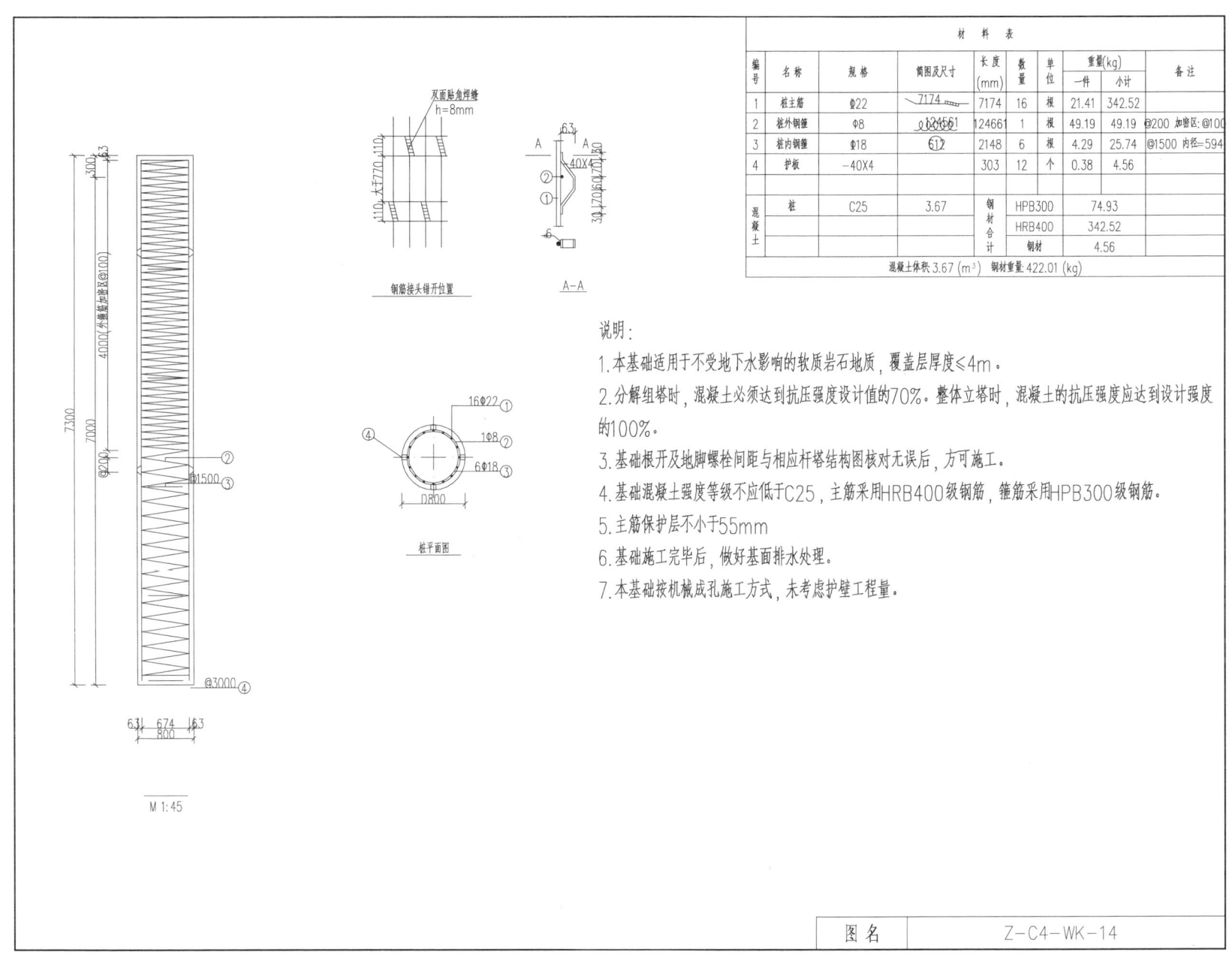

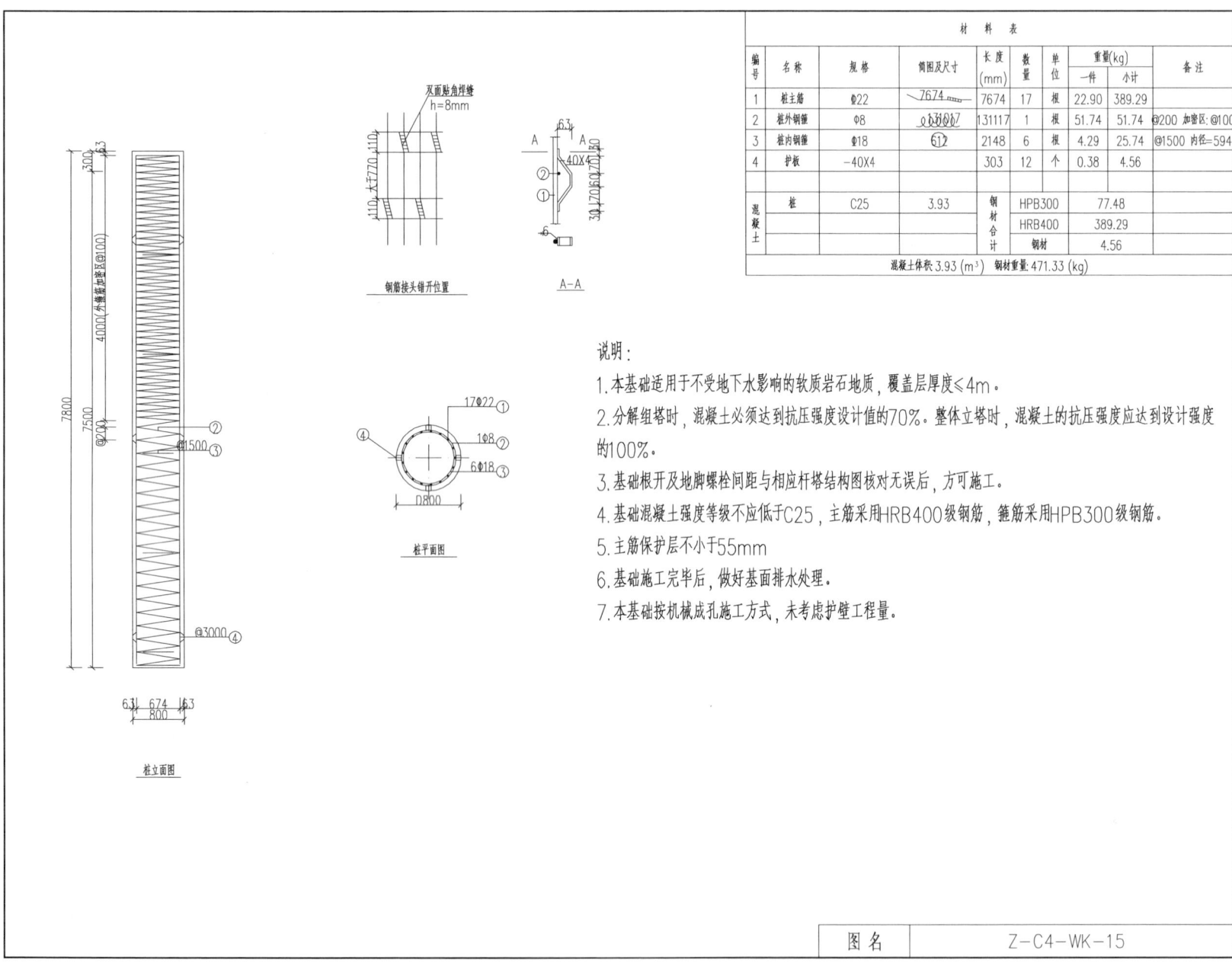

图名 Z-C4-WK-15

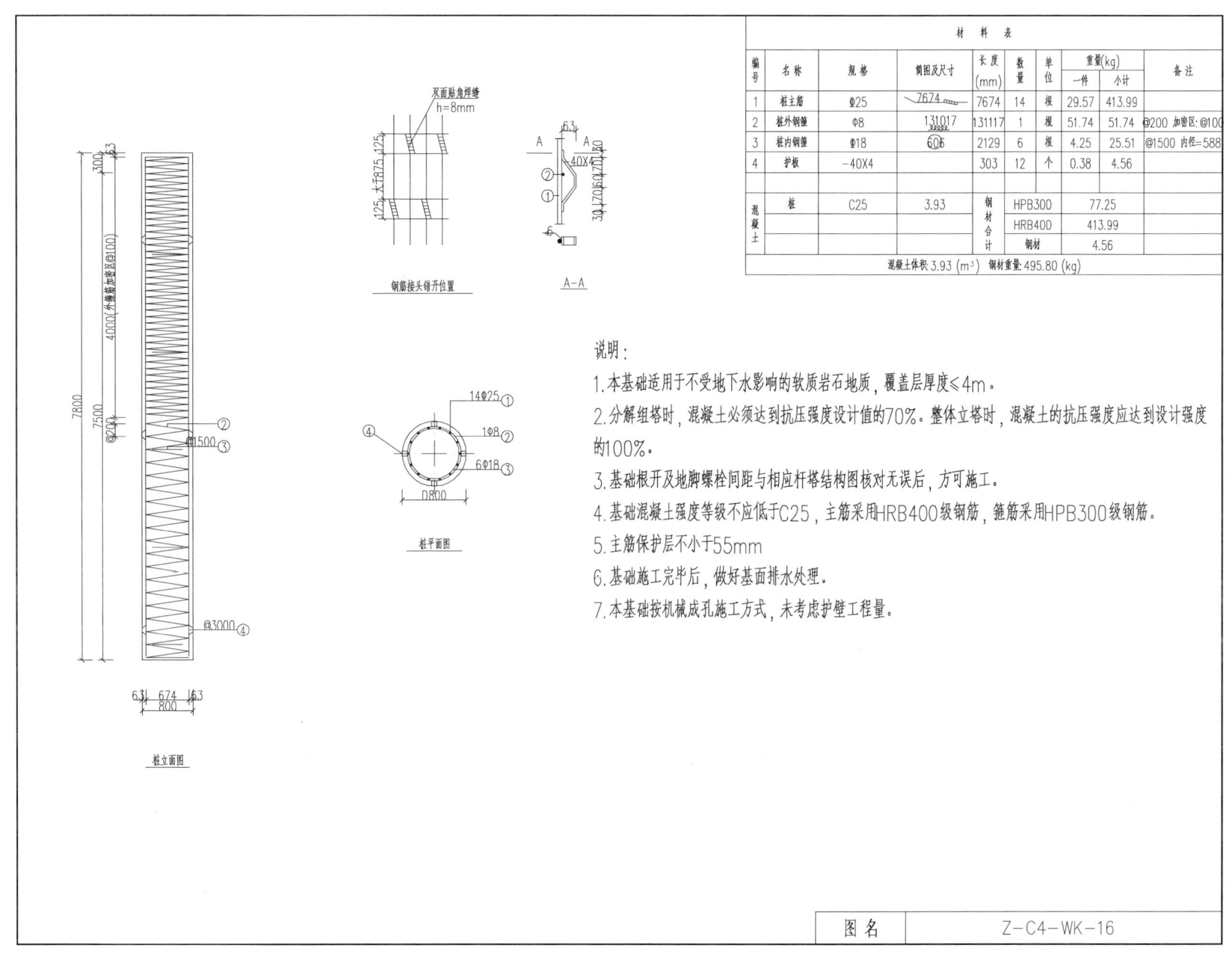

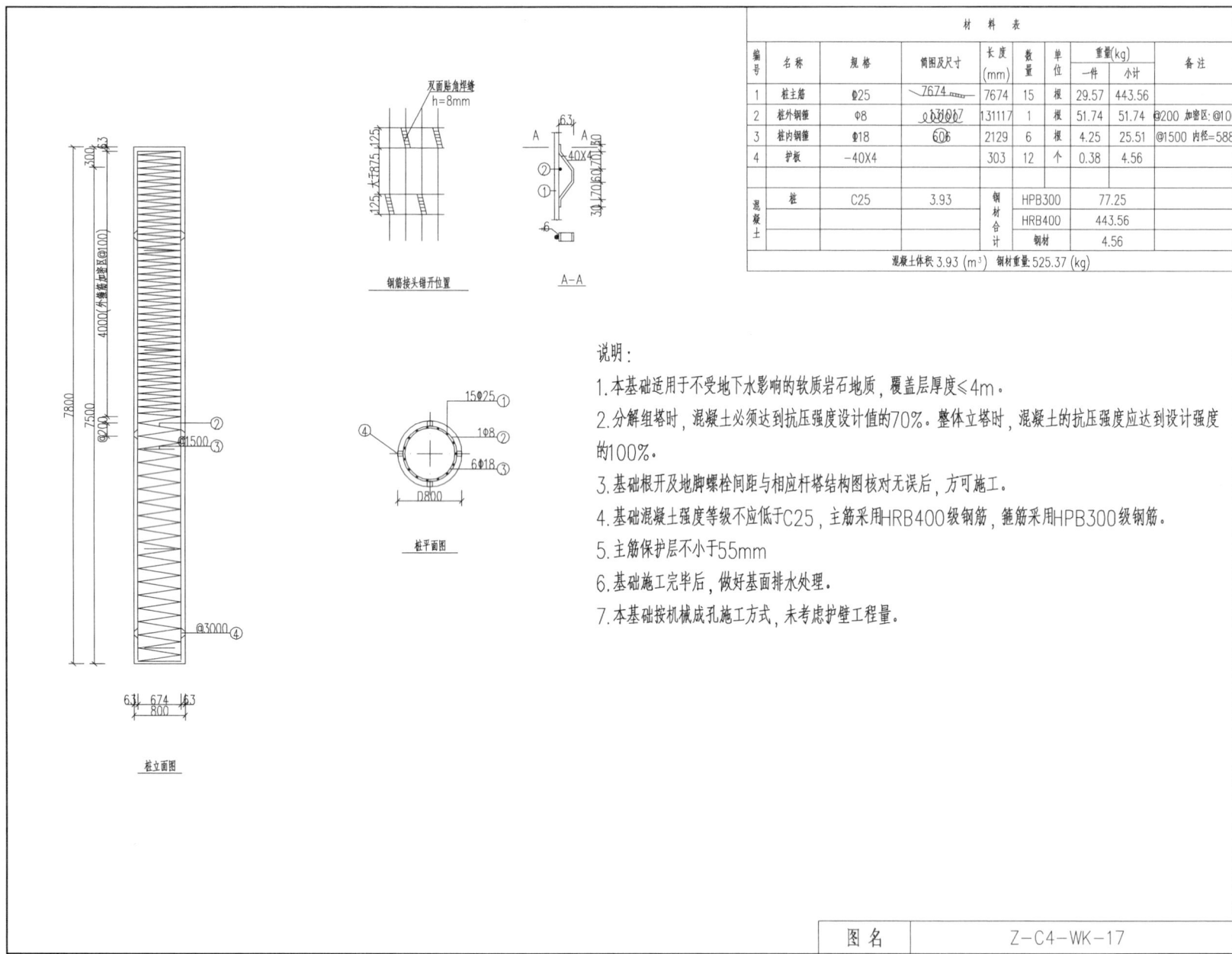

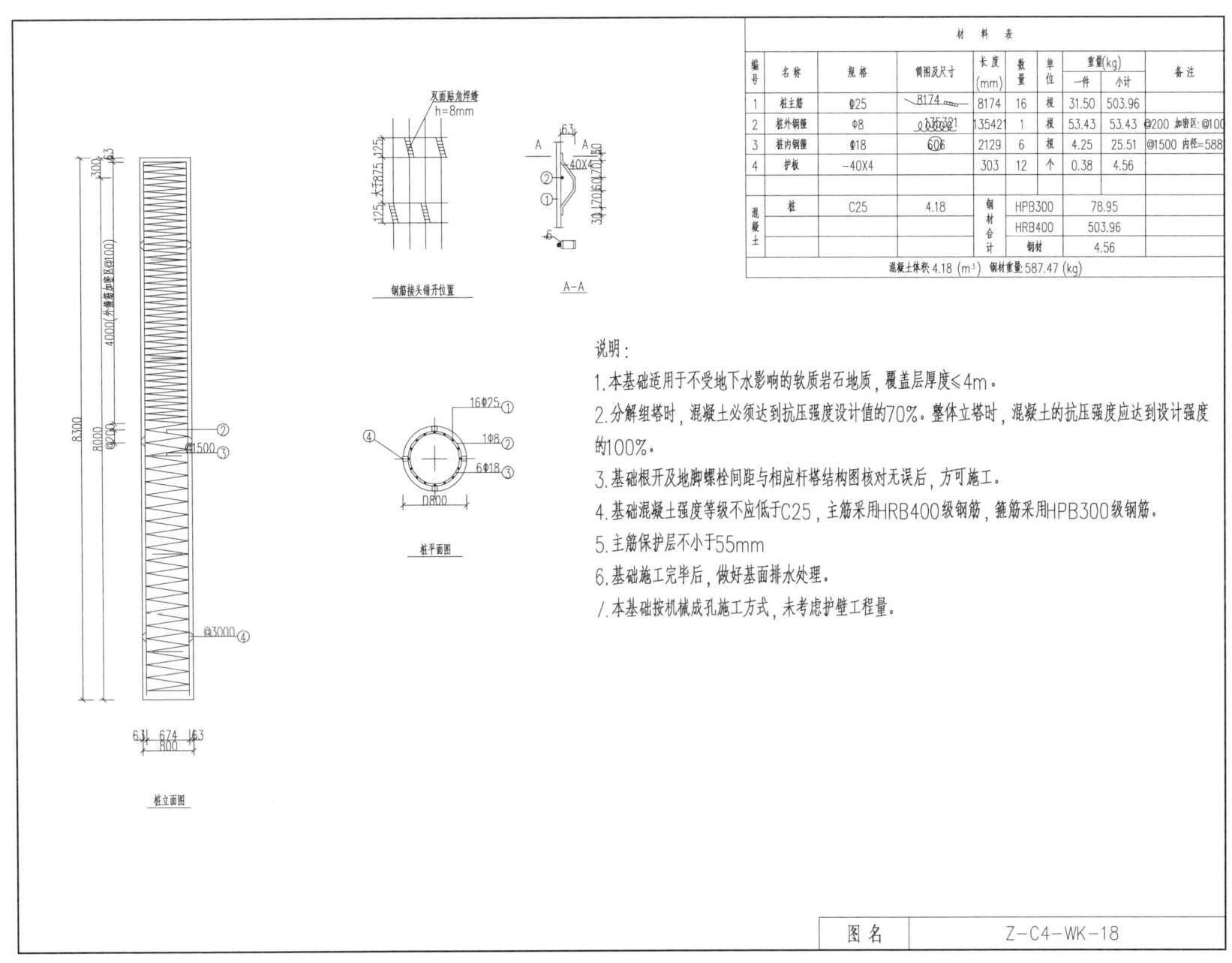

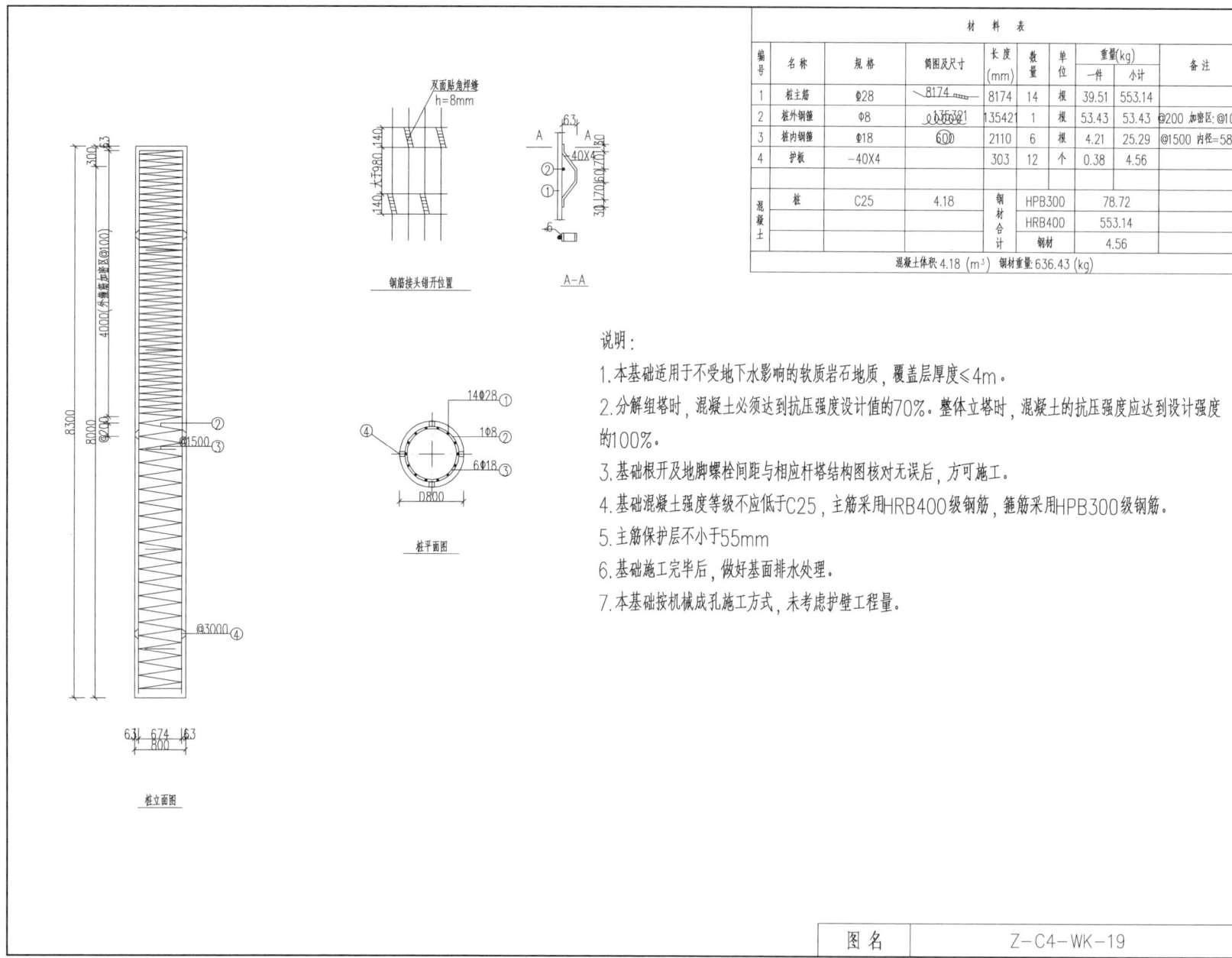

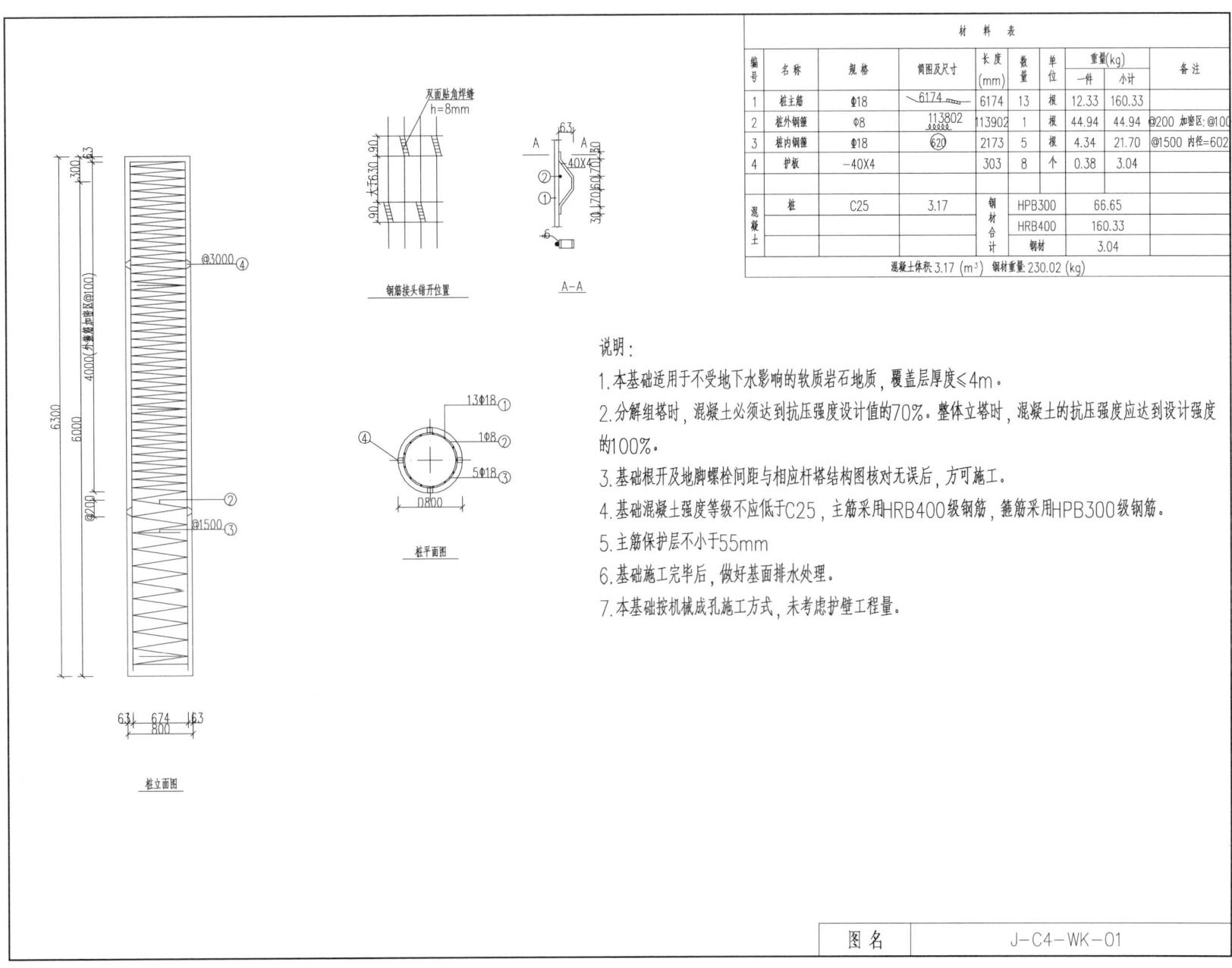

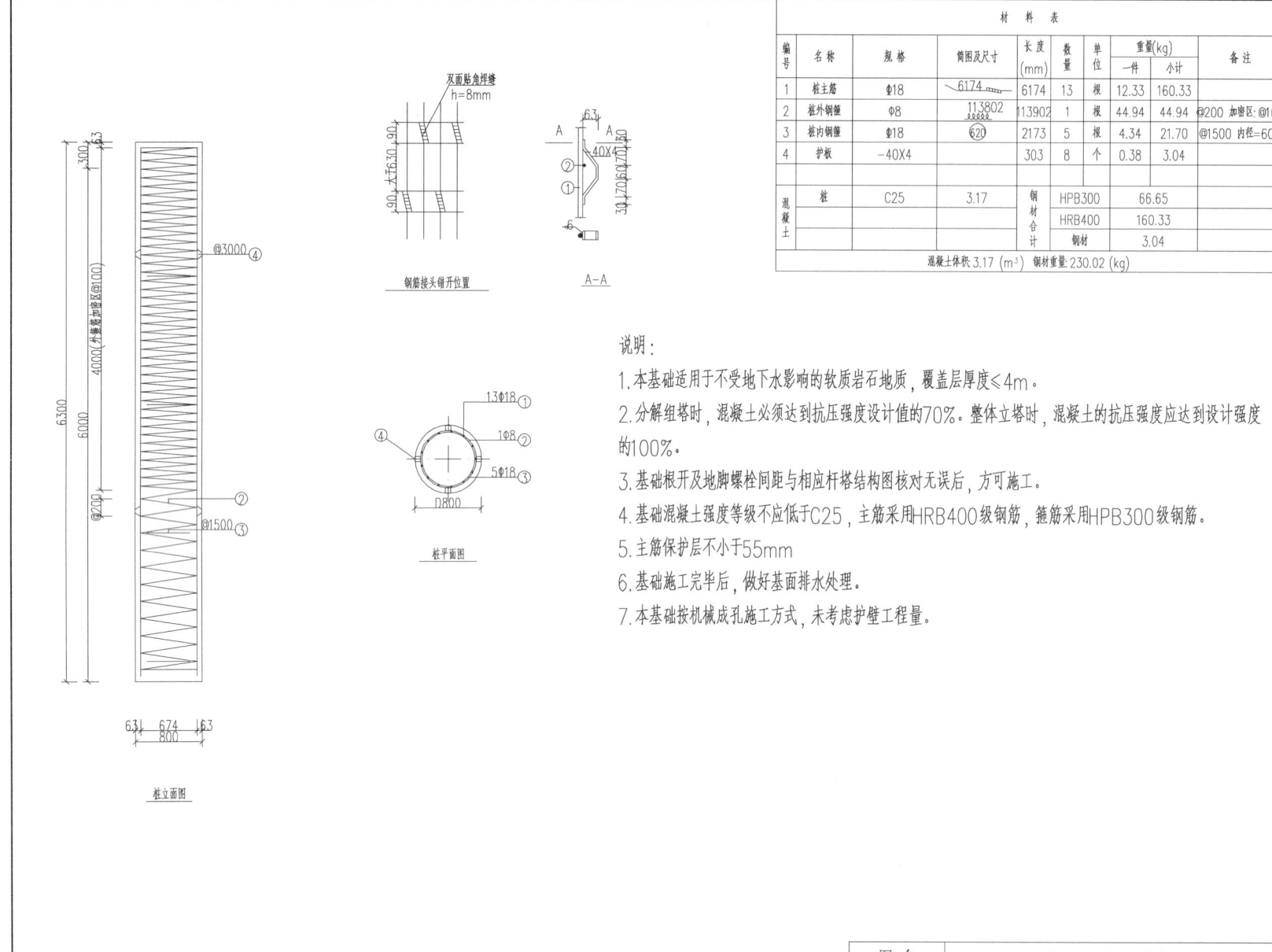

图名 J-C4-WK-02

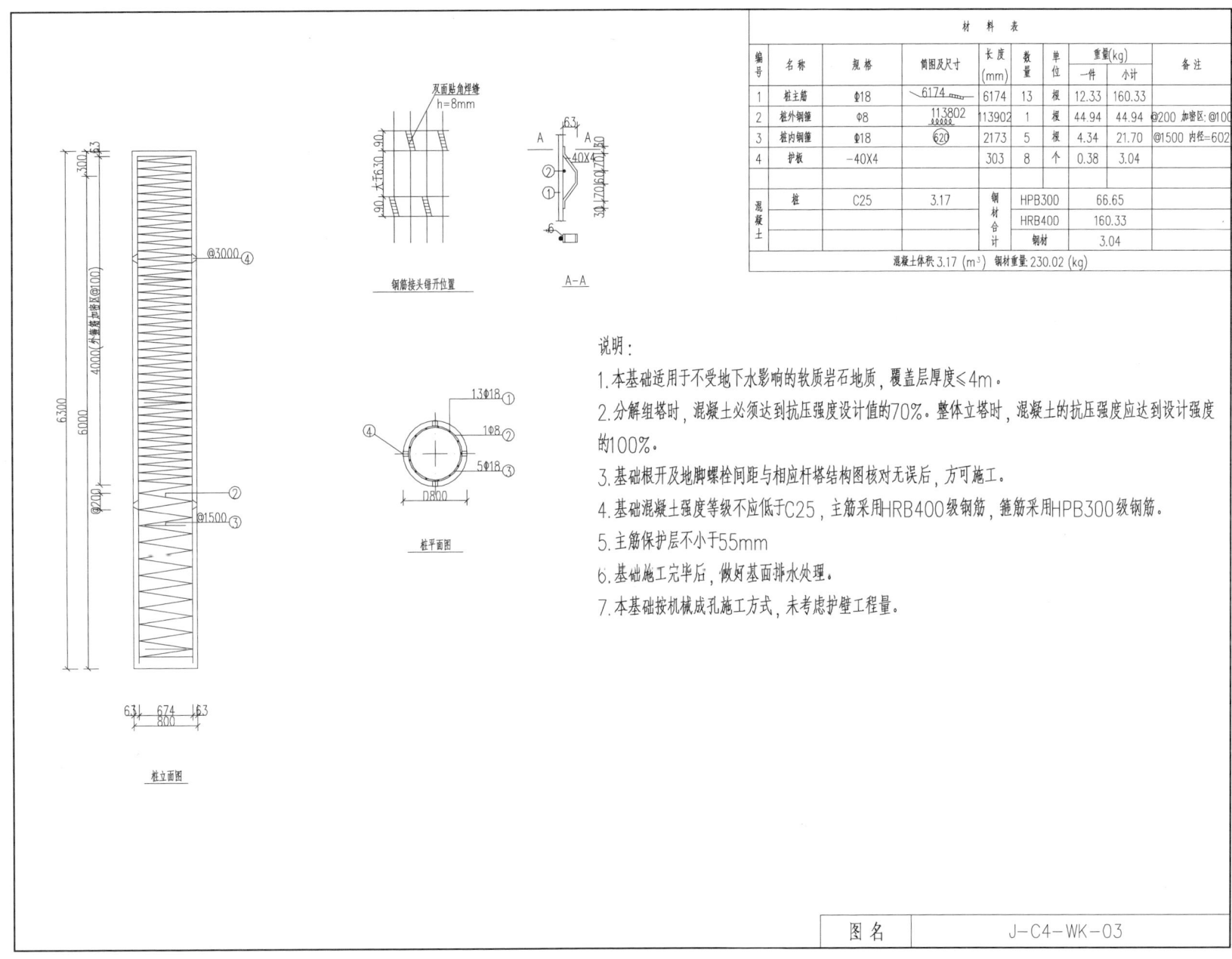

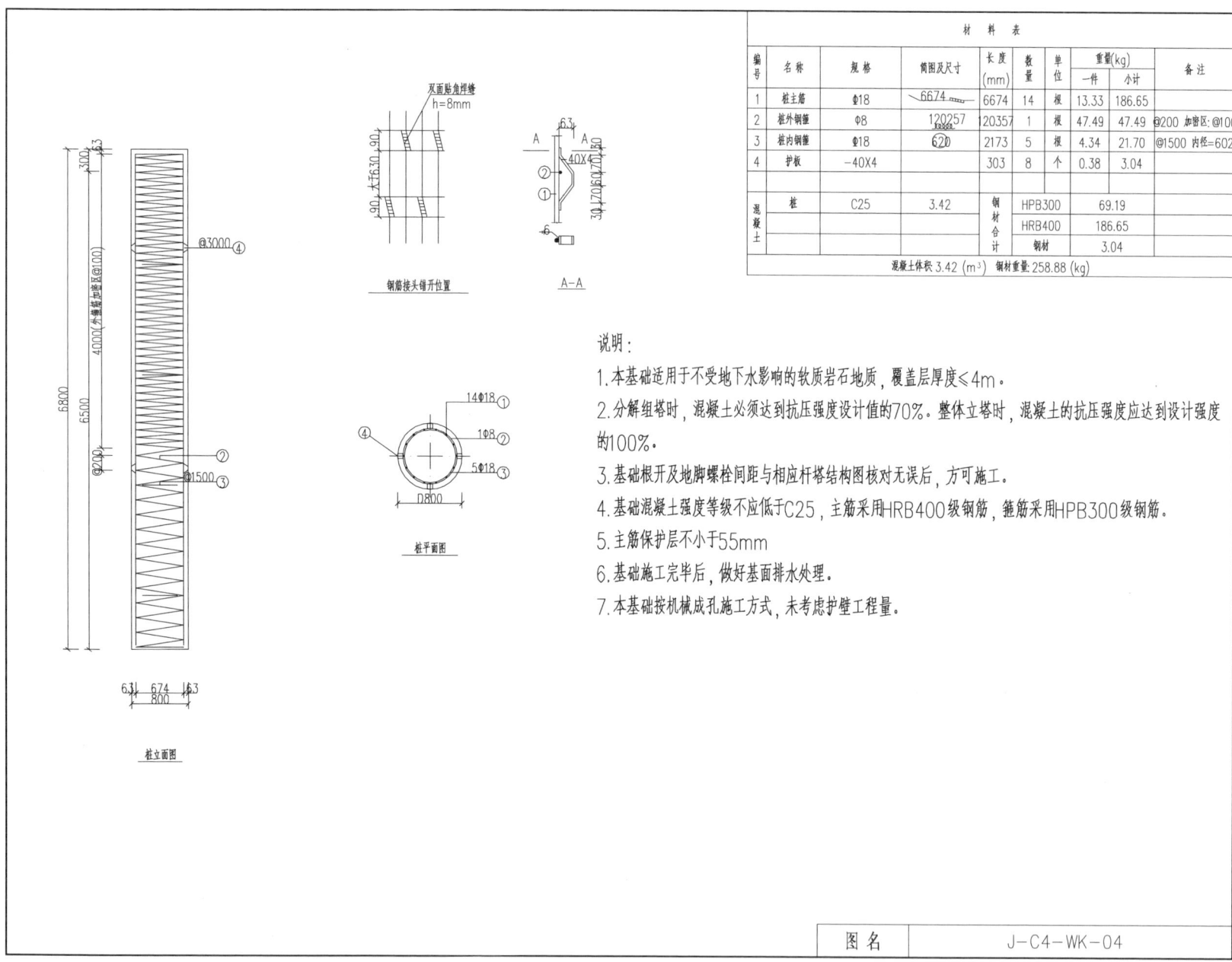

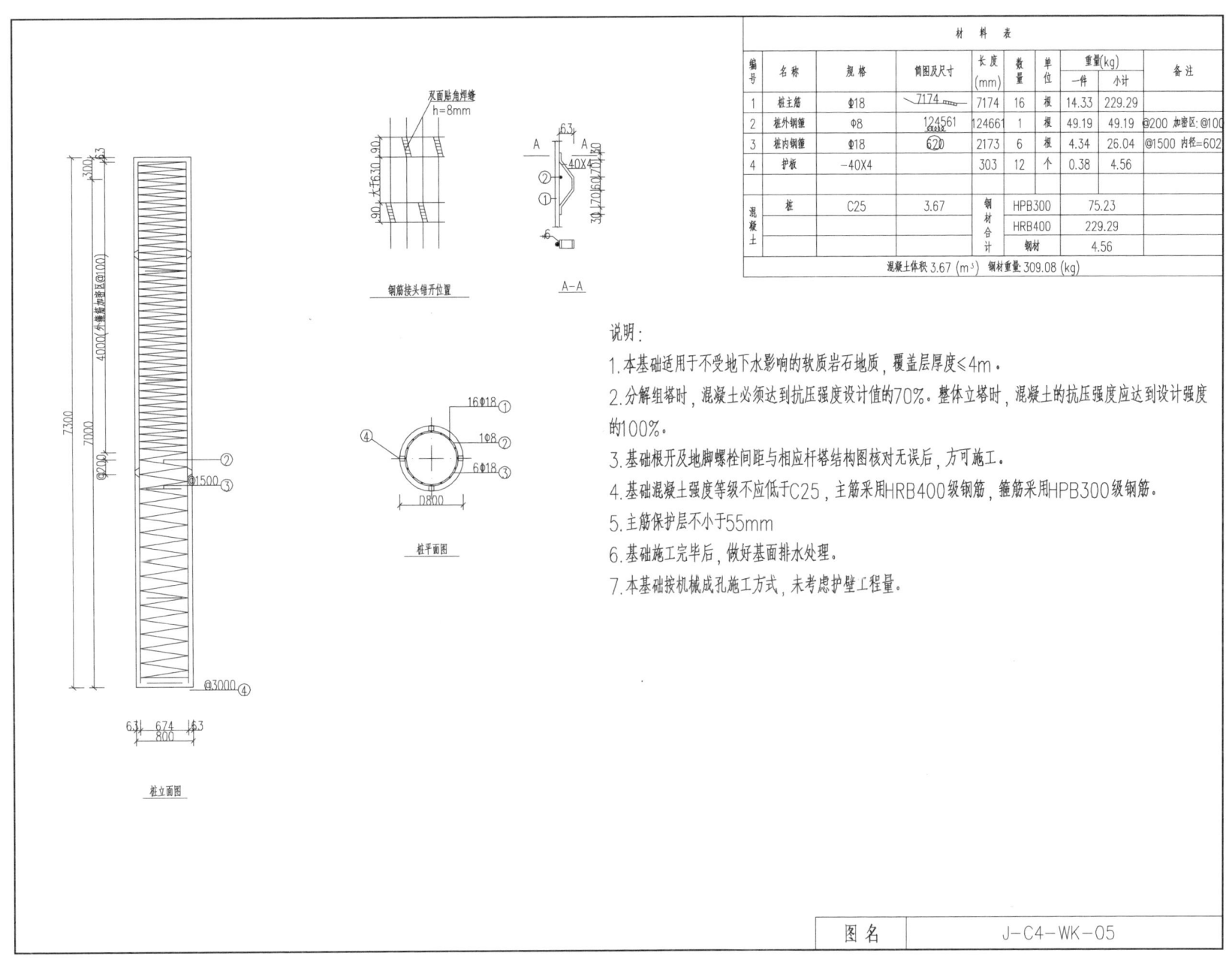

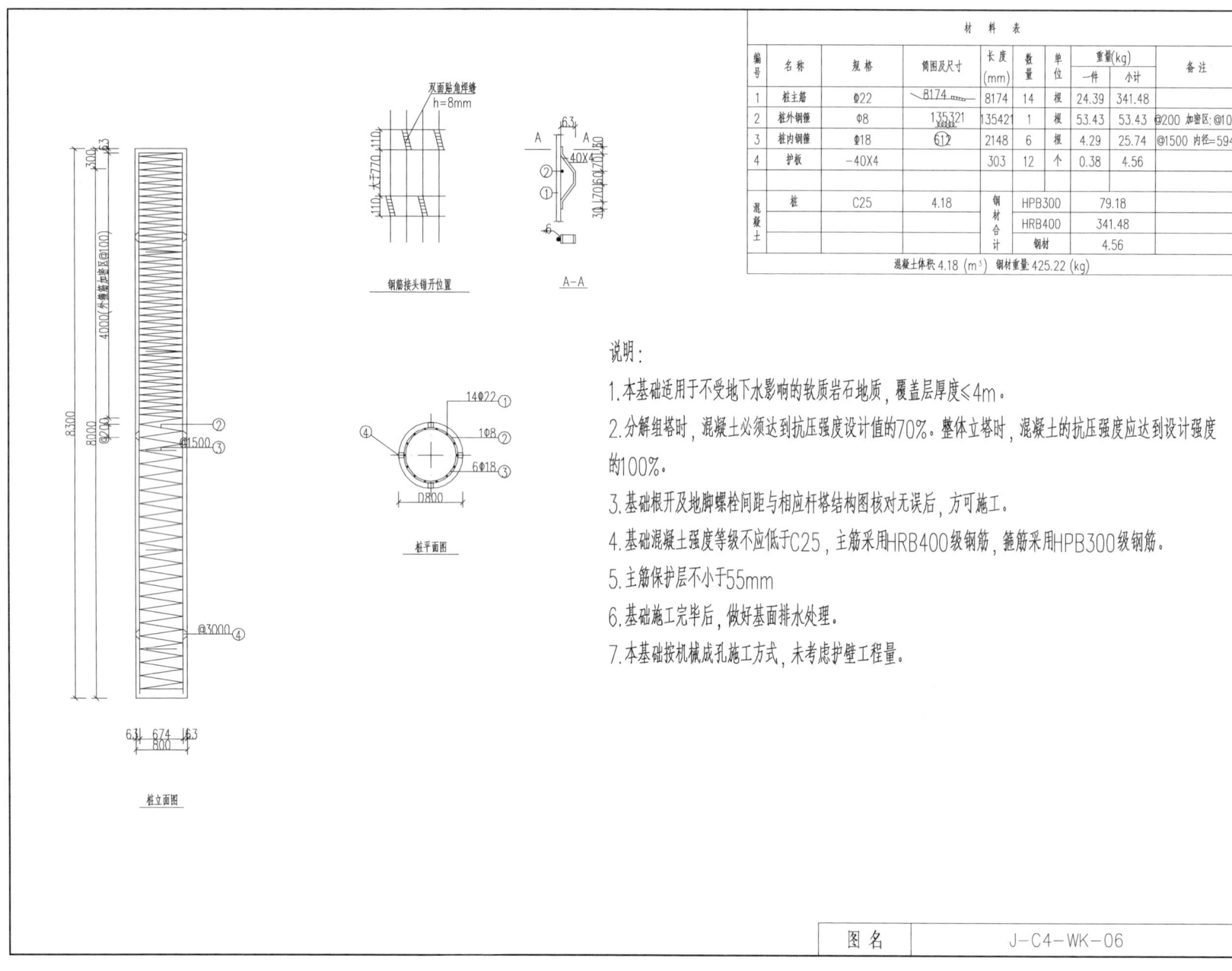

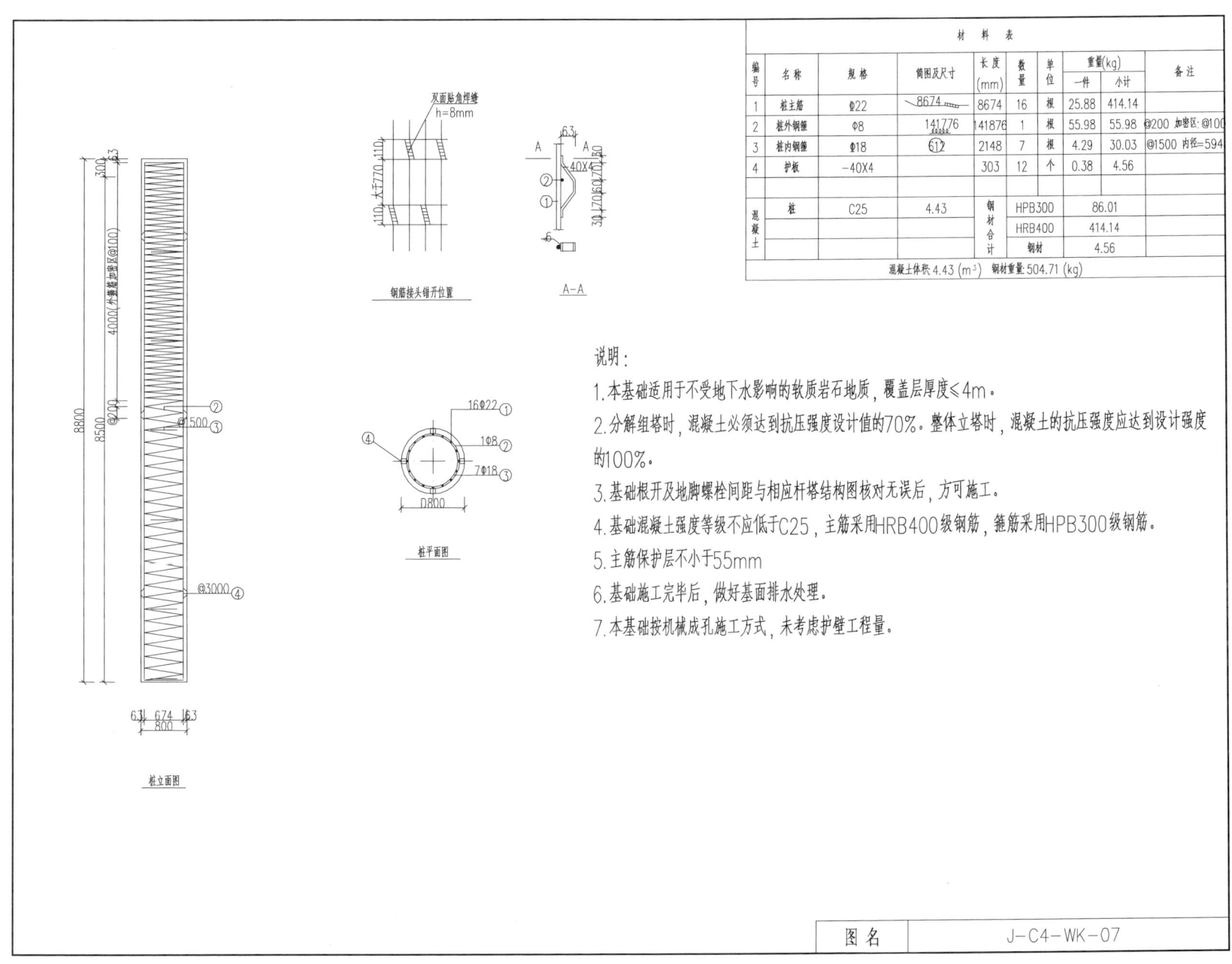

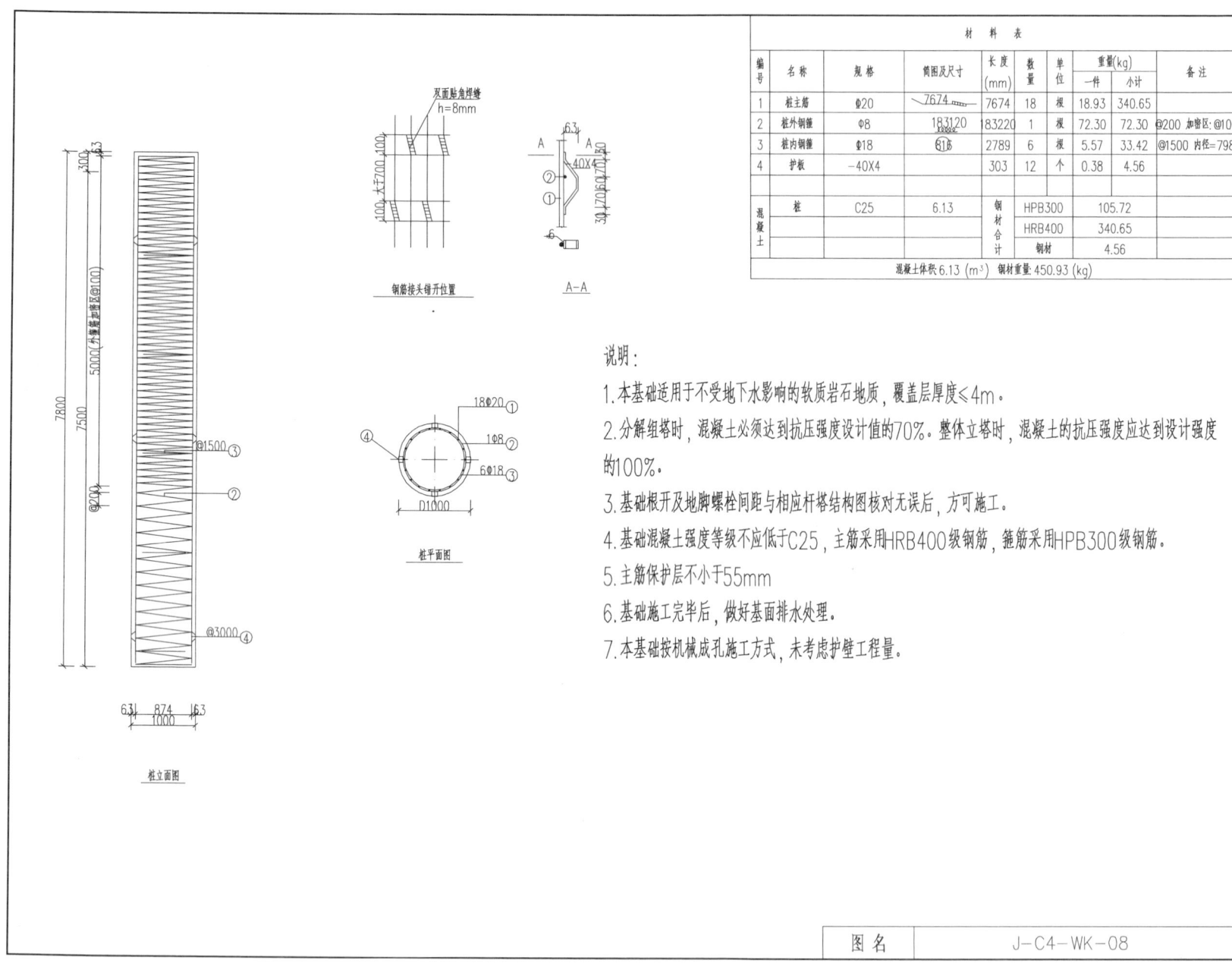

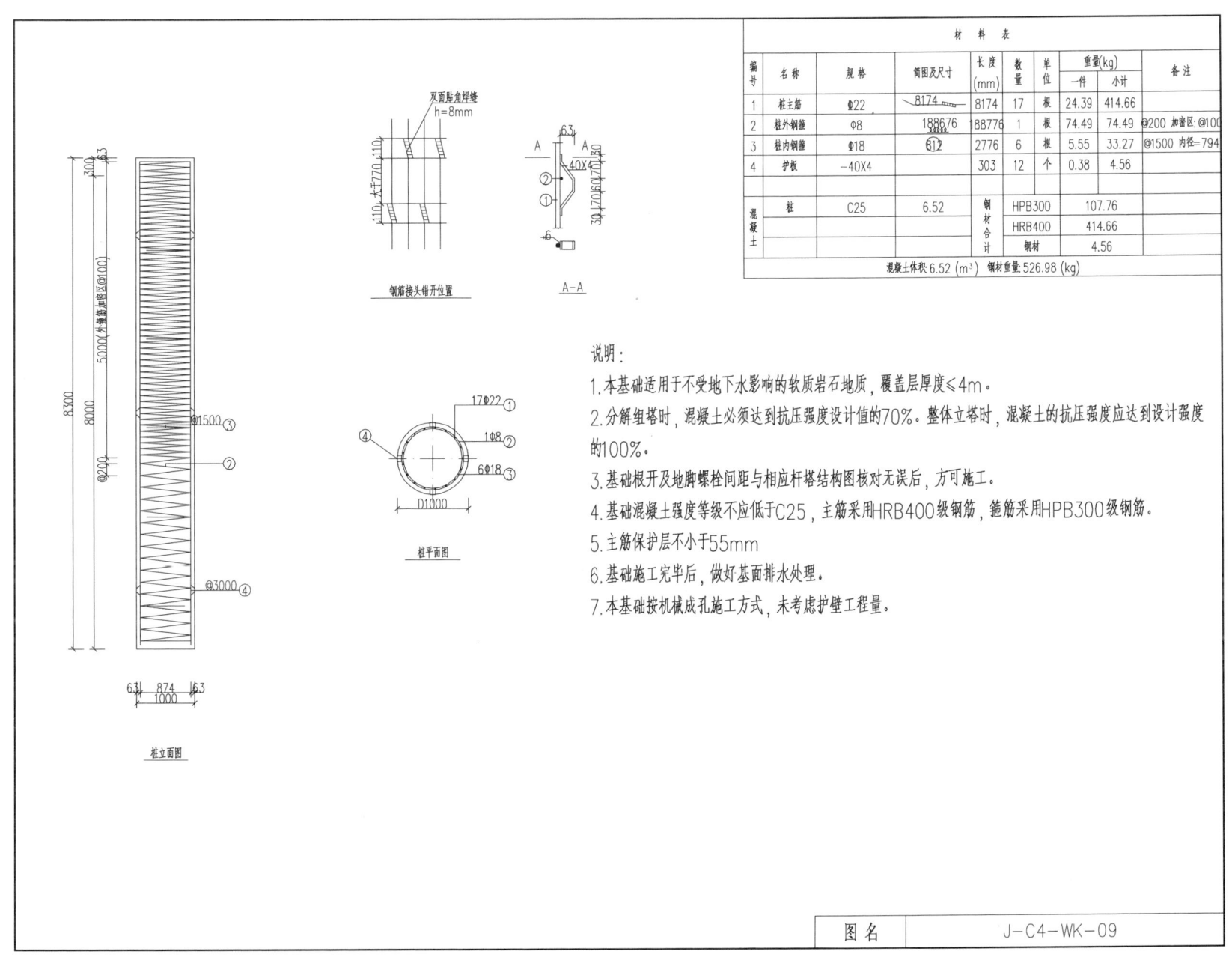

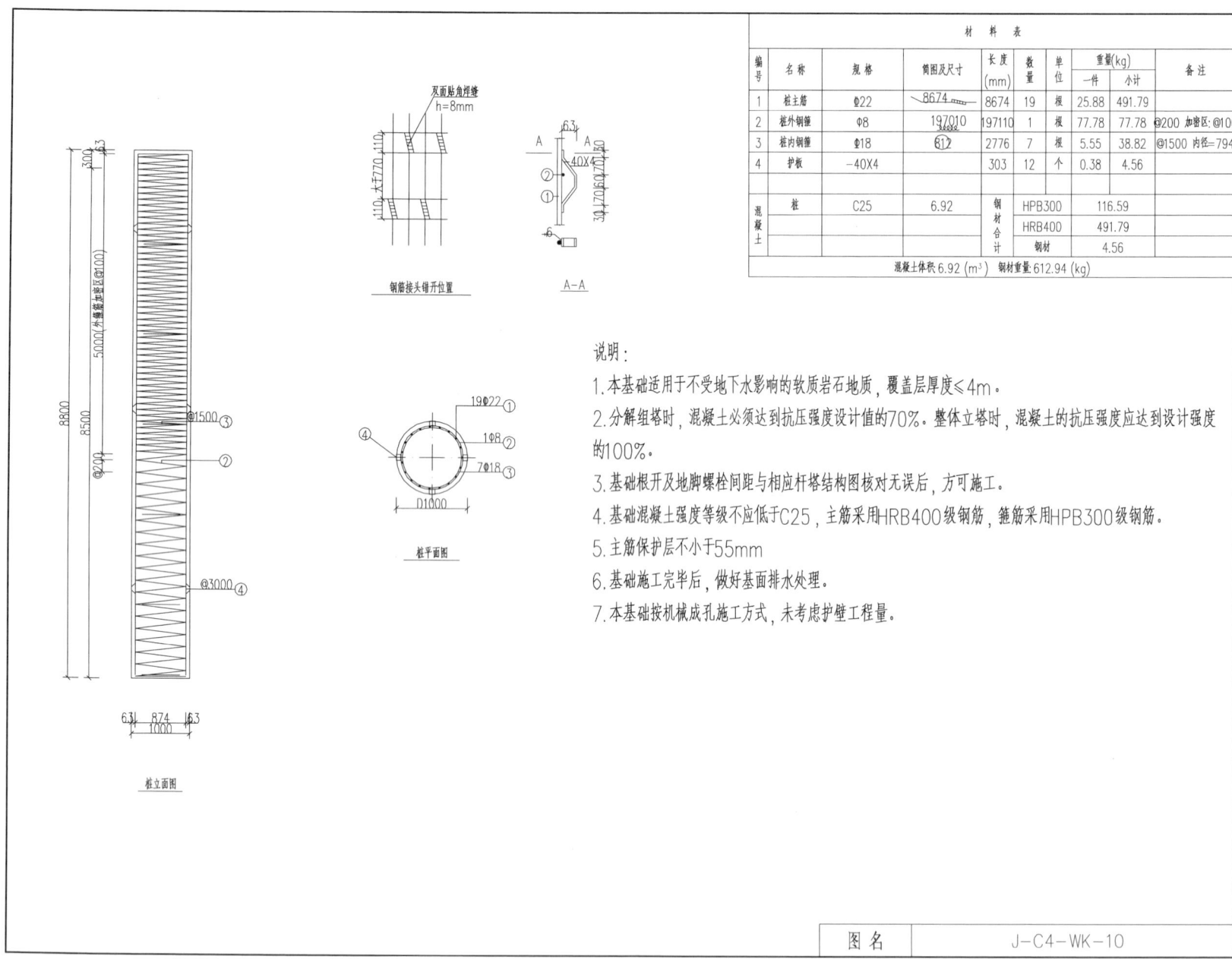

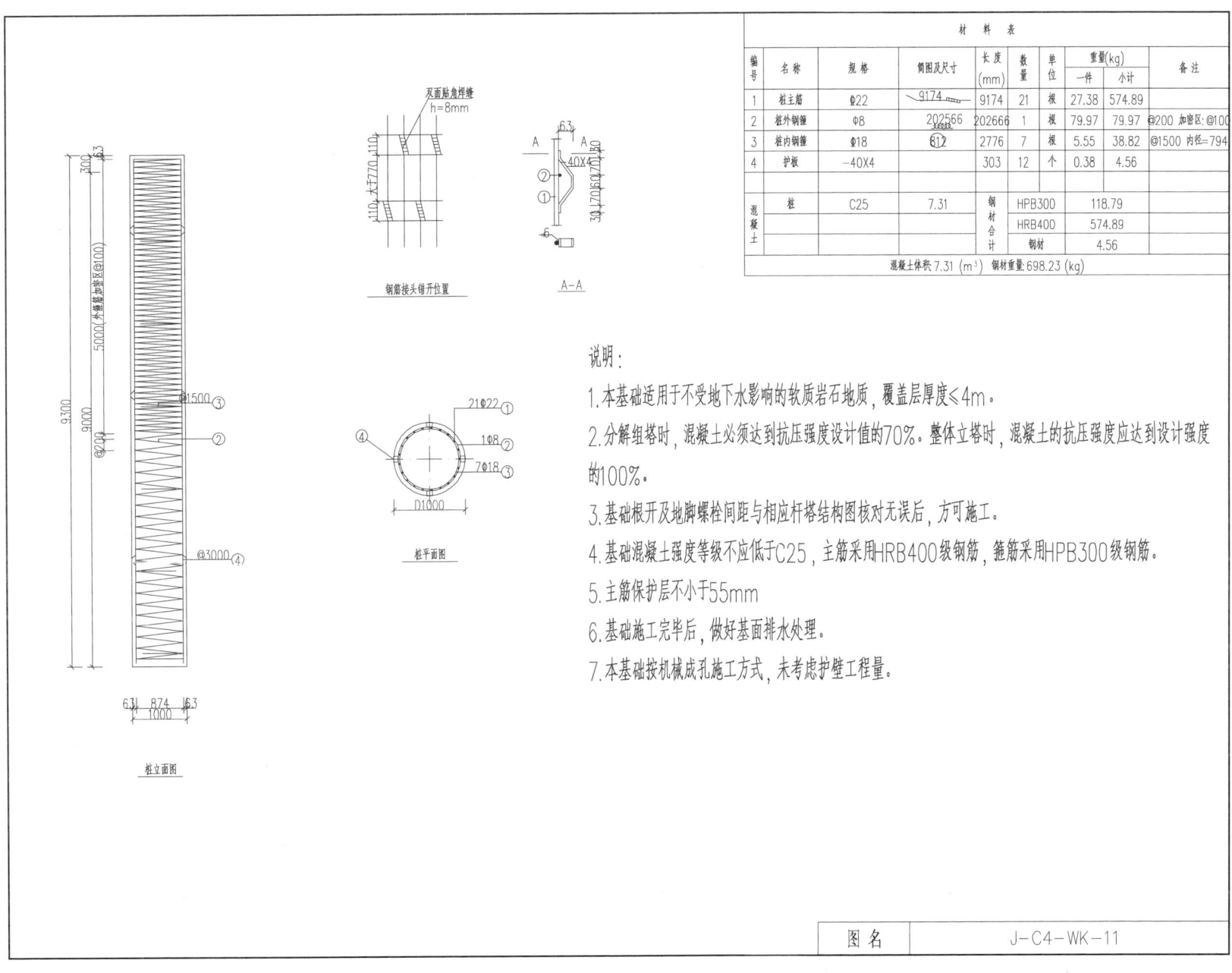

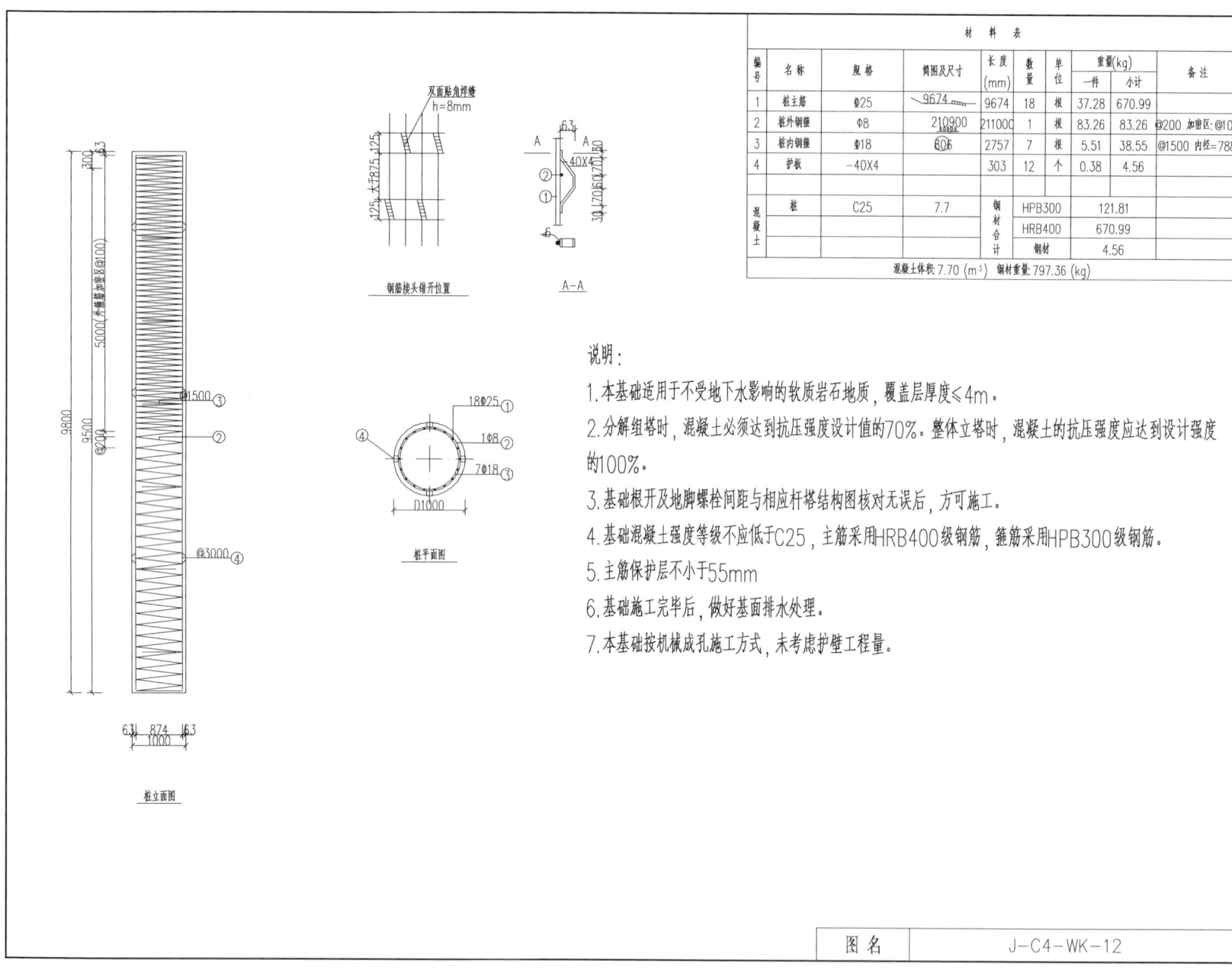

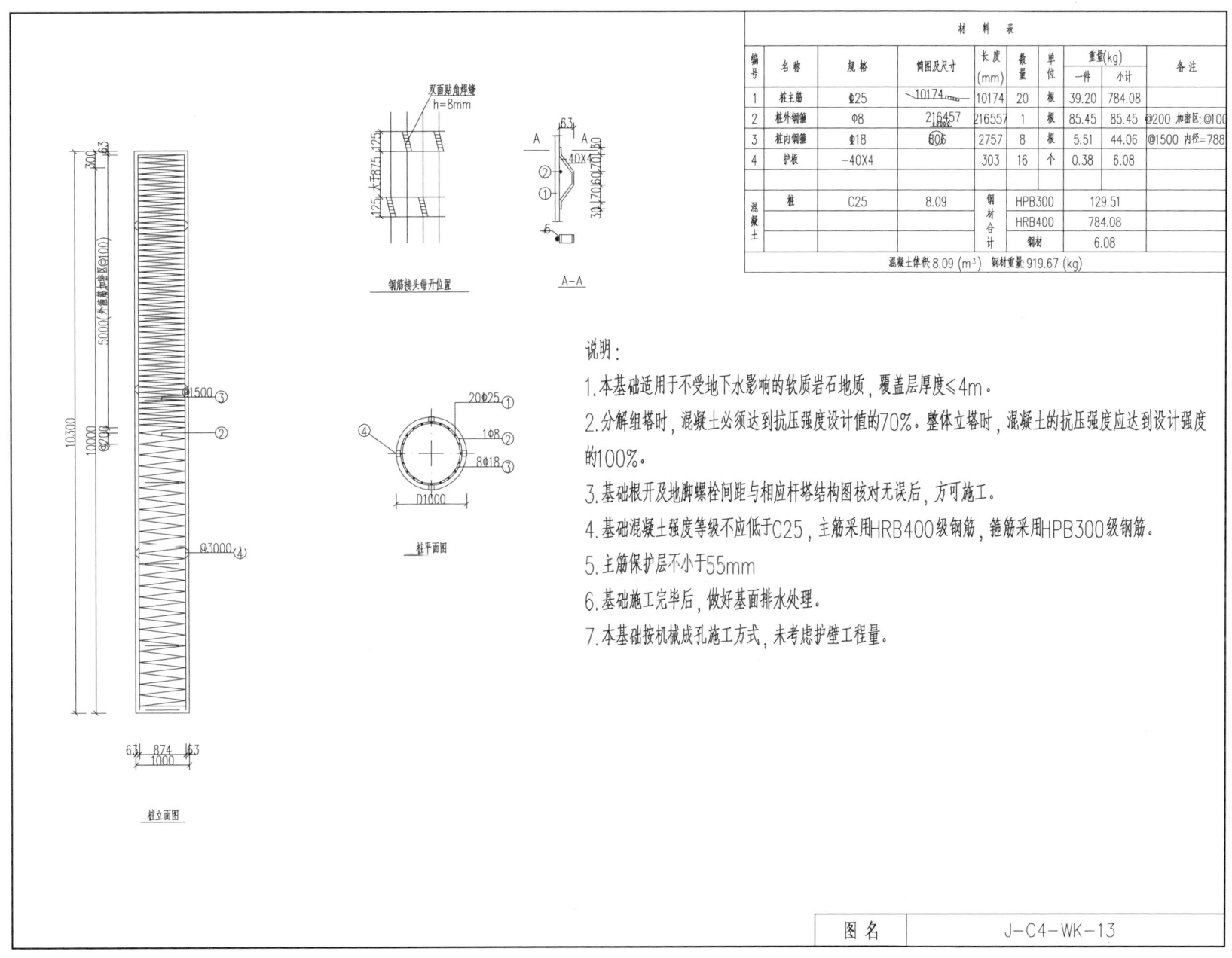

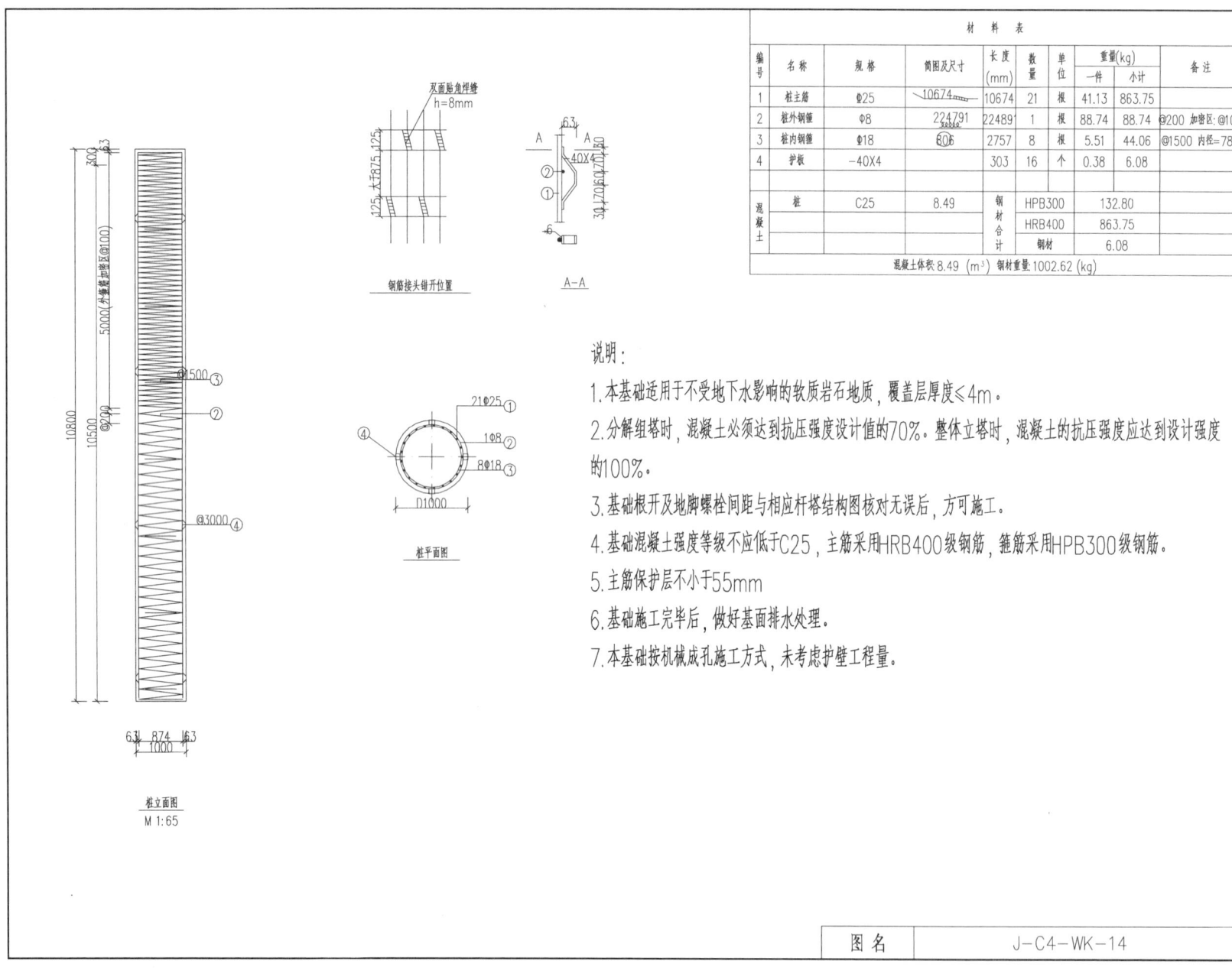

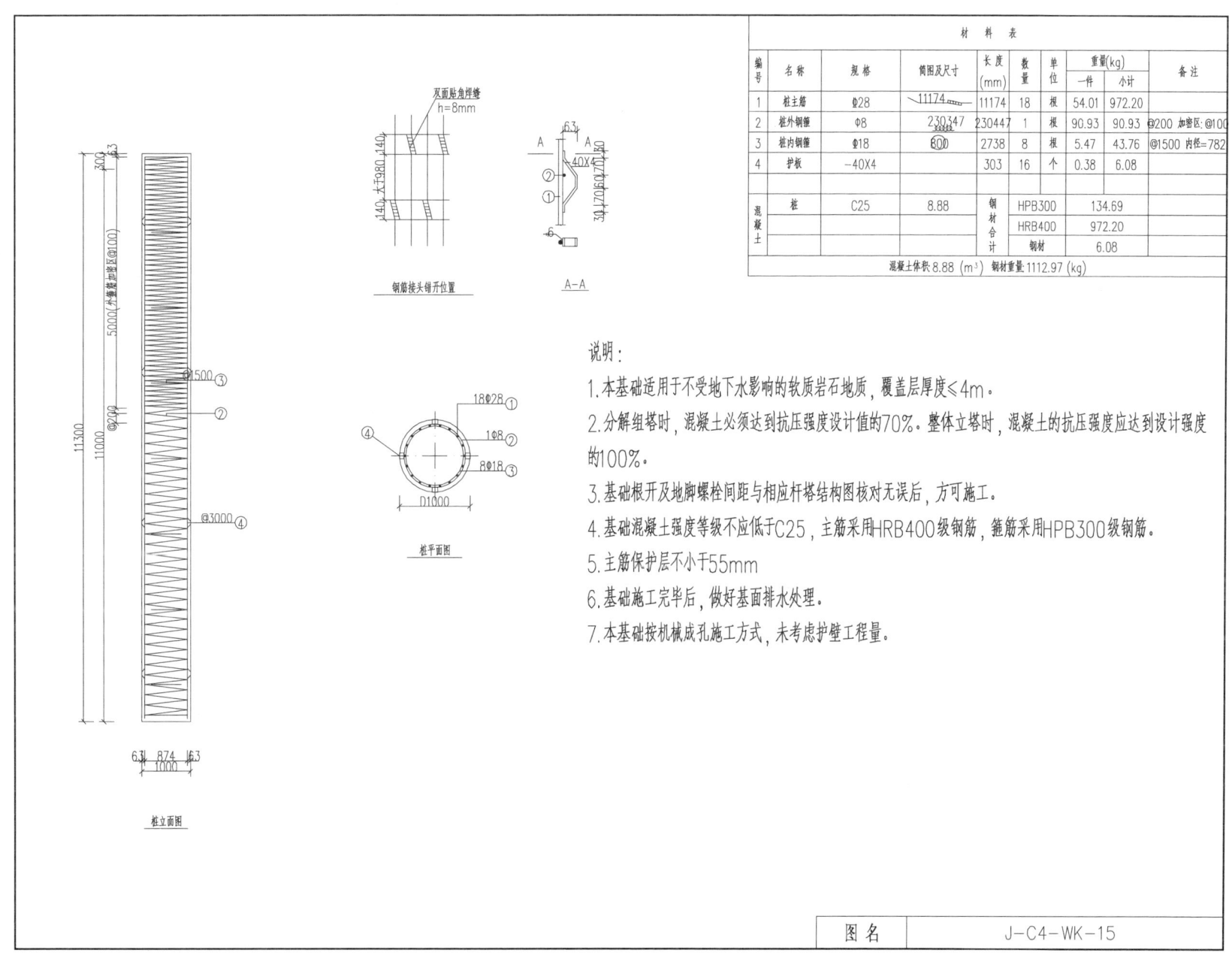

说明：

1. 本基础适用于不受地下水影响的软质岩石地质，覆盖层厚度≤4m。
2. 分解组塔时，混凝土必须达到抗压强度设计值的70%。整体立塔时，混凝土的抗压强度应达到设计强度的100%。
3. 基础根开及地脚螺栓间距与相应杆塔结构图核对无误后，方可施工。
4. 基础混凝土强度等级不应低于C25，主筋采用HRB400级钢筋，箍筋采用HPB300级钢筋。
5. 主筋保护层不小于55mm
6. 基础施工完毕后，做好基面排水处理。
7. 本基础按机械成孔施工方式，未考虑护壁工程量。

| 图名 | J-C4-WK-15 |

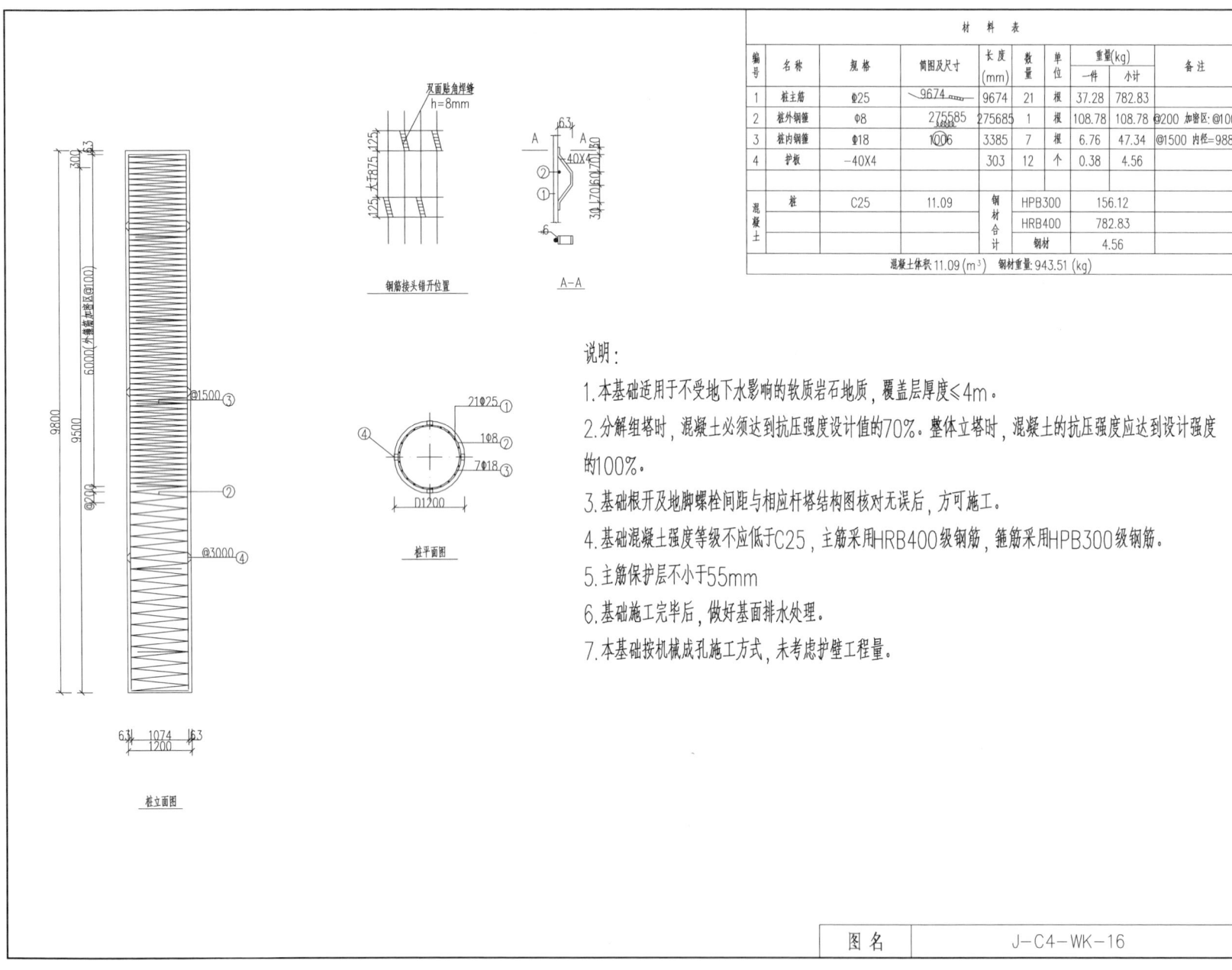

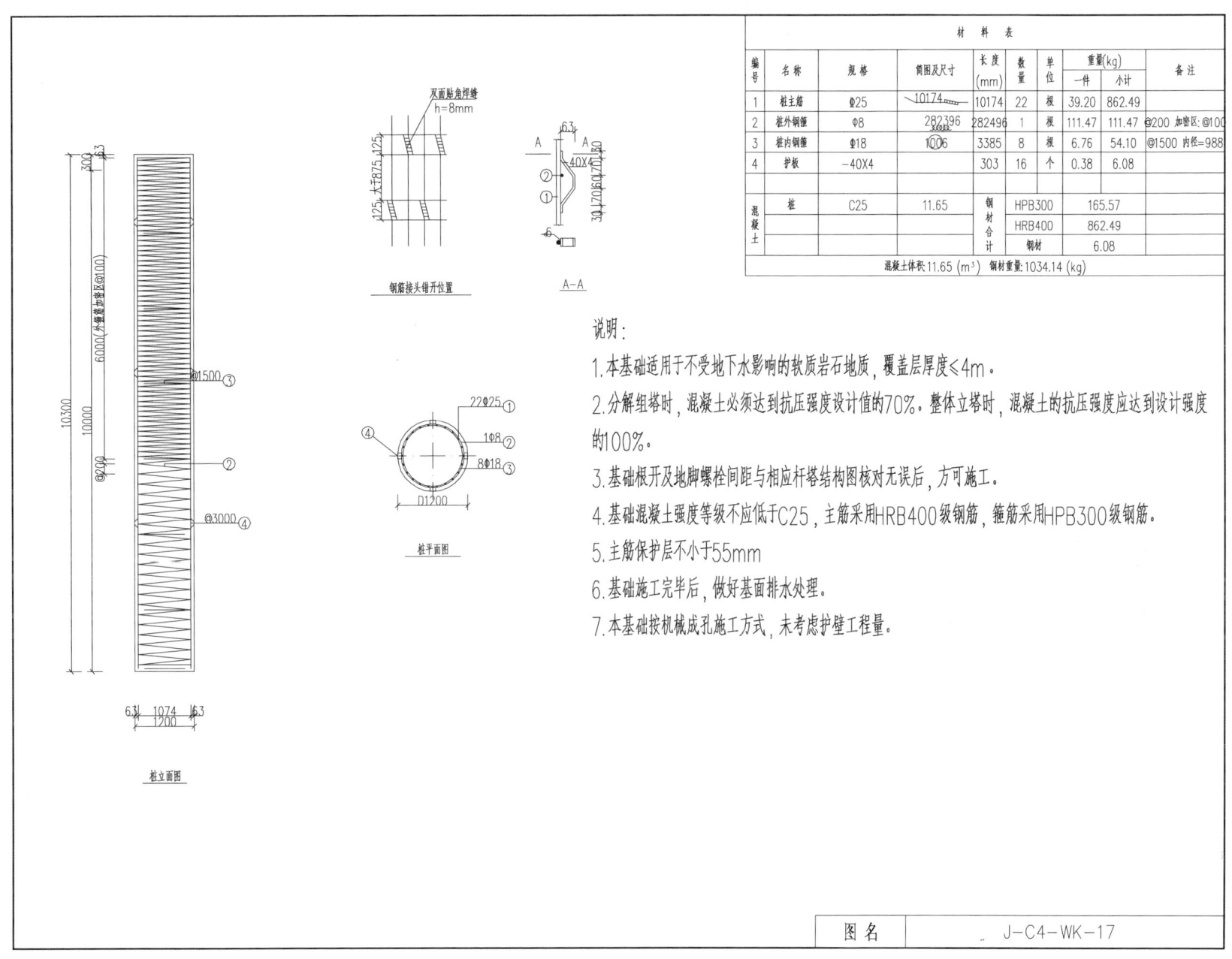

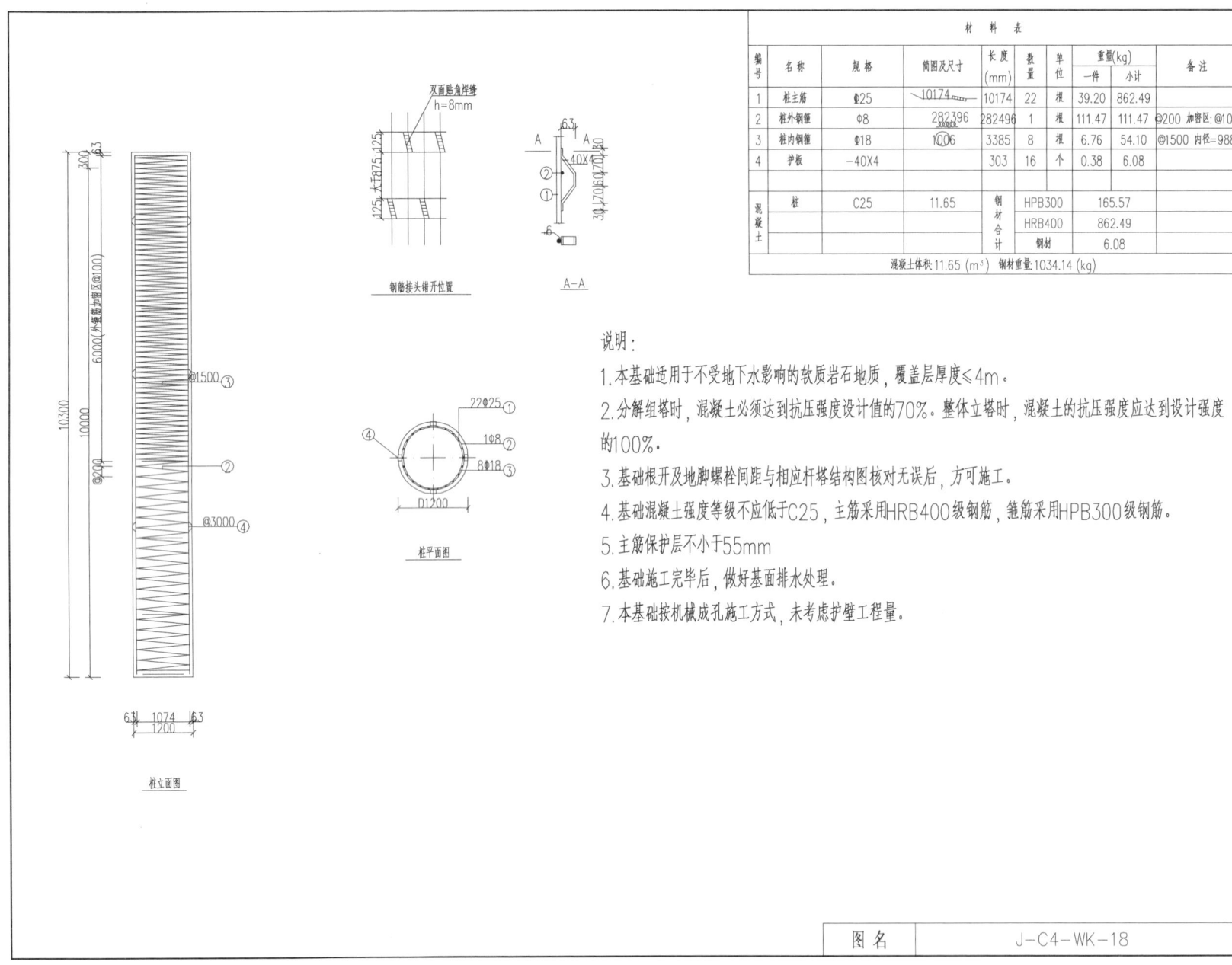

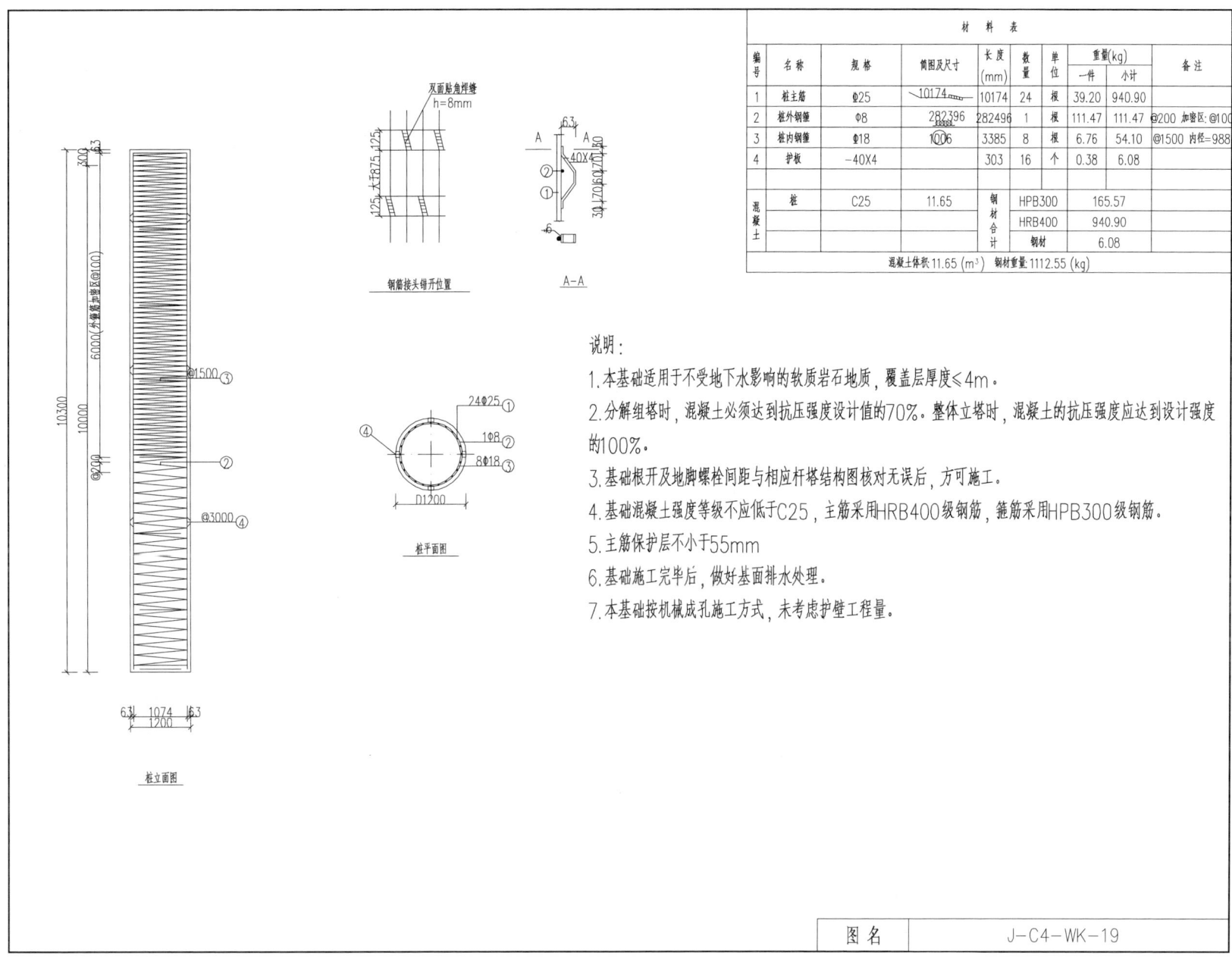

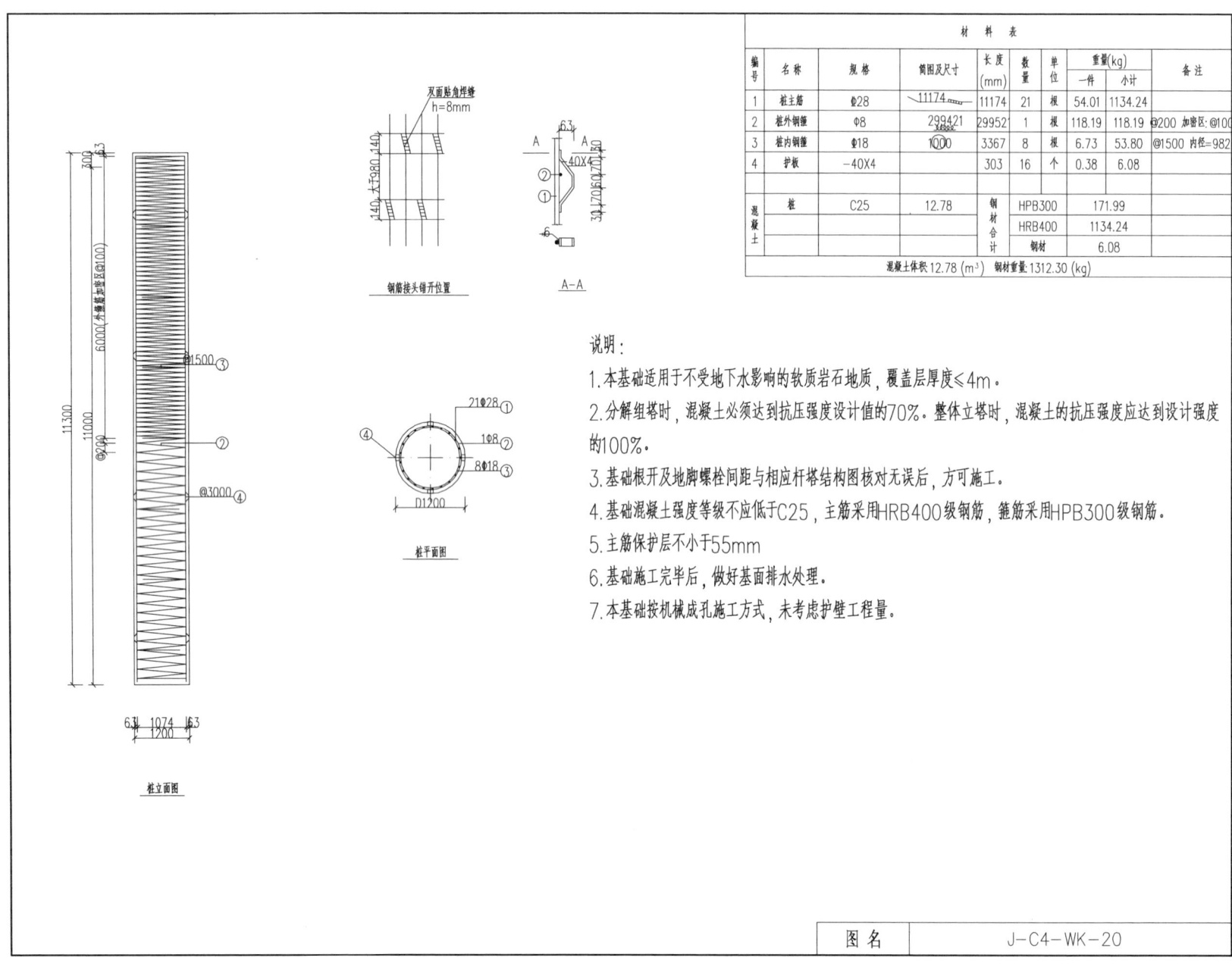

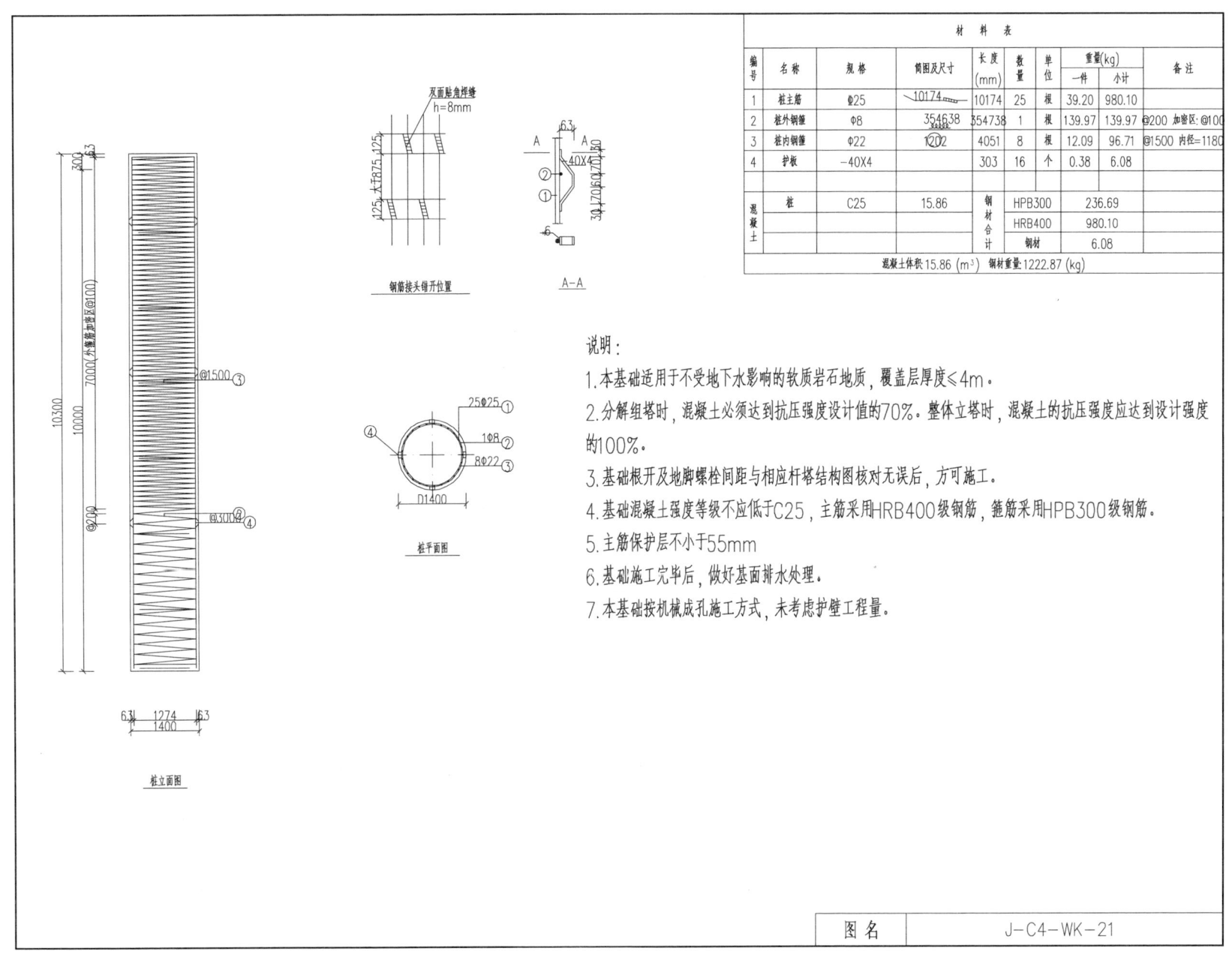

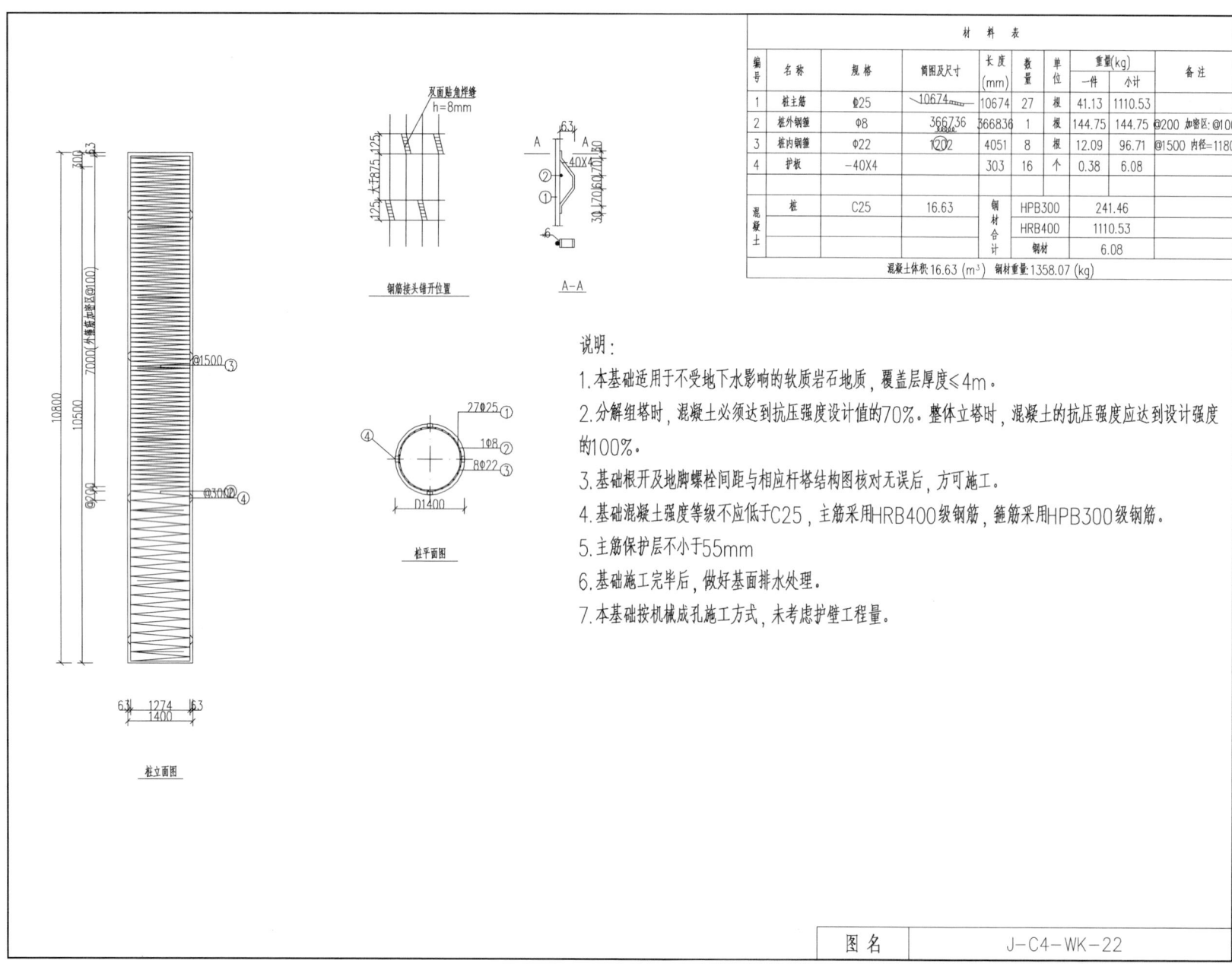

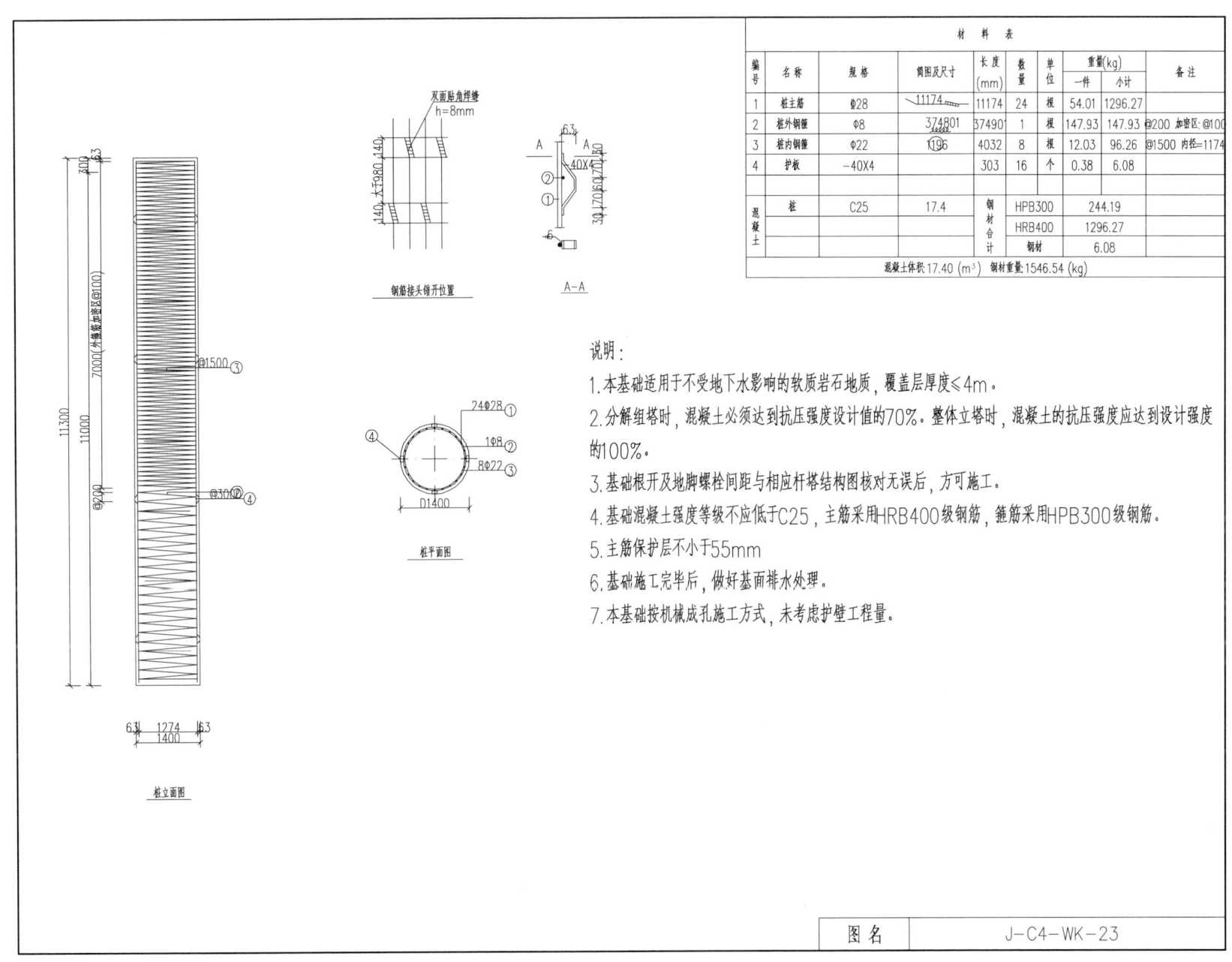

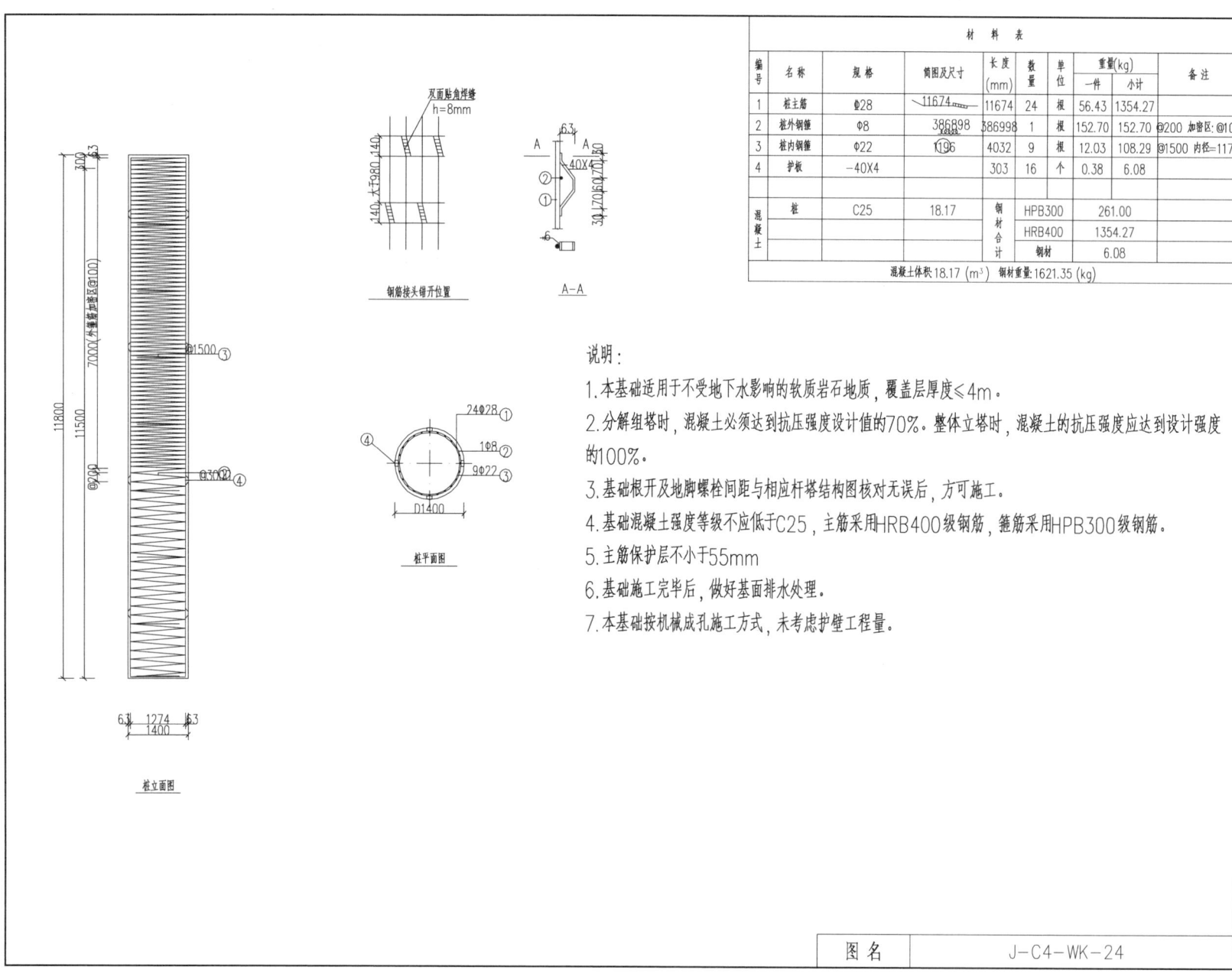

图名 J-C4-WK-24